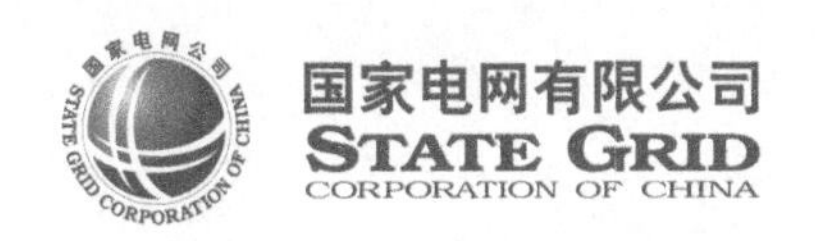

电力系统继电保护规定汇编（第三版）

技术管理卷

国家电力调度控制中心　编

中国电力出版社
CHINA ELECTRIC POWER PRESS

图书在版编目（CIP）数据

电力系统继电保护规定汇编．技术管理卷 / 国家电力调度控制中心编．— 3 版 — 北京：中国电力出版社，2019.1（2024. 3 重印）

ISBN 978-7-5198-1367-3

Ⅰ．①电… Ⅱ．①国… Ⅲ．①电力系统－继电保护－规定－汇编－中国 Ⅳ．①TM77-65

中国版本图书馆 CIP 数据核字（2017）第 288664 号

出版发行：中国电力出版社
地　　址：北京市东城区北京站西街 19 号（邮政编码 100005）
网　　址：http://www.cepp.sgcc.com.cn
责任编辑：王　晶　苗唯时（010-63412340）
责任校对：黄　蓓　郝军燕　太兴华
装帧设计：郝晓燕　张　娟
责任印制：石　雷

印　　刷：北京天泽润科贸有限公司
版　　次：2019 年 1 月第三版
印　　次：2024 年 3 月北京第三次印刷
开　　本：787 毫米×1092 毫米　16 开本
印　　张：31.5
字　　数：762 千字
印　　数：3201—3700 册
定　　价：150.00 元

前 言

规程标准和规章制度是确保电力系统安个稳定运行的基本保障，也是电力生产企业及其继电保护人员专业工作的依据。因此，这些规程标准和规章制度已成为继电保护专业人员学习和日常工作的必备工具书。为便于继电保护专业人员的工作和学习，促进各电力生产企业开展专业技术培训工作，国家电力调度控制中心于1997年4月和2000年3月分别编制出版了本书的第一版和第二版，受到广泛好评。

2009年以来，随着特高压为骨干网架的坚强智能电网的快速发展，及新技术、新设备的广泛应用，继电保护专业标准化建设的工作不断加速，多项继电保护专业国家、行业标准相继颁布。为此，国家电力调度控制中心组织相关单位启动了本书的修订工作，全面梳理了自1990年以后发布的现行有效的继电保护专业国家标准、行业标准以及国家电网公司企业标准，组织专家对各类标准的有效性、重要性、常用性进行逐一审定，最终确定收录其中核心及常用标准予以全文出版。其他未收录的相关标准共240余项，以参考标准清单形式在附录中列出，作为读者学习和扩展阅读的参考。

充分考虑读者查阅和学习的方便，《电力系统继电保护规定汇编》（第三版）共分六卷，包括通用技术卷、技术管理卷、智能电网卷、高压直流输电控制与保护卷、特高压交流卷、新能源与分布式电源及配网卷，并按照标准重要性、常用性以及关联性进行排序。

本卷为技术管理卷，汇集了继电保护专业管理常用的标准及管理办法等内容，可作为电力系统继电保护技术人员日常工作的工具书，也可作为开展继电保护练兵调考和各类人员培训的学习资料。

国家电力调度控制中心

2019年1月

目 录

前言

第1篇 运行管理类

国家电网设备〔2018〕979号	国家电网有限公司十八项电网重大反事故措施（修订版）及编制说明	3
GB/T 50976—2014	继电保护及二次回路安装及验收规范	179
DL/T 587—2016	继电保护和安全自动装置运行管理规程	211
Q/GDW 768—2012	继电保护全过程管理标准	227
Q/GDW 267—2009	继电保护和电网安全自动装置现场工作保安规定	241
Q/GDW 395—2009	电力系统继电保护及安全自动装置运行评价规程	256
Q/GDW 1914—2013	继电保护及安全自动装置验收规范	290
Q/GDW 1806—2013	继电保护状态检修导则	317
Q/GDW 11284—2014	继电保护状态检修检验规程	336
Q/GDW 11285—2014	继电保护状态评价导则	358
国网（调/4）526—2014	国家电网公司安全自动装置运行管理规定	383
国网（调/4）527—2014	国家电网公司继电保护和安全自动装置缺陷管理办法	388
国网（调/4）225—2014	国家电网公司继电保护和安全自动装置家族性缺陷处置管理规定	409

第2篇 设备管理类

Q/GDW 1773—2013	大型发电机组涉网保护技术管理规定	415
Q/GDW 1877—2013	电网行波测距装置运行规程	430
国网（调/4）451—2014	国家电网公司继电保护和安全自动装置软件管理规定	446
国网（调/4）224—2014	国家电网公司继电保护和安全自动装置专业检测	

工作管理办法……451
国网（调/4）810—2016　国家电网公司安全稳定控制系统检测工作管理办法………458

第3篇　整定计算管理类

Q/GDW 11069—2013　省级及以上电网继电保护整定计算管理规定……467
国网（调/4）333—2014　国家电网公司继电保护定值在线校核与预警应用验收管理办法……484
国网（调/4）334—2014　国家电网公司继电保护定值在线校核与预警运行管理规定……492

第1篇

运行管理类

国家电网有限公司

十八项电网重大反事故措施（修订版）及编制说明

国家电网设备〔2018〕979 号

国家电网有限公司关于印发十八项电网重大反事故措施（修订版）的通知

国家电网设备〔2018〕979号

各分部，各省（自治区、直辖市）电力公司，鲁能集团、南瑞集团、国网信通产业集团、中电装备公司、新源、通航、物资、运行、直流、交流、信通公司，中国电科院、经研院、能源院、联研院：

为贯彻落实国家安全生产工作要求，强化电网、设备、人身安全管理，提升电网设备本质安全水平，在全面总结分析公司近年来各类事故经验教训基础上，公司组织对原《国家电网公司十八项电网重大反事故措施（修订版）》（国家电网生〔2012〕352号）进行了修订，现将《国家电网有限公司十八项电网重大反事故措施（修订版）》及编制说明印发给你们，请结合实际认真贯彻落实。执行中如有意见和建议，请及时反馈国网设备部。原《国家电网公司十八项电网重大反事故措施（修订版）》（国家电网生〔2012〕352号）同时废止。

国家电网有限公司（印）

2018年11月9日

目 录

1 防止人身伤亡事故…………6
2 防止系统稳定破坏事故…………9
3 防止机网协调及新能源大面积脱网事故…………13
4 防止电气误操作事故…………18
5 防止变电站全停及重要客户停电事故…………20
6 防止输电线路事故…………25
7 防止输变电设备污闪事故…………31
8 防止直流换流站设备损坏和单双极强迫停运事故…………33
9 防止大型变压器（电抗器）损坏事故…………39
10 防止无功补偿装置损坏事故…………44
11 防止互感器损坏事故…………49
12 防止 GIS、开关设备事故…………52
13 防止电力电缆损坏事故…………59
14 防止接地网和过电压事故…………62
15 防止继电保护事故…………67
16 防止电网调度自动化系统、电力通信网及信息系统事故…………76
17 防止垮坝、水淹厂房事故…………89
18 防止火灾事故和交通事故…………91
编制说明…………95

1　防止人身伤亡事故

为防止人身伤亡事故，应全面贯彻落实《中共中央国务院关于推进安全生产领域改革发展的意见》（中发〔2016〕32号）、《特种作业人员安全技术培训考核管理规定》（国家安全监管总局令第80号）、《电力建设工程施工安全监督管理办法》（国家发展和改革委员会令第28号）、《国家电网公司电力安全工作规程　变电部分》（Q/GDW 1799.1—2013）、《国家电网公司电力安全工作规程　线路部分》（Q/GDW 1799.2—2013）、《关于印发〈国家电网公司电力安全工作规程（配电部分）（试行）〉的通知》（国家电网安质〔2014〕265号）、《国家电网公司电力安全工作规程（电网建设部分）（试行）》（国家电网安质〔2016〕212号）、《国家电网公司关于强化本质安全的决定》（国家电网办〔2016〕624号）、《国家电网公司关于印发〈生产作业安全管控标准化工作规范（试行）〉的通知》（国家电网安质〔2016〕356号）、《国家电网公司业务外包安全监督管理办法》（国家电网安质〔2017〕311号）、《营销业扩报装工作全过程安全危险点辨识与预控手册（试行）》（国家电网营销〔2011〕237号）、《国家电网公司生产作业安全管控标准化工作规范（试行）》（国家电网安质〔2016〕356号）及其他有关规定，并提出以下重点要求：

1.1　加强各类作业风险管控

1.1.1　实施生产作业标准化安全管控，科学安排作业任务，严格开展风险识别、评估、预控，有序组织生产工作。对于事故应急抢修和紧急缺陷处理，按照管辖范围履行审批手续，保证现场安全措施完备，严禁无工作票或事故（故障）紧急抢修单、无工作许可作业。

1.1.2　根据工作内容做好各类作业各个环节风险分析，落实风险预控和现场管控措施。

1.1.2.1　对于开关柜类设备的检修、试验或验收，针对其带电点与作业范围绝缘距离短的特点，不管有无物理隔离措施，均应加强风险分析与预控。

1.1.2.2　对于敞开式隔离开关的就地操作，应做好支柱绝缘子断裂的风险分析与预控，操作人与专责监护人应选择正确的站位。监护人员应实时监视隔离开关动作情况，操作人员应做好及时撤离的准备。

1.1.2.3　对于高处作业，应做好各个环节风险分析与预控，落实防静电感应和高空坠落的安全措施，高处作业人员应持证上岗，个体防护装备应检验合格并在有效期内。严禁在无安全保护的情况下进行高处作业。凡身体不适合从事高处作业的人员，不得从事高处作业。

1.1.2.4　对于近电作业，要注意保持安全距离，落实防感应电触电措施。对低压电气带电作业工具裸露的导电部位，应做好绝缘包缠，正确佩戴手套、护目镜等个体防护装备。

1.1.2.5　对于业扩报装工作，应做好施工、验收、接电等各个环节的风险辨识与预控，严格履行业扩报装验收手续，严禁单人工作、不验电、不采取安全措施以及强制解锁、擅自操作客户设备等行为。对于营销小型分散作业，现场开工前应认真勘查作业点的环境条件及风险点，并根据作业现场实际情况补充完善安全措施。

1.1.2.6 对于杆塔组立工作，应做好起重设备、杆塔稳定性方面的风险分析、评估与预控，作业人员应做好安全防护措施，严格执行作业流程，监护人员应现场监护，全面检查现场安全防护措施状态，严禁擅自组织施工，严禁无保护、无监护登塔作业等行为。

1.1.2.7 对于输电线路放线紧线工作，应做好防杆塔倾覆风险辨识与预控，登杆塔前对塔架、根部、基础、拉线、桩锚、地脚螺母（螺栓）等进行全面检查，正确使用卡线器或其他专用工具、安全限位以及过载保护装置，充分做好防跑线措施，并确保现场各岗位联系畅通，严禁违反施工作业技术和安全措施盲目作业。

1.1.2.8 对于有限空间作业，必须严格执行作业审批制度，有限空间作业的现场负责人、监护人员、作业人员和应急救援人员应经专项培训。监护人员应持有限空间作业证上岗；作业人员应遵循先通风、再检测、后作业的原则。作业现场应配备应急救援装备，严禁盲目施救。

1.1.2.9 对于抗洪抢险作业，台风暴雨持续期间，故障巡视应至少两人一组进行，巡视期间保持通信畅通，严禁冒险涉水通过严重积水路段及河流。故障巡视期间应始终认为线路、杆塔拉线或设备带电，保持足够安全距离。进入水淹站房，应确保电源已断开、水已抽干，注意防范地下站房气体中毒。

1.1.3 在作业现场内可能发生人身伤害事故的地点，应采取可靠的防护措施，根据实际情况设立安全警示牌、警示灯、警戒线、围栏等警示标志，必要时增加物理隔离带或设专人监护。对交叉作业现场应制订完备的交叉作业安全防护措施，必要时设工作协调人。

1.1.4 采取劳务外包的项目，对危险性大、专业性强的检修和施工作业，劳务人员不得担任现场工作负责人，必须在发包方有经验人员的带领和监护下进行。

1.1.5 加强作业现场反违章管理，健全各级安全稽查队伍，严肃查纠各类违章行为，积极推广应用远程视频监控等反违章技术手段。

1.2 加强作业人员培训

1.2.1 定期开展作业人员安全规程、制度、技术、风险辨识等培训、考试，使其熟练掌握有关规定、风险因素、安全措施，提高安全防护、风险辨识的能力。

1.2.2 对于实习人员、临时人员和新参加工作的人员，应强化安全技术培训，证明其具备必要的安全技能，方可在有工作经验的人员带领下作业。禁止指派实习人员、临时人员和新参加工作的人员单独工作。

1.2.3 应结合生产实际，经常性开展多种形式的安全思想、安全文化教育，开展有针对性的应急演练，提高员工安全风险防范意识，掌握安全防护知识和伤害事故发生时的自救、互救方法。

1.2.4 推行作业人员安全等级认证，建立作业人员安全资格的动态管理和奖惩机制。

1.2.5 创新安全培训手段，可采用仿真、虚拟现实、“互联网＋”等新技术丰富培训形式。

1.3 加强设计阶段安全管理

1.3.1 在电力工程设计中，应认真吸取人身伤亡事故教训，并按照相关规程、规定的要求，及时改进和完善安全设施及设备安全防护措施设计。

1.3.2 施工图设计时，涉及施工安全的重点部位和环节应在设计文件上注明，并对防范安全生产事故提出指导意见。采用新结构、新材料、新工艺的建设工程和特殊结构的建设工程，设计单位应在设计中提出保障施工作业人员安全和预防安全生产事故的措施建议，并在设计交底中体现。

1.4　加强施工项目管理

1.4.1　工程建设要确保合理工期，工期进行调整时必须重新进行施工方案审查和风险评估，严格施工作业计划管理。

1.4.2　加强对各项承包工程的安全管理，签订安全协议书，明确业主、监理、承包方的安全责任，严格外包队伍及人员资质审查和准入，严禁转包和违法分包，做好外包队伍入场审核、安全教育培训、动态考核工作，建立淘汰机制。

1.4.3　落实施工单位主体责任，将劳务分包人员统一纳入施工单位管理，统一标准、统一要求、统一培训、统一考核（“五统一”）。

1.4.4　发包方应监督检查承包方在施工现场的专（兼）职安全员配置和履职、作业人员安全教育培训、特种作业人员持证上岗、施工机具和安全工器具的定期检验及现场安全措施落实等情况。

1.4.5　在有危险性的电力生产区域（如有可能引发火灾、爆炸、触电、高空坠落、中毒、窒息、机械伤害、烧烫伤等人员、电网、设备事故的场所）作业，发包方应事先对承包方相关人员进行全面的安全技术交底，要求承包方制定安全措施，并配合做好相关安全措施。

1.4.6　施工单位应建立重大及特殊作业技术方案评审制度，施工安全方案的变更调整要履行重新审批程序，应严格落实施工“三措”（组织措施、技术措施、安全措施）和安全文明施工相关要求。

1.4.7　严格执行特殊工种、特种作业人员持证上岗制度。项目监理单位要严格执行特殊工种、特种作业人员入场资格审查制度，审查上岗证件的有效性。施工单位要加强特殊工种、特种作业人员管理，工作负责人不得使用非合格专业人员从事特种作业。

1.4.8　加强施工机械安全管理。施工企业应落实对分包单位机械、外租机械的管理要求，掌握大型施工机械工作状态信息，监理单位应严格现场准入审核。

1.5　加强安全工器具和安全设施管理

1.5.1　认真落实安全生产各项组织措施和技术措施，配备充足的、经国家认证认可的、经质检机构检测合格的安全工器具和防护用品，并按照有关标准、规定和规程要求定期检验，禁止使用不合格的安全工器具和防护用品，提高作业安全保障水平。

1.5.2　对现场的安全设施，应加强管理、及时完善、定期维护和保养，确保其安全性能和功能满足相关标准、规定和规程要求。

1.6　加强验收阶段安全管理

1.6.1　运维、施工单位办理交接前，建设管理单位应负责组织参与现场验收人员对现场已带电部位、高处作业等风险点进行安全交底，熟悉现场的验收配合人员在验收过程中需加强安全监护。

1.6.2　运维、施工单位完成各项作业检查、办理交接后，施工人员应与将要带电的设备及系统保持安全距离，未经许可、登记，严禁擅自再进行任何检查和检修、安装作业。

1.7 加强运行安全管理

1.7.1 严格执行“两票三制”（“两票”：工作票、操作票，“三制”：交接班制、巡回检查制、设备定期试验轮换制），落实好各级人员安全职责，并按要求规范填写“两票”内容，确保安全措施全面到位。

1.7.2 强化缺陷设备监测、巡视制度，在恶劣天气、设备危急缺陷情况下开展巡检、巡视等高风险工作，应采取措施防止触电、雷击、淹溺、中毒、机械伤害等事故发生。

2 防止系统稳定破坏事故

为防止系统稳定破坏事故，应认真贯彻《电力系统安全稳定导则》（DL 755—2001）、《国家电网安全稳定计算技术规范》（Q/GDW 1404—2015）、《国调中心关于印发故障直流分量较大导致断路器无法灭弧解决方案的通知》（调继〔2016〕155号）等行业标准和国家电网有限公司企业标准及其他有关规定，并提出以下重点要求：

2.1 电源

2.1.1 设计阶段

2.1.1.1 合理规划电源接入点。受端系统应具有多个方向的多条受电通道，电源点应合理分散接入，每个独立输电通道的输送电力不宜超过受端系统最大负荷的 10%～15%，并保证失去任一通道时不影响电网安全运行和受端系统可靠供电。

2.1.1.2 发电厂宜根据布局、装机容量以及所起的作用，接入相应电压等级，并综合考虑地区受电需求、动态无功支撑需求、相关政策等的影响。

2.1.1.3 发电厂的升压站不应作为系统枢纽站，也不应装设构成电磁环网的联络变压器。

2.1.1.4 新能源电场（站）接入系统方案应与电网总体规划相协调，并满足相关规程、规定的要求。在完成电网接纳新能源能力研究的基础上，开展新能源电场（站）接入系统设计；对于集中开发的大型能源基地新能源项目，在开展接入系统设计之前，还应完成输电系统规划设计。

2.1.1.5 综合考虑电力市场空间、电力系统调峰、电网安全等因素，统筹协调、合理布局抽蓄电站等调峰电源。

2.1.2 基建阶段

2.1.2.1 对于点对网、大电源远距离外送等有特殊稳定要求的情况，应开展励磁系统对电网影响等专题研究，研究结果用于指导励磁系统的选型。

2.1.2.2 并网电厂机组投入运行时，相关继电保护、安全自动装置、稳定措施和电力专用通信配套设施等应同时投入运行。

2.1.2.3 按照国家能源局及国家电网有限公司相关文件要求，严格做好风电场、光伏电站并网验收环节的工作，避免不符合电网要求的设备进入电网运行。

2.1.3 运行阶段

2.1.3.1 并网电厂发电机组配置的频率异常、低励限制、定子过电压、定子低电压、失磁、失步等涉网保护定值应满足电力系统安全稳定运行的要求。

2.1.3.2 加强并网发电机组涉及电网安全稳定运行的励磁系统及电力系统稳定器（PSS）和调速系统的运行管理，其性能、参数设置、设备投停等应满足接入电网安全稳定运行要求。

2.1.3.3 加强风电、光伏集中地区的运行管理、运行监视与数据分析工作，优化电网运行方式，制订防止机组大量脱网的反事故措施，保障电网安全稳定运行。

2.2 网架结构

2.2.1 设计阶段

2.2.1.1 加强电网规划设计工作，制订完备的电网发展规划和实施计划，尽快强化电网薄弱环节，重点加强特高压电网建设及配电网完善工作，对供电可靠性要求高的电网应适度提高设计标准，确保电网结构合理、运行灵活、坚强可靠和协调发展。

2.2.1.2 电网规划设计应统筹考虑、合理布局，各电压等级电网协调发展。对于造成电网稳定水平降低、短路容量超过断路器遮断容量、潮流分布不合理、网损高的电磁环网，应考虑尽快打开运行。

2.2.1.3 规划电网应考虑留有一定的裕度，为电网安全稳定运行和电力市场的发展等提供物质基础，以提供更大范围的资源优化配置的能力，满足经济发展的需求。

2.2.1.4 系统可研设计阶段，应考虑所设计的输电通道的送电能力在满足生产需求的基础上留有一定的裕度。

2.2.1.5 受端电网 330kV 及以上变电站设计时应考虑一台变压器停运后对地区供电的影响，对变压器投运台数进行分析计算。

2.2.1.6 新建工程的规划设计应统筹考虑对其他在运工程的影响。

2.2.2 基建阶段

2.2.2.1 在工程设计、建设、调试和启动阶段，国家电网有限公司（简称国家电网公司）的计划、工程、调度等相关管理机构和独立的发电、设计、调试等相关企业应相互协调配合，分别制订有效的组织、管理和技术措施，以保证一次设备投入运行时，相关配套设施等能同时投入运行。

2.2.2.2 加强设计、设备订货、监造、出厂验收、施工、调试和投运全过程的质量管理。鼓励科技创新，改进施工工艺和方法，提高质量工艺水平和基建管理水平。

2.2.3 运行阶段

2.2.3.1 电网应进行合理分区，分区电网应尽可能简化，有效限制短路电流；兼顾供电可靠性和经济性，分区之间要有备用联络线以满足一定程度的负荷互带能力。

2.2.3.2 避免和消除严重影响系统安全稳定运行的电磁环网。在高一级电压网络建设初期，对于暂不能消除的影响系统安全稳定运行的电磁环网，应采取必要的稳定控制措施，同时应采取后备措施限制系统稳定破坏事故的影响范围。

2.2.3.3 电网联系较为薄弱的省级电网之间及区域电网之间宜采取自动解列等措施，防止一侧系统发生稳定破坏事故时扩展到另一侧系统。特别重要的系统（政治、经济或文化中心）应采取自动措施，防止相邻系统发生事故时直接影响到本系统的安全稳定运行。

2.2.3.4　加强开关设备、保护装置的运行维护和检修管理，确保能够快速、可靠地切除故障。

2.2.3.5　根据电网发展适时编制或调整“黑启动”方案及调度实施方案，并落实到电网、电厂各单位。

2.3　稳定分析及管理

2.3.1　设计阶段

2.3.1.1　重视和加强系统稳定计算分析工作。规划、设计部门必须严格按照《电力系统安全稳定导则》（DL 755—2001）和《国家电网安全稳定计算技术规范》（Q/GDW 1404—2015）等相关规定要求进行系统安全稳定计算分析，全面把握系统特性，并根据计算分析情况优化电网规划设计方案，合理设计电网结构，滚动调整建设时序，确保不缺项、不漏项，合理确定输电能力，完善电网安全稳定控制措施，提高系统安全稳定水平。

2.3.1.2　加大规划阶段系统分析深度，在系统规划设计有关稳定计算中，发电机组均应采用详细模型，以正确反映系统动态特性。

2.3.1.3　在规划设计阶段，对尚未有具体参数的规划机组，宜采用同类型、同容量机组的典型模型和参数。

2.3.2　基建阶段

2.3.2.1　对基建阶段的特殊运行方式，应进行认真细致的电网安全稳定分析，制定相关的控制措施和事故预案。

2.3.2.2　严格执行相关规定，进行必要的计算分析，制定详细的基建投产启动方案。必要时应开展电网相关适应性专题分析。

2.3.3　运行阶段

2.3.3.1　应认真做好电网运行控制极限管理，根据系统发展变化情况，及时计算和调整电网运行控制极限。电网调度部门确定的电网运行控制极限值，应按照相关规定在计算极限值的基础上留有一定的稳定储备。

2.3.3.2　加强有关计算模型、参数的研究和实测工作，并据此建立系统计算的各种元件、控制装置及负荷的模型和参数。并网发电机组的保护定值必须满足电力系统安全稳定运行的要求。

2.3.3.3　严格执行电网各项运行控制要求，严禁超运行控制极限值运行。电网一次设备故障后，应按照故障后方式电网运行控制的要求，尽快将相关设备的潮流（或发电机出力、电压等）控制在规定值以内。

2.3.3.4　电网正常运行中，必须按照有关规定留有一定的旋转备用和事故备用容量。

2.3.3.5　加强电网在线安全稳定分析与预警系统建设，提高电网运行决策时效性和预警预控能力。

2.4　二次系统

2.4.1　设计阶段

2.4.1.1　认真做好二次系统规划。结合电网发展规划，做好继电保护、安全自动装置、自动化系统、通信系统规划，提出合理配置方案，保证二次相关设施、网络系统的安全水平与电网保持同步。

2.4.1.2 稳定控制措施设计应与系统设计同时完成。合理设计稳定控制措施和失步、低频、低压等解列措施，合理、足量地设计和实施高频切机、低频减负荷及低压减负荷方案。

2.4.1.3 加强110kV及以上电压等级母线、220kV及以上电压等级主设备快速保护建设。

2.4.1.4 特高压直流及柔性直流的控制保护逻辑应根据不同工程及工程不同阶段接入电网的安全稳定特性进行差异化设计，以保证交直流系统安全稳定运行为前提。

2.4.2 基建阶段

2.4.2.1 一次设备投入运行时，相关继电保护、安全自动装置、稳定措施、自动化系统、故障信息系统和电力专用通信配套设施等应同时投入运行。

2.4.2.2 加强安全稳定控制装置入网验收。对新入网或软、硬件更改后的安全稳定控制装置，应进行出厂测试或验收试验、现场联合调试和挂网试运行等工作。

2.4.2.3 严把工程投产验收关，专业领导及技术人员必须全程参与基建和技改工程验收工作。

2.4.3 运行阶段

2.4.3.1 调度机构应根据电网的变化情况及时地分析、调整各种保护装置、安全自动装置的配置或整定值，并按照有关规程规定每年下达低频低压减载方案，及时跟踪负荷变化，细致分析低频减载实测容量，定期核查、统计、分析各种安全自动装置的运行情况。各运行维护单位应加强检修管理和运行维护工作，防止装置出现拒动、误动，确保电网“三道防线”安全可靠。

2.4.3.2 加强继电保护运行维护，正常运行时，严禁220kV及以上电压等级线路、变压器等设备无快速保护运行。

2.4.3.3 母差保护临时退出时，应尽量减少无母差保护运行时间，并严格限制母线及相关元件的倒闸操作。

2.4.3.4 受端系统枢纽厂站继电保护定值整定困难时，应侧重防止保护拒动。

2.4.3.5 电网迎峰度夏期间和重点保电时段，加强对满载重载线路的运行维护，加强对跨区输电通道及相关线路的运维管控，开展高风险区段、密集线路走廊、线路跨越点特巡，确保重要设备安全稳定运行。

2.4.3.6 应对两回及以上并联线路两侧系统短路容量进行校核，如果因两侧系统短路容量相差较大，存在重合于永久故障时由于直流分量较大而导致断路器无法灭弧，需靠失灵保护动作延时切除故障的问题时，线路重合闸应选用一侧先重合，另一侧待对侧重合成功后再重合的方式。新建工程在设计阶段应考虑为实现这种方式所需要的重合闸检线路三相有压的条件。对于已投运厂站未配置线路三相电压互感器的，改造前可利用线路保护闭锁后合侧重合闸的方式作为临时解决方案。

2.5 无功电压

2.5.1 设计阶段

2.5.1.1 在电网规划设计中，必须同步进行无功电源及无功补偿设施的规划设计。无功电源及无功补偿设施的配置应确保无功电力在负荷高峰和低谷时段均能分（电压）层、分（供电）区基本平衡，并具有灵活的无功调整能力和足够的检修、事故备用容量。对输（变）电工程系统无功容量进行校核并提出无功补偿配置方案。受端系统应具有足够的无功储备和一定的动态无功补偿能力。

2.5.1.2　无功电源及无功补偿设施的配置应使系统具有灵活的无功电压调整能力，避免分组容量过大造成电压波动过大。

2.5.1.3　对于动态无功不足的特高压直流受端系统、短路容量不足的直流弱送端系统以及高比例受电地区，应通过技术经济比较配置调相机等动态无功补偿装置。

2.5.1.4　提高无功电压自动控制水平，推广应用无功电压自动控制系统（AVC），提高电压稳定性，减少电压波动幅度。

2.5.1.5　并入电网的发电机组应具备满负荷时功率因数在 0.9（滞相）～0.97（进相）运行的能力，新建机组应满足进相 0.95 运行的能力。在电网薄弱地区或对动态无功有特殊需求的地区，发电机组应具备满负荷滞相 0.85 的运行能力。发电机自带厂用电运行时，进相能力应不低于 0.97。

2.5.2　基建阶段

2.5.2.1　变电站一次设备投入运行时，配套的无功补偿及自动投切装置等应同时投入运行。

2.5.2.2　在基建阶段应完成 AVC 无功电压控制系统的联调和传动工作，并具备同步投产条件。AVC 系统应先投入半闭环控制模式运行 48h，自动控制策略验证无误后再改为闭环控制模式。

2.5.3　运行阶段

2.5.3.1　电网主变压器最大负荷时高压侧功率因数不应低于 0.95，最小负荷时不应高于 0.95。

2.5.3.2　对于额定负荷大于等于 100kVA，且通过 10kV 及以上电压等级供电的电力用户，在用电高峰时段变压器高压侧功率因数应不低于 0.95；其他电力用户，在高峰负荷时功率因数应不低于 0.9。

2.5.3.3　电网局部电压发生偏差时，应首先调整该局部厂站的无功出力，改变该点的无功平衡水平。当母线电压低于调度部门下达的电压曲线下限时，应闭锁接于该母线有载调压变压器分接头的调整。

2.5.3.4　发电厂、变电站电压监测系统和能量管理系统（EMS）应保证有关测量数据的准确性。中枢点电压超出电压合格范围时，必须及时向运行人员告警。

2.5.3.5　电网应保留一定的无功备用容量，以保证正常运行方式下，突然失去一回直流、一回线路、一台最大容量无功补偿设备或本地区一台最大容量发电机（包括发电机失磁）时，能够保持电压稳定。无功事故备用容量，应主要储备于发电机组、调相机和静止型动态无功补偿设备。

2.5.3.6　在电网运行时，当系统电压持续降低并有进一步恶化的趋势时，必须及时采取拉路限电等果断措施，防止发生系统电压崩溃事故。

3　防止机网协调及新能源大面积脱网事故

为防止机网协调及新能源大面积脱网事故，应认真贯彻执行《电网运行准则》（GB/T 31464—2015）、《同步电机励磁系统大中型同步发电机励磁系统技术要求》（GB/T 7409.3）、

《火力发电机组一次调频试验及性能验收导则》（GB/T 30370—2013）、《大型汽轮发电机励磁系统技术条件》（DL/T 843—2010）、《大型发电机组涉网保护技术规范》（DL/T 1309—2013）、《大型发电机变压器继电保护整定计算导则》（DL/T 684—2012）、《同步发电机励磁系统建模导则》（DL/T 1167—2012）、《电力系统稳定器整定试验导则》（DL/T 1231—2018）、《同步发电机原动机及其调节系统参数测试与建模导则》（DL/T 1235—2013）、《同步发电机进相试验导则》（DL/T 1523—2016）、《风力发电场无功配置及电压控制技术规定》（NB/T 31099—2016）、《风电功率预测系统功能规范》（NB/T 31046—2013）、《光伏发电站功率预测系统技术要求》（NB/T 32011—2013）、《国家电网公司网源协调管理规定》[国网（调/4）457—2014]、《国家电网公司发电机组励磁调速涉网参数管理工作规定》[国网（调/4）909—2018]等有关制度标准的规定，并网电厂及新能源电站涉及电网安全稳定运行的励磁系统和调速系统、变流器控制系统、继电保护和安全自动装置、升压站电气设备、调度自动化和通信等设备的技术性能和参数应达到国家及行业有关标准要求，其技术规范应满足所接入电网要求，并提出以下重点要求：

3.1　防止机网协调事故

3.1.1　设计阶段

3.1.1.1　各发电公司（厂）应重视和完善与电网运行关系密切的励磁、调速、无功补偿装置和保护选型、配置，其涉网控制性能除了应保证主设备安全之外，还必须满足电网安全运行的要求。

3.1.1.2　发电厂二次设备涉网控制性能型式试验管理

3.1.1.2.1　发电机励磁调节器[含电力系统稳定器（PSS）]须经有资质的检测中心入网检测合格，挂网试运行半年以上，形成入网励磁调节器软件版本，才能进入电网运行。

3.1.1.2.2　40MW及以上水轮机调速器控制程序须经全面的静态模型测试和动态涉网性能测试合格，形成入网调速器软件版本，才能进入电网运行。

3.1.1.3　100MW及以上容量的核电机组、火力发电机组和燃气发电机组、40MW及以上容量的水轮发电机组，或接入220kV电压等级及以上的同步发电机组应配置PSS。

3.1.1.4　发电机应具备进相运行能力。100MW及以上容量的核电机组、火力发电机组和燃气发电机组、40MW及以上容量的水轮发电机组，或接入220kV电压等级及以上的同步发电机组，发电机有功额定工况下功率因数应能达到超前0.95～0.97。

3.1.1.5　新投产的大型汽轮发电机应具有一定的耐受带励磁失步振荡的能力。发电机失步保护应考虑既要防止发电机损坏又要减小失步对系统和用户造成的危害。为防止失步故障扩大为电网事故，应当为发电机解列设置一定的时间延迟，使电网和发电机具有重新恢复同步的可能性。

3.1.1.6　火电、燃机、核电、水电机组应具备一次调频功能。

3.1.1.7　发电机励磁系统应具备一定过负荷能力。

3.1.1.7.1　励磁系统应保证发电机励磁电流不超过其额定值的1.1倍时能够连续运行。

3.1.1.7.2　交流励磁机励磁系统顶值电压倍数不低于2倍，自并励静止励磁系统顶值电压倍数在发电机额定电压时不低于2.25倍，强励电流倍数等于2时，允许持续强励时间不低于10s。

3.1.2 基建阶段

3.1.2.1 新建机组及增容改造机组，发电厂应根据有关调度部门要求，开展励磁系统、调速系统建模及参数实测试验、电力系统稳定器参数整定试验、发电机进相试验、一次调频试验、自动发电控制（AGC）试验、自动电压控制（AVC）试验工作，实测建模报告需通过中国电科院及省电科院审核，并将审核通过的试验报告报有关调度部门。

3.1.2.2 发电厂应准确掌握接入大规模新能源汇集地区电网、有串联补偿电容器送出线路以及接入直流换流站近区的汽轮发电机组可能存在的次同步振荡风险情况，并做好抑制和预防机组次同步谐振和振荡措施，必要时应装设机组轴系扭振监视或保护装置。

3.1.2.3 发电厂应依据相关技术标准开展涉网保护核查评估工作，包括高频率与低频率保护、过电压保护、过激磁保护、失磁保护、失步保护、汽轮机功率负荷不平衡保护（PLU）、发电机零功率保护等，并将评估结果报有关调度部门。

3.1.2.4 100MW及以上并网汽轮发电机组的高频率保护、低频率保护、过电压保护、过激磁保护、失磁保护、失步保护、阻抗保护及振荡解列装置、功率负荷不平衡保护、零功率切机保护、发电机励磁系统（包括PSS）等设备（保护）定值必须报有关调度部门备案。

3.1.2.5 发电机组附属设备变频器应具备在电网发生故障的瞬态过程中保持正常运行的能力，电网发生事故引起发电厂高压母线电压、频率等异常时，电厂一类辅机保护不应先于主机保护动作，以免切除辅机造成发电机组停运；电厂应开展厂用一类辅机变频器高/低电压穿越能力等评估，并将评估结果报有关调度部门。

3.1.2.6 具有孤岛/孤网风险的区域电网内水轮发电机调速器应具备孤网控制模式及切换开关，其控制参数应委托相关单位开展仿真验证。

3.1.2.7 水轮机调速器的转速、功率、开度等重要控制信号应冗余配置，冗余I/O测点应分配在不同模件上。上述信号参与设备或机组保护时应采用独立测量的三取二的逻辑判断方式，作用于模拟量控制时应采用三取中值的方式进行优选。

3.1.3 运行阶段

3.1.3.1 并网电厂应根据《大型发电机变压器继电保护整定计算导则》（DL/T 684—2012）的规定、电网运行情况和主设备技术条件，认真校核涉网保护与电网保护的整定配合关系，并根据调度部门的要求，做好每年度对所辖设备的整定值进行全面复算和校核工作。当电网结构、线路参数和短路电流水平发生变化时，应及时校核相关涉网保护的配置与整定，避免保护发生不正确动作行为。

3.1.3.2 励磁系统无功调差功能应投入运行，机组励磁系统调差系数的设置应考虑主变短路电抗的差异，同一并列点的电压调差率应基本一致。

3.1.3.3 电网低频减载装置的配置和整定，应保证系统频率动态特性的低频持续时间符合相关规定，并有一定裕度。发电机组低频保护定值（跳机）应低于系统低频减载的最低一级定值。

3.1.3.4 发电机组一次调频运行管理

3.1.3.4.1 并网发电机组的一次调频功能参数应满足电网一次调频性能要求的前提下保证调速系统在系统频率扰动下的稳定性，一次调频功能应按照电网有关规定投入运行。

3.1.3.4.2 新投产机组和在役机组大修、通流改造、数字电液控制系统（DEH）或分散控制系统（DCS）控制系统改造及运行方式改变后，发电厂应向相应调度部门交付由技术监督部门或有资质的试验单位完成的一次调频性能试验报告，以确保机组一次调频功能长期安全、稳定运行。

3.1.3.4.3 火力发电机组调速系统中的汽轮机流量特性等与调门特性相关的参数应进行测试与优化，并满足一次调频功能和 AGC 调度方式协调配合需要，确保机组参与调频的安全性。

3.1.3.4.4 不得擅自修改包括一次调频死区、转速不等率等与一次调频调节性能相关的参数。

3.1.3.4.5 并网核电发电机组与一次调频相关的死区、限幅等参数应根据接入电网的要求进行整定。

3.1.3.5 发电机组进相运行管理

3.1.3.5.1 发电厂应根据发电机进相试验绘制指导实际进相运行的 P–Q 图，编制相应的进相运行规程，并根据电网调度部门的要求进相运行。发电机应能监视双向无功功率和功率因数。

3.1.3.5.2 并网发电机组的低励限制辅助环节功能参数应按照电网运行的要求进行整定和试验，与电压控制主环合理配合，确保在低励限制动作后发电机组稳定运行。

3.1.3.6 严格控制发电机组失磁异步运行的时间和运行条件。根据国家有关标准规定，不考虑对电网的影响时，汽轮发电机应具有一定的失磁异步运行能力，但只能维持发电机失磁后短时运行，此时必须快速降负荷。若在规定的短时运行时间内不能恢复励磁，则机组应立即与系统解列。

3.1.3.7 在役机组大修、增容改造、通流改造、脱硫脱硝改造、高背压、DEH 或 DCS 控制系统改造及运行方式改变后，发电厂应向相应调度部门交付由技术监督部门或有资质的试验单位完成的 AGC 试验报告，以确保机组 AGC 功能长期安全、稳定运行。

3.1.3.8 对于节流配汽滑压运行机组，应保证其滑压运行曲线可使机组具备符合规定的一次调频和 AGC 响应性能。对于使用补汽阀参与一次调频的机组，应保证补汽阀调节系统满足相关标准的要求；在使用补汽阀进行调频时，机组一次调频响应性能应满足相关规定要求。

3.1.3.9 100MW 及以上容量发电机变压器组应按双重化原则配置微机保护（非电量保护除外）。大型发电机组和重要发电厂的启动变保护宜采用双重化配置。每套保护均应含有完整的主、后备保护，能反应被保护设备的各种故障及异常状态，并能作用于跳闸或给出信号。

3.1.3.9.1 发电机变压器组非电量保护应符合本反措第十五章“防止继电保护事故”的相关条款。

3.1.3.9.2 发电机变压器组的断路器三相位置不一致保护应启动失灵保护。

3.1.3.9.3 200MW 及以上容量发电机定子接地保护宜将基波零序保护与三次谐波电压保护的出口分开，基波零序保护投跳闸。

3.1.3.9.4 200MW 及以上容量发电机变压器组应配置专用故障录波器。

3.1.3.9.5 200MW 及以上容量发电机应装设起、停机保护及断路器断口闪络保护。

3.1.3.9.6 并网电厂都应制订完备的发电机带励磁失步振荡故障的应急措施，200MW 及以上容量的发电机应配置失步保护，在进行发电机失步保护整定计算和校验工作时应满足以下要求：

（1）失步保护应能正确区分失步振荡中心所处的位置，在机组进入失步工况时发出失步启动信号。

（2）当失步振荡中心在发电机变压器组外部，并网电厂应制订应急措施，发电机组应允许失步运行5～20个振荡周期，并增加发电机励磁，同时减少有功负荷，经一定延时后解列发电机，并将厂用电源切换到安全、稳定的备用电源。

（3）当发电机振荡电流超过允许的耐受能力时，应解列发电机，并保证断路器断开时的电流不超过断路器允许开断电流。

（4）当失步振荡中心在发电机–变压器组内部，失步运行时间超过整定值或电流振荡次数超过规定值时，保护动作于解列，多台并列运行的发电机–变压器组可采用不同延时的解列方式。

3.2　防止新能源大面积脱网事故

3.2.1　设计阶段

3.2.1.1　新建及改扩建风电场、光伏发电站设备选型时，性能指标必须满足GB/T 19963、GB/T 19964标准要求，至少包括：高电压穿越能力和低电压穿越能力、有功和无功功率控制能力、频率适应能力、电能质量要求。风电场、光伏发电站及其无功补偿设备的高电压穿越能力、频率穿越能力应参照同步发电机组的能力，事故情况下不应先于同步发电机组脱网。

3.2.1.2　风电场、光伏发电站无功补偿设备的低电压、高电压穿越能力应不低于风电机组、光伏逆变器的穿越能力，支撑风电机组、光伏逆变器满足低电压、高电压穿越要求。

3.2.1.3　风电场、光伏发电站的有功功率控制系统应与场站一次调频等频率响应性能协同一致，无功功率控制应与场站高电压穿越能力、低电压穿越能力协同一致。

3.2.1.4　风电场、光伏发电站应配置场站监控系统，实现风电机组、光伏逆变器的有功/无功功率和无功补偿装置的在线动态平滑调节，并具备接受调控机构远程自动控制的功能。风电场、光伏电站监控系统应按相关技术标准要求，采集并向调控机构上传所需的运行信息。

3.2.1.5　风电场、光伏发电站应具备一次调频功能，并网运行时一次调频功能始终投入并确保正常运行，技术指标应满足《电力系统网源协调技术规范》（DL/T 1870—2018）的要求。

3.2.1.6　风电场、光伏发电站应根据电网安全稳定需求配置相应的安全稳定控制装置。

3.2.2　基建阶段

3.2.2.1　风电场、光伏发电站应向相应调控机构提供电网计算分析所需的风电机组、光伏逆变器及其升压站内主要涉网设备参数、有功与无功控制系统技术资料、并网检测报告等。风电场、光伏发电站应完成风电机组、光伏逆变器及配套静止无功发生器（SVG）、静态无功补偿装置（SVC）的参数测试试验、一次调频试验、AGC投入试验、AVC投入试验，并向调控机构提供相关试验报告。

3.2.2.2　风电场、光伏发电站应根据调控机构电网稳定计算分析要求，开展建模及参数实测工作，并将试验报告报调控机构。

3.2.3　运行阶段

3.2.3.1　电力系统发生故障，并网点电压出现跌落或升高时，风电场、光伏发电站应动态调整风电机组、光伏逆变器无功功率和场内无功补偿容量，应确保场内无功补偿装置的动态部分自动调节，确保电容器、电抗器支路在紧急情况下能被快速正确投切，配合系统将并网点电压和机端电压快速恢复到正常范围内。

3.2.3.2 风电场、光伏发电站汇集线系统的单相故障应快速切除。汇集线系统应采用经电阻或消弧线圈接地方式，不应采用不接地或经消弧柜接地方式。经电阻接地的汇集线系统发生单相接地故障时，应能通过相应保护快速切除，同时应兼顾机组运行电压适应性要求。经消弧线圈接地的汇集线系统发生单相接地故障时，应能可靠选线，快速切除。汇集线保护快速段定值应对线路末端故障有灵敏度，汇集线系统中的母线应配置母差保护。

3.2.3.3 风电机组和光伏逆变器控制系统参数和变流器参数设置应与电压、频率等保护协调一致。

3.2.3.4 风电场、光伏发电站内涉网保护定值应与电网保护定值相配合，报调控机构审核合格并备案。

3.2.3.5 风电机组、光伏逆变器因故障或脱网后不得自动并网，故障脱网的风电机组、光伏逆变器须经调控机构许可后并网。

3.2.3.6 发生故障后，风电场、光伏发电站应及时向调控机构报告故障及相关保护动作情况，及时收集、整理、保存相关资料，积极配合调查。

3.2.3.7 风电场、光伏发电站应配备全站统一的卫星时钟（北斗和GPS），并具备双网络授时功能，对场站内各种系统和设备的时钟进行统一校正。

3.2.3.8 当风电机组、光伏逆变器各部件软件版本信息、涉网保护定值及关键控制技术参数更改后，需向调控机构提供业主单位正式盖章确认的故障穿越能力一致性技术分析及说明资料。

3.2.3.9 风电场、光伏发电站应向调控机构定时上传可用发电功率的短期、超短期预测，实时上传理论发电功率和场站可用发电功率，上传率和准确率应满足电网电力电量平衡要求。

4 防止电气误操作事故

为防止电气误操作事故，应全面贯彻落实国家电网公司《电力安全工作规程 变电部分》（Q/GDW 1799.1—2013）、《关于印发〈国家电网公司电力安全工作规程（配电部分）（试行）〉的通知》（国家电网安质〔2014〕265号）、《关于印发〈国家电网公司防止电气误操作安全管理规定〉的通知》（国家电网安监〔2006〕904号）、《国家电网公司变电运维管理规定（试行）》[国网（运检/3）828—2017]、《国家电网公司变电验收管理规定（试行）》[国网（运检/3）827—2017] 第26分册 辅助设施验收细则及其他有关规定，并提出以下重点要求：

4.1 加强防误操作管理

4.1.1 切实落实防误操作工作责任制，各单位应设专人负责防误装置的运行、维护、检修、管理工作。定期开展防误闭锁装置专项隐患排查，分析防误操作工作存在的问题，及时消除缺陷和隐患，确保其正常运行。

4.1.2　防误闭锁装置应与相应主设备统一管理，做到同时设计、同时安装、同时验收投运，并制订和完善防误装置的运行、检修规程。

4.1.3　加强调控、运维和检修人员的防误操作专业培训，严格执行操作票、工作票（“两票”）制度，并使“两票”制度标准化，管理规范化。

4.1.4　严格执行操作指令。倒闸操作时，应按照操作票顺序逐项执行，严禁跳项、漏项，严禁改变操作顺序。当操作发生疑问时，应立即停止操作并向发令人报告，并禁止单人滞留在操作现场。待发令人确认无误并再行许可后，方可进行操作。严禁擅自更改操作票，严禁随意解除闭锁装置。

4.1.5　应制订完备的解锁工具（钥匙）管理规定，严格执行防误闭锁装置解锁流程，任何人不得随意解除闭锁装置，禁止擅自使用解锁工具（钥匙）。

4.1.6　防误闭锁装置不得随意退出运行。停用防误闭锁装置应经设备运维管理单位批准；短时间退出防误闭锁装置应经变电运维班（站）长或发电厂当班值长批准，并应按程序尽快投入运行。

4.1.7　禁止擅自开启直接封闭带电部分的高压配电设备柜门、箱盖、封板等。

4.1.8　对继电保护、安全自动装置等二次设备操作，应制订正确操作方法和防误操作措施。智能变电站保护装置投退应严格遵循规定的投退顺序。

4.1.9　继电保护、安全自动装置（包括直流控制保护软件）的定值或全站系统配置文件（SCD）等其他设定值的修改应按规定流程办理，不得擅自修改。定值调整后检修、运维人员双方应核对确认签字，并做好记录。

4.1.10　应定期组织防误装置技术培训，使相关人员按其职责熟练掌握防误装置，做到“四懂三会”（懂防误装置的原理、性能、结构和操作程序，会熟练操作、会处缺和会维护）。

4.1.11　防误装置应选用符合产品标准，并经国家电网公司授权机构或行业内权威机构检测、鉴定的产品。新型防误装置须经试运行考核后方可推广使用，试运行应经国家电网公司、省（自治区、直辖市）电力公司或国家电网公司直属单位同意。

4.2　完善防误操作技术措施

4.2.1　高压电气设备应安装完善的防误闭锁装置，装置的性能、质量、检修周期和维护等应符合防误装置技术标准规定。

4.2.2　调控中心、运维中心、变电站各层级操作都应具备完善的防误闭锁功能，并确保操作权的唯一性。

4.2.3　利用计算机监控系统实现防误闭锁功能时，应有符合现场实际并经运维管理单位审批的防误规则，防误规则判别依据可包含断路器、隔离开关、接地开关、网门、压板、接地线及就地锁具等一、二次设备状态信息，以及电压、电流等模拟量信息。若防误规则通过拓扑生成，则应加强校核。

4.2.4　新投运的防误装置主机应具有实时对位功能，通过对受控站电气设备位置信号采集，实现与现场设备状态一致。

4.2.5　防误装置（系统）应满足国家或行业关于电力监控系统安全防护规定的要求，严禁与外部网络互联，并严格限制移动存储介质等外部设备的使用。

4.2.6 防误装置使用的直流电源应与继电保护、控制回路的电源分开；防误主机的交流电源应是不间断供电电源。

4.2.7 断路器、隔离开关和接地开关电气闭锁回路应直接使用断路器、隔离开关、接地开关的辅助触点，严禁使用重动继电器；操作断路器、隔离开关等设备时，应确保待操作设备及其状态正确，并以现场状态为准。

4.2.8 防误装置因缺陷不能及时消除，防误功能暂时不能恢复时，执行审批手续后，可以通过加挂机械锁作为临时措施，此时机械锁的钥匙也应纳入解锁工具（钥匙）管理，禁止随意取用。

4.2.9 高压开关柜内手车开关拉出后，隔离带电部位的挡板应可靠封闭，禁止开启。

4.2.10 成套 SF_6 组合电器、成套高压开关柜防误功能应齐全、性能良好；新投开关柜应装设具有自检功能的带电显示装置，并与接地开关及柜门实现强制闭锁；配电装置有倒送电源时，间隔网门应装有带电显示装置的强制闭锁。

4.2.11 固定接地桩应预设，接地线的挂、拆状态宜实时采集监控，并实施强制性闭锁。

4.2.12 顺控操作（程序化操作）应具备完善的防误闭锁功能，模拟预演和指令执行过程中应采用监控主机内置防误逻辑和独立智能防误主机双校核机制，且两套系统宜采用不同生产厂家配置。顺控操作因故停止，转常规倒闸操作时，仍应有完善的防误闭锁功能。

5 防止变电站全停及重要客户停电事故

为防止变电站全停及重要客户停电事故，应认真贯彻《电力安全事故应急处置和调查条例》（中华人民共和国国务院令第599号）、《电力设备带电水冲洗导则》（GB/T 13395—2008）、《电力系统用蓄电池直流电源装置运行与维护技术规程》（DL/T 724—2000）、《电力工程直流电源系统设计技术规程》（DL/T 5044—2014）、《直流电源系统绝缘监测装置技术条件》（DL/T 1392—2014）、《220kV～1000kV变电站站用电设计技术规程》（DL/T 5155—2016）、《电力供应与使用条例》《供电营业规则》《关于加强重要电力客户供电电源及自备应急电源配置监督管理的意见》（电监安全〔2008〕43号）、《重要电力客户供电电源及自备应急电源配置技术规范》（GB/Z 29328—2012）、《高压电力用户用电安全》（GB/T 31989—2015）等标准及相关规程规定，结合近6年生产运行情况和典型事故案例，提出以下重点要求。原《国家电网公司防止变电站全停十六项措施（试行）》（国家电网运检〔2015〕376号）同步废止。

5.1 防止变电站全停事故

5.1.1 设计阶段

5.1.1.1 变电站站址应具有适宜的地质、地形条件，应避开滑坡、泥石流、塌陷区和地震断裂带等不良地质构造。宜避开溶洞、采空区、明和暗的河塘、岸边冲刷区、易发生滚石的地段，尽量避免或减少破坏林木和环境自然地貌。

5.1.1.2 场地排水方式应根据站区地形、降雨量、土质类别、竖向布置及道路布置，合理选择排水方式。

5.1.1.3　新建 220kV 及以上电压等级双母分段接线方式的气体绝缘金属封闭开关设备（GIS），当本期进出线元件数达到 4 回及以上时，投产时应将母联及分段间隔相关一、二次设备全部投运。根据电网结构的变化，应满足变电站设备的短路容量约束。

5.1.1.4　220kV 及以上电压等级电缆电源进线原则上不应敷设在同一排管或电缆沟内，以防止故障导致变电站全停。

5.1.1.5　严格按照有关标准进行断路器、隔离开关、母线等设备选型，加强对变电站断路器开断容量的校核、隔离开关与母线额定短时耐受电流及额定峰值耐受电流校核。

5.1.2　基建阶段

5.1.2.1　设备改扩建时，一次设备安装调试全部结束并通过验收后，方可与运行设备连接。

5.1.2.2　对软土地基的场地进行大规模填土时，如场地淤泥层较厚，应根据现场的实际情况，采用排水固结等有效措施。冬季施工，严禁使用冻土进行回填。

5.1.2.3　变电站建设中，应建立可靠的排水系统；在受山洪影响的地段，应采取相应的排洪措施。

5.1.3　运行阶段

5.1.3.1　对于双母线接线方式的变电站，在一条母线停电检修及恢复送电过程中，必须做好各项安全措施。对检修或事故跳闸停电的母线进行试送电时，具备空余线路且线路后备保护满足充电需求时应首先考虑用外来电源送电。

5.1.3.2　对双母线接线方式下间隔内一组母线侧隔离开关检修时，应将另一组母线侧隔离开关的电机电源及控制电源断开。

5.1.3.3　双母线接线方式下，一组母线电压互感器退出运行时，应加强运行电压互感器的巡视和红外测温，避免故障导致母线全停。

5.1.3.4　定期对变电站内及周边漂浮物、塑料大棚、彩钢板建筑、风筝及高大树木等进行清理，大风前后应进行专项检查，防止异物漂浮造成设备短路。

5.1.3.5　定期检查避雷针、支柱绝缘子、悬垂绝缘子、耐张绝缘子、设备架构、隔离开关基础、GIS 母线筒位移与沉降情况以及母线绝缘子串锁紧销的连接，对管母线支柱绝缘子进行探伤检测及有无弯曲变形检查。

5.1.3.6　变电站带电水冲洗工作必须保证水质要求，母线冲洗时要投入可靠的母差保护。

5.1.3.7　定期对主变压器（电抗器）的消防装置运行情况进行检查，防止装置误动造成变电站全停事故。

5.1.3.8　汛期前应检查变电站的周边环境、排水设施（排水沟、排水井等）状况，保证在恶劣天气（特大暴雨、连续强降雨、台风等）的情况下顺利排水。

5.1.3.9　定期检查护坡、挡水墙有无破损，清理坡下排水沟淤泥、杂物，保持排水沟畅通。

5.1.3.10　根据电网容量和网架结构变化定期校验变电站短路容量，当设备额定短路电流不满足要求时，应及时采取设备改造、限流或调整运行方式等措施。

5.2　防止站用交流系统失电

5.2.1　设计阶段

5.2.1.1　变电站采用交流供电的通信设备、自动化设备、防误主机交流电源应取自站用交流不间断电源系统。

5.2.1.2　设计资料中应提供全站交流系统上下级差配置图和各级断路器（熔断器）级差配合参数。

5.2.1.3　110（66）kV及以上电压等级变电站应至少配置两路站用电源。装有两台及以上主变压器的330kV及以上变电站和地下220kV变电站，应配置三路站用电源。站外电源应独立可靠，不应取自本站作为唯一供电电源的变电站。

5.2.1.4　当任意一台站用变压器退出时，备用站用变压器应能自动切换至失电的工作母线段，继续供电。

5.2.1.5　站用低压工作母线间装设备自投装置时，应具备低压母线故障闭锁备自投功能。

5.2.1.6　新投运变电站不同站用变压器低压侧至站用电屏的电缆应尽量避免同沟敷设，对无法避免的，则应采取防火隔离措施。

5.2.1.7　干式变压器作为站用变压器使用时，不宜采用户外布置。

5.2.1.8　变电站内如没有对电能质量有特殊要求的设备，应尽快拆除低压脱扣装置。若需装设，低压脱扣装置应具备延时整定和面板显示功能，延时时间应与系统保护和重合闸时间配合，躲过系统瞬时故障。

5.2.1.9　站用交流母线分段的，每套站用交流不间断电源装置的交流主输入、交流旁路输入电源应取自不同段的站用交流母线。两套配置的站用交流不间断电源装置交流主输入应取自不同段的站用交流母线，直流输入应取自不同段的直流电源母线。

5.2.1.10　站用交流不间断电源装置交流主输入、交流旁路输入及不间断电源输出均应有工频隔离变压器，直流输入应装设逆止二极管。

5.2.1.11　双机单母线分段接线方式的站用交流不间断电源装置，分段断路器应具有防止两段母线带电时闭合分段断路器的防误操作措施。手动维修旁路断路器应具有防误操作的闭锁措施。

5.2.1.12　站用交流电系统进线端（或站用变低压出线侧）应设可操作的熔断器或隔离开关。

5.2.2　基建阶段

5.2.2.1　新建变电站交流系统在投运前，应完成断路器上下级级差配合试验，核对熔断器级差参数，合格后方可投运。

5.2.2.2　交流配电屏进线缺相自投试验应逐相开展。

5.2.2.3　站用交流电源系统的母线安装在一个柜架单元内，主母线与其他元件之间的导体布置应采取避免相间或相对地短路的措施，配电屏间禁止使用裸导体进行连接，母线应有绝缘护套。

5.2.3　运行阶段

5.2.3.1　两套分列运行的站用交流电源系统，电源环路中应设置明显断开点，禁止合环运行。

5.2.3.2　站用交流电源系统的进线断路器、分段断路器、备自投装置及脱扣装置应纳入定值管理。

5.2.3.3　正常运行中，禁止两台不具备并联运行功能的站用交流不间断电源装置并列运行。

5.3 防止站用直流系统失电

5.3.1 设计阶段

5.3.1.1 设计资料中应提供全站直流系统上下级差配置图和各级断路器（熔断器）级差配合参数。

5.3.1.2 两组蓄电池的直流电源系统，其接线方式应满足切换操作时直流母线始终连接蓄电池运行的要求。

5.3.1.3 新建变电站300Ah及以上的阀控式蓄电池组应安装在各自独立的专用蓄电池室内或在蓄电池组间设置防爆隔火墙。

5.3.1.4 蓄电池组正极和负极引出电缆不应共用一根电缆，并采用单根多股铜芯阻燃电缆。

5.3.1.5 酸性蓄电池室（不含阀控式密封铅酸蓄电池室）照明、采暖通风和空气调节设施均应为防爆型，开关和插座等应装在蓄电池室的门外。

5.3.1.6 一组蓄电池配一套充电装置或两组蓄电池配两套充电装置的直流电源系统，每套充电装置应采用两路交流电源输入，且具备自动投切功能。

5.3.1.7 采用交直流双电源供电的设备，应具备防止交流窜入直流回路的措施。

5.3.1.8 330kV及以上电压等级变电站及重要的220kV变电站，应采用三套充电装置、两组蓄电池组的供电方式。

5.3.1.9 直流电源系统馈出网络应采用集中辐射或分层辐射供电方式，分层辐射供电方式应按电压等级设置分电屏，严禁采用环状供电方式。断路器储能电源、隔离开关电机电源、35（10）kV开关柜顶可采用每段母线辐射供电方式。

5.3.1.10 变电站内端子箱、机构箱、智能控制柜、汇控柜等屏柜内的交直流接线，不应接在同一段端子排上。

5.3.1.11 试验电源屏交流电源与直流电源应分层布置。

5.3.1.12 220kV及以上电压等级的新建变电站通信电源应双重化配置，满足“双设备、双路由、双电源”的要求。

5.3.1.13 直流断路器不能满足上、下级保护配合要求时，应选用带短路短延时保护特性的直流断路器。

5.3.1.14 直流高频模块和通信电源模块应加装独立进线断路器。

5.3.2 基建阶段

5.3.2.1 新建变电站投运前，应完成直流电源系统断路器上下级级差配合试验，核对熔断器级差参数，合格后方可投运。

5.3.2.2 安装完毕投运前，应对蓄电池组进行全容量核对性充放电试验，经3次充放电仍达不到100%额定容量的应整组更换。

5.3.2.3 交直流回路不得共用一根电缆，控制电缆不应与动力电缆并排铺设。对不满足要求的运行变电站，应采取加装防火隔离措施。

5.3.2.4 直流电源系统应采用阻燃电缆。两组及以上蓄电池组电缆，应分别铺设在各自独立的通道内，并尽量沿最短路径敷设。在穿越电缆竖井时，两组蓄电池电缆应分别加穿金属套管。对不满足要求的运行变电站，应采取防火隔离措施。

5.3.2.5 直流电源系统除蓄电池组出口保护电器外，应使用直流专用断路器。蓄电池组出口回路宜采用熔断器，也可采用具有选择性保护的直流断路器。

5.3.2.6 直流回路隔离电器应装有辅助触点，蓄电池组总出口熔断器应装有报警触点，信号应可靠上传至调控部门。直流电源系统重要故障信号应硬接点输出至监控系统。

5.3.3 运行阶段

5.3.3.1 应加强站用直流电源专业技术监督，完善蓄电池入网检测、设备抽检、运行评价。

5.3.3.2 两套配置的直流电源系统正常运行时，应分列运行。当直流电源系统存在接地故障情况时，禁止两套直流电源系统并列运行。

5.3.3.3 直流电源系统应具备交流窜直流故障的测量记录和报警功能，不具备的应逐步进行改造。

5.3.3.4 新安装阀控密封蓄电池组，投运后每 2 年应进行一次核对性充放电试验，投运 4 年后应每年进行一次核对性充放电试验。

5.3.3.5 站用直流电源系统运行时，禁止蓄电池组脱离直流母线。

5.4 防止重要客户停电事故

5.4.1 完善重要客户入网管理

5.4.1.1 供电企业应制定重要客户入网管理制度，制度应包括对重要客户在规划设计、接线方式、短路容量、电流开断能力、设备运行环境条件、安全性等各方面的要求；对重要客户设备验收标准及要求。

5.4.1.2 供电企业应做好重要客户业扩工程的设计审核、中间检查、竣工验收等工作，应督促重要客户自行选择的业扩工程设计、施工、设备选型符合现行国家、行业标准的要求。

5.4.1.3 对属于非线性、不对称负荷性质的重要客户，供电企业应要求客户进行电能质量测试评估。根据评估结果，重要客户应制订相应无功补偿方案并提交供电企业审核批准，保证其负荷产生的谐波成分及负序分量不对电网造成污染，不对供电企业及其自身供用电设备造成影响。

5.4.1.4 供电企业在与重要客户签订供用电合同时，应明确要求重要客户按照电力行业技术监督标准开展技术监督工作。

5.4.1.5 供电企业在与重要客户签订供用电合同时，如果重要客户对电能质量的要求高于国家相关标准，应明确要求其自行采取必要的技术措施。

5.4.2 合理配置供电电源点

5.4.2.1 特级重要电力客户应采用双电源或多电源供电，其中任何一路电源能保证独立正常供电。

5.4.2.2 一级重要电力客户应采用双电源供电，两路电源应当来自两个不同的变电站或来自不同电源进线的同一变电站内两段母线，当一路电源发生故障时，另一路电源能保证独立正常供电。

5.4.2.3 二级重要电力客户应具备双回路供电条件，供电电源可以来自同一个变电站。

5.4.2.4 临时性重要电力客户，按照供电负荷重要性，在条件允许情况下，可以通过临时架线等方式具备双回路或两路以上电源供电条件。

5.4.2.5 重要电力客户供电电源的切换时间和切换方式要满足重要电力客户保安负荷允许断电时间的要求。对切换时间不能满足保安负荷允许断电时间要求的，重要电力用户应自行采取技术措施解决。

5.4.3　加强为重要客户供电的输变电设备运行维护

5.4.3.1　供电企业应根据国家相关标准、电力行业标准、国家电网公司制度，针对重要客户供电的输变电设备制订专门的运行规范、检修规范、反事故措施。

5.4.3.2　根据对重要客户供电的输变电设备实际运行情况，缩短设备巡视周期、设备状态检修周期。

5.4.4　督促重要客户合理配置自备应急电源

5.4.4.1　重要客户均应配置自备应急电源，自备应急电源配置容量至少应满足全部保安负荷正常启动和带负荷运行的要求。

5.4.4.2　重要客户的自备应急电源应与供电电源同步建设，同步投运。

5.4.4.3　重要客户自备应急电源启动时间、切换方式、持续供电时间、电能质量、使用场所应满足安全要求。

5.4.4.4　重要客户自备应急电源与电网电源之间应装设可靠的电气或机械闭锁装置，防止倒送电。

5.4.4.5　重要客户自备应急电源设备要符合国家有关安全、消防、节能、环保等技术规范和标准要求。

5.4.4.6　重要客户新装自备应急电源投入切换装置技术方案要符合国家有关标准和所接入电力系统安全要求。

5.4.4.7　重要电力客户应具备外部自备应急电源接入条件，有特殊供电需求及临时重要电力客户应配置外部应急电源接入装置。

5.4.5　协助重要客户开展受电设备和自备应急电源安全检查

5.4.5.1　供电企业及客户对各自拥有所有权的电力设施承担维护管理和安全责任，对发现的属于客户责任的安全隐患，供电企业应以书面形式告知客户，积极督促客户整改，同时向政府主管部门沟通汇报，争取政府支持，做到“通知、报告、服务、督导”四到位，建立政府主导、客户落实整改、供电企业提供技术服务的长效工作机制。

5.4.5.2　供电企业对特级、一级重要客户每3个月至少检查1次，对二级重要客户每6个月至少检查1次，对临时性重要客户根据其现场实际用电需要开展用电检查工作。

5.4.5.3　重要电力客户应按照国家和电力行业有关标准、规程和规范的要求，对受电设备定期进行安全检查、预防性试验，对自备应急电源定期进行安全检查、预防性试验、启机试验和切换装置的切换试验。

5.4.5.4　重要客户不应自行变更自备应急电源接线方式，不应自行拆除自备应急电源的闭锁装置或者使其失效，不应擅自将自备应急电源转供其他客户，自备应急电源发生故障后应尽快修复。

6　防止输电线路事故

为防止110（66）kV及以上输电线路事故的发生，应严格执行《66kV及以下架空电力线路设计规范》(GB 50061—2010)、《1000kV架空输电线路设计规范》(GB 50665—2011)、《±800kV直流架空输电线路设计规范》(GB 50790—2013)、《110～750kV架空输电线路施工及验收规范》(GB 50233—2014)、《重覆冰架空输电线路设计技术规程》(DL/T 5440—2009)、《±800kV及以下直流架空输电线路工程施工及验收规程》(DL/T 5235—2010)、《架空输电线路运行规程》(DL/T 741—2010)、《±800kV直流架空输电线路检修规程》(DL/T 251—2012)、《架空输电线路防舞设计规范》(Q/GDW 1829—2012)、《1000kV架空送电线路施工及验收规范》(Q/GDW 1153—2012)、《1000kV交流架空输电线路运行规程》(Q/GDW 1210—2014)、《国家电网公司关于印发输电线路跨越重要输电通道建设管理规范（试行）等文件的通知》（国家电网基建〔2015〕756号）、国家电网公司《电网差异化规划设计指导意见》（国家电网发展〔2008〕195号）、《关于印发〈国家电网公司输电线路跨（钻）越高铁设计技术要求〉的通知》（国家电网基建〔2012〕1049号）、《国家电网公司关于印发电网设备技术标准差异条款统一意见的通知》（国家电网科〔2017〕549号）及其他有关规定，并提出以下重点要求：

6.1 防止倒塔事故

6.1.1 规划设计阶段

6.1.1.1 在特殊地形、极端恶劣气象环境条件下重要输电线路宜采取差异化设计，适当提高抗风、抗冰、抗洪等设防水平。

6.1.1.2 线路设计时应避让可能引起杆塔倾斜和沉降的崩塌、滑坡、泥石流、岩溶塌陷、地裂缝等不良地质灾害区。

6.1.1.3 线路设计时宜避让采动影响区，无法避让时，应进行稳定性评价，合理选择架设方案及基础型式，宜采用单回路或单极架设，必要时加装在线监测装置。

6.1.1.4 对于易发生水土流失、山洪冲刷等地段的杆塔，应采取加固基础、修筑挡土墙（桩）、截（排）水沟、改造上下边坡等措施，必要时改迁路径。

6.1.1.5 分洪区等受洪水冲刷影响的基础，应考虑洪水冲刷作用及漂浮物的撞击影响，并采取相应防护措施。

6.1.1.6 高寒地区线路设计时应采用合理的基础型式和必要的地基防护措施，避免基础冻胀位移、永冻层融化下沉。

6.1.1.7 对于需要采取防风固沙措施的移动或半移动沙丘等区域的杆塔，应考虑主导风向等因素，并采取有效的防风固沙措施，如围栏种草、草方格、碎石压沙等措施。

6.1.1.8 规划阶段，应对特高压密集通道开展多回同跳风险评估，必要时差异化设计。当特高压线路在滑坡等地质不良地区同走廊架设时，宜满足倒塔距离要求。

6.1.2 基建阶段

6.1.2.1 隐蔽工程应留有影像资料，并经监理单位质量验收合格后方可隐蔽；竣工验收时运行单位应检查隐蔽工程影像资料的完整性，并进行必要的抽检。

6.1.2.2 铁塔现场组立前应对紧固件螺栓、螺母及铁附件进行抽样检测，经确认合格后方可使用。地脚螺栓直径级差宜控制在6mm及以上，螺杆顶面、螺母顶面或侧面加盖规格钢印标记，安装前应对螺杆、螺母型号进行匹配。架线前、后应对地脚螺栓紧固情况进行检查，严禁在地脚螺母紧固不到位时进行保护帽施工。

6.1.2.3　对山区线路，设计单位应提出余土处理方案，施工单位应严格执行余土处理方案。

6.1.3　运行阶段

6.1.3.1　运维单位应结合本单位实际按照分级储备、集中使用的原则，储备一定数量的事故抢修塔。

6.1.3.2　遭遇恶劣天气后，应开展线路特巡，当线路导地线发生覆冰或舞动时应做好观测记录和影像资料的收集，并进行杆塔螺栓松动、金具磨损等专项检查及处理。

6.1.3.3　加强铁塔基础的检查和维护，对取土、挖沙、采石等可能危及杆塔基础安全的行为，应及时制止并采取相应防范措施。

6.1.3.4　应采用可靠、有效的在线监测设备加强特殊区段的运行监测。

6.1.3.5　加强拉线塔的保护和维修。拉线下部应采取可靠的防盗、防割措施；应及时更换锈蚀严重的拉线和拉棒；对易受撞击的杆塔和拉线，应采取防撞措施。对机械化耕种区的拉线塔，宜改造为自立式铁塔。

6.2　防止断线事故

6.2.1　设计和基建阶段

6.2.1.1　应采取有效的保护措施，防止导地线放线、紧线、连接及安装附件时受到损伤。

6.2.1.2　架空地线复合光缆（OPGW）外层线股 110kV 及以下线路应选取单丝直径 2.8mm 及以上的铝包钢线；220kV 及以上线路应选取单丝直径 3.0mm 及以上的铝包钢线，并严格控制施工工艺。

6.2.2　运行阶段

6.2.2.1　加强对大跨越段线路的运行管理，按期进行导地线测振，发现动弯应变值超标时应及时分析、处理。

6.2.2.2　在腐蚀严重地区，应根据导地线运行情况进行鉴定性试验；出现多处严重锈蚀、散股、断股、表面严重氧化时，宜换线。

6.2.2.3　运行线路的重要跨越［不包括“三跨”（跨高速铁路、跨高速公路、跨重要输电通道）］档内接头应采用预绞式金具加固。

6.3　防止绝缘子和金具断裂事故

6.3.1　设计和基建阶段

6.3.1.1　大风频发区域的连接金具应选用耐磨型金具；重冰区应考虑脱冰跳跃对金具的影响；舞动区应考虑舞动对金具的影响。

6.3.1.2　作业时应避免损坏复合绝缘子伞裙、护套及端部密封，不应脚踏复合绝缘子；安装时不应反装均压环或安装于护套上。

6.3.1.3　500（330）kV 和 750kV 线路的悬垂复合绝缘子串应采用双联（含单 V 串）及以上设计，且单联应满足断联工况荷载的要求。

6.3.1.4　跨越 110kV（66kV）及以上线路、铁路和等级公路、通航河流及居民区等，直线塔悬垂串应采用双联结构，宜采用双挂点，且单联应满足断联工况荷载的要求。

6.3.1.5　500kV 及以上线路用棒形复合绝缘子应按批次抽取 1 支进行芯棒耐应力腐蚀试验。

6.3.1.6　耐张绝缘子串倒挂时，耐张线夹应采用填充电力脂等防冻胀措施，并在线夹尾部打渗水孔。

6.3.2 运行阶段

6.3.2.1 高温大负荷期间应开展红外测温，重点检测接续管、耐张线夹、引流板、并沟线夹等金具的发热情况，发现缺陷及时处理。

6.3.2.2 加强导地线悬垂线夹承重轴磨损情况检查，导地线振动严重区段应按 2 年周期打开检查，磨损严重的应予更换。

6.3.2.3 应认真检查锁紧销的运行状况，锈蚀严重及失去弹性的应及时更换；特别应加强 V 串复合绝缘子锁紧销的检查，防止因锁紧销受压变形失效而导致掉线事故。

6.3.2.4 加强瓷绝缘子的检测，及时更换零、低值瓷绝缘子及自爆玻璃绝缘子。加强复合绝缘子护套和端部金具连接部位的检查，端部密封破损及护套严重损坏的复合绝缘子应及时更换。

6.3.2.5 复合绝缘子应按照《标称电压高于 1000V 架空线路用绝缘子使用导则　第 3 部分：交流系统用棒型悬式复合绝缘子》（DL/T 1000.3）及《标称电压高于 1000V 架空线路用绝缘子使用导则　第 4 部分：直流系统用棒型悬式复合绝缘子》（DL/T 1000.4）规定的项目及周期开展抽检试验，且增加芯棒耐应力腐蚀试验。

6.4 防止风偏闪络事故

6.4.1 设计和基建阶段

6.4.1.1 新建线路设计时应结合线路周边气象台站资料及风区分布图，并参考已有的运行经验确定设计风速，对山谷、垭口等微地形、微气象区加强防风偏校核，必要时采取进一步的防风偏措施。

6.4.1.2 330～750kV 架空线路 40°以上转角塔的外角侧跳线串应使用双串绝缘子，并加装重锤等防风偏措施；15°以内的转角内外侧均应加装跳线绝缘子串（包括重锤）。

6.4.1.3 沿海台风地区，跳线风偏应按设计风压的 1.2 倍校核；110～220kV 架空线路大于 40°转角塔的外侧跳线应采用绝缘子串（包括重锤）；小于 20°转角塔，两侧均应加挂单串跳线串（包括重锤）。

6.4.2 运行阶段

6.4.2.1 运行单位应加强通道周边新增构筑物、各类交叉跨越距离及山区线路大档距侧边坡的排查，对影响线路安全运行的隐患及时治理。

6.4.2.2 线路风偏故障后，应检查导线、金具、铁塔等受损情况并及时处理。

6.4.2.3 更换不同型式的悬垂绝缘子串后，应对导线风偏角及导线弧垂重新校核。

6.5 防止覆冰、舞动事故

6.5.1 设计和基建阶段

6.5.1.1 线路路径选择应以冰区分布图、舞动区域分布图为依据，宜避开重冰区及易发生导线舞动的区域；2 级及以上舞动区不应采用紧凑型线路设计，并采取全塔双帽防松措施。

6.5.1.2 新建架空输电线路无法避开重冰区或易发生导线舞动的区段，宜避免大档距、大高差和杆塔两侧档距相差悬殊等情况。

6.5.1.3 重冰区和易舞动区内线路的瓷绝缘子串或玻璃绝缘子串的联间距宜适当增加，必要时可采用联间支撑间隔棒。

6.5.2　运行阶段

6.5.2.1　加强导地线覆冰、舞动的观测，对覆冰及易舞动区，安装在线监测装置及设立观冰站（点），加强沿线气象环境资料的调研收集，及时修订冰区分布图和舞动区域分布图。

6.5.2.2　对设计冰厚取值偏低，且未采取必要防冰害措施的中、重冰区线路，应采取增加直线塔、缩短耐张段长度、合理补强杆塔等措施。

6.5.2.3　防舞治理应综合考虑线路防微风振动性能，避免因采取防舞动措施而造成导地线微风振动时动弯应变超标，从而导致疲劳损伤；同时应加强防舞效果的观测和防舞装置的维护。

6.5.2.4　覆冰季节前应对线路做全面检查，落实除冰、融冰和防舞动措施。

6.5.2.5　具备融冰条件的线路覆冰后，应根据覆冰厚度和天气情况，对导地线及时采取融冰措施以减少导地线覆冰。冰雪消融后，对已发生倾斜的杆塔应加强监测，可根据需要在直线杆塔上设立临时拉线以加强杆塔的抗纵向不平衡张力能力。

6.5.2.6　线路发生覆冰、舞动后，应根据实际情况安排停电检修，对线路覆冰、舞动重点区段的杆塔螺栓松动、导地线线夹出口处、绝缘子锁紧销及相关金具进行检查和消缺；及时校核和调整因覆冰、舞动造成的导地线滑移引起的弧垂变化缺陷。

6.6　防止鸟害闪络事故

6.6.1　设计和基建阶段

6.6.1.1　66～500kV 新建线路设计时应结合涉鸟故障风险分布图，对于鸟害多发区应采取有效的防鸟措施，如安装防鸟刺、防鸟挡板、防鸟针板，增加绝缘子串结构高度等。110（66）、220、330、500kV 悬垂绝缘子的鸟粪闪络基本防护范围为以绝缘子悬挂点为圆心，半径分别为 0.25、0.55、0.85、1.2m 的圆。

6.6.2　运行阶段

6.6.2.1　鸟害多发区线路应及时安装防鸟装置，如防鸟刺、防鸟挡板、悬垂串第一片绝缘子采用大盘径绝缘子、复合绝缘子横担侧采用防鸟型均压环等。对已安装的防鸟装置应加强检查和维护，及时更换失效防鸟装置。

6.6.2.2　及时拆除绝缘子、导线上方等可能危及线路运行的鸟巢，并及时清扫鸟粪污染的绝缘子。

6.7　防止外力破坏事故

6.7.1　设计和基建阶段

6.7.1.1　新建线路设计时应采取必要的防盗、防撞等防外力破坏措施，验收时应检查防外力破坏措施是否落实到位。

6.7.1.2　架空线路跨越森林、防风林、固沙林、河流坝堤的防护林、高等级公路绿化带、经济园林等，当采用高跨设计时，应满足对主要树种的自然生长高度距离要求。

6.7.1.3　新建线路宜避开山火易发区，无法避让时，宜采用高跨设计，并适当提高安全裕度；无法采用高跨设计时，重要输电线路应按照相关标准开展通道清理。

6.7.2 运行阶段

6.7.2.1 应建立完善的通道属地化制度，积极配合当地公安机关及司法部门，严厉打击破坏、盗窃、收购线路器材的违法犯罪活动。

6.7.2.2 加强巡视和宣传，及时制止线路附近的烧荒、烧秸秆、放风筝、开山炸石、爆破作业、大型机械施工、非法采沙等可能危及线路安全运行的行为。

6.7.2.3 应在线路保护区或附近的公路、铁路、水利、市政施工现场等可能引起误碰线的区段设立限高警示牌或采取其他有效措施，防止吊车等施工机械碰线。

6.7.2.4 及时清理线路通道内的树障、堆积物等，严防因树木、堆积物与电力线路距离不够引起放电事故；及时清理或加固线路通道内彩钢瓦、大棚薄膜、遮阳网等易漂浮物。

6.7.2.5 对易遭外力碰撞的线路杆塔，应设置防撞墩（墙）、并涂刷醒目标志漆。

6.8 防止“三跨”事故

6.8.1 设计和基建阶段

6.8.1.1 线路路径选择时，宜减少“三跨”数量，且不宜连续跨越；跨越重要输电通道时，不宜在一档中跨越3条及以上输电线路，且不宜在杆塔顶部跨越。

6.8.1.2 “三跨”线路与高铁交叉角不宜小于45°，困难情况下不应小于30°，且不应在铁路车站出站信号机以内跨越；与高速公路交叉角一般不应小于45°；与重要输电通道交叉角不宜小于30°。线路改造路径受限时，可按原路径设计。

6.8.1.3 “三跨”应尽量避免出现大档距和大高差的情况，跨越塔两侧档距之比不宜超过2:1。

6.8.1.4 “三跨”线路跨越点宜避开2级及3级舞动区，无法避开时以舞动区域分布图为依据，结合附近舞动发展情况，宜适当提高防舞设防水平。

6.8.1.5 “三跨”应采用独立耐张段跨越，杆塔结构重要性系数应不低于1.1，杆塔除防盗措施外，还应采用全塔防松措施；当跨越重要输电通道时，跨越线路设计标准应不低于被跨越线路。

6.8.1.6 “三跨”线路跨越点宜避开重冰区。对15mm及以上冰区的特高压“三跨”和5mm及以上冰区的其他电压等级“三跨”，导线最大设计验算覆冰厚度应比同区域常规线路增加10mm，地线设计验算覆冰厚度增加15mm；对历史上曾出现过超设计覆冰的地区，还应按稀有覆冰条件进行验算。

6.8.1.7 易舞动区防舞装置（不含线夹回转式间隔棒）安装位置应避开被跨越物。

6.8.1.8 500kV及以下“三跨”线路的悬垂绝缘子串应采用独立双串设计，对于山区高差大、连续上下山的线路可采用单挂点双联，耐张绝缘子应采用双联及以上结构形式，单联强度应满足正常运行状态下受力要求。“三跨”地线悬垂应采用独立双串设计，耐张串连接金具应提高一个强度等级。

6.8.1.9 “三跨”区段宜选用预绞式防振锤。风振严重区、易舞动区“三跨”的导地线应选用耐磨型连接金具。

6.8.1.10 跨越高铁时应安装分布式故障诊断装置和视频监控装置；跨越高速公路和重要输电通道时应安装图像或视频监控装置。

6.8.1.11 “三跨”地线宜采用铝包钢绞线，光缆宜选用全铝包钢结构的OPGW光缆。

6.8.1.12 对特高压线路“三跨”，跨越档内导地线不应有接头；对其他电压等级“三跨”，耐张段内导地线不应有接头。

6.8.1.13 750kV及以下电压等级输电线路“三跨”金具应按照施工验收规定逐一检查压接质量，并按照“三跨”段内耐张线夹总数量10%的比例开展X射线无损检测。

6.8.2 运行阶段

6.8.2.1 在运“三跨”应满足独立耐张段跨越要求，不满足时应进行改造。

6.8.2.2 在运线路跨越高铁时，杆塔应满足结构重要性系数不低于1.1的要求，不满足时应进行改造。

6.8.2.3 对采用独立耐张段跨越的在运跨高铁输电线路，按《110kV～750kV架空输电线路设计规范》（GB 50545—2010）及6.8.1.6的要求开展校核，不满足时应进行改造。

6.8.2.4 在运“三跨”应满足6.8.1.7～6.8.1.12条相关要求，不满足时应进行改造。

6.8.2.5 在运“三跨”，应结合停电检修开展耐张线夹X光透视等无损探伤检查，根据检测结果及时处理。

6.8.2.6 在运“三跨”红外测温周期应不超过3个月，当环境温度达到35℃或输送功率超过额定功率的80%时，应开展红外测温和弧垂测量。

6.8.2.7 报废线路的“三跨”应予以拆除，退运线路的“三跨”应纳入正常运维范围。

7 防止输变电设备污闪事故

为防止发生输变电设备污闪事故，应严格执行《污秽条件下使用的高压绝缘子的选择和尺寸确定》（GB/T 26218）、《电力系统污区分级与外绝缘选择标准》（Q/GDW 1152—2014）、《电气装置安装工程 电气设备交接试验标准》（GB 50150—2016）、《劣化悬式绝缘子检测规程》（DL/T 626—2015）、《国家电网公司关于印发电网设备技术标准差异条款统一意见的通知》（国家电网科〔2017〕549号），并提出以下重点要求：

7.1 设计和基建阶段

7.1.1 新、改（扩）建输变电设备的外绝缘配置应以最新版污区分布图为基础，综合考虑附近的环境、气象、污秽发展和运行经验等因素确定。线路设计时，交流c级以下污区外绝缘按c级配置；c、d级污区按照上限配置；e级污区可按照实际情况配置，并适当留有裕度。变电站设计时，c级以下污区外绝缘按c级配置；c、d级污区可根据环境情况适当提高配置；e级污区可按照实际情况配置。

7.1.2 对于饱和等值盐密大于0.35mg/cm^{2}的，应单独校核绝缘配置。特高压交直流工程一般需要开展专项沿线污秽调查以确定外绝缘配置。海拔高度超过1000m时，外绝缘配置应进行海拔修正。

7.1.3 选用合理的绝缘子材质和伞形。中重污区变电站悬垂串宜采用复合绝缘子，支柱绝缘子、组合电器宜采用硅橡胶外绝缘。变电站站址应尽量避让交流e级区，如不能避让，变电站宜采用GIS、HGIS设备或全户内变电站。中重污区输电线路悬垂串、220kV及以下电压等级耐张串宜采用复合绝缘子，330kV及以上电压等级耐张串宜采用瓷或玻璃绝缘子。对于自洁能力差（年平均降雨量小于800mm）、冬春季易发生污闪的地区，若采用足够爬电距离的瓷或玻璃绝缘子仍无法满足安全运行需要时，宜采用工厂化喷涂防污闪涂料。

7.1.4 对易发生覆冰闪络、湿雪闪络或大雨闪络地区的外绝缘设计，宜采取采用V型串、不同盘径绝缘子组合或加装辅助伞裙等的措施。

7.1.5 对粉尘污染严重地区，宜选用自洁能力强的绝缘子，如外伞形绝缘子，变电设备可采取加装辅助伞裙等措施。玻璃绝缘子用于沿海、盐湖、水泥厂和冶炼厂等特殊区域时，应涂覆防污闪涂料。复合外绝缘用于苯、酒精类等化工厂附近时，应提高绝缘配置水平。

7.1.6 安装在非密封户内的设备外绝缘设计应考虑户内场湿度和实际污秽度，与户外设备外绝缘的污秽等级差异不宜大于一级。

7.1.7 加强绝缘子全过程管理，全面规范绝缘子选型、招标、监造、验收及安装等环节，确保使用运行经验成熟、质量稳定的绝缘子。

7.1.8 盘形悬式瓷绝缘子安装前现场应逐个进行零值检测。

7.1.9 瓷或玻璃绝缘子安装前需涂覆防污闪涂料时，宜采用工厂复合化工艺，运输及安装时应注意避免绝缘子涂层擦伤。

7.2 运行阶段

7.2.1 根据“适当均匀、总体照顾”的原则，采用“网格化”方法开展饱和污秽度测试布点，兼顾疏密程度、兼顾未来电网发展。局部重污染区、特殊污秽区、重要输电通道、微气象区、极端气象区等特殊区域应增加布点。根据标准要求开展污秽取样与测试。

7.2.2 应以现场污秽度为主要依据，结合运行经验、污湿特征，考虑连续无降水日的大幅度延长等影响因素开展污区分布图修订。污秽等级变化时，应及时进行外绝缘配置校核。

7.2.3 对外绝缘配置不满足运行要求的输变电设备应进行治理。防污闪措施包括增加绝缘子片数、更换防污绝缘子、涂覆防污闪涂料、更换复合绝缘子、加装辅助伞裙等。

7.2.4 清扫作为辅助性防污闪措施，可用于暂不满足防污闪配置要求的输变电设备及污染特殊严重区域的输变电设备。

7.2.5 出现快速积污、长期干旱或外绝缘配置暂不满足运行要求，且可能发生污闪的情况时，可紧急采取带电水冲洗、带电清扫、直流线路降压运行等措施。

7.2.6 绝缘子上方金属部件严重锈蚀可能造成绝缘子表面污染，或绝缘子表面覆盖藻类、苔藓等，可能造成闪络的，应及时采取措施进行处理。

7.2.7 在大雾、毛毛雨、覆冰（雪）等恶劣天气过程中，宜加强特殊巡视，可采用红外热成像、紫外成像等手段判定设备外绝缘运行状态。

7.2.8 对于水泥厂、有机溶剂类化工厂附近的复合外绝缘设备，应加强憎水性检测。

7.2.9 瓷或玻璃绝缘子需要涂覆防污闪涂料如采用现场涂覆工艺，应加强施工、验收、现场抽检各个环节的管理。

7.2.10 避雷器不宜单独加装辅助伞裙，宜将辅助伞裙与防污闪涂料结合使用。

8 防止直流换流站设备损坏和单双极强迫停运事故

为防止直流换流站设备损坏和单双极强迫停运事故，应严格执行《高压直流换流阀技术规范》（Q/GDW 491—2010）、《高压直流输电换流阀冷却系统技术规范》（Q/GDW 1527—2015）、《高压直流输电控制保护系统技术规范》（Q/GDW 10548—2016）、《高压直流系统保护装置标准化技术规范》（Q/GDW 11355—2014）、《智能变电站继电保护技术规范》（Q/GDW 441—2010）、《关于印发国家电网公司防止直流换流站单、双极强迫停运二十一项反事故措施的通知》（国家电网生〔2011〕961号）、《国调中心、国网运检部关于印发国家电网公司直流控制保护软件运行管理实施细则的通知》（调继〔2017〕106号）等标准及相关规程规定，结合近6年生产运行情况和典型事故案例，提出以下重点要求：

8.1 防止换流阀损坏事故

8.1.1 设计制造阶段

8.1.1.1 加强换流阀及阀控系统设计、制造、安装、投运的全过程管理，明确专责人员及其职责。

8.1.1.2 对于换流阀及阀控系统，应进行赴厂监造和验收。监造验收工作结束后，赴厂人员应提交监造报告，并作为设备原始资料分别交建设和运行单位存档。

8.1.1.3 单阀冗余晶闸管级数应不小于12个月运行周期内损坏晶闸管级数期望值的2.5倍，且不少于2～3个晶闸管级。

8.1.1.4 换流阀应采用阻燃材料，并消除火灾在换流阀内蔓延的可能性。阀厅应安装响应时间快、灵敏度高的火情早期检测报警装置。阀厅发生火灾后火灾报警系统应能及时停运直流系统，并自动停运阀厅空调通风系统。

8.1.1.5 换流阀冷却控制保护系统至少应双重化配置，并具备完善的自检和防误动措施。作用于跳闸的内冷水传感器应按照三套独立冗余配置，每个系统的内冷水保护对传感器采集量按照“三取二”原则出口。控制保护装置及各传感器应由两套电源同时供电，任一电源失电不影响控制保护及传感器的稳定运行。当保护检测到严重泄漏、主水流量过低或者进阀水温过高时，应自动停运直流系统以防止换流阀损坏。

8.1.1.6 内冷水系统主泵切换延时引起的流量变化应满足换流阀对内冷水系统最小流量的要求。

8.1.1.7 对于外风冷系统，设计阶段应充分考虑环境温度、安装位置等因素的影响，保证具备足够的冷却裕度。

8.1.1.8 阀控系统应双重化配置，并具有完善的晶闸管触发、保护和监视功能，能准确反映晶闸管、光纤、阀控系统板卡的故障位置和故障信息。除光发射板、光接收板和背板外，两套阀控系统不应共用元件，当其中一套系统异常时不应影响直流系统正常运行。阀控系统应全程参与直流控制保护系统联调试验。当直流控制系统接收到阀控系统的跳闸命令后，应先进行系统切换。

8.1.1.9 同一极（或阀组）相互备用的两台内冷水主泵电源应取自不同母线。外水冷系统喷淋泵、冷却风扇的两路电源应取自不同母线，且相互独立，不应有共用元件。禁止将外风冷系统的全部风扇电源设计在一条母线上。

8.1.1.10 外水冷系统缓冲水池应配置两套水位监测装置，并设置高低水位报警。

8.1.1.11 外风冷系统风扇电机、外水冷系统冷却塔风扇电机及其接线盒应采取防潮、防锈措施。

8.1.1.12 寒冷地区阀外冷系统应考虑采取保温、加热措施，避免在直流停运期间管道冻结。

8.1.1.13 阀厅设计应根据当地历史气候记录，适当提高阀厅屋顶的设计与施工标准，防止大风掀翻屋顶，保证阀厅的防雨、防尘性能。

8.1.1.14 阀厅屋顶及室内巡视通道设计应考虑可靠的安全措施，避免人员跌落。

8.1.1.15 阀厅应配置冗余且容量足够的空调系统，阀厅温度、湿度、微正压应满足换流阀的环境要求。

8.1.2 基建阶段

8.1.2.1 换流阀安装期间，阀塔内部各水管接头应用力矩扳手紧固，并做好标记。换流阀及阀冷系统安装完毕后应进行冷却水管道压力试验。

8.1.2.2 内冷水系统管道不允许在现场切割焊接。现场安装前及水冷分系统试验后，应充分清洗直至换流阀冷却水满足水质要求。

8.1.3 运行阶段

8.1.3.1 运行期间应记录和分析阀控系统的报警信息，掌握晶闸管、光纤、板卡的运行状况。当单阀内再损坏一个晶闸管即跳闸时，或者短时内发生多个晶闸管连续损坏时，应及时申请停运直流系统，避免发生强迫停运。

8.1.3.2 运行期间应定期对换流阀设备进行红外测温，必要时进行紫外检测，出现过热、弧光等问题时应密切跟踪，必要时申请停运直流系统处理。若发现火情，应立即停运直流系统，采取灭火措施，避免事故扩大。

8.1.3.3 检修期间应对内冷水系统水管进行检查，发现水管接头松动、磨损、渗漏等异常要及时分析处理。

8.1.3.4 换流阀运行15年后，每3年应随机抽取部分晶闸管进行全面检测和状态评估。

8.2 防止换流变压器（油浸式平波电抗器）损坏事故

8.2.1 设计制造阶段

8.2.1.1 换流变压器及油浸式平波电抗器阀侧套管不宜采用充油套管。换流变压器及油浸式平波电抗器穿墙套管的封堵应使用阻燃、非导磁材料。换流变压器及油浸式平波电抗器阀侧套管类新产品应充分论证，并严格通过试验考核后再在直流工程中使用。

8.2.1.2 换流变压器及油浸式平波电抗器应配置带胶囊的储油柜，储油柜容积应不小于本体油量的10%。

8.2.1.3 换流变压器回路电流互感器、电压互感器二次绕组应满足保护冗余配置的要求。换流变压器非电量保护跳闸触点应满足非电量保护三重化配置的要求，按照“三取二”原则出口。

8.2.1.4 换流变压器及油浸式平波电抗器非电量保护继电器及表计应安装防雨罩。换流变压器有载分接开关不应配置浮球式的油流继电器。

8.2.1.5　换流变压器有载分接开关仅配置了油流或速动压力继电器一种的，应投跳闸；同时配置了油流和速动压力继电器的，油流继电器应投跳闸，速动压力继电器应投报警。

8.2.1.6　换流变压器和油浸式平波电抗器非电量保护跳闸动作后，不应启动断路器失灵保护。

8.2.1.7　换流变压器和油浸式平波电抗器非电量保护跳闸触点和模拟量采样不应经中间元件转接，应直接接入直流控制保护系统或非电量保护屏。

8.2.1.8　换流变压器保护应采用三重化或双重化配置。采用三重化配置的换流变压器保护按“三取二”逻辑出口，采用双重化配置的换流变压器保护，每套保护装置中应采用“启动+动作”逻辑。

8.2.1.9　采用 SF_6 气体绝缘的换流变压器及油浸式平波电抗器套管、穿墙套管、直流分压器等应配置 SF_6 密度继电器，密度继电器的跳闸触点应不少于三对，并按“三取二”逻辑出口。

8.2.1.10　换流变压器及油浸式平波电抗器内部故障跳闸后，应自动停运冷却器潜油泵。

8.2.1.11　应确保换流变压器及油浸式平波电抗器就地控制柜的温度、湿度满足电子元器件对工作环境的要求。

8.2.1.12　换流变压器及油浸式平波电抗器应配置成熟可靠的在线监测装置，并将在线监测信息送至后台集中分析。

8.2.2　基建阶段

8.2.2.1　换流变压器铁心及夹件引出线采用不同标识，并引出至运行中便于测量的位置。

8.2.3　运行阶段

8.2.3.1　运行期间，换流变压器及油浸式平波电抗器的重瓦斯保护以及换流变压器有载分接开关油流保护应投跳闸。

8.2.3.2　当换流变压器及油浸式平波电抗器在线监测装置报警、轻瓦斯报警或出现异常工况时，应立即进行油色谱分析并缩短油色谱分析周期，跟踪监测变化趋势，查明原因及时处理。

8.2.3.3　应定期对换流变压器及油浸式平波电抗器本体及套管油位进行监视。若油位有异常变动，应结合红外测温、渗油等情况及时判断处理。

8.2.3.4　应定期对换流变压器及油浸式平波电抗器套管进行红外测温，并进行横向比较，确认有无异常。

8.2.3.5　当换流变压器有载分接开关挡位不一致时应暂停直流功率调整，并检查挡位不一致的原因，采取相应措施进行处理。

8.2.3.6　换流变压器及油浸式平波电抗器投运前应检查套管末屏接地是否良好。

8.2.3.7　检修期间，应对换流变压器（油浸式平波电抗器）气体继电器和油流继电器接线盒按照每年 1/3 的比例进行轮流开盖检查，对气体继电器和油流继电器轮流校验。

8.3　防止站用电系统失电事故

8.3.1　设计阶段

8.3.1.1　换流站的站用电源设计应至少配置三路独立、可靠电源，其中一路电源应取自站内变压器或直降变压器，一路取自站外电源，另一路根据实际情况确定。

8.3.1.2 站用电系统10kV母线和400V母线均应配置备用电源自动投切功能。

8.3.1.3 10kV及400V备自投、阀外冷系统电源切换装置的动作时间应逐级配合，保证不因站用电源切换导致单、双极闭锁。

8.3.1.4 低压直流电源系统应至少采用三台充电、浮充电装置，两组蓄电池组、三条直流配电母线（直流A、B和C母线）的供电方式。A、B两条直流母线为电源双重化配置的设备提供工作电源，C母线为电源非双重化的设备提供工作电源。双重化配置的二次设备的信号电源应相互独立，分别取自直流母线A段或者B段。

8.3.2 基建阶段

8.3.2.1 站用电系统及阀冷却系统应在系统调试前完成各级站用电源切换、定值检定、内冷水主泵切换试验。

8.3.3 运行阶段

8.3.3.1 应加强站用电系统保护定值以及备自投定值管理。

8.4 防止外绝缘闪络事故

8.4.1 设计阶段

8.4.1.1 应充分考虑当地污秽等级及环境污染发展情况，并结合直流设备易积污的特点，参考当地长期运行经验来设计直流场设备外绝缘强度，设备外绝缘应按污区等级要求的上限配置。

8.4.1.2 对于新电压等级的直流工程，应通过绝缘配合计算合理选择避雷器参数。

8.4.1.3 直流设备外绝缘设计时应考虑足够的裕度，避免运行中因天气恶劣发生闪络放电。

8.4.2 运行阶段

8.4.2.1 应密切跟踪换流站周围污染源及污秽等级的变化情况，及时采取措施使设备爬电比距与污秽等级相适应。

8.4.2.2 每年应对已喷涂防污闪涂料的直流场设备绝缘子进行憎水性检查，及时对破损或失效的涂层进行重新喷涂。若绝缘子的憎水性下降到3级，宜考虑重新喷涂。

8.4.2.3 应定期对直流场设备进行红外测温，建立红外图谱档案，进行纵、横向温差比较，便于及时发现隐患并处理。

8.4.2.4 恶劣天气下应加强设备的巡视，检查跟踪设备放电情况。发现设备出现异常放电后，及时汇报，必要时申请降压运行或停电处理。

8.4.2.5 应使用中性清洗剂定期对直流分压器复合绝缘子表面进行清洗。

8.4.2.6 恶劣天气条件下若发现交流滤波器断路器有放电现象，应向调度申请暂停功率调整，减少交流滤波器断路器分/合操作。

8.5 防止直流控制保护设备事故

8.5.1 设计制造阶段

8.5.1.1 直流控制保护系统应至少采用完全双重化或三重化配置，每套控制保护装置应配置独立的软、硬件，包括专用电源、主机、输入输出回路和控制保护软件等。直流控制保护系统的结构设计应避免因单一元件的故障而引起直流控制保护误动或跳闸。

8.5.1.2 直流保护应采用分区设置，各区域交界面应相互重叠，防止出现保护死区。每一区域均应配置主、后备保护。

8.5.1.3 采用双重化配置的直流保护（含换流变保护及交流滤波器保护），每套保护应采用“启动＋动作”逻辑，启动和动作元件及回路应完全独立。采用三重化配置的直流保护（含换流变压器保护），每套保护测量回路应独立，应按“三取二”逻辑出口，任一“三取二”模块故障也不应导致保护误动和拒动。电子式电流互感器的远端模块至保护装置的回路应独立，纯光纤式电流互感器测量光纤及电磁式电流互感器二次绕组至保护装置的回路应独立。

8.5.1.4 直流控制保护系统应具备完善、全面的自检功能，自检到主机、板卡、总线、测量等故障时应根据故障级别进行报警、系统切换、退出运行、停运直流系统等操作，且给出准确的故障信息。直流保护系统检测到测量异常时应可靠退出相关保护功能，测量恢复正常后应确保保护出口复归再投入相关保护功能，防止保护不正确动作。

8.5.1.5 每套控制保护系统应采用两路电源同时供电，两路电源应分别取自不同（独立供电）的直流母线。

8.5.1.6 直流保护系统各保护的配置、算法、定值、测量回路、端子及压板等应按照直流保护标准化的要求设计。直流控制系统与直流保护、安全稳定控制系统的接口应采用数字化接口，直流控制系统与阀控、阀冷系统的接口宜采用数字化接口。

8.5.1.7 直流控制保护系统的参数应由成套设计单位通过系统仿真计算给出建议值，经过二次设备联调试验验证。成套设计单位应定期根据电网结构变化情况对控制保护系统参数的适应性进行校核。

8.5.1.8 光电流互感器二次回路应简洁、可靠，光电流互感器输出的数字量信号宜直接输入直流控制保护系统，避免经多级数模、模数转化后接入。

8.5.1.9 电流互感器的选型配置及二次绕组的数量应能够满足直流控制、保护及相关继电保护装置的要求。相互冗余的控制、保护系统的二次回路应完全独立，不应共用回路。

8.5.1.10 所有跳闸回路上的触点均应采用动合触点。跳闸回路出口继电器及用于保护判据的信号继电器动作电压应在额定直流电源电压55%～70%范围内，动作功率不宜低于5W。

8.5.1.11 处于备用状态的直流控制保护系统中存在保护出口信号时不应切换到运行状态，避免异常信号误动作出口跳闸。

8.5.1.12 直流分压器应具有二次回路防雷功能，可采取在保护间隙回路中串联压敏电阻、二次信号电缆屏蔽层接地等措施，防止雷击时放电间隙动作导致直流停运。

8.5.1.13 直流极（阀组）退出运行时，不应影响在运极（阀组）的正常运行。

8.5.1.14 在设计保护程序时应避免使用断路器和隔离开关辅助触点位置状态量作为选择计算方法和定值的判据，应使用能反映运行方式特征且不易受外界影响的模拟量作为判据。若必须采用断路器和隔离开关辅助触点作为判据时，断路器和隔离开关应配置足够数量的辅助触点，确保每套控制保护系统采用独立的辅助触点。

8.5.1.15 直流线路保护应考虑另一极线路故障及再启动的影响，避免另一极线路故障引起本极线路保护误动作。

8.5.2 基建阶段

8.5.2.1 直流控制保护软件的入网管理、现场调试管理和运行管理应严格遵守相关规定，严禁未经批准随意修改直流控制保护软件程序和定值，防止因误修改导致直流停运。

8.5.2.2 直流控制保护系统应具备防网络风暴功能，并通过二次设备联调试验验证，避免出现网络风暴时直流控制保护系统多台主机故障导致直流系统停运。

8.5.2.3 直流控制保护系统的安装、调试应在控制室、继电器小室土建工作完成、环境条件满足要求后进行，严禁土建施工与设备安装同时进行。

8.5.3 运行阶段

8.5.3.1 现场应控制直流控制保护系统运行环境，监视主机板卡的运行温度、清洁度，运行条件较差的控制保护设备可加装小室、空调或空气净化器。

8.5.3.2 应加强换流站直流控制保护系统软件管理，直流控制保护系统的软件修改须进行厂内试验，履行软件修改审批手续，经主管部门同意后方可执行。

8.5.3.3 直流控制保护系统故障处理完毕后，应检查并确认无报警、无跳闸出口后方可投入运行。

8.5.3.4 应定期开展直流控制保护系统主机板卡故障率统计分析，对突出的问题要及时联系生产厂家分析处理。

8.5.3.5 应定期开展直流控制保护系统可靠性评价分析，建立运行与设计的良性反馈机制。

8.6 防止直流双极强迫停运事故

8.6.1 设计阶段

8.6.1.1 应加强单极中性线、双极中性线区域设备设计选型，适当提高设备绝缘设计裕度，选择高可靠性产品，防止该区域设备故障导致直流双极强迫停运。

8.6.1.2 除双极中性线区域设备外，换流站两个极不应有共用设备，避免共用设备故障导致直流双极强迫停运。

8.6.1.3 不同直流输电系统不应共用接地极线路及线路杆塔，不宜采用共用接地极方式，以防一点故障导致多个直流输电系统同时双极强迫停运。

8.6.1.4 应按照差异化设计原则，提高接地极线路和杆塔设计标准，采取特殊措施提高防风偏、防雷击、防覆冰、防冰闪及防舞动能力。

8.6.1.5 加强接地极极址地上设备安全防护，周围应设置围墙，并安装防盗窃、防破坏的技防物防措施。

8.6.1.6 直流控制保护系统应优先采用将双极控制保护功能分散到单极控制保护设备中的模式，以降低直流双极强迫停运风险。

8.6.1.7 站内SCADA系统LAN网设计应采取简洁的网络拓扑结构，避免物理环网过多，造成网络瘫痪进而导致直流双极强迫停运。

8.6.1.8 换流站站用电的保护系统应相互独立，不应共用元件，防止共用元件故障导致站用电全停。

8.6.1.9 最后断路器保护设计应可靠，应避免仅通过断路器辅助触点位置作为最后断路器跳闸的判断依据，防止接点误动导致直流双极强迫停运。

8.6.1.10 交流滤波器设计应避免一组交流滤波器跳闸后引起其他交流滤波器过负荷保护动作，切除全部交流滤波器。

8.6.2 运行阶段

8.6.2.1　应加强对中性线设备的状态检测和评估，每年进行必要试验，及时对绝缘状况劣化的设备进行更换。

8.6.2.2　应加强直流控制保护系统安全防护管理，防止感染病毒。

8.6.2.3　应及时优化调整交流滤波器运行方式，将不同类型的小组滤波器分散投入不同大组下运行，避免集中在一个大组下运行时保护动作切除全部滤波器。

8.6.2.4　应开展接地极设备运维和状态检测，至少每季度检测1次温升、电流分布和水位，每6年测量1次接地电阻，每5年或必要时进行局部开挖以检查接地体腐蚀情况，针对发现的问题要及时进行处理。

9　防止大型变压器（电抗器）损坏事故

为防止发生大型变压器（电抗器）损坏事故，根据《关于印发〈国家电网公司十八项电网重大反事故措施〉（修订版）的通知》（国家电网生〔2012〕352号）、《国家能源局关于印发〈防止电力生产事故的二十五项重点要求〉的通知》（国能安全〔2014〕161号）、《国网运检部关于开展220kV及以上大型变压器套管接线柱受力情况校核工作的通知》（运检一〔2016〕126号）、《输变电设备状态检修试验规程》（Q/GDW 1168—2013）、《国家电网公司关于印发电网设备技术标准差异条款统一意见的通知》（国家电网科〔2017〕549号）等标准及相关规程规定，结合近6年生产运行情况和典型事故案例，提出以下重点要求：

9.1 防止变压器出口短路事故

9.1.1　240MVA及以下容量变压器应选用通过短路承受能力试验验证的产品；500kV变压器和240MVA以上容量变压器应优先选用通过短路承受能力试验验证的相似产品。生产厂家应提供同类产品短路承受能力试验报告或短路承受能力计算报告。

9.1.2　在变压器设计阶段，应取得所订购变压器的短路承受能力计算报告，并开展短路承受能力复核工作，220kV及以上电压等级的变压器还应取得抗震计算报告。

9.1.3　在变压器制造阶段，应进行电磁线、绝缘材料等抽检，并抽样开展变压器短路承受能力试验验证。

9.1.4　220kV及以下主变压器的6～35kV中（低）压侧引线、户外母线（不含架空软导线型式）及接线端子应绝缘化；500（330）kV变压器35kV套管至母线的引线应绝缘化；变电站出口2km内的10kV线路应采用绝缘导线。

9.1.5　变压器中、低压侧至配电装置采用电缆连接时，应采用单芯电缆；运行中的三相统包电缆，应结合全寿命周期及运行情况进行逐步改造。

9.1.6　全电缆线路禁止采用重合闸，对于含电缆的混合线路应根据电缆线路距离出口的位置、电缆线路的比例等实际情况采取停用重合闸等措施，防止变压器连续遭受短路冲击。

9.1.7　定期开展抗短路能力校核工作，根据设备的实际情况有选择性地采取加装中性点小电抗、限流电抗器等措施，对不满足要求的变压器进行改造或更换。

9.1.8 220kV 及以上电压等级变压器受到近区短路冲击未跳闸时，应立即进行油中溶解气体组分分析，并加强跟踪，同时注意油中溶解气体组分数据的变化趋势，若发现异常，应进行局部放电带电检测，必要时安排停电检查。变压器受到近区短路冲击跳闸后，应开展油中溶解气体组分分析、直流电阻、绕组变形及其他诊断性试验，综合判断无异常后方可投入运行。

9.2 防止变压器绝缘损坏事故

9.2.1 设计制造阶段

9.2.1.1 出厂试验时应将供货的套管安装在变压器上进行试验；密封性试验应将供货的散热器（冷却器）安装在变压器上进行试验；主要附件（套管、分接开关、冷却装置、导油管等）在出厂时均应按实际使用方式经过整体预装。

9.2.1.2 出厂局部放电试验测量电压为 $1.5U_m/\sqrt{3}$ 时，110（66）kV 电压等级变压器高压侧的局部放电量不大于 100pC；220～750kV 电压等级变压器高、中压端的局部放电量不大于 100pC；1000kV 电压等级变压器高压端的局部放电量不大于 100pC，中压端的局部放电量不大于 200pC，低压端的局部放电量不大于 300pC。但若有明显的局部放电量，即使小于要求值也应查明原因。330kV 及以上电压等级强迫油循环变压器还应在潜油泵全部开启时（除备用潜油泵）进行局部放电试验，试验电压为 $1.3U_m/\sqrt{3}$，局部放电量应小于以上的规定值。

9.2.1.3 生产厂家首次设计、新型号或有运行特殊要求的变压器，在首批次生产系列中应进行例行试验、型式试验和特殊试验（短路承受能力试验视实际情况而定）。

9.2.1.4 500kV 及以上电压等级并联电抗器的中性点电抗器出厂试验应进行短时感应耐压试验（ACSD）。

9.2.1.5 有中性点接地要求的变压器应在规划阶段提出直流偏磁抑制需求，在接地极 50km 内的中性点接地运行变压器应重点关注直流偏磁情况。

9.2.2 基建阶段

9.2.2.1 对于分体运输、现场组装的变压器宜进行真空煤油气相干燥。

9.2.2.2 充气运输的变压器应密切监视气体压力，压力低于 0.01MPa 时要补干燥气体，现场充气保存时间不应超过 3 个月，否则应注油保存，并装上储油柜。

9.2.2.3 变压器新油应由生产厂家提供新油无腐蚀性硫、结构簇、糠醛及油中颗粒度报告。对 500kV 及以上电压等级的变压器还应提供 T501 等检测报告。

9.2.2.4 110（66）kV 及以上电压等级变压器在运输过程中，应按照相应规范安装具有时标且有合适量程的三维冲击记录仪。变压器就位后，制造厂、运输部门、监理单位、用户四方人员应共同验收，记录纸和押运记录应提供给用户留存。

9.2.2.5 强迫油循环变压器安装结束后应进行油循环，并经充分排气、静放后方可进行交接试验。

9.2.2.6 110（66）kV 及以上电压等级变压器在出厂和投产前，应采用频响法和低电压短路阻抗法对绕组进行变形测试，并留存原始记录。

9.2.2.7 110（66）kV 及以上电压等级的变压器在新安装时，应进行现场局部放电试验，110（66）kV 电压等级变压器高压端的局部放电量不大于 100pC；220～750kV 电压等级变压器高压端的局部放电量不大于100pC，中压端的局部放电量不大于200pC；1000kV电压等级变压器高压端的局部放电量不大于100pC，中压端的局部放电量不大于200pC，低压端的局部放电量不大于300pC。有条件时，500kV并联电抗器在新安装时可进行现场局部放电试验。

9.2.2.8　对66～220kV电压等级变压器，在新安装时应抽样进行空载损耗试验和负载损耗试验。

9.2.2.9　当变压器油温低于5℃时，不宜进行变压器绝缘试验，如需试验应对变压器进行加温（如热油循环等）。

9.2.3　运行阶段

9.2.3.1　结合变压器大修对储油柜的胶囊、隔膜及波纹管进行密封性能试验，如存在缺陷应进行更换。

9.2.3.2　对运行超过20年的薄绝缘、铝绕组变压器，不再对本体进行改造性大修，也不应进行迁移安装，应加强技术监督工作并安排更换。

9.2.3.3　220kV及以上电压等级变压器拆装套管、本体排油暴露绕组或进入内检后，应进行现场局部放电试验。

9.2.3.4　铁心、夹件分别引出接地的变压器，应将接地引线引至便于测量的适当位置，以便在运行时监测接地线中是否有环流，当运行中环流异常变化时，应尽快查明原因，严重时应采取措施及时处理。

9.2.3.5　220kV及以上电压等级油浸式变压器和位置特别重要或存在绝缘缺陷的110（66）kV油浸式变压器，应配置多组分油中溶解气体在线监测装置。

9.2.3.6　当变压器一天内连续发生两次轻瓦斯报警时，应立即申请停电检查；非强迫油循环结构且未装排油注氮装置的变压器（电抗器）本体轻瓦斯报警，应立即申请停电检查。

9.3　防止变压器保护事故

9.3.1　设计制造阶段

9.3.1.1　油灭弧有载分接开关应选用油流速动继电器，不应采用具有气体报警（轻瓦斯）功能的气体继电器；真空灭弧有载分接开关应选用具有油流速动、气体报警（轻瓦斯）功能的气体继电器。

9.3.1.2　220kV及以上变压器本体应采用双浮球并带挡板结构的气体继电器。

9.3.1.3　变压器本体保护宜采用就地跳闸方式，即将变压器本体保护通过两个较大启动功率中间继电器的两副触点分别直接接入断路器的两个跳闸回路。

9.3.1.4　气体继电器和压力释放阀在交接和变压器大修时应进行校验。

9.3.2　基建阶段

9.3.2.1　户外布置变压器的气体继电器、油流速动继电器、温度计、油位表应加装防雨罩，并加强与其相连的二次电缆结合部的防雨措施，二次电缆应采取防止雨水顺电缆倒灌的措施（如反水弯）。

9.3.2.2　变压器后备保护整定时间不应超过变压器短路承受能力试验承载短路电流的持续时间（2s）。

9.3.3 运行阶段

9.3.3.1 运行中变压器的冷却器油回路或通向储油柜各阀门由关闭位置旋转至开启位置时，以及当油位计的油面异常升高、降低或呼吸系统有异常现象，需要打开放油、补油或放气阀门时，均应先将变压器重瓦斯保护停用。

9.3.3.2 不宜从运行中的变压器气体继电器取气阀直接取气；未安装气体继电器采气盒的，宜结合变压器停电检修加装采气盒，采气盒应安装在便于取气的位置。

9.3.3.3 吸湿器安装后，应保证呼吸顺畅且油杯内有可见气泡。寒冷地区的冬季，变压器本体及有载分接开关吸湿器硅胶受潮达到 2/3 时，应及时进行更换，避免因结冰融化导致变压器重瓦斯误动作。

9.4 防止分接开关事故

9.4.1 新购有载分接开关的选择开关应有机械限位功能，束缚电阻应采用常接方式。新投或检修后的有载分接开关，应对切换程序与时间进行测试。当开关动作次数或运行时间达到生产厂家规定值时，应按照生产厂家的检修规程进行检修。

9.4.2 有载调压变压器抽真空注油时，应接通变压器本体与开关油室旁通管，保持开关油室与变压器本体压力相同。真空注油后应及时拆除旁通管或关闭旁通管阀门，保证正常运行时变压器本体与开关油室不导通。

9.4.3 无励磁分接开关在改变分接位置后，应测量使用分接的直流电阻和变比；有载分接开关检修后，应测量全分接的直流电阻和变比，合格后方可投运。

9.4.4 真空有载分接开关绝缘油检测的周期和项目应与变压器本体保持一致。

9.4.5 油浸式真空有载分接开关轻瓦斯报警后应暂停调压操作，并对气体和绝缘油进行色谱分析，根据分析结果确定恢复调压操作或进行检修。

9.5 防止变压器套管损坏事故

9.5.1 新型或有特殊运行要求的套管，在首批次生产系列中应至少有一支通过全部型式试验，并提供第三方权威机构的型式试验报告。

9.5.2 新安装的 220kV 及以上电压等级变压器，应核算引流线（含金具）对套管接线柱的作用力，确保不大于套管及接线端子弯曲负荷耐受值。

9.5.3 110（66）kV 及以上电压等级变压器套管接线端子（抱箍线夹）应采用 T2 纯铜材质热挤压成型。禁止采用黄铜材质或铸造成型的抱箍线夹。

9.5.4 套管均压环应采用单独的紧固螺栓，禁止紧固螺栓与密封螺栓共用，禁止密封螺栓上、下两道密封共用。

9.5.5 油浸电容型套管事故抢修安装前，如有水平运输、存放情况，安装就位后，带电前必须进行一定时间的静放，其中 1000kV 应大于 72h，750kV 套管应大于 48h，500（330）kV 套管应大于 36h，110（66）～220kV 套管应大于 24h。

9.5.6 如套管的伞裙间距低于规定标准，可采取加硅橡胶伞裙套等措施，但应进行套管放电量测试。在严重污秽地区运行的变压器，可考虑在瓷套处涂防污闪涂料等措施。

9.5.7 新采购油纸电容套管在最低环境温度下不应出现负压。生产厂家应明确套管最大取油量，避免因取油样而造成负压。运行巡视应检查并记录套管油位情况，当油位异常时，应进行红外精确测温，确认套管油位。当套管渗漏油时，应立即处理，防止内部受潮损坏。

9.5.8 结合停电检修，对变压器套管上部注油孔的密封状况进行检查，发现异常时应及时处理。

9.5.9 加强套管末屏接地检测、检修和运行维护，每次拆/接末屏后应检查末屏接地状况，在变压器投运时和运行中开展套管末屏的红外检测。对结构不合理的套管末屏接地端子应进行改造。

9.6 防止穿墙套管损坏事故

9.6.1 6～10kV电压等级穿墙套管应选用不低于20kV电压等级的产品。

9.6.2 在线监测和带电检测装置通过电容型穿墙套管末屏接地线取信号时，接地引下线应固定牢靠并防止摆动。电容型穿墙套管检修或试验后，应及时恢复末屏接地并检查是否可靠，尤其应注意圆柱弹簧压接式末屏。

9.7 防止冷却系统损坏事故

9.7.1 设计制造阶段

9.7.1.1 优先选用自然油循环风冷或自冷方式的变压器。

9.7.1.2 新订购强迫油循环变压器的潜油泵应选用转速不大于1500r/min的低速潜油泵，对运行中转速大于1500r/min的潜油泵应进行更换。禁止使用无铭牌、无级别的轴承的潜油泵。

9.7.1.3 新建或扩建变压器一般不宜采用水冷方式。对特殊场合必须采用水冷却系统的，应采用双层铜管冷却系统。

9.7.1.4 变压器冷却系统应配置两个相互独立的电源，并具备自动切换功能；冷却系统电源应有三相电压监测，任一相故障失电时，应保证自动切换至备用电源供电。

9.7.1.5 强迫油循环变压器内部故障跳闸后，潜油泵应同时退出运行。

9.7.2 基建阶段

9.7.2.1 冷却器与本体、气体继电器与储油柜之间连接的波纹管，两端口同心偏差不应大于10mm。

9.7.2.2 强迫油循环变压器的潜油泵启动应逐台启用，延时间隔应在30s以上，以防止气体继电器误动。

9.7.3 运行阶段

9.7.3.1 对强迫油循环冷却系统的两个独立电源的自动切换装置，应定期进行切换试验，有关信号装置应齐全可靠。

9.7.3.2 冷却器每年应进行1～2次冲洗，并宜安排在大负荷来临前进行。

9.7.3.3 单铜管水冷却变压器，应始终保持油压大于水压，并加强运行维护工作，同时应采取有效的运行监视方法，及时发现冷却系统泄漏故障。

9.7.3.4 加强对冷却器与本体、气体继电器与储油柜相连的波纹管的检查，老旧变压器应结合技改大修工程对存在缺陷的波纹管进行更换。

9.8 防止变压器火灾事故

9.8.1 采用排油注氮保护装置的变压器，应配置具有联动功能的双浮球结构的气体继电器。

9.8.2 排油注氮保护装置应满足以下要求：

（1）排油注氮启动（触发）功率应大于220V×5A（DC）；

（2）排油及注氮阀动作线圈功率应大于220V×6A（DC）；

（3）注氮阀与排油阀间应设有机械连锁阀门；

（4）动作逻辑关系应为本体重瓦斯保护、主变压器断路器跳闸、油箱超压开关（火灾探测器）同时动作时才能启动排油充氮保护。

9.8.3 水喷淋动作功率应大于8W，其动作逻辑关系应满足变压器超温保护与变压器断路器跳闸同时动作的要求。

9.8.4 装有排油注氮装置的变压器本体储油柜与气体继电器间应增设断流阀，以防因储油柜中的油下泄而致使火灾扩大。

9.8.5 现场进行变压器干燥时，应做好防火措施，防止加热系统故障或绕组过热烧损。

9.8.6 应由具有消防资质的单位定期对灭火装置进行维护和检查，以防止误动和拒动。

9.8.7 变压器降噪设施不得影响消防功能，隔声顶盖或屏障设计应能保证灭火时，外部消防水、泡沫等灭火剂可以直接喷向起火变压器。

10 防止无功补偿装置损坏事故

为防止无功补偿装置损坏事故，应认真贯彻执行《国家电网公司电力安全工作规程》（国家电网企管〔2013〕1650号）、《串联电容器补偿装置通用技术要求》（Q/GDW 10655—2015）、《串联电容器补偿装置交接试验规程》（Q/GDW 10661—2015）、《串联电容器补偿装置运行规范》（Q/GDW 10656—2015）、《电力系统无功补偿配置技术导则》（Q/GDW 1212—2015）、《标称电压1000V以上交流电力系统并联电容器　第1部分：总则》（GB/T 11024.1—2010）、《高压并联电容器装置的通用技术要求》（GB/T 30841—2014）、《并联电容器装置设计规范》（GB 50227—2017）、《电力变压器　第6部分：电抗器》（GB/T 1094.6—2011）、《电气装置安装工程高压电器施工及验收规范》（GB 50147—2010）、《电能质量　公用电网谐波》（GB/T 14549—1993）、《高压并联电容器用串联电抗器》（JB 5346—2014）、《静止无功补偿装置（SVC）功能特性》（GB/T 20298—2006）、《静止无功补偿装置（SVC）现场试验》（GB/T 20297—2006）、《高压静止无功补偿装置》系列标准（DL/T 1010.1—2006～DL/T 1010.5—2016）、《静止无功补偿装置运行规程》（DL/T 1298—2013）、《高压静止同步补偿装置》（NB/T 42043—2014）等标准及相关规程规定，结合近6年生产运行情况和典型事故案例，提出以下重点要求：

10.1 防止串联电容器补偿装置损坏事故

10.1.1 设计阶段

10.1.1.1 应进行串补装置接入对电力系统的潜供电流、恢复电压、工频过电压、操作过电压等系统特性的影响分析，确定串补装置的电气主接线、绝缘配合与过电压保护措施、主设备规范与控制策略等。

10.1.1.2 应考虑串补装置接入后对差动保护、距离保护、重合闸等继电保护功能的影响。

10.1.1.3 当电源送出系统装设串补装置时，应进行串补装置接入对发电机组次同步振荡的影响分析，当存在次同步振荡风险时，应确定抑制次同步振荡的措施。

10.1.1.4 应对电力系统区内外故障、暂态过载、短时过载和持续运行等顺序事件进行校核，以验证串补装置的耐受能力。

10.1.1.5 串补电容器应采用双套管结构。

10.1.1.6 在压紧系数为1（即$K=1$）的条件下，串补电容器绝缘介质的平均电场强度不应高于57kV/mm。

10.1.1.7 单只串补电容器的耐爆容量应不小于18kJ。电容器组接线宜采用先串后并的接线方式。若采用串并结构，电容器的同一串段并联数量应考虑电容器的耐爆能力，一个串段不应超过3900kvar。

10.1.1.8 金属氧化物限压器（MOV）的能耗计算应考虑系统发生区内和区外故障（包括单相接地故障、两相短路故障、两相接地故障和三相接地故障）以及故障后线路摇摆电流流过MOV过程中积累的能量，还应计及线路保护的动作时间与重合闸时间对MOV能量积累的影响。

10.1.1.9 新建串补装置的MOV热备用容量应大于10%且不少于3单元/平台。

10.1.1.10 MOV的电阻片应具备一致性，整组MOV应在相同的工艺和技术条件下生产加工而成，并经过严格的配片计算以降低不平衡电流，同一平台每单元之间的分流系数宜不大于1.03，同一单元每柱之间的分流系数宜不大于1.05，同一平台每柱之间的分流系数应不大于1.1。

10.1.1.11 火花间隙的强迫触发电压应不高于1.8p.u.，无强迫触发命令时拉合串补相关隔离开关不应出现间隙误触发。220～750kV串补装置火花间隙的自放电电压不应低于保护水平的1.05倍，1000kV串补装置火花间隙的自放电电压不应低于保护水平的1.1倍。

10.1.1.12 敞开式火花间隙距离，设计时应考虑海拔高度的影响。

10.1.1.13 线路故障时，对串补平台上控制保护设备的供电应不受影响。

10.1.1.14 光纤柱中包含的信号光纤和激光供能光纤不宜采用光纤转接设备，并应有足够的备用芯数量，备用芯数量应不少于使用芯数量。

10.1.1.15 串补平台上测量及控制箱的箱体应采用密闭良好的金属壳体，箱门四边金属应与箱体可靠接触，尽量降低外部电磁辐射对控制箱内元器件的干扰及影响。

10.1.1.16 串补平台上各种电缆应采取有效的一、二次设备间的隔离和防护措施，电磁式电流互感器电缆应外穿与串补平台及所连接设备外壳可靠连接的金属屏蔽管；串补平台上采用的电缆绝缘强度应高于控制室内控制保护设备采用的电缆绝缘强度；对接入串补平台上的测量及控制箱的电缆，应增加防干扰措施。

10.1.1.17 对串补平台下方地面应硬化处理，防止草木生长。

10.1.1.18 串补平台上的控制保护设备应提供电磁兼容性能检测报告，其所采用的电磁干扰防护等级应高于控制室内的控制保护设备。

10.1.1.19 在线路保护跳闸经长电缆联跳旁路开关的回路中，应在串补控制保护开入量前一级采取防止直流接地或交直流混线时引起串补控制保护开入量误动作的措施。

10.1.1.20 串补装置应配置符合电网组网要求的故障录波装置。

10.1.2 基建阶段

10.1.2.1 应逐台进行串联电容器单元的电容量测试，并通过电容量实测值计算每个H桥的不平衡电流，不平衡电流计算值应不超过告警值的30%。

10.1.2.2 电容器端子间或端子与汇流母线间的连接，应采用带绝缘护套的软铜线。

10.1.2.3 金属氧化物限压器（MOV）直流参考电压试验中，直流参考电流应取1mA/柱。

10.1.2.4 火花间隙交接时应进行触发回路功能验证试验，火花间隙的距离应符合生产厂家的规定。

10.1.2.5 串补装置平台到控制保护小室的光纤损耗不应超过3dB。

10.1.2.6 串补平台上控制保护设备的电源采取激光电源和平台取能方式时，应能在激光电源供电、平台取能设备供电之间平滑切换。

10.1.3 运行阶段

10.1.3.1 串补装置停电检修时，运行人员应将二次操作电源断开，将相关联跳线路保护的压板断开。

10.1.3.2 运行中应特别关注电容器组不平衡电流值，当达到告警值时，应尽早安排串补装置检修。

10.1.3.3 应按三年的基准周期进行MOV的1mA/柱直流参考电流下直流参考电压试验及0.75倍直流参考电压下的泄漏电流试验。

10.1.3.4 应结合其他设备检修计划，按三年的基准周期进行火花间隙间隙距离检查、表面清洁及触发回路功能试验。

10.1.3.5 串补装置某一套控制保护系统（含火花间隙控制系统）出现故障时，应尽早安排检修。

10.2 防止并联电容器装置损坏事故

10.2.1 设计阶段

10.2.1.1 电容器单元选型时应采用内熔丝结构，单台电容器保护应避免同时采用外熔断器和内熔丝保护。

10.2.1.2 单台电容器耐爆容量不低于15kJ。

10.2.1.3 同一型号产品必须提供耐久性试验报告。对每一批次产品，生产厂家需提供能覆盖此批次产品的耐久性试验报告。

10.2.1.4 高压直流输电系统用交流并联电容器及交流滤波电容器在设计环节应有防鸟害措施。

10.2.1.5 电容器端子间或端子与汇流母线间的连接应采用带绝缘护套的软铜线。

10.2.1.6 新安装电容器的汇流母线应采用铜排。

10.2.1.7 放电线圈应采用全密封结构，放电线圈首、末端必须与电容器首、末端相连接。

10.2.1.8 电容器组过电压保护用金属氧化物避雷器接线方式应采用星形接线、中性点直接接地方式。

10.2.1.9 电容器组过电压保护用金属氧化物避雷器应安装在紧靠电容器高压侧入口处的位置。

10.2.1.10 选用电容器组用金属氧化物避雷器时，应充分考虑其通流容量。避雷器的2ms

方波通流能力应满足标准中通流容量的要求。

10.2.1.11 电容器成套装置生产厂家应提供电容器组保护计算方法和保护整定值。

10.2.1.12 框架式并联电容器组户内安装时，应按照生产厂家提供的余热功率对电容器室（柜）进行通风设计。

10.2.1.13 电容器室进风口和出风口应对侧对角布置。

10.2.2 基建阶段

10.2.2.1 并联电容器装置正式投运时，应进行冲击合闸试验，投切次数为 3 次，每次合闸时间间隔不少于 5min。

10.2.2.2 应逐个对电容器接头用力矩扳手进行紧固，确保接头和连接导线有足够的接触面积且接触完好。

10.2.3 运行阶段

10.2.3.1 电容器例行停电试验时应逐台进行单台电容器电容量的测量，应使用不拆连接线的测量方法，避免因拆、装连接线条件下，导致套管受力而发生套管漏油的故障。

10.2.3.2 对于内熔丝电容器，当电容量减少超过铭牌标注电容量的 3%时，应退出运行，避免因电容器带故障运行而发展成扩大性故障。对于无内熔丝的电容器，一旦发现电容量增大超过一个串段击穿所引起的电容量增大时，应立即退出运行，避免因电容器带故障运行而发展成扩大性故障。

10.2.3.3 采用 AVC 等自动投切系统控制的多组电容器投切策略应保持各组投切次数均衡，避免反复投切同一组，而其他组长时间闲置。电容器组半年内未投切或近 1 个年度内投切次数达到 1000 次时，自动投切系统应闭锁投切。对投切次数达到 1000 次的电容器组连同其断路器均应及时进行例行检查及试验，确认设备状态完好后应及时解锁。

10.2.3.4 对安装 5 年以上的外熔断器应及时更换。

10.2.3.5 对已运行的非全密封放电线圈应加强绝缘监督，发现受潮现象时应及时更换。

10.2.3.6 电容器室运行环境温度超过并联电容器装置所允许的最高环境温度时，应进行通风量校核，对不满足消除余热要求的，应采取通风降温措施或实施改造。

10.3 防止干式电抗器损坏事故

10.3.1 设计阶段

10.3.1.1 并联电容器用串联电抗器用于抑制谐波时，电抗率应根据并联电容器装置接入电网处的背景谐波含量的测量值选择，避免同谐波发生谐振或谐波过度放大。

10.3.1.2 35kV 及以下户内串联电抗器应选用干式铁心或油浸式电抗器。户外串联电抗器应优先选用干式空心电抗器，当户外现场安装环境受限而无法采用干式空心电抗器时，应选用油浸式电抗器。

10.3.1.3 新安装的干式空心并联电抗器、35kV 及以上干式空心串联电抗器不应采用叠装结构，10kV 干式空心串联电抗器应采取有效措施防止电抗器单相事故发展为相间事故。

10.3.1.4 干式空心串联电抗器应安装在电容器组首端，在系统短路电流大的安装点，设计时应校核其动、热稳定性。

10.3.1.5 户外装设的干式空心电抗器，包封外表面应有防污和防紫外线措施。电抗器外露金属部位应有良好的防腐蚀涂层。

10.3.1.6 新安装的35kV及以上干式空心并联电抗器，产品结构应具有防鸟、防雨功能。

10.3.2 基建阶段

10.3.2.1 干式空心电抗器下方接地线不应构成闭合回路，围栏采用金属材料时，金属围栏禁止连接成闭合回路，应有明显的隔离断开段，并不应通过接地线构成闭合回路。

10.3.2.2 干式铁心电抗器户内安装时，应做好防振动措施。

10.3.2.3 干式空心电抗器出厂应进行匝间耐压试验，出厂试验报告应含有匝间耐压试验项目。330kV及以上变电站新安装的干式空心电抗器交接时，具备试验条件时应进行匝间耐压试验。

10.3.3 运行阶段

10.3.3.1 已配置抑制谐波用串联电抗器的电容器组，禁止减少电容器运行。

10.3.3.2 采用AVC等自动投切系统控制的多组干式并联电抗器，投切策略应保持各组投切次数均衡，避免反复投切同一组。

10.4 防止动态无功补偿装置损坏事故

10.4.1 设计阶段

10.4.1.1 生产厂家在进行SVC晶闸管阀组设计时，应保证晶闸管电压和电流的裕度大于等于额定运行参数的2.2倍。

10.4.1.2 生产厂家在进行SVC晶闸管阀组设计时，增加晶闸管串联个数的冗余度应大于等于10%。

10.4.1.3 生产厂家在进行晶闸管阀组设计时应考虑运行环境的影响，包括海拔修正、污秽等级等要求。

10.4.1.4 阀体的结构设计、布局应留有合理的维护检修通道。

10.4.1.5 SVG装置在功率模块选型时，IGBT模块阻断电压（V_{CES}）应大于功率模块关断过电压、额定直流电压及电压最大波动之和。

10.4.1.6 功率模块中的板卡应喷涂三防漆，恶劣环境下需要考虑涂胶或者密封处理。

10.4.1.7 功率模块的直流电容器应采用干式薄膜电容器。IGBT应选用第四代及以上产品，具备测温功能。

10.4.1.8 动态无功补偿装置的备用光纤数量应大于使用光纤的20%。

10.4.1.9 SVC装置监控系统应能及时鉴别出任意一个已经发生故障、损坏的元件，晶闸管阀组应便于元件更换。

10.4.1.10 动态无功补偿装置水冷系统散热设计应考虑极端温度运行环境下满载输出的散热要求。

10.4.1.11 在低温地区，动态无功补偿装置水冷系统应考虑防冻设计。

10.4.1.12 新投运SVG装置应采用全封闭空调制冷或全封闭水冷散热方式。

10.4.2 基建阶段

10.4.2.1 动态无功补偿装置安装完成后，应对所有连接铜排进行紧固性检查，防止出现松动引起接触电阻过大而造成母排烧毁、设备停运。

10.4.2.2 动态无功补偿装置本体电缆夹层或穿管应采取封堵措施。

10.4.2.3 动态无功补偿装置交接验收应按设计要求进行，控制系统应进行各种工况下的模拟试验，各类脉冲信号发出及接收必须保持功能正常。

10.4.2.4　交接验收时，对动态无功补偿装置通信光纤应进行光功率损耗的检测，光纤损耗不应超过3dB。

10.4.3　运行阶段

10.4.3.1　SVG装置主回路在工作状态下禁止断开风扇和散热系统电源。

10.4.3.2　动态无功补偿装置投运后，应在运行一至两年内，进行一次光纤和驱动板卡的光口功率检查，对比调试、投运验收时的光功率损耗检查表，对下降趋势较明显的光纤进行更换。

10.4.3.3　对采用外循环直通风方式的装置，应每半年进行滤网及功率模块的清扫和散热轴流风机例行维护检查，环境恶劣时应缩短周期。功率柜滤网应采用可不停电更换型，SVG室或箱体风道与墙体/箱体、门窗与墙体/箱体应采取密封措施。

11　防止互感器损坏事故

为防止互感器损坏事故，应认真贯彻执行《互感器　第8部分：电子式电流互感器》（GB/T 20840.8—2007）、《互感器　第7部分：电子式电压互感器》（GB/T 20840.7—2007）、《标称电压高于1000V使用的户内和户外聚合物绝缘子　一般定义、试验方法和接受准则》（GB/T 22079—2008）、《互感器　第2部分：电流互感器的补充技术要求》（GB 20840.2—2014）、《电气装置安装工程　电力变压器、油浸电抗器、互感器施工及验收规范》（GB 50148—2010）、《电气装置安装工程电气设备交接试验标准》（GB 50150—2016）、《电子式互感器现场交接验收规范》（DL/T 1544—2016）、《国家电网公司关于印发防止变电站全停十六项措施（试行）的通知》（国家电网运检〔2015〕376号）、《关于印发〈国家电网公司防止直流换流站单、双极强迫停运二十一项反事故措施〉的通知》（国家电网生〔2011〕961号）、《输变电设备状态检修试验规程》（Q/GDW 1168—2013）、《1003001-0220-01-220kV SF_6气体绝缘电流互感器专用技术规范》《国家电网公司变电运维通用管理规定》[国网（运检/3）828—2017]第7分册：电压互感器运维细则等标准及相关规程规定，结合近6年生产运行情况和典型事故案例，提出以下重点要求：

11.1　防止油浸式互感器损坏事故

11.1.1　设计制造阶段

11.1.1.1　油浸式互感器应选用带金属膨胀器微正压结构。

11.1.1.2　油浸式互感器生产厂家应根据设备运行环境最高和最低温度核算膨胀器的容量，并应留有一定裕度。

11.1.1.3　油浸式互感器的膨胀器外罩应标注清晰耐久的最高（MAX）、最低（MIN）油位线及20℃的标准油位线，油位观察窗应选用具有耐老化、透明度高的材料进行制造。油位指示器应采用荧光材料。

11.1.1.4　生产厂家应明确倒立式电流互感器的允许最大取油量。

11.1.1.5　所选用电流互感器的动、热稳定性能应满足安装地点系统短路容量的远期要求，一次绕组串联时也应满足安装地点系统短路容量的要求。

11.1.1.6　220kV及以上电压等级电流互感器必须满足卧倒运输的要求。

11.1.1.7　互感器的二次引线端子和末屏引出线端子应有防转动措施。

11.1.1.8　电容式电压互感器中间变压器高压侧对地不应装设氧化锌避雷器。

11.1.1.9　电容式电压互感器应选用速饱和电抗器型阻尼器，并应在出厂时进行铁磁谐振试验。

11.1.1.10　110（66）～750kV油浸式电流互感器在出厂试验时，局部放电试验的测量时间延长到5min。

11.1.1.11　电容式电压互感器电磁单元油箱排气孔应高出油箱上平面10mm以上，且密封可靠。

11.1.1.12　电流互感器末屏接地引出线应在二次接线盒内就地接地或引至在线监测装置箱内接地。末屏接地线不应采用编织软铜线，末屏接地线的截面积、强度均应符合相关标准。

11.1.2　基建阶段

11.1.2.1　电磁式电压互感器在交接试验时，应进行空载电流测量。励磁特性的拐点电压应大于$1.5U_m/\sqrt{3}$（中性点有效接地系统）或$1.9U_m/\sqrt{3}$（中性点非有效接地系统）。

11.1.2.2　电流互感器一次端子承受的机械力不应超过生产厂家规定的允许值，端子的等电位连接应牢固可靠且端子之间应保持足够电气距离，并应有足够的接触面积。

11.1.2.3　110（66）kV及以上电压等级的油浸式电流互感器，应逐台进行交流耐压试验。试验前应保证充足的静置时间，其中110（66）kV互感器不少于24h，220～330kV互感器不少于48h，500kV互感器不少于72h。试验前后应进行油中溶解气体对比分析。

11.1.2.4　220kV及以上电压等级的电容式电压互感器，其各节电容器安装时应按出厂编号及上下顺序进行安装，禁止互换。

11.1.2.5　互感器安装时，应将运输中膨胀器限位支架等临时保护措施拆除，并检查顶部排气塞密封情况。

11.1.2.6　220kV及以上电压等级电流互感器运输时应在每辆运输车上安装冲击记录仪，设备运抵现场后应检查确认，记录数值超过10g，应返厂检查。110kV及以下电压等级电流互感器应直立安放运输。

11.1.3　运行阶段

11.1.3.1　事故抢修的油浸式互感器，应保证绝缘试验前静置时间，其中500（330）kV设备静置时间应大于36h，110（66）～220kV设备静置时间应大于24h。

11.1.3.2　新投运的110（66）kV及以上电压等级电流互感器，1～2年内应取油样进行油中溶解气体组分、微水分析，取样后检查油位应符合设备技术文件的要求。对于明确要求不取油样的产品，确需取样或补油时应由生产厂家配合进行。

11.1.3.3　运行中油浸式互感器的膨胀器异常伸长顶起上盖时，应退出运行。

11.1.3.4　倒立式电流互感器、电容式电压互感器出现电容单元渗漏油情况时，应退出运行。

11.1.3.5　电流互感器内部出现异常响声时，应退出运行。

11.1.3.6　应定期校核电流互感器动、热稳定电流是否满足要求。若互感器所在变电站短路电流超过互感器铭牌规定的动、热稳定电流值，应及时改变变比或安排更换。

11.1.3.7　加强电流互感器末屏接地引线检查、检修及运行维护。

11.2　防止气体绝缘互感器损坏事故

11.2.1　设计制造阶段

11.2.1.1　电容屏结构的气体绝缘电流互感器，电容屏连接筒应具备足够的机械强度，以免因材质偏软导致电容屏连接筒变形、移位。

11.2.1.2　最低温度为−25℃及以下的地区，户外不宜选用 SF_6 气体绝缘互感器。

11.2.1.3　气体绝缘互感器的防爆装置应采用防止积水、冻胀的结构，防爆膜应采用抗老化、耐锈蚀的材料。

11.2.1.4　SF_6 密度继电器与互感器设备本体之间的连接方式应满足不拆卸校验密度继电器的要求，户外安装应加装防雨罩。

11.2.1.5　气体绝缘互感器应设置安装时的专用吊点并有明显标识。

11.2.2　基建阶段

11.2.2.1　110kV 及以下电压等级互感器应直立安放运输，220kV 及以上电压等级互感器应满足卧倒运输的要求。运输时 110（66）kV 产品每批次超过 10 台时，每车装 10*g* 冲击加速度振动子 2 个，低于 10 台时每车装 10*g* 冲击加速度振动子 1 个；220kV 产品每台安装 10*g* 冲击加速度振动子 1 个；330kV 及以上电压等级每台安装带时标的三维冲击记录仪。到达目的地后检查振动记录装置的记录，若记录数值超过 10*g* 冲击加速度一次或 10*g* 振动子落下，则产品应返厂解体检查。

11.2.2.2　气体绝缘电流互感器运输时所充气压应严格控制在微正压状态。

11.2.2.3　气体绝缘电流互感器安装后应进行现场老练试验，老练试验后进行耐压试验，试验电压为出厂试验值的 80%。

11.2.3　运行阶段

11.2.3.1　气体绝缘互感器严重漏气导致压力低于报警值时应立即退出运行。运行中的电流互感器气体压力下降到 0.2MPa（相对压力）以下，检修后应进行老练和交流耐压试验。

11.2.3.2　长期微渗的气体绝缘互感器应开展 SF_6 气体微水检测和带电检漏，必要时可缩短检测周期。年漏气率大于 1%时，应及时处理。

11.2.3.3　应定期校核电流互感器动、热稳定电流是否满足要求。若互感器所在变电站短路电流超过互感器铭牌规定的动、热稳定电流值时，应及时改变变比或安排更换。

11.2.3.4　运行中的互感器在巡视检查时如发现外绝缘有裂纹、局部变色、变形，应尽快更换。

11.3　防止电子式互感器损坏事故

11.3.1　设计制造阶段

11.3.1.1　电子式电流互感器测量传输模块应有两路独立电源，每路电源均有监视功能。

11.3.1.2　电子式电流互感器传输回路应选用可靠的光纤耦合器，户外采集卡接线盒应满足 IP67 防尘防水等级，采集卡应满足安装地点最高、最低运行温度要求。

11.3.1.3　电子式互感器的采集器应具备良好的环境适应性和抗电磁干扰能力。

11.3.1.4　电子式电压互感器二次输出电压，在短路消除后恢复（达到准确级限值内）时间应满足继电保护装置的技术要求。

11.3.1.5 集成光纤后的光纤绝缘子，应提供水扩散设计试验报告。

11.3.2 基建阶段

11.3.2.1 电子式互感器传输环节各设备应进行断电试验、光纤进行抽样拔插试验，检验当单套设备故障、失电时，是否导致保护装置误出口。

11.3.2.2 电子式互感器交接时应在合并单元输出端子处进行误差校准试验。

11.3.2.3 电子式互感器现场在投运前应开展隔离开关分/合容性小电流干扰试验。

11.3.3 运行阶段

11.3.3.1 电子式互感器更换器件后，应在合并单元输出端子处进行误差校准试验。

11.3.3.2 电子式互感器应加强在线监测装置光功率显示值及告警信息的监视。

11.4 防止干式互感器损坏事故

11.4.1 设计阶段

11.4.1.1 变电站户外不宜选用环氧树脂浇注干式电流互感器。

11.4.2 基建阶段

11.4.2.1 10（6）kV及以上干式互感器出厂时应逐台进行局部放电试验，交接时应抽样进行局部放电试验。

11.4.2.2 电磁式干式电压互感器在交接试验时，应进行空载电流测量。励磁特性的拐点电压应大于$1.5U_m/\sqrt{3}$（中性点有效接地系统）或$1.9U_m/\sqrt{3}$（中性点非有效接地系统）。

11.4.3 运行阶段

11.4.3.1 运行中的环氧浇注干式互感器外绝缘如有裂纹、沿面放电、局部变色、变形，应立即更换。

11.4.3.2 运行中的35kV及以下电压等级电磁式电压互感器，如发生高压熔断器两相及以上同时熔断或单相多次熔断，应进行检查及试验。

12 防止GIS、开关设备事故

为防止GIS、开关设备事故，应认真贯彻《国家电网公司交流高压开关设备技术监督导则》(Q/GDW 11074—2013)、《国家电网公司关于印发电网设备技术标准差异条款统一意见的通知》(国家电网科〔2017〕549号)、《国家电网公司关于全面落实反事故措施的通知》(国家电网运检〔2017〕378号)、《关于印发〈国家电网公司变电运维检修管理办法〉等6项通用制度的通知》(国家电网企管〔2017〕206号)、国家电网公司《关于高压隔离开关订货的有关规定（试行）》(国家电网公司生产输变〔2004〕4号)、《国家电网公司关于印发户外GIS设备伸缩节反事故措施和故障分析报告的通知》(国家电网运检〔2015〕902号）等标准及相关规程规定，结合近6年生产运行情况和典型事故案例，提出以下重点要求：

12.1 防止断路器事故

12.1.1 设计制造阶段

12.1.1.1 断路器本体内部的绝缘件必须经过局部放电试验方可装配，要求在试验电压下单个绝缘件的局部放电量不大于3pC。

12.1.1.2 断路器出厂试验前应进行不少于200次的机械操作试验（其中每100次操作试验的最后20次应为重合闸操作试验）。投切并联电容器、交流滤波器用断路器型式试验项目必须包含投切电容器组试验，断路器必须选用C2级断路器。真空断路器灭弧室出厂前应逐台进行老炼试验，并提供老炼试验报告；用于投切并联电容器的真空断路器出厂前应整台进行老炼试验，并提供老炼试验报告。断路器动作次数计数器不得带有复归机构。

12.1.1.3 开关设备用气体密度继电器应满足以下要求：

12.1.1.3.1 密度继电器与开关设备本体之间的连接方式应满足不拆卸校验密度继电器的要求。

12.1.1.3.2 密度继电器应装设在与被监测气室处于同一运行环境温度的位置。对于严寒地区的设备，其密度继电器应满足环境温度在−40℃～−25℃时准确度不低于2.5级的要求。

12.1.1.3.3 新安装252kV及以上断路器每相应安装独立的密度继电器。

12.1.1.3.4 户外断路器应采取防止密度继电器二次接头受潮的防雨措施。

12.1.1.4 断路器分闸回路不应采用RC加速设计。已投运断路器分闸回路采用RC加速设计的，应随设备换型进行改造。

12.1.1.5 户外汇控箱或机构箱的防护等级应不低于IP45W，箱体应设置可使箱内空气流通的迷宫式通风口，并具有防腐、防雨、防风、防潮、防尘和防小动物进入的性能。带有智能终端、合并单元的智能控制柜防护等级应不低于IP55。非一体化的汇控箱与机构箱应分别设置温度、湿度控制装置。

12.1.1.6 开关设备二次回路及元器件应满足以下要求：

12.1.1.6.1 温控器（加热器）、继电器等二次元件应取得“3C”认证或通过与“3C”认证同等的性能试验，外壳绝缘材料阻燃等级应满足V–0级，并提供第三方检测报告。时间继电器不应选用气囊式时间继电器。

12.1.1.6.2 断路器出厂试验、交接试验及例行试验中，应进行中间继电器、时间继电器、电压继电器动作特性校验。

12.1.1.6.3 断路器分、合闸控制回路的端子间应有端子隔开，或采取其他有效防误动措施。

12.1.1.6.4 新投的分相弹簧机构断路器的防跳继电器、非全相继电器不应安装在机构箱内，应装在独立的汇控箱内。

12.1.1.7 新投的252kV母联（分段）、主变压器、高压电抗器断路器应选用三相机械联动设备。

12.1.1.8 采用双跳闸线圈机构的断路器，两只跳闸线圈不应共用衔铁，且线圈不应叠装布置。

12.1.1.9 断路器机构分合闸控制回路不应串接整流模块、熔断器或电阻器。

12.1.1.10 断路器液压机构应具有防止失压后慢分慢合的机械装置。液压机构验收、检修时应对机构防慢分慢合装置的可靠性进行试验。

12.1.1.11　断路器出厂试验及例行检修中，应检查绝缘子金属法兰与瓷件胶装部位防水密封胶的完好性，必要时复涂防水密封胶。

12.1.1.12　隔离断路器的断路器与接地开关间应具备足够强度的机械联锁和可靠的电气联锁。

12.1.2　基建阶段

12.1.2.1　断路器交接试验及例行试验中，应对机构二次回路中的防跳继电器、非全相继电器进行传动。防跳继电器动作时间应小于辅助开关切换时间，并保证在模拟手合于故障时不发生跳跃现象。

12.1.2.2　断路器产品出厂试验、交接试验及例行试验中，应对断路器主触头与合闸电阻触头的时间配合关系进行测试，并测量合闸电阻的阻值。

12.1.2.3　断路器产品出厂试验、交接试验及例行试验中，应测试断路器合-分时间。对252kV及以上断路器，合-分时间应满足电力系统安全稳定要求。

12.1.2.4　充气设备现场安装应先进行抽真空处理，再注入绝缘气体。SF_6气体注入设备后应对设备内气体进行SF_6纯度检测。对于使用SF_6混合气体的设备，应测量混合气体的比例。

12.1.2.5　SF_6断路器充气至额定压力前，禁止进行储能状态下的分/合闸操作。

12.1.2.6　断路器交接试验及例行试验中，应进行行程曲线测试，并同时测量分/合闸线圈电流波形。

12.1.3　运行阶段

12.1.3.1　当断路器液压机构突然失压时应申请停电隔离处理。在设备停电前，禁止人为启动油泵，防止断路器慢分。

12.1.3.2　气动机构应加装气水分离装置，并具备自动排污功能。

12.1.3.3　3年内未动作过的72.5kV及以上断路器，应进行分/合闸操作。

12.1.3.4　对投切无功负荷的开关设备应实行差异化运维，缩短巡检和维护周期，每年统计投切次数并评估电气寿命。

12.2　防止GIS事故

12.2.1　设计制造阶段

12.2.1.1　用于低温（年最低温度为−30℃及以下）、日温差超过25K、重污秽e级或沿海d级地区、城市中心区、周边有重污染源（如钢厂、化工厂、水泥厂等）的363kV及以下GIS，应采用户内安装方式，550kV及以上GIS经充分论证后确定布置方式。

12.2.1.2　GIS气室应划分合理，并满足以下要求：

12.2.1.2.1　GIS最大气室的气体处理时间不超过8h。252kV及以下设备单个气室长度不超过15m，且单个主母线气室对应间隔不超过3个。

12.2.1.2.2　双母线结构的GIS，同一间隔的不同母线隔离开关应各自设置独立隔室。252kV及以上GIS母线隔离开关禁止采用与母线共隔室的设计结构。

12.2.1.2.3　三相分箱的GIS母线及断路器气室，禁止采用管路连接。独立气室应安装单独的密度继电器，密度继电器表计应朝向巡视通道。

12.2.1.3　生产厂家应在设备投标、资料确认等阶段提供工程伸缩节配置方案，并经业主单位组织审核。方案内容包括伸缩节类型、数量、位置及“伸缩节（状态）伸缩量-环境温度”对应明细表等调整参数。伸缩节配置应满足跨不均匀沉降部位（室外不同基础、室内伸缩缝等）的要求。用于轴向补偿的伸缩节应配备伸缩量计量尺。

12.2.1.4　双母线、单母线或桥形接线中，GIS母线避雷器和电压互感器应设置独立的隔离开关。3/2断路器接线中，GIS母线避雷器和电压互感器不应装设隔离开关，宜设置可拆卸导体作为隔离装置。可拆卸导体应设置于独立的气室内。架空进线的GIS线路间隔的避雷器和线路电压互感器宜采用外置结构。

12.2.1.5　新投运GIS采用带金属法兰的盆式绝缘子时，应预留窗口用于特高频局部放电检测。采用此结构的盆式绝缘子可取消罐体对接处的跨接片，但生产厂家应提供型式试验依据。如需采用跨接片，户外GIS罐体上应有专用跨接部位，禁止通过法兰螺栓直连。

12.2.1.6　户外GIS法兰对接面宜采用双密封，并在法兰接缝、安装螺孔、跨接片接触面周边、法兰对接面注胶孔、盆式绝缘子浇注孔等部位涂防水胶。

12.2.1.7　同一分段的同侧GIS母线原则上一次建成。如计划扩建母线，宜在扩建接口处预装可拆卸导体的独立隔室；如计划扩建出线间隔，应将母线隔离开关、接地开关与就地工作电源一次上全。预留间隔气室应加装密度继电器并接入监控系统。

12.2.1.8　吸附剂罩的材质应选用不锈钢或其他高强度材料，结构应设计合理。吸附剂应选用不易粉化的材料并装于专用袋中，绑扎牢固。

12.2.1.9　盆式绝缘子应尽量避免水平布置。

12.2.1.10　对相间连杆采用转动、链条传动方式设计的三相机械联动隔离开关，应在从动相同时安装分/合闸指示器。

12.2.1.11　GIS用断路器、隔离开关和接地开关以及罐式SF_6断路器，出厂试验时应进行不少于200次的机械操作试验（其中断路器每100次操作试验的最后20次应为重合闸操作试验），以保证触头充分磨合。200次操作完成后应彻底清洁壳体内部，再进行其他出厂试验。

12.2.1.12　GIS内绝缘件应逐只进行X射线探伤试验、工频耐压试验和局部放电试验，局部放电量不大于3pC。

12.2.1.13　生产厂家应对金属材料和部件材质进行质量检测，对罐体、传动杆、拐臂、轴承（销）等关键金属部件应按工程抽样开展金属材质成分检测，按批次开展金相试验抽检，并提供相应报告。

12.2.1.14　GIS出厂绝缘试验宜在装配完整的间隔上进行，252kV及以上设备还应进行正负极性各3次雷电冲击耐压试验。

12.2.1.15　生产厂家应对GIS及罐式断路器罐体焊缝进行无损探伤检测，保证罐体焊缝100%合格。

12.2.1.16　装配前应检查并确认防爆膜是否受外力损伤，装配时应保证防爆膜泄压方向正确、定位准确，防爆膜泄压挡板的结构和方向应避免在运行中积水、结冰、误碰。防爆膜喷口不应朝向巡视通道。

12.2.1.17　GIS充气口保护封盖的材质应与充气口材质相同，防止电化学腐蚀。

12.2.2　基建阶段

12.2.2.1　GIS出厂运输时，应在断路器、隔离开关、电压互感器、避雷器和363kV及以上套管运输单元上加装三维冲击记录仪，其他运输单元加装振动指示器。运输中如出现冲击加速度大于3g或不满足产品技术文件要求的情况，产品运至现场后应打开相应隔室检查各部件是否完好，必要时可增加试验项目或返厂处理。

12.2.2.2 SF_6开关设备进行抽真空处理时，应采用出口带有电磁阀的真空处理设备，在使用前应检查电磁阀，确保动作可靠，在真空处理结束后应检查抽真空管的滤芯是否存在油渍。禁止使用麦氏真空计。

12.2.2.3 GIS、罐式断路器现场安装时应采取防尘棚等有效措施，确保安装环境的洁净度。800kV及以上GIS现场安装时采用专用移动厂房，GIS间隔扩建可根据现场实际情况采取同等有效的防尘措施。

12.2.2.4 GIS安装过程中应对导体插接情况进行检查，按插接深度标线插接到位，且回路电阻测试合格。

12.2.2.5 垂直安装的二次电缆槽盒应从底部单独支撑固定，且通风良好，水平安装的二次电缆槽盒应有低位排水措施。

12.2.2.6 GIS穿墙壳体与墙体间应采取防护措施，穿墙部位采用非腐蚀性、非导磁性材料进行封堵，墙外侧做好防水措施。

12.2.2.7 伸缩节安装完成后，应根据生产厂家提供的“伸缩节（状态）伸缩量-环境温度”对应参数明细表等技术资料进行调整和验收。

12.2.3 运行阶段

12.2.3.1 倒闸操作前后，发现GIS三相电流不平衡时应及时查找原因并处理。

12.2.3.2 巡视时，如发现断路器、快速接地开关缓冲器存在漏油现象，应立即安排处理。

12.2.3.3 户外GIS应按照“伸缩节（状态）伸缩量-环境温度”曲线定期核查伸缩节伸缩量，每季度至少开展一次，且在温度最高和最低的季节每月核查一次。

12.3 防止敞开式隔离开关、接地开关事故

12.3.1 设计制造阶段

12.3.1.1 风沙活动严重、严寒、重污秽、多风地区以及采用悬吊式管形母线的变电站，不宜选用配钳夹式触头的单臂伸缩式隔离开关。

12.3.1.2 隔离开关主触头镀银层厚度应不小于20μm，硬度不小于120HV，并开展镀层结合力抽检。出厂试验应进行金属镀层检测。导电回路不同金属接触应采取镀银、搪锡等有效过渡措施。

12.3.1.3 隔离开关宜采用外压式或自力式触头，触头弹簧应进行防腐、防锈处理。内拉式触头应采用可靠绝缘措施以防止弹簧分流。

12.3.1.4 上下导电臂之间的中间接头、导电臂与导电底座之间应采用叠片式软导电带连接，叠片式铝制软导电带应有不锈钢片保护。

12.3.1.5 隔离开关和接地开关的不锈钢部件禁止采用铸造件，铸铝合金传动部件禁止采用砂型铸造。隔离开关和接地开关用于传动的空心管材应有疏水通道。

12.3.1.6 配钳夹式触头的单臂伸缩式隔离开关导电臂应采用全密封结构。传动配合部件应具有可靠的自润滑措施，禁止不同金属材料直接接触。轴承座应采用全密封结构。

12.3.1.7 隔离开关应具备防止自动分闸的结构设计。

12.3.1.8 隔离开关和接地开关应在生产厂家内进行整台组装和出厂试验。需拆装发运的设

备应按相、按柱做好标记，其连接部位应做好特殊标记。

12.3.1.9　隔离开关、接地开关导电臂及底座等位置应采取能防止鸟类筑巢的结构。

12.3.1.10　瓷绝缘子应采用高强瓷。瓷绝缘子金属附件应采用上砂水泥胶装。瓷绝缘子出厂前，应在绝缘子金属法兰与瓷件的胶装部位涂以性能良好的防水密封胶。瓷绝缘子出厂前应进行逐只无损探伤。

12.3.1.11　隔离开关与其所配装的接地开关之间应有可靠的机械联锁，机械联锁应有足够的强度。发生电动或手动误操作时，设备应可靠联锁。

12.3.1.12　操动机构内应装设一套能可靠切断电动机电源的过载保护装置。电机电源消失时，控制回路应解除自保持。

12.3.2　基建阶段

12.3.2.1　新安装的隔离开关必须进行导电回路电阻测试。交接试验值应不大于出厂试验值的 1.2 倍。除对隔离开关自身导电回路进行电阻测试外，还应对包含电气连接端子的导电回路电阻进行测试。

12.3.2.2　252kV 及以上隔离开关安装后应对绝缘子逐只探伤。

12.3.3　运行阶段

12.3.3.1　对不符合国家电网公司《关于高压隔离开关订货的有关规定（试行）》（国家电网公司生产输变〔2004〕4 号）完善化技术要求的隔离开关、接地开关应进行完善化改造或更换。

12.3.3.2　合闸操作时，应确保合闸到位，伸缩式隔离开关应检查驱动拐臂过“死点”。

12.3.3.3　在隔离开关倒闸操作过程中，应严格监视动作情况，发现卡滞应停止操作并进行处理，严禁强行操作。

12.3.3.4　例行试验中，应检查瓷绝缘子胶装部位防水密封胶完好性，必要时重新复涂防水密封胶。

12.4　防止开关柜事故

12.4.1　设计制造阶段

12.4.1.1　开关柜应选用 LSC2 类（具备运行连续性功能）、“五防”功能完备的产品。新投开关柜应装设具有自检功能的带电显示装置，并与接地开关（柜门）实现强制闭锁，带电显示装置应装设在仪表室。

12.4.1.2　空气绝缘开关柜的外绝缘应满足以下条件：

12.4.1.2.1　空气绝缘净距离应满足表 1 的要求。

表 1　开关柜空气绝缘净距离要求

空气绝缘净距离（mm） 额定电压（kV）	7.2	12	24	40.5
相间和相对地	≥100	≥125	≥180	≥300
带电体至门	≥130	≥155	≥210	≥330

12.4.1.2.2　最小标称统一爬电比距：≥ $\sqrt{3}$ × 18mm/kV（对瓷质绝缘）；≥ $\sqrt{3}$ × 20mm/kV

（对有机绝缘）。

12.4.1.2.3 新安装开关柜禁止使用绝缘隔板。即使母线加装绝缘护套和热缩绝缘材料，也应满足空气绝缘净距离要求。

12.4.1.3 开关柜及装用的各种元件均应进行凝露试验，开关柜整机应进行污秽试验，生产厂家应提供型式试验报告。

12.4.1.4 开关柜应选用IAC级（内部故障级别）产品，生产厂家应提供相应型式试验报告（附试验试品照片）。选用开关柜时应确认其母线室、断路器室、电缆室相互独立，且均通过相应内部燃弧试验；燃弧时间应不小于0.5s，试验电流为额定短时耐受电流。

12.4.1.5 开关柜各高压隔室均应设有泄压通道或压力释放装置。当开关柜内产生内部故障电弧时，压力释放装置应能可靠打开，压力释放方向应避开巡视通道和其他设备。

12.4.1.6 开关柜内避雷器、电压互感器等设备应经隔离开关（或隔离手车）与母线相连，严禁与母线直接连接。开关柜门模拟显示图必须与其内部接线一致，开关柜可触及隔室、不可触及隔室、活门和机构等关键部位在出厂时应设置明显的安全警示标识，并加以文字说明。柜内隔离活门、静触头盒固定板应采用金属材质并可靠接地，与带电部位满足空气绝缘净距离要求。

12.4.1.7 开关柜中的绝缘件应采用阻燃性绝缘材料，阻燃等级需达到V–0级。

12.4.1.8 开关柜间连通部位应采取有效的封堵隔离措施，防止开关柜火灾蔓延。

12.4.1.9 开关柜内所有绝缘件装配前均应进行局部放电试验，单个绝缘件局部放电量不大于3pC。

12.4.1.10 24kV及以上开关柜内的穿柜套管、触头盒应采用双屏蔽结构，其等电位连线（均压环）应长度适中，并与母线及部件内壁可靠连接。

12.4.1.11 电缆连接端子距离开关柜底部应不小于700mm。

12.4.1.12 开关柜内母线搭接面、隔离开关触头、手车触头表面应镀银，且镀银层厚度不小于8μm。

12.4.1.13 额定电流1600A及以上的开关柜应在主导电回路周边采取有效隔磁措施。

12.4.1.14 开关柜的观察窗应使用机械强度与外壳相当、内有接地屏蔽网的钢化玻璃遮板，并通过开关柜内部燃弧试验。玻璃遮板应安装牢固，且满足运行时观察分/合闸位置、储能指示等需要。

12.4.1.15 未经型式试验考核前，不得进行柜体开孔等降低开关柜内部故障防护性能的改造。

12.4.1.16 配电室内环境温度超过5℃～30℃范围，应配置空调等有效的调温设施；室内日最大相对湿度超过95%或月最大相对湿度超过75%时，应配置除湿机或空调。配电室排风机控制开关应在室外。

12.4.1.17 新建变电站的站用变压器、接地变压器不应布置在开关柜内或紧靠开关柜布置，避免其故障时影响开关柜运行。

12.4.1.18 空气绝缘开关柜应选用硅橡胶外套氧化锌避雷器。主变压器中、低压侧进线避雷器不宜布置在进线开关柜内。

12.4.2 基建阶段

12.4.2.1 开关柜柜门模拟显示图、设计图纸应与实际接线一致。

12.4.2.2 开关柜应检查泄压通道或压力释放装置，确保与设计图纸保持一致。对泄压通道的安装方式进行检查，应满足安全运行要求。

12.4.2.3 柜内母线、电缆端子等不应使用单螺栓连接。导体安装时螺栓可靠紧固，力矩符合要求。

12.4.3 运行阶段

12.4.3.1 加强带电显示闭锁装置的运行维护，保证其与接地开关（柜门）间强制闭锁的运行可靠性。防误操作闭锁装置或带电显示装置失灵时应尽快处理。

12.4.3.2 开关柜操作应平稳无卡涩，禁止强行操作。

13 防止电力电缆损坏事故

为防止电力电缆损坏事故，应全面贯彻落实《电力工程电缆设计标准》（GB 50217—2018）、《电力装置安装工程电缆线路施工及验收规范》（GB 50168—2006）、《火力发电厂与变电所设计防火规范》（GB 50229—2006）、《城市电力电缆线路设计技术规定》（DL/T 5221—2015）、《10（6）kV～500kV 电缆技术标准》（Q/GDW 371—2009）、《输变电设备状态检修试验规程》（Q/GDW 1168—2013）、《电力电缆及通道运维规程》（Q/GDW 1512—2014）、《电力电缆及通道检修规程》（Q/GDW 11262—2014）、《10kV～500kV 输变电设备交接试验规程》（Q/GDW 11447—2015）、《电力电缆线路试验规程》（Q/GDW 11316—2014）、《国家电网公司关于印发高压电缆专业管理规定的通知》（国家电网运检〔2016〕1152 号）等有关制度标准，并提出以下重点要求：

13.1 防止绝缘击穿

13.1.1 设计阶段

13.1.1.1 应按照全寿命周期管理的要求，根据线路输送容量、系统运行条件、电缆路径、敷设方式和环境等合理选择电缆和附件结构型式。

13.1.1.2 应加强电力电缆和电缆附件选型、订货、验收及投运的全过程管理。应优先选择具有良好运行业绩和成熟制造经验的生产厂家。

13.1.1.3 110（66）kV 及以上电压等级同一受电端的双回或多回电缆线路应选用不同生产厂家的电缆、附件。110（66）kV 及以上电压等级电缆的 GIS 终端和油浸终端宜选择插拔式，人员密集区域或有防爆要求场所的应选择复合套管终端。110kV 及以上电压等级电缆线路不应选择户外干式柔性终端。

13.1.1.4 设计阶段应充分考虑耐压试验作业空间、安全距离，在 GIS 电缆终端与线路隔离开关之间宜配置试验专用隔离开关，并根据需求配置 GIS 试验套管。

13.1.1.5 110kV 及以上电力电缆站外户外终端应有检修平台，并满足高度和安全距离要求。

13.1.1.6 10kV 及以上电压等级电力电缆应采用干法化学交联的生产工艺，110（66）kV 及以上电压等级电力电缆应采用悬链式或立塔式三层共挤工艺。

13.1.1.7 运行在潮湿或浸水环境中的 110（66）kV 及以上电压等级的电缆应有纵向阻水功

能，电缆附件应密封防潮；35kV及以下电压等级电缆附件的密封防潮性能应能满足长期运行需要。

13.1.1.8 电缆主绝缘、单芯电缆的金属屏蔽层、金属护层应有可靠的过电压保护措施。统包型电缆的金属屏蔽层、金属护层应两端直接接地。

13.1.1.9 合理安排电缆段长，尽量减少电缆接头的数量，严禁在变电站电缆夹层、出站沟道、竖井和50m及以下桥架等区域布置电力电缆接头。110（66）kV电缆非开挖定向钻拖拉管两端工作井不宜布置电力电缆接头。

13.1.2 基建阶段

13.1.2.1 对220kV及以上电压等级电缆、110（66）kV及以下电压等级重要线路的电缆，应进行监造和工厂验收。

13.1.2.2 应严格进行到货验收，并开展工厂抽检、到货检测。检测报告作为新建线路投运资料移交运维单位。

13.1.2.3 在电缆运输过程中，应防止电缆受到碰撞、挤压等导致的机械损伤。电缆敷设过程中应严格控制牵引力、侧压力和弯曲半径。

13.1.2.4 电缆通道、夹层及管孔等应满足电缆弯曲半径的要求，110（66）kV及以上电缆的支架应满足电缆蛇形敷设的要求。电缆应严格按照设计要求进行敷设、固定。

13.1.2.5 施工期间应做好电缆和电缆附件的防潮、防尘、防外力损伤措施。在现场安装110（66）kV及以上电缆附件之前，其组装部件应试装配。安装现场的温度、湿度和清洁度应符合安装工艺要求，严禁在雨、雾、风沙等有严重污染的环境中安装电缆附件。

13.1.2.6 电缆金属护层接地电阻、接地箱（互联箱）端子接触电阻，必须满足设计要求和相关技术规范要求。

13.1.2.7 金属护层采取交叉互联方式时，应逐相进行导通测试，确保连接方式正确。金属护层对地绝缘电阻应试验合格，过电压限制元件在安装前应检测合格。

13.1.2.8 110（66）kV及以上电缆主绝缘应开展交流耐压试验，并应同时开展局部放电测量。试验结果作为投运资料移交运维单位。

13.1.2.9 电缆支架、固定金具、排管的机械强度和耐久性应符合设计和长期安全运行的要求，且无尖锐棱角。

13.1.2.10 电缆终端尾管应采用封铅方式，并加装铜编织线连接尾管和金属护套。110（66）kV及上电压等级电缆接头两侧端部、终端下部应采用刚性固定。

13.1.3 运行阶段

13.1.3.1 运行部门应加强电缆线路负荷和温度的检（监）测，防止过负荷运行，多条并联的电缆应分别进行测量。巡视过程中应检测电缆附件、接地系统等关键接点的温度。

13.1.3.2 严禁金属护层不接地运行。应严格按照试验规程对电缆金属护层的接地系统开展运行状态检测、试验。

13.1.3.3 运行部门应开展电缆线路状态评价，对异常状态和严重状态的电缆线路应及时检修。

13.1.3.4 应监视重载和重要电缆线路因运行温度变化产生的伸缩位移，出现异常应及时处理。

13.1.3.5 电缆线路发生运行故障后，应检查全线接地系统是否受损，发现问题应及时修复。

13.1.3.6 人员密集区域或有防爆要求场所的瓷套终端应更换为复合套管终端。

13.2 防止电缆火灾

13.2.1 设计和基建阶段

13.2.1.1 电缆线路的防火设施必须与主体工程同时设计、同时施工、同时验收，防火设施未验收合格的电缆线路不得投入运行。

13.2.1.2 变电站内同一电源的110（66）kV及以上电压等级电缆线路同通道敷设时应两侧布置。同一通道内不同电压等级的电缆，应按照电压等级的高低从下向上排列，分层敷设在电缆支架上。

13.2.1.3 110（66）kV及以上电压等级电缆在隧道、电缆沟、变电站内、桥梁内应选用阻燃电缆，其成束阻燃性能应不低于C级。与电力电缆同通道敷设的低压电缆、通信光缆等应穿入阻燃管，或采取其他防火隔离措施。应开展阻燃电缆阻燃性能到货抽检试验，以及阻燃防火材料（防火槽盒、防火隔板、阻燃管）防火性能到货抽检试验，并向运维单位提供抽检报告。

13.2.1.4 中性点非有效接地方式且允许带故障运行的电力电缆线路不应与110kV及以上电压等级电缆线路共用隧道、电缆沟、综合管廊电力舱。

13.2.1.5 非直埋电缆接头的外护层及接地线应包覆阻燃材料，充油电缆接头及敷设密集的10～35kV电缆的接头应用耐火防爆槽盒封闭。密集区域（4回及以上）的110（66）kV及以上电压等级电缆接头应选用防火槽盒、防火隔板、防火毯、防爆壳等防火防爆隔离措施。

13.2.1.6 在电缆通道内敷设电缆需经运行部门许可。施工过程中产生的电缆孔洞应加装防火封堵，受损的防火设施应及时恢复，并由运维部门验收。

13.2.1.7 隧道、竖井、变电站电缆层应采取防火墙、防火隔板及封堵等防火措施。防火墙、阻火隔板和阻火封堵应满足耐火极限不低于1h的耐火完整性、隔热性要求。建筑内的电缆井在每层楼板处采用不低于楼板耐火极限的不燃材料或防火封堵材料封堵。

13.2.1.8 变电站夹层宜安装温度、烟气监视报警器，重要的电缆隧道应安装火灾探测报警装置，并应定期检测。

13.2.2 运行阶段

13.2.2.1 电缆密集区域的在役接头应加装防火槽盒或采取其他防火隔离措施。输配电电缆同通道敷设应采取可靠的防火隔离措施。变电站夹层内在役接头应逐步移出，电力电缆切改或故障抢修时，应将接头布置在站外的电缆通道内。

13.2.2.2 运维部门应保持电缆通道、夹层整洁、畅通，消除各类火灾隐患，通道沿线及其内部、隧道通风口（亭）外部不得积存易燃、易爆物。

13.2.2.3 电缆通道临近易燃、易爆或腐蚀性介质的存储容器、输送管道时，应加强监视并采取有效措施，防止其渗漏进入电缆通道，进而损害电缆或导致火灾。

13.2.2.4 在电缆通道、夹层内使用的临时电源应满足绝缘、防火、防潮要求，并配置漏电保护器。工作人员撤离时应立即断开电源。

13.2.2.5 在电缆通道、夹层内动火作业应办理动火工作票，并采取可靠的防火措施。

13.2.2.6 严格按照运行规程规定对通道进行巡检，并检测电缆和接头运行温度。

13.2.2.7 与110（66）kV及以上电压等级电缆线路共用隧道、电缆沟、综合管廊电力舱的中性点非有效接地方式的电力电缆线路，应开展中性点接地方式改造，或做好防火隔离措施并在发生接地故障时立即拉开故障线路。

13.3　防止外力破坏和设施被盗

13.3.1　设计和基建阶段

13.3.1.1　电缆线路路径、附属设备及设施（地上接地箱、出入口、通风亭等）的设置应通过规划部门审批。应避免电缆通道邻近热力管线、易燃易爆管线（输油、燃气）和腐蚀性介质的管道。

13.3.1.2　综合管廊中110（66）kV及以上电缆应采用独立舱体建设。电力舱不宜与天然气管道舱、热力管道舱紧邻布置。

13.3.1.3　电缆通道及直埋电缆线路工程应严格按照相关标准和设计要求施工，并同步进行竣工测绘，非开挖工艺的电缆通道应进行三维测绘。应在投运前向运维部门提交竣工资料和图纸。

13.3.1.4　直埋通道两侧应对称设置标识标牌，每块标识标牌设置间距一般不大于50m。此外电缆接头处、转弯处、进入建筑物处应设置明显方向桩或标桩。

13.3.1.5　电缆终端场站、隧道出入口、重要区域的工井井盖应有安防措施，并宜加装在线监控装置。户外金属电缆支架、电缆固定金具等应使用防盗螺栓。

13.3.2　运行阶段

13.3.2.1　电缆路径上应设立明显的警示标志，对可能发生外力破坏的区段应加强监视，并采取可靠的防护措施。

13.3.2.2　工井正下方的电缆，应采取防止坠落物体打击的保护措施。

13.3.2.3　应监视电缆通道结构、周围土层和临近建筑物等的稳定性，发现异常应及时采取防护措施。

13.3.2.4　敷设于公用通道中的电缆应制定专项管理和技术措施，并加强巡视检测。通道内所有电力电缆及光缆应明确设备归属及运维职责。

13.3.2.5　对盗窃易发地区的电缆设施应加强巡视，接地箱（互联箱）、工井盖等应采取相应的技防措施。退运报废电缆应随同配套工程同步清理。

14　防止接地网和过电压事故

为防止接地网和过电压事故，应认真贯彻《交流电气装置的接地设计规范》（GB 50065—2011）、《1000kV架空输电线路设计规范》（GB 50665—2011）、《±800kV直流架空输电线路设计规范》（GB 50790—2013）、《110kV～750kV架空输电线路设计规范》（GB 50545—2010）、《交流电气装置的过电压保护和绝缘配合设计规范》（GB/T 50064—2014）、《接地装置特性参数测量导则》（DL/T 475—2017）、《电力设备预防性试验规程》（DL/T 596—1996）、《输变电设备状态检修试验规程》（DL/T 393—2010）、《输变电设备状态检修试验规程》（Q/GDW 1168—2013）、《架空输电线路雷电防护导则》（Q/GDW 11452—2015）等标准及相关规程规定，结合近6年生产运行情况和典型事故案例，提出以下重点要求：

14.1　防止接地网事故

14.1.1　设计和基建阶段

14.1.1.1　在新建变电站工程设计中，应掌握工程地点的地形地貌、土壤的种类和分层状况，并提高土壤电阻率的测试深度，当采用四极法时，测试电极极间距离一般不小于拟建接地装置的最大对角线，测试条件不满足时至少应达到最大对角线的2/3。

14.1.1.2　对于110（66）kV及以上电压等级新建、改建变电站，在中性或酸性土壤地区，接地装置选用热镀锌钢为宜，在强碱性土壤地区或者其站址土壤和地下水条件会引起钢质材料严重腐蚀的中性土壤地区，宜采用铜质、铜覆钢（铜层厚度不小于0.25mm）或者其他具有防腐性能材质的接地网。对于室内变电站及地下变电站应采用铜质材料的接地网。

14.1.1.3　在新建工程设计中，校验接地引下线热稳定所用电流应不小于远期可能出现的最大值，有条件地区可按照断路器额定开断电流校核；接地装置接地体的截面不小于连接至该接地装置接地引下线截面的75%，并提供接地装置的热稳定容量计算报告。

14.1.1.4　变压器中性点应有两根与地网主网格的不同边连接的接地引下线，并且每根接地引下线均应符合热稳定校核的要求。主设备及设备架构等应有两根与主地网不同干线连接的接地引下线，并且每根接地引下线均应符合热稳定校核的要求。连接引线应便于定期进行检查测试。

14.1.1.5　在接地网设计时，应考虑分流系数的影响，计算确定流过设备外壳接地导体（线）和经接地网入地的最大接地故障不对称电流有效值。

14.1.1.6　6～66kV不接地、谐振接地和高电阻接地的系统，改造为低电阻接地方式时，应重新核算杆塔和变电站接地装置的接地阻抗值和热稳定性。

14.1.1.7　变电站内接地装置宜采用同一种材料。当采用不同材料进行混连时，地下部分应采用同一种材料连接。

14.1.1.8　接地装置的焊接质量必须符合有关规定要求，各设备与主地网的连接必须可靠，扩建地网与原地网间应为多点连接。接地线与主接地网的连接应用焊接，接地线与电气设备的连接可用螺栓或者焊接，用螺栓连接时应设防松螺帽或防松垫片。

14.1.1.9　对于高土壤电阻率地区的接地网，在接地阻抗难以满足要求时，应采取有效的均压及隔离措施，防止人身及设备事故，方可投入运行。对弱电设备应采取有效的隔离或限压措施，防止接地故障时地电位的升高造成设备损坏。

14.1.1.10　变电站控制室及保护小室应独立敷设与主接地网单点连接的二次等电位接地网，二次等电位接地点应有明显标志。

14.1.1.11　接地阻抗测试宜在架空地线（普通避雷线、OPGW光纤地线）与变电站出线构架连接之前、双端接地的电缆外护套与主地网连接之前完成，若在上述连接完成之后且无法全部断开时测量，应采用分流向量法进行接地阻抗的测试，对不满足设计要求的接地网应及时进行降阻改造。

14.1.2　运行阶段

14.1.2.1　对于已投运的接地装置，应每年根据变电站短路容量的变化，校核接地装置（包括设备接地引下线）的热稳定容量，并结合短路容量变化情况和接地装置的腐蚀程度有针对性地对接地装置进行改造。对于变电站中的不接地、经消弧线圈接地、经低阻或高阻接地系统，必须按异点两相接地故障校核接地装置的热稳定容量。

14.1.2.2 投运10年及以上的非地下变电站接地网，应定期开挖（间隔不大于5年），抽检接地网的腐蚀情况，每站抽检5～8个点。铜质材料接地体地网整体情况评估合格的不必定期开挖检查。

14.2 防止雷电过电压事故

14.2.1 设计阶段

14.2.1.1 架空输电线路的防雷措施应按照输电线路在电网中的重要程度、线路走廊雷电活动强度、地形地貌及线路结构的不同进行差异化配置，重点加强重要线路以及多雷区、强雷区内杆塔和线路的防雷保护。新建和运行的重要线路，应综合采取减小地线保护角、改善接地装置、适当加强绝缘等措施降低线路雷害风险。针对雷害风险较高的杆塔和线段可采用线路避雷器保护或预留加装避雷器的条件。

14.2.1.2 对符合以下条件之一的敞开式变电站应在110（66）～220kV进出线间隔入口处加装金属氧化物避雷器。

（1）变电站所在地区年平均雷暴日大于等于50或者近3年雷电监测系统记录的平均落雷密度大于等于3.5次/（km^2·年）。

（2）变电站110（66）～220kV进出线路走廊在距变电站15km范围内穿越雷电活动频繁平均雷暴日数大于等于40日或近3年雷电监测系统记录的平均落雷密度大于等于2.8次/（km^2·年）的丘陵或山区。

（3）变电站已发生过雷电波侵入造成断路器等设备损坏。

（4）经常处于热备用运行的线路。

14.2.1.3 500kV及以上电压等级线路，设计阶段应计算线路雷击跳闸率，若大于控制参考值［折算至地闪密度2.78次/（km^2·年）］则应对雷害特别高的500kV杆塔以及750kV及以上电压等级特高压线路按段进行雷害风险评估，对高雷害风险等级（Ⅲ、Ⅳ级）的杆塔采取防雷优化措施。500kV以下电压等级线路可参照执行。

14.2.1.4 设计阶段500kV交流线路处于C2及以上雷区的线路区段保护角设计值减小5°。其他电压等级线路地线保护角参考相应设计规范执行。

14.2.1.5 设计阶段杆塔接地电阻设计值应参考相关标准执行，对220kV及以下电压等级线路，若杆塔处土壤电阻率大于1000Ω•m，且地闪密度处于C1及以上，则接地电阻较设计规范宜降低5Ω。

14.2.2 运行阶段

14.2.2.1 加强避雷线运行维护工作，定期打开部分线夹检查，以保证避雷线与杆塔接地点可靠连接。对于具有绝缘架空地线的线路，要加强放电间隙的检查与维护，确保动作可靠。

14.2.2.2 严禁利用避雷针、变电站构架和带避雷线的杆塔作为低压线、通信线、广播线、电视天线的支柱。

14.2.2.3 每年雷雨季节前开展接地电阻测试，对不满足要求的杆塔及时进行降阻改造。定期对接地装置开挖检查。

14.2.2.4 定期检查线路避雷器，每年雷雨季节前记录避雷器计数器读数。

14.3 防止变压器过电压事故

14.3.1 切/合 110kV 及以上有效接地系统中性点不接地的空载变压器时，应先将该变压器中性点临时接地。

14.3.2 为防止在有效接地系统中出现孤立不接地系统并产生较高工频过电压的异常运行工况，110～220kV 不接地变压器的中性点过电压保护应采用水平布置的棒间隙保护方式。对于 110kV 变压器，当中性点绝缘的冲击耐受电压≤185kV 时，还应在间隙旁并联金属氧化物避雷器，避雷器为主保护，间隙为避雷器的后备保护，间隙距离及避雷器参数配合应进行校核。间隙动作后，应检查间隙的烧损情况并校核间隙距离。

14.3.3 对低压侧有空载运行或者带短母线运行可能的变压器，应在变压器低压侧装设避雷器进行保护。对中压侧有空载运行可能的变压器，中性点有引出的可将中性点临时接地，中性点无引出的应在中压侧装设避雷器。

14.4 防止谐振过电压事故

14.4.1 为防止中性点非直接接地系统发生由于电磁式电压互感器饱和产生的铁磁谐振过电压，可采取以下措施：

14.4.1.1 选用励磁特性饱和点较高的，在 $1.9U_{m}/\sqrt{3}$ 电压下，铁心磁通不饱和的电压互感器。

14.4.1.2 在电压互感器（包括系统中的用户站）一次绕组中性点对地间串接线性或非线性消谐电阻、加零序电压互感器或在开口三角绕组加阻尼或其他专门消除此类谐振的装置。

14.5 防止弧光接地过电压事故

14.5.1 对于中性点不接地或谐振接地的 6～66kV 系统，应根据电网发展每 1～3 年进行一次电容电流测试。当单相接地电容电流超过相关规定时，应及时装设消弧线圈；单相接地电容电流虽未达到规定值，也可根据运行经验装设消弧线圈，消弧线圈的容量应能满足过补偿的运行要求。在消弧线圈布置上，应避免由于运行方式改变而出现部分系统无消弧线圈补偿的情况。对于已经安装消弧线圈，单相接地电容电流依然超标的，应当采取消弧线圈增容或者采取分散补偿方式。如果系统电容电流大于 150A 及以上，也可以根据系统实际情况改变中性点接地方式或者采用分散补偿。

14.5.2 对于装设手动消弧线圈的 6～66kV 非有效接地系统，应根据电网发展每 3～5 年进行一次调谐试验，使手动消弧线圈运行在过补偿状态，合理整定脱谐度，保证电网不对称度不大于相电压的 1.5%，中性点位移电压不大于额定相电压的 15%。

14.5.3 对于自动调谐消弧线圈，在招标采购阶段应要求生产厂家提供系统电容电流测量及跟踪功能试验报告。自动调谐消弧线圈投入运行后，应定期（时间间隔不大于 3 年）根据实际测量的系统电容电流对其自动调谐功能的准确性进行校核。

14.5.4 在不接地和谐振接地系统中，发生单相接地故障时，应按照就近、快速隔离故障的原则尽快切除故障线路或区段。尤其对于与 66kV 及以上电压等级电缆同隧道、同电缆沟、同桥梁敷设的纯电缆线路，应全面采取有效防火隔离措施并开展安全性与可靠性评估，当发生单相接地故障时，应尽量缩短切除故障线路时间，降低发生弧光接地过电压的风险。

14.6 防止无间隙金属氧化物避雷器事故

14.6.1 设计制造阶段

14.6.1.1 110（66）kV及以上电压等级避雷器应安装与电压等级相符的交流泄漏电流监测装置。

14.6.1.2 对于强风地区变电站避雷器应采取差异化设计，避雷器均压环应采取增加固定点、支撑筋数量及支撑筋宽度等加固措施。

14.6.2 基建阶段

14.6.2.1 220kV及以上电压等级瓷外套避雷器安装前应检查避雷器上下法兰是否胶装正确，下法兰应设置排水孔。

14.6.3 运行阶段

14.6.3.1 对金属氧化物避雷器，必须坚持在运行中按照规程要求进行带电试验。35～500kV电压等级金属氧化物避雷器可用带电测试替代定期停电试验。

14.6.3.2 对运行15年及以上的避雷器应重点跟踪泄漏电流的变化，停运后应重点检查压力释放板是否有锈蚀或破损。

14.7 防止避雷针事故

14.7.1 设计阶段

14.7.1.1 构架避雷针设计时应统筹考虑站址环境条件、配电装置构架结构形式等，采用格构式避雷针或圆管型避雷针等结构形式。

14.7.1.2 构架避雷针结构形式应与构架主体结构形式协调统一，通过优化结构形式，有效减小风阻。构架主体结构为钢管人字柱时，宜采用变截面钢管避雷针；构架主体结构采用格构柱时，宜采用变截面格构式避雷针。构架避雷针如采用管型结构，法兰连接处应采用有劲肋板法兰刚性连接。

14.7.1.3 在严寒大风地区的变电站，避雷针设计应考虑风振的影响，结构型式宜选用格构式，以降低结构对风荷载的敏感度；当采用圆管型避雷针时，应严格控制避雷针针身的长细比，法兰连接处应采用有劲肋板刚性连接，螺栓应采用8.8级高强度螺栓，双帽双垫，螺栓规格不小于M20，结合环境条件，避雷针钢材应具有冲击韧性的合格保证。

14.7.2 基建阶段

14.7.2.1 钢管避雷针底部应设置有效排水孔，防止内部积水锈蚀或冬季结冰。

14.7.2.2 在非高土壤电阻率地区，独立避雷针的接地电阻不宜超过10Ω。当有困难时，该接地装置可与主接地网连接，但避雷针与主接地网的地下连接点至35kV及以下电压等级设备与主接地网的地下连接点之间，沿接地体的长度不得小于15m。

14.7.3 运行阶段

14.7.3.1 以6年为基准周期或在接地网结构发生改变后，进行独立避雷针接地装置接地阻抗检测，当测试值大于10Ω时应采取降阻措施，必要时进行开挖检查。独立避雷针接地装置与主接地网之间导通电阻应大于500mΩ。

15 防止继电保护事故

为了防止继电保护事故，应贯彻落实《继电保护和安全自动装置技术规程》（GB/T 14285—2006）、《继电保护和安全自动装置运行管理规程》（DL/T 587—2016）、《继电保护和电网安全自动装置检验规程》（DL/T 995—2016）、《继电保护和电网安全自动装置现场工作保安规定》（Q/GDW 267—2009）、《220kV～750kV电网继电保护装置运行整定规程》（DL/T 559—2007）、《电力系统继电保护及安全自动装置反事故措施要点》（电安生〔1994〕191号）、《智能变电站继电保护技术规范》（Q/GDW 441—2010）、《线路保护及辅助装置标准化设计规范》（Q/GDW 1161—2014）、《变压器、高压并联电抗器和母线保护及辅助装置标准化设计规范》（Q/GDW 1175—2013）、《国家电网继电保护整定计算技术规范》（Q/GDW 422—2010）、《10kV～110（66）kV线路保护及辅助装置标准化设计规范》（Q/GDW 10766—2015）、《10kV～110（66）kV元件保护及辅助装置标准化设计规范》（Q/GDW 10767—2015）、《智能变电站保护设备在线监视与诊断技术规范》（Q/GDW 11361—2014）、《电流互感器和电压互感器选择及计算规程》（DL/T 866—2015）、《互感器 第2部分：电流互感器的补充技术要求》（GB 20840.2—2014）等有关标准和规程、规定，并提出以下重点要求：

15.1 规划设计阶段应注意的问题

15.1.1 涉及电网安全稳定运行的发、输、变、配及重要用电设备的继电保护装置应纳入电网统一规划、设计、运行和管理。在一次系统规划建设中，应充分考虑继电保护的适应性，避免出现特殊接线方式造成继电保护配置及整定难度的增加，为继电保护安全可靠运行创造良好条件。

15.1.2 继电保护装置的配置和选型，必须满足有关规程规定的要求，并经相关继电保护管理部门同意。保护选型应采用技术成熟、性能可靠、质量优良并经国家电网公司组织的专业检测合格的产品。

15.1.3 继电保护组屏设计应充分考虑运行和检修时的安全性，确保能够采取有效的防继电保护“三误”（误碰、误整定、误接线）措施。当双重化配置的两套保护装置不能实施确保运行和检修安全的技术措施时，应安装在各自保护柜内。

15.1.4 220kV及以上电压等级线路、变压器、母线、高压电抗器、串联电容器补偿装置等输变电设备的保护应按双重化配置，相关断路器的选型应与保护双重化配置相适应，220kV及以上电压等级断路器必须具备双跳闸线圈机构。1000kV变电站内的110kV母线保护宜按双套配置，330kV变电站内的110kV母线保护宜按双套配置。

15.1.5 当保护采用双重化配置时，其电压切换箱（回路）隔离开关辅助触点应采用单位置输入方式。单套配置保护的电压切换箱（回路）隔离开关辅助触点应采用双位置输入方式。电压切换直流电源与对应保护装置直流电源取自同一段直流母线且共用直流空气开关。

15.1.6 纵联保护应优先采用光纤通道。分相电流差动保护收发通道应采用同一路由，确保往返延时一致。在回路设计和调试过程中应采取有效措施防止双重化配置的线路保护或双回线的线路保护通道交叉使用。

15.1.7 对闭锁式纵联保护，“其他保护停信”回路应直接接入保护装置，而不应接入收发信机。

15.1.8 在新建、扩建和技改工程中，应根据《电流互感器和电压互感器选择及计算规程》（DL/T 866—2015）、《互感器 第2部分：电流互感器的补充技术要求》（GB 20840.2—2014）和电网发展的情况进行互感器的选型工作，并充分考虑到保护双重化配置的要求。

15.1.9 应根据系统短路容量合理选择电流互感器的容量、变比和特性，满足保护装置整定配合和可靠性的要求。

15.1.10 线路各侧或主设备差动保护各侧的电流互感器的相关特性宜一致，避免在遇到较大短路电流时因各侧电流互感器的暂态特性不一致导致保护不正确动作。

15.1.11 母线差动保护各支路电流互感器变比差不宜大于4倍。

15.1.12 母线差动、变压器差动和发变组差动保护各支路的电流互感器应优先选用准确限值系数（ALF）和额定拐点电压较高的电流互感器。

15.1.13 应充分考虑合理的电流互感器配置和二次绕组分配，消除主保护死区。

15.1.13.1 当采用3/2、4/3、角形接线等多断路器接线形式时，应在断路器两侧均配置电流互感器。

15.1.13.2 对经计算影响电网安全稳定运行重要变电站的220kV及以上电压等级双母线接线方式的母联、分段断路器，应在断路器两侧配置电流互感器。

15.1.13.3 对确实无法快速切除故障的保护动作死区，在满足系统稳定要求的前提下，可采取启动失灵和远方跳闸等后备措施加以解决；经系统方式计算可能对系统稳定造成较严重的威胁时，应进行改造。

15.1.14 对220kV及以上电压等级电网、110kV变压器、110kV主网（环网）线路（母联）的保护和测控，以及330kV变电站的110kV电压等级保护和测控应配置独立的保护装置和测控装置，确保在任意元件损坏或异常情况下，保护和测控功能互相不受影响。

15.1.15 除母线保护、变压器保护外，不同间隔设备的主保护功能不应集成。

15.1.16 主设备非电量保护应防水、防振、防油渗漏、密封性好。气体继电器至保护柜的电缆应尽量减少中间转接环节。

15.1.17 应充分考虑安装环境对保护装置性能及寿命的影响，对于布置在室外的保护装置，其附属设备（如智能控制柜及温控设备）的性能指标应满足保护运行要求且便于维护。

15.1.18 500kV及以上电压等级变压器低压侧并联电抗器和电容器、站用变压器的保护配置与设计，应与一次系统相适应，防止电抗器和电容器、站用变故障造成主变压器跳闸。

15.1.19 110（66）kV及以上电压等级变电站应配置故障录波器。

15.1.20 变电站内的故障录波器应能对站用直流系统的各母线段（控制、保护）对地电压进行录波。

15.1.21 为保证继电保护相关辅助设备（如交换机、光电转换器等）的供电可靠性，宜采用直流电源供电。因硬件条件限制只能交流供电的，电源应取自站用不间断电源。

15.2 继电保护配置应注意的问题

15.2.1 继电保护的设计、选型、配置应以继电保护“四性”（可靠性、速动性、选择性、灵敏性）为基本原则，任何技术创新不得以牺牲继电保护的快速性和可靠性为代价。

15.2.2 电力系统重要设备的继电保护应采用双重化配置，两套保护装置的跳闸回路应与断路器的两个跳闸线圈分别一一对应。每一套保护均应能独立反应被保护设备的各种故障及异常状态，并能作用于跳闸或发出信号，当一套保护退出时不应影响另一套保护的运行。双重化配置的继电保护应满足以下基本要求：

15.2.2.1 两套保护装置的交流电流应分别取自电流互感器互相独立的绕组；交流电压应分别取自电压互感器互相独立的绕组。对原设计中电压互感器仅有一组二次绕组，且已经投运的变电站，应积极安排电压互感器的更新改造工作，改造完成前，应在开关场的电压互感器端子箱处，利用具有短路跳闸功能的两组分相空气开关将按双重化配置的两套保护装置交流电压回路分开。

15.2.2.2 两套保护装置的直流电源应取自不同蓄电池组连接的直流母线段。每套保护装置与其相关设备（电子式互感器、合并单元、智能终端、网络设备、操作箱、跳闸线圈等）的直流电源均应取自与同一蓄电池组相连的直流母线，避免因一组站用直流电源异常对两套保护功能同时产生影响而导致的保护拒动。

15.2.2.3 220kV及以上电压等级断路器的压力闭锁继电器应双重化配置，防止其中一组操作电源失去时，另一套保护和操作箱或智能终端无法跳闸出口。对已投入运行，只有单套压力闭锁继电器的断路器，应结合设备运行评估情况，逐步技术改造。

15.2.2.4 两套保护装置与其他保护、设备配合的回路应遵循相互独立的原则，应保证每一套保护装置与其他相关装置（如通道、失灵保护）联络关系的正确性，防止因交叉停用导致保护功能缺失。

15.2.2.5 220kV及以上电压等级线路按双重化配置的两套保护装置的通道应遵循相互独立的原则，采用双通道方式的保护装置，其两个通道也应相互独立。保护装置及通信设备电源配置时应注意防止单组直流电源系统异常导致双重化快速保护同时失去作用的问题。

15.2.2.6 为防止装置家族性缺陷可能导致的双重化配置的两套继电保护装置同时拒动的问题，双重化配置的线路、变压器、母线、高压电抗器等保护装置应采用不同生产厂家的产品。

15.2.3 220kV及以上电压等级的线路保护应满足以下要求：

15.2.3.1 每套保护均应能对全线路内发生的各种类型故障快速动作切除。对于要求实现单相重合闸的线路，在线路发生单相经高阻接地故障时，应能正确选相跳闸。

15.2.3.2 对于远距离、重负荷线路及事故过负荷等情况，继电保护装置应采取有效措施，防止相间、接地距离保护在系统发生较大的潮流转移时误动作。

15.2.3.3 引入两组及以上电流互感器构成合电流的保护装置，各组电流互感器应分别引入保护装置，不应通过装置外部回路形成合电流。对已投入运行采用合电流引入保护装置的，应结合设备运行评估情况，逐步技术改造。

15.2.3.4 应采取措施，防止由于零序功率方向元件的电压死区导致零序功率方向纵联保护拒动，但不应采用过分降低零序动作电压的方法。

15.2.4 断路器失灵保护中用于判断断路器主触头状态的电流判别元件应保证其动作和返回的快速性，动作和返回时间均不宜大于20ms，其返回系数也不宜低于0.9。

15.2.5 当变压器、电抗器的非电量保护采用就地跳闸方式时，应向监控系统发送动作信号。未采用就地跳闸方式的非电量保护应设置独立的电源回路（包括直流空气开关及其直流电源监视回路）和出口跳闸回路，且必须与电气量保护完全分开。220kV及以上电压等级变压器、电抗器的非电量保护应同时作用于断路器的两个跳闸线圈。

15.2.6 变压器的高压侧宜设置长延时的后备保护。在保护不失配的前提下，尽量缩短变压器后备保护的整定时间。

15.2.7 变压器过励磁保护的启动、反时限和定时限元件应根据变压器的过励磁特性曲线分别进行整定，其返回系数不应低于0.96。

15.2.8 为提高切除变压器低压侧母线故障的可靠性，宜在变压器的低压侧设置取自不同电流回路的两套电流保护功能。当短路电流大于变压器热稳定电流时，变压器保护切除故障的时间不宜大于2s。

15.2.9 110（66）kV及以上电压等级的母联、分段断路器应按断路器配置专用的、具备瞬时和延时跳闸功能的过电流保护装置。

15.2.10 220kV及以上电压等级变压器、发变组的断路器失灵保护应满足以下要求：

15.2.10.1 当接线形式为线路-变压器或线路-发变组时，线路和主设备的电气量保护均应启动断路器失灵保护。当本侧断路器无法切除故障时，应采取启动远方跳闸等后备措施加以解决。

15.2.10.2 变压器的电气量保护应启动断路器失灵保护，断路器失灵保护动作除应跳开失灵断路器相邻的全部断路器外，还应跳开本变压器连接其他电源侧的断路器。

15.2.11 防跳继电器动作时间应与断路器动作时间配合，断路器三相位置不一致保护的动作时间应与相关保护、重合闸时间相配合。

15.3 基建调试及验收应注意的问题

15.3.1 应从保证设计、调试和验收质量的要求出发，合理确定新建、扩建、技改工程工期。基建调试应严格按照规程规定执行，不得为赶工期减少调试项目，降低调试质量。

15.3.2 基建单位应至少提供以下资料：一次设备实测参数；通道设备（包括接口设备、高频电缆、阻波器、结合滤波器、耦合电容器等）的参数和试验数据、通道时延等；电流、电压互感器的试验数据（如变比、伏安特性、极性、直流电阻及10%误差计算等）；保护装置及相关二次交、直流和信号回路的绝缘电阻的实测数据；气体继电器试验报告；全部保护纸质及电子版竣工图纸（含设计变更）、保护装置及自动化监控系统使用及技术说明书、智能站配置文件和资料性文件［包括智能电子设备能力描述（ICD）文件、变电站配置描述（SCD）文件、已配置的智能电子设备描述（CID）文件、回路实例配置（CCD）文件、虚拟局域网（VLAN）划分表、虚端子配置表、竣工图纸和调试报告等］、保护调试报告、二次回路（含光纤回路）检测报告以及调控机构整定计算所必需的其他资料。

15.3.3 基建验收应满足以下要求：

15.3.3.1 验收方应根据有关规程、规定及反事故措施要求制定详细的验收标准。

15.3.3.2 应保证合理的设备验收时间，确保验收质量。

15.3.3.3　必须进行所有保护整组检查，模拟故障检查保护与硬（软）压板的唯一对应关系，避免有寄生回路存在。

15.3.3.4　对于新投设备，做整组试验时，应按规程要求把被保护设备的各套保护装置串接在一起进行；应按相关规程要求，检验同一间隔内所有保护之间的相互配合关系；线路纵联保护还应与对侧线路保护进行一一对应的联动试验。

15.3.3.5　应认真检查继电保护和安全自动装置、站端后台、调度端的各种保护动作、异常等相关信号是否齐全、准确、一致，是否符合设计和装置原理。

15.3.3.6　应保证继电保护装置、安全自动装置以及故障录波器等二次设备与一次设备同期投入。

15.3.4　新设备投产时应认真编写继电保护启动方案，做好事故预想，确保启动调试设备故障能够可靠切除。

15.4　运行管理应注意的问题

15.4.1　严格执行继电保护现场标准化作业指导书，规范现场安全措施，防止继电保护“三误”事故。

15.4.2　加强继电保护和安全自动装置运行维护工作，配置足够的备品、备件，缩短缺陷处理时间。装置检验应保质保量，严禁超期和漏项，应特别加强对新投产设备的首年全面校验，提高设备健康水平。

15.4.3　所有保护用电流回路在投入运行前，除应在负荷电流满足电流互感器精度和测量表计精度的条件下测定变比、极性以及电流和电压回路相位关系正确外，还必须测量各中性线的不平衡电流（或电压），以保证保护装置和二次回路接线的正确性。

15.4.4　原则上 220kV 及以上电压等级母线不允许无母线保护运行。110kV 母线保护停用期间，应采取相应措施，严格限制变电站母线侧隔离开关的倒闸操作，以保证系统安全。

15.4.5　建立和完善二次设备在线监视与分析系统，确保继电保护信息、故障录波等可靠上送。在线监视与分析系统应严格按照国家有关网络安全规定，做好有关安全防护。在改造、扩建工程中，新保护装置必须满足网络安全规定方可接入二次设备在线监视与分析系统。

15.4.6　加强微机保护装置、合并单元、智能终端、直流保护装置、安全自动装置软件版本管理，对智能变电站还需加强 ICD、SCD、CID、CCD 文件的管控，未经主管部门认可的软件版本和 ICD、SCD、CID、CCD 文件不得投入运行。保护软件及现场二次回路的变更须经相关保护管理部门同意，并及时修订相关的图纸资料。

15.4.7　在保证安全的前提下，可开放保护装置远方投退压板、远方切换定值区功能。远方投退保护和远方切换定值区操作应具备保证安全的验证机制，防止保护误投和误整定的发生。

15.4.8　继电保护专业和通信专业应密切配合。注意校核继电保护通信设备（光纤、微波、载波）传输信号的可靠性和冗余度及通道传输时间，检查是否设定了不必要的收、发信环节的延时或展宽时间，防止因通信问题引起保护不正确动作。

15.4.9　利用载波作为纵联保护通道时，应建立阻波器、结合滤波器等高频通道加工设备的定期检修制度，定期检查线路高频阻波器、结合滤波器等设备运行状态。对已退役的高频阻波器、结合滤波器和分频滤过器等设备，应及时采取安全隔离措施。

15.4.10 加强继电保护试验仪器、仪表的管理工作，每1～2年应对微机型继电保护试验装置进行一次全面检测，确保试验装置的准确度及各项功能满足继电保护试验的要求，防止因试验仪器、仪表存在问题造成继电保护误整定、误试验。

15.4.11 相关专业人员在继电保护回路工作时，必须遵守继电保护的有关规定。

15.5 定值管理应注意的问题

15.5.1 依据电网结构和继电保护配置情况，按相关规定进行继电保护的整定计算。

15.5.2 当灵敏性与选择性难以兼顾时，应首先考虑以保灵敏度为主，防止保护拒动，并备案报主管领导批准。

15.5.3 宜设置不经任何闭锁的、长延时的线路后备保护。

15.5.4 中、低压侧为110kV及以下电压等级且中、低压侧并列运行的变压器，中、低压侧后备保护应第一时限跳开母联或分段断路器，缩小故障范围。

15.5.5 对发电厂继电保护整定计算的要求如下：

15.5.5.1 发电厂应按相关规定进行继电保护整定计算，并认真校核与系统保护的配合关系。

15.5.5.2 发电厂应加强厂用系统的继电保护整定计算与管理，防止因厂用系统保护不正确动作，扩大事故范围。

15.5.5.3 发电厂应根据调控机构下发的等值参数、定值限额及配合要求等定期（至少每年）对所辖设备的整定值进行全面复算和校核。

15.6 二次回路应注意的问题

15.6.1 严格执行有关规程、规定及反事故措施，防止二次寄生回路的形成。

15.6.2 为提高继电保护装置的抗干扰能力，应采取以下措施：

15.6.2.1 在保护室屏柜下层的电缆室（或电缆沟道）内，沿屏柜布置的方向逐排敷设截面积不小于100mm^{2}的铜排（缆），将铜排（缆）的首端、末端分别连接，形成保护室内的等电位地网。该等电位地网应与变电站主地网一点相连，连接点设置在保护室的电缆沟道入口处。为保证连接可靠，等电位地网与主地网的连接应使用4根及以上，每根截面积不小于50mm^{2}的铜排（缆）。

15.6.2.2 分散布置保护小室（含集装箱式保护小室）的变电站，每个小室均应参照15.6.2.1要求设置与主地网一点相连的等电位地网。小室之间若存在相互连接的二次电缆，则小室的等电位地网之间应使用截面积不小于100mm^{2}的铜排（缆）可靠连接，连接点应设在小室等电位地网与变电站主接地网连接处。保护小室等电位地网与控制室、通信室等的地网之间亦应按上述要求进行连接。

15.6.2.3 微机保护和控制装置的屏柜下部应设有截面积不小于100mm^{2}的铜排（不要求与保护屏绝缘），屏柜内所有装置、电缆屏蔽层、屏柜门体的接地端应用截面积不小于4mm^{2}的多股铜线与其相连，铜排应用截面不小于50mm^{2}的铜缆接至保护室内的等电位接地网。

15.6.2.4 直流电源系统绝缘监测装置的平衡桥和检测桥的接地端以及微机型继电保护装置柜屏内的交流供电电源（照明、打印机和调制解调器）的中性线（零线）不应接入保护专用的等电位接地网。

15.6.2.5 微机型继电保护装置之间、保护装置至开关场就地端子箱之间以及保护屏至监控设备之间所有二次回路的电缆均应使用屏蔽电缆，电缆的屏蔽层两端接地，严禁使用电缆内的备用芯线替代屏蔽层接地。

15.6.2.6 为防止地网中的大电流流经电缆屏蔽层，应在开关场二次电缆沟道内沿二次电缆敷设截面积不小于100mm²的专用铜排（缆）；专用铜排（缆）的一端在开关场的每个就地端子箱处与主地网相连，另一端在保护室的电缆沟道入口处与主地网相连，铜排不要求与电缆支架绝缘。

15.6.2.7 接有二次电缆的开关场就地端子箱内（汇控柜、智能控制柜）应设有铜排（不要求与端子箱外壳绝缘），二次电缆屏蔽层、保护装置及辅助装置接地端子、屏柜本体通过铜排接地。铜排截面积应不小于100mm²，一般设置在端子箱下部，通过截面积不小于100mm²的铜缆与电缆沟内不小于的100mm²的专用铜排（缆）及变电站主地网相连。

15.6.2.8 由一次设备（如变压器、断路器、隔离开关和电流、电压互感器等）直接引出的二次电缆的屏蔽层应使用截面不小于4mm²多股铜质软导线仅在就地端子箱处一点接地，在一次设备的接线盒（箱）处不接地，二次电缆经金属管从一次设备的接线盒（箱）引至电缆沟，并将金属管的上端与一次设备的底座或金属外壳良好焊接，金属管另一端应在距一次设备3～5m之外与主接地网焊接。

15.6.2.9 由纵联保护用高频结合滤波器至电缆主沟施放一根截面不小于50mm²的分支铜导线，该铜导线在电缆沟的一侧焊至沿电缆沟敷设的截面积不小于100mm²专用铜排（缆）上；另一侧在距耦合电容器接地点约3～5m处与变电站主地网连通，接地后将延伸至保护用结合滤波器处。

15.6.2.10 结合滤波器中与高频电缆相连的变送器的一、二次线圈间应无直接连线，一次线圈接地端与结合滤波器外壳及主地网直接相连；二次线圈与高频电缆屏蔽层在变送器端子处相连后用不小于10mm²的绝缘导线引出结合滤波器，再与上述与主沟截面积不小于100mm²的专用铜排（缆）焊接的50mm²分支铜导线相连；变送器二次线圈、高频电缆屏蔽层以及50mm²分支铜导线在结合滤波器处不接地。

15.6.2.11 当使用复用载波作为纵联保护通道时，结合滤波器至通信室的高频电缆敷设应按15.6.2.9和15.6.2.10的要求执行。

15.6.2.12 保护室与通信室之间信号优先采用光缆传输。若使用电缆，应采用双绞双屏蔽电缆，其中内屏蔽在信号接收侧单端接地，外屏蔽在电缆两端接地。

15.6.2.13 应沿线路纵联保护光电转换设备至光通信设备光电转换接口装置之间的2M同轴电缆敷设截面积不小于100mm²铜电缆。该铜电缆两端分别接至光电转换接口柜和光通信设备（数字配线架）的接地铜排。该接地铜排应与2M同轴电缆的屏蔽层可靠相连。为保证光电转换设备和光通信设备（数字配线架）的接地电位的一致性，光电转换接口柜和光通信设备的接地铜排应同点与主地网相连。重点检查2M同轴电缆接地是否良好，防止电网故障时由于屏蔽层接触不良影响保护通信信号。

15.6.2.14 为取得必要的抗干扰效果，可在敷设电缆时使用金属电缆托盘（架），将各段电缆托盘（架）与接地网紧密连接，并将不同用途的电缆分类、分层敷设在金属电缆托盘（架）中。

15.6.3 二次回路电缆敷设应符合以下要求：

15.6.3.1　合理规划二次电缆的路径，尽可能离开高压母线、避雷器和避雷针的接地点，并联电容器、电容式电压互感器、结合电容及电容式套管等设备；避免或减少迂回以缩短二次电缆的长度；拆除与运行设备无关的电缆。

15.6.3.2　交流电流和交流电压回路、不同交流电压回路、交流和直流回路、强电和弱电回路、来自电压互感器二次的四根引入线和电压互感器开口三角绕组的两根引入线均应使用各自独立的电缆。

15.6.3.3　保护装置的跳闸回路和启动失灵回路均应使用各自独立的电缆。

15.6.4　重视继电保护二次回路的接地问题，并定期检查这些接地点的可靠性和有效性。继电保护二次回路接地应满足以下要求：

15.6.4.1　电流互感器或电压互感器的二次回路，均必须且只能有一个接地点。当两个及以上电流（电压）互感器二次回路间有直接电气联系时，其二次回路接地点设置应符合以下要求：

（1）便于运行中的检修维护。

（2）互感器或保护设备的故障、异常、停运、检修、更换等均不得造成运行中的互感器二次回路失去接地。

15.6.4.2　未在开关场接地的电压互感器二次回路，宜在电压互感器端子箱处将每组二次回路中性点分别经放电间隙或氧化锌阀片接地，其击穿电压峰值应大于 $30 \cdot I_{max}$ V（I_{max} 为电网接地故障时通过变电站的可能最大接地电流有效值，单位为 kA）。应定期检查放电间隙或氧化锌阀片，防止造成电压二次回路出现多点接地。为保证接地可靠，各电压互感器的中性线不得接有可能断开的开关或熔断器等。

15.6.4.3　独立的、与其他互感器二次回路没有电气联系的电流互感器二次回路可在开关场一点接地，但应考虑将开关场不同点地电位引至同一保护柜时对二次回路绝缘的影响。

15.6.4.4　严禁在保护装置电流回路中并联接入过电压保护器，防止过电压保护器不可靠动作引起差动保护误动作。

15.6.5　制造部门应提高微机保护抗电磁骚扰水平和防护等级，保护装置由屏外引入的开入回路应采用±220V/110V 直流电源。光耦开入的动作电压应控制在额定直流电源电压的55%～70%范围以内。

15.6.6　继电保护及安全自动装置应选用抗干扰能力符合有关规程规定的产品，针对来自系统操作、故障、直流接地等的异常情况，应采取有效防误动措施。继电保护及安全自动装置应采取有效措施防止单一元件损坏可能引起的不正确动作。断路器失灵启动母线保护、变压器断路器失灵启动等重要回路应采用装设大功率重动继电器，或者采取软件防误等措施。

15.6.7　外部开入直接启动，不经闭锁便可直接跳闸（如变压器和电抗器的非电量保护、不经就地判别的远方跳闸等），或虽经有限闭锁条件限制，但一旦跳闸影响较大（如失灵启动等）的重要回路，应在启动开入端采用动作电压在额定直流电源电压的 55%～70%范围以内的中间继电器，并要求其动作功率不低于 5W。

15.6.8　对经长电缆跳闸的回路，应采取防止长电缆分布电容影响和防止出口继电器误动的措施。

15.6.9　控制系统与继电保护的直流电源配置应满足以下要求：

15.6.9.1　对于按近后备原则双重化配置的保护装置，每套保护装置应由不同的电源供电，并分别设有专用的直流空气开关。

15.6.9.2　母线保护、变压器差动保护、发电机差动保护、各种双断路器接线方式的线路保护等保护装置与每一断路器的控制回路应分别由专用的直流空气开关供电。

15.6.9.3　有两组跳闸线圈的断路器，其每一跳闸回路应分别由专用的直流空气开关供电，且跳闸回路控制电源应与对应保护装置电源取自同一直流母线段。

15.6.9.4　单套配置的断路器失灵保护动作后应同时作用于断路器的两个跳闸线圈。

15.6.9.5　直流空气开关的额定工作电流应按最大动态负荷电流（即保护三相同时动作、跳闸和收发信机在满功率发信的状态下）的2.0倍选用。

15.6.10　继电保护使用直流系统在运行中的最低电压不低于额定电压的85%，最高电压不高于额定电压的110%。

15.6.11　在运行和检修中应加强对直流系统的管理，严格执行有关规程、规定及反事故措施，防止直流系统故障，特别要防止交流串入直流回路，造成电网事故。

15.6.12　保护屏柜上交流电压回路的空气开关应与电压回路总路开关在跳闸时限上有明确的配合关系。

15.7　智能站保护应注意的问题

15.7.1　智能变电站规划设计时，应注意如下事项：

15.7.1.1　智能变电站的保护设计应坚持继电保护“四性”，遵循“直接采样、直接跳闸”“独立分散”“就地化布置”原则，应避免合并单元、智能终端、交换机等任一设备故障时，同时失去多套主保护。

15.7.1.2　有扩建需要的智能变电站，在初期设计、施工、验收工作中，交换机、网络报文分析仪、故障录波器、母线保护、公用测控装置、电压合并单元等公用设备需要为扩建设备预留相关接口及通道，避免扩建时公用设备改造增加运行设备风险。

15.7.1.3　330kV及以上和涉及系统稳定的220kV新建、扩建或改造的智能变电站采用常规互感器时，应通过二次电缆直接接入保护装置。已投运的智能变电站应按上述原则，分轻重缓急实施改造。

15.7.1.4　保护装置不应依赖外部对时系统实现其保护功能，避免对时系统或网络故障导致同时失去多套保护。

15.7.1.5　220kV及以上电压等级的继电保护及与之相关的设备、网络等应按照双重化原则进行配置。任一套保护装置不应跨接双重化配置的两个过程层网络。如必须跨双网运行，则应采取有效措施，严格防止因网络风暴原因同时影响双重化配置的两个网络。

15.7.1.6　当双重化配置的保护装置组在一面保护屏（柜）内，保护装置退出、消缺或试验时，应做好防护措施。同一屏内的不同保护装置不应共用光缆、尾缆，其所用光缆不应接入同一组光纤配线架，防止一台装置检修时造成另一台装置陪停。为保证设备散热良好、运维便利，同一屏内的设备纵向布置要留有充足距离。

15.7.1.7　交换机VLAN划分应遵循“简单适用，统一兼顾”的原则，既要满足新建站设备运行要求，防止由于交换机配置失误引起保护装置拒动，又要兼顾远景扩建需求，防止新设备接入时多台交换机修改配置所导致的大规模设备陪停。

15.7.2 选型采购时，应注意如下事项：

15.7.2.1 为保证智能变电站二次设备可靠运行、运维高效，合并单元、智能终端、过程层交换机应采用通过国家电网公司组织的专业检测的产品，合并单元、智能终端宜选用与对应保护装置同生产厂家的产品。

15.7.2.2 智能控制柜应具备温度湿度调节功能，附装空调、加热器或其他控温设备，柜内湿度应保持在90%以下，柜内温度应保持在+5℃～+55℃之间。

15.7.2.3 就地布置的智能电子设备应具备完善的高温、高湿及电磁兼容等防护措施，防止因运行环境恶劣导致电子设备故障。

15.7.2.4 加强合并单元额定延时参数的测试和验收，防止参数错误导致的保护不正确动作。

15.7.2.5 故障录波器应选用独立于被监测保护生产厂家设备的产品，以确保保护装置运行状态及家族性缺陷分析数据的客观性。

15.7.3 应强化智能变电站运行管理，具体要求如下：

15.7.3.1 运维单位应完善智能变电站现场运行规程，细化智能设备各类报文、信号、硬压板、软压板的使用说明和异常处置方法，应规范压板操作顺序，现场操作时应严格按照顺序进行操作，并在操作前后检查保护的告警信号，防止误操作事故。

15.7.3.2 应加强SCD文件在设计、基建、改造、验收、运行、检修等阶段的全过程管控，验收时要确保SCD文件的正确性及其与设备配置文件的一致性，防止因SCD文件错误导致保护失效或误动。

16 防止电网调度自动化系统、电力通信网及信息系统事故

16.1 防止电网调度自动化系统事故

为防止电网调度自动化系统事故，应贯彻落实《电力系统调度自动化设计规程》（DL/T 5003—2017)、《电力调度自动化运行管理规程》（DL/T 516—2017)、《智能电网调度控制系统技术规范》系列标准（DL/T 1709—2017)、《变电站监控系统技术规范》（DL/T 1403—2015)、《国家电网公司调度自动化系统建设管理规定》［国网（调/4）528-2014］、《国家电网公司省级以上调控机构安全生产保障能力评估办法》［国网（调/4）339-2014］等有关要求，适应坚强智能电网发展的需要，提高电网调度自动化运行可靠性，并提出以下重点要求：

16.1.1 设计阶段

16.1.1.1 调度自动化主站系统的核心设备（数据采集与交换服务器、监视控制服务器、历史数据库服务器、分析决策服务器等）应采用冗余配置，磁盘阵列宜采用冗余配置。

16.1.1.2 调度自动化系统应采用专用的、冗余配置的不间断电源（UPS）供电，UPS单机负载率应不高于40%。外供交流电消失后UPS电池满载供电时间应不小于2h。UPS应至少具备两路独立的交流供电电源，且每台UPS的供电开关应独立。

16.1.1.3　备用调度控制系统及其通信通道应独立配置，宜实现全业务备用。

16.1.1.4　主网500kV（330kV）及以上厂站、220kV枢纽变电站、大电源、电网薄弱点、通过35kV及以上电压等级线路并网且装机容量40MW及以上的风电场、光伏电站均应部署相量测量装置（PMU），其中新能源发电汇集站、直流换流站及近区厂站的相量测量装置应具备连续录波和次/超同步振荡监测功能。

16.1.1.5　厂站远动装置、计算机监控系统及其测控单元等自动化设备应采用冗余配置的UPS或站内直流电源供电。具备双电源模块的设备，应由不同电源供电。

16.1.1.6　厂站测控装置应接收站内统一授时信号，具有带时标数据采集和处理功能，变化遥测数据上送阈值应满足调度要求，具备时间同步状态监测管理功能。

16.1.1.7　改（扩）建变电站（换流站）的改（扩）建部分和原有部分应接入同一监控系统，不应采用两套或多套监控系统。

16.1.2　基建阶段

16.1.2.1　厂站自动化系统和设备、调度数据网等必须提前进行调试，出具调试和验收报告，并完成与调度主站联调，验收合格方可投入运行，确保与一次设备同步投入运行，投产资料文档应同步提交。

16.1.2.2　厂站数据通信网关机、相量测量装置、时间同步装置、调度数据网及安全防护设备等屏柜宜集中布置，双套配置的设备宜分屏放置且两个屏应采用独立电源供电。二次线缆的施工工艺、标识应符合相关标准、规范要求。

16.1.3　运行阶段

16.1.3.1　变电站监控系统软件、应用软件升级和参数变更应经过测试并提交合格测试报告后方可投入运行。

16.1.3.2　主站系统应建立基础数据一体化维护使用机制和考核机制，利用状态估计、综合智能告警、远程浏览、母线功率不平衡统计等手段，加强对基础数据质量的监视与管理，不断提高基础数据（尤其是电网模型参数和运行数据）的完整性、准确性、一致性和及时性。

16.2　防止电力监控系统网络安全事故

为防止电力监控系统网络安全事故，应贯彻落实《中华人民共和国网络安全法》《电力监控系统安全防护规定》（国家发改委2014年第14号令）、《电力监控系统安全防护总体方案》（国能安全〔2015〕36号）、《电力行业信息安全等级保护管理办法》（国能安全2014年318号）等有关要求，坚持“安全分区、网络专用、横向隔离、纵向认证”基本原则，落实网络安全防护措施与电力监控系统同步规划、同步建设、同步使用要求，提高电力监控系统安全防护水平，并提出以下重点要求：

16.2.1　设计阶段

16.2.1.1　在电力监控系统新建、改造工作的设计阶段，工程管理单位（部门）应根据相关规定组织确定电力监控系统安全等级，提交安全防护评估方案，并通过主管部门评审。

16.2.1.2　生产控制大区的业务系统与终端的纵向通信应优先采用电力调度数据网等专用数据网络，并采取有效的防护措施；使用无线通信网或非电力调度数据网进行通信的，应当设立安全接入区，并采用安全隔离、访问控制、安全认证及数据加密等安全措施。

16.2.1.3　配电自动化系统、负荷控制系统应部署于生产控制大区配电或营销专区，采用专用网络通信，与管理信息大区系统之间采用物理隔离的安全防护措施，与终端间的纵向通信应当采用经过国家指定部门检测认证的电力专用纵向加密认证装置或者加密认证网关及相应设施，加密设备证书由调度数字证书系统签发。

16.2.1.4　具有远方控制功能（如系统保护、精准切负荷等）的业务应采用人员、设备和程序的身份认证，具备数据加密等安全技术措施。

16.2.1.5　地级及以上调控机构应建设网络安全管理平台，公司资产厂站侧应部署网络安全监测装置，实现对调度控制系统、变电站监控系统、发电厂监控系统网络安全事件的监视、告警、分析和审计功能。应建立配电自动化系统、负荷控制系统等其他电力监控系统及其终端的网络安全事件的监测和管理技术手段，并将重要告警信息及时传送至调控机构网络安全管理平台。

16.2.2　基建阶段

16.2.2.1　电力监控系统工程建设和管理单位（部门）应严格按照安全防护要求，保障横向隔离、纵向认证、调度数字证书、网络安全监测等安全防护技术措施与电力监控系统同步建设，根据要求配置安全防护策略，验收合格方可开展业务调试。

16.2.2.2　电力监控系统安全防护实施方案应经过相应调控机构的审核，方案实施完成后应当通过相应调控机构参与的验收。

16.2.2.3　接入调度数据网络的节点、设备和应用系统，其接入技术方案和安全防护措施必须经直接负责的调控机构同意，并严格执行调度数据网接入和安全策略配置管理流程，未经审批不得擅自接入。

16.2.2.4　电力监控系统工程建设和管理单位（部门）应按照最小化原则，采取白名单方式对安全防护设备的策略进行合理配置。电力监控系统各类主机、网络设备、安防设备、操作系统、应用系统、数据库等应采用强口令，并删除缺省账户。应按照要求对电力监控系统主机及网络设备进行安全加固，关闭空闲的硬件端口，关闭生产控制大区禁用的通用网络服务。

16.2.2.5　电力监控系统在设备选型及配置时，应使用国家指定部门检测认证的安全加固的操作系统和数据库，禁止选用经国家相关管理部门检测认定并通报存在漏洞和风险的系统和设备。生产控制大区中除安全接入区外，应当禁止选用具有无线通信功能的设备。

16.2.2.6　生产控制大区各业务系统的调试工作，须采用经安全加固的便携式计算机及移动介质，严格按照调度分配的安全策略和网络资源实施；禁止以各种方式与互联网连接或跨安全大区直连。

16.2.2.7　电力监控系统在上线投运之前、升级改造之后必须进行安全评估，不符合安全防护规定或存在严重漏洞的禁止投入运行。对于重要电力监控系统和关键设备，系统上线前应由具有测评资质的机构开展系统漏洞分析及控制功能源代码安全检测。

16.2.2.8　严格控制生产控制大区局域网络的延伸，严格控制异地使用键盘、显示器、鼠标（KVM）功能，确需使用的应制定详细的网络安全防护方案并经主管部门审核。

16.2.3　运行阶段

16.2.3.1　电力监控系统应在投入运行后 30 日内办理等级保护备案手续。已投入运行的电力监控系统，应按照相关要求定期开展等级保护测评及安全防护评估工作。针对测评、评估发现的问题，应及时完成整改。

16.2.3.2　记录电力监控系统网络运行状态、网络安全事件的日志应保存不少于六个月。应对用户登录本地操作系统、访问系统资源等操作进行身份认证，根据身份与权限进行访问控制，并且对操作行为进行安全审计。应建立责权匹配的用户权限划分机制，落实用户实名制和身份认证措施。严格限制生产控制大区拨号访问和远程运维。

16.2.3.3　应对病毒库、木马库以及入侵检测系统（IDS）规则库定期离线进行更新。

16.2.3.4　应重点加强内部人员的保密教育、录用离岗等的管理，并定期组织安全防护专业人员技术培训。应对厂家现场服务人员进行网络安全教育，签订安全承诺书，严格控制其工作范围和操作权限。

16.2.3.5　加强并网发电企业涉网安全防护的技术监督。禁止各类发电厂生产控制大区任何形式的非法外联，禁止主机设备跨安全区连接，严禁设备生产厂家或其他服务企业远程进行电力监控系统的控制、调节和运维操作。

16.2.3.6　电力监控系统的运维单位（部门）应制订和落实电力监控系统应急预案和故障恢复措施，并定期演练。应定期对关键业务的数据与系统进行备份，建立历史归档数据的异地存放制度。

16.2.3.7　当电力监控系统遭受网络攻击，发生危害网络安全的事件时，运维单位（部门）应按照应急预案，立即采取处置措施，并向上级调控机构以及主管部门报告。对电力监控系统安全事件紧急及重要告警应立即处置，对发现的漏洞和风险应限期整改。

16.3　防止电力通信网事故

为防止电力通信网事故，应贯彻落实《继电保护和安全自动装置技术规程》（GB/T 14285—2006）、《光纤通道传输保护信息通用技术条件》（DL/T 364—2010）、《电力通信运行管理规程》（DL/T 544—2012）、《电力系统光纤通信运行管理规程》（DL/T 547—2010）、《电力系统通信站过电压防护规程》（DL/T 548—2012）、《电力系统通信设计技术规定》（DL/T 5391—2007）、《电力通信现场标准化作业规范》（Q/GDW 721—2012）、《电力系统通信光缆安装工艺规范》（Q/GDW 758—2012）、《电力系统通信站安装工艺规范》（Q/GDW 759—2012）、《电力通信网规划设计技术导则》（Q/GDW 11358—2014）、《通信专用电源技术要求、工程验收及运行维护规程》（Q/GDW 11442—2015）、《国家电网公司通信检修管理办法》［国网（信息/3）490-2017］、《国家电网公司电视电话会议管理办法》［国网（办/3）206-2014］等有关要求，并提出以下重点要求：

16.3.1　设计阶段

16.3.1.1　电力通信网的网络规划、设计和改造计划应与电网发展相适应，并保持适度超前，突出本质安全要求，统筹业务布局和运行方式优化，充分满足各类业务应用需求，避免生产控制类业务过度集中承载，强化通信网薄弱环节的改造力度，力求网络结构合理、运行灵活、坚强可靠和协调发展。

16.3.1.2　通信设备选型应与现有网络使用的设备类型一致，保持网络完整性。承载110kV及以上电压等级输电线路生产控制类业务的光传输设备应支持双电源供电，核心板卡应满足冗余配置要求。220kV及以上新建输变电工程应同步设计、建设线路本体光缆。

16.3.1.3　电网新建、改（扩）建等工程需对原有通信系统的网络结构、安装位置、设备配置、技术参数进行改变时，工程建设单位应委托设计单位对通信系统进行设计，并征求通信部门的意见，必要时应根据实际情况制订通信系统过渡方案。

16.3.1.4　县公司本部、县级及以上调度大楼、地（市）级及以上电网生产运行单位、220kV及以上电压等级变电站、省级及以上调度管辖范围内的发电厂（含重要新能源厂站）、通信枢纽站应具备两条及以上完全独立的光缆敷设沟道（竖井）。同一方向的多条光缆或同一传输系统不同方向的多条光缆应避免同路由敷设进入通信机房和主控室。

16.3.1.5　国家电网有限公司数据中心、省级及以上调度大楼、部署公司95598呼叫平台的直属单位机房应具备三条及以上全程不同路由的出局光缆接入骨干通信网。省级备用调度、地（市）级调度大楼应具备两条及以上全程不同路由的出局光缆接入骨干通信网。

16.3.1.6　通信光缆或电缆应避免与一次动力电缆同沟（架）布放，并完善防火阻燃和阻火分隔等各项安全措施，绑扎醒目的识别标识；如不具备条件，应采取电缆沟（竖井）内部分隔离等措施进行有效隔离。新建通信站应在设计时与全站电缆沟（架）统一规划，满足以上要求。

16.3.1.7　电网调度机构与直调发电厂及重要变电站调度自动化实时业务信息的传输应具有两条不同路由的通信通道（主/备双通道）。

16.3.1.8　同一条220kV及以上电压等级线路的两套继电保护通道、同一系统的有主/备关系的两套安全自动装置通道应采用两条完全独立的路由。均采用复用通道的，应由两套独立的通信传输设备分别提供，且传输设备均应由两套电源（含一体化电源）供电，满足“双路由、双设备、双电源”的要求。

16.3.1.9　双重化配置的继电保护光电转换接口装置的直流电源应取自不同的电源。单电源供电的继电保护接口装置和为其提供通道的单电源供电通信设备，如外置光放大器、脉冲编码调制设备（PCM）、载波设备等，应由同一套电源供电。

16.3.1.10　在双电源配置的站点，具备双电源接入功能的通信设备应由两套电源独立供电。禁止两套电源负载侧形成并联。

16.3.1.11　县级及以上调度大楼、地（市）级及以上电网生产运行单位、330kV及以上电压等级变电站、特高压通信中继站应配备两套独立的通信专用电源（即高频开关电源，以下简称通信电源）。每套通信电源应有两路分别取自不同母线的交流输入，并具备自动切换功能。

16.3.1.12　通信电源的模块配置、整流容量及蓄电池容量应符合《通信专用电源技术要求、工程验收及运行维护规程》（Q/GDW 11442—2015）要求。通信电源直流母线负载熔断器及蓄电池组熔断器额定电流值应大于其最大负载电流。

16.3.1.13　通信电源每个整流模块交流输入侧应加装独立空气开关；采用一体化电源供电的通信站点，在每个DC/DC转换模块直流输入侧应加装独立空气开关。

16.3.1.14　县级及以上调度大楼、省级及以上电网生产运行单位、330kV及以上电压等级变电站、省级及以上通信网独立中继站的通信机房，应配备不少于两套具备独立控制和来电自启功能的专用的机房空调，在空调“*N*–1”情况下机房温度、湿度应满足设备运行要求，且空调电源不应取自同一路交流母线。空调送风口不应处于机柜正上方。

16.3.1.15　通信机房、通信设备（含电源设备）的防雷和过电压防护能力应满足电力系统通信站防雷和过电压防护相关标准、规定的要求。

16.3.1.16 跨越高速铁路、高速公路和重要输电通道（“三跨”）的架空输电线路区段光缆不应使用全介质自承式光缆（ADSS），宜选用全铝包钢结构的光纤复合架空地线（OPGW）。

16.3.2 建设阶段

16.3.2.1 电网一次系统配套通信项目，应随电网一次系统建设同步设计、同步实施、同步投运，以满足电网发展的需要。

16.3.2.2 在通信设备的安装、调试、入网试验等各个环节，应严格执行电力系统通信运行管理和工程建设、验收等方面的标准、规定。

16.3.2.3 应以保证工程质量和通信系统安全稳定运行为前提，合理安排通信新建、改（扩）建工程工期，严把质量关。不得为赶工期减少调试项目，降低调试质量。

16.3.2.4 用于传输继电保护和安全自动装置业务的通信通道在投运前应进行测试验收，其传输时延、误码率、倒换时间等技术指标应满足《继电保护和安全自动装置技术规程》（GB/T 14285—2006）和《光纤通道传输保护信息通用技术条件》（DL/T 364—2010）的要求。传输线路电流差动保护的通信通道应满足收、发路径和时延相同的要求。

16.3.2.5 通信电源系统投运前应进行蓄电池组全核对性放电试验、双交流输入切换试验及电源系统告警信号的校核。通信设备投运前应进行双电源倒换测试。

16.3.2.6 安装调试人员应严格按照通信业务方式单的内容进行设备配置和接线。通信运行人员应在业务开通前与现场工作人员核对通信业务方式单的相关内容，确保业务图实相符。

16.3.2.7 OPGW应在进站门型架顶端、最下端固定点（余缆前）和光缆末端分别通过匹配的专用接地线可靠接地，其余部分应与构架绝缘。采用分段绝缘方式架设的输电线路OPGW，绝缘段接续塔引下的OPGW与构架之间的最小绝缘距离应满足安全运行要求，接地点应与构架可靠连接。OPGW、ADSS等光缆在进站门型架处应悬挂醒目光缆标识牌。

16.3.2.8 应防止引入光缆封堵不严或接续盒安装不正确，造成光缆保护管内或接续盒内进水结冰，导致光纤受力引起断纤故障的发生。引入光缆应使用防火阻燃光缆，并在沟道内全程穿防护子管或使用防火槽盒。引入光缆从门型架至电缆沟地埋部分应全程穿热镀锌钢管，钢管应全程密闭并与站内接地网可靠连接，钢管埋设路径上应设置地埋光缆标识或标牌，钢管地面部分应与构架固定。

16.3.2.9 直埋光缆（通信电缆）在地面应设置清晰醒目的标识。承载继电保护、安全自动装置业务的专用通信线缆、配线端口等应采用醒目颜色的标识。

16.3.2.10 通信设备应采用独立的空气开关、断路器或直流熔断器供电，禁止并接使用。各级开关、断路器或熔断器保护范围应逐级配合，下级不应大于其对应的上级开关、断路器或熔断器的额定容量，避免出现越级跳闸，导致故障范围扩大。

16.3.2.11 通信机房应满足密闭防尘和温度、湿度要求，窗户具备遮阳功能，防止阳光直射机柜和设备。

16.3.3 运行阶段

16.3.3.1 各级通信调度负责监视及控制所辖范围内通信网的运行情况，指挥、协调通信网故障处理。通信调度员必须具有较强的判断、分析、沟通、协调和管理能力，熟悉所辖通信网络状况和业务运行方式，上岗前应进行培训和考试。

16.3.3.2 通信站内主要设备及机房动力环境的告警信息应上传至24h有人值班的场所。通信电源系统及一体化电源48V通信部分的状态及告警信息应纳入实时监控，满足通信运行要求。

16.3.3.3 通信蓄电池组核对性放电试验周期不得超过两年，运行年限超过四年的蓄电池组，应每年进行一次核对性放电试验。

16.3.3.4 为保障蓄电池使用寿命和运行可靠性，蓄电池单体浮充电压应严格按照电源运行规程设定，避免造成蓄电池欠充或过充。

16.3.3.5 通信站电源新增负载时，应及时核算电源及蓄电池组容量，如不满足安全运行要求，应对电源实施改造或调整负载。每年春（秋）检期间要对电源系统进行负荷校验。

16.3.3.6 连接两套通信电源系统的直流母联开关应采用手动切换方式。通信电源系统正常运行时，禁止闭合母联开关。

16.3.3.7 通信检修工作应严格遵守电力通信检修管理规定相关要求，对通信检修申请票的业务影响范围、采取的措施等内容应严格进行审查核对，对影响一次电网生产业务的检修工作应按一次电网检修管理办法办理相关手续。严格按通信检修申请票工作内容开展工作，严禁超范围、超时间检修。

16.3.3.8 通信运行部门应与电网一次线路建设、运行维护及市政施工部门建立沟通协调机制，避免因电网建设、检修或市政施工对光缆运行造成影响。

16.3.3.9 通信运行部门应与电网调度、检修部门建立工作联系机制。因电网检修工作影响通信光缆或通信设备正常运行时，电网检修部门应按通信检修工作时限要求提前通知通信运行部门，纳入通信检修管理；因电网检修对通信设施造成运行风险时，电网检修部门应至少提前10个工作日通知通信运行部门，通信运行部门按照通信运行风险预警管理规范要求下达风险预警单，相关部门严格落实风险防范措施。如电网检修影响上级通信电路，必须报上级通信调度审批后，方可批准办理开工手续。防止人为原因造成通信光缆或设备非计划停运。

16.3.3.10 同时办理电网和通信检修申请的工作，检修施工单位应在得到电网调度和通信调度“双许可”后，方可开展检修工作。

16.3.3.11 线路运行维护部门应结合线路巡检每半年对OPGW光缆进行专项检查，并将检查结果报通信运行部门。通信运行部门应每半年对ADSS和普通光缆进行专项检查，重点检查站内及线路光缆的外观、接续盒固定线夹、接续盒密封垫等，并对光缆备用纤芯的衰耗进行测试对比。

16.3.3.12 每年雷雨季节前应对接地系统进行检查和维护。检查连接处是否紧固、接触是否良好、接地引下线有无锈蚀、接地体附近地面有无异常，必要时应开挖地面抽查地下隐蔽部分锈蚀情况。独立通信站、综合大楼接地网的接地电阻应每年进行一次测量，变电站通信接地网应列入变电站接地网测量内容和周期。微波塔上除架设本站必需的通信装置外，不得架设或搭挂可构成雷击威胁的其他装置，如电缆、电线、电视天线等。

16.3.3.13 严格落实公司一、二类电视电话会议系统“一主两备”的技术措施，制订切实可行的应急预案，开展应急操作演练，提高值机人员应对突发事件的保障能力，确保会议质量。

16.3.3.14 加强通信网管系统运行管理，落实数据备份、病毒防范和网络安全防护工作，定期开展网络安全等级保护定级备案和测评工作，及时整改测评中发现的安全隐患。

16.3.3.15 应定期开展机房和设备除尘工作。每季度应对通信设备的滤网、防尘罩等进行清洗。

16.3.3.16 在通信设备检修或故障处理中，应严格按照通信设备和仪表使用手册进行操作，避免误操作或对通信设备及人员造成损伤。在采用光时域反射仪测试光纤时，必须提前断开对端通信设备；在插拔拉曼放大器尾纤时，应先关闭泵浦激光器。

16.3.3.17 调度交换系统运行数据应每月进行备份，当系统数据变动时，应及时备份。调度录音系统应每周进行检查，确保运行可靠、录音效果良好、录音数据准确无误、存储容量充足。调度录音系统服务器应保持时间同步。

16.3.3.18 因通信设备故障、施工改造或电路优化等原因，需要对原有通信业务运行方式进行调整时，如在48h之内不能恢复原运行方式，必须编制和下达新的通信业务方式单。

16.3.3.19 落实通信专业在电网大面积停电及突发事件发生时的组织机构和技术保障措施。完善各类通信设备和系统的现场处置方案和应急预案。定期开展反事故演习，检验应急预案的有效性，提高通信网预防和应对突发事件的能力。

16.3.3.20 架设有通信光缆的一次线路计划退运前，应通知相关通信运行管理部门，并根据业务需要制订改造调整方案，确保通信系统可靠运行。

16.4 防止信息系统事故

为防止信息系统事故，应贯彻落实《国家电网公司安全事故调查规程》（国家电网安质〔2016〕1033）及其补充条款、《国家电网公司信息通信工作管理规定》[国网（信息/1）399-2014]、《国家电网公司信息化建设管理办法》[国网（信息/2）118-2018]、《国家电网公司网络与信息系统安全管理办法》[国网（信息/2）401-2018]、《国家电网公司信息系统运行管理办法》[国网（信息/3）262-2014]、《国家电网公司信息系统建转运实施细则》[国网（信息/4）261-2018]、《国家电网公司信息系统业务授权许可使用管理办法》[国网（信息/3）782-2015]、《国家电网公司信息化架构（SG-EA）》（Q/GDW 11209—2014）、《国家电网公司信息机房设计及建设规范》（Q/GDW 1343—2014）、《国家电网公司信息系统非功能性需求规范》（国家电网企管〔2014〕1540号）、《国家电网公司信息设备管理细则》[国网（信通/4）288-2014] 等有关要求，规范和提高信息系统设计、建设、运行水平，并提出以下重点要求：

16.4.1 设计阶段

16.4.1.1 国家电网有限公司数据中心机房应按《国家电网公司信息机房设计及建设规范》（Q/GDW 1343—2014）A级机房标准进行设计，各分部、各省公司信息机房应按A或B级机房标准进行设计，公司直属单位、地（市）供电公司信息机房应按B或C级机房标准进行设计。

16.4.1.2 A、B 级信息机房电源系统的外部供电应至少来自于两个变电站，并能进行主备自动切换。A 级机房应配备满足机房正常运行所需用电负荷要求的柴油发电机或应急发电车作为机房后备电源，也可采用供电网络中独立于正常电源的专用馈电线路。

16.4.1.3 A、B级信息机房应采用不少于两路UPS供电，且每路UPS容量要考虑其中某一路故障或维修退出时，余下的UPS能够支撑机房内设备持续运行。C级信息机房的主机房可根据具体情况，采用单台或多台 UPS 供电。UPS 设备的负荷不得超过额定输出功率的70%，采用双UPS供电时，单台UPS设备的负荷不应超过额定输出功率的35%。

16.4.1.4 信息机房空调系统电源应能接入后备电源系统。信息机房如与大楼空调系统共用管路或主机，应增加备用空调系统。A级信息机房的主机房空调设备宜采取全冗余设计，B级主机房空调设备宜采取“$N+1$”冗余设计。空调系统无备用设备时，单台空调制冷设备的制冷能力应留有15%～20%的余量。机房空调应具有来电自动开启功能。

16.4.1.5 信息机房消防系统应满足国家及所在地消防规范，并设置气体灭火系统及火灾自动报警系统，统一接入办公生产场所消防系统。A、B级信息机房暖通水系统应具备持续做功能力，并制订防止精密空调冷媒失效造成机房温度升高的措施。

16.4.1.6 A、B级信息机房的信息内网出口链路应不少于两条，链路间互为备用。信息外网出口链路应不少于两条，且至少接入两家网络运营商。

16.4.1.7 信息系统设计应满足非功能性需求；遵循模块化设计的原则，确保各模块结构良好、接口清晰；对关键功能进行解耦设计，系统发生故障时可优先保障重要客户、重要业务的正常使用。

16.4.1.8 一、二类信息系统设计应充分考虑网络、主机、数据库、存储等环节的冗余或集群设计，至少满足“$N-1$”冗余要求，避免单点隐患。各类信息系统设计应包括数据归档及备份功能。

16.4.1.9 信息系统设计应优先采用自主可控的操作系统、数据库、中间件、云平台及虚拟化相关软件。不得使用公司规定范围外的信息系统远程访问端口，未经公司审批严禁使用Oracle数据库DB-link连接。

16.4.1.10 信息系统应具备服务异常中断时的数据保护能力，当系统恢复后能够保证业务和数据的一致性、完整性。应提供完善的业务异常处理机制，异常错误应有明确的错误日志，异常描述应清晰、规范，在相应维护手册中能查到错误的原因与处理步骤。同时应具备数据清理能力。

16.4.1.11 信息系统应具备当并发访问超出系统的设计承载能力时的压力保护能力，保证核心业务的正常运行。

16.4.1.12 信息系统设计时应充分考虑用户体验，避免因界面不友好、响应速度慢、使用困难等情况带来较差的用户体验。

16.4.1.13 信息系统的地址、端口、账号应提供可配置功能。账号权限模块应具备弱口令校验、定期更换口令、超时退出、非法登录次数限制、禁止账号自动登录的功能，支持系统管理员、业务配置员、系统审计员三种角色分离及用户账号实名制管理功能。

16.4.1.14 信息系统在设计部署方案时应同步考虑本侧系统的运行方式，及对其他在运系统运行方式和配置资源的影响。

16.4.2 建设阶段

16.4.2.1 信息机房线缆部署应实现强弱电分离，并完善防火阻燃、阻火分隔、防潮、防水及防小动物等各项安全措施。

16.4.2.2 信息机房内设备及线缆应具备标签标识，标签内容清晰、完整，符合公司相关规定。

16.4.2.3 信息机房电源开关应使用满足容量要求的独立空气开关、断路器。各级开关、断路器保护范围应逐级配合，下级不应大于其对应的上级开关、断路器的额定容量，避免分路开关、断路器与上级开关、断路器同时跳开。

16.4.2.4　机房信息设备、视频监控、专用空调、电源设备、配电系统、漏水检测系统、门禁系统、机房环境温度、湿度等应纳入集中监控系统。

16.4.2.5　信息系统部署环境应满足系统安全运行要求。承建单位在生产环境部署的信息系统版本应与通过第三方安全测试的信息系统版本保持一致，禁止部署其他版本的信息系统。信息系统部署时应按设计要求同步完成与门户目录、统一权限、信息通信一体化调度运行支撑平台的接入集成。

16.4.2.6　一、二类信息系统多节点的应用，应部署在不同的主机设备或宿主机上，提升冗余可靠性。

16.4.2.7　信息系统主机设备、网络设备、安全设备均应启用网络时间协议（NTP）服务并与公司数据中心时间源同步。

16.4.2.8　一类信息系统数据库宜设计实时同步的备用数据库，备用数据库和生产数据库宜部署在不同地点。

16.4.2.9　信息系统上线及阶段版本升级前应进行安全性、可靠性、性能、可维护性、运行监控、易用性等方面的测评并整改通过，严禁“带病”上线运行。

16.4.2.10　信息系统上线前，应对访问策略和操作权限进行全面清理，复查账号权限，核实开放端口和策略，各类用户、账号赋权应遵循最小化原则，仅满足该业务或功能需求。

16.4.2.11　信息系统应在试运行期间完成安全风险评估、问题整改、系统优化工作，整改完毕后方可进行建转运交接。

16.4.2.12　信息系统上线前应同步制订和落实运维作业指导书、应急预案及故障恢复措施，并在运行过程中滚动修订、定期演练。

16.4.3　运行阶段

16.4.3.1　严格执行信息通信机房管理有关规范，确保机房运行环境符合要求。室内机房物理环境安全应满足网络安全等级保护物理安全要求及信息系统运行要求，室外设备物理安全需满足国家对于防盗、电气、环境、噪声、电磁、机械结构、铭牌、防腐蚀、防火、防雷、接地、电源和防水等要求。

16.4.3.2　按年度定期开展机房关键基础设施运行状态评估工作，开展外部电源切换演练、蓄电池充放电、UPS切换测试、空调状态检查等工作，对存在运行隐患的设备及时进行整改。

16.4.3.3　信息系统运行单位（部门）应至少对一、二类信息系统建立性能基线，对在运系统定期开展调优，对应用、数据库、存储、信息网络等环节的运行状态进行常态评估、分析及问题整改。

16.4.3.4　应设置信息运维专区，信息系统检修过程中应遵守监护制度及工作票、操作票制度，杜绝误操作带来的信息系统故障及数据丢失事故。运维专区应有审计系统，确保每次检修内容可追溯。

16.4.3.5　以主备或集群模式运行的信息设备或网络链路，应定期开展切换演练及轮换运行工作，验证主备或集群模式下信息设备或网络链路的运行可靠性。

16.4.3.6　定期开展信息系统及设备运行状态评估，对于在运信息系统中存在隐患的设备，应及时更换；对于老旧信息系统和设备，应及时整合业务应用并进行腾退处置。

16.4.3.7　信息系统生产数据库应具备本地备份环境，并制订合理备份策略，定期开展备份恢复演练，验证备份有效性。备份网络应与业务网络分离部署。

16.4.3.8 应建立软/硬件版本基线库，加强信息设备微码管理，强化操作系统、数据库、中间件、云平台及虚拟化相关软件、业务应用软件版本管理。

16.4.3.9 信息系统新版本发布时，应保证原有版本无效数据及文件已进行清理，信息系统新版本升级应具备版本回退能力，允许在信息系统升级失败时回退至升级前的状态。

16.4.3.10 信息系统应接入信息通信一体化调度运行支撑平台，确保信息系统的运行状态可监控、可预警，并留存相关日志不少于六个月。

16.4.3.11 由于信息系统开发、升级、维护、联调等原因临时开放的账号、临时开通的防火墙、路由器、交换机等设备访问控制策略与端口，在操作结束后必须立即履行注销手续。

16.4.3.12 在运系统应全面开启帐号权限安全功能、操作审计功能，禁止出现测试账号与越权操作。临时帐号应设定使用时限，员工离职、离岗时，信息系统的访问权限应同步回收，帐号冻结。应定期（三个月）对信息系统用户权限进行审核、清理，删除废旧账号、无用帐号，及时调整可能导致安全问题的权限分配数据。

16.4.3.13 信息系统下线前，系统业务主管部门应会同信息化管理部门组织开展信息系统下线风险评估。运行维护单位根据风险评估结果，进行权限回收、数据清除、应用程序和数据备份及迁移等工作。

16.5 防止网络安全事故

为防止网络安全事故，应认真贯彻《中华人民共和国网络安全法》《网络产品和服务安全审查办法（试行）》《国家电网公司网络与信息系统安全管理办法》[国网（信息/2）401-2018]、《国家电网公司关于进一步加强数据安全工作的通知》（国家电网信通〔2017〕515号）、《国家电网公司信息安全等级保护建设实施细则》[国网（信息/4）439-2014]等有关要求，全面落实“同步规划、同步建设、同步使用”的“三同步”原则。信息系统应遵循国家电网有限公司总体安全策略，切实做好物理、网络、终端、主机、应用、数据的安全防护，并提出以下重点要求：

16.5.1 设计阶段

16.5.1.1 在需求阶段，业务部门在明确业务需求的同时，应明确系统的安全防护需求。

16.5.1.2 在系统可研阶段，系统建设单位应组织系统承建单位对系统进行预定级，编制定级报告，并由本单位信息化管理部门同意后，报行业监管部门和公安部门申请进行信息系统等级定级审批。

16.5.1.3 在设计阶段，业务部门应组织承建单位编写系统安全防护方案。接入管理信息大区的系统由本单位（省级及以上）信息化管理部门负责预审，接入生产控制大区的系统由本单位（省级及以上）调控中心负责预审，预审结果提交本单位专家委审查通过后方可实施。

16.5.1.4 涉及内外网交互的业务系统，研发单位应充分考虑隔离装置特性进行业务系统设计与开发，通过优化系统架构、业务流程降低内外网交换的频率，优化资源占用；在编程过程中应面向SG-JDBC驱动编程，禁止使用隔离装置规则库中默认禁止的结构化查询语言。

16.5.2 建设阶段

16.5.2.1 信息系统开发要遵循网络安全相关法律、电力监控系统安全防护规定、公司网络与信息系统安全管理要求、公司信息系统安全通用设计要求和本系统网络安全防护要求，明确网络安全控制点，严格落实信息安全防护设计方案。

16.5.2.2　相关业务部门应会同信息化管理部门，对项目开发人员进行网络安全培训，并签订网络安全承诺书。开发人员不得泄露开发内容、程序及数据结构等内容。

16.5.2.3　信息系统的开发应在专用环境中进行，开发环境应与实际运行环境及办公环境安全隔离。加强开发环境的安全访问控制与安全防护措施，严格控制访问策略与权限管理。

16.5.2.4　在开发阶段的单元测试、回归测试、集成测试等测试阶段，都应同步开展安全测试，应包含安全功能测试、代码安全测试等内容。涉及信息内外网交互的业务系统应开展隔离装置环境下的安全测试。

16.5.2.5　加强代码安全管理，严格按照安全编程规范进行代码编写，全面开展代码安全检测，不得在代码中设置恶意及与功能无关的程序。规范外部软件及插件的使用，在集成外部软件及插件时，应进行必要的安全检测和裁剪。

16.5.2.6　依据《网络产品和服务安全审查办法（试行）》的规定，不得采购审查未通过的网络安全产品。信息系统的关键软/硬件设备采购，应开展产品预先选型和安全检测。

16.5.2.7　信息内外网之间要部署公司专用信息网络隔离装置。信息内网禁止使用无线网络组网。信息外网使用无线网络，应在信息化管理部门备案。无线网络应启用网络接入控制、身份认证和行为审计，采用高强度加密算法、隐藏无线网络名标识和禁止无线网络名广播，防止无线网络被外部攻击者非法进入，确保无线网络安全。对于采用无线专网接入公司内部网络的业务应用，应在网络边界部署公司统一安全接入防护措施，并建立专用加密传输通道。

16.5.2.8　加强合作单位和供应商管理，严格落实资质审核，通过合同、保密协议、网络安全承诺书等方式，严禁合作单位和供应商在对互联网提供服务的网络和信息系统中存储和运行公司相关业务系统数据和敏感信息。严禁技术支持单位在与互联网相连的服务器和终端上存储涉及公司商业秘密文件。加强外部人员安全管控，严格外部人员访问公司网络及信息系统的流程，对允许访问人员实行专人全程陪同或监督，并登记备案。

16.5.2.9　相关业务部门对于新增或变更（型号）的自助缴费终端、视频监控等各类设备时，由使用部门委托专业管理机构进行安全测评，防止设备“带病入网”，测评合格后方可接入信息内外网。

16.5.2.10　公司应组织对各单位区域范围内的互联网安全及使用情况进行严格管控和集中监控。非集中办公区域应采用电力通信网络通道接入公司内部网络，如确实需要租用第三方专线，应在公司进行备案，并按照总体防护要求采取相应防护措施。

16.5.2.11　管理信息大区各类终端网络接入应采取准入措施，避免仿冒终端或非法网络设备接入。应使用公司统一推广的桌面终端管理系统、保密检测系统、防病毒等客户端软件，加强对办公计算机的安全准入、补丁管理、运行异常、违规接入安全防护等的管理，部署安全管理策略。各接入点之间采取横向访问控制措施，禁止网络末端接入点的终端跨权限访问。各类终端接入点应采取审计措施，确保访问信息内网行为可追溯，接入点位置可追溯，人员可追溯。

16.5.2.12　应根据业务敏感程度和实际需求，在满足公司总体安全防护要求的基础上，结合终端防护措施、内网安全接入平台和外网安全交互平台，实现各类移动终端安全准入、访问控制与数据隔离。内外网移动作业终端应统一进行定制和配发。内网移动作业终端（如运维检修、营销作业、物资盘点）应采用公司自建无线专网或统一租用的虚拟专用无线公网（APN+VPN），通过内网安全接入平台进行统一接入防护与管理；外网移动作业终端（如配网抢修）、互联网移动服务终端（如掌上电力、国网商城、互联网金融、车联网服务）应采用信息外网安全交互平台进行统一接入防护。

16.5.2.13 移动作业终端应部署用户身份认证、数据保护等安全措施，保护重要业务数据的保密性和完整性，外网作业终端禁止存储公司商业秘密。内外网移动作业终端仅允许安装移动作业所必须的应用程序，不得擅自卸载更改安全措施。严禁移动作业终端用于公司生产经营无关的业务。移动作业终端应安装公司指定的安全专控软件，开展漏洞扫描和安全加固，并对终端外设的使用情况、运行状态、违规行为等进行监控。移动应用应加强统一防护，落实统一安全方案审核，基于公司移动互联应用支撑平台建设并通过内外网移动门户统一接入，开展第三方安全测评并落实版本管理，应用发布后应开展安全监测。

16.5.3 运行阶段

16.5.3.1 系统上线运行一个月内，由信息化管理部门和相关业务部门根据国家网络安全等级保护有关要求，进行网络安全等级保护备案，组织国家或电力行业认可的队伍开展等级保护符合性测评。二级系统每两年至少进行一次等级测评，三级系统和四级系统每年至少进行一次等级测评。当系统发生重大升级、变更或迁移后需立即进行测评。相关业务部门要会同信息化管理部门对等级保护测评中发现的安全隐患进行整改。在运信息系统应向公司总部备案，未备案的信息系统严禁接入公司信息内外网运行。未经审批，各级单位不得使用公司域名（sgcc.com.cn、sgcc.cn）外的其他域名。

16.5.3.2 严禁任何单位、个人在信息内外网设立与工作无关的娱乐、论坛、视频等网站。对于非本企业网站或与公司业务无关的经营性网站，原则上要予以关闭，确因工作需要必须开放的，从信息外网中彻底剥离。采用网页防篡改等安全防护措施以保证对外发布的网站不被恶意篡改或植入木马。

16.5.3.3 加强对邮件系统的统一管理和审计，严禁使用无内容审计的信息内外网邮件系统，系统要禁止弱口令登录，首次登录后要强制修改默认口令，严禁开启自动转发功能。严禁使用社会电子邮箱处理公司办公业务的行为，防止“撞库”风险，及时清理注销废旧邮件账号。严禁随意点击来路不明邮件及其附件，特别是不明链接，严禁在内外网终端安装来源不明的软件，避免人为原因造成病毒感染破坏。

16.5.3.4 严禁将涉及国家秘密的计算机、存储设备与信息内外网和其他公共信息网络连接，严禁在信息内网计算机存储、处理国家秘密信息，严禁在连接互联网的计算机上处理、存储涉及国家秘密和企业秘密信息；严禁内网计算机违规使用无线上网卡、智能手机、平板电脑等上网手段连接互联网的行为，严禁内网笔记本电脑打开无线功能，严禁信息内网和信息外网计算机交叉使用，严禁普通移动存储介质和扫描仪、打印机等计算机外设在信息内网和信息外网上交叉使用。

16.5.3.5 服务器及终端类设备应全面安装防病毒软件，定期进行病毒木马查杀并及时更新病毒库，加强对恶意代码及病毒木马的监测、预警和分析。应定期对在运信息系统进行漏洞扫描，对重要的操作系统、数据库、中间件等平台类软件漏洞要及时进行补丁升级，按时完成漏洞及隐患闭环整改。

16.5.3.6　网络边界应按照安全防护要求部署安全防护设备，并定期进行特征库升级，及时调整安全防护策略，强化日常巡检、运行监测、安全审计，保持网络安全防护措施的有效性，按照规定留存相关的网络安全日志不少于六个月。

16.5.3.7　应对信息系统运行、应用及安全防护情况进行监控，对安全风险进行预警。相关业务部门和运维部门（单位）应对电网网络安全风险进行预警分析，组织制订网络安全突发事件专项处置预案，定期进行应急演练。

16.5.3.8　公司各级单位对外提供涉密数据，应按照《国家电网公司保密工作管理办法》[国网（办/2）101-2013]和《国家电网公司关于进一步加强数据安全工作的通知》（国家电网信通〔2017〕515号）要求履行相关审批手续。

16.5.3.9　跨专业共享数据中涉及公司商密及重要数据的，其采集、传输等行为须经数据源头部门或总部业务主管部门审批，并落实相关权限控制和脱敏、脱密措施。

16.5.3.10　境内数据与跨境数据应根据国家要求进行保护，公司在中华人民共和国境内收集和产生的数据应在境内存储，由境外产生并跨境传输至境内的数据，应按照国家有关要求进行保护；因业务需要，确需向境外提供的，应当按照国家有关部门制定的办法进行安全评估，并经公司保密办与业务主管部门审批，视情况向国家有关部门报备。

16.5.3.11　禁止将电网生产与用电采集类业务数据及装置提供给社会第三方使用、设备互联。

16.5.3.12　未经公司批准，禁止向系统外部单位（如互联网企业、外部技术支持单位等）提供公司的涉密数据和重要数据，禁止将相关业务系统托管于外单位。对于需要利用互联网企业渠道发布客户的业务信息，应采用符合公司安全防护要求的数据交互方式，并经必要的安全专家委审查和公司安全检测机构测评。未经公司总部批准，禁止在互联网企业平台（包括第三方云平台）存储公司重要数据。

16.5.3.13　数据恢复、擦除与销毁工作中所使用的设备应具有国家权威认证机构的认证。各单位不得将该项工作自行交由公司系统外单位处理。对于本单位无法通过常规技术手段进行电子数据恢复、擦除与销毁的情况，可委托公司其他具备技术条件的单位或信息安全实验室处理。

17　防止垮坝、水淹厂房事故

为防止垮坝、水淹厂房事故的发生，应认真贯彻《中华人民共和国防洪法》《中华人民共和国防汛条例》《水库大坝安全管理条例》《水电站大坝运行安全监督管理规定》（国家发展和改革委员会令第23号）等法律法规，以及《国家电网公司防汛及防灾减灾管理规定》（国家电网企管〔2014〕1118号）等规定，严格执行《国家电网公司水电厂重大反事故措施》（国家电网基建〔2015〕60号）及《国家电网公司关于印发防止水电厂水淹厂房反事故补充措施的通知》（国家电网基建〔2017〕61号）及其他相关规定中关于大坝漫坝、大坝破坏、水淹厂房及厂房垮塌等反事故措施的内容条款，并提出以下重点要求：

17.1 设计阶段

17.1.1 设计应充分考虑特殊工程地质、气象条件的影响，尽量避开不利地段，禁止在危险地段修建、扩建和改造工程。

17.1.2 大坝、厂房的监测设计需与主体工程同步设计、监测项目内容和设施的布置在符合水工建筑物监测设计规范基础上，应满足维护、检修及运行要求。

17.1.3 水库应严密论证设防标准及洪水影响，应有可靠的泄洪设施，启闭设备电源、水位监测设施等可靠性应满足要求。

17.1.4 厂房排水系统设计应留有裕量，充分考虑电站实际运行情况，选用匹配的排水泵，并设置一定容量的备用泵。

17.1.5 电站重要部位应安装防护等级不低于 IP67 的固定工业电视摄像头，应自带大容量存储卡，工业电视系统设备 UPS 供电时间不小于 1h。

17.2 基建阶段

17.2.1 施工期建设单位应成立防洪度汛组织机构，机构应包含业主、设计、施工和监理等相关单位人员，明确各单位人员权利和职责。

17.2.2 施工期应编制满足工程度汛及施工要求的临时挡水方案，报相关部门审查，并严格执行。

17.2.3 大坝、厂房在改（扩）建过程中应满足各施工阶段的防洪标准。

17.2.4 项目建设单位、施工单位应制订工程防洪应急预案，并组织应急演练。

17.2.5 施工单位应单独编制观测设施施工方案并经设计、监理、建设单位审查后实施。

17.3 运行阶段

17.3.1 建立、健全防汛组织机构，强化防汛工作责任制，明确防汛目标和防汛重点。

17.3.2 加强防汛与大坝安全工作的规范化、制度化建设，及时编写并严格执行《防汛工作手册》。

17.3.3 做好大坝安全检查（日常巡查、年度详查、定期检查和特种检查）、监测、维护工作，确保大坝处于良好状态。对观测异常数据要及时分析、上报和采取可靠的安全措施。

17.3.4 按照《水电站大坝运行安全监督管理规定》的要求开展大坝安全注册和定期检查工作，对发现的缺陷、隐患要及时治理，必须整改的问题要在下一轮大坝定检前完成治理。

17.3.5 应认真开展汛前检查工作，明确防汛重点部位、薄弱环节，制定科学、具体、切合实际的防汛预案，有针对性地开展防汛演练，对汛前检查及演练情况应及时上报主管单位。

17.3.6 汛前应做好防止水淹厂房、廊道、泵房、变电站、进厂铁（公）路以及其他生产、生活设施的可靠防范措施，防汛备用电源汛前应进行带负荷试验，特别确保地处河流附近低洼地区、水库下游地区、河谷地区排水畅通，防止河水倒灌和暴雨造成水淹。

17.3.7 汛前应备足必要的防洪抢险物资，定期对其进行检查、检验和试验，确保物资的状态良好，并建立保管、更新、使用等专项制度。

17.3.8 在重视防御江河洪水灾害的同时，应落实防御和应对上游水库垮坝、下游尾水顶托及局部暴雨造成的厂坝区山洪、支沟洪水、山体滑坡、泥石流等地质灾害的各项措施。

17.3.9　加强对水情自动测报系统的维护，广泛收集气象信息，确保洪水预报精度。如遇特大暴雨洪水或其他严重威胁大坝安全的事件，又无法与上级联系，可按照批准的方案采取非常措施确保大坝安全，同时采取一切可能的途径通知下游政府。

17.3.10　强化水电厂水库运行管理，汛期严格按水库汛限水位运行规定调节水库水位。在水库洪水调节过程中，严格按批准的调洪方案和防汛指挥部门的指令进行调洪，严格按照有关规程规定的程序操作闸门。当水库发生特大洪水后，应对水库防洪能力进行复核。

17.3.11　对影响大坝安全和防洪度汛的缺陷、隐患及水毁工程，应实施永久性的工程措施，优先安排资金，抓紧进行检修、处理。对已确认的病、险坝，必须立即采取补强加固措施，并制订险情预警和应急处理计划。检修、处理过程应符合有关规定要求，确保工程质量。隐患未除期间，应根据实际病险情况，充分论证，必要时采取降低水库运行特征水位等措施确保安全。

17.3.12　汛期加强防汛值班，确保水雨情系统完好可靠，及时了解和上报有关防汛信息。防汛抗洪中发现异常现象和不安全因素时，应及时采取措施，并报告上级主管部门。

17.3.13　汛期后应及时总结，对存在的隐患进行整改，总结情况应及时上报主管单位。

17.3.14　建立防止水淹厂房隐患排查的常态化工作机制，对排查出的隐患或缺陷及时治理验收。

18　防止火灾事故和交通事故

为防止火灾事故和交通事故，应贯彻落实《中华人民共和国消防法》[中华人民共和国主席令（第六号）]、《机关、团体、企业、事业单位消防安全管理规定》（中华人民共和国公安部令第61号）、《建设工程消防监督管理规定》（公安部令第106号）、《消防安全重点单位微型消防站建设标准（试行）》（公消〔2015〕301号）、《电力设备典型消防规程》（DL 5027—2015）、《火灾自动报警系统设计规范》（GB 50116—2013）、《火灾自动报警系统施工及验收规范》（GB 50166—2007）、《火力发电厂与变电站设计防火规范》（GB 50229—2006）、《建筑设计防火规范》（GB 50016—2014）、《建筑灭火器配置设计规范》（GB 50140—2005）、《建筑灭火器配置验收及检查规范》（GB 50444—2008）、《水电工程设计防火规范》（GB 50872—2014）、《国家电网公司关于强化本质安全的决定》（国家电网办〔2016〕624号）、《国网运检部关于印发输变配设备设施电气火灾综合治理工作方案的通知》（运检技术〔2017〕18号）《中华人民共和国道路交通安全法》和《中华人民共和国道路交通安全法实施条例》等有关规定。并提出以下重点要求：

18.1　防止火灾事故

18.1.1　加强防火组织管理

18.1.1.1　各单位应建立健全防止火灾事故组织机构，单位的主要负责人是本单位的消防安全责任人，应建立有效的消防组织网络，应确定消防安全管理人，有效落实消防管理职责。

18.1.1.2　健全消防工作制度，应根据消防法相关规定，建立训练有素的专职或群众性消防队伍，专职消防队应报公安机关消防机构验收。开展相应的基础消防知识的培训，建立火灾事故应急响应机制，制订灭火和应急疏散预案及现场处置方案，定期开展灭火和应急疏散桌面推演和现场演练。

18.1.1.3　每年至少进行一次消防安全培训，消防安全责任人和消防安全管理人等消防从业人员应接受专门培训。对新上岗和进入新岗位的员工进行上岗前消防培训，经考试合格方能上岗。定期开展消防安全检查，应确保各单位、各车间、各班组、各作业人员了解各自管辖范围内的重点防火要求和灭火方案。

18.1.1.4　建立火灾隐患排查、治理常态机制，定期开展火灾隐患排查工作。根据发现的隐患，提出整改方案、落实整改措施，保障消防安全。

18.1.1.5　强化动火管理，施工、检修等工作现场严格执行动火工作票制度，落实现场防火和灭火责任。不具备动火条件的现场，严禁违法违规动火工作。

18.1.1.6　加强易燃、易爆物品的管理。建立易燃、易爆物品台账，严格按照易燃、易爆物品的管理规定进行采购、运输、储存、使用。

18.1.2　加强消防设施管理

18.1.2.1　各单位应按照相关规范建设配置完善的消防设施。严禁占用消防逃生通道和消防车通道。

18.1.2.2　火灾自动报警、固定灭火、防烟排烟等各类消防系统及灭火器等各类消防器材，应根据相关规范定期进行巡查、检测、检修、保养，并做好检查维护保养记录，确保消防设施正常运行。

18.1.2.3　各单位及相关厂站应按相关标准配置灭火器材，并定期检测维护，相关人员应熟练掌握灭火器材的使用方法。属消防重点部位的机构，应设立微型消防站，按照要求配置相应的消防器材。

18.1.2.4　各单位生产生活场所、各变电站（换流站）、电缆隧道等应根据规范及设计导则安装火灾自动报警系统。火灾自动报警信号应接入有人值守的消防控制室，并有声光警示功能，接入的信号类型和数量应符合国家相关规定。

18.1.2.5　各单位生产生活场所、各变电站（换流站）应根据规范设置消防控制室。无人值班变电站消防控制室宜设置在运维班驻地的值班室，对所辖的变电站实行集中管理。消防控制室实行24h值班制度，每班不少于2人，并持证上岗。

18.1.2.6　供电生产、施工企业在可能产生有毒害气体或缺氧的场所应配备必要的正压式空气呼吸器、防毒面具等抢救器材，并应进行使用培训，掌握正确的使用方法，以防止救护人员在灭火中中毒或窒息。

18.1.2.7　在建设工程中，消防系统设计文件应报公安机关消防机构审核或备案，工程竣工后应报公安消防机关申请消防验收或备案。消防水系统应同工业、生活水系统分离，以确保消防水量、水压不受其他系统影响；消防设施的备用电源应由保安电源供给，未设置保安电源的应按Ⅱ类负荷供电，消防设施用电线路敷设应满足火灾时连续供电的需求。变电站、换流站消防水泵电机应配置独立的电源。

18.1.2.8　酸性蓄电池室、油罐室、油处理室、大物流仓储等防火、防爆重点场所应采用防爆型的照明、通风设备，其控制开关应安装在室外。

18.1.2.9　值班人员应经专门培训，并能熟练操作厂站内各种消防设施；应制订防止消防设施误动、拒动的措施。

18.1.2.10　调度室、控制室、计算机室、通信室、档案室等重要部位严禁吸烟，禁止明火取暖。各室空调系统的防火，其中通风管道，应根据要求设置防火阀。

18.1.2.11　大型充油设备的固定灭火系统和断路器信号应根据规范联锁控制。发生火灾时，应确保固定灭火系统的介质，直接作用于起火部位并覆盖保护对象，不受其他组件的影响。

18.1.2.12　建筑贯穿孔口和空开口必须进行防火封堵，防火材料的耐火等级应进行测试，并不低于被贯穿物（楼板、墙体等）的耐火极限。电缆在穿越各类建筑结构进入重要空间时应做好防火封堵和防火延燃措施。

18.2　防止交通事故

18.2.1　建立健全交通安全管理机制

18.2.1.1　建立健全交通安全管理机构（如交通安全委员会），明确交通安全归口管理部门，设置专兼职交通安全管理人员，按照 “谁主管、谁负责” 的原则，对本单位所有车辆驾驶人员进行安全管理和安全教育。交通安全应与安全生产同布置、同考核、同奖惩。

18.2.1.2　建立健全本企业有关车辆交通管理规章制度，严格执行、考核。完善安全管理措施（含场内车辆和驾驶员），做到不失控、不漏管、不留死角，监督、检查、考核到位，严禁客货混装，严禁超速行驶，保障车辆运输安全。

18.2.1.3　建立健全交通安全监督、考核、保障制约机制，严格落实责任制。对纳入国家特种设备管理范围的车辆，作业人员做到持证上岗；对未纳入国家特种设备管理范围的车辆，应实行“准驾证”制度，无本企业准驾证人员，严禁驾驶本企业车辆，强化副驾驶座位人员的监护职责。

18.2.1.4　建立交通安全预警机制。按恶劣气候、气象、地质灾害等情况及时启动预警机制。加强车辆集中动态监控，所有车辆应安装卫星定位系统，实时预警超速超范围行驶。

18.2.1.5　各级行政领导，应经常督促检查所属车辆交通安全情况，把车辆交通安全作为重要工作纳入议事日程，并及时总结，解决存在的问题，严肃查处事故责任者。

18.2.2　加强对各种车辆维修管理

18.2.2.1　各种车辆的技术状况应符合国家规定，安全装置完善可靠。对车辆应定期进行检修维护，在行驶前、行驶中、行驶后对安全装置进行检查，发现危及交通安全、人身安全问题，应及时处理，严禁相关车辆带病行驶。

18.2.3　加强对驾驶员的管理和教育

18.2.3.1　加强对驾驶员的管理，提高驾驶员队伍素质。定期组织驾驶员进行安全技术培训，提高驾驶员的安全行车意识和驾驶技术水平。对考试、考核不合格、经常违章肇事或身体条件不满足驾驶员要求的应不准从事驾驶员工作。

18.2.3.2　严禁酒后驾车、私自驾车、无证驾车、疲劳驾驶、超速行驶、超载行驶、不系安全带、行车中使用电子产品等各类危险驾驶。严禁领导干部迫使驾驶员违法违规驾车。

18.2.4　加强对集体企业和外包施工企业的车辆交通安全管理

18.2.4.1　集体企业和外包施工企业主要负责人是本单位车辆交通安全的第一责任者，对主管单位主要负责人负责。集体企业的车辆交通安全管理应当纳入主管单位车辆交通安全管理的范畴，接受主管单位车辆交通安全管理部门的监督、指导和考核。外包施工企业的车辆的安全管理应按合同接受监督、指导和考核。集体企业和外包施工企业应该加强对驾驶员施工现场安全行驶的培训教育。

18.2.5　加强大型活动、作业用车和通勤用车管理

18.2.5.1　制订并落实防止重、特大交通事故的安全措施。

18.2.6　加强大件运输、大件转场及搬运危化品、易燃易爆物运输管理

18.2.6.1　大件运输、大件转场及搬运危化品、易燃易爆物应严格履行有关规程的规定，应制订搬运方案和专门的安全技术措施，指定有经验的专人负责，事前应对参加工作的全体人员进行全面的安全技术交底。

国家电网有限公司
十八项电网重大反事故措施（修订版）

编 制 说 明

目　次

一、编制背景……97
二、编制主要原则……97
三、与其他标准文件的关系……97
四、主要工作过程……97
五、结构和内容……98
六、条款说明……99

一、编制背景

（1）编制目的。《国家电网公司十八项电网重大反事故措施（修订版）》（国家电网生〔2012〕352号）（以下简称2012年版《十八项反措》）自2012年3月修订实施以来，在保障电网安全稳定运行、防范安全生产事故发生、提高电网设备运行可靠性等方面发挥了重要作用。近年来，党中央、国务院高度重视安全生产工作，出台了一系列安全生产法规制度，特别是新颁布实施的《安全生产法》，对国家电网公司安全生产提出了更高的要求；特高压大电网快速发展、新能源大量建设并网及新设备、新技术的推广应用，给电网运行管理、检修模式等带来了重大改变；受气候变化影响，极端高温、台风、强对流、雨雪冰冻等灾害天气频繁发生，对电网抵御灾害的能力提出了更高要求。电网内外部环境条件的巨大变化，使得现行反事故措施（简称反措）的针对性、有效性受到影响，制约着国家电网公司的高质量发展。因此，为贯彻落实国家安全生产要求，强化电网、设备、人身安全管理，提升电网设备本质安全水平，提高反事故措施的针对性和有效性，国家电网公司决定对2012年版《十八项反措》进行修订。

（2）指导思想。坚持“安全第一、预防为主、综合治理”方针，全面贯彻国家、行业以及国家电网公司对电网、设备安全管理的新要求。坚持目标导向和问题导向，全面总结近年来电网生产运行暴露的安全隐患，针对突出问题，修订完善反事故措施。

二、编制主要原则

（1）以防止重大电网事故、重大设备损坏事故和人身伤亡事故为重点，以提高电网安全生产为目标，在全面总结国家电网公司系统各类事故教训基础上制订针对性条款。

（2）保持现行反措的基本框架和编制深度，结合反措落实排查情况、现场实际问题开展修订工作，确保有效应对国家电网公司内外部环境变化，解决电网安全生产面临的新问题。

（3）加强电网设备全过程管理，从规划可研、工程设计、设备采购、设备制造、设备验收、设备安装、设备调试、竣工验收、运维检修和退役报废10个阶段提出反措和要求。

（4）确保反措的针对性、有效性和可操作性，对现行反措中要求过高、操作性不强或者提高设备可靠性效果不明显的条款予以修订。

三、与其他标准文件的关系

本反措是在2012年版《十八项反措》基础上修订完善的，本反措颁布后2012年版《十八项反措》相应废止。

由于近年来国家电网公司颁布了一些企业标准和反事故措施，另外国家、电力行业也颁布或修订了一些标准，因此，应同时执行本反措和已下发的标准、反事故措施，但当有关标准和反措的要求低于本反措时应严格执行本反措。

四、主要工作过程

2017年6月6日，国家电网公司运维检修部（简称国网运检部）下发《国家电网公司关于开展十八项电网重大反事故措施修订工作的通知》（国家电网运检〔2017〕460号），成立了修订工作领导组和工作组，明确了工作分工、进度安排和工作要求，全面启动修订工作。

2017年6月，按照分工安排，各修订工作组组织召开工作会，完成修订大纲编制及修订意见征集等工作。

2017年7～8月，各修订工作组完成初稿编制工作，并召开专家评审会，形成初稿评审意见。

2017年9月，各修订工作组根据专家评审意见修订完善，形成征求意见稿。9月28日，国家电网公司技术监督办公室（国网运检部）下发《国家电网公司十八项电网重大反事故措施（征求意见稿）》（运检技术〔2017〕138号），向国家电网公司本部相关部门及公司系统内各单位征求意见。截止到2017年10月底共收集反馈意见2297条。

2017年11～12月，各修订工作组依据各单位反馈意见对征求意见稿进行修改，并将修改稿及反馈意见采纳情况反馈至国家电网公司技术监督办公室（国网运检部）。在征集的2297条反馈意见中，共采纳667条、部分采纳145条、未采纳1485条。

2018年1～2月，各章节国家电网公司总部牵头部门组织召开专题会议，就争议条款组织相关部门进行研讨会商，并部分明确统一意见。在此基础上组织专题审核，逐条明确反措条款的编制依据及与相关标准的对应关系，形成送审稿。

2018年3月，国家电网公司技术监督办公室（国网运检部）组织召开十八项反措统稿集中工作会，对反措送审稿内容做进一步审核把关，并对条款文字做了进一步精炼，形成报批稿。

五、结构和内容

本反措依旧保持了十八项，但根据近年来电网发展和发生的一些事故情况对内容和结构进行了调整和补充。

（一）增加七方面重点内容

（1）第5章“防止变电站全停及重要客户停电事故”中，增加“防止站用交流系统失电事故”和“防止站用直流系统失电事故”内容。

（2）第6章“防止输电线路事故”中，增加“防止‘三跨’事故”内容。

（3）第9章“防止大型变压器损坏事故”中，增加“防止穿墙套管事故”内容。

（4）第10章“防止无功补偿装置事故”中新增了“防止干式电抗器损坏事故”和“防止动态无功补偿装置损坏事故”内容。

（5）第11章“防止互感器损坏事故”中，增加“防止电子式互感器损坏事故”和“防止干式互感器损坏事故”内容。

（6）第14章“防止接地网和过电压事故”中，增加“防止避雷针事故”内容。

（7）第16章“防止电网调度自动化系统、电力通信网及信息系统事故”中，增加“防止电力监控系统网络安全事故”和“防止网络安全事故”内容。

（二）调整删除的内容

（1）第1章“防止人身伤亡事故”中，删除“加强对外包工程人员管理”内容，增加“加强验收阶段安全管理”内容。

（2）第3章“防止机网协调及风电大面积脱网事故”中“防止风电大面积脱网事故”修改为“防止新能源大面积脱网事故”内容。

（3）第4章“防止电气误操作事故”中，删除了“加强对运行、检修人员防误操作培训”内容。

（4）第13章“防止电力电缆线路事故”中，删除“防止单芯电缆金属护层绝缘故障”

内容。

（5）第15章“防止继电保护事故”中，删除“技术监督应注意的问题”，增加“智能站保护应注意的问题”内容。

六、条款说明

为便于解释，以下内容按反措条款顺序进行说明。

1　防止人身伤亡事故编制说明

总体说明

本章重点是防止人身伤亡事故，针对近几年安全监督管理相关规章制度、法规最新要求，吸取典型人身伤亡事故教训，从设计、基建、运行等阶段提出覆盖专业更全面、对执行层面指导性更强的防止人身伤亡的措施，结合国家、地方政府、相关部委以及国家电网公司近6年发布的法律、法规、规范、规定、标准和相关文件提出的新要求，修改、补充和完善相关条款，对原文中已不适应当前电网实际情况或已写入新规范、新标准的条款进行删除、调整。

条文说明

1.1.1　为新增条款。依据《国家电网公司生产作业安全管控标准化工作规范（试行）》（国家电网安质〔2016〕356号）要求，强调事故应急抢修和紧急缺陷处理的工作手续要求。

1.1.2　为2012年出版的《国家电网公司十八项电网重大反事故措施（修订版）及编制说明》（2012年版简称《十八项反措》）1.1.1原文，未修改。

1.1.2.1　为2012年版《十八项反措》1.1.1.1原文，未修改。

1.1.2.2　为2012年版《十八项反措》1.1.1.2。依据国网公司《电力安全工作规程　变电部分》（以下简称《变电安规》）要求，增加了操作人与专责监护人站位的要求。

1.1.2.3　为2012年版《十八项反措》1.1.1.3。依据国家安监总局《特种作业人员安全技术培训考核管理规定》，对高处作业工作相关要求、强制性条款进行了细化和强调。

1.1.2.4　为新增条款。针对近年在隔离开关检修过程中，发生感应电触电坠落伤亡事故，暴露出的近电作业防护不到位的问题，提出了近电作业、低压电气带电工作的相关要求。

1.1.2.5　为2012年版《十八项反措》1.1.1.4。依据《营销业扩报装工作全过程安全危险点辨识与预控手册（试行）》要求，针对近年业扩工程设备验收工作中，施工现场安全管理混乱，已接火设备没有设置安全警示标识，造成人身触电伤亡事故的问题，增加营销小型分散作业安全防范措施。

1.1.2.6　为新增条款。针对架空输电线路杆塔组立工作中发生登塔人员坠落身亡事故，存在无保护登塔作业、现场监护不到位的问题，明确了防止盲目施工、无计划施工等相关工作要求。

1.1.2.7　为新增条款。针对近年架空输电线路紧线施工工作中发生的倒塔人身伤亡事故，存在塔基未紧固、反向拉线角度不符合安全要求的问题，提出了输电线路放线、紧线工作应提前检查的要点和相关要求。

1.1.2.8 为新增条款。针对国家电网公司系统隧道、管井规模快速增长，有限空间作业危险性高，且危险点隐蔽、容易发生群死群伤事故的问题，提出有限空间作业、培训和救援的相关要求。

1.1.2.9 为新增条款。针对国家电网公司南部省份抗洪抢险工作任务较多的问题，提出了相应的安全防护措施。

1.1.3 为2012年版《十八项反措》1.1.2原文，未修改。

1.1.4 为新增条款。依据《国家电网公司业务外包安全监督管理办法》要求，针对近年国网公司系统劳务外包人员人身伤亡事故高发的问题，重点强调了现场作业劳务外包人员管控的相关要求。

1.1.5 为新增条款。针对各网省公司通过安全稽查确保人身安全方面取得的良好成效，重点强化各级安全稽查队伍建设，推广应用安全管控新技术手段，巩固安全监督工作成效。

1.2.1 为2012年版《十八项反措》1.2.1原文，未修改。

1.2.2 为2012年版《十八项反措》1.2.2，对部分不通顺语句进行了调整。

1.2.3 为2012年版《十八项反措》1.2.3原文，未修改。

1.2.4 为新增条款。依据《中共中央国务院关于推进安全生产领域改革发展的意见》要求，强调了作业人员安全准入和动态管理。

1.2.5 为新增条款。依据《中共中央国务院关于推进安全生产领域改革发展的意见》要求，针对当前安全培训手段单一、形式单调的问题，结合当前高新技术发展，提出了创新安全管理培训手段的相关要求。

1.3.1 为2012年版《十八项反措》1.5.1，在原条款的基础上增加了供配电工程要求。

1.3.2 为2012年版《十八项反措》1.5.2。依据国家电网公司“深化基建队伍改革、强化施工安全管理”12项配套政策，删除了“编写《输变电工程设计强制性条文执行计划表》”要求，补充了要充分发挥设计对安全风险管理指导作用的相关要求。

1.4 为2012年版《十八项反措》1.6，合并了原1.3分包人员管理部分。

1.4.1 为新增条款。针对近几年铁塔组立施工中外包队伍私自开工发生人身伤亡事故，暴露出的计划管控不到位的问题，提出了严格工程建设作业计划管理的相关要求。

1.4.2 为2012年版《十八项反措》1.3.1、1.6.1。依据《国家电网公司业务外包安全监督管理办法》要求，强调了外包队伍准入、建立淘汰机制的相关要求。

1.4.3 为新增条款。依据《国家电网公司输变电工程施工分包管理办法》要求，提出了对劳务分包人员“五统一”的相关要求。

1.4.4 为2012年版《十八项反措》1.3.2。依据《变电安规》，增加安全工器具定期检验要求。

1.4.5 为2012年版《十八项反措》1.3.3原文，未修改。

1.4.6 为2012年版《十八项反措》1.6.2，强化了对于施工“三措”的落实要求。

1.4.7 为2012年版《十八项反措》1.6.3。已在1.2.4强调了作业人员奖惩相关内容，故简化了制订奖惩制度的相关要求。

1.4.8 为2012年版《十八项反措》1.6.4原文，未修改。

1.5.1 为2012年版《十八项反措》1.4.1原文，未修改。

1.5.2 为2012年版《十八项反措》1.4.2原文，未修改。

1.6.1　为新增条款。依据《国家电网公司生产作业安全管控标准化工作规范（试行）》（国家电网安质〔2016〕356号），提出了建设管理单位应负责组织开展对验收人员的安全交底。

1.6.2　为新增条款。依据《国家电网公司生产作业安全管控标准化工作规范（试行）》（国家电网安质〔2016〕356号），提出了工程启动阶段相关安全要求。

1.7.1　为2012年版《十八项反措》1.7.1原文，未修改。

1.7.2　为2012年版《十八项反措》1.7.2，增加了触电、淹溺等危险点。

征求意见及采纳情况

"防人身伤亡事故"部分第1次征求意见收到125条意见和建议，采纳和部分采纳81条，未采纳44条。第2次征求意见114条，采纳和部分采纳77条，未采纳37条。未采纳的主要原因：一是部分建议在现有规程制度中已明确提出要求并执行良好；二是部分建议属于各地区范围内的局域性问题，不宜在全网推广；三是部分建议已经在本次修订中予以体现。

2　防止系统稳定破坏事故编制说明

总体说明

本章重点是防止系统发生稳定破坏事故，针对特高压电网快速发展、新能源大规模投运带来的新问题，从设计、建设、运行等阶段提出增强系统抵御故障能力的措施，结合国家、地方政府、相关部委以及国家电网公司近6年发布的法律、法规、规范、规定、标准和相关文件提出的新要求，修改、补充和完善相关条款，对原文中已不适应当前电网实际情况或已写入新规范、新标准的条款进行删除、调整。

条文说明

2.1　为2012年版《十八项反措》2.1原文，未修改。

2.1.1　为2012年版《十八项反措》2.1.1原文，未修改。

2.1.1.1　为2012年版《十八项反措》2.1.1.1原文，未修改。

2.1.1.2　为2012年版《十八项反措》2.1.1.2原文，未修改。

2.1.1.3　为2012年版《十八项反措》2.1.1.3原文，未修改。

2.1.1.4　为2012年版《十八项反措》2.1.1.4。依据新增光伏发电站规范描述的要求进行修改，将原对风电场要求扩展到大型新能源电场。

2.1.1.5　为新增条款。根据抽蓄电站选点规划技术依据，补充调峰电源内容。

2.1.2　为2012年版《十八项反措》2.1.2原文，未修改。

2.1.2.1　为2012年版《十八项反措》2.1.2.1原文，未修改。

2.1.2.2　为2012年版《十八项反措》2.1.2.2原文，未修改。

2.1.2.3　为2012年版《十八项反措》2.1.2.3。依据新增光伏发电站并网验收工作的要求进行修改，条款内容在原条款基础上，新增"光伏电站"。

2.1.3　为2012年版《十八项反措》2.1.3原文，未修改。

2.1.3.1 为2012年版《十八项反措》2.1.3.1原文，未修改。
2.1.3.2 为2012年版《十八项反措》2.1.3.2原文，未修改。
2.1.3.3 为2012年版《十八项反措》2.1.3.3。依据新增光伏相关工作要求进行修改，在原条款基础上，新增“光伏”。
2.2 为2012年版《十八项反措》2.2原文，未修改。
2.2.1 为2012年版《十八项反措》2.2.1原文，未修改。
2.2.1.1 为2012年版《十八项反措》2.2.1.1。依据目前供电可靠性要求高的地区电网运行压力越来越大的要求进行修改，条款内容在原条款基础上，新增“对供电可靠性要求高的电网应适度提高设计标准”。
2.2.1.2 为2012年版《十八项反措》2.2.1.2。依据前后说法单位保持一致的要求进行修改，在原条款基础上，将“短路电流”修改为“短路容量”。
2.2.1.3 为2012年版《十八项反措》2.2.1.3原文，删除“电网发展速度应适当超前电源建设”的表述，其余内容未修改。
2.2.1.4 为2012年版《十八项反措》2.2.1.4原文，未修改。
2.2.1.5 为2012年版《十八项反措》2.2.1.5。依据投运台数需要分析计算后确定的要求进行修改，在原条款基础上，将“必要时一次投产两台或更多台变压器”改为“对变压器投运台数进行分析计算”。
2.2.1.6 为新增条款。新建工程的规划设计应统筹考虑对其他在运工程的影响。
2.2.2 为2012年版《十八项反措》2.2.2原文，未修改。
2.2.2.1 为2012年版《十八项反措》2.2.2.1原文，未修改。
2.2.2.2 为2012年版《十八项反措》2.2.2.2原文，未修改。
2.2.3 为2012年版《十八项反措》2.2.3原文，未修改。
2.2.3.1 为2012年版《十八项反措》2.2.3.1原文，未修改。
2.2.3.2 为2012年版《十八项反措》2.2.3.2原文，未修改。
2.2.3.3 为2012年版《十八项反措》2.2.3.3原文，未修改。
2.2.3.4 为2012年版《十八项反措》2.2.3.4。依据增加保护装置、细化设备的要求进行修改，在原条款基础上，新增“保护装置”。
2.2.3.5 为2012年版《十八项反措》2.2.3.5原文，未修改。
2.3 为2012年版《十八项反措》2.3原文，未修改。
2.3.1 为2012年版《十八项反措》2.3.1原文，未修改。
2.3.1.1 为2012年版《十八项反措》2.3.1.1原文，未修改。
2.3.1.2 为2012年版《十八项反措》2.3.1.2原文，未修改。
2.3.1.3 为2012年版《十八项反措》2.3.1.3原文，未修改。
2.3.2 为2012年版《十八项反措》2.3.2原文，未修改。
2.3.2.1 为2012年版《十八项反措》2.3.2.1原文，未修改。
2.3.2.2 为2012年版《十八项反措》2.3.2.2原文，未修改。
2.3.3 为2012年版《十八项反措》2.3.3原文，未修改。
2.3.3.1 为2012年版《十八项反措》2.3.3.1原文，未修改。
2.3.3.2 为2012年版《十八项反措》2.3.3.2原文，未修改。

2.3.3.3 为2012年版《十八项反措》2.3.3.3原文，未修改。

2.3.3.4 为2012年版《十八项反措》2.3.3.4原文，未修改。

2.3.3.5 为2012年版《十八项反措》2.3.3.5原文，未修改。

2.4 为2012年版《十八项反措》2.4原文，未修改。

2.4.1 为2012年版《十八项反措》2.4.1原文，未修改。

2.4.1.1 为2012年版《十八项反措》2.4.1.1，依据增加网络系统、细化内容的要求进行修改，在原条款基础上，新增“网络系统”。

2.4.1.2 为2012年版《十八项反措》2.4.1.2原文，未修改。

2.4.1.3 为2012年版《十八项反措》2.4.1.3原文，未修改。

2.4.1.4 为新增条款。特高压直流和柔性直流的控制保护逻辑不应按照统一标准设计，应该考虑到不同工程及工程所接入电网的安全稳定特性进行差异化设计。

2.4.2 为2012年版《十八项反措》2.4.2原文，未修改。

2.4.2.1 为2012年版《十八项反措》2.4.2.1原文，未修改。

2.4.2.2 为2012年版《十八项反措》2.4.2.1原文，未修改。

2.4.2.3 为2012年版《十八项反措》2.4.2.3，依据专业领导必须到现场进行督察的要求进行修改，在原条款基础上，修改为“专业领导及技术人员必须全程参与基建和技改工程验收工作”。

2.4.3 为2012年版《十八项反措》2.4.3原文，未修改。

2.4.3.1 为2012年版《十八项反措》2.4.3.1，依据为确保电网“三道防线”安全可靠、非电网事故状况下可能发生误动的原因进行修改，在原条款基础上，新增“保护装置”，删除“电网事故情况下”。

2.4.3.2 为2012年版《十八项反措》2.4.3.2原文，未修改。

2.4.3.3 为2012年版《十八项反措》2.4.3.3原文，未修改。

2.4.3.4 为2012年版《十八项反措》2.4.3.4原文，未修改。

2.4.3.5 为新增条款。电网迎峰度夏期间和重点保电时段，应该加强对电网安全稳定影响较大的重载满载线路维护与特巡，确保重要设备安全稳定运行。

2.4.3.6 为新增条款。根据事故案例补充此条文。详见《国调中心关于印发故障直流分量较大导致断路器无法灭弧解决方案的通知》（调继〔2016〕155号）。

2.5 为2012年版《十八项反措》2.5原文，未修改。

2.5.1 为2012年版《十八项反措》2.5.1原文，未修改。

2.5.1.1 为2012年版《十八项反措》2.5.1.1。依据规划阶段应该对输（变）电工程系统无功容量进行校核并提出配置方案，便于控制系统运行电压水平的原因进行修改，在原条款基础上，新增“对输（变）电工程系统无功容量进行校核并提出无功补偿配置方案”。

2.5.1.2 为2012年版《十八项反措》2.5.1.2原文，未修改。

2.5.1.3 为2012年版《十八项反措》2.5.1.3。依据丰富完善需要配置动态无功补偿装置的场景的要求进行修改，在原条款基础上，修改为“对于动态无功不足的特高压直流受端系统、短路容量不足的直流弱送端系统以及高比例受电地区，应通过技术经济比较配置调相机等动态无功补偿装置”。

2.5.1.4 为2012年版《十八项反措》2.5.1.4原文，未修改。

2.5.1.5 为2012年版《十八项反措》2.5.1.5原文，未修改。

2.5.2 为2012年版《十八项反措》2.5.2原文，未修改。

2.5.2.1 为2012年版《十八项反措》2.5.2.1原文，未修改。

2.5.2.2 为2012年版《十八项反措》2.5.2.1，依据明确AVC系统投入要求进行修改，在原条款基础上，新增“AVC系统应先投入半闭环控制模式运行48h，自动控制策略验证无误后再改为闭环控制模式”。

2.5.3 为2012年版《十八项反措》2.5.3原文，未修改。

2.5.3.1 为2012年版《十八项反措》2.5.3.1原文，未修改。

2.5.3.2 为2012年版《十八项反措》2.5.3.2。依据更新引用标准《电力系统无功补偿配置技术导则》（Q/GDW 1212—2015）的原因进行修改，在原条款基础上，修改为“对于额定负荷大于等于100kVA，且通过10kV及以上电压等级供电的电力用户，在用电高峰时段变压器高压侧功率因数应不低于0.95；其他电力用户，在高峰负荷时功率因数应不低于0.9”。

2.5.3.3 为2012年版《十八项反措》2.5.3.3原文，未修改。

2.5.3.4 为2012年版《十八项反措》2.5.3.4原文，未修改。

2.5.3.5 为2012年版《十八项反措》2.5.3.5。依据增加突然失去一回直流场景下对电网无功备用容量的要求进行修改，在原条款基础上，新增“一回直流”。

2.5.3.6 为2012年版《十八项反措》2.5.3.6原文，未修改。

征求意见及采纳情况

“防止系统稳定破坏事故”部分第1次征求意见收到26条意见和建议，采纳和部分采纳21条，未采纳5条；第2次征求意见收到52条意见和建议，采纳和部分采纳18条，未采纳34条。未采纳的主要原因：一是部分建议内容已在原有条款中体现，且描述的内容和方式比建议的更优；二是相关建议缺乏依据；三是所提建议属于局部电网的特定问题，不适宜写入国家电网公司的整体规定中。

3 防止机网协调及新能源大面积脱网事故编制说明

总体说明

本章重点是防止机网协调及新能源大面积脱网事故，从设计、基建、运行等阶段提出防止事故的措施，结合国家、地方政府、相关部委以及国家电网公司近6年发布的法律、法规、规范、规定、标准和相关文件提出的新要求，修改、补充和完善相关条款，对原文中已不适应当前电网实际情况或已写入新规范、新标准的条款进行删除、调整。

条文说明

3.1.1.1 为2012年版《十八项反措》3.1.1.1。由于除保护装置外，发电厂内励磁、调速和无功补偿装置与电网运行关系密切，因此需强化发电厂对相关设备作用的认识，新增“与电网运行关系密切的励磁、调速、无功补偿装置和保护选型、配置”。

3.1.1.2 为2012年版《十八项反措》3.1.1.2。由于目前对水轮机调速器软件缺少明确的标准要求，部分设备厂家存在多个软件版本，控制性能差异较大。因此需强化对水轮机调速软件的管理，必须经过测试后才能入网，新增“40MW及以上水轮机调速器控制程序须经全面的静态模型测试和动态涉网性能测试合格，形成入网调速器软件版本，才能进入电网运行”。

3.1.1.3　为2012年版《十八项反措》3.1.1.3。依据《电网运行准则》（GB/T 31464—2015），对本条目略做修改，增加了核电机组，并将对火电、核电和燃气机组的容量要求由200MW修改为100MW，对水电机组的容量要求由50MW修改为40MW。

3.1.1.4　为2012年版《十八项反措》3.1.1.4。依据《电网运行准则》（GB/T 31464—2015），对本条目略做修改，补充“100MW及以上容量的核电机组、燃气发电机组、40MW及以上容量的水轮发电机组进相能力进行了要求。”

3.1.1.5　为2012年版《十八项反措》3.1.1.5原文，未修改。

3.1.1.6　为新增条款。近年来，随着电网中核电机组占比快速增加，依据2015发布的《电网运行准则》（GB/T 31464—2015），明确增加火电、燃机、核电、水电需具备一次调频功能。

3.1.1.7　为2012年版《十八项反措》3.1.1.7。依据《大型汽轮发电机励磁系统技术条件》（DL/T 843—2010）5.3、《同步电机励磁系统大中型同步发电机励磁系统技术要求》（GB/T 7409.3），励磁系统顶值电压倍数与励磁系统类型和电压倍数计算基准值有关，本次略做修改，对交流励磁与自并励励磁的顶值电压倍数分别明确要求。

3.1.2.1　为2012年版《十八项反措》3.1.2.2。依据《国家电网公司网源协调管理规定》[国网（调/4）457-2014]，原2012年版《十八项反措》对于涉网试验确规定内容和审核单位不明确，本次略做修改，增加发电厂应根据有关调度部门要求，开展机组涉网试验（励磁系统、调速系统、进相等）工作，并将建模报告报有资质试验单位的审核和调度部门；原2012年版《十八项反措》3.1.2.1，由于并网前报送资料等内容在目前的调度运行管理中已成为日常工作，不再需要在反措中强调，因此删除。

3.1.2.2　为新增条款。由于近年来，随着经特高压直流或串补远距离送出机组日益增多，汽轮发电机组和风电机组次同步振荡问题日益突出，需明确相关职责与要求，因此增加机组轴系扭振保护装置要求。

3.1.2.3　为新增条款。由于近年来，机组新的涉网保护功能及性能无明确审核要求，部分在运的发电机涉网保护定值不满足《大型发电机变压器继电保护整定计算导则》（DL/T 684—2012）的要求，或者与相关限制不协调，因此增加发电厂应依据相关技术标准开展涉网保护核查评估工作，如汽轮机功率负荷不平衡保护（PLU）、发电机零功率保护。

3.1.2.4　为2012年版《十八项反措》3.1.3.3。由于所涉及的定值项基本上是与机组自身的能力或特性有关，不随系统运行工况而发生变化，在投产（或设备改造）前就已确定。因此，要求在设备投产前上报调度部门更合理，也更有可操作性，新增汽轮发电机涉网保护定值管理要求。

3.1.2.5　为新增条款。近年来，由于发电厂节能改造，辅机变频器误动常引发停机事故，依据《国家电网公司网源协调管理规定》[国网（调/4）457-2014]，明确了试验内容、试验要求和管理部门，因此增加发电厂辅机变频器保护整定的原则。

3.1.2.6　为新增条款。由于国内已发生多起水轮机调速器所引起的超低频振荡事故，需要加强对水电机组调速控制孤网模式下的参数整定和现场试验的要求，因此增加具有孤岛/孤网风险的区域电网内水轮发电机调速器应具备孤网控制模式及切换开关，其控制参数应通过仿真计算和现场试验进行确认。

3.1.2.7 为新增条款。由于国内已发生多起水轮机调速器因采用单一控制信号，信号丢失引起机组振荡的事故，建议采用多路信号，因此增加水轮机调速器的转速、功率、开度等重要控制信号应按“三取二”或“三取中”冗余配置。

3.1.3.1 为2012年版《十八项反措》3.1.3.1，更新了原文中的标准版本。

3.1.3.2 为新增条款。由于发电机励磁系统无功调差环节是提升电力系统的无功电压运行水平的重要技术措施，而目前，现场无功调差系数整定存在认识不清的地方，因此新增“励磁系统无功调差功能应投入运行，机组励磁系统调差系数的设置应考虑主变短路电抗的差异，同一并列点的电压调差率应基本一致”。

3.1.3.3 为2012年版《十八项反措》3.1.3.4原文。由于目前实际机组低电压保护基本不投入，因此本次略做修改，删除了机组低电压保护相关技术要求。

3.1.3.4 为2012年版《十八项反措》3.1.3.5。本次略做修改，针对实际运行中电厂存在自行更改一次调频参数，导致影响机组的一次调频性能或引起机组振荡的现象，增加了3.1.3.4.4条款；针对新投产机组和在役机组大修、通流改造、DEH或DCS控制系统改造及运行方式改变后，强调需要由试验单位完成一次调频性能试验并出具试验报告，以确保机组的一次调频功能长期安全稳定运行，特对3.1.3.4条款进行了调整和补充。

3.1.3.5 为2012年版《十八项反措》3.1.3.6。由于目前进相试验整定的低励限制曲线远离静稳边界，因此本次略做修改，删除了进相时监视发电机功角内容。

3.1.3.6 为2012年版《十八项反措》3.1.3.8。由于近年来，随着电网规模的逐渐增大，系统中单台机组的有功缺失不会对系统稳定运行造成重大影响，反而发电机失磁异步运行会对电网无功电压稳定性造成冲击，因此当发电机失去励磁后，失磁保护应立即将发电机解列，本次略做修改，删除了原文3.1.3.8.2对于失磁后短时运行的要求。

3.1.3.7 为新增条款。由于在役机组大修、增容改造、通流改造、脱硫脱硝改造、DEH或DCS控制系统改造及运行方式改变后，可能对机组的燃烧特性、通流特性、负荷上限、重要辅机的运行上限、DCS运行可靠性等有一定的影响，需要重新开展AGC试验，验证机组AGC性能，因此增加对机组增容、脱硫脱硝等改造对AGC试验报告的要求。

3.1.3.8 为新增条款。近年来，部分地区新建超超临界百万千瓦机组，部分机组为配汽方式为节流调节，以滑压方式运行；有的机组还配备了补汽阀参与一次调频。由于设备结构和运行管理等原因，这类机组表现出的功率调节性能较差，需加强管理，因此增加了对百万机组滑压运行和补汽阀使用的管理要求。

3.1.3.9 为2012年版《十八项反措》15.2.13及其子条文的发电机保护相关内容。并入网源协调的部分内容，保持网源协调内容的整体性；并将2012年版《十八项反措》3.1.3.7失步保护内容并入。

3.2.1.1 为2012年版《十八项反措》3.2.3.2。根据电网运行需要，明确对风电机组及光伏逆变器高电压穿越能力、有功功率和无功功率控制能力、频率适应能力应不低于同步发电机能力。

3.2.1.2 为新增条款。由于目前新能源场站出现无功补偿设备先于风电机组、光伏逆变器闭锁，无法对系统进行无功支撑，因此，补充对风电场、光伏发电站无功补偿设备高/低电压穿越能力的要求。

3.2.1.3 为新增条款，明确到风电场、光伏发电场涉网特性与能力的配合关系。

3.2.1.4 为2012年版《十八项反措》3.2.1.6。由于原2012年版《十八项反措》中未提及光伏发电站相关技术要求，考虑目前光伏并网容量迅速增加，补充对光伏发电站相关技术要求，新增“风电场、光伏发电站应配置场站监控系统，实现风电机组、光伏逆变器的有功功率/无功功率和无功补偿装置的在线动态平滑调节，并具备接受调控机构远程自动控制的功能。风电场、光伏电站监控系统应按相关技术标准要求，采集并向调控机构上传所需的运行信息。”

3.2.1.5 为新增条款。考虑目前大规模新能源并网，补充对风电机组、光伏逆变器的一次调频技术指标要求。

3.2.1.6 为新增条款。由于对风电场、光伏发电站安全稳定控制装置的要求无明确规定内容。要求风电场、光伏发电站应根据电网安全稳定需求配置相应的安全稳定控制装置。

3.2.2.1 为新增条款。由于原2012年版《十八项反措》未提及对风电场、光伏发电站涉网相关技术的要求，补充并完善风电场、光伏发电站涉网技术要求。

3.2.2.2 为2012年版《十八项反措》3.2.2.2。由于原2012年版《十八项反措》未提及对光伏发电站建模及参数实测工作的要求，新增“风电场、光伏发电站应根据调控机构电网稳定计算分析要求，开展建模及参数实测工作，并将试验报告报调控机构。”

3.2.3.1 为2012年版《十八项反措》3.2.3.1。由于原2012年版《十八项反措》未提及对光伏发电站运行阶段相关技术的要求，新增“电力系统发生故障、并网点电压出现跌落或升高时，风电场、光伏发电站应动态调整风电机组、光伏逆变器无功功率和场内无功补偿容量，应确保场内无功补偿装置的动态部分自动调节，确保电容器、电抗器支路在紧急情况下能被快速正确投切，配合系统将并网点电压和机端电压快速恢复到正常范围内。”

3.2.3.2 为2012年版《十八项反措》3.2.3.3。由于原2012年版《十八项反措》未提及对光伏发电站运行阶段相关技术的要求，新增“风电场、光伏发电站汇集线系统的单相故障应快速切除。汇集线系统应采用经电阻或消弧线圈接地方式，不应采用不接地或经消弧柜接地方式。经电阻接地的汇集线系统发生单相接地故障时，应能通过相应保护快速切除，同时应兼顾机组运行电压适应性要求。经消弧线圈接地的汇集线系统发生单相接地故障时，应能可靠选线，快速切除。汇集线保护快速段定值应对线路末端故障有灵敏度，汇集线系统中的母线应配置母差保护。”

3.2.3.3 为2012年版《十八项反措》3.2.3.4。由于原2012年版《十八项反措》未提及对光伏发电站运行阶段相关技术的要求，新增“风电机组和光伏逆变器控制系统参数和变流器参数设置应与电压、频率等保护协调一致。”

3.2.3.4 为2012年版《十八项反措》3.2.3.5。由于原2012年版《十八项反措》未提及对光伏发电站运行阶段相关技术的要求，新增“风电场、光伏发电站内涉网保护定值应与电网保护定值相配合，报调控机构审核合格并备案。”

3.2.3.5 为2012年版《十八项反措》3.2.3.6。由于原2012年版《十八项反措》未提及对光伏发电站运行阶段相关技术的要求，新增“风电机组、光伏逆变器因故障或脱网后不得自动并网，故障脱网的风电机组、光伏逆变器须经调控机构许可后并网。”

3.2.3.6 为2012年版《十八项反措》3.2.3.7。由于原2012年版《十八项反措》未提及对光伏发电站运行阶段相关技术的要求，新增“发生故障后，风电场、光伏发电站应及时向调控机构报告故障及相关保护动作情况，及时收集、整理、保存相关资料，积极配合调查。”

3.2.3.7 为2012年版《十八项反措》3.2.3.10。由于目前，风电场、光伏发电站多配备北斗和GPS双卫星时钟，并具备双网络授时功能，因此需明确新能源场站卫星时钟要求，新增“风电场、光伏发电站应配备全站统一的卫星时钟（北斗和GPS），并具备双网络授时功能，对场站内各种系统和设备的时钟进行统一校正。”

3.2.3.8 为新增条款。由于风电机组、光伏逆变器主控系统软件版本信息更改后，其故障穿越能力在更改前后的一致性无法保障，因此增加在信息更改后，对故障穿越能力一致性技术分析及说明资料的要求。

3.2.3.9 为新增条款。由于太阳辐射受季节、天气等气象因素影响，新能源场站发电量具有明显的随机性和波动性，因此，对风电场、光伏发电站进行功率预测具有重要的意义。依据《风电功率预测系统功能规范》（NB/T 31046—2013）及《光伏发电站功率预测系统技术要求》（NB/T 32011—2013）中对新能源场站预测功率的技术规定，补充对新能源场站上传可用发电功率的相关要求。

征求意见及采纳情况

“防止机网协调及新能源大面积脱网事故”部分征求意见收到41条意见和建议，采纳和部分采纳12条，未采纳29条。未采纳的主要原因：一是部分建议修改意见不明确，不具有可操作性；二是部分建议指标等引用的标准已有或即将有新标准发布，不宜采用建议内容。

4 防止电气误操作事故编制说明

总体说明

本章重点是防止电气误操作事故，基于近年来电网安全发展的新形势和新要求，针对调控一体化、智能变电站、顺控操作等运维管理及操作模式下的防误新问题，从加强防误操作管理、完善防误操作技术措施两方面提出防止电气误操作事故的措施，结合国家、地方政府、相关部委以及国家电网公司近6年发布的法律、法规、规范、规定、标准和相关文件提出的新要求，修改、补充和完善相关条款，对原文中已不适应当前电网实际情况或已写入新规范、新标准的条款进行删除、调整。

条文说明

4.1.1 为2012年版《十八项反措》4.1.1。根据电网本质安全新形势要求，增加了定期开展防误闭锁装置专项隐患排查及消缺工作要求，确保防误装置正常运行。

4.1.2 为2012年版《十八项反措》4.1.1、4.1.4、4.2.1部分整合。根据《国家电网公司变电验收管理规定（试行）》[国网（运检/3）827-2017] 第26分册：辅助设施验收细则2.2.1，防误装置应与主设备同时设计、同时安装、同时验收投运。

4.1.3 为2012年版《十八项反措》4.1.2。根据调控一体化电网运行新模式，增加调控人员防误操作专业培训环节。

4.1.4 为2012年版《十八项反措》4.1.3。根据《国家电网公司电力安全工作规程 变电部分》（Q/GDW 1799.1—2013）5.3.1修改，并结合现场倒闸操作时出现的问题，严格管理要求。

4.1.5 为2012年版《十八项反措》4.1.5。根据现场防止电气误操作要求修改，强调任何人不得随意解除闭锁装置，禁止擅自使用解锁工具（钥匙）。

4.1.6 为2012年版《十八项反措》4.1.6。根据《国家电网公司电力安全工作规程 变电部分》（Q/GDW 1799.1—2013）5.3.5.3，对停用防误闭锁装置的批准人进行了修改。

4.1.7 为新增条款。根据《关于印发〈国家电网公司电力安全工作规程（配电部分）（试行）〉的通知》（国家电网安质〔2014〕265号）2.1.8，针对公司系统近年来发生事故案例，提出相关要求。

4.1.8 为新增条款。根据《关于印发〈国家电网公司防止电气误操作安全管理规定〉的通知》（国家电网安监〔2006〕904号）5.1，增加二次设备操作方法和防误操作措施。

4.1.9 为新增条款。根据《关于印发〈国家电网公司防止电气误操作安全管理规定〉的通知》（国家电网安监〔2006〕904号）5.1，规定了继电保护、安全自动装置定值修改规则。

4.1.10 为2012年版《十八项反措》4.3。根据防误隐患专项排查情况修改，应定期开展更具针对性的防误装置技术培训。

4.1.11 为新增条款。根据《关于印发〈国家电网公司防止电气误操作安全管理规定〉的通知》（国家电网安监〔2006〕904号）3.4.1.4，以及公司系统防误闭锁专项隐患排查情况，需针对防误装置开展入网检测及产品鉴定，针对新型防误装置开展试运行考核，以确保防误装置的性能质量。

4.2.1 为新增条款。根据《关于印发〈国家电网公司防止电气误操作安全管理规定〉的通知》（国家电网安监〔2006〕904号）3.4.1.7、《国家电网公司变电运维管理规定（试行）》［国网（运检/3）828-2017］第八十六条第四款，对防误闭锁装置的安装配置及性能质量等进行规定。

4.2.2 为新增条款。考虑近年来调控一体化、变电站智能化等新技术应用背景下，电气设备的操控方式更灵活，智能化水平更高，对新形势下防误装置功能完善性及闭锁规则提出要求。

4.2.3 为2012年版《十八项反措》4.2.4。根据《国家电网公司变电运维管理规定（试行）》［国网（运检/3）828-2017］第八十七条第三款，为强化对计算机监控防误规则的审核校验，应有符合现场实际并经运维管理单位审批的防误规则；针对网络拓扑防误新技术，提出防误规则校核相关要求。

4.2.4 为新增条款。根据《关于印发〈国家电网公司防止电气误操作安全管理规定〉的通知》（国家电网安监〔2006〕904号）4.2.1，要求新投运的防误装置主机应能与现场设备进行实时对位，提高防误闭锁功能可靠性。

4.2.5 为新增条款。根据近年来国内外电网主站信息安全事件，为防止电力系统网络信息安全事故，提出防误装置（系统）的网络信息安全相关要求。

4.2.6 为2012年版《十八项反措》4.2.3。根据《关于印发〈国家电网公司防止电气误操作安全管理规定〉的通知》（国家电网安监〔2006〕904号）4.1.4，对防误装置电源独立性进行修改。

4.2.7 为2012年版《十八项反措》4.2.2，为表述更加准确修改措辞。

4.2.8 为新增条款。根据《国家电网公司变电运维管理规定（试行）》[国网（运检/3）828-2017]第八十六条第五款，规定防误装置故障时应采取临时技术措施，并确保管理规范性。

4.2.9 为新增条款。根据《关于印发〈国家电网公司电力安全工作规程（配电部分）（试行）〉的通知》（国家电网安质〔2014〕265号）4.5.5，针对近年来国家电网公司系统发生事故案例，强调采取的技术措施。

4.2.10 为2012年版《十八项反措》4.2.5，根据现场运维检修经验进行修改。

4.2.11 为新增条款。针对近年来国家电网公司系统发生的误操作事故，强调应采取技术措施加强接地线、接地桩的管理。

4.2.12 为新增条款。顺控操作作为国家电网公司下一步大力推广的高效操作模式，应对防止电气误操作提出专用条款。顺控操作的核心是防误闭锁，并且需要根据每个站的实际情况专门配置，对生产厂家及人员要求高。顺控操作大规模推广后，各种生产厂家产品良莠不齐，极易发生配置错误。采用双校核机制可以有效规避风险，即使一个生产厂家配置出错，还有另外一个生产厂家把关，大大提升操作可靠性。

征求意见及采纳情况

“防止电气误操作事故”部分第1次征求意见收到12条意见和建议，采纳和部分采纳9条，未采纳3条；第2次征求意见收到79条意见和建议，采纳和部分采纳28条，未采纳51条；第3次征求意见收到44条意见和建议，采纳和部分采纳16条，未采纳28条。未采纳的主要原因：一是部分建议与本反措其他条款存在重复；二是部分建议与原反措中条款或现行规章制度不符；三是部分建议不具有可操作性。

5 防止变电站全停及重要客户停电事故编制说明

总体说明

本章重点是防止变电站全停及重要客户停电事故，针对变电站全停，站用交、直流系统失电的新问题，从设计、基建、运行等阶段提出防止变电站全停的措施，结合国家、地方政府、相关部委以及国家电网公司近6年发布的法律、法规、规范、规定、标准和相关文件提出的新要求，修改、补充和完善相关条款，对原文中已不适应当前电网实际情况或已写入新规范、新标准的条款进行删除、调整。原《国家电网公司防止变电站全停十六项措施（试行）》（国家电网运检〔2015〕376号）同步废止。

条文说明

5.1.1.1 为新增条款。新增对由于变电站设计选址不适、不良地质构造等造成变电站事故。

5.1.1.2 为新增条款。新增对变电站排水方式不合理造成洪涝灾害，导致变电站事故发生。

5.1.1.3 为2012年版《十八项反措》5.1.1.2。依据内容更合理的要求进行修改，增加了新建220kV及以上双母分段接线方式的GIS装置，投产时应将母联及分段间隔相关一、二次设备全部投运。

5.1.1.4 为新增条款。新增对220kV及以上电压等级电缆电源进线的要求。

5.1.1.5 为2012年版《十八项反措》5.1.1.4。依据适用范围的要求进行修改，原版只强调的是断路器的选型、校核，存在局限性，本次修改增加了隔离开关、母线等设备选型和校核。

5.1.2.1 为新增条款。新增在设备改扩建时，一次设备安装调试全部结束并通过验收后，方可与运行设备连接，缩短变电站不正常运行方式时间的相关要求。

5.1.2.2 为新增条款。新增软土地基的场地填土的相关要求。由于回填土未按照要求采取防范措施，导致基础不牢固，在发生强降雨时，场地发生坍塌。

5.1.2.3 为新增条款。新增基建阶段要做好变电站的排水和排洪。

5.1.3.1 为2012年版《十八项反措》5.1.2.3原文，未修改。

5.1.3.2 为新增条款。新增在运行阶段母线侧隔离开关检修，对电机电源及控制电源的相关要求。

5.1.3.3 为新增条款。新增在双母线接线方式下，一台母线电压互感器退出运行，对其他电压互感器的要求。

5.1.3.4 为新增条款。新增对变电站周边环境的相关要求。

5.1.3.5 为2012年版《十八项反措》5.1.2.4。依据适用范围的要求进行修改，增加避雷针、绝缘子、设备基础等的相关要求；另外针对原版强调的枢纽变电站，本次修改删除，非枢纽变电站对此也应该一样要求。

5.1.3.6 为2012年版《十八项反措》5.1.2.5。依据精简的要求，将严格规范操作删除。

5.1.3.7 为新增条款。新增对变电站消防的相关要求。

5.1.3.8 为新增条款。新增在运维阶段应充分考虑排水情况，对汛期前变电站进行检查的相关要求。

5.1.3.9 为新增条款。新增对变电站护坡、挡水墙检查的相关要求，应加强变电站排水沟的清理工作，防止应排水沟不畅，导致变电站排水排不出去造成设备事故。

5.1.3.10 为新增条款。新增对变电站短路容量不满足要求的处理措施。

5.2.1.1 为新增条款。新增对变电站通信、自动化、防误设备交流电源的相关要求。

5.2.1.2 为新增条款。新增对变电站级差配置的相关要求，级差配置不当造成的断路器（熔断器）越级跳闸异常在现场时有发生。

5.2.1.3 为2012年版《十八项反措》5.1.1.3。依据适用范围的要求进行修改，本次修改为110（66）kV及以上电压等级变电站应至少配置两路站用电源，且明确了330kV及以上变电站和地下220kV变电站站外电源。

5.2.1.4 为新增条款。新增对备用站用变压器的相关要求，以保证站用交流电源系统可靠运行。

5.2.1.5 为新增条款。新增备自投装置的相关要求。依据的是国网差异化条款统一意见。

5.2.1.6 为新增条款。新增对新投运变电站不同站用变压器低压电缆敷设的要求。

5.2.1.7 为新增条款。新增干式变压器作为站用变压器使用的相关要求。干式站用变压器固体绝缘材料在低温环境下会产生裂纹，影响安全运行。

5.2.1.8　为新增条款。新增低压脱扣作为受电网在欠压或失压情况下保护的要求。

5.2.1.9　为新增条款。新增不间断电源装置的交、直流输入电源来源的相关要求。变电站站用交流不间断电源装置的主路、旁路及直流电源要求从不同电源母线引接，可保证供电可靠性。

5.2.1.10　为新增条款。新增不间断电源装置交流输入及输出的相关要求。

5.2.1.11　为新增条款。新增双机单母线分段接线方式的站用交流不间断电源装置分段断路器的相关要求。

5.2.2.1　为新增条款。新增对新建变电站交流系统级差配合试验要求。

5.2.2.2　为新增条款。新增进线缺相自投试验的相关要求。

5.2.2.3　为新增条款。由于早期的站用交流电源屏，其屏后敞开，容易触及带电部分，安全性较差，母线与元件间应有防相间或相对地短路措施。

5.2.3.1　为新增条款。新增在实际工作中电源环路禁止合环运行的要求。合环运行，会产生较大的环流，造成回路中的元件跳闸或损坏。

5.2.3.2　为新增条款。新增站用交流电源系统定值的相关要求。

5.2.3.3　为新增条款。新增两台交流不间断电源装置并联运行需满足频率、相位及电压的要求，不满足条件的两台交流不间断电源装置并联运行会造成装置异常或损坏。

5.3.1.1　为新增条款。新增对直流系统级差配置的相关要求。级差配置不当造成的断路器（熔断器）越级跳闸异常在现场时有发生。

5.3.1.2　为2012年版《十八项反措》5.1.2.6。依据直流电源母线的要求进行修改，本次修改强调两组蓄电池组的直流电源系统母线切换的相关要求。

5.3.1.3　为新增条款。新增新建变电站300Ah及以上的阀控式蓄电池组安装的相关要求。

5.3.1.4　为新增条款。新增蓄电池组正极和负极引出电缆的相关要求。

5.3.1.5　为新增条款。新增酸性蓄电池室照明、采暖通风和空气调节设施防爆要求。

5.3.1.6　为新增条款。新增对蓄电池充电装置输入交流电源的要求。

5.3.1.7　为新增条款。新增对采用交直流双电源供电的设备功能的要求。

5.3.1.8　为2012年版《十八项反措》5.1.1.9。依据共识问题删除的要求进行修改，将原文中一些在日常运行的共识问题进行删除。

5.3.1.9　为2012年版《十八项反措》5.1.1.10和5.1.1.11。依据合并精简的要求进行修改，将其内容进行整理，使其内容更完善。

5.3.1.10　为2012年版《十八项反措》5.1.1.18.2。依据定义不清楚删除或用更明确的词语的要求进行修改，原文段或串无法定义区分，统一为段，更为明确。

5.3.1.11　为新增条款。本条强调试验电源屏交流插座与直流插座布置的相关要求。

5.3.1.12　为新增条款。新增变电站通信电源配置的相关要求。

5.3.1.13　为新增条款。新增对直流断路器不能满足上、下级保护配合要求时，应如何选用直流断路器。

5.3.1.14　为新增条款。新增对直流高频模块和通信电源模块进线断路器要求。

5.3.2.1　为新增条款。新增对新建变电站级差配合试验的要求。

5.3.2.2　为新增条款。新增对蓄电池组进行全容量核对性充放电试验的要求。

5.3.2.3　为新增条款。新增主要提出防止交流窜入直流以及电缆分层布置要求。

5.3.2.4　为2012年版《十八项反措》5.1.1.16。依据内容更合理的要求进行修改，增加了蓄电池组电缆应沿最短路径敷设。

5.3.2.5　为2012年版《十八项反措》5.1.1.14和5.1.1.15。将其内容进行了整合，本次修改由于前面条款单独一条提及级差，将原文级差删除处理，另外检修蓄电池时无法形成明显断开点，因此蓄电池组出口还可以使用熔断器。

5.3.2.6　为新增条款。新增对故障、报警信号的要求。

5.3.3.1　为新增条款。新增在运行阶段应加强技术监督的要求。

5.3.3.2　为2012年版《十八项反措》5.1.1.17。依据内容合理性的要求进行修改，本次修改着重于直流电源系统存在接地故障情况，禁止并列，防止造成事故扩大。

5.3.3.3　为2012年版《十八项反措》5.1.1.18.3。依据内容合理性的要求进行删减，使内容更简练。

5.3.3.4　为2012年版《十八项反措》5.1.2.8。依据内容更合理的要求进行修改，原文是进行放电试验，本次修改为充放电试验，说法更规范。

5.3.3.5　为新增条款。新增在直流电源系统工作过程中，在任何时刻，蓄电池组均不能脱离直流母线。

5.4.1.1　为2012年版《十八项反措》5.2.1.1原文，未修改。

5.4.1.2　为新增条款。明确了重要客户在自行开展设计、物资采购、中间验收、竣工验收的具体要求。

5.4.1.3　为2012年版《十八项反措》5.2.1.2。依据客户自行选择评估单位的要求，明确了重要客户对电网质量影响的具体要求，供电企业不再为客户进行电能质量测试评估，由客户联系第三方自行开展。供电企业在其上级母线监测，和对用户提供的报告进行检查性测试。

5.4.1.4　为2012年版《十八项反措》5.2.1.3。依据法律严谨性要求，将原文的“供用电协议”，本次修改为“供用电合同”，其他细化内容进行精简。

5.4.1.5　为新增条款。明确了供用电合同中关于执行电力技术监督标准的要求。

5.4.2.1　为2012年版《十八项反措》5.2.2.1。依据内容更加完善的要求，对特级重要电力客户采用的供电方式进行规范。

5.4.2.2　为2012年版《十八项反措》5.2.2.2。依据可执行性要求，对原文表达不够清晰、执行难度大的问题，进行明确。

5.4.2.3　为2012年版《十八项反措》5.2.2.3。依据目前供电实际情况的要求，进行精简。

5.4.2.4　为2012年版《十八项反措》5.2.2.4原文，未修改。

5.4.2.5　为2012年版《十八项反措》5.2.2.5。依据现场实际情况的要求，对执行难度大的内容进行明确，将不满足要求的提出了解决措施。

5.4.3.1　为2012年版《十八项反措》5.2.3.1原文，未修改。

5.4.3.2　为2012年版《十八项反措》5.2.3.2原文，未修改。

5.4.4.1　为2012年版《十八项反措》5.2.4.1。依据内容更加完善的要求，原文为基本要求，修改后内容更加明确。

5.4.4.2　为新增条款。增加重要客户的自备应急电源应与供电电源建设、投运要求。

5.4.4.3　为2012年版《十八项反措》5.2.4.2。依据内容更加完善的要求，增加了自备应急电源切换方式、持续供电时间、电能质量、使用场所的要求。

5.4.4.4 为2012年版《十八项反措》5.2.4.3原文，未修改。

5.4.4.5 为2012年版《十八项反措》5.2.4.4原文，未修改。

5.4.4.6 为2012年版《十八项反措》5.2.4.5原文，未修改。

5.4.4.7 为新增条款。增加重要电力客户应具备外部自备应急电源要求。

5.4.5.1 为2012年版《十八项反措》5.2.5。依据内容更加完善的要求，明确了供电企业及客户对各自拥有所有权的电力设施承担维护管理和安全责任。

5.4.5.2 为新增条款。增加供电企业对重要用户的检查频率要求。

5.4.5.3 为2012年版《十八项反措》5.2.4.6。增加对受电设备检查、试验的要求。

5.4.5.4 为2012年版《十八项反措》5.2.4.7、5.2.4.8、5.2.4.9、5.2.4.10的原文，未修改。

征求意见及采纳情况

“防止变电站全停及重要客户停电事故”部分第1次征求意见收到269条意见和建议，采纳和部分采纳38条；第2次征求意见收到303条意见和建议，采纳和部分采纳41条；第3次征求意见收到139条意见和建议，采纳和部分采纳30条。未采纳的主要原因：一是部分建议在国标、行标、企标、“五通”中已明确规定，无需在反措中强调；二是部分建议过于琐碎，执行性不强；三是部分建议存在区域性限制，在全国范围内执行有一定难度。

6 防止输电线路事故编制说明

总体说明

本章重点是防止发生架空输电线路事故，针对防止倒塔、断线、绝缘子和金具断裂、风偏闪络、覆冰/舞动、鸟害闪络、外力破坏以及“三跨”事故时面临的新问题，从设计、基建、运行等阶段提出防止输电线路事故的措施，结合国家、相关部委以及国家电网公司近6年发布的法律、法规、规范、规定、标准和相关文件提出的新要求，修改、补充和完善相关条款；对原条文中已不适应电网设备运行实际情况或已写入新规范、新标准的条款进行删除、调整。

条文说明

6.1.1.1 为2012年版《十八项反措》6.1.1.1。为提升可操作性，将重要输电通道修改为重要输电线路。

6.1.1.2、6.1.1.3 为2012年版《十八项反措》6.1.1.2。根据实际情况，对不良地质条件区进行分类处理，明确崩塌、滑坡、泥石流、岩溶塌陷、地裂缝等不良地质灾害区应采取避让设计，因此将其拆分为6.1.1.2和6.1.1.3。

6.1.1.4、6.1.1.5 为2012年版《十八项反措》6.1.1.3。为突出山洪对输电线路的影响，将洪水冲刷修改为山洪冲刷；由于线路路径应避让山体滑坡、泥石流等地段，因此删除原条款6.1.1.3中的山体滑坡、泥石流；为提高针对性，将原条款6.1.1.3中分洪区和洪泛区的杆塔修改为分洪区等受洪水冲刷影响的杆塔。

6.1.1.6　为新增条款。根据运行经验，增加高寒地区差异化设计的要求。

6.1.1.7　为新增条款。根据运行经验，增加移动或半移动沙丘等特殊区域的差异化设计要求。

6.1.1.8　为新增条款。截至 2017 年 2 月底，国家电网公司在运特高压密集通道 11 处，长度合计 1684.5km，通道最小宽度仅为 100m，相邻线路导线间距最低为 55m。密集通道内特高压线路并行间距过小，一旦出现大面积山体滑坡、泥石流、重冰、强风、山火等灾害时，极有可能造成多条特高压线路同时停运，通道内线路额定输送容量大，对线路安全运行造成巨大的威胁。

6.1.2.1　为 2012 年版《十八项反措》6.1.2.1。为提高条款可操作性，不强调运行单位全程参与隐蔽工程验收，着重要求运行单位在竣工验收时认真检查隐蔽影像资料，施工质量存疑时可要求开挖检查或开展无损探伤等检测。

6.1.2.2　为新增条款。参考《国网运检部关于开展 2016 年输变电设备金属专项技术监督工作的通知》（运检技术〔2016〕69 号）第三章第六条款要求制定。

6.1.2.3　为新增条款。对于山区线路，若无余土处理方案或未严格执行余土处理方案，在汛期受雨水冲刷，极易造成杆塔边坡崩塌等地质灾害。

6.1.3.1　为 2012 年版《十八项反措》6.1.3.1。各运维单位均有倒塔、断线、掉串的应急预案，因此新条款着重强调事故抢修塔配置原则。

6.1.3.2　为 2012 年版《十八项反措》6.1.3.2，依据输电线路运维工作经验进行了完善。

6.1.3.3　为 2012 年版《十八项反措》6.1.3.3 原文，未修改。

6.1.3.4　为 2012 年版《十八项反措》6.1.3.4。由于直升机巡检已经成为常规工作，无需在反措中强调。

6.1.3.5　为 2012 年版《十八项反措》6.1.3.6。随着农业现代化的发展，土地集中承包后大量采用机械化耕种，拉线塔极易受损，建议有条件的单位更换为自立式铁塔，避免发生倒塔故障。

6.2.1.1　为 2012 年版《十八项反措》6.2.1.1 原文，未修改。

6.2.1.2　为 2012 年版《十八项反措》6.2.1.2 原文，未修改。

6.2.2.1　为 2012 年版《十八项反措》6.2.2.1 原文，未修改。

6.2.2.2　为 2012 年版《十八项反措》6.2.2.2 原文，未修改。

6.2.2.3　为 2012 年版《十八项反措》6.2.2.3。本条款仅针对不属于“三跨”的重要跨越档内接头，“三跨”区段的档内接头另有明确规定。

6.3.1.1　为 2012 年版《十八项反措》6.3.1.1。运行经验表明，大风频发区域金具磨损是线路主要的损伤形式之一，建议采用耐磨型金具；设计时应考虑重冰区脱冰跳跃、舞动区线路舞动对金具的损伤。

6.3.1.2　为 2012 年版《十八项反措》6.3.1.3。为避免复合绝缘子安装于护套上的情况，对原条款进行了完善。

6.3.1.3　为新增条款。近年来复合绝缘子防掉串事件时有发生，通过复合绝缘子串双联（含单 V 串）及以上设计可有效提高线路的安全稳定运行水平。

6.3.1.4　为 2012 年版《十八项反措》6.3.2.4。现行设计规范中没有针对居民区采取防掉线措施，也没有将 110kV 线路和县乡公路等作为重要跨越对象。上述跨越区段同样存在断串掉线风险，且一旦发生将造成极其恶劣的影响，亟需进行双串化改造。另外，直线塔悬垂串采用双联结构增加成本有限，但能够有效地提高跨越区段的安全性，社会效益十分显著。

6.3.1.5 为新增条款。2014～2016年，国家电网公司发生6条次由于使用非耐酸芯棒导致复合绝缘子脆断故障。

6.3.1.6 为新增条款。对于大截面导线耐张线夹可在钢芯压接区外加铝衬管再填充电力脂等措施，避免耐张线夹发生冻胀。

6.3.2.1 为2012年版《十八项反措》6.3.2.1原文，未修改。

6.3.2.2 为2012年版《十八项反措》6.3.2.2原文，未修改。

6.3.2.3 为2012年版《十八项反措》6.3.2.3原文，未修改。

6.3.2.4 为2012年版《十八项反措》6.3.2.5，依据线路运行数据及经验进行修改。

6.3.2.5 为新增条款。应定期对合成绝缘子进行抽检并开展相关试验，掌握运行状态；位于微地形、风口等风害严重地区线路复合绝缘子球头挂环易发生疲劳断裂，是受弯曲应力产生的疲劳裂纹长时间积累后发生的，特巡和登塔检查能及时发现疲劳裂纹，消除金具断裂隐患；增加抽检芯棒耐应力腐蚀试验，完善抽检体系，确保产品质量。

6.4.1.1 为2012年版《十八项反措》6.4.1.1。根据线路周边气象站资料及风区分布图是线路防风害设计的重要参考依据进行修改。

6.4.1.2 为2012年版《十八项反措》6.4.1.2。根据《国网基建部关于加强新建输变电工程防污闪等设计工作的通知》（基建技术〔2014〕10号）规定的通用设计铁塔角度划分的要求，统一表述。

6.4.1.3 为2012年版《十八项反措》6.4.1.3。根据运行经验，台风引起的风偏（尤其是跳线风偏）跳闸是沿海台风地区线路跳闸或故障的主要因素，同时明确110、220kV线路防风偏设计要求。

6.4.2.1 为2012年版《十八项反措》6.4.2.1。根据运维线路现状情况，通道周边构筑物逐渐增多，故在条款中增加通道周边新增构筑物的排查。

6.4.2.2 为2012年版《十八项反措》6.4.2.2原文，未修改。

6.4.2.3 为2012年版《十八项反措》6.4.2.3原文，未修改。

6.5.1.1 为2012年版《十八项反措》6.5.1.1。依据线路运行数据与经验修改。覆冰舞动是造成紧凑型线路故障的主要因素，运行经验统计表明在紧凑型线路中因舞动造成的故障占比达到54%以上。

6.5.1.2 为2012年版《十八项反措》6.5.1.2。依据运行经验，大档距、大高差和杆塔两侧档距相差悬殊等属于故障多发的情况，条款明确相关要求；相关防舞装置的应用在《架空输电线路防舞设计规范》（Q/GDW 1829—2012）已有明确规定。

6.5.1.3 为新增条款。根据《关于印发跨区输电线路重大反事故措施（试行）的通知》（国家电网生〔2012〕572号）的要求，提升多联绝缘子串抵抗大风及舞动灾害的能力，重冰区和易舞动区内线路的瓷或玻璃绝缘子串的联间距宜适当增加，必要时可采用联间支撑间隔棒。

6.5.2.1 为2012年版《十八项反措》6. 5.2.1原文，未修改。

6.5.2.2 为2012年版《十八项反措》6.5.2.2。依据《关于印发跨区输电线路重大反事故措施（试行）的通知》（国家电网生〔2012〕572号）的要求，提出提高抗冰能力的具体措施。

6.5.2.3 为2012年版《十八项反措》6. 5.2.3原文，未修改。

6.5.2.4 为2012年版《十八项反措》6.5.2.4原文，未修改。

6.5.2.5 为2012年版《十八项反措》6.5.2.5原文，未修改。

6.5.2.6 为2012年版《十八项反措》6.5.2.6。依据线路运行数据和经验修改。螺栓松动是舞动造成的主要破坏之一，应增加舞动后杆塔螺栓松动检查，使得检查内容更加全面。

6.6.1.1 为2012年版《十八项反措》6.6.1.1，为提高典型防鸟装置的适用性进行修改完善。

6.6.2.1 为2012年版《十八项反措》6.6.2.1原文，未修改。

6.6.2.2 为2012年版《十八项反措》6.6.2.2。依据《国网公司架空输电线路防鸟害工作规范化水平指导意见》，拆除鸟巢可能导致鸟类在绝缘子串附近重复筑巢，因此修改为仅拆除或移动影响线路运行的鸟巢。

6.7.1.1 为2012年版《十八项反措》6.7.1.1原文，未修改。目前常用的防外力破坏措施包括防盗螺栓、防撞桩和限高架等。

6.7.1.2 为2012年版《十八项反措》6.7.1.2原文，未修改。

6.7.1.3 为新增条款。参考架空输电线路运行规范等相关标准明确输电线路防山火设计要求。

6.7.2.1 为2012年版《十八项反措》6.7.2.1。为强调输电通道属地化运维工作的重要性和紧迫性进行了修改完善。

6.7.2.2 为2012年版《十八项反措》6.7.2.2。根据线路运行经验进行修改。大型机械施工是外力破坏主要的因素之一，应加强巡视及宣传，及时制止线路附近的大型机械施工等可能危及线路安全运行的行为。

6.7.2.3 为2012年版《十八项反措》6.7.2.3原文，未修改。

6.7.2.4 为2012年版《十八项反措》6.7.2.4。根据运维经验，增加清理易漂浮物的内容。

6.7.2.5 为2012年版《十八项反措》6.7.2.5原文，未修改。

6.8.1.1 为新增条款。在线路路径选择上，采取避让等方式，避免重复跨越，最大限度减少“三跨”数量；《架空输电线路运行规程》（DL/T 741）附表A.9中已明确不宜在杆塔顶部跨越电力线路，对“三跨”线路重点强调；为避免重要输电通道中多条重要线路同时故障，不宜在一档中跨越3条及以上线路；依据《国家电网公司关于印发输电线路跨越重要输电通道建设管理规范（试行）等文件的通知》（国家电网基建〔2015〕756号）的要求：“结合线路路径、地形地貌特点、施工方式等，合理选择跨越位置，宜避免塔顶跨越”。

6.8.1.2 为新增条款。鉴于“三跨”重要性，根据国家电网公司《电网差异化规划设计指导意见》（国家电网发展〔2008〕195号）和《关于印发〈国家电网公司输电线路跨（钻）越高铁设计技术要求〉的通知》（国家电网基建〔2012〕1049号），提出交叉跨越角度的基本要求。

6.8.1.3 为新增条款。雨雪冰冻灾害中，曾发生微地形微气象区线路，由于受大高差、大档距和两侧档距比超过或接近2:1等因素影响发生倒塔断线事故的案例。

6.8.1.4 为新增条款。目前舞动区域分布图主要反映区域内输电线路舞动的平均强度，但部分“三跨”微地形、微气象特征明显，舞动强度高于平均值。鉴于“三跨”重要性要求，并结合线路附近舞动发展情况，防舞标准宜提高一个设防等级。

6.8.1.5 为新增条款。为防止杆塔出现串倒，对“三跨”提出采用独立耐张段的跨越要求；

根据《110kV～750kV架空输电线路设计规范》（GB 50545—2010），重要线路杆塔结构重要性系数不低于1.1；螺栓松动脱落是导致杆塔损害的重要因素，因此需加强“三跨”杆塔的螺栓防松设计；为避免跨越线路故障引起被跨越的重要输电通道线路故障，要求跨越线路设计条件应不低于被跨越线路。

6.8.1.6 为新增条款。鉴于“三跨”重要性，根据国家电网公司《电网差异化规划设计指导意见》（国家电网发展〔2008〕195号）和《关于印发〈国家电网公司输电线路跨（钻）越高铁设计技术要求〉的通知》（国家电网基建〔2012〕1049号）标准，提出验算杆塔强度覆冰值提高10～15mm的要求。

6.8.1.7 为新增条款。相间间隔棒和动力减振器等防舞装置长期运行，连接金具可能发生损坏脱落或对导线造成损伤，对线路运行带来安全隐患，鉴于“三跨”的重要性要求，跨越档尽量避免安装相间间隔棒、动力减振器等可能脱离或对导地线造成损伤的装置。如需安装，安装位置可控制在接触网边缘、高速公路护栏外扩10m的范围。

6.8.1.8 为新增条款。参考《国家电网公司关于印发架空输电线路“三跨”运维管理补充规定的通知》（国家电网运检〔2016〕777号）要求，进一步提高“三跨”线路防断线的能力，绝缘子应采用独立双挂点。独立双串为两个完全独立没有连接的串型。对于山区高差大、连续上下山等特殊线路区段，独立双串有可能造成两串受力不均匀，影响线路安全运行。因此，可根据实际情况采用双联单挂点的设计。

6.8.1.9 为新增条款。参考《国家电网公司关于印发架空输电线路“三跨”重大反事故措施（试行）的通知》（国家电网运检〔2016〕413号）的要求，对于输电线路风振严重的区域，导地线线夹、防振锤和间隔棒容易受损，采用耐磨型连接金具能有效降低风振损坏。

6.8.1.10 为新增条款。参考《国家电网公司关于印发架空输电线路“三跨”运维管理补充规定的通知》（国家电网运检〔2016〕777号）要求，安装故障诊断装置和图像/视频监控装置，对于及时发现“三跨”线路的缺陷和隐患，实现及时有效的故障后响应，具有重要意义。对于跨越高铁区段，应在跨越档安装视频监控装置，且分布式故障诊断装置监测应涵盖跨越高铁区段；对于跨越高速公路和重要输电通道区段，应在跨越档安装图像或视频监控装置。

6.8.1.11 为新增条款。铝包钢结构的地线或光缆导流效果好，可降低雷击造成地线断股的几率。

6.8.1.12 为新增条款。为避免“三跨”线路断线影响被跨越物安全，提出特高压跨越档和其他电压等级线路跨越耐张段内导、地线不应有接头的相关要求。

6.8.1.13 为新增条款。运行经验表明，压接是导线金具运行中的薄弱环节。X光透视等方法对“三跨”区段金具压接进行检查已成为一种较成熟可行的手段，可确保金具压接质量，及时发现压接缺陷。

6.8.2.1 为新增条款。根据《关于印发〈国家电网公司输电线路跨（钻）越高铁设计技术要求〉的通知》（国家电网基建〔2012〕1049号）的要求，独立耐张段一般采用“耐—直—直—耐”、“耐—直—耐”、“耐—直—直—直—耐”或“耐—耐”方式。

6.8.2.2 为新增条款。鉴于输电线路跨越高铁的重要性，为防止杆塔出现串倒，对跨越高铁的在运线路提出采用独立耐张段和杆塔结构重要性系数1.1的要求。

6.8.2.3 为新增条款。为确保跨高铁输电线路安全稳定运行，提出按现行设计规范和6.8.1.6

的要求开展校核。

6.8.2.4 为新增条款。针对在运“三跨”，对运维单位也提出绝缘子、金具、安装监控装置等方面的要求。

6.8.2.5 为新增条款。X 光透视等方法可及时发现金具压接缺陷，对在运“三跨”也提出相关要求。

6.8.2.6 为新增条款。参考《国家电网公司关于印发架空输电线路“三跨”运维管理补充规定的通知》（国家电网运检〔2016〕777号）要求，明确“三跨”线路红外测温要求。

6.8.2.7 为新增条款。为避免报废、退运线路故障影响被跨越物安全，对运维单位提出明确要求。

征求意见及采纳情况

“防止输电线路事故”部分第一次征求意见收到65条意见和建议，采纳和部分采纳56条；第二次征求意见收到286条反馈意见，采纳和部分采纳107条。未采纳的主要原因：一是部分建议属于局部区域的问题，不宜全网推广；二是部分建议适于放在防雷等其他章节；三是部分建议已经体现在反措条款或其他标准中，无需强调。

7 防止输变电设备污闪事故编制说明

总体说明

本章重点是防止输变电设备污闪等外绝缘闪络事故，针对近几年来输变电设备污闪、冰闪和雪闪等出现的新问题，从设计、基建、运行等阶段提出防止输变电设备污闪的措施，结合国家、地方政府、相关部委以及国家电网公司近6年发布的法律、法规、规范、规定、标准和相关文件提出的新要求，修改、补充和完善相关条款，对原文中已不适应当前电网实际情况或已写入新规范、新标准的条款进行删除、调整。

条文说明

7.1.1 为新增条款。结合近年开展输变电设计的实际情况，对不同污秽区的输、变电防污闪设计标准提出要求。参考《输变电设备防污闪技术措施补充规定》（运检二〔2013〕146号）、《提升架空输电线路防污闪工作规范化水平指导意见》（运检二〔2015〕35号）等规定，强调外绝缘配置基本原则。考虑老旧线路扩建，“c级以下按照c级”，可不按照c级上限。对于变电站，结合设计中的实际情况按照变电规程，区别于线路进行了单独说明。

7.1.2 为新增条款。考虑 e 级污区中，存在个别地区极重污秽情况，对等值盐密大于 $0.35mg/cm^2$ 的绝缘提出绝缘配置校核的特殊要求。本条款针对高海拔地区绝缘配置需求，增加了海拔高度超过1000m时外绝缘配置应进行海拔修正的要求。

7.1.3 为2012年版《十八项反措》7.1.1修改，考虑近年来因绝缘子类型或伞形选择不当发生的闪络、集中自爆等情况，强调了选用合理的绝缘子材质和伞形。对中重污区变电站悬垂串、支柱类设备复合化分别描述，更有针对性。对中重污区输电线路悬垂串，分220kV及以下电压等级与330kV及以上电压等级分别描述，更符合实际情况。增加了对于自洁能力差（年平均降雨量小于 800mm）、冬春季易发生污闪的地区，因爬距不满足要求，需复合化时采用工厂化喷涂防污闪涂料的方法。

7.1.4 为 2012 年版《十八项反措》7.1.2。增加了湿雪闪络地区的防护要求，增加了辅助伞裙措施这一被证实在变电站内较为有效的防护措施。

7.1.5 为新增条款。依据运行经验，粉尘类污染地区宜用简单、自清洁性好的绝缘子。加装辅助伞裙是变电设备防粉尘的措施之一。考虑到化工企业周边快速积污的情况影响复合绝缘子憎水性，故应适当提高绝缘配置水平。

7.1.6 为 2012 年版《十八项反措》7.2.7。强调户内外绝缘设计应充分考虑户内场的密封情况和地区湿度情况差异，故增加"应考虑户内场湿度和实际污秽度"，以指导户内场设计。

7.1.7 为 2012 年版《十八项反措》7.1.4。删除了原条款中伞形合理的描述，7.1.3 中已提到，避免雷同。

7.1.8 为新增条款。加强交接验收时对瓷绝缘子质量的要求，按照《电气装置安装工程 电气设备交接试验标准》（GB 50150—2016）、《劣化悬式绝缘子检测规程》（DL/T 626—2015）等标准已经规定在施工安装中，进行该项检测，但以往多由于绝缘子量大等特殊性，无法保证现场全部逐一检测。2017 年 3 月 1000kV 淮南—南京—上海特高压交流输电线路检修时发现劣化率严重超标现象。为剔除生产、运输等环节导致的缺陷绝缘子，因此强调盘形悬式瓷绝缘子安装前现场应逐个进行零值检测。

7.1.9 为新增条款。采用工厂复合化绝缘子可提高绝缘子涂覆防污闪涂层的质量。但在运输，尤其是安装过程中容易碰伤外表面造成局部憎水性缺失，应注意避免。

7.2.1 为新增条款。主要参考《提升架空输电线路防污闪工作规范化水平指导意见》（运检二〔2015〕35 号）。作为防污闪工作基础，科学合理的污秽度布点是确保获得准确的污秽水平的重要手段，目前的布点主要按照输电线路等距、重点污染源等区域布点，造成线路密集的地方布点多，而对于线路缺少的地区无监测点。带来以下两方面问题：一是密集地方工作量大且重复；二是部分地区污区图修订、新建工程特别是特高压工程所需的数据缺乏。

7.2.2 为 2012 年版《十八项反措》7.2.1。参考《输变电设备防污闪技术措施补充规定》（运检二〔2013〕146 号）、《提升架空输电线路防污闪工作规范化水平指导意见》（运检二〔2015〕35 号）进行了修改，新增运行经验、气候因素。

7.2.3 为 2012 年版《十八项反措》7.2.2。参考《提升架空输电线路防污闪工作规范化水平指导意见》（运检二〔2015〕35 号），具体列举了可采取的防污闪措施。

7.2.4 为 2012 年版《十八项反措》7.2.4。进行了精简，仍强调清扫作为辅助性防污闪的措施，对于特殊区域，如硅橡胶类防污闪产品已不能有效适应的粉尘特殊严重区域，是保证安全运行的手段之一。

7.2.5 为新增条款，补充了出现快速积污、长期干旱或外绝缘配置暂不满足运行要求，且可能发生污闪的情况下的紧急防污闪措施，如带电清洗、带电清扫、直流降压运行等。

7.2.6 为新增条款。结合绝缘子上方金具锈蚀，在雨水作用下发生沿面闪络的特殊情况、南方地区出现过因绝缘子表面出现受潮、青苔藻类生长造成绝缘不足的情况提出。

7.2.7 为新增条款。参考《提升架空输电线路防污闪工作规范化水平指导意见》（运检二〔2015〕35 号）。对特殊天气下的巡视进行要求。

7.2.8 为新增条款。水泥厂，苯、酒精类等化工厂的污染会影响复合外绝缘憎水性，应加强该类地区复合外绝缘憎水性检测。

7.2.9 为新增条款。加强对绝缘子涂覆防污闪涂料的质量和管理要求。

7.2.10 为 2012 年版《十八项反措》7.2.6.1。防污闪涂料、辅助伞裙的应用十分广泛，删减了其作为防污闪重要措施的论述。但考虑避雷器内部结构，增加辅助伞裙后可能造成电场的改变，对于性能的影响需要积累经验。目前也有部分加装辅助伞裙与防污闪涂料结合使用的经验，由此沿用 2012 年版反措的叙述，提出不宜单独加装辅助伞裙，若加装宜辅助伞裙宜与防污闪涂料结合使用。

征求意见及采纳情况

“防止输变电设备污闪事故”部分第 1 次征求意见收到 40 条意见和建议，采纳和部分采纳 16 条，未采纳 24 条。第 2 次征求意见收到 26 条意见和建议。采纳和部分采纳 9 条，未采纳 17 条。未采纳主要原因：一是部分建议重复或意义与原文类似；二是部分建议中的措施暂难以在全网实施。

8 防止直流换流站设备损坏和单双极强迫停运事故编制说明

总体说明

本章重点是防止直流换流站设备损坏和单双极强迫停运事故，针对换流阀、换流变压器（油浸式平波电抗器）、站用电、外绝缘、直流控制保护设备事故及可能导致直流双极强迫停运的问题，从设计制造、基建、运行等阶段提出防止直流换流站设备损坏和单双极强迫停运事故的措施，结合国家、地方政府、相关部委以及国家电网公司近 6 年发布的法律、法规、规范、规定、标准和相关文件提出的新要求，修改、补充和完善相关条款，对原文中已不适应当前电网实际情况或已写入新规范、新标准的条款进行删除、调整。

条文说明

8.1.1.1 为 2012 年版《十八项反措》8.1.1.1 原文，未修改。

8.1.1.2 为 2012 年版《十八项反措》8.1.1.2。删除了“高压直流系统”，本章节即为高压直流系统反措，不需要重复说明。

8.1.1.3 为 2012 年版《十八项反措》8.1.1.3。将“各阀冗余晶闸管”改为“单阀冗余晶闸管”，“最少不少于”改为“且不少于”，文字描述更准确。

8.1.1.4 为 2012 年版《十八项反措》8.1.1.4。增加了“阀厅发生火灾后阀厅火灾报警系统应能及时停运直流系统，并自动停运阀厅空调通风系统。”的内容，条款中其余部分未修改。

8.1.1.5 为 2012 年版《十八项反措》8.1.1.6 原文，未修改。

8.1.1.6 为 2012 年版《十八项反措》8.1.1.7 原文，未修改。

8.1.1.7 为 2012 年版《十八项反措》8.1.1.8 原文，未修改。

8.1.1.8 为 2012 年版《十八项反措》8.1.1.10。在其基础上修改，增加了“背板”，因背板和光接收板一样，也属于两套阀控系统的共有元件；同时将“一套系统停运不影响另外一套系统”改为“一套系统异常不影响直流系统正常运行”，表述更为准确。

8.1.1.9　为2012年版《十八项反措》8.1.1.11。将“极”改为“极（或阀组）”，可涵盖特高压直流换流站的相关设备。删除了“外风冷系统风扇电源应分散布置在不同母线上”避免重复描述。

8.1.1.10　为2012年版《十八项反措》8.1.1.12。明确了外水冷水池为“缓冲水池”，描述更加准确。

8.1.1.11　为2012年版《十八项反措》8.1.1.13原文，未修改。

8.1.1.12　为2012年版《十八项反措》8.1.1.14。将“高寒地区”改为“寒冷地区”，高寒地区指的是高海拔寒冷地区，与反措意思不符合，低海拔寒冷地区有同样的要求。

8.1.1.13　为2012年版《十八项反措》8.1.1.15。增加了“保证阀厅的防雨、防尘性能”，删除了“阀厅设计及施工中应保证阀厅的密闭性”。

8.1.1.14　为2012年版《十八项反措》8.1.1.16。除阀厅屋顶外，还增加了“室内巡视通道”在设计上的安全要求。

8.1.1.15　为新增条款，对阀厅空调容量等性能设计退出了具体要求。

8.1.2.1　为2012年版《十八项反措》8.1.1.5原文，未修改。

8.1.2.2　为2012年版《十八项反措》8.1.1.9原文，未修改。

8.1.3.1　为2012年版《十八项反措》8.1.2.1。将“当单阀内仅剩余1个冗余晶闸管时”改为“当单阀内再损坏一个晶闸管即跳闸时”，将“避免发生雪崩击穿导致整阀损坏”改为“避免发生强迫停运”，表述更为准确。

8.1.3.2　为2012年版《十八项反措》8.1.2.2。增加了紫外检测和设备过热、弧光、着火等情况时的处理要求。

8.1.3.3　为2012年版《十八项反措》8.1.2.3原文，未修改。

8.1.3.4　为2012年版《十八项反措》8.1.2.4原文，未修改。

8.2.1.1　为2012年版《十八项反措》8.2.1.1。将“平抗”改为“油浸式平波电抗器”，将“充分试验”改为“严格通过试验考核”，表述更为准确；

8.2.1.2　为2012年版《十八项反措》8.2.1.2。“气囊”改为“胶囊”，“油枕”改为“储油柜”，“8%～10%”改为“10%”，描述更加标准准确。删除了“配置两套不同原理油位监测装置”的要求。

8.2.1.3　为2012年版《十八项反措》8.2.1.3。增加换流变压器TA、TV二次绕组的冗余要求，增加了非电量保护的配置要求。

8.2.1.4　为2012年版《十八项反措》8.2.1.4原文，未修改。

8.2.1.5　为新增条款。明确了换流变压器有载分接开关的保护配置要求。

8.2.1.6　为新增条款。明确了换流变压器和油浸式平波电抗器非电量保护跳闸后不启动断路器失灵保护的要求。

8.2.1.7　为新增条款。明确了换流变压器和油浸式平波电抗器非电量保护回路的设计要求。

8.2.1.8　为2012年版《十八项反措》8.2.1.5原文，未修改。

8.2.1.9　为2012年版《十八项反措》8.2.16原文，未修改。

8.2.1.10　为2012年版《十八项反措》8.2.17，将“油泵”修改为“冷却器油泵”，表述更为准确。

8.2.1.11　为2012年版《十八项反措》8.2.1.8原文，未修改。

8.2.1.12　为2012年版《十八项反措》8.2.1.10。增加平波电抗器在线监测系统的配置要求。

8.2.2.1　为2012年版《十八项反措》8.2.19原文，未修改。

8.2.3.1　为2012年版《十八项反措》8.2.2.1。将"平抗"修改为"油浸式平波电抗器"，表述更为准确。

8.2.3.2　为2012年版《十八项反措》8.2.2.2。将"平抗"修改为"油浸式平波电抗器"，表述更为准确。

8.2.3.3　为2012年版《十八项反措》8.2.2.3。将"平抗"修改为"油浸式平波电抗器"，表述更为准确。

8.2.3.4　为2012年版《十八项反措》8.2.2.4。增加"油浸式平波电抗器"套管的红外测温要求。

8.2.3.5　为2012年版《十八项反措》8.2.2.5原文，未修改。

8.2.3.6　为2012年版《十八项反措》8.2.2.6原文，未修改。

8.2.3.7　为新增条款。明确了停电检修时换流变压器及油浸式平波电抗器气体继电器和油流继电器开盖检查和校验要求。

8.3.1　为2012年版《十八项反措》8.3.1。依据国家电网公司《十八项反措》修改大纲，将"设计建设阶段应注意的问题"改为"设计阶段"；将基建阶段反措划分到8.3.2部分内容中。

8.3.1.1　为2012年版《十八项反措》8.3.1.1原文，未修改。

8.3.1.2　为2012年版《十八项反措》8.3.1.2。依据各单位反馈意见，考虑到部分换流站备自投功能是在站用电控制系统中实现的，没有单独配置备用电源自动投切装置，将"备用电源自动投切装置"修改为"备用电源自动投切功能"。

8.3.1.3　为2012年版《十八项反措》8.3.1.3原文，未修改。

8.3.1.4　为2012年版《十八项反措》8.3.1.5原文，未修改。

8.3.2　为2012年版《十八项反措》8.3.1。依据国家电网公司《十八项反措》修改大纲，将"设计建设阶段应注意的问题"改为"设计阶段"，将基建阶段反措划分到8.3.2"基建阶段"部分内容中。

8.3.2.1　为2012年版《十八项反措》8.3.1.4原文，未修改。

8.3.3　为2012年版《十八项反措》8.3.2。依据国家电网公司《十八项反措》修改大纲，将"运行阶段应注意的问题"改为"运行阶段"。

8.3.3.1　为2012年版《十八项反措》8.3.2.1原文，未修改。

8.4.1.1　为2012年版《十八项反措》8.4.1.1，删除了站址应尽量避让直流D级污区的以及采用户内直流场的内容。

8.4.1.2　为2012年版《十八项反措》8.4.1.2原文，未修改。

8.4.1.3　为新增条款。新建工程的规划设计应充分考虑直流一次设备外绝缘设计的裕度。

8.4.2.1　为2012年版《十八项反措》8.4.2.1原文，未修改。

8.4.2.2　为2012年版《十八项反措》8.4.2.2。"RTV"改为"防污闪涂料"，描述更加准确。

8.4.2.3　为2012年版《十八项反措》8.4.2.3原文，未修改。

8.4.2.4　为2012年版《十八项反措》8.4.2.4原文，未修改。

8.4.2.5　为2012年版《十八项反措》8.4.2.5原文，未修改。

8.4.2.6　为2012年版《十八项反措》8.4.2.6原文，未修改。

8.5.1.1　为2012年版《十八项反措》8.5.1.1。增加了直流系统控制保护三重化配置的内容，并明确了直流控制保护系统的结构设计应避免单一元件的故障引起直流控制保护误动或跳闸。

8.5.1.2　为2012年版《十八项反措》8.5.1.2。重新优化了语言描述，并明确了直流保护配置时应防止出现保护死区。

8.5.1.3　为2012年版《十八项反措》8.5.1.3。在原文基础上明确了保护测量回路独立性的具体要求。

8.5.1.4　为2012年版《十八项反措》8.5.1.4。在原文基础上增加了测量异常时防止保护误动的逻辑。

8.5.1.5　为2012年版《十八项反措》8.5.1.5。在原文基础上明确了装置的两路电源应分别取自独立供电的不同直流母线。

8.5.1.6　为2012年版《十八项反措》8.5.1.6。在原文基础上对数字化接口的规定分类进行了描述。

8.5.1.7　为2012年版《十八项反措》8.5.1.7。在原文基础上明确了控制保护参数校核的责任单位。

8.5.1.8　为2012年版《十八项反措》8.5.1.8。对原文规范了名词术语。

8.5.1.9　为新增条款。对电流互感器的选型配置及其测量回路的独立性进行了明确。

8.5.1.10　为2012年版《十八项反措》8.5.1.10。在原文基础上对跳闸回路的出口继电器及用于保护判据的信号继电器动作电压和功率提出了要求。

8.5.1.11　为新增条款。明确了处于备用状态的直流控制保护系统中存在保护出口信号时不得切换到运行状态。

8.5.1.12　为新增条款。对直流分压器二次回路防雷功能提出了要求。

8.5.1.13　为新增条款。要求直流极（阀组）退出运行时，不应影响在运极（阀组）的正常运行。

8.5.1.14　为新增条款。提出了在设计保护程序时应尽量避免使用断路器和隔离开关辅助接点位置状态量作为选择计算方法和定值的判据。

8.5.1.15　为新增条款。明确了直流线路保护及再启动逻辑设计时应防止误动。

8.5.2.1　为新增条款。明确了换流站直流控制保护软件的入网管理、现场调试管理和运行管理要求。

8.5.2.2　为新增条款。明确了直流控制保护系统应具备防网络风暴功能。

8.5.2.3　为2012年版《十八项反措》8.5.1.9原文，未修改。

8.5.3.1　为2012年版《十八项反措》8.5.2.1原文，未修改。

8.5.3.2　为2012年版《十八项反措》8.5.2.2。删除了“严格落实《软件管理规定》”的内容，避免在反事故措施中引用另一个管理规定。

8.5.3.3　为2012年版《十八项反措》8.5.2.4原文，未修改。

8.5.3.4　为2012年版《十八项反措》8.5.2.5原文，未修改。

8.5.3.5　为新增条款。明确了应定期开展直流控制保护系统可靠性评价分析。

8.6.1　为2012年版《十八项反措》8.6.1。依据国家电网公司《十八项反措》修改大纲，将

“设计建设阶段应注意的问题”改为“设计阶段”；8.6“防止直流双极强迫停运事故”部分没有基建阶段的反措。

8.6.1.1 为2012年版《十八项反措》8.6.1.1原文，未修改。

8.6.1.2 为2012年版《十八项反措》8.6.1.2原文，未修改。

8.6.1.3 为2012年版《十八项反措》8.6.1.3原文，未修改。

8.6.1.4 为2012年版《十八项反措》8.6.1.4原文，未修改。

8.6.1.5 为2012年版《十八项反措》8.6.1.5原文，未修改。

8.6.1.6 为2012年版《十八项反措》8.6.1.7原文，未修改。

8.6.1.7 为2012年版《十八项反措》8.6.1.8原文，未修改。

8.6.1.8 为2012年版《十八项反措》8.6.1.9原文，未修改。

8.6.1.9 为2012年版《十八项反措》8.6.1.10。按照标准化名称的要求，将“开关辅助接点”改为“断路器辅助触点”。

8.6.1.10 为2012年版《十八项反措》8.6.1.11原文，未修改。

8.6.2 为2012年版《十八项反措》8.6.2。依据国家电网公司《十八项反措》修改大纲，将“运行阶段应注意的问题”改为“运行阶段”。

8.6.2.1 为2012年版《十八项反措》8.6.2.1原文，未修改。

8.6.2.2 为2012年版《十八项反措》8.6.2.2。按照标准化名称的要求，将“控制保护”改为“直流控制保护”。

8.6.2.3 为2012年版《十八项反措》8.6.2.3原文，未修改。

8.6.2.4 为2012年版《十八项反措》8.6.2.6。根据《输变电设备转台检修试验规程》（Q/GDW 1168—2013）的规定，修改了接地电阻的测量周期，删除了测量跨步电压的内容。

征求意见及采纳情况

“防止直流换流站设备损坏和单双极强迫停运事故”部分第1次征求意见收到43条意见和建议，采纳19条，部分采纳5条，未采纳19条；第2次征求意见收到19条意见和建议，采纳15条，部分采纳2条，未采纳2条。未采纳的主要原因：一是部分建议要求增加的反措内容在相关标准或规范中已明确，工作中按其执行即可，不需要在本反措中重复要求；二是部分建议提出的要求超出目前现有技术能力范围，增加到反措以后可能造成工作现场无法执行；三是部分建议提出的要求是工作中的组织措施，违反该内容也不会导致电网或设备事故，没有必要增加到反措中。

9 防止大型变压器（电抗器）损坏事故编制说明

总体说明

本章重点是防止大型变压器（电抗器）损坏事故，针对变压器生产运行中出现的新问题，从设计制造、基建、运行等阶段提出防止大型变压器损坏事故的措施，结合国家、地方政府、相关部委以及国家电网公司近6年发布的法律、法规、规范、规定、标准、文件及生产运行情况和典型事故案例，修改、补充和完善相关条款，对原文中已不适应当前电网实际情况或已写入新规范、新标准的条款进行删除、调整。

条文说明

9.1.1 为2012年版《十八项反措》9.1.1。鉴于国内的短路承受能力试验水平的提升，已具备更大容量、更高电压等级的变压器试验能力，新增了500kV变压器和240MVA以上容量变压器的试验要求。

9.1.2 为2012年版《十八项反措》9.1.2。由于运行单位在设计阶段无法取得相关计算报告，所以对原条款进行修改；不具备变压器抗短路能力复核能力的设计单位，可委托具有校核能力的机构进行校核工作。有复核能力的运维单位仍可要求制造厂提供详细的参数开展抗短路能力计算工作。

9.1.3 为2012年版《十八项反措》9.1.4。原材料抽检内容增加了“绝缘材料等”。

9.1.4 为2012年版《十八项反措》9.1.5。对变电站绝缘化的具体部位重新规定。500（330）kV变压器的35kV套管至母线的引线应绝缘化；220kV及以下电压等级变压器的6～35kV中（低）压侧架空母线不需绝缘化处理。

9.1.5 为新增条款。为防止三相统包电缆相间故障造成出口短路，变压器中、低压侧与母线连接电缆应采用单芯电缆。

9.1.6 为2012年版《十八项反措》9.1.6。对含有电缆的混合线路应结合变压器抗短路能力、电缆线路距离出口的位置、电缆线路的比例等实际情况采取措施。

9.1.7 为2012年版《十八项反措》9.1.7。增加了“定期”开展的要求。定期开展系统短路电流与变压器短路承受能力校核结果的比对工作。

9.1.8 为新增条款。对于变压器发生近区短路后，虽然未跳闸但不能排除变压器内部已经出现异常，因此应开展油中溶解气体组分跟踪，防止内部异常发展造成设备损坏事故。对于变压器发生近区短路故障，器身内部损坏概率较高，因此需经诊断性试验检验后方可投运。

9.2.1.1 为2012年版《十八项反措》9.2.1.1。提高密封性试验的要求，更有效防止运行后的渗漏油。

9.2.1.2 为2012年版《十八项反措》9.2.1.2。补充750kV及以上电压等级局部放电试验的要求，并增加330kV及以上电压等级强迫油循环变压器局部放电试验的规定和标准。

9.2.1.3 为2012年版《十八项反措》9.2.1.3。原条款中“当一批供货达到6台时应抽1台进行短时感应耐压试验（ACSD）和操作冲击试验（SI）”删除。

9.2.1.4 为2012年版《十八项反措》9.2.1.4，未修改。

9.2.1.5 为2012年版《十八项反措》9.2.1.5。中性点有接地要求的变压器均应在设计阶段开展直流偏磁分析，并提出相关抑制需求，如对变电站周边地区的直流接地极、轨道交通、金属管线、金属矿藏等情况进行调研分析。验收投运阶段应开展直流偏磁情况测试，根据测试结果对偏磁抑制措施做出适当调整。

9.2.2.1 为2012年版《十八项反措》9.2.2.2。“有条件时”与“宜进行”均为选择内容词汇，删除“有条件时”。

9.2.2.2 为2012年版《十八项反措》9.2.2.4。精简语句，删除了常规性工作内容。

9.2.2.3 为2012年版《十八项反措》9.2.2.5。对500kV及以上电压等级变压器用油的检测报告增加了T501（即抗氧化剂，2，6-二叔丁基对甲酚）检测项目的要求。

9.2.2.4 为2012年版《十八项反措》9.2.2.6。删除了变压器就位后的参与验收单位的规定。

9.2.2.5 为新增条款。为不影响交接试验结果，强迫油循环变压器安装结束后应进行充分的油循环和多次排气，500kV及以上电压等级变压器应进行热油循环。

9.2.2.6 为2012年版《十八项反措》9.2.2.7的部分内容，未做修改。

9.2.2.7 为2012年版《十八项反措》9.2.2.7的部分内容。明确了110（66）kV及以上电压等级变压器现场局部放电量的标准。对于双绕组变压器低压端应参照三绕组变压器相同（相近）电压等级绕组的局部放电标准执行。

9.2.2.8 为2012年版《十八项反措》9.2.2.7的部分内容。空载损耗和负载损耗是反映变压器用料和工艺品质的重要参数，110（66）～220kV变压器可以通过非额定电压或者电流条件下的试验结果进行折算。

9.2.2.9 为新增条款。油温过低会影响变压器绝缘试验的结果。

9.2.3.1 为2012年版《十八项反措》9.2.3.2。大量的现场案例证明储油柜胶囊、隔膜的损坏与运行年限无直接关系，而是取决于密封材料的质量和安装工艺，因此删除原文中对运行年限的规定，同时增加对金属波纹管储油柜密封性能检查的要求。

9.2.3.2 为2012年版《十八项反措》9.2.3.3。运行超过20年的薄绝缘、铝线圈变压器的运行经济性和可靠性都不具备再改造价值，因此将“不宜”改为“不再”，应加强技术监督工作并安排更换。

9.2.3.3 为2012年版《十八项反措》9.2.3.4。增加了本体排油暴露绕组需要进行局部放电试验的要求。

9.2.3.4 为2012年版《十八项反措》9.2.3.6。对于铁心和夹件没有分别引出的，由于现场改造困难，不需要进行改造。

9.2.3.5 为2012年版《十八项反措》9.2.3.7。在线监测取样频率可远高于离线取样频率，油中溶解气体多组份数据便于准确分析判断缺陷的性质及发展趋势，建议每年至少进行一次与离线数据的比对。

9.2.3.6 为新增条款。根据运行经验，提高了对气体继电器轻瓦斯报警的重视程度，如24h内连续2次轻瓦斯报警时，应立即申请停电检查。

9.3.1.1 为新增条款。油灭弧有载分接开关在切换过程中会产生瓦斯气体，若接轻瓦斯将导致有载分接开关频繁报警，所以该类型有载分接开关仅具备油流速动跳闸即可。真空灭弧有载分接开关正常熄弧过程中不产生瓦斯气体，一旦出现气体说明真空泡已损坏或动作切换顺序存在异常，所以气体报警能反映这类故障。

9.3.1.2 为新增条款。采用双浮球继电器的变压器在发生失油故障时能及时跳闸并退出运行，可防止变压器发生烧损事故。对于新投运变压器的本体应采用双浮球结构的气体继电器，在运变压器结合大修逐步进行改造。

9.3.1.3 为2012年版《十八项反措》9.3.1.3。如果采用一个中间继电器的两副触点分别直接接入断路器的两个跳闸回路，一旦中间继电器因卡涩拒动，会导致故障时断路器拒动，因此采用两个较大启动功率中间继电器的触点分别直接接入断路器的两个跳闸回路，提高动作可靠性。

9.3.1.4 为2012年版《十八项反措》9.3.2.3。气体继电器在交接和变压器大修时应进行校验。

9.3.2.1　为2012年版《十八项反措》9.3.1.2。

（1）针对地震多发地区，变电站的设计阶段已考虑变压器的防震措施，针对一般地区则无须考虑防震要求，因此删除了原文中的防震措施。

（2）需加装防雨罩的组件增加了温度计、油位表，而压力释放阀等其他组部件应结合地域情况自行规定。

（3）在原文基础上增加对二次电缆布置形式上的要求，以防止雨水从二次电缆倒灌。

9.3.2.2　为新增条款。如果变压器承受短路电流持续时间超过短路承受能力试验承载短路电流的持续时间，可能造成绕组变形、绝缘损伤甚至烧损变压器。

9.3.3.1　为2012年版《十八项反措》9.3.2.4，未修改。

9.3.3.2　为2012年版《十八项反措》9.3.2.2。如果从运行中的变压器气体继电器取气阀直接取气，存在两种风险：一是引发人身安全事故；二是误碰探针，造成瓦斯保护跳闸。为避免风险，运行中的变压器应从气体继电器的地面取气盒取气，未安装取气盒的应进行加装。

9.3.3.3　为新增条款。若寒冷地区的吸湿剂潮解达到2/3且未及时更换，吸湿剂所吸收水分易因结冰将呼吸器通气孔堵塞，变压器内油压无法调节，致使储油柜内外压力不平衡，当呼吸器突然通气时，导致重瓦斯误动故障。

9.4.1　为2012年版《十八项反措》9.4.3和9.4.4合并、简化。

9.4.2　为新增条款。

（1）现场真空注油时，如果有载分接开关油室没有与变压器油箱同时抽真空，易导致开关油室的损坏，如分接开关油室绝缘筒裂纹、密封不良。

（2）真空注油后，如果没有及时拆除旁通管或没有关闭旁通管阀门（如果有），将造成变压器本体油色谱异常或跑油事故。

9.4.3　为2012年版《十八项反措》9.4.1，未修改。

9.4.4　为新增条款。增加了对真空有载分接开关的维护要求。

9.4.5　为新增条款。防止真空有载分接开关调压过程中发生故障，造成事故扩大。

9.5.1　为2012年版《十八项反措》9.5.1。规定了新型或有特殊运行要求的套管生产试验的相关要求。

9.5.2　为新增条款。根据《国网运检部关于开展220kV及以上大型变压器套管接线柱受力情况校核工作的通知》（国网运检一〔2016〕126号），防范因套管或接线柱弯曲负荷耐受值不满足要求而引发的故障，增加设计单位进行相关计算的内容。

9.5.3　为新增条款。根据运行经验增加对此类线夹的要求。

9.5.4　为新增条款。防止利用将军帽的密封螺栓紧固套管均压环，出现套管上部密封问题，导致进水受潮。

9.5.5　为2012年版《十八项反措》9.5.2。故障抢修时根据现场实际情况适当缩短静放时间。原条款未对特高压套管静放时间做出规定，在此进行补充。

9.5.6　为2012年版《十八项反措》9.5.3，增加了若采取附加绝缘措施，应开展试验测试佐证的要求。

9.5.7　为2012年版《十八项反措》9.5.5。明确了套管避免出现负压的具体措施；当套管油位异常时，应通过红外精确测温，确认套管油位，因此增加“红外精确测温”等检测手段。

9.5.8　为新增条款。防止因套管密封胶垫老化或密封不严等造成的套管进水引发的事故。有些单位为防止套管密封不严，采用了密封胶对注油孔进行封堵。

9.5.9　为2012年版《十八项反措》9.5.6。目前国网系统内存在部分老式套管末屏接地端子结构不合理、截面偏小、强度不够等问题，应逐步进行改造或更换。

9.6.1　为新增条款。6～10kV 套管外绝缘爬距和干弧距离均较小，而且穿墙套管为水平安装易积灰，因此选用不低于20kV 电压等级的穿墙套管。

9.6.2　为新增条款。加强了穿墙套管末屏接地管理；对圆柱弹簧压接式末屏，检修后采用万用表测试，确保接地良好，同样适用于变压器套管。

9.7.1.1　为2012年版《十八项反措》9.6.1.1，未修改。

9.7.1.2　为2012年版《十八项反措》9.6.1.2。新订购强迫油循环变压器应选用转速不大于1500r/min 的低速盘式潜油泵，对运行中转速在1000～1500r/min 的潜油泵无须更换。

9.7.1.3　为2012年版《十八项反措》9.6.1.5，未修改。

9.7.1.4　为2012年版《十八项反措》9.6.1.4和9.6.1.6合并。

9.7.1.5　为新增条款。强迫油循环变压器内部故障跳闸后，如潜油泵继续运行将造成污染物大面积扩散，增加故障分析和修复难度。

9.7.2.1　为新增条款。增加对变压器用波纹管的要求。

9.7.2.2　为2012年版《十八项反措》9.6.2.2，未修改。

9.7.3.1　为2012年版《十八项反措》9.6.2.1，未修改。

9.7.3.2　条款为2012年版《十八项反措》9.6.2.4。对原文描述进行精简。

9.7.3.3　为2012年版《十八项反措》9.6.2.5，未修改。

9.7.3.4　为新增条款。增加对变压器用波纹管的要求。

9.8.1　为2012年版《十八项反措》9.7.2，未修改。

9.8.2　为2012年版《十八项反措》9.7.3。与《防止电力生产事故的二十五项重点要求》（国能安全〔2014〕161号）要求一致。

9.8.3　为2012年版《十八项反措》9.7.4。与《防止电力生产事故的二十五项重点要求》（国能安全〔2014〕161号）要求一致。

9.8.4　为2012年版《十八项反措》9.7.5。根据《防止电力生产事故的二十五项重点要求》（国能安全〔2014〕161号）将“逆止阀”更正为“断流阀”。

9.8.5　为2012年版《十八项反措》9.7.6，未修改。

9.8.6　为2012年版《十八项反措》9.7.7。明确了具有消防资质人员进行维护和检查工作。

9.8.7　为新增内容。根据天山、宜宾换流变故障着火的经验总结，增加对变压器降噪设施不得影响消防功能的内容。

征求意见及采纳情况

“防止大型变压器（电抗器）损坏事故”部分第1次征求意见收到878条意见和建议，采纳和部分采纳83条；第2次征求意见收到194条意见和建议，采纳和部分采纳38条。未采纳的主要原因：一是部分建议属于局部区域的问题，不宜全网推广；二是部分运行单位的建议大大高于设计和基建标准，所需投资较大，虽然有利于电网安全，但难以大规模实施；三是部分建议与原文表达内容一致，但表述方式不优于原文。

10 防止无功补偿装置损坏事故编制说明

总体说明

本章重点是防止无功补偿装置损坏事故，针对串联电容器补偿装置、并联电容器装置、干式电抗器及动态无功补偿装置的新问题，从设计、基建、运行等阶段提出防止无功补偿装置在各环节损坏的措施，结合国家、地方政府、相关部委以及国家电网公司近6年发布的法律、法规、规范、规定、标准和相关文件提出的新要求，修改、补充和完善相关条款，对原文中已不适应当前电网实际情况或已写入新规范、新标准的条款进行删除、调整。

根据《国家电网公司十八项电网重大反事故措施》修改大纲，本部分反事故措施内容分为四节：防止串联电容器补偿装置损坏事故、防止并联电容器装置损坏事故、防止干式电抗器损坏事故、防止动态无功补偿装置损坏事故。

2012年版《十八项反措》中本部分名称为“防止串联电容器补偿装置和并联电容器装置事故”，根据本次修编后涵盖设备种类的变化，将本部分名称修改为“防止无功补偿装置损坏事故”。

编写结构上，分为“防止串联电容器补偿装置损坏事故”“防止并联电容器装置损坏事故”“防止干式电抗器损坏事故”“防止动态无功补偿装置损坏事故”四部分，均按照设计、基建、运行三个阶段进行修编；并将2012年版《十八项反措》“10.2.1 并联电容器装置用断路器部分”相关内容调整至“12 防止GIS、开关设备事故”中。

2012年版《十八项反措》中“防止并联电容器装置事故”包含了“并联电容器用串联电抗器”内容，本次修编将2012年版反事故措施中“并联电容器用串联电抗器”内容，整体调整至“防止干式电抗器损坏事故”中，调整后“防止干式电抗器损坏事故”涵盖设备种类为干式并联电抗器、并联电容器用干式串联电抗器。

条文说明

10.1.1.1 为2012年版《十八项反措》10.1.1.1原文，未修改。

10.1.1.2 为2012年版《十八项反措》10.1.2原文基础上修改的内容，简化了串补装置对继电保护影响的叙述，表述更加清晰。

10.1.1.3 在2012年版《十八项反措》10.1.2原文基础上修改的内容，将次同步振荡重点内容单独形成一节。

10.1.1.4 为2012年版《十八项反措》10.1.1.3原文，未修改。

10.1.1.5 为2012年版《十八项反措》10.1.1.4.1原文，未修改。

10.1.1.6 为2012年版《十八项反措》10.1.1.4.2原文，未修改。

10.1.1.7 为2012年版《十八项反措》10.1.1.4.3与10.1.1.4.5原文的整合。

10.1.1.8 为2012年版《十八项反措》10.1.1.5原文，未修改。

10.1.1.9 为新增条款。当串补装置的MOV容量不足时，需要整相更换MOV，耗资及耗时大。因此在新建串补装置时热备用容量需增加。

10.1.1.10　为新增条款。MOV的一致性对MOV性能有很大的影响，需要保证MOV分流系数在较低的水平。

10.1.1.11　在2012年版《十八项反措》10.1.1.6原文的基础上修改。本条为防止火花间隙正常运行时自触发放电。

10.1.1.12　为新增条款。本条根据原大房线串补火花间隙设计时未考虑海拔高度影响，出现过三次自触发放电故障。

10.1.1.13　为2012年版《十八项反措》10.1.1.7.1原文，未修改。

10.1.1.14　在2012年版《十八项反措》10.1.1.8原文的基础上修改。明确备用芯数量不少于使用芯数量，防止由于光纤损坏引起的串补长时间停运事故。

10.1.1.15　在2012年版《十八项反措》10.1.19原文的基础上修改了部分文字，使语法更通顺。

10.1.1.16　为2012年版《十八项反措》10.1.2.3原文，将条款从基建阶段移至设计阶段。

10.1.1.17　为新增条款。本条针对部分串补装置下方地面未做硬化处理，而在运行阶段无法进入围栏内除草，草木生长过高，影响装置安全。

10.1.1.18　为2012年版《十八项反措》10.1.1.10.2原文，未修改。

10.1.1.19　为2012年版《十八项反措》10.1.10.3原文，未修改。

10.1.1.20　为新增条款。本条针对以往串补装置集成在控保系统中的故障录波器不符合电网的组网要求而提出，在事故情况下无法实时上传录波数据，影响故障分析的及时性。

10.1.2.1　在2012年版《十八项反措》10.1.2.1.1原文的基础上修改。首先要求应进行逐台电容量测试保证每台电容器合格。其次30%的数值是根据历次技术规范和现场实际经验确定。

10.1.2.2　在2012年版《十八项反措》10.1.2.1.2原文的基础上修改。新增了绝缘护套和铜线的要求，防止鸟害并防止接头过热。

10.1.2.3　为新增条款。该条款针对部分标准在串补装置章节将MOV直流参考电流写成1mA而设定，实际直流参考电流应为1mA/柱。一般串补MOV为4柱并联结构，因此直流参考电流应为4mA。

10.1.2.4　为新增条款。火花间隙交接时，应保证其可靠触发，因此需进行现场控制功能试验，并保证火花间隙距离符合生产厂家规定。

10.1.2.5　在2012年版《十八项反措》10.1.2.2原文的基础上修改。测试光纤损耗时考虑测试设备问题，实际的测试结果也有可能会大于1dB。光纤通道如果有问题，损耗会远远大于3dB，所以，简化现场执行标准起见，删除各种光纤长度下的损耗指标。

10.1.2.6　为2012年版《十八项反措》10.1.2.4.1原文，未修改。

10.1.3.1　为2012年版《十八项反措》10.1.3.1.3原文，未修改。

10.1.3.2　在2012年版《十八项反措》10.1.3.3原文的基础上修改。原文不平衡电流发生突变的量值不好判定，无法执行。

10.1.3.3　为新增条款。本条款强调在运维检修时MOV的试验中直流参考电流应为1mA/柱，而非1mA。

10.1.3.4　为新增条款。标准中未规定火花间隙预防性试验。正常运行中，火花间隙可能长期不动作。因此需要结合其他设备检修周期对火花间隙进行检查试验。

10.1.3.5　为新增条款。串补装置为双控保设置，一套控保系统出现故障时，单独一套控保系统可以正常运行，但存在安全隐患。

10.2.1.1　为新增条款。根据近6年的典型故障分析，外熔断器结构的电容器，在电容器单元内部第一个元件击穿后，由于电流增加很小，外熔断器并不会动作，电容元件击穿后未被隔离而继续运行，故障点内部燃弧产生气体累积压力可造成外壳炸裂的危险，全膜电容器这种危险已减少但仍不能忽略。此外，电容器外熔断器性能、质量差别较大，暴露在户外及空气中的外熔断器易发生老化、锈蚀失效等问题，近年来各主要生产厂家内熔丝设计、质量水平已普遍提高。因此新增推荐使用内熔丝结构的电容器及运行中电容器外熔断器、内熔丝同时使用导致保护失效，应避免同时采用的工作内容。

10.2.1.2　为2012年版《十八项反措》10.2.2.2原文，未修改。

10.2.1.3　为2012年版《十八项反措》10.2.2.3原文，未修改。

10.2.1.4　为新增条款。根据近6年的典型故障案例，高压直流输电系统用交流并联电容器及交流滤波电容器的电容器塔易受鸟害影响，导致不平衡保护动作跳闸，新增在设计环节考虑防鸟害措施的工作内容。

10.2.1.5　为新增条款。根据近6年的典型故障案例，电容器组通常由于设计紧凑，绝缘距离裕度很小，极易因鸟类等异物窜入导致相间短路，对连接线进行绝缘化处理，采用绝缘护套，是为了防止电容器对地及极间短路。电容器的连接应使用软铜线，不要使用硬铜棒连接，是为了防止导线硬度太大造成接触不良，铜棒发热膨胀使套管受力损伤。

10.2.1.6　为新增条款。根据平均统计结果，接头及引线发热缺陷占并联电容器装置缺陷总数的50%以上，较铝汇流排，采用全铜汇流排总成本仅增加约3%～5%，但可大幅降低连接部位发热几率，避免铜铝过渡措施设计、安装不当造成的发热问题，因此增加此项工作内容。

10.2.1.7　为2012年版《十八项反措》10.2.5.1，新增放电线圈要求采用全密封结构的工作要求。

10.2.1.8　为2012年版《十八项反措》10.2.6.1原文，未修改。

10.2.1.9　为2012年版《十八项反措》10.2.6.2原文，未修改。

10.2.1.10　为2012年版《十八项反措》10.2.6.3，根据《高压并联电容器装置的通用技术要求》（GB/T 30841—2014）5.3.3.7对10～110kV并联电容器组用避雷器通流容量做出的明确规定，新增对避雷器选型时通流容量的具体要求。电容器组用金属氧化物避雷器，主要是防止操作过电压对电容器的危害。操作过电压保护用避雷器的主要参数是方波通流容量，主要是指2ms方波的冲击电流容量。

10.2.1.11　为2012年版《十八项反措》10.2.7.1，将“成套装置及集合式电容器”，修改为“电容器成套装置”。主要对名称进行了统一定义。

10.2.1.12　为新增条款。根据《并联电容器装置设计规范》（GB 50227—2017）9.2的要求，电容器室的通风量应按消除余热计算，因此增加了需优化通风口设计，确保对流通风效果的工作内容；柜式并联电容器组运行环境过热的情况也很常见，也需校核散热能力或改造为框架式。

10.2.1.13　为新增条款，根据《并联电容器装置设计规范》（GB 50227—2017）9.2的要求，增加电容器室进风口和出风口不应同侧布置，并应不同高度布置以保证空气对流的工作内容。

10.2.2.1　为新增条款。根据《电气装置安装工程　电气设备交接试验标准》（GB 50150—2016），增加了电容器正式投运时必须投切3次，并且合闸时间间隔不少于5min，以检查断路器、电容器组及保护装置各部件无异常的工作内容。

10.2.2.2　为新增条款。根据并联电容器装置接头量多，易导致发热故障的特点，为了减少电容器运行过程中接头发热，增加了交接验收时应按照生产厂家提供的紧固力矩要求，用力矩扳手对每个电容器接头进行核查的工作内容。

10.2.3.1　为2012年版《十八项反措》10.2.2.4.2前一句话内容，并将“电容器例行试验要求定期进行”修改为“电容器例行停电试验时应进行”，更加明确了单台电容器电容量测量的周期要求。

10.2.3.2　为2012年版《十八项反措》10.2.2.4.2后一句话内容，原文未改动。

10.2.3.3　为新增条款。根据《标称电压1000V以上交流电力系统并联电容器　第1部分：总则》（GB/T 11024.1—2010）有关条款，为避免AVC系统控制策略不合理，导致同母线下某组电容器组用断路器投切动作过于频繁，引发机械或电气故障，考虑通常操作过电压条件，电容器组用断路器每年切合不宜超过1000次，因此新增定期检查断路器、电容器组各部件无异常的工作内容。

10.2.3.4　为2012年版《十八项反措》10.2.3.4。将“户外用外熔断器”修改为“外熔断器”。根据实际运行观测，由于受风雨、污秽，发热等影响已大批失效，有的即使外观良好，但已失效，且外熔断器熔丝特性五年是个明显的拐点，运行五年以上的外熔断器性能会显著下降。为避免电容器批量损坏，外熔断器运行五年以上应及时进行更换。

10.2.3.5　为2012年版《十八项反措》10.2.5.2第二句原文，未改动。

10.2.3.6　为新增条款。根据《并联电容器装置设计规范》（GB 50227—2017）第8章，新增了对运行环境温度不满足要求的电容器室提出改造措施的要求。

10.3.1.1　为2012年版《十八项反措》10.2.4.1。将原文“系统谐波测试情况计算配置”修改为 “并联电容器装置接入电网处的背景谐波含量的测量值选择”。根据分组电容器在不同组合下投切，变压器各侧母线的任何一次谐波电压含量，均不应超过GB/T 14549《电能质量　公用电网谐波》的规定。为了检测电抗率配置效果，工程投产前或运行中应进行谐波测试，通过测试数据来了解谐波放大状况，并对电抗率配置提出评价和改进措施。并联电容器用串联电抗器的主要作用是抑制谐波和限制涌流，电抗率是串联电抗器的重要参数。电抗率配置与多种因素有关，当用于抑制谐波时，谐波对其取值影响较大，为了确定电抗率，应查明电网中背景谐波含量。

10.3.1.2　为2012年版《十八项反措》10.2.4.2。新增了户内及户外串联电抗器选型时应注意的要求内容。干式空心电抗器的漏磁很大，如果安装在户内，导致周边屋顶发热问题较多，还会对同一建筑物内的通信、继电保护设备产生很大的电磁干扰，因此室内不应选用干式空心电抗器；干式铁心电抗器由于受目前设计、制造工艺限制，选型无法满足户内大容量、高电压（66kV及以上）电容器组配置要求时，可选用油浸式电抗器。

10.3.1.3　为2012年版《十八项反措》10.2.4.3。新增了10kV干式空心串联电抗器安装时防止相间短路的要求。根据典型故障案例，发现运行实践中发现干式空心电抗器三相叠装安全性较差，若受安装场地限制，10kV干式空心串联电抗器采取三相叠装方式时，应采取有效措施防止电抗器单相事故发展为相间事故。

10.3.1.4 为2012年版《十八项反措》10.2.4.4。该条规定是避免当电容器组发生相间短路故障时，电抗器承受短路电流产生热或机械损伤而损坏，避免过大的短路电流对主变压器造成冲击。

10.3.1.5 为新增条款。由于干式电抗器线匝仅有固化的环氧树脂包封保护，无外壳或者油浸等保护措施，暴露在户外光照强烈、雨水、污秽、温湿度变化大等环境条件下，包封绝缘层容易老化失效，必须采取喷涂专用防紫外线和防污闪涂料等保护措施，以降低包封外绝缘的老化失效速度。

10.3.1.6 为新增条款。主要针对35kV及以上电压等级的户外用干式空心并联电抗器产品，干式空心并联电抗器层间间隙较大，如有鸟类等异物进入，往往会导致鸟类尸体等异物停留在电抗器内部层间，导致电位分布不均匀，长时间运行后容易引起电抗器沿面放电、局部过热、绝缘老化、匝间短路等故障发生。安装在户外的干式空心并联电抗器，如线圈包封长时间暴露在雨水直接淋射下，也容易引发外绝缘表面污湿放电及线圈长时间受潮后的绝缘老化加速，危害电抗器安全运行。

10.3.2.1 为新增条款。为避免干式空心电抗器的强磁场对周围铁构件的影响，周围的铁构件不应构成闭合回路，以免产生感应电流回路引起发热。

10.3.2.2 为新增条款。由于漏磁、铁心气隙影响，干式铁心电抗器运行中存在较大幅度的振动和噪声。干式铁心电抗器户内布置，尤其是户内架空层布置时，设备的振动极易引起建筑体谐振和设备自身损坏，因此应具备防震措施。

10.3.2.3 为2012年版《十八项反措》10.2.4.5。将"当设备交接时，具备条件时应进行匝间耐压试验"修改为"330kV及以上变电站新安装干式空心电抗器交接时具备试验条件应进行匝间耐压试验。"干式空心电抗器匝间绝缘损坏较为频发，且多数导致电抗器起火烧损。干式空心电抗器现场交接时开展脉冲振荡波匝间耐压试验，可有效发现绕组匝间绝缘缺陷，是对常规交接试验项目的一个重要补充。

10.3.3.1 为2012年版《十八项反措》10.2.4.1原文，未改动。

10.3.3.2 为新增条款。电压调整需求明显的区域，AVC频繁动作，投切操作引起的暂态过电压造成干式电抗器过高场强处易发生局部放电甚至击穿，导致电抗器损坏。应避免反复投切同一组，以延长使用寿命。

10.4.1.1 为新增条款。根据设备生产厂家设计经验提出晶闸管阀组应能承受的电压、电流裕度。

10.4.1.2 为新增条款。阀组晶闸管应在失效10%情况下仍能保证阀组电压电流裕度大于等于额定运行参数的2.2倍。

10.4.1.3 为新增条款。此条内容为依据《静止无功补偿装置（SVC）功能特性》（GB/T 20298—2006）提出。

10.4.1.4 为新增条款。此条内容依据《静止无功补偿装置（SVC）功能特性》（GB/T 20298—2006）提出。

10.4.1.5 为新增条款，对IGB T过电压承受能力提出了要求。

10.4.1.6 为新增条款，三防漆具有优越的绝缘、防潮、防漏电、防震、防尘、防腐蚀、防老化、耐电晕等性能。

10.4.1.7 为新增条款。对功率模块选用的直流电容器和IGB T提出严格的选型要求，提高功率模块可靠性。

10.4.1.8 为新增条款。依据运行经验，针对动态无功补偿装置光纤损坏，提出备用光纤数量要求。

10.4.1.9 为新增条款。提出了SVC晶闸管故障定位及晶闸管更换便利性的要求。

10.4.1.10 为新增条款，提出了水冷系统散热设计要求。

10.4.1.11 为新增条款，提出了水冷系统防冻设计要求。

10.4.1.12 为新增条款。采用直通风方式设备极易出现进风口堵死、负压过大导致雨雪飞溅，导致设备绝缘性能降低、板卡受潮腐蚀等问题。为提升SVG装置运行可靠性，降低现场人员运维工作量，SVG成套装置应采用全密闭式设计，SVG所在空间不直接与室外进行空气交换。

10.4.2.1 为新增条款，对连接铜牌紧固性检查提出了要求。

10.4.2.2 为新增条款。光纤布线经过设备本体电缆夹层时常出现被老鼠咬断的情况，导致通信中断设备跳闸，需要加强光纤防护，提高通信可靠性。

10.4.2.3 为新增条款。此条内容依据《静止无功补偿装置（SVC）现场试验》（GB/T 20297—2006）提出。

10.4.2.4 为新增条款，对光功率损耗提出了要求。

10.4.3.1 为新增条款。SVG装置散热系统电源与主电路非同一电源，如散热系统停电将造成装置过热故障，应保证主电路有电时散热系统正常工作。

10.4.3.2 为新增条款，对运行阶段光功率损耗检测提出了要求。

10.4.3.3 为新增条款，对防止运行阶段SVG装置积灰及密封提出了措施。

征求意见及采纳情况

“防止无功补偿装置损坏事故”部分第1次征求意见在国网冀北电力公司和国网湖北电力公司内部进行，共收到15条意见和建议，采纳5条，未采纳10条；第2次征求意见在国家电网公司系统内部进行，总计收到24家省电力公司的意见和建议133条，共采纳33条，部分采纳2条，未采纳98条；第3次征求意见在国家电网公司系统内部进行，总计收到20家省电力公司的意见和建议52条，共采纳14条，部分采纳9条，未采纳29条；第4次征求意见在国家电网公司系统内部进行，总计收到国家电网公司总部直流、调度、建设、营销等各部门的意见和建议25条，共采纳10条，部分采纳6条，未采纳9条。

未采纳的主要原因：一是部分建议为局部区域问题，不宜全国网推广执行；二是部分建议属于设备生产厂家生产工艺细节问题，不宜写入反措条款；三是部分建议不符合国家电网公司电网设备技术标准差异条款；四是部分建议与其他章节条款重复，原反措无功设备断路器的条款本次修编统一调整到“12 防止GIS、开关设备事故”中；五是部分建议属于变电站运维管理的细节问题，不宜放入反措中；六是部分建议没有标准及文件来源依据支撑，不宜写入反措中。

11 防止互感器损坏事故编制说明

总体说明

为防止互感器损坏事故，针对各类油浸式互感器、气体绝缘互感器、电子式互感器、干式互感器的新问题，从设计、基建、运行等阶段提出防止互感器损坏事故的措施，结合国家、地方政府、相关部委以及国家电网公司近6年发布的法律、法规、规范、规定、标准和相关文件提出的新要求，结合近五年设备运维情况和典型事故案例，修改、补充和完善相关条款，对原文中已不适应当前电网实际情况或已写入新规范、新标准的条款进行删除、调整。

条文说明

11.1.1 为2012年版《十八项反措》11.1.1。删除“应注意的问题”，与其余章节形式保持一致。

11.1.1.1 为2012年版《十八项反措》11.1.1.1。明确在规定的运行环境温度下，应确保金属膨胀器始终工作在最低油位刻度线以上，避免互感器中出现负压状态。

11.1.1.2 为新增条款。主要提出互感器的生产厂家应保证膨胀器在设备处于最低温度时仍能处于微正压状态，且留有一定的裕度，满足运行要求。

11.1.1.3 为新增条款。主要提出油浸式互感器的膨胀器外罩、油位观察窗及油位指示器的相关要求。根据实际运行经验，膨胀器外罩的油位线标注、观察窗会由于褪色、老化导致运维人员无法准确观察到油位，无法准确判断设备状态。

11.1.1.4 为新增条款。主要提出生产厂家应明确倒立式电流互感器允许最大取油量的要求。倒立式互感器充油量较少，且现场不具备真空补油条件，因此需要生产厂家明确设备允许的最大取油量，便于工作人员准确判断设备内部油量情况。

11.1.1.5 为2012年版《十八项反措》11.1.1.2。将“动热稳定性”修改为“动、热稳定性”，“要求”修改为“远期要求”。电流互感器一次绕组在使用不同变比时可采取并联和串联的方式。在一次绕组使用串联方式时，也能满足安装地点系统短路容量的要求。

11.1.1.6 为新增条款。主要提出220kV及以上电压等级互感器应加强在运输过程中对互感器结构强度的要求。

11.1.1.7 为2012年版《十八项反措》11.1.2.4。将“二次端子部分”由基建阶段移动至设计阶段，以便起到更好的约束作用。互感器的二次接线端子和末屏引出线端子应有防转动措施，避免因端子转动导致内部引线受损或断裂。

11.1.1.8 为2012年版《十八项反措》11.1.1.3。将“不应装设MOA”修改为“对地不应装设氧化锌避雷器”，语言更清晰、易懂。正确方法是采用阻尼回路在源头上防止谐振过电压的产生，而不是采用加装氧化锌避雷器的方式限制过电压。

11.1.1.9 为新增条款。主要对电容式电压互感器的阻尼器选择要求进行明确，并应在出厂时进行铁磁谐振试验。

11.1.1.10 为2012年版《十八项反措》11.1.2.1。由基建阶段移至设计阶段，同时加入750kV电压等级，明确本条款适用范围为110（66）～750kV油浸式电流互感器。

11.1.1.11 为新增条款。主要提出电容式互感器在设计阶段，油箱排气孔应高出油箱上平面，避免因密封老化导致油箱内部进水。

11.1.1.12 为2012年版《十八项反措》11.1.3.12。将“对结构不合理、截面偏小、强度不够的末屏应进行改造”的相关要求移入设计阶段，在设计阶段对互感器末屏的结构、截面积、强度及接地方式等提出明确要求。

11.1.2 为2012年版《十八项反措》11.1.2。删除“应注意的问题”，与其余章节形式保持一致。

11.1.2.1 为2012年版《十八项反措》11.1.2.3原文，未修改。

11.1.2.2 为2012年版《十八项反措》11.1.2.4与11.1.3.3整合。将一次端子连接端的要求一并提出，并将2012年版《十八项反措》11.1.3.3条的部分内容由运维阶段移动到基建阶段。主要为了防止互感器一次端子在安装、检修时，进行拆接一次引线工作时，对引线端子造成损坏，防止一次引线连接不良引发的过热性故障，造成互感器喷油乃至炸裂等故障。

11.1.2.3 为2012年版《十八项反措》11.1.2.6。明确规定油浸式设备交流耐压试验前的静置时间，以保证在耐压试验时不会因为设备内部的气泡导致设备局部放电试验不合格。

11.1.2.4 为2012年版《十八项反措》11.1.2.7。将“其耦合电容器部分是分成多节的”替换为“其各节电容器”，将“严禁”修改为“禁止”。对于多节的电容式电压互感器，如其中一节电容器因缺陷不能使用，应整套电容式电压互感器返厂更换或修理，出厂时应进行全套出厂试验，一般不允许在现场调配单节或多节电容器。在特殊情况下必须现场更换其中的单节或多节电容器时，必须对电容式电压互感器进行角比差试验。

11.1.2.5 为新增条款。现场出现过由于支架未拆除导致膨胀器无法动作，造成膨胀器破裂的故障。

11.1.2.6 为2012年版《十八项反措》11.1.2.8。增加“110kV及以下电压等级电流互感器应直立安放运输的要求，内容更完善。互感器运输过程中很难满足5g的运输要求，在此要求生产厂家的产品能承受10g冲击不损坏。

11.1.3 为2012年版《十八项反措》11.1.3。删除“应注意的问题”，与其余章节形式保持一致。

11.1.3.1 为2012年版《十八项反措》11.1.3.1。补充加入330kV、66kV油浸式互感器静放时间要求，参考其他电压等级设备交接试验与抢修静置时间的对应关系，内容更完善。

11.1.3.2 为2012年版《十八项反措》11.1.3.2。加入对110（66）kV设备的要求。由于油净化工艺、绝缘件干燥不彻底等制造工艺造成的隐患，在电流互感器运行1～2年内发生问题的情况时有发生，因此在设备投运后1～2年内进行油色谱和微水的测试工作。互感器属于少油设备，倒立式互感器的油更少，取油过多可能会影响微正压状态，因此，每次取油时应注意膨胀器的油位，如需取样或补油，应在生产厂家的配合下进行。

11.1.3.3 为2012年版《十八项反措》11.1.3.8。对互感器应立即退出运行的情况进行要求。油浸式互感器的膨胀器异常伸长顶起上盖，说明内部存在严重绝缘损坏性故障。

11.1.3.4 为2012年版《十八项反措》11.1.3.6。删除“运行人员正常巡视应检查记录互感器油位情况。对运行中渗漏油的互感器，应根据情况限期处理，必要时进行油样分析，对于含水量异常的互感器要加强监视或进行油处理”，因此部分内容已经列入运维人员的日常工作，故无须在反措中要求。重点提出应重视倒立式电流互感器、电容式电压互感器电容单元的巡视，发生渗漏油情况应立即退出运行，避免事故发生。

11.1.3.5 为2012年版《十八项反措》11.1.3.8。删除内容在2012年版《十八项反措》11.1.3.3条中已经要求。重点对电流互感器应立即退出运行的情况进行要求。

11.1.3.6 为2012年版《十八项反措》11.1.3.10。将“注意验算”修改为“校核”。应根据电网发展的情况，及时对电流互感器的动、热稳定电流进行校核，以满足变电站的短路电流值。

11.1.3.7 为2012年版《十八项反措》11.1.3.12。删除“对结构不合理、截面偏小、强度不够的末屏应进行改造；检修结束后应检查确认末屏接地是否良好。”运维阶段只能要求运维及检修人员做好对互感器的末屏接地引线进行检查、检修和维护。原文对结构不合理、截面偏小、强度不够的末屏改造标准不明确。

11.2.1 为2012年版《十八项反措》11.2.1。删除“应注意的问题”，与其余章节形式保持一致。

11.2.1.1 为2012年版《十八项反措》11.2.1.2。将“应要求采用强度足够的铸铝合金制造”修改为“应具有足够的机械强度”，“连接筒移位”修改为“连接筒变形、移位”。主要对电容屏机械强度提出要求，不限制材质。

11.2.1.2 为新增条款。根据《1003001-0220-01-220kV SF_6气体绝缘电流互感器专用技术规范》提出此条。

11.2.1.3 为新增条款。根据实际情况，存在因防爆膜积水、锈蚀造成的设备受潮、低气压报警，因此建议防爆装置应采用防积水、冻胀的结构。

11.2.1.4 为新增条款。密度继电器连接应满足不拆卸校验的要求，避免校验时拆卸造成密封不良、气体泄漏等问题发生，增加防雨罩防止二次接线受潮。

11.2.1.5 为新增条款。依据《电气装置安装工程 电力变压器、油浸电抗器、互感器施工及验收规范》(GB 50148—2010)，防止吊装不当破坏密封。

11.2.2 为2012年版《十八项反措》11.2.2.删除“应注意的问题”，与其余章节形式保持一致。

11.2.2.1 为2012年版《十八项反措》11.2.2.2和11.2.2.3.主要提出对运输阶段内容统一要求，加强电流互感器运输过程控制和保证的措施。

11.2.2.2 为2012年版《十八项反措》11.2.2.4.将“允许的范围内”修改为“微正压状态”，明确运输时所充气体压力控制在微正压状态。

11.2.2.3 为2012年版《十八项反措》11.2.2.6.删除“必要时进行局部放电试验”，主要原因在于现场运行互感器类的局放测量，升压设备和现场干扰问题都不易解决，强制执行确有困难。

11.2.3 为2012年版《十八项反措》11.2.3.删除“应注意的问题”，与其余章节形式保持一致。

11.2.3.1 为2012年版《十八项反措》11.2.3.3。依据《国家电网公司变电运维通用管理规定》［国网（运检/3）828-2017］第7分册：电压互感器运维细则1.2，加入严重漏气时的要求。压力值下降到0.2MPa（相对压力）后，需要进行检修、补气处理。同时，明确气体压力值为相对压力。由于泄漏原因导致补气较多时，为防止设备内部绝缘件由于泄露而受潮，投运前应对设备进行老练、耐压试验。依据《输变电设备状态检修试验规程》（Q/GDW 1168—

2013）5.4.2.2 的要求。

11.2.3.2　为 2012 年版《十八项反措》11.2.3.1、11.2.3.2、11.2.3.6 条款合并。主要提出对 SF_6 气体微水的检测要求进行统一。将年漏气率由 0.5%修改为 1%，原标准过于严格。以年漏气率为 1%为例，设备额定压力为 0.6MPa 时，压力降低至报警值 0.55MPa，根据压降法计算，两次补气间隔时间约为 85 个月。

11.2.3.3　为新增条款。依据专家组意见，增加气体绝缘互感器也需要定期校验动、热稳定电流工作要求。

11.2.3.4　为新增条款。依据专家组意见增加气体绝缘互感器巡视时的工作注意事项。

11.3.1.1　为新增条款。依据《关于印发〈国家电网公司防止直流换流站单、双极强迫停运二十一项反事故措施〉的通知》（国家电网生〔2011〕961 号）7.1.5 的要求。主要提出电子式电流互感器的测量传输模块应有两路独立的电源，防止因一路电源失电后导致互感器的信息无法传输，且每路电源均有监视功能。

11.3.1.2　为新增条款。依据《关于印发〈国家电网公司防止直流换流站单、双极强迫停运二十一项反事故措施〉的通知》（国家电网生〔2011〕961 号）7.1.6 的要求。主要提出电子式电流互感器的户外接线盒应满足的防尘防水等级，防止因设备进入灰尘、积水导致光缆线芯不通。

11.3.1.3　为新增条款。根据现场实际工作经验，电子式互感器大部分事故由于采集器的抗电磁干扰能力不强，导致的设备故障、保护动作，因此要求电子式互感器的采集器具备良好的环境适应性和抗电磁干扰能力。

11.3.1.4　为新增条款。依据《互感器　第 7 部分：电子式电压互感器》（GB/T 20840.7—2007）6.3 短路承受能力“制造方应指明，短路消除后二次输出电压恢复（达到准确级限值内）所需的时间。”

11.3.1.5　为新增条款。现场实际运行工作中缺少对集成光纤后的光纤绝缘子进行试验，导致部分光纤绝缘子出现绝缘击穿的现象，因此要求对集成光纤后的光纤绝缘子开展试验。试验方法参照《标称电压高于 1000V 使用的户内和户外聚合物绝缘子　一般定义、试验方法和接受准则》（GB/T 22079—2008）。

11.3.2.1　为新增条款。依据《关于印发〈国家电网公司防止直流换流站单、双极强迫停运二十一项反事故措施〉的通知》（国家电网生〔2011〕961 号）7.3.2 的要求。

11.3.2.2　为新增条款。根据现场实际工作经验提出，电子式互感器在交接时应在合并单元输出端子处进行误差校准试验。

11.3.2.3　为新增条款。依据《电子式互感器现场交接验收规范》（DL/T 1544—2016），增加此试验要求。

11.3.3.1　为新增条款。根据现场实际工作经验提出，电子式互感器更换器件后，应在合并单元输出端子处进行误差校准试验，以满足设备现场运行要求。

11.3.3.2　为新增条款。依据专家组意见增加电子式互感器运行中对在线监测光功率数值的要求。

11.4.1.1　为新增条款。根据实际运行工作经验，变电站户外环氧树脂浇注干式电流互感器事故率较高。

11.4.2.1　为新增条款。根据现场实际运行经验，干式互感器出现多次绝缘击穿现象，因此要求设备在出厂时应逐台进行局放试验。

11.4.2.2 为新增条款。电磁式干式电压互感器在交接时应对互感器的空载电流进行测量，防止中性点非直接接地系统发生由于电磁式电压互感器饱和产生的励磁谐振过电压。

11.4.3.1 为新增条款。结合运行实际经验对环氧树脂浇筑的干式互感器外绝缘劣化提出具体的处置方式。

11.4.3.2 为新增条款。根据现场工作经验，为运维人员进行异常情况处理提供依据，指导运维遇到这种情况如何处理。

征求意见及采纳情况

“防止互感器损坏事故”部分第1次征求意见收到131条意见和建议，采纳和部分采纳23条；第2次征求意见收到104条意见和建议，采纳和部分采纳29条。未采纳的主要原因：一是部分内容描述不清，未提供佐证案例支撑等；二是部分建议非对应设计、基建阶段的内容要求；三是部分建议内容属于管理类条款及常规故障处理流程；四是部分建议内容为规程、标准要求，无须在反措中要求。

12 防止GIS、开关设备事故编制说明

总体说明

本章重点是防止GIS、开关设备事故。根据事故类别，从“防止断路器事故”“防止GIS事故”“防止敞开式隔离开关、接地开关事故”“防止开关柜事故”四个方面，按照设计制造、基建和运行三个阶段，针对近6年电网设备运行中出现的新问题，参考并引用了2012年版《十八项反措》发布后，新颁布的国家、地方政府、行业以及国家电网公司企业标准和文件提出相关内容，提出防止GIS、开关设备事故的措施。修改、补充和完善相关条款，对原文中已不适应当前电网实际情况或已写入新规范、新标准的条款进行删除、调整。

考虑到近年来在防止GIS设备事故方面形成了不少新的专业要求和管理经验，本次修编将2012年版《十八项反措》“防止GIS（包括HGIS）、SF_6断路器事故”一节，按照“防止断路器事故”“防止GIS事故”分节编写。考虑到便于查阅执行的要求，将2012年版《十八项反措》“10.2.1 并联电容器装置用断路器部分”相关内容合并至本章节。

条文说明

前言部分为本次修改完善内容，主要对过期规章制度进行了替换，结合国家电网公司近年来开关专业管理要求对相关标准、文件进行增补。

12.1.1.1 根据2012年版《十八项反措》12.1.1.4修改。将原文“绝缘操作杆、盆式绝缘子、支撑绝缘子”简化为“绝缘件”。生产厂家应提供试验报告。

12.1.1.2 根据2012年版《十八项反措》12.1.1.5、10.2.1.1修改。明确了断路器机械操作试验的要求。

12.1.1.3 根据2012年版《十八项反措》12.1.1.6修改。将“断路器与GIS本体”简化为“被

监测气室”。增加对严寒地区密度继电器准确度的要求。对于冬季需开启伴热带的设备，应根据现场实际情况确定密度继电器安装位置或采取措施，使密度继电器所处环境温度与本体内气体温度尽可能保持一致。

12.1.1.4　根据 2012 年版《十八项反措》12.1.1.9 修改。部分断路器取消 RC 加速回路可能导致开断性能下降，因此增加了随设备换型进行改造的说明。

12.1.1.5　根据 2012 年版《十八项反措》12.1.1.10 修改。细化了机构箱、汇控箱防护性能的要求。

12.1.1.6　为新增条款。针对温控器自燃等故障，增加二次元件阻燃性能要求。气囊式时间继电器可靠性低、计时误差大，不应用于断路器机构。

明确了断路器出厂试验、交接试验及例行试验中应校验中间继电器、时间继电器、电压继电器动作特性。对断路器机构分/合闸控制回路端子排、继电器布置提出要求，防止断路器因机构二次回路原因误动。

12.1.1.7　为新增条款。母联（分段）、主变、高抗回路不允许非全相运行，选用机械联动断路器有利于降低合闸涌流。且电气联动开关需增加三相不一致保护，可靠性较差。

12.1.1.8　为新增条款。确保两套脱扣器能够独立、可靠动作。

12.1.1.9　为新增条款。保证断路器分合闸控制回路长期运行可靠性。

12.1.1.10　为新增条款。参考《126kV～550kV 交流断路器采购标准　第 1 部分：通用技术规范》（Q/GDW 13082.1—2014）5.4.1。

12.1.1.11　根据 2012 年版《十八项反措》12.2.3.7 修改。将瓷件胶装部位涂防水胶要求前移至设备制造阶段。

12.1.1.12　为新增条款。针对当前国内隔离断路器防误功能的现状提出。

12.1.2.1　根据 2012 年版《十八项反措》12.1.2.5 修改。明确交接及例行试验均应进行防跳继电器、非全相继电器的传动。防跳继电器动作时间应小于辅助开关切换时间，防止发生断路器跳跃现象。

12.1.2.2　根据 2012 年版《十八项反措》12.1.2.6 修改。多断口断路器可整体测量合闸电阻阻值。

12.1.2.3　根据 2012 年版《十八项反措》12.1.2.7 修改。取消了操动机构辅助开关的转换时间与断路器主触头动作时间之间的配合试验的要求。

12.1.2.4　根据 2012 年版《十八项反措》12.1.2.9 修改。新设备抽真空后再注入绝缘气体可有效避免运行设备混入不合格气体或误混氮气等。补充了使用混合绝缘气体应测量混合气体的比例的要求。

12.1.2.5　为新增条款。避免损坏灭弧室及操动机构。

12.1.2.6　根据 2012 年版《十八项反措》12.1.3.6 修改。明确弹簧机构断路器交接试验和例行试验中应进行机械特性试验，增加测量分/合闸线圈电流波形的要求。因现场执行困难，取消了抽检弹簧拉力的要求。

12.1.3.1　根据 2012 年版《十八项反措》12.1.3.3 修改。明确了停电处理的方式。

12.1.3.2　根据 2012 年版《十八项反措》12.1.3.4 修改。气动机构断路器应具备气水分离和自动排污功能。

12.1.3.3　为新增条款。可有效发现设备拒动隐患。

12.1.3.4　为新增条款。对投切无功负荷的开关设备应实施更严格的差异化运维。

12.2.1.1　为2012年版《十八项反措》12.1.1.8。依据运行经验进行修改修改。户外GIS设备安装在低温、日温差大、沿海、污秽等级高、污染源附近等地区时，易出现壳体锈蚀、漏气、汇控柜和机构箱漏雨、二次端子锈蚀等问题，造成安全隐患。将推荐采用户内安装的GIS电压等级有条件的扩大至500kV。

12.2.1.2　为2012年版《十八项反措》12.1.1.3。依据运行经验进行修改。综合考虑故障后维修，处理气体的便捷性以及故障气体的扩散范围，将设备结构参量及气体总处理时间共同作为划分气室的重要因数，提高检修效率。

12.2.1.3　为新增条款。依据《国家电网公司关于印发户外GIS设备伸缩节反事故措施和故障分析报告的通知》(国家电网运检〔2015〕902号)进行新增。对设计阶段伸缩节选型、配置方案、调整参数等技术指标提出要求，提高伸缩节配置质量。

12.2.1.4　为2012年版《十八项反措》12.1.1.7。依据2017年版《电网设备技术标准差异条款统一意见》组合电器第32条进行新增，3/2接线方式与其他接线方式分开说明。

12.2.1.5　为新增条款。依据《国家电网公司关于印发电网设备技术标准差异条款统一意见的通知》(国家电网科〔2017〕549号)组合电器第7条进行新增，对金属法兰盆式绝缘子跨接方式提出要求，提高接地通路的可靠性。由于热膨胀系数不同，户外GIS跨接部位若采用螺栓直连，容易引起法兰螺孔处出现缝隙，进水腐蚀导致漏气。

12.2.1.6　为新增条款。依据现场运行经验进行新增，对法兰对接面密封及防水胶涂覆提出要求。户外GIS长期经受雨水腐蚀，法兰对接面、接缝等部位容易发生漏气故障，运行经验表明，法兰对接面采用双密封圈、表面涂防水胶，密封效果比较好。

12.2.1.7　为新增条款。依据《国家电网公司关于印发电网设备技术标准差异条款统一意见的通知》(国家电网科〔2017〕549号)组合电器第26条进行新增，对GIS扩建预留接口提出要求，便于后期扩建工程施工及试验。

12.2.1.8　为新增条款。依据运行经验进行新增，对吸附剂罩材质及安装方式提出要求，避免吸附剂掉落罐体引起放电故障。

12.2.1.9　为新增条款。依据运行经验进行新增，对盆式绝缘子布置方式提出要求，避免由于触头动作等磨损因素造成金属屑之类的异物掉落，在盆式绝缘子表面积累，引起放电。

12.2.1.10　为新增条款。依据运行经验进行新增，对相间连杆采用转动及链条传动方式设计的三相机械联动隔离开关，提出从动相同时安装分合闸指示器的要求，便于直观、有效地判断隔离开关三相实际分、合位置，避免传动系统失效所引起的分合不到位的情况未必发现，从而引起故障。

12.2.1.11　为2012年版《十八项反措》12.1.1.5。依据运行经验进行修改，增加了对机械操作试验的要求，考核更全面。

12.2.1.12　为2012年版《十八项反措》12.1.1.4。依据运行经验进行修改，对GIS内绝缘件在局部放电试验要求的基础上，增加X射线探伤试验和工频耐压试验要求，考核更全面。

12.2.1.13　为新增条款。依据运行经验增加GIS设备材料和材质检验要求，提高设备质量。

12.2.1.14　为新增条款。依据《国家电网公司关于印发电网设备技术标准差异条款统一意见的通知》(国家电网科〔2017〕549号)组合电器第2条进行新增，对GIS出厂绝缘试验提出要求。雷电冲击耐压试验对GIS内部存在的金属颗粒、杂质、尖端毛刺、装配松动等情况较为敏感，进行此项试验，可有效将此类问题在出厂前消除。

12.2.1.15 为新增条款。依据运行经验进行新增，对GIS及罐式断路器罐体焊缝的检测提出要求，避免焊接不良导致漏气。

12.2.1.16 为新增条款。依据运行经验进行新增，对GIS防爆膜装配提出要求，避免防爆膜设计、安装不良，导致运行过程中防爆膜破裂，对设备和人员造成伤害。

12.2.1.17 为新增条款。依据运行经验进行新增，对GIS充气口保护封盖材质提出要求，避免不同材质导致充气口发生电化学腐蚀将螺纹咬死打不开，造成停电检修。

12.2.2.1 为新增条款。依据《国家电网公司关于印发电网设备技术标准差异条款统一意见的通知》（国家电网科〔2017〕549号）组合电器第4条进行新增，对GIS运输提出要求。

12.2.2.2 为2012年版《十八项反措》12.1.2.2原文，仅进行语句简写，实际内容未修改。

12.2.2.3 为2012年版《十八项反措》12.1.2.1。依据运行经验进行修改，同时新增800kV及以上GIS现场安装时的要求，提高安装质量。

12.2.2.4 为2012年版《十八项反措》12.1.2.3。依据运行经验进行修改，新增检查插接深度标线及回路电阻的要求，明确检查导体插接良好的具体措施，便于现场执行。

12.2.2.5 为新增条款。依据运行经验进行新增，对GIS二次电缆槽盒安装提出要求。二次电缆槽盒底部悬空松动，易引起二次接线松动。电缆槽盒不通风、无排水措施时，水汽易从管路进入二次回路，引起接线端子锈蚀。

12.2.2.6 为新增条款。依据运行经验新增，对GIS穿墙壳体与墙体之间的防护措施提出要求，避免壳体腐蚀导致漏气。

12.2.2.7 为新增条款。依据《国家电网公司关于印发户外GIS设备伸缩节反事故措施和故障分析报告的通知》（国家电网运检〔2015〕902号）进行新增。对伸缩节安装后的调整和验收提出要求，保证伸缩节安装质量。

12.2.3.1 为新增条款。依据运行经验进行新增，新增倒闸操作前后三相电流不平衡时处理措施的要求。

12.2.3.2 为2012年版《十八项反措》12.1.3.2，简化部分内容。

12.2.3.3 为新增条款。依据《国家电网公司关于印发户外GIS设备伸缩节反事故措施和故障分析报告的通知》（国家电网运检〔2015〕902号）进行新增，对运行阶段提出伸缩节巡视要求，及时发现伸缩节隐患。

12.3.1.1 为新增条款。根据运行经验增订。单臂伸缩式隔离开关（包含单柱单臂垂直伸缩式隔离开关及双柱水平伸缩式隔离开关）破冰能力较差，内部，钳夹式触头易受污秽和结冰等影响，导致触头动作卡滞、电接触面受污染导致接触不良等故障。南方山区峡谷地带，冬春季多大风，配钳夹式触头的单臂伸缩式隔离开关在大风作用下易大幅摆动而损坏。采用悬吊式管形母线的变电站，管母存在微风振动现象，造成隔离开关触头接触不良发热及伸缩臂变形无法分合操作等问题。

12.3.1.2 为新增条款。强调了国家电网公司《高压隔离开关订货的有关规定（试行）》（国家电网公司生产输变〔2004〕4号）关于隔离开关主触头镀银层厚度和硬度的要求，根据触头镀银层在经受分合闸操作摩擦后可能脱落、剥离的实际工况，增加了镀层附着力测试要求。镀层附着力测试应按照《银电镀层规范》（SJ/T 11110—2016）的要求执行。强调了国家电网公司物资采购标准中关于隔离开关出厂试验应开展金属镀层检测的要求。

12.3.1.3 为新增条款。强调了国家电网公司《高压隔离开关订货的有关规定（试行）》（国家电网公司生产输变〔2004〕4号）关于触头弹簧的要求。

12.3.1.4 为新增条款。根据运行经验增订。对导电回路运动部位过渡连接的结构型式作出规定。运行经验表明，转动触指盘、铜编织带、不带保护的铝制叠片式软导电带等连接方式在长期运行后容易出现外壳渗水、触指和焊接点脱落、腐蚀断裂等问题，导致导电回路发热。

12.3.1.5 为新增条款。根据运行经验增订。运行经验表明，铸造不锈钢万向轴承在运行中容易因“氢脆”等应力腐蚀问题断裂，采用砂型铸造的铝合金件内部常存在砂眼、气孔等铸造缺陷，运行中受力后可能发生脆性断裂。部分设备垂直连杆等采用封口设计，导致内部积水腐蚀或结冰胀裂。

12.3.1.6 为新增条款。根据运行经验增订。运行经验表明，配钳夹式触头的单臂伸缩式隔离开关采用非全密封、硅橡胶异形密封等结构时，长期防水性能不良，造成导电臂进水、积污、结冰，导致卡涩拒动。部分设备在滑动配合部位采用不锈钢销轴配不锈钢轴套，或钢制镀锌销轴配黄铜轴套等结构，轴套与轴销接触面在长期运行后发生电化学腐蚀，导致卡涩拒动。非全密封结构的转动轴承座和操作绝缘子底座轴承在长期运行后易积污、腐蚀，导致卡涩拒动。

12.3.1.7 为2012年版《十八项反措》12.2.2.3。根据运行经验修改。隔离开关应采用驱动拐臂过“死点”并限位自锁等结构，使隔离开关可靠地保持于合闸位置。

12.3.1.8 为2012年版《十八项反措》12.2.1.2。强调了国家电网公司《高压隔离开关订货的有关规定（试行）》（国家电网公司生产输变〔2004〕4号）关于出厂试验的相关要求。鉴于该条款要求早已纳入国家电网公司物资采购标准，取消了原条款关于“220kV及以上电压等级隔离开关和接地开关”的限定，扩大了适用范围。

12.3.1.9 为新增条款。强调了国家电网公司《高压隔离开关订货的有关规定（试行）》国家电网公司生产输变〔2004〕关于瓷绝缘子制造的相关要求。强调了国家电网公司物资采购标准中关于出厂试验中瓷绝缘子探伤检测的要求。

12.3.1.10 为2012年版《十八项反措》12.2.1.3。根据运行经验修改。明确了发生电动或手动误操作时，设备应能可靠闭锁，且不得损坏任何元器件。

12.3.1.11 为新增条款。强调了国家电网公司物资采购标准中关于防止电动操作不停闸导致设备损坏，及防止某些情况下操作后接触器未失磁时，投电机电源隔离开关误动的相关要求。

12.3.2.1 为2012年版《十八项反措》12.2.2.2。参照《国家电网公司关于印发电网设备技术标准差异条款统一意见的通知》（国家电网科〔2017〕549号）对相关要求进行细化。运行经验表明，电气接线端子发热日益成为高压隔离开关主要的导电回路过热故障类型之一。导电回路电阻测试应在设备完全安装、连接完毕后进行，避免导线连接后设备接触情况发生变化。电气接线端子发热的主要原因是安装工艺不良。因此考虑在交接试验中进行一并检查。

12.3.2.2 为新增条款。根据运行经验增订。隔离开关吊装和连接导线等过程存在绝缘子冲击破损、异常受力等风险，因此绝缘子探伤应在设备安装完好并完成所有连接后进行。

12.3.3.1 为2012年版《十八项反措》12.2.3.1，未修改。

12.3.3.2 为2012年版《十八项反措》12.2.3.3。部分要求已纳入12.2.1.6，精简了本款内容。

12.3.3.3 为2012年版《十八项反措》12.2.3.5，未修改。

12.3.3.4 为2012年版《十八项反措》12.2.3.7。根据运行经验修改。取消原条款关于“处于严寒地区、运行10年以上的”的限定，扩大了适用范围。

12.4.1.1 为2012年版《十八项反措》12.3.1.1及4.2.5。依据运行经验修订，特别提出开关柜带电显示装置与接地开关（柜门）之间的强制闭锁关系。由于目前选用的开关柜绝大部分为金属全封闭型开关柜，设备检修时无法进行直接验电，故要求新装开关柜装设具有自检功能的带电显示装置进行间接验电；为防止运检人员失误打开带电柜门或带负荷合接地开关，要求带电显示装置与接地开关（柜门）实现强制闭锁。若开关柜带电显示装置闭锁接地开关，接地开关通过联锁主轴机械闭锁后柜门，此种间接闭锁情况亦满足要求。考虑到带电显示装置是易损件，为便于维护，带电显示装置应装设在仪表室。

开关柜内主变进线与主母线不得共室。在运开关柜若主变进线与主母线共室，应在前后柜门装设醒目的警示标识，防止部分设备停电检修时，发生人身触电事故。

开关柜的柜门关闭时防护等级应达到IP4X或以上，断路器隔室柜门打开时防护等级达到IP2X或以上。其中，防护等级IP4X指防止1.0mm及以上的物体进入，防止导线接近（直径1.0mm长100mm的试验导线）；IP2X指防止12.5mm及以上的物体进入，防止手指接近（直径12mm长80mm的试指）。

12.4.1.2 为2012年版《十八项反措》12.3.1.1。依据《高压开关设备和控制设备标准的共用技术要求》（DL/T 593—2016）5.14.2及《国家电网公司关于印发电网设备技术标准差异条款统一意见的通知》（国家电网科〔2017〕549号）中“关于开关柜的绝缘件爬电比距”和“关于开关柜空气绝缘净距离限制的问题”的条款统一意见要求进行修订，完善了开关柜空气绝缘净距离要求，将爬电比距要求修改为最小标称统一爬电比距要求；同时增加了“新安装开关柜内严禁使用绝缘隔板。即使母线加装绝缘护套和热缩绝缘材料，也应满足空气绝缘净距离要求”的要求。

原因如下：

（1）按照《高压开关设备和控制设备标准的共用技术要求》（DL/T 593—2016）5.14.2户内开关设备外绝缘的爬电距离：其最小标称爬电比距 l_t 应该不小于 $\sqrt{3}\times$18mm/kV（瓷质）和 $\sqrt{3}\times$20mm/kV（有机）。新标准中，爬电比距的定义与原反措中统一爬电比距有所变化，但最终计算的爬电距离是一致的。

（2）物资采购标准Q/GDW 13088.1—2014《12kV～40.5kV高压开关柜采购标准 第1部分：通用技术规范》中40.5kV开关柜外形尺寸为2800×1400×2600及2800×1200×2600，导致柜内导体间最小空气净距无法达到300mm要求（300mm×4+120mm×3=1560mm），因此各生产厂家开关柜内普遍采用绝缘隔板或固体封装等措施以满足标准要求。但目前各生产厂家采用的绝缘材料普遍性能不良且行业缺乏检测手段，绝缘隔板极易受潮丧失绝缘，热缩护套长期运行后易开裂、脱落，开关柜长期运行后绝缘性能下降，造成开关柜故障频发，严重影响电网安全运行。

（3）由于目前运行开关柜采用的绝缘隔板、热缩绝缘护套等绝缘材料阻燃性能不良，导致开关柜内部绝缘故障时起火燃烧，甚至造成火烧连营的严重后果。开关柜内用以加强绝缘的大量绝缘材料，在开关柜发生绝缘故障时极易扩大事故范围。

（4）如采用固体绝缘封装或硫化涂覆等技术，可适当降低其绝缘距离要求，绝缘净距不得小于240mm。

12.4.1.3 为新增条款。依据《3.6kV～40.5kV交流金属封闭开关设备和控制设备》（DL/T 404—2007）6.2.8的要求，主要提出开关柜及内部元件进行凝露和污秽型式试验的相关要求。

12.4.1.4 为2012年版《十八项反措》12.3.1.2。根据当前试验技术水平修订，删除了“对于额定短路开断电流31.5kA以上产品可按照31.5kA进行内部故障电弧试验”。目前试验站已有能力进行40kA产品内部燃弧试验。

12.4.1.5 为2012年版《十八项反措》12.3.1.2。依据运行经验修订，从开关柜运行时人员和设备的安全角度出发，提出泄压通道和压力释放装置的设计要求。

12.4.1.6 为2012年版《十八项反措》12.3.1.4。依据运行经验修订。明确了关键部位安全警示标示要求。为保证开关柜具备IAC级抗弧性能及长期运行可靠性，柜内隔离活门、静触头盒固定板应采用金属材质并可靠接地。

12.4.1.7 为2012年版《十八项反措》条款12.3.1.5。依据《塑料燃烧性能的测定水平法和垂直法》（GB/T 2408）进行修订，补充绝缘件阻燃等级要求。“V–0级”，指垂直燃烧试验，对样品进行两次10s的燃烧测试后，火焰在30s内熄灭，不能有燃烧物掉下。开关柜中的绝缘件应采用阻燃性绝缘材料（如环氧树脂或SMC材料），严禁采用酚醛树脂、聚氯乙烯及聚碳酸酯等有机绝缘材料。

12.4.1.8 为2012年版《十八项反措》12.3.2.2。依据运行经验修订，进一步明确说明在开关柜间连通部位应采取有效的封堵隔离措施，防止开关柜火灾蔓延。

12.4.1.9 为2012年版《十八项反措》原文12.3.1.8，未修改。

12.4.1.10 为新增条款。依据《交流高压开关设备技术监督导则》（国家电网企管〔2014〕890号）5.2.3及物资采购标准《12kV～40.5kV高压开关柜采购标准 第1部分：通用技术规范》（Q/ GDW 13088.1—2014）5.2.6的要求进行修订，主要提出24kV及以上开关柜内的穿柜套管、触头盒应采用内外屏蔽结构（内部浇注屏蔽网）均匀电场产品，不得采用无屏蔽或内壁涂半导体漆屏蔽产品，屏蔽引出线应采用复合绝缘包封；穿柜套管、触头盒的等电位连线（均压环）应与母线及部件内壁可靠固定（接触），等电位线的长度要适中，不得出现余度过长绕圈打弯，保证其与母线等电位，防止产生悬浮电位造成放电。不应采用弹簧片作为等电位连接方式。

12.4.1.11 为新增条款。依据物资采购标准《12kV～40.5kV高压开关柜采购标准 第1部分：通用技术规范》（Q/GDW 13088.1—2014）5.2.23的要求，提出柜内电缆连接端子高度要求，为保证电缆安装后伞裙不被接地部分短接，电缆接线端子对底板高度应大于700mm。

12.4.1.12 为新增条款。依据《电网金属技术监督规程》（DL/T 1424—2015）5.2.1的要求，提出开关柜内母线搭接面、隔离开关触头、手车触头表面镀银层厚度要求。同时，按照《银电镀层规范》（SJ/T 11110—2016）的要求开展镀层结合力抽检。

12.4.1.13 为新增条款。依据《导体和电器选择设计技术规定》（DL/T 5222—2005）7.3.9的要求和运行经验，提出防止开关柜涡流发热的相关措施。又因高压开关设备额定电流取值均是R10系列数值，要求额定电流1600A及以上开关柜应在主导电回路周边应采取有效隔磁措施，如在封闭母线桥架、穿柜套管、触头盒等的外壳、安装板、母线夹具等位置，采取避免构成闭合磁路或装设短路环等措施。

12.4.1.14 为新增条款。依据物资采购标准《12kV～40.5kV 高压开关柜采购标准 第1部分：通用技术规范》（Q/ GDW 13088.1—2014）5.2.15 的要求和运行经验，提出开关柜观察窗材质及安装要求。运行中经常发生开关柜内部故障后观察窗炸裂的情况，对运行巡视人员和检修人员人身安全带来一定风险，故要求加强开关柜观察窗的材质及安装管理。

12.4.1.15 为新增条款。依据《预防交流高压开关柜人身伤害事故措施》（国家电网生〔2010〕1580号）第十九条的要求，禁止对开关柜随意进行柜体开孔改造。目前新开关柜制造过程中或老开关柜运行中，个别单位未进行开关柜型式试验验证，在柜体上开孔加装测温窗口，破坏了开关柜内部故障防护性能，给人身和设备带来风险。

12.4.1.16 为2012年版《十八项反措》12.3.1.6。依据《国家电网公司关于印发电网设备技术标准差异条款统一意见的通知》（国家电网科〔2017〕549号）中“关于开关柜配电室配置除湿设备的要求”的要求，提出空调、除湿机等设备设施的使用条件。运行中因环境温度、湿度过高而引起的开关柜内元部件老化、放电、损坏时有发生，影响了开关柜的安全可靠运行，因此建议除湿防潮设备应选用除湿机或空调。同时，为保证配电室除湿效果，要求门窗应密闭良好，电缆沟等孔洞应封堵严密。开关柜设备故障情况下，人员进入前需要开启室内排风机进行排烟，故需要将排风机控制开关设在室外。

12.4.1.17 为新增条款。依据现场运行经验，主要提出站用变压器、接地变压器位置设计的相关要求。因站用变压器、接地变压器故障多发，若其布置在开关柜内或临近开关柜易造成开关柜设备烧损，建议将其单独布置，且远离开关柜。该条款设计阶段提出，是针对新设备所提要求；运行站可根据实际运行情况采取有效防火措施。

12.4.1.18 为新增条款。依据现场运行经验，主要提出开关柜避雷器选型和布置的相关要求。瓷质避雷器在击穿后易发生爆炸，因此开关柜内应选用硅橡胶外套氧化锌避雷器。为避免避雷器故障造成开关柜损坏，主变压器中、低压侧进线避雷器不宜布置在进线开关柜内，而安装在主进母线桥处。

12.4.2.1 为新增条款。依据现场运行经验，主要提出开关柜模拟显示图、设计图纸与实际接线的一致性要求。曾经发生过由于开关柜模拟显示图与实际接线不一致造成运检人员人身伤亡的案例，因此要求验收时对开关柜模拟图、设计图纸与实际接线进行核实，确保一致。

12.4.2.2 为2012年版《十八项反措》12.3.2.3。依据运行经验，补充“对泄压通道的安装方式进行检查，应满足安全运行要求”。泄压通道和压力释放装置是防止开关柜内部电弧后对运行操作人员造成伤害的重要保障。现场应检查开关柜泄压通道或压力释放装置与型式试验样机一致。特别注意，柜顶装有封闭母线桥架的开关柜，其母线舱也应设置专用的泄压通道或压力释放装置。

12.4.2.3 为新增条款。依据运行经验，主要提出开关柜导体安装的相关要求。单螺栓连接不可靠，易造成设备发热，目前新生产的开关柜个别部位如小电流手车的动、静触头固定螺栓仍为单螺栓，运行中易造成松动发热。故要求柜内一次导体不应使用单螺栓连接，安装时螺栓可靠紧固，力矩符合要求；验收时应对导体连接情况逐一检查，重点检查手车触指、触头弹簧弹力、静触头固定、电缆端子连接情况。

12.4.3.1 为2012年版《十八项反措》12.3.3.4。删除了缺陷定性的管理性要求，其余未修改。

12.4.3.2　为新增条款。依据运行经验，主要提出开关柜操作的相关要求，防止强行操作造成部件损坏。

征求意见及采纳情况

“防止GIS、开关设备事故”部分第1次征求意见收到238条意见和建议，采纳和部分采纳75条；第2次征求意见收到49条意见和建议，采纳和部分采纳16条。未采纳的主要原因：一是提出的意见或建议过于局限于某一局部问题，有的属于基本管理问题，无须加入本反措；二是所提出的意见或建议已在管理规定、规程中有所体现。

13　防止电力电缆损坏事故编制说明

总体说明

本章重点是防止电力电缆损坏事故，针对近几年的电力电缆故障、火灾事件等问题，从设计、基建、运行等阶段提出防止绝缘击穿、防止电缆火灾、防止外力破坏和设施被盗的措施，结合国家、地方政府、相关部委以及国家电网公司近几年发布的法律、法规、规范、规定、标准和相关文件提出的新要求，修改、补充和完善相关条款，对原文中已不适应当前电网实际情况或已写入新规范、新标准的条款进行删除、调整。

条文说明

13.1.1.1　为2012年版《十八项反措》13.1.1.1和13.1.1.2。考虑气候环境影响电缆和附件选型，增加“环境”要素。

13.1.1.2　为2012年版《十八项反措》13.1.1.3原文，未修改。

13.1.1.3　为2012年版《十八项反措》13.1.1.4。将“宜”改为“应”提高要求，增加“人员密集区域或有防爆要求场所应选择复合套管终端。110kV及以上电力电缆不应选择户外干式柔性终端。”的要求。

修改条款说明：

（1）“宜”改为“应”，双路或多路电源电缆选用同生产厂家产品，一旦出现批次性质量问题，将大大延长事故抢修时间和供电恢复时间。选择不同生产厂家产品，可防止电缆、附件批次性质量问题造成的全停风险。

（2）相比瓷套式终端，复合套管式终端在发生事故时不易产生爆炸碎片，可大大降低人员伤亡和引发二次事故的概率。

（3）110kV及以上电缆户外干式柔性终端故障率偏高，仅2015年以来国家电网公司系统110kV及以上电缆户外干式柔性终端故障达32次。且110kV及以上电缆户外干式柔性终端存在以下不足：①《额定电压66kV～220kV交联聚乙烯绝缘电力电缆户外终端安装规程》（DL/T 344—2010）6.2中规定，将电缆固定在电缆终端支架内再进行终端安装，但目前全预制干式柔性终端大部分是在终端塔下安装完成后，吊装到终端塔上固定，部分终端安装位置偏高（在塔上二三十米左右），吊装过程中应力锥易产生位移。②为减少停电时间或者耐压试验时接线方便，部分终端在地面安装完毕后直接进行交接耐压试验，然后再吊装上塔，上塔过程中产生的问题耐压试验考核缺失。③全预制干式柔性终端设计施工时存在在塔上固定不牢靠问题，且终端的固定角度不一，极端时存在终端倾斜角度接近 90°，此种情况下终端易随风摆动，使应力锥产生位移，进一步导致击穿。

13.1.1.4　为新增条款。提出了耐压试验作业空间、安全距离的要求，方便开展电缆试验。根据国家电网公司《电力电缆线路试验规程》（Q/GDW 11316）的要求，电缆线路的交接工作必须做主绝缘交流耐压试验，因此在设计阶段配套相应的试验套管可方便后期开展试验。同时，增加隔离开关可将终端与其他设备间进行隔离，方便耐压试验的进行，并有利于发生故障后进行检测维修。

13.1.1.5　为新增条款。提出设立户外终端检修平台的要求。根据《电力电缆及通道运维规程》（Q/GDW 1512）要求，运维单位需要对电缆线路进行定期巡检，其中包括电缆终端表面检查、带电检测等诸多项目。安装检修平台可便于运维人员开展巡视和检测工作，也有助于提高检修、抢修的效率。

13.1.1.6　为 2012 年版《十八项反措》13.1.1.5。将 66kV 电压等级补充进 110kV 后的括号内，并在“工艺”前强调“三层共挤”。

13.1.1.7　为 2012 年版《十八项反措》13.1.1.6 原文，未修改。

13.1.1.8　为 2012 年版《十八项反措》13.1.1.7 原文，未修改。

13.1.1.9　为 2012 年版《十八项反措》13.1.1.8。增加出站沟道严禁布置电缆接头、110kV 电缆非开挖定向钻拖拉管两端工作井不宜布置电缆接头的要求。出站沟道电缆敷设密集，若布置相比本体故障率偏高的电缆接头，易引起出站沟道断面丧失。非开挖定向拖拉管敷设方式为抛物线形，在两端工作井内电缆存在弯曲应力，加上非开挖管线在易沉降或单侧受力时易发生沉降和偏移，拉力会引起接头受力发生铅封破裂，严重时导致接头击穿，因此不宜布置电缆接头。

13.1.2.1　为 2012 年版《十八项反措》13.1.2.1 原文，未修改。

13.1.2.2　为 2012 年版《十八项反措》13.1.2.2。增加“工厂抽检”以及检测报告纳入投运资料的要求。

13.1.2.3　为 2012 年版《十八项反措》13.1.2.3 原文，未修改。

13.1.2.4　为 2012 年版《十八项反措》13.4.1.1 原文，未修改。

13.1.2.5　为 2012 年版《十八项反措》13.1.2.4。用“110（66）kV 及以上电缆”替代原文的“高压电缆”。

13.1.2.6　为 2012 年版《十八项反措》13.1.2.5。去掉“应检测”三个字，补充“接地箱（互联箱）”限定词语。

13.1.2.7　为 2012 年版《十八项反措》13.1.2.6 原文，未修改。

13.1.2.8　为新增条款。提出交流耐压试验及局放测量及试验结果作为投运资料移交的要求。

13.1.2.9　为 2012 年版《十八项反措》13.4.1.2。并增加“耐久性”要求。耐久性是衡量材料在长期使用条件下的安全性能的一项综合指标，包括抗老化性、耐腐蚀性等。

13.1.2.10　为新增条款。提出终端安装时加装铜编制线连接尾管和金属护套，以及 110（66）kV 及上电缆接头两侧端部、终端下部应采用刚性固定的要求。

13.1.3.1 为2012年版《十八项反措》13.1.3.1原文，未修改。

13.1.3.2 为2012年版《十八项反措》13.1.3.2。接地端子、过电压限制元件属于接地系统范畴，故归纳为接地系统。

13.1.3.3 为2012年版《十八项反措》13.1.3.3原文，未修改。

13.1.3.4 为2012年版《十八项反措》13.4.2.1原文。

13.1.3.5 为新增条款。提出故障后检查接地系统的要求。电缆线路发生故障后，瞬时短路电流往往较大，短路电流通过接地系统流回系统中性点，瞬时产生的能量易对接地系统产生影响或破坏，同时接地系统破坏也可能是导致电缆发生故障的主要原因，未对全线路接地系统进行普查，易造成二次事故。

13.1.3.6 为新增条款。提出在运瓷套终端应更换为复合套管终端的要求。电缆附件发生故障，故障电流通常较大，瞬时高温易造成附件爆炸，相较于瓷套管，复合套管的防爆性能优越，在人员密集区域或有防爆要求场所，能有效降低故障对附近设备及人员的影响，降低故障造成二次灾害的概率。

13.2.1.1 为2012年版《十八项反措》13.2.1.1原文，未修改。

13.2.1.2 为2012年版《十八项反措》13.2.1.2。纳入原文第13.3.1.1内容，提出同一变电站的各路110（66）kV及以上电压等级电源电缆线路路径选择及两侧布置要求。

13.2.1.3 为2012年版《十八项反措》13.2.1.3。增加部分场合下应用阻燃电缆、阻燃电缆阻燃性能到货抽检试验、阻燃防火材料防火性能到货抽检试验的要求。

13.2.1.4 为2012年版《十八项反措》13.2.1.4。纳入《国家电网公司高压电缆专业管理规定》（国家电网运检〔2016〕1152号）第十一条要求。

13.2.1.5 为2012年版《十八项反措》13.2.1.5，增加接地线包覆阻燃材料要求，以及密集区域防火防爆隔离措施要求。接地线绝缘受损对地放弧也能造成接地线烧损进而影响电缆接头，所以接地线也应包覆阻燃材料。对于电缆敷设密集区域，故障电缆接头会对临近电缆产生影响，导致事故扩大，需采用多种防火防爆措施对电缆接头进行隔离。

13.2.1.6 为2012年版《十八项反措》13.2.1.6按“三集五大”设置，把“运行部门”改为“运维部门”更符合当前实际情况。

13.2.1.7 为2012年版《十八项反措》13.2.1.7。增加耐火完整性、隔热性要求。电缆的防火隔离措施，能有效避免事故扩大。电缆进出电缆通道处、电缆隧道内、竖井中、变电站夹层应设置防火分隔，且使用的阻火材料耐火极限不低于1h的耐火完整性、隔热性要求，确保防火分隔效果。根据《建筑设计防火规范》6.2.9条增加“建筑内的电缆井在每层楼板处采用不低于楼板耐火极限的不燃材料或防火封堵材料封堵”的要求。

13.2.1.8 为2012年版《十八项反措》13.2.2.6原文。

13.2.2.1 为2012年版《十八项反措》13.2.2.1。新增输配电电缆防火隔离要求，同通道敷设的输配电电缆应采取可靠的防火隔离措施。

13.2.2.2 为2012年版《十八项反措》13.2.2.2。增加“隧道通风口（亭）外部不得积存易燃、易爆物”的要求。部分人口密集区的电缆隧道通风口（亭）外部经常有生活垃圾堆放，极易造成杂物电缆隧道通风口（亭）进入电缆隧道。

13.2.2.3 为2012年版《十八项反措》13.2.2.3。增加“易爆”情况以及“并采取有效措施”来强化临近其他管道的管控。

13.2.2.4 为2012年版《十八项反措》13.2.2.4。新增漏电保护器要求，避免人员触电情况。
13.2.2.5 为2012年版《十八项反措》13.2.2.5原文，未修改。
13.2.2.6 为2012年版《十八项反措》12.2.2.7。删除“夹层”两字，“通道”已涵盖。
13.2.2.7 为新增条款。强调了中性点非有效接地方式的电力电缆线路管控措施。
13.3.1.1 为新增条款。提出路径、附属设备及设施设置应通过规划部门审批，以及避免电缆通道邻近热力管线、易燃易爆管线（输油、燃气）和腐蚀性介质的管道的要求。
13.3.1.2 为新增条款。提出综合管廊电缆仓相关要求。
13.3.1.3 为2012年版《十八项反措》13.3.1.2。按“三集五大”设置，把“运行部门”改为“运维部门”更符合当前实际情况。
13.3.1.4 为2012年版《十八项反措》13.3.1.3。提出标示牌设立及间距、电缆接头不应布置在工井正下方要求。根据《国家电网公司电力电缆及通道运维规程》（Q/GDW 1512）中“5.5.3 e）电缆通道的警示牌应在通道两侧对称设置，警示牌型式应根据周边环境按需设置，沿线每块警示牌设置间距一般不大于50m”的要求执行。
13.3.1.5 为2012年版《十八项反措》13.3.1.4原文，未修改。
13.3.2.1 为2012年版《十八项反措》13.3.2.1原文，未修改。
13.3.2.2 为2012年版《十八项反措》13.3.2.2。因存在坠落物体砸伤电缆的情况，将“宜”改为“应”提高要求。
13.3.2.3 为2012年版《十八项反措》13.3.2.3原文，未修改。
13.3.2.4 为2012年版《十八项反措》13.3.2.4。新增巡视检测及明确设备归属及职责要求。根据《国家电网公司电力电缆及通道运维规程》（Q/GDW 1512）中“8.4.11 敷设于公用通道中的电缆应制定专项管理措施。公用通道中，往往同时运行着电力、热力、排水等市政管线，必须避免在其他管线正常状态和发生渗漏等异常时危及电缆安全运行，同时还需防止由于电缆正常运行和故障时的电磁场、热效应、电动力等危及其他管线，进而造成次生事故。应明确设备运维归属及职责”的要求执行。
13.3.2.5 为2012年版《十八项反措》13.3.2.5。提出接地箱、工井盖技防措施要求。在盗窃过程中窃贼可能破坏在运电缆或支架、地线等辅助设置。为避免通道资源被随意占用、电线电缆发生偷盗或人为破坏，应做好出入设备区的技术防范措施，确保电力电缆安全稳定运行。

征求意见及采纳情况

“防止电力电缆线路事故”部分第1次征求意见收到127条意见和建议，采纳和部分采纳48条；第2次征求意见收到53条意见和建议，采纳和部分采纳38条。未采纳的主要原因：一是部分建议属于局部区域的问题，不宜全网推广；二是部分建议已经体现在反措条款或其他标准中，无须强调。

14 防止接地网和过电压事故编制说明

总体说明

本章重点是防止接地网与过电压事故，针对该专业近年来暴露出的新问题，从设计、基建、运行等阶段提出防止由于接地网运行状况不良或过电压防治措施不当，给人身及设备带来的安全隐患，结合国家、地方政府、相关部委以及国家电网公司近6年发布的法律、法规、规范、规定、标准和相关文件提出的新要求，修改、补充和完善相关条款，对原文中已不适应当前电网实际情况或已写入新规范、新标准的条款进行删除、调整。

条文说明

前言　将2012版《十八项反措》中的《交流电气装置的接地》（DL/T 621—1997）和《交流电气装置的过电压保护和绝缘配合》（DL/T 620—1997）更新为《交流电气装置的接地设计规范》（GB 50065—2011）和《交流电气装置的过电压保护和绝缘配合设计规范》（GB 50064—2014），将《接地装置特性参数测量导则》（DL/T 475—2006）更新为《接地装置特性参数测量导则》（DL/T 475—2017）。

14.1.1.1　为新增条款。本条款对土壤电阻率的测试深度进行明确，根据《接地装置工频特性参数的测量导则》（DL/T 475—2017）提出该条款。

14.1.1.2　为2012年版《十八项反措》14.1.1.2。依据《电力工程接地用铜覆钢技术条件》（DL 1312—2013）的要求进行修改，将铜层厚度由0.8mm改为0.25mm，并补充66kV电压等级。

14.1.1.3　为2012年版《十八项反措》14.1.1.3。将“并提出接地装置的热稳定容量计算报告”修改为“并提供接地装置的热稳定容量计算报告”，语句更为通顺。

14.1.1.4　为2012年版《十八项反措》14.1.1.5。将“主设备及设备架构等宜有两根与主地网不同干线连接的接地引下线”修改为“主设备及设备架构等应有两根与主地网不同干线连接的接地引下线”。“宜”改为“应”，目前国内变电站均已经按要求进行双接地引下线配置，为更好保护主设备，应对双配置接地引下线强制要求。

14.1.1.5　为新增条款。由于最大入地故障电流的计算是发电厂、变电站接地设计的基础，直接与发电厂、变电站安全性能有关，最大入地电流将产生最严重的地电位升、跨步电压和接触电压，所以对分流系数的计算准确性决定了地网能否满足投运要求，根据《交流电气装置的接地设计规范》（GB 50065—2011）提出该条款。

14.1.1.6　为新增条款。由不接地、谐振接地系统改造为低电阻接地系统后，接地电阻限制由$R \leqslant 120/I_g$，变更为$R \leqslant 2000/I_g$，应根据《交流电气装置的接地设计规范》（GB 50065—2011），重新校核接地阻抗；接地导体的截面应符合$S \geqslant (I_g/\sqrt{t_e})$，改变接地方式后，故障电流$I_g$，和持续时间$t_e$都发生变化，应重新进行热稳定校核。根据《交流电气装置的接地设计规范》（GB 50065—2011）提出该条款。

14.1.1.7　为新增条款。目前变电站接地装置存在大量两种不同材质连接的现象，极易在连接处发生电化学腐蚀，运行经验表明，地网开挖检查时在不同材料连接处腐蚀往往最为严重，应在设计及施工过程中尽量避免发生，如受条件限制则应保证接地装置地下连接部分使用同一种材质的接地材料。根据《1000kV变电站接地技术规范》（Q/GDW 278—2009）提出该条款。

14.1.1.8　为2012版《十八项反措》14.1.1.7。将“接地线与接地极的连接应用焊接” 改为“接地线与主接地网的连接应用焊接”，语义表达更明晰。

14.1.1.9　为2012版《十八项反措》14.1.1.8。将“应采用完善的均压及隔离措施”和“对弱电设备应有完善的隔离或限压措施”改为“应采取有效的均压及隔离措施”和“对弱电设备应采取有效的隔离或限压措施”，语义表达更明晰。

14.1.1.10 为2012版《十八项反措》14.1.1.9。将条款14.1.1.9中“变电站控制室及保护小室应独立敷设与主接地网紧密连接的二次等电位接地网，在系统发生近区故障和雷击事故时，以降低二次设备间电位差，减少对二次回路的干扰。二次等电位接地点应有明显标志。”内容修改为“变电站控制室及保护小室应独立敷设与主接地网单点连接的二次等电位接地网，二次等电位接地点应有明显标志。”语义表达更明晰。

14.1.1.11 为新增条款。由于架空地线及电缆外护套对测试电流会造成分流，导致实际接地阻抗测试仪所显示接地阻抗测试值比实际值偏低，而为了获得纯净接地网接地阻抗值，应进行分流向量测试。如果基建阶段，在架空地线（普通避雷线、OPGW光纤地线）与主地网连接前进行接地阻抗测试有困难时，应采用分流向量法对系统分流系数进行测试，并对接地阻抗测试值进行校核，对不满足设计要求的接地网应及时进行降阻改造，直到接地阻抗满足设计值。

14.1.2.1 为2012版《十八项反措》14.1.2.1。将条款14.1.2.1中“对于变电站中的不接地、经消弧线圈接地、经低阻或高阻接地系统，必须按异点两相接地校核接地装置的热稳定容量。”内容修改为“对于变电站中的不接地、经消弧线圈接地、经低阻或高阻接地系统，必须按异点两相接地故障校核接地装置的热稳定容量。”语义表达更明晰。

14.1.2.2 为2012版《十八项反措》14.1.2.3。在原条款的基础上，明确开挖检查点的数量，并将开挖检查时间调整为投运10年及以上的非地下变电站。明确了铜质材料接地体地网不必定期开挖检查的前提条件。

14.2.1.1 为2012版《十八项反措》14.2.3。考虑到可能存在线路新建阶段针对雷害风险较高杆塔无法安装避雷器或安装避雷器较困难的情况，增加“预留加装避雷器的条件”为后期防雷改造提供基础。

14.2.1.2 为2012版《十八项反措》14.2.2。在原文基础上补充66kV电压等级。

14.2.1.3 为新增条款。《架空输电线路雷电防护导则》（Q/GDW 11452—2015）中7.2明确要求，一般线路雷害高风险杆塔及重要输电线路全线应进行雷害风险评估，导则中6.1对雷击风险水平控制参考值进行了具体要求。

14.2.1.4 为新增条款。500kV输电线路雷击跳闸故障中绕击故障约占比90%，适当减小保护角是在设计阶段降低线路绕击跳闸率最直接手段。与《110kV～750kV架空输电线路设计规范》（GB 50545—2010）中500kV线路保护角规定值相比，目前《架空输电线路雷电防护导则》（Q/GDW 11452—2015）和《关于印发〈架空输电线路差异化防雷工作指导意见〉的通知》（国网生〔2011〕500号）要求在强雷区的500kV线路保护角设计值均减小5°，以此降低高危区域500kV线路区段绕击跳闸率。

14.2.1.5 为新增条款。对于110、220kV反击占比较高情况，降低接地电阻可有效减少其反击跳闸概率。与《110kV～750kV架空输电线路设计规范》（GB 50545—2010）中杆塔接地电阻设计值相比，目前《架空输电线路雷电防护导则》（Q/GDW 11452—2015）在强雷区的杆塔接地电阻设计值减小3～5Ω，以此降低高危区域220kV及以下线路反击跳闸率。但考虑到降阻经济性及改造效果，特将目标限定于土壤电阻率大于1000Ω·m且地闪密度处于C1的高风险杆塔，降低幅度为5Ω。

14.2.2.1 为新增条款。线路避雷器支撑间隙尺寸及状态变化，如间隙尺寸超过限定值、受力不均匀引起金具弯曲磨损等，将影响其防护效果及线路安全运行。

14.2.2.2 为2012年版《十八项反措》14.2.5原文，未修改。

14.2.2.3 为新增条款。每年雷雨季节前开展接地电阻测试能及时发现接地电阻超标等接地缺陷，并进行及时治理。定期对接地装置进行开挖检查，以掌握杆塔腐蚀情况、水土流失等情况，并及时采取相应的整改措施。

14.2.2.4 为新增条款。雷雨季节前避雷器计数器读数读取可客观评价避雷器运行状态及线路防雷效果。

14.3.1 为2012版《十八项反措》14.3.1原文，未修改。

14.3.2 为2012年版《十八项反措》14.3.2。在原条款基础上对间隙的布置方式进行补充说明，要求间隙水平布置，防止间隙距离由于外力和天气原因发生改变。并且确定间隙和避雷器的动作顺序，间隙应作为避雷器的后备保护，主要使用避雷器防止过电压，间隙频繁动作会影响供电可靠性。

14.3.3 为2012年版《十八项反措》14.3.3。在原条款基础上补充了变压器中压侧空载运行的情况处理，防止变压器过电压产生。

14.4.1 为2012版《十八项反措》14.4.2原文，未修改。

14.4.1.1 为2012版《十八项反措》14.4.2.1原文，未修改。

14.4.1.2 为2012版《十八项反措》14.4.2.2原文，未修改。

14.5.1 为2012年版《十八项反措》14.5.1。在原条款基础上将DL/T 620—1997更新为GB/T 50064—2014，并依据《国网运检部关于进一步加强消弧线圈设备运维管理工作的通知》（运检三〔2014〕113号文件）中要求，对电容电流测试提出对于中性点不接地、谐振接地的6～66kV系统，应根据电网发展每1～3年进行一次电容电流测试。

14.5.2 为2012年版《十八项反措》14.5.2。在原条款基础上将6～35kV改为6～66kV，将额定电压改为额定相电压，明确位移电压的要求。

14.5.3 为2012年版《十八项反措》14.5.3。依据《国网运检部关于进一步加强消弧线圈设备运维管理工作的通知》（运检三〔2014〕113号文件）中要求进行修改，增加自动调谐消弧线圈自动调谐功能校核周期的要求。

14.5.4 为2012年版《十八项反措》14.5.4。依据《国网运检部关于进一步加强消弧线圈设备运维管理工作的通知》（运检三〔2014〕113号）中的要求进行修改，鉴于近几年发生多起由于非有效接地系统发生单相接地故障后运行导致发生电缆故障和火灾事故，在此条明确电缆出线较多的系统需完善防火措施，迅速隔离故障。

14.6.1.1 为2012年版《十八项反措》14.6.3，在原条款基础上补充66kV电压等级，同时将“交流泄漏电流在线监测表计”修改为“与电压等级相符的交流泄漏电流监测装置”。原文对泄漏电流表的量程没有具体要求，现场许多避雷器泄漏电流表量程偏大，导致有异常时指示变化不明显。另外，原文14.6.3第二句为避雷器常规巡视周期要求，在国家电网公司变电运维管理规定和细则中已有明确规定，无须写入《十八项反措》中，故删除“对已安装在线监测表计的避雷器，有人值班的变电站每天至少巡视一次，每半月记录一次，并加强数据分析。无人值班变电站可结合设备巡视周期进行巡视并记录，强雷雨天气后应进行特巡。”部分内容。

14.6.1.2 为新增条款。依据新疆、蒙东等强风地区运维单位实际运行经验，提高避雷器均压环的差异化设计标准，防止均压环断裂损坏，提出该条款。

14.6.2.1 为新增条款。依据《国家电网公司2013年南阳金冠500kV避雷器事故案例》（运检一〔2013〕233号）要求，为防止避雷器上下法兰胶装错误，导致避雷器内部受潮，引起放电事故，结合实际运行经验提出该条款。

14.6.3.1 为2012年版《十八项反措》14.6.1。在原条款基础上对电压等级进行了修改，将35kV及以上改为35～500kV。

14.6.3.2 为新增条款。依据国家电网公司《110（66）kV～750kV避雷器运行规范》第16条要求，防止避雷器受潮，加强老旧避雷器运维措施提出该条款。

14.7.1.1 为新增条款。依据2015年以来国家电网公司系统750kV敦煌、烟墩变电站发生的两起避雷针掉落事件，根据《国家电网公司关于印发构架避雷针反事故措施及相关故障分析报告的通知》（国家电网运检〔2015〕556号）的要求，提出该条款。

14.7.1.2 为新增条款。依据2015年以来国家电网公司系统750kV敦煌、烟墩变电站发生的两起避雷针掉落事件，根据《国家电网公司关于印发构架避雷针反事故措施及相关故障分析报告的通知》（国家电网运检〔2015〕556号）的要求，提出该条款。

14.7.1.3 为新增条款。依据2015年以来国家电网公司系统750kV敦煌、烟墩变电站发生的两起避雷针掉落事件，根据《国家电网公司关于印发构架避雷针反事故措施及相关故障分析报告的通知》（国家电网运检〔2015〕556号）和《国网运检部关于防范变电站避雷针掉落风险的通知》（运检一〔2015〕63号）的要求，提出该条款。

14.7.2.1 为新增条款。依据国家电网公司部分单位在迎峰度冬专项检查中，发现多处因特高压钢管塔排水孔堵塞导致内部严重积水的隐患，结合实际运行经验和国家电网公司“变电五通”避雷针相关细则要求，提出该条款。

14.7.2.2 为新增条款。依据《交流电气装置的过电压保护和绝缘配合设计规范》（GB 50064—2014）中5.4.6，当独立避雷针的接地装置与主地网连接时，明确地下连接点之间接地体的长度等技术要求。

14.7.3.1 为新增条款。依据《输变电设备状态检修试验规程》（Q/GDW 1168—2013）中5.18.1.1和《接地装置特性参数测量导则》（DL/T 475—2017）中5.5提出该条款，明确独立避雷针接地阻抗检测周期和相关要求，当独立避雷针采用独立的接地装置时，避雷针遭受雷击后引起接地网电位抬高，为防止雷电反击主地网，应确保接地装置与主接地网之间导通电阻大于500mΩ的技术要求。

征求意见及采纳情况

“防止接地网和过电压事故”部分第1次征求意见收到256条意见和建议，采纳和部分采纳41条；第2次征求意见收到72条意见和建议，采纳和部分采纳23条。未采纳的主要原因：一是部分意见属于管理要求，不应列入反措中；二是部分意见虽能提高电网安全，但是会带来投资过大或设计很难满足要求等问题。

15　防止继电保护事故编制说明

总体说明

本章重点是防止继电保护事故，从规划设计、配置、调试及验收、运行管理、定值管理、二次回路、智能站等环节提出防止继电保护事故的措施，结合国家、相关部委以及国家电网公司近年发布的法律、法规、规范、规定、标准和相关文件提出的新要求，并根据近年来的电网事故和继电保护误动、拒动案例及反措要求，修改、补充和完善相关条款，对原条文中已不适应电网设备运行实际情况或已写入新规范、新标准的条款进行删除、调整。

条文说明

前言部分的引用标准进行更新并补充部分标准和规程、规定。相对于2012年版《十八项反措》，删除《继电保护及安全自动装置运行管理规程》（水电生字-1982-11），并新增标准《10kV～110（66）kV线路保护及辅助装置标准化设计规范》（Q/GDW 10766—2015）、《10kV～110（66）kV元件保护及辅助装置标准化设计规范》（Q/GDW 10767—2015）、《智能变电站保护设备在线监视与诊断技术规范》（Q/GDW 11361—2014）、《电流互感器和电压互感器选择及计算规程》（DL/T 866—2015）、《互感器　第2部分：电流互感器的补充技术要求》（GB 20840.2—2014）。

15.1　为2012年版《十八项反措》15.1与15.3两条文合并而成，标题改为“15.1规划设计阶段应注意的问题”。为了尽量做到与《十八项反措》中其他章节的条目体例一致，并考虑到规划与设计阶段的相关性，将两节条文合并。

15.1.1　为2012年版《十八项反措》15.1.1。删除“技术监督”4个字，“发、输、配”改为“发、输、变、配”。

15.1.2　为2012年版《十八项反措》15.1.2。补充“保护选型应采用经国家电网公司组织的专业检测合格的产品。”公司组织的专业检测是加强保护装置入网管理的有效手段。根据《国家电网公司防止变电站全停十六项措施（试行）》（国家电网运检〔2015〕376号）6.2.1的要求，提出该条文。

15.1.3　为2012年版《十八项反措》15.3.1原条文修改。确保其中一套保护装置检修时不会误碰另一套运行保护装置。

15.1.4　为2012年版《十八项反措》15.3.2、15.2.1.7～15.2.1.9原条文合并修改。将双重化配置保护的电压等级由330kV及以上改为220kV及以上，按照此原则220kV终端负荷变电站母线保护也应双重化配置；增加了1000kV变电站内的110kV母线保护、330kV变电站内的110kV母线保护双套配置要求；删除对滤波器保护、远方跳闸及就地判别装置双重化配置的要求，换流站内交流场设备的配置原则在直流控制保护章节进行规范。220kV及以上电压等级的线路、变压器、母线、高压电抗器、串联电容器补偿装置等设备都应按照双重化的原则配置保护。断路器保护通常投入充电、过流、重合闸及失灵电流判别（双断路器接线型式）等功能，无须按照双重化原则配置保护。对于220kV系统的终端负荷变电站，虽处于系统末端，但随着电网发展对其母线快速切除故障的要求越来越高，从安全角度考虑，也应按照双重化原则配置母线保护，确保一套母线保护因故退出运行时，故障能够快速切除。1000kV、750kV、330kV 电压等级变电站内的 110kV 母线，考虑到其重要性，推荐 110kV 母线保护按双套配置。

15.1.5　为新增条款。根据 2014 年 4 月发布的《线路保护及辅助装置标准化设计规范》（Q/GDW 1161—2014）的要求，补充该条文。

15.1.6　为 2012 年版《十八项反措》原 15.3.3 条文语句顺序调整完善。

15.1.7　为 2012 年版《十八项反措》15.3.9 原条文，未修改。

15.1.8　为 2012 年版《十八项反措》15.3.5。删除“宜选用具有多次级的电流互感器，优先选用贯穿（倒置）式电流互感器”，并更新引用标准。“宜选用具有多次级的电流互感器”主要是考虑为了满足双重化保护等配置要求，需要具备多次级绕组的电流互感器，鉴于前文已提到要满足双重化等配置要求，删除“宜选用具有多次级的电流互感器”。贯穿（倒置）式电流互感器只针对 110kV 及以上设备选用，贯穿（倒置）式电流互感器不应作为强制要求选择。

15.1.9　为 2012 年版《十八项反措》15.3.8 原条文，未修改。

15.1.10　为 2012 年版《十八项反措》15.3.7。“线路两侧”修改为“线路各侧”，考虑 T 接线路三端差动保护情况。

15.1.11　为新增条款。根据 2013 年 11 月发布的《变压器、高压并联电抗器和母线保护及辅助装置标准化设计规范》（Q/GDW 1175—2013）的要求，补充该条文。

15.1.12　为 2012 年版《十八项反措》15.3.6。将术语名词“误差限值系数”改为“准确限值系数（ALF）”。

15.1.13　为 2012 年版《十八项反措》5.1.1.6、15.2.2 补充修改而成。根据《国家电网公司防止变电站全停十六项措施（试行）》（国家电网运检〔2015〕376 号）中 6.1.7 条要求提出该条文。一方面，电网的发展对继电保护速动性提出了更高要求，《电力系统安全稳定计算技术规范》（DL/T 1234—2013）明确规定 220kV 故障切除时间不大于 120ms；另一方面，电流互感器单侧布置将不可避免的出现断路器和电流互感器间的故障死区。由于死区故障切除时间长，若在特高压直流集中馈入近区发生死区故障，可能导致多回直流同时发生连续两次以上换相失败，巨大的暂态能量冲击对送、受端电网造成严重影响，甚至存在垮网风险。因此，对经计算影响电网安全稳定运行重要变电站的 220kV 及以上电压等级双母线接线方式的母联和分段断路器，应在断路器两侧配置电流互感器，确保快速切除死区故障。

15.1.14　为新增条款。根据《智能变电站 110kV 保护测控集成装置技术规范》（Q/GDW 1920—2013）等标准要求，220kV 及以上电压等级电网、110kV 变压器、110kV 主网（环网）线路（母联）的保护和测控应配置独立的保护装置和测控装置，由于 330kV 变电站中的 110kV 线路的重要性，新增要求 330kV 变电站中的 110kV 电压等级的保护和测控应配置独立的保护装置和测控装置，确保在保护装置异常、失电等情况下，能够尽快停运相关一次设备。

15.1.15　为 2012 年版《十八项反措》15.3.12。补充“变压器保护”，强调主保护功能不能集成。

15.1.16　为 2012 版《十八项反措》15.3.4 原条文，“防震”改为“防振”。

15.1.17　为新增条款。针对高温高湿等地区，智能柜应配置容量足够的制冷除湿等附属设备。

15.1.18 为2012年版《十八项反措》15.3.10条文，增加了“站用变”。

15.1.19 为新增新条款。故障录波远传至调控中心已经成为调度运行人员快速分析和处置故障的最重要技术手段，是尽快恢复电网设备，提高电网可靠性的有效措施。110（66）kV变电站目前均为无人值班站，配置故障录器，将故障录波远传至调控中心，对调控人员快速恢复设备，提升供电可靠性更为必要，要求110（66）kV变电站配置故障录波器。

15.1.20 为新增条款。故障录波器可靠记录直流电源对地电压以便于对故障及继电保护动作原因的分析。

15.1.21 为新增条款。光电转换器、交换机等辅助设备影响站端设备信息上送调度端，应保证其供电可靠性。通道设备和过程层设备不应该认为是辅助设备，要求用直流电源。

15.2 为2012年版《十八项反措》15.2原条文，未修改。

15.2.1 为新增条款。强调继电保护基本原则，任何技术创新不得以牺牲继电保护的快速性和可靠性为代价。

15.2.2 为2012年版《十八项反措》15.2.1、15.2.1.3、15.2.1.5合并修改而成。

15.2.2.1 为2012年版《十八项反措》15.2.1.1。将互感器绕组“保护范围应交叉重叠、避免死区”的要求合并至15.1规划设计阶段提出；补充“对原设计中电压互感器仅有一组二次绕组，且已经投运的变电站，应积极安排电压互感器的更新改造工作，改造完成前，应在开关场的电压互感器端子箱处，利用具有短路跳闸功能的两组分相空气开关将按双重化配置的两套保护装置交流电压回路分开。”此处仅提出双重化配置的两套保护交流电流、电压取自相互独立绕组的要求，至于绕组布置及死区问题在规划阶段体现。考虑到部分老旧变电站，由于电压互感器仅具备一个保护级绕组，存在两套保护共用一个电压互感器绕组的情况，应通过更换为至少具备两个保护级绕组的电压互感器设备彻底解决，在彻底解决前，应在端子箱处通过空气开关将两套保护装置交流电压回路分开。

15.2.2.2 为2012年版《十八项反措》15.2.1.2。补充“每套保护装置与其相关设备（电子式互感器、合并单元、智能终端、网络设备、操作箱、跳闸线圈等）的直流电源均应取自与同一蓄电池组相连的直流母线，避免因一组站用直流电源异常对两套保护功能同时产生影响而导致的保护拒动。”若两套保护装置与电子式互感器、合并单元、智能终端、网络设备、操作箱、跳闸线圈等相关设备的直流电源不是一一对应的关系，当站内一套蓄电池直流电源异常，则两套保护均不能正常工作，违背两套保护完全独立的原则。

15.2.2.3 为新增条款。根据2015年4月发布的《国家电网公司防止变电站全停十六项措施》6.1.4补充该条文。若220kV及以上开关配置1个压力闭锁继电器，通常此压力闭锁继电器提供1副触点经重动继电器为两个跳闸回路提供两副压力触点，当其中一组操作电源失去时，重动继电器失电，串接于两个跳闸回路中的两副压力触点同时打开，两组跳闸回路被迫断开，断路器存在拒动风险。

15.2.2.4 为2012版《十八项反措》15.2.1.4。根据2015年4月发布的《国家电网公司防止变电站全停十六项措施》6.1.3，结合原15.7.2条文内容补充“应保证每一套保护装置与其他相关装置（如通道、失灵保护）的联络关系的正确性，防止因交叉停用导致保护功能缺失”。若两套保护装置与其他装置（通道、失灵保护）的联络关系不正确，在直流电源故障或保护交叉停用时，可能导致保护功能缺失。如：保护装置1与失灵保护2对应，则在站内一套直流失去时，失灵保护1失电，保护装置1失电无法启动失灵保护2，失灵保护功能缺失。

15.2.2.5 为2012年版《十八项反措》15.2.1.6。补充修改为“220kV及以上线路按双重化配置的两套保护装置的通道应遵循相互独立的原则，采用双通道方式的保护装置，其两个通道也应相互独立。保护装置及通信设备电源配置时应注意防止单组直流电源系统异常导致双重化快速保护同时失去作用的问题。”删除“远方跳闸及就地判别装置”。

15.2.2.6 为新增条款。根据2015年4月发布的《国家电网公司防止变电站全停十六项措施》6.2.1补充该条文。对于线路、变压器、母线、高压电抗器等主设备的双套保护，若采用同一生产厂家的产品，一旦该产品出现家族性缺陷，就存在主设备保护拒动的重大风险，因此要求这些主设备保护采用不同生产厂家的产品。而对于断路器保护、短引线保护、串联电容器补偿装置保护等考虑到其实际功能及运行需要，不强制要求采用不同生产厂家的产品。

15.2.3.1 为2012年版《十八项反措》15.2.3.1。删除“联络线的”。

15.2.3.2 为2012年版《十八项反措》15.2.3.2。将“宜采取设置负荷电阻线或其他方法”改为“继电保护装置应采取有效措施”。并将“的后备段保护误动作”改为“在系统发生较大的潮流转移时误动作”。远距离、重负荷线路，以及同一断面其他线路跳闸后会承受较大转移负荷的线路，其距离保护的后备段如不采取措施，可能会发生误动作，国外数次电网大停电事故多次经历了因此带来的系统稳定破坏。为防止此类事故发生，应要求距离保护后备段能够对故障和过负荷加以区分，设置负荷电阻线或采用基于电压平面判据等是行之有效的措施。此条文不再强调具体措施。

15.2.3.3 为新增条款。通过装置外部回路形成合电流的方式，会造成保护性能的降低（将会给保护的TA断线判别带来困难），存在保护不正确动作风险（尤其是差动保护）。在国家电网公司《线路保护及辅助装置标准化设计规范》（Q/GDW 1161—2014）5.3.1.2中也提出了上述明确要求。

15.2.3.4 为2012年版《十八项反措》15.2.3.3。将“宜”改为“应”。

15.2.4 为2012年版《十八项反措》15.2.6。补充修改为“断路器失灵保护中用于判断断路器主触头状态的电流判别元件应保证其动作和返回的快速性，动作和返回时间均不宜大于20ms，其返回系数也不宜低于0.9。”

15.2.5 为2012年版《十八项反措》15.2.7。将电压等级明确为220kV及以上。220kV及以上电压等级变压器非电量保护、电抗器非电量保护才对应断路器双跳闸线圈。

15.2.7 为2012年版《十八项反措》15.2.10。将“起动”改为“启动”，并做文字修改。

15.2.8 为2012年版《十八项反措》15.2.8。近年来变压器低压侧母线故障造成主变压器设备损坏事件较多，此条款提出的主要目的是为了提高切除变压器低压侧母线故障的可靠性，在此提出原则性的要求，本条重点强调必须有“两个不同电流回路”形成的电流保护功能，即引自不同电流互感器的电流回路。

15.2.9 为2012年版《十八项反措》15.2.5。将电压等级从220kV及以上扩展到110（66）kV及以上。母联、分段断路器在110kV及以上系统运行中往往要承担给母线充电或作为新投设备后备断路器等任务，专用的、具备瞬时和延时跳闸功能的过电流保护装置在此情况下作为充电保护和后备保护。

15.2.10 为2012年版《十八项反措》15.2.11。将“起动”改为“启动”。

15.2.10.1 为2012年版《十八项反措》15.2.11.2，做了部分文字修改。

15.2.10.2 为2012年版《十八项反措》15.2.11.3，补充“电气量保护启动断路器失灵”。

15.2.11 为2012年版《十八项反措》15.2.12，做了部分文字修改。

15.3 为2012年版《十八项反措》15.4，未修改。

15.3.1 为2012年版《十八项反措》15.4.1，未修改。

15.3.2 为2012年版《十八项反措》15.4.2。补充纸质及电子版图纸保护装置及自动化监控系统使用及技术说明书、智能站配置文件和资料性文件[包括智能电子设备能力描述（ICD）文件、变电站配置描述（SCD）文件、已配置的智能电子设备描述（CID）文件、回路实例配置（CCD）文件、虚拟局域网（VLAN）划分表、虚端子配置表、竣工图纸和调试报告等]。根据DL/T 587《微机继电保护装置运行管理规程》中9.7，设计单位在提供工程竣工图的同时应提供可供修改的CAD文件光盘或U盘；保护装置及自动化监控系统使用及技术说明书是专业必备资料；根据《国家电网公司智能变电站配置文件运行管理规定》[国网（调/4）809̃2016]第十四条，竣工验收时，建设单位应向运维单位移交配置文件和资料性文件（包括装置ICD文件版本清单、竣工图纸和调试报告等），运维单位对资料进行审核确认。

15.3.3 为2012年版《十八项反措》15.4.3，“基建验收”改为“基建验收应满足以下要求：”。

15.3.3.3 为2012年版《十八项反措》15.4.3.3。将“压板”改为“与硬（软）压板”。细化描述，强调软压板。

15.3.3.4 为2012年版《十八项反措》15.4.3.4。将“线路和主设备的”改为“同一间隔内”。

15.3.3.5 为2012年版《十八项反措》15.4.3.5，补充“是否”两字，语句更通顺。

15.3.3.6 为新增条款。应保证继电保护装置、安全自动装置以及故障录波器装置等二次设备与一次设备同期投入。

15.3.4 为2012年版《十八项反措》15.4.4，未修改。

15.4 为2012年版《十八项反措》15.5，未修改。

15.4.1 为2012年版《十八项反措》15.5.1，未修改。

15.4.2 为2012年版《十八项反措》15.5.2与15.5.7合并修改而成，删除“微机保护装置的开关电源模件宜在运行6年后予以更换。”，增加“和安全自动装置”，“在一年内”改为“首年”。目前各生产厂家保护装置电源插件运行寿命差距较大，质量较好生产厂家可以满足12年不换，建议根据状态检修原则，针对实际运行情况自行判断。安全自动装置在变电站中作用重要，检验周期与保护装置基本一致，故在装置检验时应将安全自动装置一起纳入检验范畴。

15.4.3 为2012年版《十八项反措》15.5.5。变压器、电抗器、线路等实际负荷电流或元件额定电流可能达不到10%电流互感器额定电流，一些情况下，要求负荷电流大于10%额定电流便失去可操作性。

15.4.4 为2012年版《十八项反措》15.5.6。依据《国家电网公司防止变电站全停十六项措施（试行）》中3.5.2，补充“原则上220kV及以上电压等级母线不允许无母差保护运行”，将“在无母差保护运行期间”修改为“110kV母差保护停用期间”。

15.4.5 为2012年版《十八项反措》15.5.4原条文完善补充。站内继电保护信息应可靠上送调度端，有条件时应在设备、通道等方面采用冗余配置。新更换或者扩建间隔装置接入运行的总站需满足网络安全规定，避免对原系统造成伤害。

15.4.6 为2012年版《十八项反措》15.5.3、15.5.12的合并修改，新增“合并单元、智能终端、直流保护装置、安全自动装置、ICD、SCD、CID、CCD文件的管控”。合并单元、智能终端软件版本应经主管部门认可，SCD文件应经主管部门管控。当前SCD文件管理问题颇多，应加强管理。

15.4.7 为2012年版《十八项反措》15.5.4、15.5.13的补充完善。

15.4.8 为2012年版《十八项反措》15.5.8、15.5.9合并修改。

15.4.9 为2012年版《十八项反措》15.7.14及其子条文的修改。15.5为2012年版《十八项反措》15.6，未修改。

15.5.1 为2012年版《十八项反措》15.6.1，未修改。

15.5.2 为2012年版《十八项反措》15.6.2，未修改。

15.5.3 为2012年版《十八项反措》15.6.3，未修改。

15.5.4 为新增条款。根据2015年4月发布的反措文件《国家电网公司防止变电站全停十六项措施》6.1.10补充该条文。变压器中、低压侧后备保护通常反应的是变压器外部故障，一台变压器中、低压系统发生故障时，若中、低压后备保护不能再第一时限跳开母联或分段断路器，由于中、低压侧并联运行，则并列运行的多台变压器中、低压后备保护都可能同时动作，跳开中、低压侧断路器，故障影响范围扩大。

15.5.5 为2012年版《十八项反措》15.6.4。改为“对发电厂继电保护整定计算的要求如下：”。

15.5.5.1 为2012年版《十八项反措》15.6.4.1原条文，未修改。

15.5.5.2 为2012年版《十八项反措》15.6.4.2原条文，未修改。

15.5.5.3 为2012年版《十八项反措》15.6.4.3。补充“发电厂应根据调控机构下发的等值参数、定值限额及配合要求等”要求。发电厂电气设备的继电保护整定计算工作大多由电厂继电保护专业管理部门负责，调控机构应根据系统变化情况，定期向调度范围内的电厂下达等值参数，发电厂应及时根据最新等值参数进行继电保护装置定值的校核与调整，以确保发电厂各运行设备保护定值对系统的适应性及与系统保护配合关系的正确性。

15.6 为2012年版《十八项反措》15.7，未修改。

15.6.1 为2012年版《十八项反措》15.7.1，“反措”改为“反事故措施”。

15.6.2 为2012年版《十八项反措》15.7.3原条文及其子条文全部删除，更改为新的15.6.2～15.6.2.14条文。为提高继电保护设备的抗干扰能力，1994年，原电力部下发的《电力系统继电保护及安全自动装置反事故措施要点》中提出了在保护室敷设等电位地网的要求，2005年为指导贯彻落实《国家电网公司十八项电网重大反事故措施（试行）》，国调中心组织专家编写并下发了针对十八项反措试行版的“继电保护专业重点实施要求”，提出了沿电缆沟敷设100mm^{2}的铜电缆，以防止在变电站站内或附近发生接地故障时，由于站内主地网电位差而在二次电缆屏蔽层流过大电流，并将其烧坏。遗憾的是，在“重点实施要求”和2012年版《十八项反措》中均将沿电缆沟敷设的100mm^{2}的铜电缆和在保护室敷设的等电位地网相提并论，将两个作用不同的反措要求同称为“等电位地网”，给后来的反措实施工作和精益化带来了理解上差异。除此之外，由于对等电位地网的认识不同，不同单位对生产厂家的要求也大相径庭，有的单位要求保护盘内的小铜排接地，有的则要求绝缘，生产厂家无所适从，不得不安装两根铜排，绝缘和不绝缘各设一根，由用户自行连选择接方式。为明确对上述两项反措的理解，本次反措修改中明确，保护屏内接地铜排不要求绝缘；并将沿电缆沟敷设的、以为二次电缆屏蔽层分流为主要目的的 100mm^2 铜排（缆）改称为“沿电缆沟敷设的 100mm^2 的专用铜排（缆）”。针对线路纵差保护在电网中得到普遍应用的现状，提出了重视光电转换柜至光通信设备之间 2M 同轴电缆的接线可靠性及接地要求。

15.6.2.4 为 2012 年版《十八项反措》15.7.5.3。新增“直流电源系统绝缘监测装置的平衡桥和检测桥的接地端不应接入保护专用的等电位接地网。”绝缘监测装置要能准确测量绝缘电阻，需改变直流电源回路的对地电压，也就改变了直流回路与等电位接地网之间的电压，直流回路与等电位接地网之间分布电容电压变化，等电位接地网会有电容充放电电流流过，为避免对等电位接地网的影响，提出该条文。

15.6.2.9 为 2012 年版《十八项反措》15.7.10 原条文引用文件时间已较长，引用不利于执行。删除原条文，将引用通知文本摘录引入，分成 2 条，并移至 15.6.2.9 和 15.6.2.10。

15.6.2.10 为 2012 年版《十八项反措》15.7.13 原条文修改。

15.6.2.13 为 2012 年版《十八项反措》15.7.12，经合并修改而成。

15.6.3 为 2012 年版《十八项反措》15.7.4。删除“微机型继电保护装置所有二次回路的电缆均应使用屏蔽电缆，严禁使用电缆内的空线替代屏蔽层接地”，该段文字合并至 15.6.2.5。

15.6.3.1 为 2012 年版《十八项反措》15.7.4.1，部分文字修改。

15.6.3.2 为 2012 年版《十八项反措》15.7.4.2 原条文的基础上，删除限制范围的“开关场”，并做文字修改。《国家电网公司关于印发防止变电站全停十六项措施（试行）的通知》（国家电网运检〔2015〕376 号）的 6.1.9 条内容与 2012 年版反措的 15.7.4.2 条内容相近，仅仅是回路的编排顺序有变化，采用原规范条文，删除限定范围的“开关场”，强调各回路的必须使用独立的电缆。

15.6.3.3 为 2012 年版《十八项反措》15.7.4.3 原条文中“双重化配置的保护装置、母差和断路器失灵等重要保护的起动和跳闸回路”改为“保护装置的跳闸回路和启动失灵回路”。

15.6.4 为 2012 年版《十八项反措》15.7.5 原条文，未修改。

15.6.4.1、15.6.4.3 为 2012 版《十八项反措》15.7.5.2 原条文基础拆分，并修改完善，第二句改为“15.6.4.3 独立的、与其他电压互感器和电流互感器的二次回路没有电气联系的互感器二次回路可在开关场一点接地，但应考虑将开关场不同点地电位引至同一保护柜时对二次回路绝缘的影响。”

15.6.4.2 为 2012 年版《十八项反措》15.7.5.1 原条文基础修改。

15.6.4.4 为新增条款。某些一次设备生产厂家在电流互感器二次回路中并联接入过电压保护器，防止二次回路开路损坏人身和电气设备，但在实际运行中，由于缺少对该设备运行维护和检查，而且装置生产厂家参差不齐，质量难以保证，运行不可靠，存在引发保护不正确动作风险。

15.6.5 为 2012 年版《十八项反措》15.7.6、15.7.9 原条文基础上合并修改。一般而言，电缆越长，空间电磁骚扰信号越容易侵入；开入信号的电压水平越高、抗干扰能力越强。

15.6.6 为 2012 年版《十八项反措》15.7.7。补充“继电保护及安全自动装置应选用抗干扰能力符合有关规程规定的产品”，删除了失灵启动双开入要求。依据《国家电网公司关于印发防止变电站全停十六项措施（试行）的通知》（国家电网运检〔2015〕376 号）的 6.2.2

条要求继电保护及安全自动装置应选用抗干扰能力符合有关规程规定的产品，同时为保持与“六统一”对失灵要求一致，弱化失灵启动双开入要求，删除了“失灵双开入”内容。

15.6.7 为2012年版《十八项反措》15.7.8。将“所有涉及直接跳闸的重要回路应”改为“外部开入直接启动，不经闭锁便可直接跳闸（如变压器、电抗器的非电量保护、不经就地判别的远方跳闸等），或虽经有限闭锁条件限制，但一旦跳闸影响较大（如失灵启动等）的重要回路，应在启动开入端”。对于直接跳闸重要回路进行解释，有利于措施的贯彻执行。

15.6.8 为2012年版《十八项反措》15.7.16，无修改。

15.6.9 为2012年版《十八项反措》15.7.17。修改为“15.6.9 控制系统与继电保护的直流电源配置应满足以下要求：”。

15.6.9.1～15.6.9.3 为2012年版《十八项反措》15.7.17.1～15.7.17.3。将“直流熔断器或自动开关”改为“直流空气开关”。根据2015年4月发布的反措文件《国家电网公司关于印发防止变电站全停十六项措施（试行）的通知》（国家电网运检〔2015〕376号）的8.1.4条以及精益化管理相关要求，现在保护装置与每一断路器的操作回路均由直流空气开关供电。

15.6.9.4 为2012年版《十八项反措》15.7.21原条文修改。

15.6.9.5 为2012年版《十八项反措》15.7.17.7。删除“直流总输出回路、直流分路均装设自动开关时，必须确保上、下级自动开关有选择性地配合”，自动开关改为“直流空气开关”。

15.6.10 为2012年版《十八项反措》15.7.19。删除“电压纹波系数应不大于2%。”现在高频开关整流器的纹波不大于0.5%，并联电池后纹波更小，不足以对继电保护造成影响。

15.6.11 为2012年版《十八项反措》15.7.20，“反措”改为“反事故措施”。

15.6.12 为2012年版《十八项反措》15.7.22，未修改。

15.7 为新增条款。合并《国家电网公司关于印发防止变电站全停十六项措施（试行）的通知》（国家电网运检〔2015〕376号）相关条文，以及原2012年版《十八项反措》智能变电站条文，并新增部分条文。

15.7.1.1 为2012年版《十八项反措》15.3.11，合并《国家电网公司关于印发防止变电站全停十六项措施（试行）的通知》（国家电网运检〔2015〕376号）15.1.1条文。

15.7.1.3 为在《国家电网公司关于印发防止变电站全停十六项措施（试行）的通知》（国家电网运检〔2015〕376号）15.1.6条文基础上，参考《国网联办关于印发智能变电站有关技术问题研讨会纪要的通知》（联办技术〔2015〕1号）、《国网联办关于印发智能变电站有关技术问题第二次研讨会纪要的通知》（联办技术〔2015〕2号）文件的有关要求，并综合考虑330kV以及上（含涉及稳定的220kV）智能站站内采样模式的一致性，进一步提高设备运维的便利性和可靠性而制定。自反措发布后开展的新建、扩建或改造工程的可行性研究、初步设计等工作均应按本条款执行。

15.7.1.5 为在2012年版《十八项反措》15.3.13条文基础上补充修改。

15.7.1.6 为在《国家电网公司关于印发防止变电站全停十六项措施（试行）的通知》（国家电网运检〔2015〕376号）15.1.4条文基础上补充修改，删除“双重化配置的保护装置宜分别组在各自的保护屏（柜）内，保护装置退出、消缺或试验时，宜整屏（柜）退出”。因智能变电站标准化设计中多为两套保护组屏，且装置接线较少，端子排设计已非常合理，只需提出组屏大原则强调光纤不能共用。由于目前出现了过多设备组屏的情况，设备间距离太小不利于设备散热。

15.7.1.7 为在《国家电网公司关于印发防止变电站全停十六项措施（试行）的通知》（国家电网运检〔2015〕376号）15.1.5条文基础上补充修改。交换机VLAN划分目前多由集成商完成，规则不一、形式随意，集中体现的两个方面：一是VLAN设置过于复杂，致使后期运维和扩建不便；二是未能充分考虑扩建设备接入需求，扩建时可能需要多台交换机修改VLAN配置，导致扩建范围外的运行设备失去网络而陪停。

15.7.2.1 为在《国家电网公司关于印发防止变电站全停十六项措施（试行）的通知》（国家电网运检〔2015〕376号）15.2.1条文基础上补充修改。合并单元、智能终端与保护同一厂家极大降低了设备不统一导致的运维困难，因为智能设备联系紧密，某一设备异常，通常需要多厂家配合，现场运维时间长效率低，增加了停电时间。

15.7.2.2 为在《国家电网公司关于印发防止变电站全停十六项措施（试行）的通知》（国家电网运检〔2015〕376号）15.2.2条文基础上补充修改。

15.7.2.3 为在《国家电网公司关于印发防止变电站全停十六项措施（试行）的通知》（国家电网运检〔2015〕376号）15.2.3条文基础上补充修改。

15.7.2.4 为在《国家电网公司关于印发防止变电站全停十六项措施（试行）的通知》（国家电网运检〔2015〕376号）15.2.4条文基础上补充修改。

15.7.2.5 为新增条款。15.2.2.6条文中已明确为避免家族性缺陷造成保护拒动，保护采用不同生产厂家的产品。这样，在220kV及以上变电站保护装置为多个生产厂家的产品。为体现“运动员”与“裁判员”分离的原则，确保全生命周期管理信息的客观性，要求采用独立于被监测保护生产厂家的产品作为保护状态监视和性能评价的产品。

15.7.3.2 在2012年版《十八项反措》15.3.14条文基础上补充修改，合并《国家电网公司关于印发防止变电站全停十六项措施（试行）的通知》（国家电网运检〔2015〕376号）15.3.2条文内容。

征求意见及采纳情况

“防止继电保护事故”部分第1次征求修订意见，共收到199条修改意见，采纳96条，未采纳103条；第2次初步修订的初稿在专业系统内征求意见，共收到87条意见，采纳37条，未采纳50条；第3次征求意见稿征求意见，共收到284条修改意见，采纳60条。未采纳的主要原因：一是部分建议属于局部区域的问题，不宜全网推广；二是部分建议与现有标准规范要求有冲突；三是部分建议要求过高，不利于实施。

16 防止电网调度自动化系统、电力通信网及信息系统事故编制说明

总体说明

结合国家、相关部委以及国家电网有限公司近五年发布的法律、法规、规范、规定、标准和相关文件提出的新要求，修改、补充和完善相关条款，从设计、建设、运行等阶段提出防止调度自动化系统事故、防止电力监控系统网络安全事故、防止电力通信网事故、防止信息系统事故及防止网络安全事故的措施，对原条文中已不适应电网设备运行实际情况或已写入新规范、新标准的条款进行删除、调整。

防止电网调度自动化事故部分新修订内容中明确了调度自动化系统不间断电源（UPS）设备冗余配置要求，增加了厂站自动化系统和设备带时标数据采集、时间同步监测、相量测量装置（PMU）次/超同步监测和高精度连续录波等要求，同时对厂站软件升级提出了新要求。

防止电力监控系统网络安全事故部分坚持“安全分区、网络专用、横向隔离、纵向认证”基本原则，落实网络安全防护措施与电力监控系统同步规划、同步建设、同步使用要求，提高电力监控系统安全防护水平。

防止电力通信网事故部分在设计阶段主要修订了通信设备、电源、蓄电池及空调的配置要求；基建阶段主要修订了光缆接地及引下施工工艺、标牌标识、机房防尘等要求；运行阶段主要修订了蓄电池运维要求、机房环境监控、检修票“双许可”、光缆巡视及通信网管系统等保测评等要求。

防止信息系统事故部分为新增内容，主要对信息系统机房环境、信息系统上下线管控、重要系统的部署资源冗余、系统使用体验等提出明确要求，细化信息系统各项条文规定。

防止网络安全事故部分在基建阶段增加了研发环境、研发安全测试、代码安全管理等要求，对移动应用安全、终端安全防护措施、网络访问控制措施进行了说明，在运行阶段提出了病毒木马防范措施、漏洞闭环整改的新要求，同时对各类数据的审批、使用、销毁等环节涉及的安全问题进行了说明。

条文说明

16.1 对2012年版《十八项反措》中引用的标准进行增加和更新，其中增加《电力系统调度自动化设计规程》（DL/T 5003—2017）、《电力调度自动化运行管理规程》（DL/T 516—2017）、《智能电网调度控制系统技术规范》系列标准（DL/T 1709—2017）、《变电站监控系统技术规范》（DL/T 1403—2015）、《国家电网公司调度自动化系统建设管理规定》［国网（调/4）528—2014］；更新《国家电网公司电力调度自动化系统运行管理规定》［国网（调/4）335—2014］。

16.1.1.1 为2012年版《十八项反措》16.1.1.1。基于《智能电网调度控制系统技术规范》系列标准（DL/T 1709—2017）在原条款基础上明确了核心设备种类，推荐磁盘阵列采用冗余配置，提高运行可靠性。

16.1.1.2 为2012年版《十八项反措》16.1.1.4。根据《国家电网公司省级以上调控机构安全生产保障能力评估办法》（国网（调/4）339—2014）规定，基于运行可靠性要求，在原条款基础上明确了单台不间断电源（UPS）满负荷容量的负载率应不大于40%。在外供交流电消失后，电池不间断供电维持时间应不小于2h，每台UPS开关应独立。

16.1.1.3 为2012年版《十八项反措》16.1.1.7。基于运行安全性考虑，推荐采用全业务备用。

16.1.1.4 为2012年版《十八项反措》16.1.1.3。在原条款基础上，考虑光伏发电发展速度较快，为适应大电网电力电子化特性要求，特增加了对光伏电站加装相量测量装置（PMU）要求，并提出了新能源发电汇集站、直流换流站及近区厂站的相量测量装置应具备连续录波和次/超同步振荡监测功能。

16.1.1.5 为2012年版《十八项反措》16.1.1.4。按照变电站自动化设备的发展趋势，删除了对变送器的要求。

16.1.1.6　为新增条款。基于《变电站监控系统技术规范》（DL/T 1403—2015），提出该条款。

16.1.1.7　为新增条款。鉴于特高压换流站出现过此情况，对运行可靠性造成较大影响，提出该条款。

16.1.2.1　为 2012 年版《十八项反措》16.1.2.1。为保证厂站自动化业务顺利接入主站，增加了厂站自动化系统和设备、调度数据网验收及文档管理要求。

16.1.2.2　为新增条款。根据现场设备管理需求，提出该条款。

16.1.3.1　为新增条款。根据厂站现场运维需要，规范软件升级和参数变更流程，提出该条款。

16.1.3.2　为 2012 年版《十八项反措》16.1.3.1。基于《智能电网调度控制系统技术规范》系列标准（DL/T 1709—2017），增加了综合智能告警、远程浏览、母线功率不平衡统计等手段，加强对基础数据质量的监视与管理。

16.2.1.1　为新增条款。根据国家能源局发布的《国家能源局关于印发电力监控系统安全防护总体方案等安全防护方案和评估规范的通知》（国能安全〔2015〕36 号）附件 1《电力监控系统安全防护总体方案》4.3 条。《电力监控系统安全防护规定》（国家发改委 2014 年第 14 号令）第十五条。《国家电网公司电力二次系统安全防护管理规定》第八条、第十三条，提出该条款。

16.2.1.2　为新增条款。根据《电力监控系统安全防护规定》（国家发改委 2014 年第 14 号令）第八条、第九条，提出该条款。

16.2.1.3　为新增条款。根据国家能源局发布的《国家能源局关于印发电力监控系统安全防护总体方案等安全防护方案和评估规范的通知》（国能安全〔2015〕36 号）附件 6《配电监控系统安全防护方案》4.3 条、4.4 条，提出该条款。

16.2.1.4　为新增条款。根据国家电网公司发布的《调度控制远方操作自动化技术规范》（调自〔2014〕81 号）5.4 条和《关于加强电力监控系统安全防护常态化管理的通知》（调自〔2016〕102 号）中附件《电力监控系统安全防护标准化管理要求》6.8 条，提出该条款。

16.2.1.5　为新增条款。根据国家能源局发布的《国家能源局关于印发电力监控系统安全防护总体方案等安全防护方案和评估规范的通知》（国能安全〔2015〕36 号）附件 1《电力监控系统安全防护总体方案》3.13 条、《国家电网公司电力二次系统安全防护管理规定》第二十二条、《中华人民共和国网络安全法》第二十一条，提出该条款。

16.2.1.6　为新增条款。根据《国调中心关于印发国家电网公司电力监控系统网络安全运行管理规定（试行）的通知》（调网安〔2017〕109 号）第三章第九条、第十条，提出该条款。

16.2.2.1　为新增条款。根据国家能源局发布的《国家能源局关于印发电力监控系统安全防护总体方案等安全防护方案和评估规范的通知》（国能安全〔2015〕36 号）第 2.2、2.3、2.4、2.5 节，提出该条款。

16.2.2.2　为新增条款。根据国家能源局发布的《国家能源局关于印发电力监控系统安全防护总体方案等安全防护方案和评估规范的通知》（国能安全〔2015〕36 号）第 4.3 节，提出该条款。

16.2.2.3　为新增条款。根据国家能源局发布的《国家能源局关于印发电力监控系统安全防护总体方案等安全防护方案和评估规范的通知》（国能安全〔2015〕36 号）第 4.4 节，提出该条款。

16.2.2.4 为新增条款。根据国家能源局发布的《国家能源局关于印发电力监控系统安全防护总体方案等安全防护方案和评估规范的通知》（国能安全〔2015〕36号）第2.2节，提出该条款。

16.2.2.5 为新增条款。根据《国家能源局关于印发电力监控系统安全防护总体方案等安全防护方案和评估规范的通知》（国能安全〔2015〕36号）第3.4、4.4、4.5节和《中华人民共和国网络安全法》第二十三条，提出该条款。

16.2.2.6 为新增条款。根据国家能源局发布的《国家能源局关于印发电力监控系统安全防护总体方案等安全防护方案和评估规范的通知》（国能安全〔2015〕36号）第4.4节提出该条款。

16.2.2.7 为新增条款。根据国家能源局发布的《国家能源局关于印发电力监控系统安全防护总体方案等安全防护方案和评估规范的通知》（国能安全〔2015〕36号）第4.3、5.3节和《中华人民共和国网络安全法》第三十八条，提出该条款。

16.2.3.1 为新增条款。根据《电力行业信息安全等级保护管理办法》（国能安全〔2014〕318号）第十二条、第十三条内容，提出该条款。

16.2.3.2 为新增条款。根据《中华人民共和国网络安全法》第二十一条、《国家能源局关于印发电力监控系统安全防护总体方案等安全防护方案和评估规范的通知》（国能安全〔2015〕36号）附件1《电力监控系统安全防护总体方案》第2.1.5条内容，提出该条款。

16.2.3.3 为新增条款。根据《国家能源局关于印发电力监控系统安全防护总体方案等安全防护方案和评估规范的通知》（国能安全〔2015〕36号）附件1《电力监控系统安全防护总体方案》第3.8条内容，提出该条款。

16.2.3.4 为新增条款。根据《国家能源局关于印发电力监控系统安全防护总体方案等安全防护方案和评估规范的通知》（国能安全〔2015〕36号）附件1《电力监控系统安全防护总体方案》第4.6条内容，提出该条款。

16.2.3.5 为新增条款。根据《国家能源局关于印发电力监控系统安全防护总体方案等安全防护方案和评估规范的通知》（国能安全〔2015〕36号）附件4《发电厂监控系统安全防护方案》，《国调中心关于开展并网电厂电力监控系统涉网安全防护专项治理活动的通知》（调网安〔2017〕64号）内容，提出该条款。

16.2.3.6 为新增条款。根据《电力监控系统安全防护规定》（国家发改委2014年第14号令）第十七条，《国家能源局关于印发电力监控系统安全防护总体方案等安全防护方案和评估规范的通知》（国能安全〔2015〕36号）附件1《电力监控系统安全防护总体方案》第3.2、4.7条内容，提出该条款。

16.2.3.7 为新增条款。根据《电力监控系统安全防护规定》（国家发改委2014年第14号令）第十七条，《国家能源局关于印发电力监控系统安全防护总体方案等安全防护方案和评估规范的通知》（国能安全〔2015〕36号）附件1《电力监控系统安全防护总体方案》第4.7条内容，提出该条款。

16.3.1.1 为2012年版《十八项反措》16.2.1.1。依据公司关于本质安全、通信业务规划和方式安排方面的原则性要求进行修改。

16.3.1.2 为2012年版《十八项反措》16.2.1.1。依据传输设备重要板卡运行可靠性及光缆资源需求，增加对传输设备板卡配置及本体线路架设光缆的要求。

16.3.1.3 为2012年版《十八项反措》16.2.2.4。该条款是对通信系统设计阶段提出的要求，为使条理更清晰，对其进行顺序调整。

16.3.1.4 为2012年版《十八项反措》16.2.1.3原文的部分内容，依据《国家电网公司关于印发〈国家电网公司安全事故调查规程〉信息通信部分修订条款的通知》（国家电网安质〔2016〕1033号）、《国家电网公司关于印发防止变电站全停十六项措施（试行）的通知》（国家电网运检〔2015〕376号）、《配电网规划设计技术导则》（Q/GDW 1737—2012），对双沟道站点范围进行明确；同时增加多条光缆的敷设要求。

16.3.1.5 为新增条款。为避免因光缆检修导致重要机房设备单光缆运行，增加重要机房出局光缆数量的要求。

16.3.1.6 为2012年版《十八项反措》16.2.1.3原文的部分内容，未修改。

16.3.1.7 为2012年版《十八项反措》16.2.1.6原文，未修改。

16.3.1.8 为2012年版《十八项反措》16.2.1.4。继电保护/安全自动装置通道包括光纤专用芯和复用通道两种方式，"电源"包括"通信电源"和"一体化电源"两种情况，据此进行修改。

16.3.1.9 为新增条款。依据《通信专用电源技术要求、工程验收及运行维护规程》（Q/GDW 11442—2015），为避免因单套电源故障或检修造成双重化配置的继电保护通道同时中断，提出本要求。

16.3.1.10 为新增条款。依据《通信专用电源技术要求、工程验收及运行维护规程》（Q/GDW 11442—2015），对通信设备直流输入的接线设计提出要求。

16.3.1.11 为新增条款。为提高重要通信站电源的安全运行水平，提出应配备两套独立的通信专用电源的要求，同时强调对电源交流输入的要求。

16.3.1.12 为新增条款。依据《通信专用电源技术要求、工程验收及运行维护规程》（Q/GDW 11442—2015），强调对通信电源模块配置、整流容量及蓄电池容量的要求。为避免电源母线负载熔断器或蓄电池组熔断器因独立承担全站负载而熔断，对熔断器容量提出要求。

16.3.1.13 为新增条款。为避免出现因单个整流模块故障导致整套电源上级交流输入开关或直流输入开关直接跳开，提出模块应具备独立开关的要求。

16.3.1.14 为新增条款。为避免因空调全停导致机房温度失控，影响设备运行，对重要通信站提出空调配置要求；同时增加送风口安装位置要求，避免出现因滴水导致设备短路。

16.3.1.15 为2012年版《十八项反措》16.2.1.7原文，未修改。

16.3.1.16 为新增条款。依据《国家电网公司关于印发架空输电线路"三跨"重大反事故措施（试行）的通知》（国家电网运检〔2016〕413号）要求，提出"三跨"线路的光缆配置要求。

16.3.2.1 为2012年版《十八项反措》16.2.2.1原文，未修改。

16.3.2.2 为2012年版《十八项反措》16.2.2.2，因"选型"应为设计阶段问题，删除"选型"环节；同时增加执行"工程建设"方面标准规定的要求。

16.3.2.3 为2012年版《十八项反措》16.2.2.3。因"通信设备"涵盖不全，修改条款表述更全面、准确。

16.3.2.4 为2012年版《十八项反措》16.2.2.5。依据《继电保护和安全自动装置技术规程》

（GB/T 14285—2006）和《光纤通道传输保护信息通用技术条件》（DL/T 364—2010）的要求修改。

16.3.2.5　为新增条款。依据《通信专用电源技术要求、工程验收及运行维护规程》（Q/GDW 11442—2015）要求，为减少因电源问题导致的通信系统故障，增加测试、校核要求。

16.3.2.6　为2012年版《十八项反措》16.2.2.6。依据国网公司有关组织机构设置要求及《电力通信运行方式管理规程》（Q/GDW 760—2012）修改。

16.3.2.7　为2012年版《十八项反措》16.2.2.7。依据《电力系统通信光缆安装工艺规范》（Q/GDW 758—2012）光缆敷设及接地要求修改；同时增加分段绝缘方式架设OPGW的绝缘要求。

16.3.2.8　为2012年版《十八项反措》16.2.2.7。依据《电力系统通信光缆安装工艺规范》（Q/GDW 758—2012）对导引光缆安装相关要求修改。

16.3.2.9　为新增条款。依据《电力系统通信站安装工艺规范》（Q/GDW 759—2012），结合运行实际提出相关要求。

16.3.2.10　为2012年版《十八项反措》16.2.2.9。依据近年来电源运行实际，细化原条款要求。

16.3.2.11　为新增条款。依据《国家电网公司信息机房设计及建设规范》（Q/GDW 1343—2014）及因设备积尘、温度过高导致故障率较高的运行实际，提出相关要求。

16.3.3.1　为2012年版《十八项反措》16.2.3.1和16.2.3.2，依据对通信调度方面的要求进行简化、合并。

16.3.3.2　为2012年版《十八项反措》16.2.3.3。依据《国家电网公司关于印发〈国家电网公司安全事故调查规程〉信息通信部分修订条款的通知》（国家电网安质〔2016〕1033号），提出对机房动力环境及电源的监控要求。

16.3.3.3　为新增条款。依据《通信专用电源技术要求、工程验收及运行维护规程》（Q/GDW 11442—2015），提出通信蓄电池组的放电试验频度要求。

16.3.3.4　为新增条款。根据《通信专用电源技术要求、工程验收及运行维护规程》（Q/GDW 11442—2015），提出通信蓄电池组的充放电电压设置要求。

16.3.3.5　为新增条款。根据《通信专用电源技术要求、工程验收及运行维护规程》（Q/GDW 11442—2015），提出电源运行过程中对负荷校验的相关要求。

16.3.3.6　为新增条款。依据运行实际，防止通信电源因闭合母联开关引发故障。

16.3.3.7　为2012年版《十八项反措》16.2.3.4原文，未修改。

16.3.3.8　为2012年版《十八项反措》16.2.3.5。依据近几年发生多次因市政施工对光缆运行造成影响的情况进行修改。

16.3.3.9　为2012年版《十八项反措》16.2.3.5。依据《国家电网公司通信检修管理办法》[国网（信息/3）490—2017]，对通信检修工作的相关要求进行修改。

16.3.3.10　为新增条款。针对同时办理电网和通信检修申请的工作提出“双许可”要求，避免因单一许可导致通信光缆（设备）意外中断。

16.3.3.11　为2012年版《十八项反措》16.2.3.6原文，未修改。

16.3.3.12　为2012年版《十八项反措》16.2.3.7原文，未修改。

16.3.3.13　为2012年版《十八项反措》16.2.3.8。依据《国家电网公司电视电话会议管理办法》[国网（办/3）206—2014] 对公司一、二类电视电话会议系统“一主两备”的要求进行修改。

16.3.3.14 为2012年版《十八项反措》16.2.3.9。依据《国家电网公司网络与信息系统安全管理办法》[国网（信息/2）401—2018]，提出对通信网管系统网络安全等级保护测评的要求。

16.3.3.15 为2012年版《十八项反措》16.2.3.10原文部分内容；同时依据设备日常运维需要，增加机房除尘要求。

16.3.3.16 为2012年版《十八项反措》16.2.3.10原文部分内容；同时增加拉曼放大器的操作要求。

16.3.3.17 为2012年版《十八项反措》16.2.3.11。依据《国家电网公司关于印发〈国家电网公司安全事故调查规程〉信息通信部分修订条款的通知》（国家电网安质〔2016〕1033号）对调度录音数据的要求修改；同时增加调度录音系统服务器保持时间同步要求。

16.3.3.18 为2012年版《十八项反措》16.2.3.12。依据《电力通信运行管理规程》（DL T 544—2012）对通信方式的要求修改。

16.3.3.19 为2012年版《十八项反措》16.2.3.13。以“完善各类设备和系统的应急处置预案和现场处置方案”代替原反措中各类系统和设备，提高反措内容的精炼、流畅性。

16.3.3.20 为新增条款。依据电网线路调整不应降低通信网可靠性的要求，增加对一次线路退运时的相关要求。

16.4.1.1 为新增条款。依据《国家电网公司信息机房设计及建设规范》（Q/GDW 1343—2014）对公司数据中心、各分部、各省公司、公司直属单位、地（市）供电公司信息机房的设计标准进行规定。

16.4.1.2 为新增条款。依据《国家电网公司信息机房设计及建设规范》（Q/GDW 1343—2014）和运行实际，提出信息机房供电安全要求。

16.4.1.3 为新增条款。依据《国家电网公司信息机房设计及建设规范》（Q/GDW 1343—2014）和运行实际，明确UPS供电要求。

16.4.1.4 为新增条款。依据运行实际，明确机房空调冗余设计、来电自启动功能等要求。

16.4.1.5 为新增条款。依据运行实际和相关消防规定，提出信息机房消防系统、暖通系统要求，保障机房的物理环境稳定。

16.4.1.6 为新增条款。依据运行实际，明确网络链路互备设计要求，避免网络单点隐患。

16.4.1.7 为新增条款。依据《国家电网公司信息系统非功能性需求规范》（国家电网企管〔2014〕1540号）和运行实际提出相关要求，防止上线后用户体验差、系统稳定性不足、可运维设计欠缺等问题。

16.4.1.8 为新增条款。依据《国家电网公司信息化架构（SG-EA）》（Q/GDW 11209—2014）和运行实际，明确网络、主机、数据库、存储的冗余设计要求，防止单点隐患。

16.4.1.9 为新增条款。依据运行实际，提出相关要求，确保信息系统各组件安全风险可控。

16.4.1.10 为新增条款。依据《国家电网公司信息系统非功能性需求规范》（国家电网企管〔2014〕1540号）和运行实际，明确信息系统容错设计要求和异常处理机制要求，保证业务和数据的完整性。

16.4.1.11 为新增条款。依据运行实际，防止系统访问量过大造成系统不稳定。

16.4.1.12 为新增条款。依据运行实际，明确用户体验要求，保证信息系统设计应界面友好，使用便捷，响应迅速。

16.4.1.13　为新增条款。依据《国家电网公司信息系统业务授权许可使用管理办法》[国网（信息/3）782—2015]和运行实际，明确地址、端口、账号配置要求，防止账号弱口令和账号非法登录。

16.4.1.14　为新增条款。依据运行实际，防止由于信息系统间架构集成关系，对在运系统造成关联影响。

16.4.2.1　为新增条款。依据运行实际，明确电缆沟内线缆敷设要求，保障线缆安全。

16.4.2.2　为新增条款。依据《国家电网公司信息系统运行管理办法》[国网（信息/3）262—2014]，防止因部署时机房设施杂乱、标签不清导致误操作引起的事故。

16.4.2.3　为新增条款。依据运行实际，明确空气开关、断路器配置要求，防止越级跳闸。

16.4.2.4　为新增条款。依据《国家电网公司信息系统运行管理办法》[国网（信息/3）262—2014]，细化机房集中监控要求。

16.4.2.5　为新增条款。依据《国家电网公司信息系统建转运实施细则》[国网（信息/4）261—2018]和运行实际，明确部署版本要求及接入集成要求。

16.4.2.6　为新增条款。依据运行实际，明确主机设备冗余要求，防止单节点故障。

16.4.2.7　为新增条款。依据运行实际，明确时间同步要求。

16.4.2.8　为新增条款。依据《国家电网公司安全事故调查规程》（国家电网安质〔2016〕1033）及运行实际，提出一类系统数据库备份要求，加强数据安全管控。

16.4.2.9　为新增条款。依据《国家电网公司信息系统建转运实施细则》[国网（信息/4）261—2018]，细化系统上线测试要求。

16.4.2.10　为新增条款。依据《国家电网公司信息系统建转运实施细则》[国网（信息/4）261—2018]及运行实际，明确账号权限最小化原则，防止用户误操作及恶意操作。

16.4.2.11　为新增条款。依据《国家电网公司信息系统建转运实施细则》[国网（信息/4）261—2018]及运行实际，强化信息系统试运行期间安全管控。

16.4.2.12　为新增条款。依据《国家电网公司信息系统建转运实施细则》[国网（信息/4）261—2018]及运行实际，明确信息系统应急处置要求，确保系统上线时同步建立应急体系。

16.4.3.1　为新增条款。依据网络安全等级保护物理安全要求，确保信息机房的室内与室外物理环境安全。

16.4.3.2　为新增条款。依据运行实际，明确机房基础设施的周期性状态检查、测试以及设备运行状态评估要求，及时消除运行隐患。

16.4.3.3　为新增条款。依据运行实际，明确信息系统常态评估及调优要求，防止性能瓶颈和运行缓慢，保障系统稳定运行。

16.4.3.4　为新增条款。依据运行实际，明确各单位生产及非生产环境应严格分离要求，防止人为破坏或人为误操作。明确检修操作的集中式统一管理要求。

16.4.3.5　为新增条款。依据运行实际，明确信息设备或网络链路定期切换演练及轮换运行要求，提升设备可靠性。

16.4.3.6　为新增条款。依据《国家电网公司信息设备管理细则》[国网（信通/4）288-2014]和运行实际，明确老旧设备和系统下线要求。

16.4.3.7　为新增条款。依据《国家电网公司信息系统运行管理办法》[国网（信息/3）

262—2014]，明确信息系统备份策略要求，保证信息系统故障时可及时对业务进行恢复。

16.4.3.8 为新增条款。依据运行实际，细化各类软件版本管理要求，防止版本老旧导致故障。

16.4.3.9 为新增条款。依据运行实际，加强信息系统版本升级安全管控。

16.4.3.10 为新增条款。依据《网络安全法》《国家电网公司信息通信工作管理规定》[国网（信息/1）399—2014]，强化信息设备的状态及告警信息监控管理，明确日志留存时间要求。

16.4.3.11 为新增条款。依据《国家电网公司信息系统业务授权许可使用管理办法》[国网（信息/3）782—2015]及运行实际，加强临时账号和策略管控。

16.4.3.12 为新增条款。依据《国家电网公司信息系统业务授权许可使用管理办法》[国网（信息/3）782—2015]和运行实际，细化账号权限管理要求，避免隐患遗留。

16.4.3.13 为新增条款。依据运行实际，加强信息系统下线管理。

16.5 为2012年版《十八项反措》16.3，16.3.3.4。依据《国家电网公司网络与信息系统安全管理办法》[国网（信息/2）401—2018]的相关要求进行了修订，作为关键信息基础设施的运营者，公司应认真贯彻执行网络安全相关法律，坚持公司总体安全策略。

16.5.1.1 为新增条款。业务部门应统筹考虑安全需求，以便研发单位在设计中加强对重要数据和关键业务流程的保护。

16.5.1.2 为2012年版《十八项反措》16.3.1.1。依据《国家电网公司信息安全等级保护建设实施细则》[国网（信息/4）439—2014]第十二条和《国家电网公司网络与信息系统安全管理办法》[国网（信息/2）401—2018]第十二条的相关要求进行了修改，提出对信息系统定级的管理要求。

16.5.1.3 为2012年版《十八项反措》16.3.1.2、16.3.2.1。依据《国家电网公司信息安全等级保护建设实施细则》[国网（信息/4）439—2014]第十五条的相关要求进行了修改。

16.5.1.4 为新增条款。提出了设计阶段研发单位应注意的问题。

16.5.2.1 为2012年版《十八项反措》16.3.1.3。依据网络安全法律法规和国网公司制度要求，应规范开展信息系统开发工作。

16.5.2.2 为2012年版《十八项反措》16.3.1.4。依据《中华人民共和国网络安全法》第三十六条、《国家电网公司网络与信息系统安全管理办法》[国网（信息/2）401-2018]第三十条进行了修订，对开发人员的管理要求进行了完善。

16.5.2.3 为2012年版《十八项反措》16.3.2.5。依据国网公司规章制度对信息系统开发环境要求进行了修订。

16.5.2.4 为新增条款。提出应在建设阶段应开展测试工作，特别是安全测试工作。

16.5.2.5 为新增条款。依据《国家电网公司网络与信息系统安全管理办法》[国网（信息/2）401-2018]第十四至十六条，提出了代码安全管理要求。

16.5.2.6 为2012年版《十八项反措》16.3.2.2。依据《网络产品和服务安全审查办法（试行）》对本条内容进行修改，同时删除了原反措中对信息系统关键软硬件产品和密码产品要坚持国产化的要求。

16.5.2.7 为2012年版《十八项反措》16.3.2.3。依据《国家电网公司通信安全管理办法》[国网（信息/3）427—2014]进行了修改，提出信息外网使用无线网络应备案，新增对“行为审计”的要求，无线专网接入国网公司网络应采用统一的安全接入防护措施。

16.5.2.8　为2012年版《十八项反措》16.3.2.4。依据《中华人民共和国网络安全法》第三十六条、《国家电网公司网络与信息系统安全管理办法》[国网（信息/2）401—2018]第二十五条进行了修改，提出应与合作单位及供应商签订保密协议及网络安全承诺书的要求。同时，将原文与“严禁外部合作单位和供应商在对互联网提供服务的网络和信息系统中存储运行相关业务系统数据和公司敏感信息”表达意思重复的要求进行了简化。原文中由于“国家电网”标识管理不当可能导致不良的影响，考虑其并不造成电网重大事故，故将其删除。

16.5.2.9　为新增条款。根据运行实际，提出应在新型号设备接入之前进行安全检测，防止设备“带病”入网。

16.5.2.10　为2012年版《十八项反措》16.3.2.7。依据《国网信通部关于印发网络与信息安全反违章措施—准入规范十八条》（信通技术〔2016〕6号）第四条和《国家电网公司网络与信息系统安全管理办法》[国网（信息/2）401—2018]第十八条，对公司互联网使用管理要求和网络接入要求进行了修订。

16.5.2.11～16.5.2.13　为新增条款。依据《国家电网公司办公计算机信息安全管理办法》[国网（信息/3）255—2014]、《国网信通部关于进一步加强移动应用安全防护工作的通知》（信通技术〔2015〕148号）要求，提出了终端安全防护措施、网络访问控制、移动应用安全技防措施。

16.5.3.1　为2012年版《十八项反措》16.3.3.1。依据《国家电网公司网络与信息系统安全管理办法》[国网（信息/2）401—2018]第十七条，对信息系统等保测评要求进行了修订。同时将原16.3.3.7、16.3.3.8内容删除，已在信息部分反措进行说明。

16.5.3.2　为2012年版《十八项反措》16.3.3.2。依据公司相关要求进行修订，明确了信息内外网不允许设立与工作无关的娱乐性网站。

16.5.3.3　为2012年版《十八项反措》16.3.3.3。根据国网公司运行实际，对邮件系统的使用要求进行了修订。

16.5.3.4　为2012年版《十八项反措》16.3.3.4。根据运行实际，进一步强化了联网计算机的使用要求。

16.5.3.5　为新增条款。根据《国家电网公司关于印发〈国家电网公司安全事故调查规程〉信息通信部分修订条款的通知》（国家电网安质〔2016〕1033号）、《国家电网公司办公计算机信息安全管理办法》[国网（信息/3）255—2014]，结合运行实际，提出了对恶意代码及病毒木马监控及防范要求。

16.5.3.6　为新增条款。根据《中华人民共和国网络安全法》第二十一条，结合运行实际，修订了网络边界安全防护要求。

16.5.3.7　为2012年版《十八项反措》16.3.3.5、16.3.3.9。将原文“数据备份与灾备”要求删除（已在信息部分反措进行说明），同时将运行安全、应急与预警处置等内容进行整合，提出本条款。

16.5.3.8～16.5.3.13　为新增条款。依据《国家电网公司关于进一步加强数据安全工作的通知》（国家电网信通〔2017〕515号）要求，对各类数据的审批、使用、销毁等环节涉及的安全问题进行说明。

征求意见及采纳情况

“防止电网调度自动化系统事故”部分共收到36条修改意见，采纳17条，未采纳19条，未采纳的主要原因：一是部分单位引用关于PMU部署要求的规范、标准偏低，不符合《国家能源局关于印发〈防止电力生产事故的二十五项重点要求〉的通知》（国能安全〔2014〕161号）的要求；二是部分单位提出的意见已在其他发文的规范或标准里可以找到，反措里不再表述。

“防止电力监控系统网络安全事故”部分共收到31条修改意见，采纳11条，未采纳20条，不采纳的主要原因是部分单位反馈意见非电力监控系统网络安全事故章节内容。

“防止电力通信网事故”部分共收到186条修改意见，采纳62条，未采纳124条。未采纳的主要原因：一是部分建议属于局部区域问题，不宜全网推广；二是部分意见已在正式下发的标准或规范里明确规定，反措里不再强调；三是部分建议高于设计和基建标准，所需投资较大，难以大规模实施。

“防止信息系统事故”部分共收到79条修改意见，采纳35条，未采纳44条。未采纳的主要原因：一是部分意见已在其他条文中体现，不再重复要求；二是部分意见与公司信息系统生产实际存在差异，不具备统推条件；三是部分意见与公司安全生产相关规章制度相悖。

“防止网络安全事故”部分第1次征求意见收到175条意见和建议，采纳79条，部分采纳27条，未采纳69条；第2次征求意见收到12条意见和建议，采纳4条，未采纳8条。未采纳的主要原因：一是部分建议已在16.4防止信息系统事故中采纳，无须在网络安全部分赘述；二是部分建议已纳入16.2防止电力监控系统网络安全事故中，不属于管理信息大区管辖范畴。

17 防止垮坝、水淹厂房事故编制说明

总体说明

本章重点是防止垮坝及水淹厂房事故，针对影响大坝及厂房安全的问题，从设计、基建、运行等阶段提出防止垮坝及水淹厂房事故的措施。结合国家、地方政府、相关部委以及国家电网公司发布的法律、法规、规范、规定、标准和相关文件提出的新要求，修改、补充和完善相关条款，对原文中已不适应当前电站实际情况或已写入新规范、新标准的条款进行删除、调整。

条文说明

17.1.1 为2012年版《十八项反措》17.1.1原文，未修改。

17.1.2 为2012年版《十八项反措》17.1.2原文，未修改。

17.1.3 为2012年版《十八项反措》17.1.3。仅将“洪水”修改为“洪水影响”。

17.1.4 为2012年版《十八项反措》17.1.3。依据《国家电网公司关于印发防止水电厂水淹厂房反事故补充措施的通知》（国家电网基建〔2017〕61号）的要求进行修改；同时增加

了厂房排水系统设计应留有裕量的要求。

17.1.5　为新增条款。依据《国家电网公司关于印发防止水电厂水淹厂房反事故补充措施的通知》（国家电网基建〔2017〕61号）的要求新增。

17.2.1　为2012年版《十八项反措》17.2.1。仅将"施工期应成立防洪度汛组织机构"修改为"施工期建设单位应成立防洪度汛组织机构"，明确防洪防汛责任主体。

17.2.2　为2012年版《十八项反措》17.2.2原文，未修改。

17.2.3　为2012年版《十八项反措》17.2.3原文，未修改。

17.2.4　为2012年版《十八项反措》17.2.4原文，未修改。

17.2.5　为2012年版《十八项反措》17.2.5原文，未修改。

17.3.1　为2012年版《十八项反措》17.3.1原文，未修改。

17.3.2　为2012年版《十八项反措》17.3.2。仅将"及时修订和完善能够指导实际工作的《防汛手册》"修改为"及时编写并严格执行《防汛工作手册》。"

17.3.3　为2012年版《十八项反措》17.3.3原文，未修改。

17.3.4　为新增条款。强调大坝安全注册和定期检查中发现缺陷隐患的治理和闭环。

17.3.5　为2012年版《十八项反措》17.3.4原文，未修改。

17.3.6　为2012年版《十八项反措》17.3.6原文，未修改。

17.3.7　为2012年版《十八项反措》17.3.7。将原条款"汛前备足必要的防洪抢险器材、物资，并对其进行检查、检验和试验，确保物资的良好状态。确保有足够的防汛资金保障，并建立保管、更新、使用等专项制度"修改为"汛前应备足必要的防洪抢险物资，定期对其进行检查、检验和试验，确保物资的良好状态，并建立台账及保管、更新、使用等专项制度"。

17.3.8　为2012年版《十八项反措》17.3.8原文，未修改。

17.3.9　为2012年版《十八项反措》17.3.9原文，未修改。

17.3.10　为2012年版《十八项反措》17.3.10与17.3.13原文合并。

17.3.11　为2012年版《十八项反措》17.3.11原文，未修改。

17.3.12　为2012年版《十八项反措》17.3.12原文，未修改。

17.3.13　为2012年版《十八项反措》17.3.14原文，未修改。

17.3.14　为新增条款。依据《国家能源局综合司关于加强水电站水淹厂房防范工作的通知》（国能综函安全〔2017〕66号）的要求新增。

征求意见及采纳情况

"防止垮坝、水淹厂房事故"部分共收到13条反馈意见，意见和建议，采纳4条，部分采纳1条，未采纳8条。未采纳的主要原因：一是部分建议是对部分条款进行细化及常规要求，为确保条款简练，未采纳；二是部分建议属于特殊区域电站要求，不宜全电站推广。

18　防止火灾事故和交通事故编制说明

总体说明

本章重点是防止发生火灾事故和交通事故，针对防止生产生活区域内发生火灾、火灾发生后及时阻止事故扩大、各类交通事故等面临的新问题，结合国家、地方政府、相关部委以及国家电网公司近6年发布的法律、法规、规范、规定、标准和相关文件提出的新要求，修改、补充和完善相关条款，对原文中已不适应当前电站实际情况或已写入新规范、新标准的条款进行删除、调整。

条文说明

18.1.1.1　为2012年版《十八项反措》18.1.1.1。依据《中华人民共和国消防法》第十六条，原“企业行政正职为消防工作第一责任人”调整为“单位的主要负责人是本单位的消防安全责任人”。根据《中华人民共和国消防法》第十七条和《电力设备典型消防规程》（DL 5027—2015）3.3，原“还应配置消防专责人员”调整为“确定消防安全管理人”和“有效落实消防管理职责”。

18.1.1.2　为2012年版《十八项反措》18.1.1.2部分内容。依据《中华人民共和国消防法》第三十九条（大型发电厂应建立单位专职消防队）和第四十条，新增“专职消防队”和“专职消防队应报公安机关消防机构验收”；依据《中华人民共和国消防法》第十六条第一款，新增“制定灭火和应急疏散预案”。补充了单位专职消防队的概念，规避了可能存在的法律风险。依据《国家电网公司关于强化本质安全的决定》（国家电网办〔2016〕624号）和《电力设备典型消防规程》（DL 5027—2015）4.3/4.4条款，新增“开展相应的基础消防知识的培训，建立火灾事故应急响应机制，定期开展火灾疏散桌面推演和现场演练”。

18.1.1.3　为2012年版《十八项反措》18.1.1.2部分内容。依据《电力设备典型消防规程》（DL 5027—2015）4.3.1，新增修改为“每年至少进行一次消防安全培训，消防安全责任人和消防安全管理人等消防从业人员应接受专门培训。对新上岗和进入新岗位的员工进行上岗前消防培训，经考试合格方能上岗。”“应确保各单位、各车间、各班组、各作业人员了解各自管辖范围内的重点防火要求和灭火方案。”。

18.1.1.4　为2012年版《十八项反措》18.1.1.3原文，未修改。

18.1.1.5　为2012年版《十八项反措》18.1.3部分内容。依据《中华人民共和国消防法》和《电力设备典型消防规程》（DL 5027—2015）5.2，整合为“强化动火管理，施工、检修等工作现场严格执行动火工作票制度，落实现场防火和灭火责任。不具备动火条件的现场，严禁违法违规动火工作。”

18.1.1.6　为2012年版《十八项反措》18.1.8。新增“建立易燃、易爆物品台账，严格按照易燃、易爆物品的管理规定进行采购、运输、储存、使用”。

18.1.2.1　为2012年版《十八项反措》18.1.2.1部分内容。新增“严禁占用消防逃生通道和消防车通道”。

18.1.2.2　为2012年版《十八项反措》18.1.2.1部分内容，依据《电力设备典型消防规程》（DL 5027—2015）6.2.1，规范名称“固定灭火系统”，根据不限于《火灾自动报警系统施工及验收规范》（GB 50166—2007）《自动喷水灭火系统施工及验收规范》（GB 50261—2017）、《泡沫灭火系统施工及验收规范》（GB 50281—2006）、《气体灭火系统施工及验收规范》（GB 50263—2007）、《固定消防炮灭火系统施工及验收规范》（GB 50498—2009）、《建筑防烟排烟系统技术规范》（GB 51251—2017）中各类系统、设施的维保管理要求，新增“火灾自动报警、固定灭火、防烟排烟等各类消防系统及灭火器等各类消防器材，应根据相关规范定期进行巡查、检测、检修、保养，并做好检查维保记录，确保消防设施正常运行。”

18.1.2.3 为新增条款，依据《电力设备典型消防规程》（DL 5027—2015）6.3。新增“各单位及相关厂站应按相关标准配置灭火器材，并定期检测维护，相关人员应熟练掌握灭火器材的使用方法。”根据《消防安全重点单位微型消防站建设标准（试行）》（公消〔2015〕301号），新增“属消防重点部位的机构，应设立微型消防站，按照要求配置相应的消防器材。”

18.1.2.4 为2012版《十八项反措》18.1.5部分内容。《电力设备典型消防规程》（DL 5027—2015）6.1.24、6.3.8、10.3.1，《火力发电厂与变电站设计防火规范》（GB 50229—2006）11.5.20和《消防控制室通用技术要求》（GB 25506—2010）3.2。新增依据“各单位生产生活场所、各变电站（换流站）、电缆隧道等应根据规范及设计导则安装火灾自动报警系统。火灾自动报警信号应接入有人值守的消防控制室，并有声光警示功能，接入的信号类型和数量应符合国家相关规定。”

18.1.2.5 为新增条款，依据《火灾自动报警系统设计规范》（GB 50116—2013）3.2.1、3.4.1、6.1.1、6.1.4，《火力发电厂与变电站设计防火规范》（GB 50229—2006）11.5.23，《消防安全责任制实施办法》（国办发〔2017〕87号）第十五条，《消防控制室通用技术要求》（GB 25506—2010）3.1、4.2.1、4.2.2。新增“各单位生产生活场所、各变电站（换流站）应根据规范设置消防控制室。无人值班变电站消防控制室应设置在运维班驻地的值班室，对所辖的变电站实行集中管理。消防控制室实行24小时值班制度，每班不少于2人，并持证上岗。”

18.1.2.6 为2012年版《十八项反措》18.1.2.2。新增“掌握正确的使用方法”。修订了“供电生产、施工企业在可能产生有毒害气体或缺氧的场所应配备必要的正压式空气呼吸器”。

18.1.2.7 为2012年版《十八项反措》18.1.2.3。依据《中华人民共和国消防法》第十条、第十一条和第十三条，新增“消防系统设计文件应报公安机关消防机构审核或备案，工程竣工后应报公安消防机关申请消防验收或备案”。依据《建筑设计防火规范》（GB 50016—2014）10.1.10，新增“消防设施用电线路敷设应满足火灾时连续供电的需求”。依据《国网运检部关于印发输变配设备设施电气火灾综合治理工作方案的通知》（运检技术〔2017〕18号），新增“变电站、换流站消防水泵电机应配置独立的电源。”

18.1.2.8 为2012年版《十八项反措》18.1.4。依据《电力设备典型消防规程》（DL 5027—2015）10.6，将“蓄电池室”修改为“酸性蓄电池室”。新增“其控制开关应安装在室外”。

18.1.2.9 为2012年版《十八项反措》18.1.6。将“应制订具有防止消防设施误动、拒动的措施”修改为“应制订防止消防设施误动、拒动的措施”。

18.1.2.10 为新增条款。依据《电力设备典型消防规程》（DL 5027—2015）11.0.3和11.0.7，新增“调度室、控制室、计算机室、通信室、档案室等重要部位严禁吸烟，禁止明火取暖。各室空调系统的防火，其中通风管道，应根据要求设置防火阀。”。

18.1.2.11 为新增条款。依据《水喷雾灭火系统技术规范》（GB 50219—2014）6.0.7和《800kV及以上特高压直流工程换流站消防设计导则》（Q/GDW 11403—2015）9.4.2.2，新增“大型充油设备的固定灭火系统和断路器信号应根据规范联锁控制。发生火灾时，应确保固定灭火系统的介质，直接作用于起火部位并覆盖保护对象，不受其他组件的影响。”

18.1.2.12 为新增条款。依据《建筑防火封堵应用技术规范》（CECS 154—2003）3.1，新增“建筑贯穿孔口和空开口必须进行防火封堵，防火材料的耐火等级应进行测试，并不低于被贯穿物（楼板、墙体等）的耐火极限。”依据《电力设备典型消防规程》（DL 5027—2015）10.5.3，新增“电缆在穿越各类建筑结构进入重要空间时应做好防火封堵和防火延燃措施。”。

18.2.1.1 为2012年版《十八项反措》18.2.1.1。新增“明确交通安全归口管理部门，设置专兼职交通安全管理人员”。

18.2.1.2 为2012年版《十八项反措》18.2.1.2原文，未修改。

18.2.1.3 为2012年版《十八项反措》18.2.1.3。新增“对纳入国家特种设备管理范围的车辆，作业人员做到持证上岗；对未纳入国家特种设备管理范围的车辆，应实行“准驾证”制度”。

18.2.1.4 为2012年版《十八项反措》18.2.1.4。新增“加强车辆集中动态监控，所有车辆应安装卫星定位系统，实时预警超速超范围行驶”。

18.2.1.5 为2012年版《十八项反措》18.2.1.5原文，未修改。

18.2.2 为2012年版《十八项反措》18.2.2。原文“严禁带病行驶”调整为“严禁相关车辆带病行驶”。

18.2.3.1 为2012年版《十八项反措》18.2.3.1。新增“身体条件不满足驾驶员要求”。

18.2.3.2 为2012年版《十八项反措》18.2.3.2。新增“不系安全带、行车中使用电子产品”“各类危险驾驶”。

18.2.4 为2012年版《十八项反措》18.2.4。将“外地施工企业”修改为“外包施工企业”“多种经营企业”修改为“集体企业”“行政正职”修改为“主要负责人”。新增“外包施工企业的车辆的安全管理应按合同接受监督、指导和考核”和“集体企业和外包施工企业应该加强对驾驶员施工现场安全行驶的培训教育”。

18.2.5 和18.2.5.1为2012年版《十八项反措》18.2.5原文，未修改。

18.2.6 和18.2.6.1为2012年版《十八项反措》18.2.6。新增“搬运危化品、易燃易爆物”。

征求意见及采纳情况

“防止火灾事故和交通事故”部分第1次征求意见征集到100条意见和建议，采纳和部分采纳31条，不采纳69条。第2次征求意见征集到46条意见和建议，采纳和部分采纳13条，不采纳33条。不采纳的主要原因：一是部分建议属于各地区范围内的局域性问题，不宜在全网推广；二是部分建议已经在本次修订中予以体现；三是部分建议过分专注于具体的某一问题，不具有代表性等。

中华人民共和国国家标准

继电保护及二次回路安装及验收规范

Code for installation and acceptance of protection equipment and secondary circuit in infrastructure project

GB/T 50976—2014

住房城乡建设部关于发布国家标准《继电保护及二次回路安装及验收规范》的公告

第 369 号

现批准《继电保护及二次回路安装及验收规范》为国家标准，编号为 GB/T 50976—2014，自 2014 年 12 月 1 日起实施。

本规范由我部标准定额研究所组织中国计划出版社出版发行。

中华人民共和国住房和城乡建设部

2014 年 3 月 31 日

前　言

本规范是根据原建设部《关于印发〈2006年工程建设标准规范制订、修订计划（第二批）〉的通知》（建标〔2006〕136号）的要求，由中国电力企业联合会和重庆市电力公司会同有关单位共同编制完成。

本规范在编制过程中，编制组经广泛调查研究，总结继电保护及二次回路安装、调试及运行维护的经验，并在广泛征求意见的基础上，最后经审查定稿。

本规范共分8章，主要内容包括：总则，基本规定，图纸资料、试验报告及备品备件验收，安装与工艺验收，二次回路验收，继电保护及相关装置、系统的验收，整组传动试验，投运前的检查与带负荷试验。

本规范由住房城乡建设部负责管理，中国电力企业联合会负责日常管理，重庆市电力公司负责具体技术内容的解释。执行过程中如有意见或建议，请寄送重庆市电力公司（地址：重庆市渝中区中山三路21号，邮政编码：400014）。

本规范主编单位、参编单位、主要起草人和主要审查人：

主编单位：中国电力企业联合会
重庆市电力公司

参编单位：国家电力调度控制中心
中国南方电网电力调度控制中心
华北电力调度控制中心
华北电力科学研究院有限公司
江苏方天电力技术有限公司
广西电力调度控制中心
唐山供电公司
南京南瑞继保电气有限公司
北京四方继保自动化股份有限公司
国电南京门动化股份有限公司
许继电气股份有限公司
同网电力科学研究院
中国电力科学研究院

主要起草人：曾治安　陈　力　刘　宇　丁晓兵　王　宁　沈　宇　徐　钢　韩　冰
姚庆华　朱峻永　赵希才　秦应力　钱国明　李瑞生　曹团结　杨国生

主要审查人：舒治淮　周红阳　冷喜武　邓小元　凌　刚　夏期玉　林　虎　胡　宏
李　锋　黄　毅　续建国　马　杰　肖荣国　汪林科　武克宇　李　力
彭世宽　王友龙

目　次

1 总则……184
2 基本规定……184
3 图纸资料、试验报告及备品备件验收……185
4 安装与工艺验收……185
4.1 环境要求……185
4.2 屏柜、箱体……186
4.3 二次电缆和光缆……186
4.4 芯线标准、接线规范、端子排……187
4.5 标识标牌……188
4.6 屏蔽与接地……189
5 二次回路验收……191
5.1 一般规定……191
5.2 直流电源……191
5.3 交流电流回路……192
5.4 交流电压回路……193
5.5 断路器、隔离开关及相关二次回路……193
5.6 纵联保护通道……194
5.7 其他重点回路检查……195
6 继电保护及相关装置、系统的验收……196
6.1 继电保护及相关装置……196
6.2 继电保护故障信息系统子站……196
7 整组传动试验……197
8 投运前的检查与带负荷试验……197
8.1 投运前的检查……197
8.2 带负荷试验……197
本规范用词说明……199
引用标准名录……200
附：条文说明……201

Contents

1 General provisions ······ 184
2 Basic requirements ······ 184
3 Acceptance of documents，test reports and spare parts ······ 185
4 Installation and process acceptance ······ 185
4.1 Environmental requirements ······ 185
4.2 Panels and chassis ······ 186
4.3 Secondary cable and optical cable ······ 186
4.4 Cable cores，wiring and terminals ······ 187
4.5 Labeling ······ 188
4.6 Screening and grounding ······ 189
5 Acceptance of secondary circuits ······ 191
5.1 General requirements ······ 191
5.2 DC power supply circuit ······ 191
5.3 AC current circuit ······ 192
5.4 AC voltage circuit ······ 193
5.5 Secondary circuit of breakers and isolators ······ 193
5.6 Communication for pilot protection ······ 194
5.7 Miscellaneous circuit ······ 195
6 Acceptance of relays and relevant devices，system ······ 196
6.1 Relays and relevant device ······ 196
6.2 Protection and fault information system ······ 196
7 Overall test ······ 197
8 Commissioning test ······ 197
8.1 Commissioning review ······ 197
8.2 Commissioning test ······ 197
Explanation of wording in this code ······ 199
List of quoted standards ······ 200
Addition：Explanation of provisions ······ 201

1 总 则

1.0.1 为加强继电保护及二次回路安装工程质量管理与控制，规范继电保护及二次回路安装及验收，统一验收项目和验收标准，保证工程质量，制定本规范。

1.0.2 本规范适用于 110kV 及以上电压等级交流电力系统发电厂和变电站的继电保护装置、安全自动装置、故障录波装置、继电保护故障信息系统子站等设备及相关二次回路的安装及验收。本规范不适用于智能变电站保护设备、直流输电系统保护设备和串联补偿装置保护设备及其二次回路的安装及验收。

1.0.3 验收单位应在本规范的基础上制订验收细则，确定验收时间。对分期建设的工程项目，首期工程应对整个工程中的公共部分一并验收。隐蔽性工程应随工验收。

1.0.4 继电保护及二次回路安装及验收工作除应符合本规范外，尚应符合国家现行有关标准的规定。

2 基 本 规 定

2.0.1 继电保护及二次回路验收应包括下列内容：

1 核查工程质量的预检查报告，组织验收检查，审查验收检查报告，责成有关单位消除缺陷并进行复查和验收。

2 确认工程是否符合现行国家标准规定要求，是否具备试运行及系统调试条件，核查工程监督报告，提出工程质量评价意见。

3 协调并监督工程移交和备品备件、专用工器具、工程资料的移交。

2.0.2 继电保护及二次回路验收前应符合下列要求：

1 应具有工程设备安装、调试的有关文件及资料、质量检查报告、试验报告，准备启动所需的备品备件和专用工器具，配备启动及竣工验收工作人员，并提供处理故障的手段。

2 应有按合同约定编制的调试和系统启动试验大纲、调试方案。

3 应提供完整的、符合工程实际的竣工图纸及其电子版。

4 应有工程监理报告，对于隐蔽或不能直观查看的二次电缆、通信线和等电位铜网铺设地点，应提供影像资料。

5 应完成各种继电保护装置的整定值以及各设备的调度编号和名称。

6 验收所使用的试验仪器、仪表应齐备且经过检验合格，并应符合现行国家标准《继电保护和安全自动装置基本试验方法》GB/T 7261 的有关规定。

2.0.3 继电保护及二次回路启动调试前应符合下列要求：

1 启动前应全面检查启动调试系统的安全措施是否齐备，启动调试条件是否具备。

2 启动试验和试运行前应完成上岗培训、运行规程编制、设备资料档案监理、运行记录表格编制、安全器具、备品备件配备等生产准备工作。

3 应根据调试方案编制启动调度方案和审定系统运行方式，核查工程启动试运行的通信、调度自动化、继电保护、计量和安全自动装置的运行状况。

2.0.4 工程遗留问题处理应符合下列规定：

1 对每次验收中发现的问题、缺陷，应在每个阶段中加以消除，消除缺陷之后应重新验收。

2 对启动试运行期间出现的影响工程投运的问题、缺陷应及时消除。

3 对工程遗留问题应逐一记录在案，明确缺陷消除的责任单位和完成日期，限期消除。

3 图纸资料、试验报告及备品备件验收

3.0.1 继电保护设备开箱时应有监理或运行维护单位在场。制造厂提供的产品出厂检验报告、调试大纲、安装图纸、装置技术说明书及使用说明书、产品铭牌参数及合格证书应完整、准确、齐全，数量应与装箱记录清单一致并满足合同要求。

3.0.2 工程验收前，应具备全套的施工图纸、工程施工说明文件和设计变更说明文件。

3.0.3 工程验收前，应具备下列资料：

1 发电机、变压器、电抗器、电流互感器和电压互感器的实测参数报告和试验记录报告。

2 所有断路器的操作机构图纸、说明书及与继电保护专业相关项目的调试检验报告。

3 电缆敷设记录和屏柜安装记录。

4 继电保护及二次回路的调试记录及试验结论。

3.0.4 工程投运前，应提供线路实测参数报告。

3.0.5 备品备件和专用工器具应齐全，并应与装箱清单一致，应满足合同规定的数量要求。

3.0.6 继电保护及二次回路验收前应完成系统调试，并应在投运后一个月内提交调试报告。调试报告的数据应真实、可靠。

3.0.7 工程竣工后三个月内，施工单位或设计单位应向运行维护单位提供合同规定的工程竣工图纸及其电子版，设计、施工和验收单位应共同确认竣工图纸正确，其接线应与现场实际情况一致。

4 安装与工艺验收

4.1 环境要求

4.1.1 保护屏柜应安装在室内或能避雨、雪、风、沙的干燥场所。对有防震、防潮等特殊保管要求的装置性设备和电气元件，应按产品说明书规定进行保管。

4.1.2 环境温度、湿度、照明、振动、电磁环境应满足设备运行要求。积尘较严重的场所

还应采取防尘措施。

4.1.3 继电保护装置安装调试完毕后，建筑物、屏柜、箱体中的预留孔洞及电缆管口应封堵完好。

4.2 屏柜、箱体

4.2.1 屏柜、箱体安装应整齐，底座安装应牢固，接地应良好，屏柜等宜采用螺栓与基础型钢固定。屏柜安装在振动场所时，应按设计要求采取防振措施。屏柜、箱体及其内部设备与各构件间连接应牢固。设备安装用的紧固件应采用镀锌制品，并宜采用标准件。

4.2.2 保护柜门应开关灵活、上锁方便。前后门及边门应采用截面面积不小于 $4mm^2$ 的多股铜线，并与屏体可靠连接。保护屏的两个边门不应拆除。

4.2.3 保护屏上各压板、把手、按钮应安装端正、牢固，并应符合下列要求：

1 穿过保护屏的压板导电杆应有绝缘套，并与屏孔保持足够的安全距离；压板在拧紧后不应接地。

2 压板紧固螺丝和紧线螺丝应紧固。

3 压板应接触良好，相邻压板间应有足够的安全距离，切换时不应碰及相邻的压板。

4 对于一端带电的切换压板，在压板断开的情况下，应使活动端不带电。

4.2.4 端子箱、户外接线盒和户外柜应封闭良好，应有防水、防潮、防尘、防小动物进入和防止风吹开箱门的措施。

4.2.5 屏柜上的电器元件应符合下列要求：

1 电器元件质量良好，型号、规格应符合设计要求，外观完好，附件齐全，排列整齐，固定牢固，密封良好。

2 各电器应能单独拆装更换，更换时不影响其他电器及导线束的固定。

3 发热元件宜安装在散热良好的地方，两个发热元件之间的连线应采用耐热导线或裸铜线套瓷管。

4 自动空气开关的整定值应符合设计要求。

5 所有安装在屏机柜的装置或其他有接地要求的电器，其外壳应可靠接地。

4.3 二次电缆和光缆

4.3.1 用于继电保护和控制回路的二次电缆应采用铠装屏蔽铜芯电缆，二次电缆端头应可靠封装。

4.3.2 交、直流回路不应合用同一根电缆，强电和弱电回路不应合用同一根电缆，在同一根电缆中不宜有不同安装单位的电缆芯。

4.3.3 对双重化配置的保护的电流回路、电压回路、直流电源回路、双跳闸线圈的控制回路等，两套系统不应合用一根多芯电缆。

4.3.4 来自电压互感器二次绕组的4根开关场引入线和互感器剩余电压绕组的2根或3根开关场引入线应分开，不应共用电缆。

4.3.5 同一回路应在同一根电缆内走线，应避免同一回路通过两根电缆构成环路，每组电流线或电压线与其中性线应置于同一电缆内。

4.3.6 控制电缆应选用多芯电缆，尽量减少电缆根数。芯线截面面积不大于 $4mm^2$ 的电缆应留有备用芯。

4.3.7 进入保护室或控制室的保护用光缆应采用阻燃无金属光缆。当在同一室内使用光缆连接的两套设备不在同一屏柜内时宜使用尾缆连接。

4.3.8 保护通道信号的电传输部分应采用屏蔽电缆或音频线连接。该屏蔽线所连接的两个设备之间不应再经端子转接，配线架除外。单屏蔽层线缆的屏蔽层应在两端可靠接地；双屏蔽层线缆的外屏蔽层应两端接地，内屏蔽层应一端接地。传送音频信号应采用屏蔽双绞线，屏蔽层应两端接地。

4.3.9 保护用电缆敷设路径应合理规划。电容式电压互感器二次电缆、高频电缆在沿一次设备底座敷设的路段应紧靠接地引下线。

4.3.10 保护用电缆与电力电缆不应同层敷设。

4.3.11 所有电缆及芯线应无机械损伤，绝缘层及铠甲应完好无破损。

4.3.12 电缆在电缆夹层和电缆沟中应留有一定的裕度，排列整齐，编号清晰，没有交叉。

4.3.13 电缆应固定良好。主变本体上的电缆应用变压器上的线夹固定好。

4.3.14 控制电缆固定后应在同一水平位置剥齐，不同电缆的芯线宜分别捆扎。

4.3.15 室外电缆的电缆头，包括端子箱、断路器机构箱、瓦斯继电器、互感器等，应将电缆头封装处置于箱体或接线盒内。

4.3.16 屏柜内部的尾纤应留有一定裕度，并有防止外力伤害的措施，避免屏柜内其他部件的碰撞或摩擦。尾纤不得直接塞入线槽或用力拉扯，铺放盘绕时应采用圆弧形弯曲，弯曲直径不应小于100mm，应采用软质材料固定，且不应固定过紧。

4.4 芯线标准、接线规范、端子排

4.4.1 二次回路连接导线的截面面积应符合下列要求：

1 对于强电回路，控制电缆或绝缘导线的芯线截面面积不应小于1.5mm^2，屏柜内导线的芯线截面面积不应小于1.0mm^2；对于弱电回路，芯线截面面积不应小于0.5mm^2。

2 电流回路的电缆芯线，其截面面积不应小于 2.5mm^2，并满足电流互感器对负载的要求。

3 交流电压回路，当接入全部负荷时，电压互感器到继电保护和安全自动装置的电压降不应超过额定电压的3%。应按工程最大规模考虑电压互感器的负荷增至最大的情况。

4 操作回路的电缆芯线，应满足正常最大负荷情况下电源引小端至各被操作设备端的电压降不超过电源电压的10%。

4.4.2 交流电压回路宜采用从电压并列屏敷设辐射电缆至保护屏的方式。若采用屏顶小母线方式，铜棒直径不应小于6mm。

4.4.3 屏柜、箱体内导线的布置与接线应符合下列要求：

1 导线芯线应无损伤，配线应整齐、清晰。

2 应安装用于固定线束的支架或线夹，捆扎线束不应损伤导线的外绝缘。

3 导线束不宜直接紧贴金属结构件敷设，穿越金属构件时应有保护导线绝缘不受损伤的措施。

4 可动部位的导线应采用多股软导线，并留有一定长度裕量，线束应有外套塑料管等加强绝缘层，避免导线产生任何机械损伤，同时还应有固定线束的措施。

5 连接导线的中间不应有接头。

6 使用多股导线时，应采用冷压接端头；冷压连接应牢靠、接触良好。

7 导线接入接线端子应牢固可靠，并应符合下列要求：

1） 每个端子接入的导线应在两侧均匀分布，一个连接点上接入导线宜为一根，不应超过两根。

2）对于插接式端子，不同截面的两根导线不应接在同一端子上；对于螺栓连接端子，当接两根导线时，中间应加平垫片。

3） 电流回路端子的一个连接点不应压两根导线，也不应将两根导线压在一个压接头再接至一个端子。

8 强、弱电回路应分别成束，分开排列。

9 大电流的电源线不应与低频的信号线捆扎在一起。

10 打印机的电源线不应与继电保护和自动化设备的信号线布置在同一电缆束中。

11 高频的信号输入线不应与输出线捆扎在一起，也不应与其他导线捆扎在一起。

4.4.4 在油污环境下，应采用耐油的绝缘导线。

4.4.5 在日光直射环境下，绝缘导线应采取防护措施。

4.4.6 二次回路的连接件应采用铜质制品或性能更优的材料，绝缘件应采用自熄性阻燃材料。

4.4.7 端子排、元器件接线端子及保护装置背板端子螺丝应紧固可靠，端子无锈蚀现象。

4.4.8 端子排、连接片、切换部件离地面不宜低于300mm。

4.4.9 端子排的安装应符合下列要求：

1 端子排应完好无损，固定可靠，绝缘良好。

2 端子应有序号，端子排应便于更换且接线方便。

3 回路电压超过400V时，端子排应有足够的绝缘并涂以红色标志。

4 在潮湿环境下宜采用防潮端子。

5 强、弱电端子应分开布置。

6 正、负电源之间以及经常带电的正电源与合闸或跳闸回路之间，应以空端子隔开。

7 接入交流电源220V或380V的端子应与其他回路端子采取有效隔离措施，并有明显标识。

8 电流回路在端子箱和保护屏内应使用试验端子，电压回路在保护屏内应使用试验端子。

9 接线端子应与导线截面匹配，应符合现行国家标准《低压开关设备和控制设备 第7-1部分：辅助器件 铜导体的接线端子排》GB/T 14048.7、《电气装置安装工程 盘、柜及二次回路接线施工及验收规范》GB 50171和现行行业标准《开关设备用接线座订货技术条件》DL/T 579的有关规定。

4.5 标识标牌

4.5.1 保护装置、二次回路及相关的屏柜、箱体、接线盒、元器件、端子排、压板、交流直流空气开关和熔断器应设置恰当的标识，方便辨识和运行维护。标识应打印，字迹应清晰、工整，且不易脱色。

4.5.2 屏柜、箱体的正面和背面应标明间隔的双重编号，即设备名称和设备编号。保护屏还应标明主要保护装置的名称。各屏柜、箱体的名称不应有重复。

4.5.3 采用屏柜小母线方式时，屏柜小母线两侧及每面屏柜处应有标明其代号或名称的绝缘标识牌。

4.5.4 保护压板应使用双重编号，同一保护屏内的压板名称不应有重复。保护屏内有多套保护装置时，不同保护装置连接的压板编号应能明显区分。出口压板、功能压板、备用压板应采用不同颜色区分。

4.5.5 电缆标签悬挂应美观一致，并与设计图纸相符。电缆标签应包括电缆编号、规格型号、长度及起止位置。

4.5.6 光缆、通信线应设置标签标明其起止位置，必要时还应标明其用途。

4.5.7 电缆芯线应标明回路编号、电缆编号和所在端子位置，内部配线应标明所在端子位置和对端端子位置。编号应正确、与设计图纸一致，并应符合现行行业标准《火力发电厂、变电站二次接线设计技术规程》DL/T 5136 的要求。

4.5.8 尾纤标识应清晰规范，符合设计要求。保护屏至继电保护接口设备的备用纤芯应做好防尘和标识。

4.5.9 直流屏处空气开关和端子排均应清楚标明用途；芯线标识能清楚表明用途的，端子排上可不再标明。

4.5.10 电压互感器二次回路中性线、电流互感器二次回路中性线与交流供电电源中性线（零线）名称不应引起混淆。

4.5.11 保护电源和控制电源回路标识应有明显的区别。

4.6 屏蔽与接地

4.6.1 等电位接地网的敷设应根据开关场和一次设备安装的实际情况，与厂、站主接地网紧密连接。等电位接地网应符合下列要求：

1 继电保护和控制装置的屏柜下部应设有截面面积不小于 $100mm^2$ 的接地铜排，此接地铜排可不与屏柜绝缘；屏柜上装置的接地端子应采用截面面积不小于 $4mm^2$ 的多股铜线和接地铜排相连；接地铜排应采用截面面积不小于 $50mm^2$ 的铜缆与保护室下层的等电位接地网相连。

2 在主控室、保护室下层的电缆室内，应按屏柜布置的方向敷设截面面积不小于 $100mm^2$ 的专用铜排（缆），并应将该专用铜排（缆）首末端连接，按柜屏布置的方向敷设成“目”字形结构，形成保护室内的等电位接地网；保护室内的等电位接地网应与主接地网用截面面积不小于 $50mm^2$ 且不少于 4 根的铜排（缆）可靠一点连接。

3 保护室的等电位接地网应采用截面面积不小于 $100mm^2$ 的铜排（缆）与室外的等电位网可靠焊接。

4 分散布置的保护就地站、通信室与集控室之间，应使用截面面积不小于 $100mm^2$、紧密与厂站主接地网相连接的铜排（缆）将保护就地站与集控室的等电位接地网可靠连接。

5 应沿二次电缆的沟道敷设截面面积不小于 $100mm^2$ 的铜排（缆），置于电缆沟的电缆架顶部，构筑室外的等电位网；该铜排（缆）应延伸至保护用结合滤波器处，与结合滤波器的一次接地点相隔 3m～5m 的距离与主接地网可靠连接。

6 开关场的就地端子箱内应设置截面面积不小于 $100mm^2$ 的裸铜排，并应使用截面面积不小于 $100mm^2$ 的铜缆与电缆沟道内的等电位接地网可靠焊接。

7 开关柜下部应设有截面面积不小于 $100mm^2$ 的接地铜排并连通，并应使用截面面积不小于 $100mm^2$ 的铜缆与电缆沟道内的等电位接地网焊接。

4.6.2 高频通道（保护专用通道、保护与通信复用通道）的接地应符合下列要求：

1 高频同轴电缆的屏蔽层应在两端分别接地，并应紧靠高频同轴电缆敷设截面面积不小于 100mm²、两端接地的铜导线，该铜导线可与等电位网铜排（缆）共用。

2 高频同轴电缆的屏蔽层，应在结合滤波器二次端子上用截面面积大于 10mm² 的绝缘导线连通引下，焊接在等电位铜排（缆）上；收发信机或载波机侧电缆的屏蔽层应使用截面面积不小于 4mm² 的多股铜质软导线可靠连接到保护屏接地铜排上；收发信机或载波机的接地端子应另行接地。

3 高频电缆芯线应直接接入收发信机或载波机端子，不应经端子排转接。

4 保护用结合滤波器的一、二次线圈间的接地连线应断开，二次电缆侧不应设置放电管。

4.6.3 安装在通信室的保护专用光电转换设备与通信设备间应使用屏蔽电缆，并应按敷设等电位接地网的要求，沿这些电缆敷设截面面积不小于 100mm² 的铜排（缆）可靠地与通信设备的接地网紧密连接。

4.6.4 保护屏柜和继电保护装置，包括继电保护接口屏和接口装置、收发信机，其本体应设有专用的接地端子，装置机箱应构成良好的电磁屏蔽体，并使用截面面积不小于 4mm² 的多股铜质软导线可靠连接至屏柜内的接地铜排上。继电保护接口装置电源的抗干扰接地应采用截面面积不小于 2.5mm² 的多股铜质软导线单独连接接地铜排，2M 同轴线屏蔽地应在装置内可靠连接外壳。

4.6.5 变压器、断路器、隔离开关、结合滤波器和电流、电压互感器等设备的二次电缆应经金属管从一次设备的接线盒（箱）引至就地端子箱，并应将金属管的上端与上述设备的支架槽钢和金属外壳良好焊接，下端就近与主接地网良好焊接。应在就地端子箱处将这些二次电缆的屏蔽层使用截面面积不小于 4mm² 的多股铜质软导线可靠单端连接至等电位接地网的铜排上，本体上的二次电缆的屏蔽层不应接地。

4.6.6 除本规范第 4.6.5 条规定的在就地端子箱处将二次电缆的屏蔽层可靠单端连接至等电位接地网铜排上的情况外，其余二次电缆屏蔽层应在两端接地，接地线截面面积不应小于 4mm²。严禁使用电缆内的备用芯替代屏蔽层接地。

4.6.7 互感器二次回路应使用截面面积不小于 4mm² 的接地线可靠连接至等电位接地网，并应符合下列要求：

1 公用电压互感器的二次回路应在控制室内一点接地，宜选择在最高电压等级的电压并列屏处接地，接地线应易于识别。

2 各电压互感器的中性线不应接有可能断开的开关或熔断器等。

3 在控制室内一点接地的电压互感器二次线圈，宜在开关场将二次线圈中性点经金属氧化物避雷器接地，其击穿电压峰值应大于 $30I_{max}$（V），验收时可用摇表检验避雷器的工作状态是否正常，用 1000V 摇表时避雷器不应击穿；采用 2500V 摇表时则应可靠击穿。

4 公用电流互感器二次回路应在相关保护屏柜内一点接地。

5 独立的电压互感器二次回路宜在配电装置端子箱处一点接地，其个性线的名称应与公用回路中性线的名称相区别。

6 独立的电流互感器二次回路，微机母线保护、微机主变保护等的电流回路，应在配电装置端子箱处一点接地。

4.6.8 继电保护屏内的交流供电电源的中性线（零线）不应接入等电位接地网。

5 二次回路验收

5.1 一般规定

5.1.1 新安装的二次回路应进行绝缘检查，其检验项目、方法、试验仪器和检验结果应符合现行国家标准《电气装置安装工程　电气设备交接试验标准》GB 50150 和现行行业标准《继电保护和电网安全自动装置检验规程》DL/T 995 的有关规定。

5.1.2 应对二次回路的所有部件进行检查，应保证各部件质量。二次回路中的灯具、电阻、切换把手、按钮等部件的设计、安装和接线应考虑方便维护和更换。

5.1.3 应对二次回路所有接线，包括屏柜内部各部件与端子排之间的连接线的正确性和电缆、电缆芯及屏内导线标号的正确性进行检查，并检查电缆清册记录的正确性。

5.1.4 应核对自动空气开关或熔断器的额定电流与设计相符，并与所接的负荷相适应。交、直流空气开关不应混用。宜使用具有切断直流负载能力、不带热保护的自动空气开关取代直流熔断器。

5.1.5 直流二次回路应无寄生回路。

5.1.6 二次回路的工作电压不宜超过 250V，最高不应超过 500V。

5.1.7 电流互感器、电压互感器备用绕组的抽头应引至端子箱，并应一点接地。电流互感器的备用绕组应在端子箱处可靠短接。电压互感器备用绕组应具有防止短路的措施。

5.2 直流电源

5.2.1 220kV 及以上电压等级的变电站应至少配置两组蓄电池、两套开关电源，110kV 电压等级的变电站可配置一套直流电源系统。

5.2.2 直流母线应采用分段运行的方式。对于配置两套直流电源系统的，正常运行时两套系统应独立运行；当任一组直流电源系统异常时，另一组直流电源系统应能带全站负荷运行。

5.2.3 继电保护直流系统运行中的电压纹波系数不应大于 2%，最低电压不应低于额定电压的 85%，最高电压不应高于额定电压的 110%。

5.2.4 110kV 及以上电压等级保护用直流系统的馈出网络应采用辐射状供电方式。

5.2.5 信号回路应由专用直流空气开关供电，不应与其他回路混用。

5.2.6 各类保护装置的电源和断路器控制电源应可靠分开，并应分别由专用的直流空气开关供电。

5.2.7 对于采用近后备原则进行双重化配置的保护装置，每套保护装置应由不同的直流电源供电，并应分别设置专用的直流空气开关。

5.2.8 断路器有两组跳闸线圈时，其每一组跳闸回路应分别由专用的直流空气开关供电，且应接于不同的直流电源系统；保护屏处两组操作电源的直流空气开关应设在操作箱所在的屏内。

5.2.9 操作箱中两组操作电源不应有自动切换回路，公用回路应采用第一组操作电源，第一组操作电源失电后不应影响第二组跳闸回路的完整性。

5.2.10 双重化配置的保护，每套保护装置的电源与其所作用跳闸线圈的控制电源应接于同一直流电源系统。

5.2.11 每套保护配置独立的交流电压切换装置时，电压切换装置应与保护装置使用同一组电源。

5.2.12 配置有独立的第三套保护装置时，该套保护装置应由专用的直流空气开关供电。

5.2.13 两套完整、独立的电气量保护和一套非电量保护应使用各自独立的电源回路，包括直流空气开关及其直流电源监视回路，在保护柜上的安装位置应相对独立。

5.2.14 辅助保护电源、不同断路器的操作电源应由专用的直流空气开关供电。

5.2.15 直流空气开关的配置应满足选择性要求。

5.2.16 在其他直流空气开关均合上时，任一直流空气开关断开后，其下口正、负极对地和正、负极之间不应再有直流电压和交流电压。

5.2.17 当任一直流空气开关断开造成控制和保护直流电源失电时，应有直流断电或装置告警信号。

5.3 交流电流回路

5.3.1 电流互感器铭牌参数应完整，出厂合格证及试验资料应齐全，试验资料应包括下列内容：

1 所有绕组的极性和变比，包括各抽头的变比。

2 各绕组的准确级、容量和内部安装位置。

3 二次绕组各抽头处的直流电阻。

4 各绕组的伏安特性。

5.3.2 安装电流互感器时，装小瓷套的一次端子 L1（P1）应在母线侧。

5.3.3 接入保护的电流互感器二次线圈应按下列原则分配：

1 双重化配置的继电保护，其电流回路应分别取自电流互感器相互独立的绕组。电流互感器的保护级次应靠近 L1（P1）侧（即母线侧），测量（计量）级次应靠近 L2（P2）侧。

2 保护级次绕组从母线侧按先间隔保护后母差保护排列。

3 母联或分段回路的电流互感器，装小瓷套的一次端子 L1/（P1）侧应靠近母联或分段断路器；接入母差保护的二次绕组应靠近 L1（P1）侧。

4 故障录波应接于保护级电流互感器的二次回路。

5 接入母线保护和主变差动保护的二次绕组不得再接入其他负载。

5.3.4 线路或主设备保护电流二次回路使用“和电流”的接线方式时，两侧电流互感器的相关特性应一致；内桥接线方式时，主变差动保护不应采用“和电流”接线。

5.3.5 电流互感器安装完成后，现场应检查下列项目：

1 测试互感器各绕组的极性、变比、特性，应与出厂资料一致。

2 电流互感器的变比、容量与准确级应与设计要求一致，并符合现行国家标准《继电保护和安全自动装置技术规程》GB/T 14285 和现行行业标准《电流互感器和电压互感器选择及计算导则》DL/T 866 的有关规定。

3 互感器各次绕组的接线、与装置的对应关系及其极性关系应与设计相符合并满足装置的要求，相别标识应正确。

4 确认电流二次回路没有开路，电流互感器二次过压保护设备不得接入电流二次回路。

5 计算二次回路的负担，结合厂家提供的试验资料，验算出的互感器工作条件应符合现行行业标准《电流互感器和电压互感器选择及计算导则》DL/T 866 的有关规定。

5.4　交流电压回路

5.4.1　电压互感器铭牌参数应完整，出厂合格证及试验资料应齐全，试验资料应包括下列内容：

1　所有绕组的极性和变比。

2　在各使用容量下的准确级。

3　二次绕组的直流电阻。

5.4.2　电压互感器端子箱处应配置分相自动空气开关，保护屏柜上交流电压回路的自动空气开关应与电压回路总路开关在跳闸时限上有明确的配合关系。剩余电压绕组和另有特别规定者，二次回路不应装设自动空气开关或熔断器。

5.4.3　电压互感器二次输出额定容量及实际负荷应在保证互感器准确等级的范围内，二次回路电缆截面面积应满足载流量和误差要求。

5.4.4　保护用电缆与计量用电缆应分开。

5.4.5　电压互感器二次回路中使用的重动、并列、切换继电器接线应正确，电压二次回路应具有防止电压反送的措施。宜使用隔离刀闸的辅助触点来控制重动、并列、切换继电器。

5.4.6　用隔离刀闸辅助触点控制的电压切换继电器应提供电压切换继电器触点用于监视。

5.4.7　两套主保护的电压回路应分别接入电压互感器的不同二次绕组。

5.4.8　电压互感器安装竣工后，现场应检查下列项目：

1　互感器各绕组的极性、变比、容量、准确级应符合设计要求，铭牌上的标识应清晰正确。

2　互感器各次绕组的接线、与装置的对应关系及其极性关系应与设计相符合并满足装置的要求，相别标识应正确；对电压互感器二次回路进行通电压试验，电压二次回路接线应正确和完整；不同的母线电压之间不应混淆。

3　串联在电压回路中的自动空气开关或熔断器、隔离刀闸及切换设备触点接触应可靠，容量应满足回路要求。

4　检查电压互感器中性点金属氧化物避雷器安装的正确性及工频放电电压，防止造成电压二次回路多点接地。

5.5　断路器、隔离开关及相关二次回路

5.5.1　继电保护人员应了解掌握与继电保护相关的设备的技术性能和调试结果，检查从保护屏柜引至端子箱的二次回路接线是否正确可靠，并应了解下列内容：

1　断路器的跳合闸电气回路接线方式，包括防止断路器跳跃回路、三相不一致回路等。

2　与保护有关的辅助触点的开、闭情况，切换时间，构成方式和触点容量。

3　断路器二次回路接线。

4　断路器跳闸和合闸电压，跳合闸线圈电阻及在额定电压下的跳合闸电流。

5　断路器的跳闸、合闸时间以及合闸时三相不同期的最大时间差。

6　断路器二次操作回路中的气压、液压、弹簧储能、SF_6气体压力等闭锁回路和监视回路的接线方式。

5.5.2　断路器应使用断路器本体的三相不一致保护，宜采用断路器本体的防止断路器跳跃功能。但对 220kV 及以上电压等级单元制接线的发变组，应同时使用具有电气量判据的断

路器三相不一致保护去跳闸及启动发变组的断路器失灵保护。断路器无三相不一致保护或防止断路器跳跃功能的，应起用保护装置或操作箱的相应功能。断路器和操作箱的防止断路器跳跃功能不应同时投入。

5.5.3 三相不一致保护、防止断路器跳跃功能应符合下列要求：

1 三相不一致保护的动作时间应可调，断路器本体三相不一致保护时间继电器应刻度清晰准确，调节方便。

2 防止断路器跳跃回路采用串联自保持时，接入跳合闸回路的自保持线圈自保持电流不应大于额定跳合闸电流的50%，线圈压降应小于额定电压的5%。

3 防止断路器跳跃回路应能自动复归。

4 应通过试验检验三相不一致保护和防止断路器跳跃功能的正确性。

5.5.4 断路器气压、液压、SF_6气体压力降低和弹簧未储能等禁止重合闸、禁止合闸及禁止分闸的回路接线、动作逻辑应正确。

5.5.5 220kV及以上电压等级的断路器应具有双跳闸线圈。

5.5.6 对分相断路器，保护单相出口动作时，保护选相、出口压板、操作箱指示、断路器实际动作情况应一致，其他两相不应动作。

配置双跳闸线圈的断路器，府对两组跳闸线圈分别进行检验。

5.6 纵联保护通道

5.6.1 纵联保护通道接线应正确可靠，设备应合格完好；通道的检验项目和技术指标应符合现行国家标准《继电保护和安全自动装置技术规程》GB/T 4285和现行行业标准《继电保护和电网安全自动装置检验规程》DL/T 995的有关规定。

5.6.2 双重化的线路保护应配置两套独立的通信设备，两套通信设备应使用不同的电源。

5.6.3 传输允许命令信号的继电保护复用接口设备不应带有延时展宽。

5.6.4 与通信专业复用高频通道时，纵联保护收发信回路接线、动作逻辑应正确，收发信回路应能通过压板投入和退出。

5.6.5 新建厂站的复用载波机与保护装置之间的收发信触点回路均应使用保护装置的强电电源。

5.6.6 耦合电容器或电容式电压互感器的引下线应先接到接地刀闸，再接到结合滤波器。

5.6.7 高频通道各设备阻抗特性应匹配，专用收发信机的收发信电平和收信裕度应符合现行行业标准《继电保护专用电力线载波收发信机技术条件》DL/T 524的有关规定。

5.6.8 光纤通道连接完毕后，不应有数据异常或通道异常告警信号，通道不正常下作时间、通道误码率、失步次数、丢帧次数、通道延时应符合现行行业标准《光纤通道传输保护信息通用技术条件》DL/T 364的规定和装置的技术要求。

5.6.9 保护装置及保护接口装置光信号发射功率和灵敏接收功率应符合装置规范。保护装置到保护接口装置间光缆的每根纤芯，含备用纤芯，其传输衰耗不应大于2.5dB。对于利用专用光纤通道传输保护信息的保护设备，应对其收发信功率和收信灵敏功率进行测试，通道的收信裕度宜大于10dB，至少不应小于6dB。

5.6.10 采用复用光纤通道的线路两侧继电保护设备，应采用同型号、同版本的继电保护接口设备。同一条线路的两套保护均采用复用通道时，两套通信设备，包括继电保护接口设备和通信设备，宜安装在不同的屏柜中。

5.6.11　分相电流差动保护应采用同一路由收发、往返延时一致的通道。

5.6.12　传输线路重点保护信息的数字式通道传输时间不应大于 12ms，点对点的数字式通道传输时间不应大于 5ms。

5.6.13　安装在通信机房的继电保护接口设备的直流电源应取自通信直流电源，并与所接入通信设备的直流电源相一致。通信 48V 直流电源的正极应与通信机房的接地铜排可靠一点连接。

5.6.14　保护装置应从接收码流中提取通信接收时钟。发送时钟应采用以下方式：

1　专用光纤方式，保护装置应采用自己的时钟（主时钟）作为发送时钟。

2　复用 2M 通道方式，至少有一侧保护装置应采用自己的时钟（主时钟）作为发送时钟；2M 通道应关闭输出重定时功能。

3　复用 64K 通道方式，两侧保护装置均应采用 PCM 提供的时钟（从时钟）作为发送时钟，两侧 PCM 复用设备应采用主从时钟方式，连接两侧 PCM 设备的 2M 通道应关闭输出重定时功能。

5.6.15　对纵联保护通道，应通过与对侧交换保护信号试验保护动作逻辑，进一步确认纵联保护收发信回路接线、通道工作正常。

5.7　其他重点回路检查

5.7.1　弱电开入回路不应引出保护室。

5.7.2　变压器、电抗器本体非电量保护回路应防雨、防油渗漏、密封性好、绝缘良好。瓦斯继电器应安装防雨罩，安装应结实牢固且应罩住电缆穿线孔。

5.7.3　非电量保护从本体引至端子箱的二次回路不应有中间转接；不采用就地跳闸方式的，端子箱引至保护屏的二次回路不应存在过渡或转接环节。

5.7.4　发电机保护、变压器保护及母差失灵保护等不经附加判据直接启动跳闸的开入量采用大功率中间继电器时，该继电器应采用 110V 或 220V 直流启动，启动功率应大于 5W，动作电压应在额定直流电源电压 55%～70%范围内，额定直流电源电压下动作时间应为 10ms～35ms，应具有抗 220V 工频干扰电压的能力。

5.7.5　操作箱中的出口继电器，其动作电压应在 55%～70%额定电压范围内。其他逻辑回路的继电器，应在 80%额定电压下可靠动作。

5.7.6　220kV 及以上电压等级变压器的断路器失灵时，除应跳开失灵断路器相邻的全部断路器外，高压侧和中压侧的断路器失灵保护还应跳开本变压器连接其他侧电源的断路器。

5.7.7　对于双重化配置的保护，应重点检查以下回路：

1　双重化配置的线路保护重合闸功能，应采用线路保护一对一启动方式和开关位置不对应启动方式启动线路重合闸。

2　双重化配置的线路保护，两套保护的跳闸回路应分别对应断路器的不同跳闸线圈。

3　双重化配置的母差失灵保护和主变电气量保护，其跳闸回路应分别对应断路器的不同跳闸线圈；非电量保护应同时作用于断路器的两个跳闸线圈；220kV 母线失灵保护采用单配置或单失灵启动回路时，应同时作用于断路器的两个跳闸线圈。

4　用于双重化配置保护的断路器和隔离刀闸的辅助触点、切换回路应遵循相互独立的原则按双重化配置。

5　双重化配置保护与其他保护、设备配合的回路应遵循相互独立的原则。

5.7.8 线路-变压器和线路-发变组的线路和主设备电气量保护均应启动断路器失灵保护。当本侧断路器无法切除故障时，应采取启动远方跳闸等后备措施加以解决。

6 继电保护及相关装置、系统的验收

6.1 继电保护及相关装置

6.1.1 保护装置及功能配置应符合现行国家标准《继电保护和安全自动装置技术规程》GB/T 14285、《输电线路保护装置通用技术条件》GB/T 15145、《微机变压器保护装置通用技术要求》GB/T 14598.300 和现行行业标准《继电保护和安全自动装置通用技术条件》DL/T 478、《母线保护装置通用技术条件》DL/T 670 的有关要求，并应符合工程项目提出的具体要求。

6.1.2 检查装置的实际构成情况，装置的配置、数量、安装位置以及装置的型号、直流电源额定电压、交流额定电流、交流额定电压、继电器等应与规范和设计相符合。应检查装置内部的焊接头、插件接触的牢靠性等。

6.1.3 装置的绝缘电阻值应符合现行行业标准《继电保护和电网安全自动装置检验规程》DL/T 995 的有关规定，用 500V 兆欧表测量装置的绝缘电阻值，阻值均应大于 20MΩ。在测试二次回路绝缘时，应有防止弱电设备损坏的安全技术措施。

6.1.4 装置上电后应能正常工作，检查装置软件版本号、校验码等信息，时钟功能应正常。

6.1.5 拉合直流开关，逆变电源应可靠启动，逆变电源各级输出电压值应正常。

6.1.6 对所有引入端子排的开关量输入回路依次加入激励量，接通、断开压板或连片及转动把手，装置应能正确反映状态变化。

6.1.7 检查装置所有输出接点及输出信号的通断状态，应符合装置的动作逻辑。

6.1.8 模数变换系统的零点漂移，各电流、电压输入的幅值和相位测量精度应符合装置技术条件的规定。

6.1.9 纵联保护两端的装置的型号、软件版本应一致。

6.1.10 装置定值输入、报告打印、通过数据通信口读写数据、与监控后台和继电保护故障信息系统子站通信等功能应正常。

6.1.11 模拟各种类型的故障，检查装置逻辑功能，其动作行为应正确。

6.1.12 依据给定的整定值对装置各有关元件的动作值及动作时间进行试验，其误差应在规定的范围内。

6.1.13 模拟直流失压、交流回路断线、硬件故障等各种异常情况，装置应能正确报警。

6.1.14 装置告警记录、动作记录和故障录波应正确，装置告警和录波的保存容量应符合装置技术参数要求。

6.1.15 装置与站内统一时钟对时应正确。

6.1.16 应根据现场调试情况，抽查或全部检查本规范第 6.1.2 条～第 6.1.15 条所列项目。

6.2 继电保护故障信息系统子站

6.2.1 继电保护故障信息系统子站的一、二次设备建模及图形建模应与现场情况相符。

6.2.2 一、二次设备的命名应清晰、规范，并与调度命名相一致。

6.2.3 一次主接线画面应与现场一致，一、二次设备的关联应正确，保护图元与站内保护的关联应正确。

6.2.4 继电保护故障信息系统子站与系统中各保护装置、录波器的通信和网络功能应正常；各种继电保护的动作信息、告警信息、保护状态信息、录波信息及定值信息的传输应正确。

6.2.5 继电保护故障信息系统子站与主站端的通信功能应正常。

7 整组传动试验

7.0.1 新安装装置验收检验时，应先进行每一套保护带模拟断路器、实际断路器或其他有效方式的整组试验。之后，再模拟各种故障，将所有保护带实际断路器进行整组试验，各装置在故障及重合闸过程中的动作情况和出口压板的对应关系应正确。

7.0.2 试验时，应从保护屏后的端子排处通入试验电流、电压。同一设备的所有保护应接入同一试验电流、电压，各套保护相互间的动作关系应正确；当同一设备的保护分别接于不同的电流回路时，应临时将各套保护的电流回路串联后进行整组试验。

7.0.3 整组传动时应检查各保护之间的配合、各保护装置的动作行为、断路器的动作行为、故障录波器信号、中央信号、自动化系统信号、继电保护故障信息系统信号、控制屏、接口屏等正确无误。

7.0.4 线路纵联保护、远方跳闸装置等应与线路对侧保护装置进行一一对应的联动试验，两侧保护在各种故障条件下动作应正确。

7.0.5 重合闸的充放电条件、动作逻辑应正确，重合闸应能按规定的方式动作且重合次数符合规定。

7.0.6 对断路器失灵保护及安全自动装置等，应通过联调的方式确认接线和动作逻辑的正确性。

7.0.7 发电机保护与机、炉保护的大联锁试验，其结果应正确。

8 投运前的检查与带负荷试验

8.1 投运前的检查

8.1.1 检查保护装置及二次回路应无异常，现场运行规程的内容应与实际设备相符。

8.1.2 装置整定值应与定值通知单相符，定值通知单应与现场实际相符。

8.1.3 试验记录应无漏试项目，试验数据、结论应完整、正确。

8.2 带负荷试验

8.2.1 对于新安装的装置，应采用一次电流及工作电压进行带负荷试验。

8.2.2 送电后，应测量交流二次电压、二次电流的幅值及相位关系，与当时系统潮流的大小及方向应一致，确保电压、电流极性和变比正确。

8.2.3 二次电流回路中性线电流的幅值、二次电压回路中性线对地电压的幅值、屏蔽电缆屏蔽层接地线的电流幅值应在正常范围内。

8.2.4 差动保护测得的差电流应在正常范围内。

8.2.5 应采取有效的检验方法或措施，确保电压互感器剩余电压绕组回路和零序电流互感器二次电流回路接线的正确性。

8.2.6 变压器充电时，应检验差动保护躲过励磁涌流的能力，并通过励磁涌流录波报告检查零序差动回路接线的正确性。

8.2.7 应在线路带电的情况下检查高频通道的衰耗及通道裕度，确保高频通道的可靠性。

本规范用词说明

1　为便于在执行本规范条文时区别对待，对要求严格程度不同的用词说明如下：

1）　表示很严格，非这样做不可的：

正面词采用“必须”，反面词采用“严禁”；

2）　表示严格，在正常情况下均应这样做的：

正面词采用“应”，反面词采用“不应”或“不得”；

3）　表示允许稍有选择，在条件许可时首先应这样做的：

正面词采用“宜”，反面词采用“不宜”；

4）　表示有选择，在一定条件下可以这样做的，采用“可”。

2　条文中指明应按其他有关标准执行的写法为：“应符合……的规定”或“应按……执行”。

引用标准名录

《电气装置安装工程 电气设备交接试验标准》GB 50150
《电气装置安装工程 盘、柜及二次回路接线施工及验收规范》GB 50171
《继电保护和安全自动装置基本试验方法》GB/T 7261
《低压开关设备和控制设备 第 7-1 部分：辅助器件 铜导体的接线端子排》GB/T 14048.7
《继电保护和安全自动装置技术规程》GB/T 4285
《微机变压器保护装置通用技术要求》GB/T 4598.300
《输电线路保护装置通用技术条件》GB/T 15145
《光纤通道传输保护信息通用技术条件》DL/T 364
《继电保护和安全自动装置通用技术条件》DL/T 478
《继电保护专用电力线载波收发信机技术条件》DL/T 524
《开关设备用接线座订货技术条件》DL/T 579
《母线保护装置通用技术条件》DL/T 670
《电流互感器和电压互感器选择及计算导则》DL/T 866
《继电保护和电网安全自动装置检验规程》DL/T 995
《火力发电厂、变电站二次接线设计技术规程》DL/T 5136

中华人民共和国国家标准

继电保护及二次回路安装及验收规范

GB/T 50976—2014

条　文　说　明

制　订　说　明

《继电保护及二次回路安装及验收规范》GB/T 50976—2014，经住房城乡建设部 2014 年 3 月 31 日以第 369 号公告批准发布。

本规范制订过程中，编制组全面总结了继电保护及二次回路安装、调试及运行维护的经验，汲取了继电保护安装、调试及运行维护单位的意见，充分反映了继电保护及二次回路基建工程的特点。

为便于广大设计、施工、科研、学校等单位有关人员在使用本规范时能正确理解和执行条文内容，《继电保护及二次回路安装及验收规范》编制组按章、节、条顺序编制了本规范的条文说明，对条文规定的目的、依据以及执行中需注意的有关事项进行了说明。但是，本条文说明不具备与规范正文同等的法律效力，仅供使用者作为理解和把握规范规定的参考。

目　次

1　总则……204
2　基本规定……204
3　图纸资料、试验报告及备品备件验收……204
4　安装与工艺验收……204
　4.1　环境要求……204
　4.2　屏柜、箱体……205
　4.3　二次电缆和光缆……205
　4.4　芯线标准、接线规范、端子排……205
　4.5　标识标牌……206
　4.6　屏蔽与接地……206
5　二次回路验收……206
　5.1　一般规定……206
　5.2　直流电源……207
　5.3　交流电流回路……207
　5.4　交流电压回路……207
　5.5　断路器、隔离开关及相关二次回路……208
　5.6　纵联保护通道……208
　5.7　其他重点回路检查……209
6　继电保护及相关装置、系统的验收……209
　6.1　继电保护及相关装置……209
7　整组传动试验……209
8　投运前的检查与带负荷试验……210
　8.2　带负荷试验……210

1 总　　则

1.0.2　本规范适用于110kV及以上电压等级交流电力系统发电厂和变电站，对110kV以下电压等级的交流电力系统发电厂和变电站具有参考价值。智能变电站继电保护技术仍在发展中，尚未形成统一的规范。而直流输电系统保护设备和串联补偿装置保护设备不同于常规的交流继电保护，应由专门的标准予以规范。

1.0.3　首期工程应对按远景配置的公共部分一并验收。隐蔽性工程是指在工程项目施工过程中某一工序会被下一工序所覆盖的工程，在随后的检验中不易查看其质量、工程量等其他特性。

1.0.4　继电保护及二次回路安装及验收除应按本规范执行外，还应符合国家现行标准《电气装置安装工程　电气设备交接试验标准》GB 50150、《火力发电厂、变电站二次接线设计技术规定》DL/T 5136、《电气装置安装工程　质量检验及评定规程　第8部分：盘、柜及二次回路结线施工质量检验》DL/T 5161.8等的有关规定。

2 基 本 规 定

2.0.3　本条强调了继电保护及二次回路启动调试前应满足的基本要求。

3 图纸资料、试验报告及备品备件验收

3.0.1　本条规定了现场开箱验收的流程及文档资料验收内容。资料文档的完整、齐全及正确性是现场验收的基础。

3.0.3　本条说明如下：

2　继电保护专业相关项目含断路器的分合闸时间、合闸不同期时间、辅助触点的切换时间、跳合闸线圈的电阻值等。

4 安装与工艺验收

4.1 环境要求

4.1.1、4.1.2　本规范只针对验收环节。设备安装前建筑工程要具备的条件，应遵从现行国

家标准《电气装置安装工程 盘、柜及二次回路接线施工及验收规范》GB 50171 中土建部分的规定。

4.1.3 本条依据现行国家标准《电气装置安装工程 盘、柜及二次回路接线施工及验收规范》GB 50171 的要求，规定了建筑物、屏柜、箱体中空洞及管口密封要求。本条的目的是为了运行安全和防止潮气及小动物侵入，对于敞开式建筑物中采用封闭式盘、柜的电缆管口，要做好封堵。

4.2 屏柜、箱体

4.2.2 前后门及边门未与屏体可靠连接或者边门拆除都将降低抗电磁干扰能力，因此作出本条规定。使用截面面积不小于 $4mm^2$ 的多股铜线是为了满足接地线载流截面面积最低要求。

4.2.3 本条是依据现行国家标准《电气装置安装工程 盘、柜及二次回路接线施工及验收规范》GB 50171 的要求而制订的。

4.2.5 依据现行国家标准《电气装置安装工程 盘、柜及二次回路接线施工及验收规范》GB 50171 的要求，本条规定了屏柜上电气设备的各项安装要求。装置性设备要求导电外壳接地，以防电磁干扰，并保证弱电元件正常工作，同时防止电器绝缘损坏时导电外壳危及人身安全。

4.3 二次电缆和光缆

4.3.1 铠装屏蔽铜芯电缆具有较好的电磁屏蔽作用。采用屏蔽电缆且两端接地可有效抑制电磁干扰。

4.3.2 依据现行国家标准《电气装置安装工程 盘、柜及二次回路接线施工及验收规范》GB 50171、《继电保护和安全自动装置技术规程》GB/T 14285 的规定，本条特别强调同一根电缆中强、弱电分开，不同安装单元分开的原则。

4.3.3 本条在现行国家标准《继电保护和安全自动装置技术规程》GB/T 14285 的基础上进一步细化双重化保护二次回路的电缆使用原则。

4.3.6 依据现行行业标准《火力发电厂、变电站二次接线设计技术规定》DL/T 5136，七芯及以上的芯线截面面积不大于 $4mm^2$ 的较长控制电缆要留有必要的备用芯。

4.3.16 因尾纤韧度和抗拉折能力有限，本条特对保护用尾纤的敷设作出规定。

4.4 芯线标准、接线规范、端子排

4.4.1 本条分别规定了控制电缆或绝缘导线机械强度、电流回路负载、保护用电压回路电压降和操作回路电压降的要求。

4.4.2 交流电压回路采用从电压并列屏敷设辐射电缆至保护屏的方式有利于运行维护和改造工作。

4.4.3 对屏柜、箱体内导线的布置与接线要求，采取本条第 8 款～第 11 款的措施，可减小二次回路间的相互干扰。

4.4.8 依据现行国家标准《继电保护和安全自动装置技术规程》GB/T 14285 的规定，端子排、连接片、切换部件离地面不宜低于 300mm，以便于施工和运行维护。

4.4.9 本条规定了端子排安装工艺和技术要求。正、负电源之间以及经常带电的正电源与合闸或跳闸回路之间，要以空端子隔开，这是为了防止绝缘损坏或误碰等原因造成直流短路、误合或误跳开关。接入交流电源 220V 或 380V 的端子应与其他回路端子采取有效隔离措施，并有明显标识，这是为了防止交流电窜入直流系统造成断路器误跳闸。电流回路在

端子箱和保护屏内应使用试验端子，电压回路在保护屏内应使用试验端子，这是为了便于试验和实施安全措施。

4.5 标识标牌

4.5.3 采用屏柜小母线方式时，小母线之间易混淆，因此屏柜小母线两侧及每面屏柜处均应有标明其代号或名称的绝缘标识牌。

4.5.5 电缆标签标明电缆编号、规格型号、长度及起止位置是为了便于二次回路清理及改造更换。

4.5.6 相比电缆，光缆或通信线更易混淆、更难查找，因此应设置标签标明其起止位置，必要时还应标明其用途。

4.5.8 尾纤容易混淆，所以应有清晰规范的标识。做好防尘措施保护备用芯。长期不用的备用芯应有标识，避免经较长时间后难以辨别其用途。

4.5.9 直流屏处空气开关和端子排连线较多，不易辨识，需有清晰的标识。

4.5.10 三种中性线有本质区别，应严格区分，禁止混接，因此从名称标识上应能明显区分。

4.6 屏蔽与接地

4.6.1 本条详细规定了等电位接地网的构建方式和规格要求，是为了满足人身和设备安全及电磁兼容要求，缓解高频电磁干扰的耦合对继电保护及有关设备的影响。

4.6.2 在高频同轴电缆屏蔽层两端接地点间敷设截面面积不小于 100mm^2 的铜导线可降低两端地电位差，从而降低高频电缆屏蔽层中流过的电流。收发信机或载波机的接地端子的接地与屏蔽层的接地应分别引至接地铜排以降低对收发信机或载波机的电磁干扰。高频电缆芯线直接接入收发信机或载波机端子是为了防止信号衰减。保护用结合滤波器的一、二次线圈间的接地连线断开是为了防止一次回路信号窜入二次回路导致二次线圈饱和。

4.6.3 本条明确规定了等电位接地网应延伸至通信室。

4.6.6 接地线采用备用芯替代屏蔽层接地不能起到对电磁干扰的屏蔽作用。

4.6.7 本条规定了互感器二次回路接地安装要求。

2 为保证接地的可靠，各电压互感器的中性线不应接有可能断开的开关或熔断器等。

3 有效值为 1kA 的交流电流流过接地网时，最大压降有效值一般在 10V 左右。当接地电流为 I_{max} 且偏于时间轴一侧时，峰值电压将达到 $2\sqrt{2}\times10I_{max}$（V），因此要求金属氧化物避雷器击穿电压峰值大于 $30I_{max}$（V），其中 I_{max} 为以 kA 表示的电网接地故障时通过变电站的可能的最大接地电流。

6 一次设备对二次设备放电时，泄压点选在配电箱处比在室内保护屏处危害要小，因此独立的电流互感器二次回路应在配电装置端子箱处一点接地。

5 二次回路验收

5.1 一般规定

5.1.1～5.1.3 依据国家现行标准《电气装置安装工程 电气设备交接试验标准》GB 50150、《继电保护和安全自动装置技术规程》GB/T 14285、《继电保护和电网安全自动装置检验规程》DL/T 995 的要求，条文规定了现场二次回路验收的一般规定。

5.1.4 交、直流空气开关灭弧能力不同，故不能混用。使用具有切断直流负载能力、不带热保护的自动空气开关取代直流熔断器，一是为了逐级配合，二是为了便于维护。

5.1.5 寄生回路是指保护回路中不应该存在的多余回路。寄生回路容易引起继电保护误动或拒动，这种回路往往不易通过单纯用正常的整组实验发现，需要严格按照继电保护原理对回路进行检查方能发现。

5.1.7 电流互感器、电压互感器备用绕组的抽头引至端子箱是为了便于试验和使用备用绕组。

5.2 直流电源

5.2.5 信号回路与其他回路混用直流空气开关易产生寄生回路，且信号回路涉及面广、环境复杂，直流回路接地几率比其他回路高。若混用空气开关，将降低直流系统运行可靠性，增加接地点排除难度。

5.2.7 近后备保护是当主保护拒动时，由本电力设备或线路的另一套保护来实现后备的保护；当断路器拒动时，由断路器失灵保护来实现后备的保护。

5.2.9 在公用回路发生故障、第一组操作电源失电时，若自动切换可能导致第二组操作电源失电。

5.2.10 若每套保护装置的电源与其所作用跳闸线圈的控制电源未接于同一直流电源系统，当失去任一直流电源时，则两套保护装置均不能成功动作跳闸。

5.2.11 若电压切换装置未与保护装置合用电源，当电压切换装置失电时，会导致保护装置失去交流电压，保护装置可能会误动。

5.2.16 本条介绍了切实有效的查找寄生回路的技术措施之一。

5.3 交流电流回路

5.3.2 装小瓷套的一次端子 L1（P1）绝缘强于另一端 L2（P2），L1（P1）端绝缘击穿的可能性就小于 L2（P2）端。电流互感器绝缘被击穿时，若击穿点在线路侧，依靠线路保护动作即可切除故障；若击穿点在母线侧，则将引起母线保护或主变后备保护（母线无快速保护时）动作，扩大停电范围。因此安装电流互感器时，装小瓷套的一次端子 L1（P1）应在母线侧。

5.3.3 本条规定了接入保护的电流互感器二次线圈分配原则。测量（计量）级次靠近 L2（P2）侧，是为了尽可能缩小母差保护范围，从而减小停电范围。保护级次绕组从母线侧按先间隔保护、后母差保护排列，当一套保护停用，发生电流互感器内部故障时，可避免出现保护死区。测量或计量绕组在故障时易出现饱和，故障录波若接入测量或计量绕组，故障时不能正确反映故障时电流波形。接入母线保护和主变差动保护的二次绕组不得再接入其他负载，是为了提高母线保护和主变差动保护运行的可靠性。

5.3.4 内桥接线方式，主变差动保护若采用“和电流”接线，当内桥侧区外故障时，电流互感器及二次回路特性不可能完全一致，将会产生差流流进保护装置，而此时制动电流很小，可能导致保护误动。

5.4 交流电压回路

5.4.1 本条规定了继电保护维护工作应掌握的电压互感器基础技术资料。

5.4.7 本条强调双重化配置的两套主保护应采用电压互感器的不同二次绕组。

5.4.8 本条规定了电压互感器安装竣工后的现场检查项目。若装置与互感器对应关系错误，在正常运行时很难发现，因此在验收时应采取有效措施进行检验。因为电压二次回路多点接地容易造成线路零序方向等保护误动，所以要求检查电压互感器中性点金属氧化物避雷器安装的正确性及工频放电电压，防止造成电压二次回路多点接地。

5.5 断路器、隔离开关及相关二次回路

5.5.2 对 220kV 及以上电压等级单元制接线的发变组，考虑到发生断路器三相不一致时负序电流对其产生的影响，除了断路器本体的三相不一致保护之外，应同时使用具有电气量判据的断路器三相不一致保护去跳闸及启动发变组的断路器失灵保护，使得当负序电流较大时三相不一致保护能够以较短延时动作。断路器和操作箱的防止跳跃功能同时投入时可能产生寄生网路，导致跳合闸回路异常。

5.5.5 本条规定是为了满足保护双重化配置的要求。

5.5.6 保护单相出口动作时，保护选相、出口压板、操作箱指示、断路器实际动作情况要逐一检查确认，尤其要防止保护屏处指示与断路器动作相别不一致的情况发生。

5.6 纵联保护通道

5.6.2 依据现行行业标准《光纤通道传输保护信息通用技术条件》DL/T 364 的规定，强调双重化的线路保护的通道设备，含复用光纤通道、专用光纤通道、微波、载波等通道及加工设备的电源应独立，以保证双重化保护的可靠性。

5.6.3 强调通信设备传输的允许信号不应有延时展宽，以免发生正向故障转反方向故障时允许信号展宽造成保护误动。

5.6.4 收发信回路通过压板投入和退出可以方便运行维护。

5.6.5 使用保护装置的强电电源是为了提高收发信回路的抗干扰能力。

5.6.6 为使更换结合滤波器时，耦合电容器或电容式电压互感器的引下线接地不受影响，以保证工作人员和设备的安全，引下线需先接到接地刀闸再接到结合滤波器。

5.6.10 对纵联保护的两侧通道设备强调采用同型号、同版本；同一侧双重化保护对应的通信设备要分屏柜安装，提高纵联保护的可靠性。

5.6.11 强调分相电流差动保护的通道路由一致、延时一致；目前国内线路差动保护大多基于“等腰梯形算法”实现采样同步，其前提为通道收发延时一致，否则会造成两侧采样失步，引起保护误动。

“等腰梯形算法”如图 1 所示。在通道收发延时一致的情况下，差动保护从侧 t_1 时刻发送数据到主侧，主侧接收到数据后经 t_2 延时转发数据到从侧，从侧 t_3 时刻接收到主侧转发过来的数据，通道收发延时相同为 T_d，t_1、t_2、t_3 构成等腰梯形，根据等腰梯形可计算出通道延时 $T_d=(t_3-t_2-t_1)/2$。

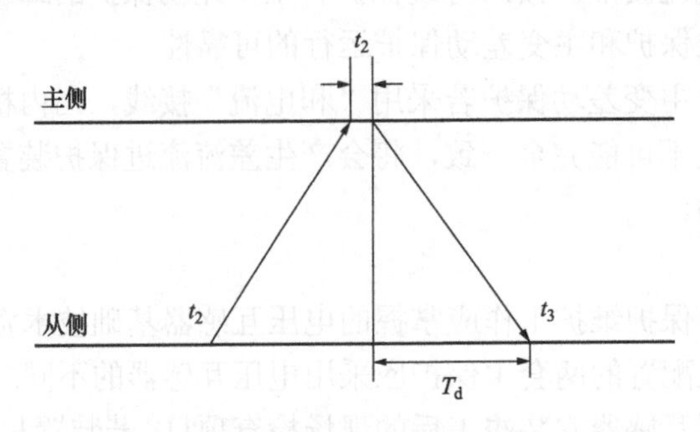

图 1 差动保护的“等腰梯形算法”

5.6.14 根据现行行业标准《光纤通道传输保护信息通用技术条件》DL/T 364 的有关要求，保护装置应从接收码流中提取通信接收时钟，本条对通信时钟设置方式进行了规定。

5.7 其他重点回路检查

5.7.1 本条规定了弱电开入回路不应引出保护室，主要是为了防止弱电回路受到电磁干扰。

5.7.4 本条规定了发电机保护、变压器保护及母差失灵保护等不经附加判据直接启动跳闸的开入量抗干扰措施之一，以防范直流一点接地、交流电压窜入直流回路等引起的误动。

5.7.6 变压器断路器失灵时，其他侧电源仍可向故障点提供故障电流，因此一并切除。

5.7.7 对于双重化配置的保护，除确保电缆、直流电源、电流互感器二次回路、电压互感器二次回路、保护通道等相互独立外，二次回路各个环节都应遵循相互独立的原则。

5.7.8 本条规定了当本侧断路器无法切除故障时，确保快速切除故障的有效措施。

6 继电保护及相关装置、系统的验收

6.1 继电保护及相关装置

6.1.1 现行国家标准《继电保护和安全自动装置技术规程》GB/T 14285、现行行业标准《继电保护及安全自动装置通用技术条件》DL/T 478 是各种继电保护装置都应遵循的标准。线路、变压器、母线保护还应遵循本条中列出的对应行业技术标准的相关规定。

6.1.2 本条提出的检查内容包括三项：一是工程中各种装置的配置、数量、安装位置应与规范和设计符合；二是每种装置的型号、技术参数等应与规范和设计相符合；三是各个装置内部的焊接头、插件接触的牢靠性等。

6.1.3 本条规定了验收时对装置与二次回路绝缘电阻的要求，技术指标要求引自现行行业标准《继电保护和电网安全自动装置检验规程》DL/T 995。

6.1.4 版本号、校验码等是微机保护的重要信息，应记录存档。

6.1.15 在验收时应特别注意装置与站内时间同步系统的对时功能，在继电保护装置投入运行后的故障分析中，事件记录、故障录波的时标信息非常重要。

6.1.16 本条指出，第 6.1.2 条～第 6.1.15 条不是全部为必检项目，验收时可根据现场调试情况抽查其中的部分项目。

7 整组传动试验

7.0.2 试验时，从保护屏的端子排处通入电流、电压，可验证从端子排到装置之间的屏内接线正确；用同一试验电流、电压接入同一设备的所有保护，可验证各套保护相互间的动作关系正确。

7.0.4 本条规定了与对侧变电站有配合要求的保护装置整组传动试验要求，并强调与对侧保护装置试验是一一对应，避免出现两侧同类型保护光纤通道或二次接线交叉。

7.0.6 本条提出了对断路器失灵保护、安全自动装置的整组传动试验要求。断路器失灵保护和安全自动装置涉及的保护装置较多，接线复杂，试验难度大，在试验中要予以特别关注。

8 投运前的检查与带负荷试验

8.2 带负荷试验

8.2.7 在线路带电和不带电两种情况下，高频通道的衰耗及通道裕度通常会发生变化，因此应在线路带电的情况下，再次检查高频通道的衰耗及通道裕度。

中华人民共和国电力行业标准

继电保护和安全自动装置运行管理规程

Code for operating management of relaying protection and security automatic equipment

DL/T 587—2016 代替 DL/T 587—2007

目　　次

前言……213
1　范围……214
2　规范性引用文件……214
3　总则……214
4　职责分工……215
5　运行管理……216
6　技术管理……219
7　检验管理……221
8　对制造厂商的要求……221
9　对设计单位的要求……223
10　工程管理……223
11　定值管理……224
附录A（规范性附录）　检验报告要求……226

前　言

本标准依据 GB/T 1.1—2009 给出的规则起草。

本标准代替 DL/T 587—2007《微机继电保护装置运行管理规程》，除编辑性修改外，主要技术变化如下：

——标准名称更改为“继电保护和安全自动装置运行管理规程”；

——增加了安全自动装置运行管理方面内容；

——增加了智能变电站继电保护和安全自动装置运行要求；

——增加了大运行体系下继电保护和安全自动装置运行管理要求。

本标准由中国电力企业联合会标准化管理中心提出。

本标准由电力行业继电保护标准化技术委员会归口并负责解释。

本标准起草单位：国家电网东北电力调控分中心、辽宁电力调度控制中心、吉林电力调度控制中心、黑龙江电力调度控制中心、内蒙古东部电力调度控制中心、国家电力调度控制中心、中国南方电网公司电力调度控制中心、国家电网华北电力调度控制分中心、国家电网西北电力调度控制分中心、广东电力调度控制中心、福建电力调度控制中心、河北电力公司检修分公司、南京南瑞继保工程技术有限公司、国电南京自动化股份有限公司、北京四方继保自动化股份有限公司、许继电气股份有限公司等。

本标准主要起草人：孙正伟、鲍斌、刘家庆、田景辅、刘大鹏、彭宇、冯晓伟、王德林、韩鹏飞、陈宏山、杨心平、高齐利、张智锐、陆榛、王亚强、朱晓彤、汪思满、余锐、樊占峰。

本标准代替 DL/T 587—2007。

本标准在执行过程中的意见或建议反馈至中国电力企业联合会标准化管理中心（北京市白广路二条一号，100761）。

继电保护和安全自动装置运行管理规程

1 范围

本标准规定了继电保护和安全自动装置及其相关设备在职责分工、运行管理、技术管理和检验管理等方面的要求。

本标准适用于 10kV 及以上电力系统继电保护和安全自动装置及其相关设备（以下简称保护装置）的运行管理工作。

2 规范性引用文件

下列文件对于本文件的应用是必不可少的。凡是注日期的引用文件，仅注日期的版本适用于本文件。凡是不注日期的引用文件，其最新版本（包括所有的修改单）适用于本文件。

GB/T 14285 继电保护和安全自动装置技术规程

GB/T 22386 电力系统暂态数据交换通用格式

GB/T 26399 电力系统安全稳定控制技术导则

GB/T 31464—2015 电网运行准则

DL/T 478—2013 继电保护及安全自动装置通用技术条件

DL/T 559 220kV～750kV 电网继电保护装置运行整定规程

DL/T 584 3kV～110kV 电网继电保护装置运行整定规程

DL/T 623 电力系统继电保护及安全自动装置运行评价规程

DL/T 667 远动设备及系统 第 5 部分 传输规约 第 103 篇 继电保护设备信息接口配套标准

DL/T 684 大型发电机变压器继电保护整定计算导则

DL/T 755 电力系统安全稳定导则

DL/T 860（所有部分）变电站通信网络和系统［DL/T 860，IEC60850（所有部分），IDT］

DL/T 995 继电保护和电网安全自动装置检验规程

3 总则

3.1 为加强保护装置的运行管理工作，保证保护装置可靠工作，实现电力系统的安全稳定运行，特制定本标准。

3.2 保护装置的运行管理工作应统一领导、分级管理。

3.3 调度运行人员、监控人员、现场运行人员和继电保护专业人员在保护装置的运行管理工作中均应以本标准为依据，规划、设计、施工、科研、制造等工作也应满足本标准有关要求。

3.4 下列人员应熟悉本标准：

3.4.1 各级电网调控机构的调度、系统、监控、继电保护专业人员及专业领导。

3.4.2 供电企业、输电企业、发电企业和电力用户（以下简称运行维护单位）的继电保护专业人员和主管继电保护工作的领导。

3.4.3 运行维护单位运行值班人员和变电运维人员。

3.4.4 运行维护单位主管运行、基建、电气试验和电气检修的领导。

3.5 各级电网调控机构和运行维护单位应依据本标准制定直接管辖范围内具体保护装置的运行规程，其中应对一些特殊要求做出补充，并结合本标准同时使用。

3.6 对于安装在智能控制柜中的合并单元和智能终端、室内开关柜中10kV～66kV微机保护装置，要求环境温度在–5℃～45℃范围内，最大相对湿度不应超过95%。对于安装在保护室内（预制舱内）微机保护装置，要求室（舱）内月最大相对湿度不应超过75%，应防止灰尘和不良气体侵入；室（舱）内温度应在 5℃～30℃范围内，若超过此范围应装设空调。对微机保护装置的要求，按 DL/T 478—2013 中的 4.1.1 执行。

3.7 微机保护装置的使用年限一般不低于 12 年，对于运行不稳定、工作环境恶劣的微机保护装置可根据运行情况适当缩短使用年限。

4 职责分工

4.1 电网调控机构继电保护部门

4.1.1 负责直接管辖范围内继电保护装置的配置、整定计算和运行管理。

4.1.2 负责所辖电网继电保护装置的技术管理。

4.1.3 贯彻执行有关继电保护装置规程、标准和规定，结合具体情况，为所辖电网调度人员制定、修订继电保护装置调度运行规程，组织制定、修订所辖电网内使用的继电保护装置检验规程和继电保护标准化作业指导书。

4.1.4 负责所辖电网继电保护装置的动作统计、分析和评价工作。负责对继电保护装置不正确动作原因进行调查，及时下发通报和整改措施。

4.1.5 统一管理直接管辖范围内微机继电保护装置的程序版本，及时将对电网安全运行有较大影响的微机保护装置软件缺陷和软件升级情况通报有关单位。

4.1.6 负责对所辖电网调度人员进行有关继电保护装置运行方面的培训工作；负责组织对所辖电网现场继电保护人员的技术培训。

4.1.7 负责组织管辖范围内继电保护装置的典型设计工作。

4.1.8 负责组织和开展所辖电网保护装置全过程技术监督工作。

4.2 电网调控机构系统运行部门

4.2.1 负责调度管辖范围内电网安全自动装置的运行管理和技术管理。

4.2.2 组织开展电网安全稳定分析，提出保证电网安全稳定运行的措施和稳控策略，参与电网安全稳定措施的实施。

4.2.3 负责制定和修订电网安全自动装置调度运行规定。

4.2.4 负责安全自动装置的定值和策略计算及软件版本管理工作。

4.2.5 组织安全自动装置的出厂验收和现场联调试验大纲的审查，协调安全自动装置的现场联调试验。

4.2.6 负责对所辖电网调度人员进行有关安全自动装置运行方面的培训工作。

4.3 运行维护单位继电保护部门

4.3.1 负责保护装置的日常维护、检验、输入定值和新装置投产验收工作。

4.3.2　定期编制管辖范围内继电保护装置整定方案和处理日常运行工作。

4.3.3　贯彻执行有关保护装置规程、标准和规定，负责为本单位和现场运行人员编写保护装置现场运行规程。制定、修订直接管辖范围内保护装置标准化作业书。

4.3.4　管理直接管辖范围内保护装置的软件版本，及时将保护装置软件缺陷报告上级调控部门。

4.3.5　负责对现场运行人员进行有关保护装置的培训。

4.3.6　保护装置发生不正确动作时，应调查不正确动作原因，并提出改进措施。

4.3.7　熟悉保护装置原理及二次回路，负责保护装置的异常处理。

4.4　调度人员

4.4.1　了解保护装置的原理。

4.4.2　批准和监督直接管辖范围内的各种保护装置的正确使用与运行。

4.4.3　处理事故或系统运行方式改变时，保护装置使用方式的变更应按有关规程、规定执行。

4.4.4　在系统发生事故或其他不正常情况时，调度人员应根据断路器及保护装置的动作情况处理事故，做好记录，及时通知有关人员。根据短路电流曲线、故障测距装置或继电保护装置的测距结果，给出巡线范围，及时通知有关单位。

4.4.5　参加保护装置调度运行规程的审核。

4.5　监控人员

4.5.1　了解保护装置的原理及二次回路，掌握保护装置显示（打印）信息和监控系统中显示的保护装置信息含义。

4.5.2　负责与调度人员和现场运行人员核对保护装置定值通知单，按规定进行保护装置的投入、停用等操作。

4.5.3　负责监视保护装置运行状态，记录并向主管调度汇报保护装置动作、告警、状态变位等信息，并通知继电保护专业人员进行现场处理。

4.5.4　执行有关继电保护和安全自动装置规程和规定。

4.6　运行维护单位运行值班人员（包括变电运维人员）

4.6.1　了解保护装置的原理及二次回路，掌握保护装置显示（打印）信息的含义。

4.6.2　负责与调度、监控人员核对保护装置的定值通知单，进行保护装置的投入、停用等操作。

4.6.3　负责记录并向主管调度汇报保护装置（包括投入试运行的保护装置）和有关设备的信号指示（显示）及打印报告等情况。

4.6.4　执行有关继电保护和安全自动装置规程和规定。

4.6.5　根据主管调度命令，对已输入微机保护装置内的各套定值，用规定的方法切换各套定值。

4.6.6　负责保护装置的巡视、状态检查和时钟校对。

5　运行管理

5.1　运行维护单位应明确继电保护专业与相关一、二次专业之间的专业管理界面。

5.2　新投运的保护装置，未经向量检查，不视为有效的保护装置。投入运行的保护装置应设有专责维护人员，建立完善的岗位责任制。

5.3 在一次设备送电前，应检查保护装置处于正常运行状态。当系统一次运行方式变更或在保护装置上进行工作时，应按规定变更保护装置的使用方式。

5.4 调控机构监控人员的监控职能应与运维人员明确划分，保证保护装置运行状态被完整监视。

5.5 继电保护部门应统一规定直接管辖范围内的继电保护装置名称以及各保护段的名称和作用。

5.6 保护装置现场运行规程至少应包括如下内容：

a） 对投运的各保护装置进行监视及操作的通用条款。如，保护装置软、硬压板的操作规定；保护装置在不同运行方式下的投退规定；投退保护、切换定值区、复归保护信号等的操作流程。

b） 以被保护的一次设备为单位，编写继电保护配置、组屏方式、需要现场运行人员监视及操作的设备情况等。

c） 一次设备操作过程中各保护装置、回路的操作规定。

d） 各保护装置异常信息含义、影响情况及对应的处理方法。

5.7 保护装置退出时，应退出其出口压板（线路纵联保护还应退出对侧纵联功能），一般不应断开保护装置及其附属二次设备的直流电源。当保护装置中的某种保护功能退出时，应：

a） 退出该功能独立设置的出口压板。

b） 无独立设置的出口压板时，退出其功能投入压板。

c） 不具备单独投退该保护功能的条件时，应考虑按整个装置进行投退。

5.8 保护装置动作（跳闸或重合闸）后，运行值班人员（监控人员）应按要求做好记录并将动作情况和测距结果立即向主管调度汇报，运行值班人员负责信号复归并打印故障报告。保护装置未导出或未打印出故障报告之前，不得自行进行装置试验。

5.9 保护装置出现异常时，运行值班人员（监控人员）应根据该装置的现场运行规程进行处理，并立即向主管调度汇报，及时通知继电保护人员。

5.10 对于继电保护装置投入运行后发生的第一次区内、外故障，继电保护人员应通过分析继电保护装置的实际测量值来确认交流电压、交流电流回路和相关动作逻辑是否正常。既要分析相位，也要分析幅值。

5.11 在下列情况下应停用整套保护装置：

a） 保护装置使用的交流电压、交流电流、开关量输入、开关量输出回路作业。

b） 装置内部作业。

c） 继电保护人员输入定值影响装置运行时。

d） 合并单元、智能终端及过程层网络作业影响装置运行时。

5.12 微机保护装置在运行中需要切换已固化好的成套定值时，由运行人员按规定的方法改变定值，此时不必停用微机保护装置，但应立即显示（打印）新定值，并与主管调度核对定值单。

5.13 远方更改保护装置定值或操作保护装置时，应根据有关运行规定进行操作，并有系统安全防护、操作校核和自动记录功能。

5.14 带纵联保护的微机线路保护装置如需停用直流电源，应在两侧纵联保护停用后，才允许停直流电源。

5.15 现场运行人员应对保护装置打印设备定期检查，使其处于完好运行状态，确保打印报告输出及时、完整。

5.16 时钟应满足以下要求：

a）微机保护装置和保护信息管理系统应经站内时钟系统对时，同一变电站的微机保护装置和保护信息管理系统应采用同一时钟源。

b）运行人员定期巡视时应核对微机保护装置和保护信息管理系统的时钟。

c）运行中的微机保护装置和保护信息管理系统电源恢复后，若不能保证时钟准确，运行人员应校对时钟。

5.17 保护装置定值单执行完毕 1 周内，运行维护单位应将继电保护定值回执单报定值单下发单位。

5.18 智能变电站继电保护系统文件变更应遵循“源端修改，过程受控”的原则，明确修改、校核、审批、执行流程。

5.19 运行维护单位应制定智能变电站继电保护系统文件管理制度，对配置文件及其版本实行统一管理，保证配置文件内容与其版本一一对应，并记录配置文件的修改原因。文件管理主要包括以下文件：

a）全站 SCD 配置文件及全站虚端子配置 CRC 校验码。

b）继电保护专业管理范围内各智能电子设备的参数及 ICD、CID 等配置文件。

c）继电保护专业管理范围内各智能电子设备的程序版本信息。

d）全站过程层网络（含交换机）配置图、参数表、配置文件。

e）继电保护专业管理范围内各智能电子设备的定值文件。

f）继电保护专业管理范围内各智能电子设备的调试分析软件。

g）继电保护专业管理范围内各智能电子设备的配置工具软件。

h）SCD 文件配置工具软件。

5.20 保护装置通信通道

5.20.1 各级继电保护部门和通信部门应明确保护装置通信通道的管辖范围和维护界面，防止因通信专业与保护专业职责不清造成继电保护装置不能正常运行或不正确动作。

5.20.2 各级继电保护部门和通信部门应统一规定管辖范围内的保护装置通信通道的名称。

5.20.3 当通信系统作业影响保护装置正常运行时，通信部门应提前按规定进行作业申请，明确作业内容及影响范围，经调控机构批准后方可作业。

5.20.4 通信部门应定期对与保护装置正常运行密切相关的光电转换接口、接插部件、PCM（或 2M）板、光端机、通信电源等通信设备的运行状况进行检查，可结合保护装置的定期检验同时进行，确保保护装置通信通道正常。光纤通道要有监视运行通道的手段，并能判定出现的异常是由保护还是由通信设备引起。

5.20.5 保护装置发通道异常或告警信号时，通信部门与继电保护部门共同查找原因，及时消除缺陷。

5.20.6 线路纵联电流差动保护复用通信通道不应因通道切换造成延时变化或收发延时不一致而引发的保护异常或不正确动作。

5.21 各级继电保护部门应建立并完善继电保护缺陷管理制度，提高保护装置的运行率。

对频发的设备缺陷，应及时组织专题分析，查明原因，编写技术分析与评估报告。对存在的问题和安全隐患，应提出解决办法和整改措施。

6 技术管理

6.1 优先通过保护装置自身实现相关保护功能，尽可能减少外部输入量，以降低对相关回路和设备的依赖。优化回路设计，在确保可靠实现保护装置功能的前提下，尽可能减少装置间的连线。

6.2 为了便于运行管理和装置检验，同一单位（或部门）直接管辖范围内的继电保护装置型号不宜过多。

6.3 保护装置投运时，应具备如下的技术文件：

a）竣工原理图、安装图、过程层网络配置图、虚端子图、设计说明、电缆清册等设计资料。

b）制造厂商提供的装置说明书、保护柜（屏）电原理图、装置电原理图、故障检测手册、合格证明和出厂试验报告等技术文件。

c）新安装检验报告和验收报告。

d）保护装置定值通知单。

e）制造厂商提供的软件逻辑框图和有效软件版本说明。

f）保护装置的专用检验规程或制造厂商保护装置调试大纲。

g）智能变电站全站SCD配置文件及配置工具软件和各智能电子设备ICD文件、CID文件。

6.4 运行资料（如保护装置的缺陷记录、装置动作及异常时的打印报告、检验报告、软件版本和6.3所列的技术文件等）应由专人管理，并保持齐全、准确。

6.5 各级电网调控机构和保护装置的运行维护单位应按照DL/T 623对所管辖的各类（型）保护装置的动作情况进行统计分析，并对装置本身进行评价。对不正确的动作应分析原因，提出改进对策，并及时报主管部门。

6.6 对智能变电站配置文件（SCD、ICD、CID等）等电子文档建立规范化管理制度及相应技术支持体系。宜建立配置文件管理系统，确保各智能电子设备使用的配置文件版本的一致性。

6.7 保护装置的软件及其能力描述文件（ICD文件）管理

6.7.1 各级电网调控机构是管辖范围内保护装置软件及其能力描述文件（以下简称保护装置软件）管理的归口部门，负责对管辖范围内保护装置软件版本的统一管理，建立继电保护装置档案，记录各装置的软件版本、校验码和程序形成时间。

6.7.2 并网电厂涉及电网安全的母线、线路和断路器失灵等继电保护和安全自动装置的软件版本应归相应电网调控机构部门统一管理。

6.7.3 同一线路两侧纵联保护装置软件版本应保证其对应关系。两侧均为常规变电站时，两侧保护装置软件版本应保持一致；一侧为智能变电站，一侧为常规变电站时，两侧保护装置型号与软件版本应满足对应关系要求；两侧均为智能变电站时，两侧保护装置型号、软件版本及其ICD文件应尽可能保持一致，不能保持一致时，应满足对应关系要求。两侧纵联保护装置型号及软件版本不一致时，应经电网调控机构组织的专业检测合格，确认两侧对应关系。如无特殊要求，同一电网内同型号微机保护装置的软件版本应相同。

6.7.4 运行或即将投入运行的保护装置的软件版本不得随意更改。确有必要对保护装置软件升级时，应由保护装置制造单位向相应保护装置软件版本管理部门提供保护装置软件升级说明，经相应保护装置软件版本管理部门同意后方可更改。改动后应进行相应的现场检验，并做好记录。未经相应保护装置运行管理部门同意，严禁进行保护装置软件升级工作。

6.7.5 凡涉及保护装置功能的软件升级，应通过相应保护装置运行管理部门认可的动模和静模试验后方可投入运行。

6.7.6 每年调控机构保护装置软件管理部门应向有关运行维护单位和制造厂商发布一次管辖范围内的保护装置软件版本号。

6.8 各级继电保护部门应结合所辖电网实际情况，制定直接管辖范围内继电保护装置的配置及选型原则，统一所辖电网继电保护装置原理接线图。10kV～110kV 电力系统继电保护装置应有供电企业、发电企业应用的经验总结，经省级及以上电网调控机构复核并同意后，方可在区域（省）电网中推广应用。

6.9 保护装置选型

6.9.1 应选用经电力行业认可的检测机构检测合格的保护装置。

6.9.2 应优先选用原理成熟、技术先进、制造质量可靠，并在国内同等或更高的电压等级有成功运行经验的保护装置。

6.9.3 选择保护装置时，应充分考虑技术因素所占的比重。

6.9.4 选择保护装置时，在本电网的运行业绩应作为重要的技术指标予以考虑。

6.9.5 同一厂站内保护装置型号不宜过多，以利于运行人员操作、维护校验和备品备件的管理。

6.9.6 要充分考虑制造厂商的技术力量、质保体系和售后服务情况。

6.10 交流、直流输电系统继电保护配置原则按照 GB/T 14285 执行。

6.11 安全自动装置的配置应按照 GB/T 14285、GB/T 26399 和 DL/T 755 的相关要求，根据电力系统安全稳定计算分析结果，结合电网结构、运行特点、通信通道等条件合理配置。

6.12 直流输电系统保护应做到既不拒动，也不误动。在不能兼顾防止保护误动和拒动时，保护配置应以防止拒动为主。

6.13 直流输电系统故障时直流输电系统保护应充分利用直流输电控制系统，尽快停运、隔离故障系统或设备。

6.14 备品备件的管理

6.14.1 运行维护单位应储备必要的备品备件。备品备件应视同运行设备，保证其可用性。储存有集成电路芯片的备用插件，应有防止静电措施。

6.14.2 每年 12 月底，各运行维护单位应向上级单位报备品备件的清单，并向有关部门提出下一年备品备件需求计划。

6.15 继电保护部门应组织制定继电保护故障信息处理系统技术规范，建立健全故障信息处理主站系统、子站系统及相应通道的运行和维护制度。

6.16 保护装置远方操作时，至少应有两个指示发生对应变化，且所有这些确定的指示均已同时发生对应变化，才能确认该设备已操作到位。

7　检验管理

7.1　保护装置检验时，应认真执行 DL/T 995、有关保护装置检验规程、反事故措施和现场工作保安规定。

7.2　对保护装置进行计划性检验前，应编制保护装置标准化作业书，检验期间认真执行继电保护标准化作业书，不应为赶工期减少检验项目和简化安全措施。

7.3　进行保护装置的检验时，应充分利用其自检功能，主要检验自检功能无法检测的项目。检验的重点应放在微机继电保护装置的外部接线和二次回路。

7.4　状态检修适用于微机型保护装置，实施保护装置状态检修必须建立相应的管理体系、技术体系和执行体系，确定保护装置状态评价、风险评估、检修决策、检修质量控制、检修绩效评估等环节的基本要求，保证保护装置运行安全和检修质量。

7.5　继电保护装置检验工作宜与被保护的一次设备检修同时进行。

7.6　对运行中的保护装置外部回路接线或内部逻辑进行改动工作后，应做相应的试验，确认接线及逻辑回路正确后，才能投入运行。

7.7　保护装置检验应做好记录，检验完毕后应向运行人员交代有关事项，及时整理检验报告，保留好原始记录。

7.8　涉及多个厂站的安全稳定控制系统检验工作，应编制安全稳定控制系统联合调试方案，各厂站装置宜同步进行。

7.9　各级继电保护部门对直接管辖的继电保护装置应统一规定检验报告的格式。对检验报告的要求见附录 A。

7.10　检验所用仪器、仪表应由检验人员专人管理，特别应注意防潮、防震。仪器、仪表应保证误差在规定范围内。使用前应熟悉其性能和操作方法，使用高级精密仪器一般应有人监护。

8　对制造厂商的要求

8.1　微机保护装置软件版本应包含版本号、校验码和程序生成时间等完整版本信息。同一软件版本保护装置功能和定值清单应相同。软件版本的升级不应变更硬件且不宜改变定值项内容及含义。

8.2　微机保护装置应设有在线自动检测。在微机保护装置中微机部分任一元件损坏（包括 CPU）时都应发出装置异常信息，并在必要时自动闭锁相应的保护。但对保护装置的出口回路的设计，应以简单可靠为主，不宜为了实现对出口回路的完全自检而在此回路增加可能降低可靠性的元件。

8.3　当保护装置失去全部或部分保护功能时，应给出明确的告警信息，信息表述应简洁、规范。

8.4　微机保护装置在断开直流电源时不应丢失故障信息和自检信息。

8.5　应向用户提供与实际保护装置相符的中文技术手册和用户手册，并提供保护装置各定值项的含义和整定原则。

8.6　控制微机继电保护装置定值变化应有以下几种方式：

a）　应有多重访问级，每个级别有不同的密码。典型的是有一个大多数用户可以访问的只读级，改变定值用更高的级别。

b） 定值变化应有事件顺序记录，当定值变化时应有报警。

c） 具有多个定值组，允许运行人员在微机保护装置运行中将定值切换到预先核实的定值组，但不允许单个参数变化，此时不需停用保护。

d） 远方修改定值工作应考虑经必要的软、硬件控制措施，保证只在修改定值时短时开放此功能。

8.7 每面继电保护柜（屏）出厂前，应整柜（屏）作整组试验。

8.8 保护装置应保证在中央信号回路发生短路时不会误动。

8.9 保护装置和继电保护信息管理系统与站内时钟系统失去同步时，应给出告警信息。

8.10 微机保护装置应以时间顺序记录的方式记录正常运行的操作信息，如断路器变位、开入量输入变位、压板切换、定值修改、定值区切换等，记录应保证充足的容量。

8.11 制造厂商在供货时应明确软件版本、校验码和程序生成时间。软件版本的变更应由制造厂商向运行管理部门提供书面资料，书面资料应说明软件变更原因、解决方案、动模试验、静模试验验证结论，并由制造厂商主管技术的领导签字。

8.12 制造厂商应保证保护装置使用年限内备用插件的供应。至少在保护装置停产前一年应书面通知用户，保护装置停产后制造厂商应保留10年备用插件。

8.13 制造厂商应在微机保护装置使用说明书中标明使用年限，使用年限不应小于15年。对于微机保护装置中的逆变电源模件应单独标明使用年限。

8.14 制造厂商应提供微机保护装置软件版本的唯一标识。

8.15 制造厂商应有微机继电保护最终用户清单，以便于售后服务。

8.16 微机保护装置应能够输出装置的自检信息及故障记录，以记录保护的动作过程，为分析保护动作行为提供详细、全面的数据信息，但不要求代替专用的故障录波器。保护装置记录的所有数据应能转换为 GB/T 22386 规定的电力系统暂态数据交换通用格式（COMTRADE）。

保护装置记录的动作报告应分类显示，具体要求如下：

a） 供运行、检修人员直接在装置液晶屏调阅和打印的功能，便于值班人员尽快了解情况和事故处理的保护动作信息。

b） 供继电保护专业人员分析事故和保护动作行为的记录。

c） 应保证发生故障时不丢失故障记录信息。微机保护动作跳闸后，若再发生多次频繁启动，启动报告数据不能冲掉跳闸报告数据。

8.17 微机保护装置与厂、站自动化系统（继电保护信息管理系统）的通信协议应符合 DL/T 667 或 DL/T 860 标准的规定。

8.18 制造厂商应向有关单位提供智能变电站保护装置文件配置工具及调试分析软件，并配合设计单位进行工程设计。

8.19 智能站系统集成商应配合设计单位进行工程设计，验证 SCD 文件符合要求并及时提供给各保护厂商，同时还应向有关单位提供系统文件配置工具。

8.20 直流输电系统保护功能不宜依赖两端换流站之间的通信，应采取措施防止一端换流器故障引起另一端换流器的保护动作。

9　对设计单位的要求

9.1　一条线路两端同一对纵联保护宜采用相同型号的微机纵联保护装置。

9.2　同一种保护装置的组柜（屏）方案不宜过多。组屏方案应充分考虑设备散热和运行维护需求，不宜过于紧凑，宜用柜式结构。

9.3　组柜（屏）设计方面应注意：

9.3.1　保护装置柜（屏）端子排排列应便于继电保护人员作业，端子排应按照功能进行分块。

9.3.2　保护装置柜（屏）下部应设有截面不小于 $100mm^2$ 的接地铜排。柜（屏）上装置的接地端子应用截面不小于 $4mm^2$ 的多股铜线和柜（屏）内的接地铜排相连。接地铜排应用截面不小于 $50mm^2$ 的铜缆与保护室内的等电位接地网相连。

9.3.3　与微机保护装置出口继电器触点连接的中间继电器线圈两端应并联消除过电压回路。

9.4　用于微机保护装置的电流、电压和信号触点引入线，应采用屏蔽电缆，屏蔽层在开关场和控制室同时接地。

9.5　微机型保护装置柜（屏）内的交流供电电源（照明、打印机）的中性线（零线）不应接入等电位接地网。

9.6　设计单位在提供工程竣工图的同时应提供 CAD 文件、智能变电站 SCD 文件及全站虚端子配置 CRC 校验码。

9.7　施工图修改资料和智能变电站 SCD 文件由安装、调试单位提供并经运行单位确认后，由建设单位送交设计单位，作为绘制竣工图的依据。调试和运行单位应对提供的施工图修改资料（智能变电站 SCD 文件）与现场实际接线（虚端子连接）的一致性负责，设计单位应对完成的竣工图与施工图修改资料的一致性负责。

9.8　线路纵联电流差动保护应采用同一路由收发、往返延时一致的通道。

9.9　传输允许命令信号的继电保护复用接口设备，动作和返回不应带有展宽时间。

9.10　厂站内的保护装置信息应能传送至调度端。

9.11　设计单位负责智能变电站出厂验收、安装调试过程中的 SCD 文件更改工作，并最终对全站 SSD、SCD 文件进行确认，设计结果应包括 SCD 配置、网络通信配置、SV 及 GOOSE 关系表、虚端子图（表）等配置资料。

10　工程管理

10.1　规划、设计部门在编制系统发展规划，进行系统设计和确定厂、站一次接线时，应听取调度部门的意见，统筹考虑保护装置的技术性能和使用条件，对导致继电保护装置不能保证电力系统安全运行的电力网结构形式、厂站主接线形式、变压器接线方式和运行方式，应限制使用。

10.2　新、改、扩建工程继电保护设计中，应从整个系统统筹考虑继电保护的发展变化，严格执行继电保护专业管理部门制定的有关继电保护装置选型管理规定与配置原则。

10.3　新、改、扩建工程，运行维护单位应在工程投运前三个月按 GB/T 31464—2015 附录 A 规定向电网调控机构提供定值计算相关资料；在工程投产前 7 个工作日，提供线路及其互感的实测值。

10.4　继电保护设备订货合同中的技术要求应明确微机保护装置软件版本。制造厂商提供的微机保护装置软件版本及说明书，应与订货合同中的技术要求一致。

10.5 新微机保护装置投入运行前，运行维护单位应按照电网调控机构下发的微机保护装置软件版本通知，核对微机保护装置软件版本，并将核对结果上报电网调控机构。

10.6 对新安装的保护装置进行验收时，应以订货合同、技术协议、设计图样和技术说明书等有关规定为依据，按有关规程和规定进行调试，并按定值通知单进行整定。检验整定完毕，并经验收合格后方允许投入运行。

10.7 新设备投入运行前，基建单位应按继电保护竣工验收有关规定，与运行单位进行图样资料、仪器仪表、调试专用工具、备品备件和试验报告等移交工作。

10.8 新、改、扩建工程使用的保护装置，发现质量不合格的，应由制造厂商负责处理。

10.9 对于新、改、扩建工程，应配置必要的继电保护试验设备和专用工具。

10.10 对于新、改、扩建工程，应以保证设计、调试和验收质量为前提，合理制定工期，严格执行相关技术标准、规程、规定和反事故措施，不得为赶工期减少调试项目，降低调试质量。验收单位应制定详细的验收标准和合理的验收时间。

10.11 在新安装的保护装置验收时，应按相关规程要求，检验线路和主设备的所有保护之间的相互配合关系，对线路纵联保护还应与线路对侧保护进行一一对应的联动试验，并有针对性的检查各套保护与跳闸压板的唯一对应关系。

10.12 保护装置的新产品，应按国家规定的要求和程序进行检测或鉴定，合格后方可推广使用。检测报告应注明被检测保护装置的软件版本、校验码和程序形成时间。

10.13 新、改、扩建工程投运时，保护装置应与一次设备同步投产，保护装置信息应能正确、完整上送到调度端。

10.14 新建智能变电站保护装置及相关二次设备应经联调试验合格后方可出厂，联调试验设备应包括工程投运的所有型号的保护装置（包括线路对侧的保护装置），出厂联调试验应有相关调控机构和运行维护单位继电保护专业人员参加。

11 定值管理

11.1 各级继电保护部门应根据 DL/T 559、DL/T 584 和 DL/T 684 的规定制定整定范围内继电保护装置整定计算原则。

11.2 各级调控部门应制定保护装置定值计算管理规定。定值计算应严格执行有关规程、规定，定期交换交界面的整定计算参数和定值，严格执行交界面整定限额。各发电企业和电力用户涉网保护应严格执行调控机构的涉网保护定值限额要求，并将涉网保护定值上报到相应调控机构备案。

11.3 各级调控部门和发电厂应结合电网发展变化，定期编制或修订系统《继电保护整定方案》。整定方案需妥善保存，以便日常运行或事故处理时核对。整定方案主要内容应包括：

a） 对系统近期电源及输电网络发展的考虑。

b） 各种保护装置的整定原则。

c） 变压器中性点接地的安排。

d） 正常和特殊方式下有关调度运行的注意事项或规定事项。

e） 各级调度管辖范围分界点间继电保护整定限额。

f） 系统主接线图。

g） 系统保护运行、配置及整定方面存在的问题和改进意见。

h） 系统继电保护装置配置情况及其操作规定。

i） 需要做特殊说明的其他问题。

11.4 对定值通知单规定如下：

11.4.1 现场保护装置定值的变更，应按定值通知单的要求执行，并依照规定日期完成。如根据一次系统运行方式的变化，需要变更运行中保护装置的整定值时，应在定值通知单上说明。

11.4.2 旁路代送线路应符合以下要求：

a） 旁路保护各段定值与被代送线路保护各段定值应相同。

b） 旁路断路器的微机保护型号与线路微机保护型号相同且两者电流互感器变比亦相同，旁路断路器代送该线路时，使用该线路本身型号相同的微机保护定值，否则，使用旁路断路器专用于代送线路的微机保护定值。

11.4.3 对定值通知单的控制字宜给出具体数值。为了便于运行管理，各级继电保护部门对直接管辖范围内的每种微机保护装置中每个控制字的选择应尽量统一，不宜太多。

11.4.4 定值通知单应有计算人、审核人和批准人签字并加盖“继电保护专用章”方能有效。定值通知单应按年度编号，注明签发日期、限定执行日期和作废的定值通知单号等，在无效的定值通知单上加盖“作废”章。

11.4.5 定值通知单宜通过网络管理系统实行在线闭环管理，网络化管理定值应同时进行纸质存档。非网络化管理定值通知单宜一式 4 份，其中下发定值通知单的继电保护部门自存 1 份、调度 1 份、运行单位 2 份（现场及继电保护专业各 1 份）。新安装保护装置投入运行后，施工单位应将定值通知单移交给运行单位。运行单位接到定值通知单后，应在限定日期内执行完毕，并在继电保护记事簿上写出书面交代，并及时填写上报定值回执。

11.4.6 定值变更后，由现场运行人员、监控人员和调度人员按调度运行规程的相关规定核对无误后方可投入运行。调度人员、监控人员和现场运行人员应在各自的定值通知单上签字和注明执行时间。

11.5 66kV 及以上系统继电保护装置整定计算所需的电力主设备及线路的参数，应使用实测参数值，不允许使用设计参数下发正式定值通知单。

附 录 A
（规范性附录）
检验报告要求

检验应有完整、正规的检验报告，检验报告的内容一般应包括下列各项：

a） 被试设备的名称、型号、制造厂商、出厂日期、出厂编号、软件版本号、装置的额定值；

b） 检验类别（新安装检验、全部检验、部分检验、事故后检验）；

c） 检验项目名称；

d） 检验条件和检验工况；

e） 检验结果及缺陷处理情况；

f） 有关说明及结论；

g） 使用的主要仪器、仪表的型号、出厂编号和检验有效期；

h） 检验日期；

i） 检验单位的试验负责人和试验人员名单；

j） 试验负责人签字。

国家电网公司企业标准

继电保护全过程管理标准

Standard for relay protection whole-process management

Q/GDW 768—2012

目　次

前言 …… 229
1 范围 …… 230
2 规范性引用文件 …… 230
3 总则 …… 230
4 职责划分 …… 230
5 继电保护全过程管理的环节及工作规定 …… 232
6 考核与评估 …… 234
编制说明 …… 236

前　言

按照《关于印发国家电网公司调度 2011 年重点工作任务安排的通知》（调技〔2011〕65 号）和《关于下达 2011 年度国家电网公司技术标准制修订计划的通知》（国家电网科〔2011〕190 号）的要求，为全面加强公司系统继电保护全过程、精益化管理，切实履行继电保护全过程管理各阶段相关部门的工作职责，全力提升继电保护专业的工作水平和保障电网安全的能力，在总结近年来继电保护全过程工作经验的基础上，编制了《继电保护全过程管理标准》，以指导继电保护全过程管理工作的进一步深入开展。

本标准编写格式和规则遵照 GB/T1.1—2009《标准化工作导则　第 1 部分：标准的结构和编写规则》的要求。

本标准由国家电力调度控制中心提出并解释。

本标准由国家电网公司科技部归口。

本标准主要起草单位：国家电力调度控制中心、四川电力调度控制中心、四川省电力科学研究院、华中电力调控分中心、重庆电力调度控制中心、西北电力调控分中心、北京市电力公司调度控制中心、天津市电力公司调度控制中心。

本标准主要起草人：马锁明、张胜祥、王伟、陈军、余锐、刘明忠、李峰、黄惠、姜振超、朱小红、杨华。

本标准 2012 年 11 月首次发布。

继电保护全过程管理标准

1 范围

本标准规定了继电保护全过程管理各环节的职责分工、工作内容及工作要求。

本标准适用于国家电网公司系统的继电保护专业工作，涉及继电保护规划设计、设备选型及工程建设、安装调试、验收投产、调度运行、维护检验、技术改造、涉网管理、装置入网管理等全过程相关环节的各单位（部门）均应遵守本标准，并网电厂及高压用户的涉网继电保护管理应遵循本标准要求。

2 规范性引用文件

下列文件对于本文件的应用是必不可少的。凡是注日期的引用文件，仅注日期的版本适用于本文件。凡是不注日期的引用文件，其最新版本（包括所有的修改单）适用于本文件。

GB/T 14285—2006 继电保护和安全自动装置技术规程

GB/T 15145—2008 输电线路保护装置通用技术条件

DL/T 587—2007 微机继电保护装置运行管理规程

DL/T 769—2001 电力系统微机继电保护技术导则

DL/T 995—2006 继电保护和安全自动装置检验规程

DL/T 1040—2007 电网运行准则

3 总则

3.1 保证继电保护及安全自动装置（以下简称继电保护）的正确动作，必须加强对规划设计、设备选型及工程建设、安装调试、验收投产、调度运行、维护检验、技术改造、涉网管理、装置入网管理等方面的全过程管理工作。要做好继电保护全过程管理工作，必须有规划、设计、物资、基建、生产、调度、运行维护等单位和部门在继电保护全过程管理的各环节中各司其职、各负其责。

3.2 继电保护的全过程管理包括对继电保护的规划、设计、设备招投标、基建（安装调试）、验收、整定计算、运行维护、设备入网、反事故措施、技术改造、并网电厂及高压用户涉网部分的管理，涵盖了继电保护的全周期全寿命管理。

3.3 继电保护事故隐患排查治理是落实继电保护全过程管理要求，预防事故的重要手段。继电保护全过程各环节的管理隐患和设备隐患均应纳入事故隐患排查治理闭环管理。

4 职责划分

4.1 规划部门

4.1.1 组织开展电网继电保护系统规划编制及滚动修订。

4.1.2 组织开展工程可行性研究相关工作，确保设计方案满足继电保护相关规程、规范、标准。

4.2　物资管理部门

组织开展继电保护设备招标及采购供应相关工作。

4.3　基建管理部门

4.3.1　负责新建、扩建工程的建设管理，对各参建单位实施监督管理，保证建设质量满足继电保护相关规程、规范、标准。

4.3.2　组织开展工程初步设计和施工设计相关工作，确保设计方案满足继电保护相关规程、规范、标准。

4.4　生产管理部门

4.4.1　负责继电保护大修及技术改造管理工作。

4.4.2　负责继电保护设备验收、运行、维护、检验管理工作，确保继电保护设备健康运行。

4.5　调度部门

4.5.1　负责继电保护专业管理，组织继电保护技术标准、规程规定和反事故措施的制订、修订工作。

4.5.2　负责继电保护全过程技术监督管理，对继电保护全过程各环节的标准制定、执行落实提供技术支持。

4.5.3　负责所辖范围内继电保护调度运行管理，包括继电保护整定计算、评价分析管理等。

4.5.4　负责对并网电厂及高压用户的继电保护管理进行专业指导。

4.5.5　对继电保护事故隐患排查治理实施技术监督，督促、协调继电保护事故隐患责任部门和单位履行排查治理职责，并提供技术支持。

4.6　安全监察部门

4.6.1　负责对继电保护全过程管理进行安全监督。

4.6.2　负责督促、协调继电保护事故隐患责任主体部门和单位履行排查治理职责，并按规定进行考核。

4.7　建设管理单位

4.7.1　组织继电保护工程设计、安装调试、验收投产，确保工程质量和施工安全。

4.7.2　组织开展继电保护设备供货技术协议签订、设计联络会、图纸资料移交等相关工作。

4.8　设计单位

4.8.1　负责所承担项目的电网继电保护系统规划编制。

4.8.2　负责所承担项目的继电保护可行性研究设计、初步设计、施工图设计及设计更改，按规定提供继电保护施工图、竣工图，确保继电保护工程设计满足相关规程、规范、标准。

4.8.3　负责智能变电站 SCD 配置文件的设计、修改和最终确认。

4.9　安装调试单位

4.9.1　负责工程项目继电保护安装调试工作，确保基建工程继电保护调试结果满足现行规程及功能配置要求。

4.9.2　负责安装调试期间继电保护现场安全措施的制定和落实，确保现场作业安全。

4.9.3　负责对智能变电站 SCD 配置文件进行验证。

4.10　运行维护单位

4.10.1　负责继电保护设备运行、维护、检验管理及大修、技术改造计划的编制、申报和项目实施。

4.10.2　负责对基建、技改工程继电保护设计、安装、调试工作进行现场验收，确保继电保护验收质量。

4.10.3　负责对智能变电站 SCD 配置文件进行验收和归口管理。

4.10.4　负责组织编写继电保护现场运行规定，并对运行人员进行培训。

5　继电保护全过程管理的环节及工作规定

5.1　规划设计

5.1.1　在确定电网继电保护系统规划、工程可行性研究设计时，应统筹考虑继电保护配置，充分发挥继电保护在电网安全运行方面的重要作用。

5.1.2　确定工程初步设计方案时，相关一、二次设备（如开关、互感器、保护及安控通道、直流系统等）的选型配置应充分考虑电网的发展需要和继电保护应用的要求，做到一、二次系统协调配合。

5.1.3　继电保护系统设计应符合技术规程、设计规程和反事故措施的要求。

5.1.4 电网调度部门应与电网规划部门、基建管理部门配合，提前参与二次系统规划、设计中涉及继电保护的工作，参加工程可行性研究和初步设计涉及继电保护的审查工作。

5.1.5　电网继电保护发展规划和技术政策应落实项目和资金，稳步推进实施。

5.2　设备选型及工程建设

5.2.1　物资管理部门、建设管理单位组织工程建设前期工作（工程设计、设备选型、招标采购、设计联络、装置出厂验收等），相关调度部门、工程设计、运行维护等单位均应参加。

5.2.2　继电保护设备招标应坚持技术优先、质量优先原则，保护配置、设备规范应符合继电保护设备技术规程和工程要求。

5.3　安装调试

5.3.1　设备安装施工图纸应经安装调试、运行维护单位审查，并对安装调试单位进行技术交底。

5.3.2　继电保护安装调试应按标准化流程规范作业，并合理安排工程进度，保证必要的作业时间，确保继电保护安装调试质量。

5.3.3　现场施工安全措施应履行审查手续，并对运行人员和作业人员进行交底。

5.3.4　继电保护安装调试中发现问题需更改设计图纸（包括智能变电站 SCD 配置文件）时，应履行相关变更手续并做好记录。

5.3.5　调试中应严格核对微机继电保护软件版本，并报送相关调度部门确认。

5.3.6　工程调试应项目齐全、试验完整，保护定值、逻辑功能和动作的正确性得到全面验证，确保继电保护调试结果满足设计要求和运行要求。

5.3.7　工程监理单位应监督工程项目的继电保护设计、安装、调试质量满足继电保护相关规程、规范及反措规定要求。

5.4　验收投产

5.4.1　建设管理单位负责组织工程设计、安装调试、运行维护单位进行工程验收，并建立工程设计、安装调试质量追溯制度，完善工程后续管理措施。

5.4.2　运行维护单位应提前介入工程安装调试工作，提前编制验收计划和方案。

5.4.3 继电保护现场验收应按标准化流程规范作业，按照检验规程的相关要求，对继电保护装置、二次回路进行整组测试，重视对互感器、开关、刀闸、通道等相关设备和回路的验收检验。

5.4.4 全面执行工程验收制度，确保工程验收工作质量。保证合理的工程调试、投产验收工期，验收试验项目齐全、完整，对发现的缺陷应及时处理，确保无缺陷投运。

5.4.5 建设管理单位应严格履行新建、扩建、改建工程资料移交手续。

a） 新设备投产前，应组织新设备投产交底，向运行维护单位移交继电保护图纸资料、调试试验报告、装置运行说明、备品备件和专用试验仪器工具等。

b） 新设备投产后 3 个月内，向运行维护单位提交可修改的继电保护电子版竣工图纸。

c） 智能变电站投产后 1 个月内，应将最终确认的 SCD 配置文件移交调度部门备案。

5.4.6 新、改（扩）建工程新设备投产前，建设管理单位应及时向调度部门提交相关技术资料，以便开展保护定值计算、电网方式安排等工程投产的准备工作。

a） 新设备投产前 90 天，提交工程设计参数、保护设计图纸和相关技术资料等。

b）新设备投产前至少 10 个工作日，提交保护装置定值清单以及版本号。

c） 新（改）建线路应进行参数实测，并于新设备投产 3 个工作日前报送实测参数。

5.4.7 新设备投运申请手续履行完毕，启动调试调度方案经启委会审批通过，继电保护正式定值单下达现场后，方可具备投运条件。

5.4.8 运行维护单位应于新设备投产 1 年内完成继电保护首次全部检验。设备首检前发生的继电保护缺陷，由建设管理单位负责组织解决。

5.5 调度运行

5.5.1 继电保护整定计算应遵循整定规程及导则规定，满足继电保护可靠性、快速性、灵敏性、选择性要求。

5.5.2 继电保护整定计算及定值执行应履行计算、校核、审批和核对执行的闭环管理，其中计算、校核环节必须专人专岗负责。

5.5.3 电网运行方式发生变化时，应及时复核保护定值，制定保护方案，确保定值配合。

5.5.4 调度管辖交界面的整定参数和整定值应定期交换，严格执行交界面整定限额。

5.5.5 定期开展微机型继电保护装置软件版本核对及发布工作。

5.5.6 定期开展继电保护运行分析和设备分析相关工作。

5.6 运行维护

5.6.1 运行维护单位应建立继电保护设备运行维护责任制，落实设备日常运行维护责任。完善设备状态评价管理，掌握设备运行状况。规范备品备件管理，满足运行需要。

5.6.2 严格执行《继电保护和电网安全自动装置检验规程》，保证必要的检验时间，杜绝超期、漏检。

5.6.3 推行继电保护现场标准化作业，规范现场工作程序。严格履行现场安全措施票，确保现场作业安全。

5.6.4 建立智能变电站 SCD 配置文件管理制度，规范拷贝、修改、使用等工作流程，防止受病毒感染等意外损坏。

5.6.5 严格执行运行汇报和专业报告制度，按照《继电保护及安全自动装置运行评价规程》要求，定期编制设备运行统计分析报告，并及时上报继电保护故障分析报告。

5.6.6　明晰继电保护设备与相关一、二次设备的运行维护管理界面，确保无管理盲区。

5.7　大修及技术改造

5.7.1　运行维护单位依据继电保护有关规程规定、技改反措要求，结合设备运行状况和电网结构变化，编制继电保护设备大修及技术改造计划，经调度部门审核，报生产管理部门审批。

5.7.2　生产管理部门应及时审批项目计划，落实项目资金，加强对项目实施的考核评估，落实工作闭环管理，保证继电保护大修及技改的顺利实施。

5.8　涉网管理

5.8.1　并网电厂及高压用户涉网继电保护应纳入电网统一管理，保护配置和设计严格遵守和执行技术规程、标准规范及继电保护"反事故措施"要求。

5.8.2　电网调度部门参与并网电厂及高压用户涉网继电保护工程可研初设审查、相关设备技术参数确定和设备配置选型等工作。

5.8.3　涉网继电保护的更新改造、软件版本升级等应与所接入电网同步进行。

5.8.4　电网调度部门应与并网电厂及高压用户相互配合进行保护定值计算，涉网保护整定值应报相应调度部门备案。

5.8.5　并网电厂及高压用户涉网继电保护检验计划报送相应电网调度部门，由调度部门统筹安排。

5.8.6　电网、电厂应相互配合开展事故分析，制定反事故措施，并落实整改。

5.8.7　并网电厂及高压用户应按照规程规定，按时向相应调度部门报送保护月度、季度、年度运行分析报告，由调度部门统一进行保护动作统计和运行评价。

5.9　装置入网管理

5.9.1　入网运行的继电保护装置应满足国家电网公司继电保护设备标准化要求，统一功能配置、回路设计、端子排布置、接口规范、报告输出、定值格式，规范微机保护软件版本型号。

5.9.2　首次投入电网运行的继电保护装置，应经过国家或行业检测中心的检测试验并通过相应电压等级或更高电压等级电网试运行。

6　考核与评估

6.1　违反本标准规定可能导致电网及设备事故的继电保护事故隐患，应按照"（排查）发现—评估—报告—治理（控制）—验收—销号"的事故隐患排查治理流程形成闭环管理。

6.2　继电保护事故隐患排查治理工作，执行上级对下级监督，同级间安全生产监督体系对安全生产保证体系进行监督的督办机制。

6.3　在设备采购方面，物资管理部门应确保设备采购合同中含有质量保证金条款，由于保护装置制造原因造成继电保护装置异常或不正确动作的，应依据合同条款对供货厂商进行考核。

6.4　在工程建设方面，基建管理部门应制定考核标准，并在项目合同中明确体现。由于设计、安装、调试原因造成继电保护装置异常或不正确动作的，应按照合同进行考核。

6.5　运行维护单位继电保护的运行管理及维护检验等工作，应纳入对各运行单位的安全考核。

6.6　对并网电厂及高压用户，应按照国家有关部门颁布的相关规定进行考核。

6.7　继电保护事故隐患排查治理工作应纳入本单位绩效考核范围，对逾期未完成隐患排查治理工作的，由各级安全监察部门进行相应考核。

6.8　对发现、消除继电保护事故隐患的人员，给予表扬奖励。对继电保护事故隐患治理工作成绩突出的单位，经核实后给予表扬奖励。

6.9　对瞒报继电保护事故隐患，或因工作不力延误消除隐患并导致安全事故的，对责任人从严处罚。继电保护事故隐患治理不力，将追究有关单位领导责任。

6.10　为促进继电保护全过程管理工作持续开展，调度部门应定期对继电保护全过程管理工作进行总结评估，重点分析各环节问题并治理整改。

继电保护全过程管理标准

编　制　说　明

目 次

一、编制背景……238
二、编制主要原则……238
三、与其他标准文件的关系……238
四、主要工作过程……238
五、标准结构和内容……239
六、条文说明……239

一、编制背景

2007年，在国家电网公司组织召开的继电保护工作会议上提出了实施“继电保护全过程管理”的工作要求。2008年国家电网公司下发了“关于印发《国家电网公司继电保护全过程管理规定》的通知”（国家电网调〔2008〕343 号文)。继电保护全过程管理工作越来越受到公司系统各单位及部门的重视，对继电保护的各项管理工作也起到了较好的指导作用。为全面加强公司系统继电保护全过程、精益化管理，切实履行继电保护全过程管理各阶段相关部门的工作职责，全力提升继电保护专业的工作水平和保障电网安全的能力，在总结近年来继电保护全过程工作经验的基础上，特编制本标准。

本标准明确了继电保护全过程管理各阶段相关部门的工作职责，做到责任分工明确；对继电保护全过程管理各环节的工作原则和工作要求进行了规定，做到原则和要求具体，但又适用广泛；规定了继电保护全过程管理需建立考核与评估机制，对继电保护事故隐患排查应按照事故隐患排查治理流程形成闭环管理。切实履行本标准有助于全面提升继电保护全过程管理的工作水平，保障电网安全可靠运行。

二、编制主要原则

本标准依据《国家电网公司关于加强继电保护工作的意见》（国家电网调〔2007〕69号)、《国家电网公司继电保护全过程管理规定》（国家电网调〔2008〕343号)、《国家电网公司安全生产事故隐患排查治理管理办法》（国家电网安监〔2009〕575号）及相关继电保护管理规程和技术导则，参考了标准化管理的相关要求，在总结公司系统继电保护全过程管理成功经验基础上，对涉及继电保护规划设计、设备选型及工程建设、安装调试、验收投产、调度运行、维护检验、技术改造、涉网管理、装置入网管理等全过程相关环节的各单位（部门）的职责划分、各环节的工作要求、考核与评估机制进行了规定。

三、与其他标准文件的关系

a） 本标准引用了《国家电网公司关于加强继电保护工作的意见》（国家电网调〔2007〕69号）有关规定；
b） 本标准引用了《国家电网公司继电保护全过程管理规定》（国家电网调〔2008〕343号）有关规定；
c） 本标准引用了《国家电网公司安全生产事故隐患排查治理管理办法》（国家电网安监〔2009〕575号）有关规定；
d） 本标准是在已颁布的标准、规范基础上对继电保护全过程管理工作所做的补充规定，与已颁发的标准、规范不一致之处以本标准为准。

四、主要工作过程

按照《关于印发国家电网公司调度2011年重点工作任务安排的通知》（调技〔2011〕65号）和《关于下达2011年度国家电网公司技术标准制修订计划的通知》（国家电网科〔2011〕190号）的要求，由四川省调牵头，西北网调、北京市调、天津市调、重庆市调等配合，开展继电保护全过程管理标准编制工作，并要求于2011年12月前完成。

为贯彻落实国家电网公司调度系统重点工作精神，有序组织标准编制工作，四川省调和相关单位按照统一研究、分工协调的原则成立了标准编制工作组，并积极开展工作，通过一年多时间的编写及多次审查讨论，形成了继电保护全过程管理标准的送审稿。工作开展的具体情况如下：

2009年，四川省电力公司继电保护全过程管理入选国家电网公司同业对标典型经验。为进一步将该典型经验落实到具体工作之中，满足标准化管理要求，2010年初，四川省调和四川电科院即开始《继电保护全过程管理工作标准》的编制工作。

从2010年1月开始，四川省调、四川电科院经过近10个月的继电保护全过程管理工作的认真梳理、分析、总结，形成了《继电保护全过程管理标准（初稿）》。

2010年11月12日，四川省电力公司在四川成都组织召开了“继电保护全过程管理工作标准”第一次审稿会，四川省电力公司各部门与相关运行单位参加了会议，会议完成了标准送审稿第一稿的审议。

2010年12月16～17日，四川省电力公司再次组织召开了“继电保护全过程管理工作标准”第二次审稿会，邀请了国调中心、华中网调、重庆市调的专家，四川省电力公司下属发展策划部、基建部、安监部、生技部、四川省调、四川电力科学研究院、超高压运检公司、四川电力设计咨询公司、四川电力工业调整试验所、各电业局（公司）等部门和单位参会。与会代表对“继电保护全过程管理工作标准（送审第二稿）”进行了认真的审查、激烈的讨论，提出了中肯的修改意见，会后经整理形成“继电保护全过程管理工作标准”（送审稿）。

根据国调中心2011年重点工作开展要求，四川省调经与相关标准编制参与单位协商，在前期送审稿基础上进一步进行了修改和完善，并于2011年3月报国调中心审核。

2011年4月，为广泛征求意见，国调中心下达“关于征求《继电保护全过程管理工作标准》企业标准修改意见的通知”（调继〔2011〕99号）。四川省调按照文件要求，共收集各网省公司40多条具体意见，经逐条整理并标注采纳建议之后，形成了最终的送审稿。

按工作开展计划，国调中心于2011年7月14～15日在四川成都召开了《继电保护全过程管理标准》评审会，国网发策部，华中调控分中心、西北调控分中心、华东调控分中心、东北调控分中心、华北网调、辽宁省调、河北省调、陕西省调、浙江省调、重庆市调、四川省调、四川电科院参加了会议。会议对编制组提交的继电保护全过程管理标准（送审稿）进行了审查，经会议讨论，进一步补充完善了该标准的相关条款，形成了评审意见。会后，编制组根据会议审查意见，对规范送审稿进行了修编完善并形成了《继电保护全过程管理标准》报批稿。

五、标准结构和内容

本标准规定了继电保护全过程管理各环节的职责分工、工作内容及工作要求。

本标准的内容和结构如下：

1．目录；

2．前言；

3．正文，共设六章：范围、规范性引用文件、总则、职责划分、继电保护全过程管理的环节及工作规定、考核与评估。

六、条文说明

1．范围

本章规定了本标准的适用范围。

本标准适用于国家电网公司系统的继电保护专业工作，涉及继电保护规划设计、设备选型及工程建设、安装调试、验收投产、调度运行、维护检验、技术改造、涉网管理、装置入网管理等全过程相关环节的各单位（部门）均应遵守本标准，并网电厂及高压用户的涉网继电保护管理应遵循本标准要求。

2．规范性引用文件

本章列出了与本标准内容相关的标准。引用的原则为：对与本标准内容有关的主要 GB、DL，均逐条列出。

在使用本标准引用标准时，一般按 GB、DL 中的较高标准执行。

3．总则

本章阐述了本标准的基本思想和目的：

a）明确规划、设计、物资、基建、生产、调度、运行维护等单位和部门在继电保护全过程管理的各环节中的职责；

b）指出继电保护的全过程管理工作涵盖的各个环节；

c）继电保护全过程各环节的管理隐患和设备隐患均应纳入事故隐患排查治理闭环管理。

4．职责划分

对规划部门、物资部门、基建管理部门、生产管理部门、调度部门、安全监察部门、建设管理单位、设计单位、安装调试单位、运行维护单位的职责进行了规定。

5．继电保护全过程管理的环节及工作规定

对规划设计、设备选型及工程建设、安装调试、验收投产、调度运行、运行维护、大修及技术改造、涉网管理、装置入网管理等继电保护全过程管理的各环节的工作进行了规定。

6．考核与评估

强调建立继电保护事故隐患排查治理监督机制，形成电保护事故隐患排查治理流程形成闭环管理，对继电保护全过程管理各环节工作进行考核与评估，促进继电保护全过程管理工作持续发展。

国家电网公司企业标准

继电保护和电网安全自动装置现场工作保安规定

Q/GDW 267—2009

目　次

前言……243
1 范围……244
2 规范性引用文件……244
3 总则……244
4 现场工作前准备……245
5 现场工作……246
6 现场工作结束……248
附录A（规范性附录） 继电保护安全措施票格式……250
编制说明……251

前 言

本标准根据国家电网公司电网科〔2007〕555号《关于下达国家电网公司2007年度技术标准制修订工作计划的通知》中第34项任务制定。

本标准在制定过程中，认真总结了我国继电保护和电网安全自动装置现场工作经验，特别是继电保护误碰、误接线、误整定的教训。在水利电力部（87电生供字）第254号文颁发的《继电保护和电网安全自动装置现场工作保安规定》的基础上补充、修改、完善，形成本标准。

本标准编写格式和规则遵照GB/T 1.1—2000《标准化工作导则 第1部分：标准的结构和编写规则》的要求。

本标准的附录A为规范性附录。

本标准由国家电网公司科技部归口。

本标准由国家电力调度通信中心提出并解释。

本标准起草单位：东北电力调度通信中心、国家电力调度通信中心、福建电力调度通信中心、山东电力调度通信中心、重庆电力调度通信中心、福建省电力试验研究院。

本标准主要起草人：孙刚、陶家琪、程逍、黄巍、马杰、鲍斌、陈力、阴宏民、唐志军。

继电保护和电网安全自动装置现场工作保安规定

1 范围

本标准规定了继电保护、电网安全自动装置和相关二次回路现场工作中的安全技术措施要求。

本标准适用于国家电网公司继电保护、电网安全自动装置和相关二次回路现场工作。

2 规范性引用文件

下列文件中的条款通过本标准的引用而成为本标准的条款。凡是注日期的引用文件，其随后所有的修改单（不包括勘误的内容）或修订版均不适用于本标准，然而，鼓励根据本标准达成协议的各方研究是否可使用这些文件的最新版本。凡是不注日期的引用文件，其最新版本适用于本标准。

DL 408—1991 电业安全工作规程（发电厂和变电所电气部分）

3 总则

3.1 为规范现场人员作业行为，防止发生人身伤亡、设备损坏和继电保护“三误”（误碰、误接线、误整定）事故，保证电力系统一、二次设备的安全运行，特制定本标准。

3.2 凡是在现场接触到运行的继电保护、电网安全自动装置及其二次回路的运行维护、科研试验、安装调试或其他（如仪表等）人员，均应遵守本标准，还应遵守《国家电网公司电力安全工作规程（变电部分）》。

3.3 相关部门领导和管理人员应熟悉本标准，并监督本标准的贯彻执行。

3.4 现场工作应遵守工作负责人制度，工作负责人应经本单位领导书面批准，对现场工作安全、检验质量、进度工期以及工作结束交接负责。

3.5 继电保护现场工作至少应有两人参加。现场工作人员应熟悉继电保护、电网安全自动装置和相关二次回路，并经培训、考试合格。

3.6 外单位参与工作的人员应具备专业工作资质，但不应担当工作负责人。工作前，应了解现场电气设备接线情况、危险点和安全注意事项。

3.7 工作人员在现场工作过程中，遇到异常情况（如直流系统接地等）或断路器跳闸，应立即停止工作，保持现状，待查明原因，确定与本工作无关并得到运行人员许可后，方可继续工作。若异常情况或断路器跳闸是本身工作引起，应保留现场，立即通知运行人员，以便及时处理。

3.8 任何人发现违反本标准的情况，应立即制止，经纠正后才能恢复作业。继电保护人员有权拒绝违章指挥和强令冒险作业；在发现直接危及人身、电网和设备安全的紧急情况时，有权停止作业或在采取可能的紧急措施后撤离作业场所，并立即报告。

3.9 设备运行维护单位负责继电保护和电网安全自动装置定期检验工作，若特殊情况需委托有资质的单位进行定期检验工作时，双方应签订安全协议，并明确双方职责。

3.10　改建、扩建工程的继电保护施工或检验工作，设备运行维护单位应与施工调试单位签订相关安全协议，明确双方安全职责，并由设备运行维护单位按规定向本单位安全监管部门备案。

3.11　现场工作应遵循现场标准化作业和风险辨识相关要求。

3.12　现场工作应遵守工作票和继电保护安全措施票的规定。

4　现场工作前准备

4.1　了解工作地点、工作范围、一次设备和二次设备运行情况，与本工作有联系的运行设备，如失灵保护、远方跳闸、电网安全自动装置、联跳回路、重合闸、故障录波器、变电站自动化系统、继电保护及故障信息管理系统等，需要与其他班组配合的工作。

4.2　拟订工作重点项目、准备处理的缺陷和薄弱环节。

4.3　应具备与实际状况一致的图纸、上次检验报告、最新整定通知单、检验规程、标准化作业指导书、保护装置说明书、现场运行规程，合格的仪器、仪表、工具、连接导线和备品备件。确认微机继电保护和电网安全自动装置的软件版本符合要求，试验仪器使用的电源正确。

4.4　工作人员应分工明确，熟悉图纸和检验规程等有关资料。

4.5　对重要和复杂保护装置，如母线保护、失灵保护、主变压器保护、远方跳闸、有联跳回路的保护装置、电网安全自动装置和备自投装置等的现场检验工作，应编制经技术负责人审批的检验方案和继电保护安全措施票（见附录A）。

4.5.1　现场工作中遇有下列情况应填写继电保护安全措施票。

4.5.1.1　在运行设备的二次回路上进行拆、接线工作。

4.5.1.2　在对检修设备执行隔离措施时，需断开、短路和恢复同运行设备有联系的二次回路工作。

4.5.2　继电保护安全措施票由工作负责人填写，由技术员、班长或技术负责人审核并签发。

4.5.3　监护人应由较高技术水平和有经验的人担任，执行人、恢复人由工作班成员担任，按继电保护安全措施票逐项进行继电保护作业。

4.5.4　调试单位负责编写的检验方案，应经本单位技术负责人审批签字，并经设备运行维护单位继电保护技术负责人审核和签发。

4.5.5　继电保护安全措施票的“工作时间”为工作票起始时间。在得到工作许可并做好安全措施后，方可开始检验工作。

4.5.6　应按要求认真填写继电保护安全措施票，被试设备名称和工作内容应与工作票一致。

4.5.7　继电保护安全措施票中“安全措施内容”应按实施的先后顺序逐项填写，按照被断开端子的“保护柜（屏）（或现场端子箱）名称、电缆号、端子号、回路号、功能和安全措施”格式填写。

4.5.8　开工前工作负责人应组织工作班人员核对安全措施票内容和现场接线，确保图纸与实物相符。

4.6　在继电保护柜（屏）的前面和后面，以及现场端子箱的前面应有明显的设备名称。若一面柜（屏）上有两个及以上保护设备时，在柜（屏）上应有明显的区分标志。

4.7 若高压试验、通信、仪表、自动化等专业人员作业影响继电保护和电网安全自动装置的正常运行，应经相关调度批准，停用相关保护。作业前应填写工作票，工作票中应注明需要停用的保护。在做好安全措施后，方可进行工作。

5 现场工作

5.1 工作负责人应逐条核对运行人员做的安全措施（如连接片、二次熔丝和二次空气开关的位置等），确保符合要求。运行人员应在工作柜（屏）的正面和后面设置“在此工作”标志。

5.1.1 若工作的柜（屏）上有运行设备，应有明显标志，并采取隔离措施，以便与检验设备分开。相邻的运行柜（屏）前后应有“运行中”的明显标志（如红布帘、遮栏等）。工作人员在工作前应确认设备名称与位置，防止走错间隔。

5.1.2 若不同保护对象组合在一面柜（屏）时，应对运行设备及其端子排采取防护措施，如对运行设备的连接片、端子排用绝缘胶布贴住或用塑料扣板扣住端子。

5.2 工作期间，工作负责人若因故暂时离开工作现场时，应指定能胜任的人员临时代替，离开前应将工作现场交待清楚，并告知工作班成员。原工作负责人返回工作现场时，也应履行同样的交接手续。若工作负责人需要长期离开工作现场时，应由原工作票签发人变更工作负责人，履行变更手续，并告知全体工作人员及工作许可人。原工作负责人和现工作负责人应做好交接工作。

5.3 运行中的一、二次设备均应由运行人员操作。如操作断路器和隔离开关，投退继电保护和电网安全自动装置，投退继电保护装置熔丝和二次空气开关，以及复归信号等。运行中的继电保护和电网安全自动装置需要检验时，应先断开相关跳闸和合闸连接片，再断开装置的工作电源。在保护工作结束，恢复运行时，应先检查相关跳闸和合闸连接片在断开位置。投入工作电源后，检查装置正常，用高内阻的电压表检验连接片的每一端对地电位都正确后，才能投入相应跳闸和合闸连接片。

5.4 在检验继电保护和电网安全自动装置时，凡与其他运行设备二次回路相连的连接片和接线应有明显标记，应按安全措施票断开或短路有关回路，并做好记录。

5.4.1 试验前，已经执行继电保护安全措施票中的安全措施内容。

5.4.2 执行和恢复安全措施时，需要两人工作。一人负责操作，另一人为工作负责人担任监护人，并逐项记录执行和恢复内容。

5.4.3 断开二次回路的外部电缆后，应立即用红色绝缘胶布包扎好电缆芯线头。

5.4.4 红色绝缘胶布只作为执行继电保护安全措施票安全措施的标识，未征得工作负责人同意前不应拆除。对于非安全措施票内容的其他电缆头应用其他颜色绝缘胶布包扎。

5.5 在一次设备运行而停部分保护进行工作时，应特别注意断开不经连接片的跳闸回路（包括远跳回路）、合闸回路和与运行设备安全有关的连线。

5.5.1 除特殊情况外，一般不安排这种运行方式检验。

5.5.2 现场工作时，对于这些不经连接片的跳闸回路（包括远跳回路）、合闸回路和与运行设备安全有关的连线，应列入继电保护安全措施票。

5.6 更换继电保护和电网安全自动装置柜（屏）或拆除旧柜（屏）前，应在有关回路对侧柜（屏）做好安全措施。

5.7　对于和电流构成的保护，如变压器差动保护、母线差动保护和3/2接线的线路保护等，若某一断路器或电流互感器作业影响保护和电流回路，作业前应将电流互感器的二次回路与保护装置断开，防止保护装置侧电流回路短路或电流回路两点接地，同时断开该保护跳此断路器的跳闸连接片。

5.8　不应在运行的继电保护、电网安全自动装置柜（屏）上进行与正常运行操作、停运消缺无关的其他工作。若在运行的继电保护、电网安全自动装置柜（屏）附近工作，有可能影响运行设备安全时，应采取防止运行设备误动作的措施，必要时经相关调度同意将保护暂时停用。

5.9　在现场进行带电工作（包括做安全措施）时，作业人员应使用带绝缘把手的工具（其外露导电部分不应过长，否则应包扎绝缘带）。若在带电的电流互感器二次回路上工作时，还应站在绝缘垫上，以保证人身安全。同时将邻近的带电部分和导体用绝缘器材隔离，防止造成短路或接地。

5.10　在进行试验接线前，应了解试验电源的容量和接线方式。被检验装置和试验仪器不应从运行设备上取试验电源，取试验电源要使用隔离刀闸或空气开关，隔离刀闸应有熔丝并带罩，防止总电源熔丝越级熔断。核实试验电源的电压值符合要求，试验接线应经第二人复查并告知相关作业人员后方可通电。被检验保护装置的直流电源宜取试验直流电源。

5.11　现场工作应以图纸为依据，工作中若发现图纸与实际接线不符，应查线核对。如涉及修改图纸，应在图纸上标明修改原因和修改日期，修改人和审核人应在图纸上签字。

5.12　改变二次回路接线时，事先应经过审核，拆动接线前要与原图核对，改变接线后要与新图核对，及时修改底图，修改运行人员和有关各级继电保护人员用的图纸。

5.13　改变保护装置接线时，应防止产生寄生回路。

5.14　改变直流二次回路后，应进行相应的传动试验。必要时还应模拟各种故障，并进行整组试验。

5.15　对交流二次电压回路通电时，应可靠断开至电压互感器二次侧的回路，防止反充电。

5.16　电流互感器和电压互感器的二次绕组应有一点接地且仅有一点永久性的接地。

5.17　在运行的电压互感器二次回路上工作时，应采取下列安全措施。

5.17.1　不应将电压互感器二次回路短路、接地和断线。必要时，工作前申请停用有关继电保护或电网安全自动装置。

5.17.2　接临时负载，应装有专用的隔离开关（刀闸）和熔断器。

5.17.3　不应将回路的永久接地点断开。

5.18　在运行的电流互感器二次回路上工作时，应采取下列安全措施。

5.18.1　不应将电流互感器二次侧开路。必要时，工作前申请停用有关继电保护保护或电网安全自动装置。

5.18.2　短路电流互感器二次绕组，应用短路片或导线压接短路。

5.18.3　工作中不应将回路的永久接地点断开。

5.19　对于被检验保护装置与其他保护装置共用电流互感器绕组的特殊情况，应采取以下措施防止其他保护装置误启动。

5.19.1　核实电流互感器二次回路的使用情况和连接顺序。

5.19.2 若在被检验保护装置电流回路后串接有其他运行的保护装置，原则上应停运其他运行的保护装置。如确无法停运，在短接被检验保护装置电流回路前、后，应监测运行的保护装置电流与实际相符。若在被检验保护电流回路前串接其他运行的保护装置，短接被检验保护装置电流回路后，监测到被检验保护装置电流接近于零时，方可断开被检验保护装置电流回路。

5.20 按照先检查外观，后检查电气量的原则，检验继电保护和电网安全自动装置，进行电气量检查之后不应再拔、插插件。

5.21 应根据最新定值通知单整定保护装置定值，确认定值通知单与实际设备相符（包括互感器的接线、变比等），已执行的定值通知单应有执行人签字。

5.22 所有交流继电器的最后定值试验应在保护柜（屏）的端子排上通电进行，定值试验结果应与定值单要求相符。

5.23 进行现场工作时，应防止交流和直流回路混线。继电保护或电网安全自动装置定检后，以及二次回路改造后，应测量交、直流回路之间的绝缘电阻，并做好记录；在合上交流（直流）电源前，应测量负荷侧是否有直流（交流）电位。

5.24 进行保护装置整组检验时，不宜用将继电器触点短接的办法进行。传动或整组试验后不应再在二次回路上进行任何工作，否则应做相应的检验。

5.25 用继电保护和电网安全自动装置传动断路器前，应告知运行值班人员和相关人员本次试验的内容，以及可能涉及的一、二次设备。派专人到相应地点确认一、二次设备正常后，方可开始试验。试验时，继电保护人员和运行值班人员应共同监视断路器动作行为。

5.26 带方向性的保护和差动保护新投入运行时，一次设备或交流二次回路改变后，应用负荷电流和工作电压检验其电流、电压回路接线的正确性。

5.27 对于母线保护装置的备用间隔电流互感器二次回路应在母线保护柜（屏）端子排外侧断开，端子排内侧不应短路。

5.28 在导引电缆及与其直接相连的设备上工作时，按带电设备工作的要求做好安全措施后，方可进行工作。

5.29 在运行中的高频通道上进行工作时，应核实耦合电容器低压侧可靠接地后，才能进行工作。

5.30 应特别注意电子仪表的接地方式，避免损坏仪表和保护装置中的插件。

5.31 在微机保护装置上进行工作时，应有防止静电感应的措施，避免损坏设备。

6 现场工作结束

6.1 现场工作结束前，工作负责人应会同工作人员检查检验记录。确认检验无漏试项目，试验数据完整，检验结论正确后，才能拆除试验接线。

6.1.1 整组带断路器传动试验前，应紧固端子排螺丝（包括接地端子），确保接线接触可靠。

6.1.2 按照继电保护安全措施票“恢复”栏内容，一人操作，另一人为工作负责人担任监护人，并逐项记录。原则上安全措施票执行人和恢复人应为同一人。工作负责人应按照继电保护安全措施票，按端子排号再进行一次全面核对，确保接线正确。

6.2 复查临时接线全部拆除，断开的接线全部恢复，图纸与实际接线相符，标志正确。

6.3 工作结束，全部设备和回路应恢复到工作开始前状态。清理完现场后，工作负责人应向运行人员详细进行现场交待，填写继电保护工作记录簿。主要内容有检验工作内容、整定值变更情况、二次接线变化情况、已经解决问题、设备存在的缺陷、运行注意事项和设备能否投入运行等。经运行人员检查无误后，双方应在继电保护工作记录簿上签字。

6.4 工作结束前，应将微机保护装置打印或显示的整定值与最新定值通知单进行逐项核对。

6.5 工作票结束后不应再进行任何工作。

附　录　A
（规范性附录）
继电保护安全措施票格式

表 A.1　继电保护安全措施票

单位________________　　　　　　　　　　　　　　　　编号____________

<table>
<tr><td colspan="2">被检验设备名称</td><td colspan="4"></td></tr>
<tr><td>工作负责人</td><td></td><td>工作时间</td><td>月　日</td><td>签发人</td><td></td></tr>
<tr><td colspan="6">工作内容：</td></tr>
<tr><td colspan="6">安全措施：包括应打开和恢复的连接片、直流线、交流线、信号线、连锁线和连锁开关等，按工作顺序填写安全措施。</td></tr>
<tr><td>序号</td><td>执行</td><td colspan="3">安全措施内容</td><td>恢复</td></tr>
<tr><td></td><td></td><td colspan="3"></td><td></td></tr>
<tr><td></td><td></td><td colspan="3"></td><td></td></tr>
<tr><td></td><td></td><td colspan="3"></td><td></td></tr>
<tr><td></td><td></td><td colspan="3"></td><td></td></tr>
<tr><td></td><td></td><td colspan="3"></td><td></td></tr>
<tr><td></td><td></td><td colspan="3"></td><td></td></tr>
<tr><td></td><td></td><td colspan="3"></td><td></td></tr>
<tr><td></td><td></td><td colspan="3"></td><td></td></tr>
<tr><td></td><td></td><td colspan="3"></td><td></td></tr>
<tr><td></td><td></td><td colspan="3"></td><td></td></tr>
<tr><td></td><td></td><td colspan="3"></td><td></td></tr>
</table>

执行人：　　　　　　　　监护人：　　　　　　　　恢复人：　　　　　　　　监护人：

继电保护和电网安全自动装置现场工作保安规定

编 制 说 明

目　次

1　范围……………………………………………………………………………………253
2　工作概况………………………………………………………………………………253
3　制定标准的必要性……………………………………………………………………253
4　工作思路………………………………………………………………………………253
5　有关标准内容的说明…………………………………………………………………254

1 范围

本标准规定了继电保护、电网安全自动装置和相关二次回路现场工作中的安全技术措施要求。

本标准适用于国家电网公司继电保护、电网安全自动装置和相关二次回路现场工作。

2 工作概况

本标准依据《关于下达国家电网公司2007年度技术标准制定或修订工作计划的通知》（国家电网科〔2007〕555号）和《关于印发“国家电网调度系统继电保护专家组第一次会议纪要”的通知》（调继〔2006〕260号）进行编制，技术归口单位是国家电力调度通信中心，主要起草单位是东北电力调度通信中心、国家电力调度通信中心、福建电力调度通信中心、山东电力调度通信中心、重庆电力调度通信中心和福建电力科学试验研究院。

接到编制任务后，2006年11月成立了标准起草小组，明确了标准编写思路和工作进度安排，广泛收集各网、省公司继电保护和电网安全自动装置现场工作保安规定，以及继电保护标准化作业指导书。2006年12月上旬形成了标准讨论稿，2006年12月中旬在南昌市召开了工作组第一次扩大会议，对标准讨论稿进行了深入、细致的讨论。2007年1月形成标准初稿，并将标准初稿发全国部分省调、电力科学研究院、供电公司共10个单位征求意见。2007年3月形成了标准征求意见稿，2007年3月13日东北电网公司受国网公司委托，在沈阳市组织召开了标准审查会。2007年12月将征求意见稿发往国家电网公司系统征求意见，共有7个单位回函并提出了意见和建议。2008年2月形成了标准送审稿。

3 制定标准的必要性

目前没有国家电网公司企业标准《继电保护和电网安全自动装置现场工作保安规定》，国家电网公司沿用1987年12月水利电力部电力生产司颁发的《继电保护和电网安全自动装置现场工作保安规定》，该规定已使用了20年。当时厂网未分开，电网最高电压等级为500kV，微机型继电保护装置应用很少，没有微机型电网安全自动装置，继电保护制造工艺水平有限，继电保护现场安全管理经验还不丰富。

1987年以来，厂网已经分开，电网规模迅速扩大，电网最高电压等级达到了1000kV。在各电压等级的交、直流设备上大量采用微机型继电保护和电网安全自动装置，继电保护制造工艺水平有了较大提高，在继电保护现场安全管理积累了很多经验和教训。

标准是指导和规范继电保护和电网安全自动装置现场安全工作的重要依据，对于保证电网的安全稳定运行具有重要作用。国家电网公司系统继电保护管理模式、现场工作习惯和安全措施差别较大。为进一步规范现场人员作业行为，防止发生人身伤亡事故、设备损坏和继电保护三误（误碰、误接线、误整定）事故，制定国家电网公司企业标准《继电保护和电网安全自动装置现场工作保安规定》十分必要。

4 工作思路

明确现场工作前准备、现场工作期间、现场工作结束后各个阶段继电保护和电网安全自动装置保安工作的有关要求，为继电保护专业现场安全工作创造良好氛围。注重标准的先进性、可操作性和实用性，本标准对国家电网公司系统继电保护和电网安全自动装置现场安全工作具有指导意义。

5　有关标准内容的说明

5.1　本标准与其他有关行业标准和国家电网公司规程的相容性

特别注意协调好本标准与电力行业标准《继电保护和安全自动装置检验规程》和《国家电网公司电力安全工作规程（变电部分）》的关系。本标准侧重于继电保护、电网安全自动装置和相关二次回路现场工作中的安全技术措施要求。

5.2　明确安全责任

改、扩建工程的继电保护施工或检验工作，若涉及运行继电保护和电网安全自动装置的安全，设备运行维护单位应与施工调试单位签订相关安全协议，明确双方安全职责，并由设备运行维护单位按规定向本单位安全监管部门备案。

应由设备运行维护单位进行运行的继电保护和电网安全自动装置检验工作，若特殊情况需委托有资质的单位进行检验时，双方应签订安全协议，并明确双方职责。

5.3　对调试单位编写的检验方案和继电保护安全措施票要求

调试单位负责编写的检验方案，应经本单位技术负责人审批签字，并经设备运行维护单位继电保护技术负责人审核和签发。调试单位负责填写的继电保护安全措施票，应经该单位技术负责人审批签字，并经设备运行维护单位技术员或班长审核并签发。

5.4　不同保护对象组合在同一面柜（屏）

若不同保护对象组合在同一面柜（屏）时，应对运行设备及其端子排采取防护措施，如对运行设备的连接片、端子排用绝缘胶布贴住或用塑料扣板扣住端子。

5.5　用颜色区分安全措施

红色绝缘胶布只作为执行继电保护安全措施票安全措施的标识，未征得工作负责人同意前不应拆除。对于非安全措施票内容的其他电缆头应用其他颜色绝缘胶布包扎。

5.6　安全使用试验电源

在进行试验接线前，应了解试验电源的容量和接线方式。被检验装置和试验仪器不应从运行设备上取试验电源，取试验电源要使用隔离刀闸或空气开关，隔离刀闸应有熔丝并带罩，防止总电源熔丝越级熔断。核实试验电源的电压值符合要求，试验接线应经第二人复查并告知相关作业人员后方可通电。被检验保护装置的直流电源宜取试验直流电源。

5.7　明确电气量检查和外观检查顺序

应按照先检查外观，后检查电气量的原则检验继电保护和电网安全自动装置，进行电气量检查之后不应再拔、插插件。

5.8　防止交、直流混线

进行现场工作时，应防止交流和直流回路混线。继电保护或电网安全自动装置定检后，以及二次回路改造后，应测量交、直流回路之间的绝缘电阻，并做好记录；在合上交流（直流）电源前，应测量负荷侧是否有直流（交流）电位。

5.9　对和电流保护回路作业的要求

对于和电流构成的保护，如变压器差动保护、母线差动保护和3/2接线的线路保护等，若某一断路器或电流互感器作业影响保护的和电流回路，作业前应将电流互感器的二次回路与保护装置断开，防止保护装置侧电流回路短路或电流回路两点接地，同时断开该保护跳此断路器的跳闸连接片。

5.10 在运行的电流互感器二次回路上作业

若在被检验保护装置电流回路后串接有其他运行的保护装置，原则上应停运其他运行的保护装置。如确无法停运，在短接被检验保护装置电流回路前、后，应监测运行的保护装置电流与实际相符。若在被检验保护电流回路前串接其他运行的保护装置，短接被检验保护装置电流回路后，监测到被检验保护装置电流接近于零时，方可断开被检验保护装置电流回路。

5.11 工作期间工作负责人离开现场

工作期间，工作负责人若因故暂时离开工作现场时，应指定能胜任的人员临时代替，离开前应将工作现场交待清楚，并告知工作班成员。原工作负责人返回工作现场时，也应履行同样的交接手续。若工作负责人需要长期离开工作的现场时，应由原工作票签发人变更工作负责人，履行变更手续，并告知全体工作人员及工作许可人。原工作负责人和现工作负责人应做好交接工作。

国家电网公司企业标准

电力系统继电保护及安全自动装置运行评价规程

Evaluation rules of protection equipment and power system stability control devices

Q/GDW 395—2009

目 次

前言……258
1 范围……259
2 规范性引用文件……259
3 术语和定义……259
4 总则……259
5 继电保护评价体系……261
6 继电保护动作记录与评价……263
7 责任单位的评价……265
8 继电保护不正确动作原因及故障环节（或部位）分类……268
9 线路重合不成功原因分类……268
10 保护装置分类……269
11 电力系统一次设备故障统计分类……270
12 继电保护运行评价管理……272
附录A（规范性附录） 评价分析报表……274
编制说明……286

前　言

为加强公司系统继电保护专业管理，提高继电保护运行管理水平，特编制国家电网公司企业标准《电力系统继电保护及安全自动装置运行评价规程》。本标准是在电力行业标准DL/T 623—1997《电力系统继电保护及安全自动装置运行评价规程》基础上编制而成的。

本标准明确了继电保护的运行评价原则，为总结和提高继电保护的运行管理、产品研发和制造以及设计、基建水平提供技术标准和依据。

本标准的附录A为规范性附录。

本标准由国家电力调度通信中心提出并负责解释。

本标准由国家电网公司科技部归口。

本标准主要起草单位：华中电力调度通信中心、中国电力科学研究院、国家电力调度通信中心、四川省电力公司调度中心、西北电力调度通信中心、辽宁电力调度通信中心、山西省电力公司电力调度中心、安徽电力调度通信中心。

本标准主要起草人：柳焕章、李锋、杨军、沈晓凡、舒治淮、马锁明、李天华、粟小华、邱金辉、刘彦梅、曹凯丽。

电力系统继电保护及安全自动装置运行评价规程

1　范围

本标准规定了电力系统继电保护及安全自动装置（简称继电保护）的运行评价方法。

本标准适用于接入电网运行的220kV及以上继电保护的运行评价，110kV及以下继电保护的运行评价可参照执行。

2　规范性引用文件

下列文件中的条款通过本标准的引用而成为本标准的条款。凡是注日期的引用文件，其随后所有的修改单（不包括勘误的内容）或修订版均不适用于本标准，然而，鼓励根据本标准达成协议的各方研究是否可使用这些文件的最新版本。凡是不注日期的引用文件，其最新版本适用于本标准。

GB/T 14285—2006　继电保护和安全自动装置技术规程

3　术语和定义

事件　event

指电力设备的故障或继电保护的不正确动作，是继电保护动作评价的基本单元。

4　总则

4.1　继电保护运行评价体系

4.1.1　继电保护评价按照综合评价、责任部门评价和运行分析评价三个评价体系实施。

4.1.2　综合评价体系针对继电保护动作的实际效果进行评价。继电保护最终的动作行为应满足可靠、快速、灵敏、有选择地切除故障的要求，保障电网安全。

4.1.3　责任部门评价体系针对继电保护全过程管理涉及的各部门、各环节的责任进行评价。

4.1.4　运行分析评价体系针对继电保护运行效果进行评价。侧重分析继电保护缺陷、异常退出等运行情况。

4.2　继电保护运行评价范围

4.2.1　以下继电保护的动作行为纳入运行评价范围：

a）　线路（含电缆）、母线、变压器、发电机、电抗器、断路器、电容器和电动机等的保护装置。

b）　电力系统故障录波及测距装置。

c）　电力系统安全自动装置（简称安自装置）。

4.2.2　继电保护责任范围包括以下设施和环节（现场各专业运行维护职责范围的界定按相应规程、规定等执行）：

a）　继电保护装置本体。包括继电保护装置硬件（装置内部各继电器、元件、端子排及回路）和软件（原理、程序、版本）。

b） 交流电流、电压回路。供继电保护装置使用的自交流电流互感器、电压互感器二次绕组的接线端子或接线柱接至继电保护装置间的全部连线，包括电缆、导线、接线端子、试验部件、电压切换回路等。

c） 开关量输入、输出回路。

d） 继电保护通道。指保护装置至保护与通信专业运行维护分界点。

e） 直流回路。指自直流电源分配屏至断路器汇控柜（箱）间供继电保护用的全部回路。

f） 其他相关设备。

4.3 直流输电系统继电保护的评价

直流输电系统继电保护的动作评价另行规定。

4.4 继电保护动作评价工作的分级管理

继电保护的动作评价按调度管辖范围进行。

省（自治区、直辖市）级及以上调度机构评价所管辖范围内 220kV 及以上系统继电保护，省（自治区、直辖市）级以下调度机构评价所管辖范围内 110kV 及以下系统继电保护。对于主网架为 110kV 的省级电网，其 110kV 系统继电保护由省级调度机构评价。

4.5 继电保护分类

4.5.1 继电保护按保护装置、故障录波及测距装置和安自装置分类评价。

4.5.2 保护装置。

a） 全部保护装置：110kV 及以下系统保护装置、220kV 及以上系统保护装置的总和。

b） 110kV 及以下系统保护装置：接入 110kV 及以下电压的线路（含电缆）、母线、变压器、发电机、电抗器、电容器、电动机、直接接在发电机变压器组的高压厂用变压器的保护装置以及自动重合闸装置。

c） 220kV 及以上系统保护装置：接入 220kV 及以上电压的线路（含电缆）、母线、变压器（不包括厂用变压器）、发电机（含发电机变压器组）、电抗器、电容器、电动机和断路器的保护装置以及自动重合闸装置、远方跳闸装置。

d） 220kV 系统保护装置：接入 220kV 电压的线路（含电缆）、母线、变压器、发电机（含发电机变压器组）、电抗器、电容器和断路器的保护装置及自动重合闸装置、远方跳闸装置。

e） 500（330）kV 系统保护装置：接入 500（330）kV 电压的线路、母线、变压器、发电机（含发电机变压器组）、电抗器、电容器和断路器的保护装置以及自动重合闸装置、远方跳闸装置。

f） 1000（750）kV 系统保护装置：接入 1000（750）kV 电压的线路、母线、变压器、发电机（含发电机变压器组）、电抗器、电容器和断路器的保护装置以及自动重合闸装置、远方跳闸装置。

4.5.3 故障录波及测距装置。指全部故障录波装置和故障测距装置。

4.5.4 安自装置。包括各类解列、切机、切负荷等就地或远方安自装置，按频率（电压）自动减负荷装置、备用电源自动投入装置。安自装置不分电压等级。

5　继电保护评价体系

5.1　综合评价体系

5.1.1　继电保护正确动作率

5.1.1.1　继电保护正确动作率是指继电保护正确动作次数与继电保护总动作次数的百分比。继电保护正确动作率按事件评价继电保护的动作后果。继电保护正确动作率的计算方法见式（1）：

$$\text{继电保护正确动作率}=\frac{\text{继电保护正确动作次数}}{\text{继电保护总动作次数}}\times 100\% \tag{1}$$

继电保护总动作次数包括继电保护正确动作次数、误动次数和拒动次数。

5.1.1.2　评价继电保护正确动作率时，继电保护的动作次数按事件评价：

a）单次故障认定为 1 个事件；

b）线路故障及重合闸过程（包括重合于永久性故障）认定为 1 个事件；

c）对安全自动装置，1 次电网事故无论故障形态简单或复杂均认定为 1 个事件；

d）系统无故障，继电保护发生不正确动作，认定为 1 个事件。

5.1.1.3　一般 1 个事件 1 台继电保护装置只评价动作 1 次。对 1 个事件，1 台继电保护装置正确动作，评价继电保护正确动作 1 次；1 台继电保护装置拒动，评价继电保护拒动 1 次；继电保护装置误动（含无故障继电保护装置动作），评价继电保护误动 1 次；若在事件过程中主保护应动而未动，由后备保护动作切除故障，则主保护应评价不正确动作（拒动）1 次，后备保护评价正确动作 1 次。

5.1.1.4　对于线路故障，1 个事件可分为故障切除、重合闸重合以及重合于永久性故障再切除 3 个过程，每个过程对相关保护装置的动作行为分别进行评价。

5.1.1.5　双重化配置的 2 台继电保护分别评价。

5.1.2　故障快速切除率

故障快速切除率是指电力系统中的线路、母线、变压器、发电机、电抗器等设备发生故障时，由该设备的主保护切除故障的比例。故障快速切除率的计算见式（2）：

$$\text{故障快速切除率}=\frac{\text{主保护动作快速切除故障次数}}{\text{总故障次数}}\times 100\% \tag{2}$$

5.1.3　线路重合成功率

线路的重合成功率是评价线路重合闸及断路器的联合运行符合预定功能和恢复线路输送负荷能力的指标。线路重合成功率的计算见式（3）：

$$\text{线路重合成功率}=\frac{\text{线路重合成功次数}}{\text{线路应重合次数}}\times 100\% \tag{3}$$

线路应重合次数指线路跳闸后应该重合的次数。

5.1.4　继电保护直接责任导致的重大、特大电网事故次数

由于继电保护直接责任导致的重大、特大电网事故动作次数。

5.2　责任部门评价体系

责任部门评价体系统计评价继电保护全过程管理涉及的制造、设计、基建、维护检修、调度运行、值班运行及其他专业部门责任造成的继电保护不正确动作。

不正确动作次数按责任部门分别统计。

责任部门不正确动作率的计算见式（4）：

$$责任部门不正确动作率=\frac{各责任部门不正确动作次数}{总不正确动作次数}\times 100\% \tag{4}$$

5.3 运行分析评价体系

5.3.1 继电保护百台不正确动作次数

继电保护百台不正确动作次数的计算见式（5）：

$$继电保护百台不正确动作次数=\frac{统计周期中继电保护不正确动作次数}{统计周期中继电保护总台数}\times 100 \tag{5}$$

继电保护百台不正确动作次数的单位为次/（百台·统计周期）。

统计周期内继电保护总台数按统计周期末在运继电保护台数计算。

5.3.2 主保护投运率

主保护投运率的统计范围包括线路纵联保护、变压器差动保护、母线差动保护和高压电抗器差动保护。

主保护投运率是指主保护投入电网处于运行状态的时间与评价周期时间的百分比。主保护投运率的计算见式（6）：

$$主保护投运率=\left(1-\frac{主保护停运时间}{主保护应投运时间}\right)\times 100\% \tag{6}$$

主保护应投运时间和主保护停运时间单位为h。

主保护停运时间是指主保护退出运行的时间（因计划性检修而退出运行的时间除外），评价周期时间为年初至评价截止日的小时数。

5.3.3 继电保护故障率

继电保护故障率是指继电保护由于装置硬件损坏和软件错误等原因造成继电保护故障次数与继电保护总台数之比。继电保护故障率的计算见式（7）：

$$继电保护故障率=\frac{评价周期中继电保护故障次数}{评价周期中继电保护总台数}\times 100\% \tag{7}$$

继电保护故障率单位为次/（百台·评价周期）。

继电保护故障次数的计算方法：凡由于继电保护元器件损坏、工艺质量和软件问题、绝缘损坏、抗干扰性能差等造成继电保护异常退出运行的，均评价为继电保护故障1次。

5.3.4 继电保护故障停运率

继电保护故障停运率是指为处理继电保护缺陷或故障而退出运行的时间与继电保护应投运时间之百分比。继电保护故障停运率的计算见式（8）：

$$继电保护故障停运率=\frac{继电保护处理缺陷或故障而退出运行时间}{继电保护应投运时间}\times 100\% \tag{8}$$

继电保护应投运时间指评价周期时间内扣除因计划性检修而停运的时间，评价周期时间单位为台·小时。

5.4 录波完好率及故障测距动作良好率

故障录波装置的录波完好率是指故障录波装置在系统异常工况及故障情况下录波完好次数与故障录波装置应录波次数之百分比。录波完好率的计算见式（9）：

$$录波完好率=\frac{故障录波装置录波完好次数}{故障录波装置应评价次数}\times 100\% \quad (9)$$

保护装置内置的故障录波功能不在评价范围之内。

故障测距装置的动作良好率是指故障测距装置在线路发生故障情况下启动测距并能够得到有效故障点位置的次数与故障测距装置应启动测距次数之百分比。故障测距动作良好率的计算见式（10）：

$$故障测距动作良好率=\frac{故障测距装置动作良好次数}{故障测距装置应评价次数}\times 100\% \quad (10)$$

5.5　安自装置的评价

安自装置的评价重在描述其事件、装置的动作过程和所起的作用。根据安自装置动作情况是否符合预定功能和动作要求，评价为正确动作、拒动或误动。

安自装置的评价可参照保护装置的评价方法，并进一步制订符合安自装置特点的评价方法。

6　继电保护动作记录与评价

6.1　动作评价原则

6.1.1　凡接入电网运行的继电保护的动作行为都应进行记录与评价。

6.1.2　继电保护在运行中，其动作行为应满足 GB/T 14285—2006 中 4.1.2 的要求。

6.1.3　继电保护的动作评价按照继电保护动作结果界定“正确动作”与“不正确动作”，其中“不正确动作”包括“误动”和“拒动”。每次故障以后，继电保护的动作是否正确，应参照继电保护动作信号（或信息记录）及故障录波图，对故障过程综合分析给予评价。

6.1.4　继电保护的动作按 5.1～5.3 三个评价体系进行分析评价。

6.1.5　线路纵联保护按两侧分别进行评价。

6.1.6　远方跳闸装置按两侧分别进行评价。

6.1.7　变压器纵差、重瓦斯保护及各侧后备保护按高压侧归类评价。

6.1.8　发电机变压器组单元的继电保护按发电机保护评价。

6.1.9　错误地投、停继电保护造成的继电保护不正确动作应进行分析评价。

6.1.10　继电保护的动作虽不完全符合消除电力系统故障或改善异常运行情况的要求，但由于某些特殊原因，事先列有方案，经总工程师批准，并报上级主管部门备案，认为此情况是允许的，视具体情况做具体分析，但造成电网重大事故者仍应进行评价。

6.2　继电保护“正确动作”的评价方法

6.2.1　被保护设备发生故障或异常时，符合系统运行和继电保护设计要求的继电保护装置正常动作，应评价为“正确动作”。

6.2.2　在电力系统故障（接地、短路或断线）或异常运行（过负荷、振荡、低频率、低电压、发电机失磁等）时，继电保护的动作能有效地消除故障或使异常运行情况得以改善，应评价为“正确动作”。

6.2.3　双母线接线母线故障，母差保护动作，利用线路纵联保护促使其对侧断路器跳闸，消除故障，母差保护和线路两侧纵联保护应分别评价为“正确动作”。

6.2.4　双母线接线母线故障，母差保护动作，由于母联断路器拒跳，由母联失灵保护消除母线故障，母差保护和母联失灵保护应分别评价为“正确动作”。

6.2.5 双母线接线母线故障，母差保护动作，断路器拒跳，利用变压器保护跳各侧，消除故障，母差保护和变压器保护应分别评价为“正确动作”。

6.2.6 继电保护正确动作，断路器拒跳，继电保护应评价为“正确动作”。

6.3 继电保护“不正确动作”的评价方法

6.3.1 被保护设备发生故障或异常，继电保护应动而未动（拒动），以及被保护设备无故障或异常情况下的继电保护动作（误动），应评价为“不正确动作”。

6.3.2 在电力系统发生故障或异常运行时，继电保护应动而未动作，应评价为“不正确动作（拒动）”。

6.3.3 在电力系统发生故障或异常运行时，继电保护不应动而误动作，应评价为“不正确动作（误动）”。

6.3.4 在电力系统正常运行情况下，继电保护误动作跳闸，应评价为“不正确动作（误动）”。

6.3.5 线路纵联保护的不正确动作若是因一侧设备的不正确状态引起的，引起不正确动作的一侧应评价为“不正确动作”，另一侧不再评价；若两侧设备均有问题，则两侧应分别评价为“不正确动作”。

6.3.6 不同的保护装置因同一原因造成不正确动作，应分别评价为“不正确动作”。

6.3.7 同一保护装置因同一原因在24h内发生多次不正确动作，按1次“不正确动作”评价，超过24h的不正确动作，应分别评价。

6.4 特殊情况的评价

如遇下列情况，继电保护的动作可不计入动作总次数中，但仍应对其动作行为进行评价：

a） 厂家新开发挂网试运行的继电保护，在投入跳闸试运行期间（不超过半年），因设计原理、制造质量等非运行部门责任原因而发生不正确动作，事前经过主管部门的同意；

b） 因系统调试需要设置的临时保护，调试中临时保护的动作行为。

6.5 线路重合闸的动作评价

6.5.1 重合闸装置的动作情况单独进行评价，其动作次数计入保护装置的动作总次数中。重合闸装置动作行为的评价与保护装置评价原则一致。

6.5.2 下列情况重合闸的动作行为不予评价：

a） 由于继电保护选相不正确致重合闸未动作，该继电保护的动作评价为“不正确动作”，重合闸不予评价；

b） 连续性故障使重合闸充电不满未动作，则重合闸不予评价。

6.5.3 线路重合成功次数按下述方法计算：

a） 单侧投重合闸的线路，若单侧重合成功，则线路重合成功次数为1次；

b） 两侧（或多侧）投重合闸线路，若两侧（或多侧）均重合成功，则线路重合成功次数为1次；若一侧拒合（或重合不成功），则线路重合成功次数为0次；

c） 重合闸停用以及因为系统要求或继电保护设计要求不允许重合的均不列入线路重合成功率统计。

6.6 故障录波及测距装置的评价

6.6.1 对与故障元件直接连接的故障录波装置和接入故障线路的测距装置必须进行评价。

6.6.2 故障录波所记录时间与故障时间吻合、数据准确、波形清晰完整、标记正确、开关量清楚、与故障过程相符时，应评价为“录波完好”。完好的录波可作为故障分析的依据。

6.6.3 线路故障时，测距装置能自动或手动得到有效的故障点位置，应评价为“动作良好”。

6.6.4 故障录波装置录波不完好、故障测距装置得不到测距结果，必须说明原因及状况。

6.6.5 故障录波及测距装置的动作次数单独计算，不计入保护装置动作的总次数中。

6.7 安自装置的统计评价

6.7.1 安自装置的动作应根据是否符合电网安全稳定运行所提的要求进行评价。

6.7.2 评价安自装置时，按事件评价，1 个事件 1 台安自装置只评价 1 次。如发生系统故障时，无论故障形态简单或复杂，均计算为 1 个事件。双重化配置的 2 台安自装置分别评价。

6.7.3 安自装置按台评价动作次数，不计入保护装置动作的总次数中。

7 责任单位的评价

7.1 制造部门

制造部门责任的不正确动作包括以下原因：

a） 制造质量不良。指运行部门在调试、维护过程中无法发现或处理的继电保护元件质量问题（如中间继电器线圈断线、元器件损坏、时间继电器机构不灵活、虚焊、插件质量不良以及装配不良等）。

b） 装置硬件设计不当。

c） 图纸资料不全、不准确。指由于制造部门未能及时向运行部门交付继电保护的图纸和资料或所交付的图纸和资料不完整、不准确。

d） 软件原理问题。

e） 未执行“反措”规定。

f） 其他。

7.2 设计部门

设计部门责任的不正确动作包括以下原因：

a） 回路设计不合理。如存在寄生回路、元件参数选择不当等。

b） 未执行“反措”规定。

c） 设计图纸不标准、不规范，图纸不全、不正确。

d） 其他。

7.3 基建部门

基建部门责任的不正确动作包括以下原因：

a） 误碰。指误碰、误接运行的继电保护设备、回路，误试验等直接造成的误动作。

b） 误接线。指设备投产后运行部门在设备验收时无法发现的接线错误。

c） 图纸、资料移交不全。

d） 安装调试不良。设备投产 1 年内，安装调试质量不良。

e） 参数不准。指没有实测参数或实测参数不准。

f） 其他。

7.4 维护检修部门

维护检修部门责任的不正确动作包括以下原因：

a） 误碰。其中包括：

1） 误碰、误接运行的保护设备、回路；

2） 误将交流试验电源通入运行的继电保护装置；

3） 继电保护在没有断开跳闸线（连接片）的情况下作业。

b） 误接线。其中包括：

1） 没有按拟定的接线方式接线（如没有按图纸接线，拆线后没有恢复或图纸有明显的错误等）；

2） 电流或电压回路相别、极性接错；

3） 未恢复断开的电流互感器回路、电压互感器回路、直流回路的连线和连接片；

4） 直流回路接线错误。

c） 误整定。其中包括：

1） 未按电力系统运行方式的要求执行整定值；

2） 整定值设置错误。

d） 调试质量不良。其中包括：

1） 调试质量没有达到装置应有的技术性能要求；

2） 继电器机械部分调试质量不良；

3） 电流互感器饱和特性不良，变比错误；

4） 现场交代错误；

5） 继电保护屏上电压互感器回路、电流互感器回路、直流回路接线、端子、插头接触不良；

6） 检验项目不全。

e） 检修维护不良。指没有及时发现和处理继电保护存在的缺陷，应发现并应及时解决却没有及时去做（如绝缘老化、接地等）所引起的继电保护不正确动作：

1） 继电保护运行规定错误；

2） 软件版本使用错误；

3） 超过检验周期；

4） 端子箱端子接线不良；

5） 电缆芯断线和绝缘不良；

6） 继电保护用通道衰耗不符合要求；

7） 气体继电器进水、渗油。

f） 未执行“反措”规定。

g） 其他。

7.5 调度运行部门

调度运行部门责任的不正确动作包括以下原因：

a） 整定计算错误。其中包括：

1） 使用参数错误；

2） 继电保护定值计算错误；

3）电力系统的运行方式改变后，未对继电保护定值进行调整。

b）调度人员未按继电保护运行规程规定，误发投、停保护的命令。

c）未执行“反措”规定。

7.6　值班运行部门

值班运行部门责任的不正确动作包括以下原因：

a）误碰（如清扫不慎、用力过猛等）。

b）误操作。包括：

1）未按规定投、停继电保护；

2）继电保护投错位置；

3）误变更整定值；

4）误切换、误投连接片。

c）运行维护不良。其中包括：

1）直流电源及其回路维护不良（电压过高、过低，波纹系数超标，熔断器使用不当）；

2）熔断器或连接片接触不良；

3）未按运行规程处理继电保护异常。

7.7　其他专业、部门

其他专业、部门包括试验部门、通信部门、生技部门、领导人员以及其他非保护专业部门。其他专业、部门责任的不正确动作包括以下原因：

a）直流电源、电压互感器、电流互感器、耦合电容器等检修不良；

b）交直流混接；

c）直流接地；

d）隔离开关、断路器辅助触点等接触不良，断路器压力接点调整不当；

e）变压器油管堵塞，未经运行值班人员同意在变压器（包括备用变压器）上工作，引起气体继电器误动跳闸；

f）电缆、端子箱、气体继电器等维护不良，防水、防油措施不当；

g）通信通道（光纤、微波、载波）不良，高频频率分配不当等引起继电保护不正确动作；

h）非保护专业人员（高压、仪表、远动、计算机等专业人员）在电压、电流互感器回路中作业，实测参数不正确等引起继电保护不正确动作；

i）继电保护超期服役而对装置功能、性能能否满足电网安全稳定要求未做研究、未制订更新改造计划等引起继电保护不正确动作；

j）有关领导人员错误决定或未认真履行领导责任造成继电保护不正确动作。

7.8　自然灾害

自然灾害引起的保护装置不正确动作包括由于地震、火灾、水灾、冰灾等天灾及外力破坏引起的保护装置不正确动作。

7.9　原因不明

当继电保护发生不正确动作后，必须对不正确动作的继电保护进行调查、试验、分析，以确定发生不正确动作的原因和责任部门，若经过调查、试验、分析仍不能确定不正确动作的原因，则需写出调查报告，经本单位总工程师同意，并报上级主管部门认可，才能定为“原因不明”。

8 继电保护不正确动作原因及故障环节（或部位）分类

继电保护不正确动作原因及故障环节（或部位）包括：

a） 误碰。
b） 误操作。
c） 误整定。
d） 误接线。
e） 调试不良。
f） 保护装置制造质量不良。
g） 原理缺陷。
h） 软件问题。
i） 未执行“反措”规定。
j） 干扰影响。
k） 绝缘老化、设备陈旧。
l） 外力破坏。
m）供继电保护使用的交流电流互感器、电压互感器的二次绕组故障。
n） 交流电流、电压回路（自互感器二次绕组的端子排接至保护装置间的全部连线，包括电缆、导线、接线端子、试验部件、电压切换回路等）故障。
o） 直流回路故障。
p） 纵联保护通道问题。指保护装置用光纤、载波、微波、导引线等通道故障。
q） 纵联保护通道加工设备问题。
r） 纵联保护通信接口问题。
s） 原因不明。
t） 其他。

9 线路重合不成功原因分类

线路重合不成功原因包括：

a） 永久故障。指重合于永久性故障跳三相。
b）断路器合闸不成功。包括：
  1） 合闸回路断线；
  2） 断路器拒合；
  3） 防跳继电器失灵多次重合；
  4）回路设计或接线错误。
c） 重合闸未动作。包括：
  1） 重合闸装置故障；
  2） 单重方式，单相故障误跳三相不重合。
d）检同期失败（三相重合闸）。包括：

1）启动重合闸的保护拒动；

2）重合闸充电不满未重合。

e）其他。

10　保护装置分类

保护装置按被保护设备分为线路保护、母线保护、变压器保护、发电机（发电机变压器组）保护、并联电抗器保护、电容器保护、断路器保护、短引线保护、其他设备保护；按保护功能分为主保护、后备保护、辅助保护、异常运行保护、其他保护以及安自装置。

10.1　线路保护

线路保护包括：

a）线路主保护。包括全线速动保护以及不带时限的线路Ⅰ段保护。

b）线路后备保护。包括接地距离保护、相间距离保护、相电流保护、零序电流保护。

c）其他保护。

10.2　母线保护

母线保护包括：

a）母线主保护。包括差动保护。

b）集中配置的失灵保护。

c）其他保护。

10.3　变压器保护

变压器保护包括：

a）变压器主保护。包括差动保护、重瓦斯保护等。

b）变压器后备保护。包括阻抗保护、相电流保护、零序电流保护、间隙接地保护。

c）变压器异常保护。包括过负荷保护、过励磁保护、过电压保护。

d）其他保护。

10.4　发电机（发电机变压器组）保护

发电机保护包括：

a）发电机主保护。包括纵差保护、不完全纵差保护、裂相横差保护、横差保护、定子接地保护、匝间保护以及发变组纵差保护。

b）发电机后备保护。包括相电流保护、负序电流保护。

c）发电机辅助保护。包括断口闪络保护、误上电保护、启停机保护。

d）发电机异常保护。包括过负荷保护、过电压保护、过励磁保护、频率保护、失磁保护、失步保护、逆功率保护、转子接地保护。

e）其他保护。

10.5　并联电抗器保护

并联电抗器保护包括：

a）并联电抗器主保护。包括差动保护、重瓦斯保护、匝间保护。

b）并联电抗器后备保护。包括相电流保护、零序电流保护。

10.6　断路器保护

断路器保护包括：

a） 失灵保护。

b） 充电保护、死区保护、非全相保护。

c） 其他保护。

10.7　电容器保护

电容器保护包括：

a）电容器主保护。包括电流速断保护、限时电流速断保护、过电流保护。

b）电容器后备保护。包括过电压保护、低电压保护。

10.8　重合闸

重合闸包括：

a） 单相重合闸。

b） 三相重合闸。

c） 综合重合闸。

10.9　短引线保护

短引线保护装置。

10.10　过电压及远方跳闸保护

过电压及远方跳闸保护装置。

10.11　电动机保护

电动机保护装置。

10.12　故障录波及测距装置

故障录波及测距装置包括：

a） 故障录波装置。

b） 故障测距装置。

10.13　安自装置

安自装置包括：

a） 解列装置。包括振荡解列、低压解列、过负荷解列、低频解列、功角超值解列装置。

b）就地安自装置。包括就地切机、就地切负荷装置。

c） 远方安自装置。包括远方切机、远方切负荷、综合稳定装置。

d） 减负荷装置。包括低频减载、低压减载、过负荷减载装置。

e） 备用电源自动投入装置。

10.14　其他设备保护

其他设备保护指其他未列入上述各种保护装置、故障录波及测距装置和安自装置的继电保护装置。

11　电力系统一次设备故障统计分类

11.1　线路故障包括：

a） 单相接地（含高阻接地）。

b） 两相短路接地。

c） 两相短路。

d） 三相短路。

e） 断线及接地。

f） 发展性故障。包括转换性故障、两点或多点接地。

g） 同杆并架多回线跨线故障。包括同名相短路接地、异名相短路接地、三相短路接地。

11.2 母线故障包括：

a） 单相接地。

b） 两相短路接地。

c） 两相短路。

d） 三相短路。

e） 发展性故障。

f） 多条母线同时故障。

11.3 变压器故障包括：

a） 相间接地故障。

b） 匝间故障。

c） 套管故障。

d） 分接开关故障。

e） 非变压器本体故障。指差动保护范围内的断路器、电流互感器、电压互感器、隔离开关、外部引线等的单相接地、两相短路接地、两相短路、三相短路等故障。

11.4 高压电抗器故障包括：

a） 铁芯故障。

b） 相间接地故障。

c） 匝间故障。

d） 套管故障。

e） 非电抗器本体故障。指差动保护范围内的电流互感器、隔离开关、外部引线等的单相接地、两相短路接地、两相短路、三相短路等故障。

11.5 发电机故障包括：

a） 相间故障。

b） 定子匝间短路。

c） 铁芯故障。

d） 内部引线故障。

e） 定子绕组开路。

f） 定子接地。

g） 转子接地。

h） 异常故障。指发电机发生失磁、过电压、过励磁、过负荷、失步、频率变化等事故中的任何一种造成保护装置动作跳闸的故障。

i） 非发电机本体故障。指差动保护范围内、发电机变压器组差动保护范围内的断路器、电流互感器、电压互感器、隔离开关、外部引线（封闭母线）等的单相接地、两相接地、两相短路、三相短路等故障。

11.6 电容器故障包括：

a） 电容器损坏。

b） 电容间连线放电或接触不良。

c） 外力或外物引起短路。

12 继电保护运行评价管理

12.1 继电保护的动作分析和运行评价的分级管理

12.1.1 各发电厂、供电企业应对所管辖的全部继电保护运行情况进行综合分析评价。

12.1.2 网、省（自治区、直辖市）电力公司对直接调度管辖范围内 220kV 及以上系统继电保护进行具体分析评价，对本网 110kV 及以下系统继电保护运行情况只进行综合评价。

12.1.3 国家电力调度通信中心（简称国调中心）对直接调度范围内继电保护运行情况进行具体分析评价，并会同中国电力科学研究院（简称电科院）在各网、省（自治区、直辖市）电力公司分析评价的基础上，综合有关的评价数据，以 220kV 及以上系统为重点进行公司系统继电保护分析评价。

12.2 对继电保护动作情况的统计分析和评价实施

各级继电保护专业管理部门应对其所管辖的继电保护的运行及动作情况，按附录 A 中表 A.1 和表 A.2 的内容认真地进行动作分析和评价，要求对每一次动作都应写明时间、地点、保护型号、继电保护发生不正确动作时的不正确动作原因（必要时画图说明）、责任单位、投运日期及责任分析。

12.3 对编制继电保护运行情况月、半年、年分析评价工作的要求

12.3.1 发电厂、供电企业继电保护专业部门应每月将本单位的继电保护运行情况及情况简述经认真分析评价，于下月第 3 个工作日前，按附录 A 中表 A.1～表 A.19 汇总上报网、省（自治区、直辖市）电力公司继电保护专业管理部门。

12.3.2 网、省（自治区、直辖市）电力公司继电保护专业管理部门对 220kV 及以上系统继电保护运行情况应进行认真分析评价，每月做数据汇总简报，于下月第 5 个工作日前报送国调中心，半年做一次分析报告，上半年分析报告于 8 月中旬以前报送国调中心并抄送电科院，下半年分析报告与年报合并。

12.4 对继电保护运行情况年报的要求

12.4.1 每年 1 月 15 日前，发电厂、供电企业继电保护专业部门将上年度的继电保护运行情况报网、省（自治区、直辖市）电力公司继电保护专业管理部门。

12.4.2 每年 1 月 20 日前，省（自治区、直辖市）电力公司继电保护专业管理部门将上年度的继电保护运行情况以统计程序形成的格式文件报送网公司继电保护专业管理部门。

12.4.3 每年 1 月 25 日前，各网公司的继电保护专业管理部门将上年度的继电保护运行情况（含所管辖省、自治区、直辖市公司）以统计程序形成的格式文件报送电科院。

12.4.4 每年 2 月 28 日前，各网、省（自治区、直辖市）继电保护专业管理部门将上年度继电保护运行情况总结报送国调中心，抄送电科院，同时各省（自治区、直辖市）公司还应将总结报送网公司。

12.4.5 年报的内容及要求如下：

a） 按 12.2 的要求填写全年运行中的继电保护不正确动作情况；

b）　电子表格应与报告中的评价数据一致，如有变动应在 3 月 15 日前通知电科院；

c）　继电保护统计评价常用的表格格式见附录 A 中表 A.1～表 A.19。

12.5　重大事故及时上报

因继电保护问题引起或扩大的电力系统重大事故，网、省（自治区、直辖市）电力公司应及时将继电保护事故分析报告报送国调中心。

附 录 A
（规范性附录）
评 价 分 析 报 表

A.1 继电保护和安全自动装置动作记录月报表见表 A.1。

表 A.1 继电保护和安全自动装置动作记录月报表
（基层单位月报表）

报表单位： 月份： 填报日期： 年 月 日

编号	时间	保护安装地点	电压等级	故障及保护动作情况简述	被保护设备名称	保护型号	生产厂家	保护版本号	通道类型	装置动作评价	不正确动作责任分析	责任部门

填表人： 审校： 总工程师：

A.2 继电保护装置故障及退出运行情况月报表见表 A.2。

表 A.2 继电保护装置故障及退出运行情况月报表
（基层单位报表）

报表单位： 月份： 填报日期： 年 月 日

编号	保护型号	保护名称	制造厂家	装置故障或异常退出运行情况		
				故障或异常次数	退出运行时间 h	故障或异常原因
注：纵联保护因对侧原因而停运也包括在退出运行时间内。						

填表人： 审校： 总工程师：

A.3 220kV 及以上系统快速切除故障率分析表见表 A.3。

表 A.3 220kV 及以上系统快速切除故障率分析表

报表单位： 统计时间： 年 月 日

单位	线路			发电机、变压器、电抗器			母线			合计		
	故障次数	快速切除故障次数	快速切除率%	故障次数	快速切除故障次数	快速切除率%	故障次数	快速切除故障次数	快速切除率%	故障总次数	快速切除故障次数	快速切除率%
总计												

A.4 220kV 及以上线路重合成功率分析表见表 A.4。

表 A.4 220kV 及以上线路重合成功率分析表

报表单位： 统计时间： 年 月 日

项目	220kV 系统				500kV（330kV）系统				1000kV（750kV）系统				小计
	单重	三重	综重	其他	单重	三重	综重	其他	单重	三重	综重	其他	
装有重合闸线路故障次数													
装有重合闸线路越级跳闸次数													
装有重合闸线路误断开次数													
线路应重合总次数													
线路重合成功次数													
线路重合不成功次数													
线路重合成功率%													
重合不成功原因													

A.5 220kV 及以上系统各类设备继电保护运行情况汇总表见表 A.5。

表 A.5 220kV 及以上系统各类设备继电保护运行情况汇总表

报表单位： 统计时间： 年 月 日

单位	线路保护			母线保护			变压器保护			发电机保护			电抗器保护			断路器保护			短引线保护			过电压及远方跳闸装置			其他保护			合计		
	动作次数	不正确次数	正确率%	动作次数	不正确次数	正确率%	动作次数	不正确次数	正确率%	动作次数	不正确次数	正确率%	动作次数	不正确次数	正确率%	动作次数	不正确次数	正确率%	动作次数	不正确次数	正确率%	动作次数	不正确次数	正确率%	动作次数	不正确次数	正确率%	动作次数	不正确次数	正确率%
总计																														

A.6 220kV 及以上系统线路、断路器、过电压及远方跳闸保护及短引线保护不正确动作分析表见表 A.6。

表 A.6 220kV 及以上系统线路、断路器、过电压及远方跳闸保护及短引线保护不正确动作分析表

报表单位： 统计时间： 年 月 日

项目		线路保护									重合闸				断路器保护	短引线保护	过电压及远方跳闸保护	合计
		主保护						后备保护	其他保护	小计	单相重合闸	三相重合闸	综合重合闸	小计				
		载波通道	微波通道	光纤通道	纵联小计	横差保护	I 段保护											
不正确动作次数	误动																	
	拒动																	
不正确动作原因																		

A.7 220kV 及以上系统变压器保护不正确动作分析表见表 A.7。

表 A.7 220kV 及以上系统变压器保护不正确动作分析表

报表单位： 统计时间： 年 月 日

项目		主保护		后备保护				异常保护			其他保护	合计
		差动保护	重瓦斯保护	阻抗保护	相电流保护	零序电流保护	间隙接地保护	过负荷保护	过励磁保护	过电压保护		
不正确动作次数	误动											
	拒动											

表 A.7（续）

项目		主保护		后备保护				异常保护			其他保护	合计
		差动保护	重瓦斯保护	阻抗保护	相电流保护	零序电流保护	间隙接地保护	过负荷保护	过励磁保护	过电压保护		
不正确动作原因												

A.8 220kV 及以上系统发电机保护不正确动作分析表见表 A.8。

表 A.8 220kV 及以上系统发电机保护不正确动作分析表

报表单位： 统计时间： 年 月 日

项目		主保护							后备保护		辅助保护			异常保护								其他保护	合计
		纵差保护	不完全纵差	裂相横差	横差保护	定子接地保护	匝间保护	发变组纵差	相电流保护	负序电流保护	断口闪络保护	误上电保护	启停机保护	过负荷保护	过电压保护	过励磁保护	频率保护	失磁保护	失步保护	逆功率保护	转子接地保护		
不正确动作次数	误动																						
	拒动																						
不正确动作原因																							

A.9 220kV 及以上系统母线、并联电抗器保护不正确动作分析表见表 A.9。

表 A.9　220kV 及以上系统母线、并联电抗器保护不正确动作分析表

报表单位：　　　　　　　　　　　　　　　　　　　　统计时间：　　年　月　日

项目		母线保护				并联电抗器保护						其他设备			
		差动保护	集中失灵保护	其他保护	小计	差动保护	重瓦斯保护	匝间保护	相电流保护	零序电流保护	小计	电容器保护	电动机保护	其他保护	小计
不正确动作次数	误动														
	拒动														
不正确动作原因															

A.10　继电保护不正确动作责任分析表见表 A.10。

表 A.10　继电保护不正确动作责任分析表

报表单位：　　　　　　　　　　　　　　　　　　　　统计时间：　　年　月　日

项目		220kV 及以上系统	220kV 系统	500kV（330kV）系统	1000kV（750kV）系统
不正确动作次数	误动				
	拒动				
制造部门	制造质量不良				
	硬件设计不当				
	图纸资料不全、不准确				
	软件原理问题				
	未执行“反措”规定				
	其他				
设计部门	回路接线设计不合理				
	未执行“反措”规定				
	设计图纸不标准、不规范				
	其他				
基建部门	误碰				
	误接线				
	图纸、资料移交不全				
	安装调试不良				
	参数不准				
	其他				

表 A.10（续）

项　　目		220kV 及以上系统	220kV 系统	500kV（330kV）系统	1000kV（750kV）系统
维护检修部门	误碰				
	误接线				
	误整定				
	调试质量不良				
	检修维护不良				
	未执行“反措”规定				
	其他				
调度运行部门	整定计算错误				
	未执行“反措”规定				
	未按规定投、停保护				
值班运行部门	误碰				
	误操作				
	运行维护不良				
其他专业部门	试验部门责任				
	通信部门责任				
	生计部门责任				
	领导人员责任				
	其他非保护专业部门责任				
自然灾害					
原因不明					

A.11　制造部门责任造成继电保护不正确动作汇总表见表 A.11。

表 A.11　制造部门责任造成继电保护不正确动作汇总表

报表单位：　　　　　　　　　　　　　　　　　　　　　　统计时间：　　年　月　日

制造厂家	不正确动作次数		占制造部门不正确动作总次数的比例 %
	误动	拒动	

A.12　220kV 及以上系统继电保护故障率汇总表见表 A.12。

表 A.12　220kV 及以上系统继电保护故障率汇总表

报表单位：　　　　　　　　　　　　　　　　　　　　　　统计时间：　年　月　日

保护型号	生产厂家	线路保护			母线保护			变压器保护			发电机保护			电抗器保护			断路器保护			短引线保护			过电压及远方跳闸装置			其他保护		
		总台数	故障次数	故障率%	总台数	故障次数	故障率%	总台数	故障次数	故障率%	总台数	故障次数	故障率%	总台数	故障次数	故障率%	总台数	故障次数	故障率%	总台数	故障次数	故障率%	总台数	故障次数	故障率%	总台数	故障次数	故障率%

A.13　220kV 及以上系统继电保护投运率汇总表见表 A.13。

表 A.13　220kV 及以上系统继电保护投运率汇总表

报表单位：　　　　　　　　　　　　　　　　　　　　　　统计时间：　年　月　日

单位	线路保护			母线保护			变压器保护			发电机保护			电抗器保护			断路器保护			短引线保护			过电压及远方跳闸装置			其他保护		
	总台数	装置异常退出时间	装置投运率%	总台数	装置异常退出时间	装置投运率%	总台数	装置异常退出时间	装置投运率%	总台数	装置异常退出时间	装置投运率%	总台数	装置异常退出时间	装置投运率%	总台数	装置异常退出时间	装置投运率%	总台数	装置异常退出时间	装置投运率%	总台数	装置异常退出时间	装置投运率%	总台数	装置异常退出时间	装置投运率%
总计																											

A.14　220kV 及以上系统一次设备故障率汇总表见表 A.14。

表 A.14　220kV 及以上系统一次设备故障率汇总表

报表单位：　　　　　　　　　　　　　　　　　　　　统计时间：　　年　月　日

设　备	故障率有关数据	220kV	500kV（330kV）	1000kV（750kV）
线路	线路条数			
	线路总长度 km			
	故障次数			
	故障率 次/（百公里·年）			
母线	母线条数			
	故障母线条数			
	故障次数			
	故障率 次/（百条·年）			
变压器	变压器总台数			
	故障变压器台数			
	故障次数			
	故障率 次/（百台·年）			
高压 电抗器	高压电抗器总台数			
	故障电抗器台数			
	故障次数			
	故障率 次/（百台·年）			
发电机	发电机总台数			
	故障发电机台数			
	故障次数			
	故障率 次/（百台·年）			
电容器	电容器总台数			
	故障电容器台数			
	故障次数			
	故障率 次/（百台·年）			

A.15　220kV 及以上系统一次设备故障类型汇总表见表 A.15。

表 A.15　220kV 及以上系统一次设备故障类型汇总表

报表单位：　　　　　　　　　　　　　　　　　　统计时间：　　年　月　日

设　备	故　障　类　型	220kV	500kV（330kV）	1000kV（750kV）
线　路	单相接地（含高阻接地）			
	两相短路接地			
	两相短路			
	三相短路			
	断线及接地			
	发展性故障 （包括转换性故障、两点或多点接地）			
	同杆并架双回线跨线故障			
母　线	单相接地			
	两相短路接地			
	两相短路			
	三相短路			
	发展性故障			
	多条母线同时故障			
变压器	相间接地故障			
	匝间故障			
	套管故障			
	分接开关故障			
	非变压器本体故障			
高压电抗器	铁芯故障			
	相间接地故障			
	匝间故障			
	套管故障			
	非电抗器本体故障			
发电机	相间故障			
	定子匝间短路			
	铁芯故障			
	内部引线故障			
	定子绕组开路			
	定子接地			
	转子接地			
	异常故障			
	非发电机本体故障			

表 A.15（续）

设 备	故 障 类 型	220kV	500kV（330kV）	1000kV（750kV）
电容器	电容器损坏			
	电容间连线放电或接触不良			
	外力或外物引起短路			

A.16　220kV 及以上系统继电保护运行分析评价汇总表见表 A.16。

表 A.16　220kV 及以上系统继电保护运行分析评价汇总表

报表单位：　　　　　　　　　　　　　　　　　　　　　　　　统计时间：　　年　月　日

单位	220kV 及以上系统			500kV（330V）系统			1000kV（750V）系统			220kV 及以上系统元件保护			220kV 及以上故障录波及故障测距		
	动作次数	不正确次数	正确率%	动作次数	不正确次数	正确率%	动作次数	不正确次数	正确率%	动作次数	不正确次数	正确率%	录波测距次数	完好次数	正确率%
总计															

A.17　220kV 及以上系统继电保护百台不正确动作汇总表见表 A.17。

表 A.17　220kV 及以上系统继电保护百台不正确动作汇总表

报表单位：　　　　　　　　　　　　　　　　　　　　　　　　统计时间：　　年　月　日

单　位	220kV 及以上系统			500kV（330V）系统			1000kV（750V）系统			220kV 及以上系统元件保护		
	保护台数	不正确动作次数	不正确动作率次/百台	保护台数	不正确动作次数	不正确动作率次/百台	保护台数	不正确动作次数	不正确动作率次/百台	保护台数	不正确动作次数	不正确动作率次/百台

表 A.17（续）

单　位	220kV 及以上系统			500kV（330V）系统			1000kV（750V）系统			220kV 及以上系统元件保护		
	保护台数	不正确动作次数	不正确动作率次/百台	保护台数	不正确动作次数	不正确动作率次/百台	保护台数	不正确动作次数	不正确动作率次/百台	保护台数	不正确动作次数	不正确动作率次/百台
总计												

A.18　故障录波及故障测距装置动作分析表见表 A.18。

表 A.18　故障录波及故障测距装置动作分析表

报表单位：　　　　　　　　　　　　　　　　　　　　　　　　统计时间：　　年　月　日

项　目		全部装置	220kV 系统	500kV（330V）系统	1000kV（750V）系统
装置总台数					
应评价次数					
录波测距完好次数					
录波测距完好率 %					
录波测距不成功原因分析	录波测距装置问题				
	回路问题				
	其他				

A.19　电力系统安全自动装置统计评价分析表见表 A.19。

表 A.19　电力系统安全自动装置统计评价分析表

报表单位：　　　　　　　　　　　　　　　　　　　　　　　　统计时间：　　年　月　日

项　目	解列装置					就地安全自动装置		远方安全自动装置			减负荷装置			备用电源自动投入	共计
	振荡解列	低压解列	过负荷解列	低频解列	功角超值解列	就地切机	就地切负荷	远方切机	远方切负荷	综合稳定装置	低频减载	低压减载	过负荷减载		
装置动作总次数															
装置正确动作（完好）次数															

表 A.19（续）

项　　目		解列装置					就地安全自动装置		远方安全自动装置			减负荷装置			备用电源自动投入	共计
		振荡解列	低压解列	过负荷解列	低频解列	功角超值解列	就地切机	就地切负荷	远方切机	远方切负荷	综合稳定装置	低频减载	低压减载	过负荷减载		
装置不正确动作次数	拒动															
	误动															
不正确动作原因																

电力系统继电保护及安全自动装置运行评价规程

编　制　说　明

目 次

一、编制背景……288
二、编制主要原则及思路……288
三、与其他标准的关系……289
四、主要工作过程……289
五、标准结构及内容……289

为适应国家电网公司“两个转变”对继电保护工作提出的新要求，指导专业管理部门加强继电保护的统计分析和运行评价，促进继电保护全过程管理和技术监督，提升继电保护技术水平、管理水平和运行水平，特编制《电力系统继电保护及安全自动装置运行评价规程》。

一、编制背景

为规范电力系统继电保护与安全自动装置的运行管理，全面提高我国继电保护的运行、管理、制造、研发以及设计施工的方面的水平，原水利电力部和原电力工业部分别颁发了《电力系统继电保护和安全自动装置评价规程》和电力行业标准 DL/T 623—1997《电力系统继电保护及安全自动装置运行评价规程》。

DL/T 623—1997 颁布以来，在促进继电保护设备技术水平、管理水平和可靠运行水平等方面发挥了极为重要的作用，使继电保护的正确动作率逐年提高，为电网的安全可靠运行作出了突出贡献。

然而，DL/T 623—1997 的主要思想是针对继电保护装置本身的运行效果进行评价，不能完全满足当前公司继电保护“精细化管理”的需要。同时，对装置本身的评价分析已不能适应电网安全运行对继电保护管理的要求，必须加强对相关回路和二次设备的管理，确保继电保护正确动作。为了适应电网管理体制改革和继电保护装备水平的提高的需要，并进一步加强对公司系统继电保护的运行管理，有必要编制国家电网公司的企业标准，将继电保护专业的管理职责界面予以明确。

编制国家电网公司企业标准《电力系统继电保护及安全自动装置运行评价规程》，就是要主动适应新形势，转变管理观念，创新管理手段，以深化继电保护评价为抓手，全面提高公司系统继电保护运行管理水平，保障电网安全稳定运行。

二、编制主要原则及思路

（1）将继电保护统计评价分为三个体系：继电保护综合统计评价体系、责任部门统计评价体系和保护运行分析统计评价体系。这些指标综合反映了继电保护在保护电网和主设备中所发挥的作用、保护装置制造质量、运行管理水平以及存在的薄弱环节，是衡量有关部门工作成效的重要内容。

继电保护综合统计评价体系统计评价继电保护装置最终的动作行为是否满足可靠、快速、灵敏、有选择地切除故障，是衡量继电保护整体工作水平的指标，用于统计评价整套保护装置在每次事件中的动作后果是否满足电力系统对继电保护“四性”的要求。

责任部门统计评价体系统计评价继电保护装置不正确动作的责任部门，对引发继电保护装置不正确动作的部门及原因进行分析，反映继电保护全过程管理各环节的实际效果。它涉及制造、设计、基建、运行维护等诸多部门，也涉及保护装置、通道、二次回路、直流电源、断路器等诸多环节。责任部门统计评价体系可以真实地反映各责任单位的责任感、技术水平和工作成绩，有利于加强电力系统继电保护技术监督、维护管理，制定反事故措施，有利于保护装置的选型、设计、基建招投标。

保护运行分析统计评价体系统计评价保护装置的运行情况，统计继电保护装置的投运及故障情况，是反映继电保护生产管理全过程中的技术、管理指标。

（2）由于微机保护已得到大面积的普及，微机保护装置主后一体化设计也已成为主流，因此有必要将原来按装置中的各功能（段）作为统计对象的方法，改为按整台保护装置作为继电保护评价对象，以更好地反映继电保护装置的整体运行水平，符合整台保护装置的设计理念。

（3）明确规定了将继电保护运行统计评价范围按电压等级分为两大类：220kV 及以上系统继电保护装置和 110kV 及以下系统继电保护装置。省调及以上的调度机构统计评价 220kV 及以上系统，省调以下的调度机构统计评价 110kV 及以下系统。本标准主要规定了省调及以上的调度机构对 220kV 及以上系统的统计评价，省调以下的调度机构对 110kV 及以下系统必须统计评价且参照本标准执行。

三、与其他标准的关系

在第 6 章“继电保护动作记录与评价”中，引用了 GB/T 14285—2006《继电保护和安全自动装置技术规程》的相关规定。

四、主要工作过程

（1）2006 年 12 月，标准编制工作组成立，并召开标准编制工作组第一次工作会议，会上明确了标准的编制方向，分配了各单位的编制内容。

（2）2007 年 3 月，标准编制工作组召开第二次标准编制工作会议，对各单位所提出的编制意见进行汇总，并形成标准初稿。

（3）2008 年 2 月，标准编制工作组召开第三次扩大工作会议，会议吸收部分运行、制造单位的专家、代表参加会议，充分听取了各单位的意见。

（4）2008 年 6 月，标准编制工作组召开第四次工作会议，再次对标准初稿进行讨论修改。

（5）2009 年 5 月，标准编制工作组召开第五次工作会议，再次对标准初稿进行讨论修改。

（6）2009 年 8 月，在国家电网公司系统征求意见，并根据反馈意见作进一步修改，形成标准（送审稿）。

（7）2009 年 10 月，通过国家电网公司科技部组织的审查会，根据审查意见进行完善后形成标准（报批稿）。

五、标准结构及内容

本标准依据 DL/T 800—2001《电力企业标准编制规则》的编写要求进行编制，主要结构及内容如下：

1．目次。

2．前言。

3．正文。共设 12 章：范围、规范性引用文件、术语和定义、总则、继电保护评价体系、继电保护动作记录与评价、责任单位的评价、继电保护不正确动作原因及故障环节（或部位）分类、线路重合不成功原因分类、保护装置分类、电力系统一次设备故障统计分类、继电保护运行统计评价管理。

国家电网公司企业标准

继电保护及安全自动装置验收规范

Acceptance specification for relay protection and security automatic equipment

Q/GDW 1914—2013

目　次

前言 …… 292
1 范围 …… 293
2 规范性引用文件 …… 293
3 术语和定义 …… 293
4 一般规定 …… 294
5 技术原则 …… 294
6 验收管理 …… 297
7 出厂验收 …… 297
8 隐蔽工程验收 …… 297
9 竣工验收 …… 297
附录A（规范性附录） 出厂验收内容及要求 …… 299
附录B（规范性附录） 等电位接地网连接示意图 …… 300
附录C（规范性附录） 竣工验收内容及要求 …… 301
编制说明 …… 313

前　　言

为统一继电保护和安全自动装置及其二次回路验收标准，根据《2012年度国家电网公司技术标准修订计划》（国家电网科〔2012〕66号）要求，制定本标准。

本标准的附录A、附录B、附录C为规范性附录。

本标准由国家电网公司电力调度控制中心提出并解释。

本标准由国家电网公司科技部归口。

本标准主要起草单位：山西省电力公司

本标准主要起草人：蔡伟伟、樊丽琴、闫江海、王小琪、宋述勇、慕国行、李社勇、牛云戈、车文妍、任希广

本标准首次发布。

继电保护及安全自动装置验收规范

1 范围

本标准规定了继电保护和安全自动装置及其二次回路（以下简称保护装置）验收的内容及要求。

本标准适用于国家电网公司110kV及以上电压等级新建、改扩建工程保护装置的验收。110kV以下电压等级保护装置的验收可参照执行。

本标准不适用于智能变电站、直流输电系统和串联补偿设备保护装置的验收。

2 规范性引用文件

下列文件对于本标准的应用是必不可少的。凡是注日期的引用文件，仅注日期的版本适用于本文件。凡是不注日期的引用文件，其最新版本（包括所有的修改单）适用于本文件。

GB/T 7261 继电器及装置基本试验方法
GB 50168 电气装置安装工程电缆线路施工及验收规范
GB 50171 电气装置安装工程盘、柜及二次回路结线施工及验收规范
GB/T 14285 继电保护和电网安全自动装置技术规程
GB/T 15149 电力系统远方保护设备的性能及试验方法
DL/T 364 光纤通道传输保护信息通用技术条件
DL/T 478 继电保护和安全自动装置通用技术条件
DL/T 524 继电保护专用电力线载波收发信机技术条件
DL/T 559 220kV～750kV电网继电保护装置运行整定规程
DL/T 584 35kV～110kV电网继电保护装置运行整定规程
DL/T 587 微机继电保护装置运行管理规程
DL/T 995 继电保护和电网安全自动装置检验规程
Q/GDW 161 线路保护及辅助装置标准化设计规范
Q/GDW 175 变压器、高压并联电抗器和母线保护及辅助装置标准化设计规范

3 术语和定义

下列术语和定义适用于本文件。

3.1

竣工验收 completion acceptance

竣工验收，指工程项目按批准的文件、设计图纸、国家及行业主管部门颁布的有关电力工程的现行法规、规程、标准及反事故措施要求以及在建设过程中经过批准的设计变更等内容施工完成，并调试合格以后，由有关部门组织进行的综合评价和鉴定工作。

3.2

隐蔽工程　concealed work

隐蔽工程，指某一工序的结果被下一工序所覆盖，在随后的检验中不易查看其质量、工程量的工程。

3.3

随工验收　acceptance following construction

随工验收，指保护装置在安装过程中，验收单位随施工调试同步进行的验收。

3.4

自查验收　self-examination and acceptance

自查验收，指施工单位在其质检部门组织和监督下，按照质量管理体系进行的质量检查。

4　一般规定

4.1　保护装置验收工作应分阶段组织实施，按工程进展阶段一般分为出厂验收、隐蔽工程验收、自查验收和竣工验收。竣工验收应在施工单位自查验收合格后进行。

4.2　国家行政或行业主管部门根据现行相关法规组织的其他方式的验收，不宜替代竣工验收。

4.3　保护装置不经验收或验收不合格不能投入电网运行。

4.4　竣工验收采用查阅资料、调试报告（或现场试验记录）和现场检验的方式进行；一般情况下不宜采用随工验收方式。

4.5　保护装置调试所使用的仪器、仪表必须经检验合格，并满足GB/T 7261中的规定。定值检验所使用的仪器、仪表的准确级应不低于0.5级。调试报告应记录试验中所用仪器、仪表的型号、编号。

4.6　保护装置调试报告应有明确的结论，有调试人员、调试负责人、审核人员的签名，并加盖调试单位公章。

4.7　验收时，应制定合理的验收工期，不应为赶工期而减少验收项目，缩短验收时间，降低验收质量。

4.8　与保护装置功能相关的其它设备技术指标应满足继电保护专业的规定和要求。

4.9　工程分期进行时，每期工程均应对公用保护装置进行验收。

4.10　发电企业或用户变电站接入国家电网系统，应按本标准对其相关保护装置进行验收。

4.11　验收时，可根据现场实际需要、设计图纸、装置技术说明书及有关规程、规定增加验收项目。

4.12　本标准未涉及的保护装置，可根据现场实际需要、设计图纸、装置技术说明书，参照本标准及有关规程进行验收。

5　技术原则

5.1　保护装置验收时，应依据下列文件：

a）国家及行业主管部门颁布的有关电力工程现行法规、规程、标准；

b）工程项目批复文件、订货合同、技术协议、设计图纸；

c）　本标准和反事故措施等；

d）　装置技术说明书等。

5.2　保护装置验收项目

根据验收内容的不同，保护装置验收项目可分成以下8类：

a）　资料验收，包括保护装置和相关一次设备的技术资料、调试报告等；

b）备品、备件验收

c）　安装、施工工艺验收；

d）　装置硬件、元器件指标验收；

e）　保护装置配置验收；

f）　电流、电压互感器验收；

g）　二次回路验收；

h）　单体功能（含技术性能）验收和系统功能验收。

5.3　出厂验收

非标准的继电保护及安全自动装置、分布式稳定控制装置应进行出厂验收；220kV及以上继电保护及安全自动装置宜进行出厂验收；110kV及以下电压等级的继电保护及安全自动装置根据具体情况确定是否出厂验收。

5.3.1　非标准的继电保护及安全自动装置应重点验收技术协议、设计联络会纪要中的主要项目和逻辑功能。

5.3.2　分布式稳定控制装置应采用主站、分站装置联调方式对其控制策略进行验收。

5.3.3　装置使用的芯片、电容器和其他元器件应达到工业级及以上水平。

5.3.4　装置的型号、规格、配置、软件版本号、校验码和程序生成时间等满足使用要求。

5.3.5　装置的准确度应满足DL/T 478技术条件要求。

5.3.6　装置应通过省部级及以上质检中心的动模试验和型式试验检测，相应的检测报告齐全。

5.3.7　装置标明的使用年限应满足最新标准要求，逆变电源模件应单独标明使用年限。

5.3.8　应依据技术协议、设计联络会纪要和装置技术（使用）说明书对装置功能进行验证。

5.4　隐蔽工程验收

保护装置隐蔽工程宜采用随工验收的方式进行，其中包括二次电缆埋管敷设、电缆头制作、等电位接地网安装、变压器和电抗器套管端子盒内接线等工程。

5.5　竣工验收

保护装置竣工验收应重点检查装置主要功能、保护压板及二次回路接线正确性，并用模拟试验的方法验证保护装置之间、保护装置与断路器之间配合关系的正确性；软件版本核查宜通过查阅资料和现场检查方式进行。

5.5.1　应对保护装置主保护、本体保护等主要保护的功能进行验收，纵联保护应进行通道联调验收。

5.5.2　应对保护装置直流电源相对独立性进行检查，装置的直流自动开关配置满足有关规程、规定，不同装置的直流逻辑回路间不能有任何电的联系；对于双重化配置的保护装置，当任意一段直流母线失电时，应保证运行在正常直流母线的保护装置能跳开相应断路器。

5.5.3　二次回路验收基本要求

a）二次回路安装应符合有关规程、规定，工艺美观，线芯排列整齐，留有裕度。不宜在保护屏端子排内侧接入二次电缆芯线。

b） 启动投运前，应对所有端子、压板、连片、旋钮等进行紧固，防止松动。

c） 二次回路绝缘应满足 DL/T 995 规程要求。

5.5.4 竣工验收时，应对反事故措施的执行情况进行验收，结果满足要求。

5.5.5 竣工验收时，保护装置使用的电力通信网载波、光纤及微波通道的误码率、传输时间等相关数据，应由通信专业进行测试并验收，指标满足相关标准与技术规程的要求。

5.5.6 竣工验收时，二次图纸的修改内容应符合有关技术文件，并与现场实际接线一致。

5.5.7 交流电流、电压回路验收时应采用通入模拟电流、电压的方法验证回路的正确性，电流回路宜采用一次升流、电压回路可采用二次加压的方法进行。

5.5.8 对反映一次设备位置和状态的辅助接点及其二次回路进行验收时，不宜采用短接接点的方法进行。应验证一次设备位置或状态与辅助接点的一致性，对于有时间要求的回路，还应保证其时序配合满足保护运行的技术要求。

5.5.9 保护装置的整组传动试验，应在 80%额定直流电压条件下进行，试验不允许使用运行中的直流电源。

5.5.10 双重化配置的保护装置整组传动验收时，应采用同一时刻，模拟相同故障性质（故障类型相同，故障量相别、幅值、相位相同）的方法，对两套保护同时进行作用于两组跳闸线圈的试验。

5.5.11 保护装置整组传动验收时，应检查各套保护与跳闸连接片及相关一次设备的一一对应关系。

5.5.12 保护装置整组传动验收时，应在最大（动态）负荷下，测量电源引出端（含自保持线圈和接点）到断路器分、合闸线圈的电压降，不应超过额定电压的 10%。

5.5.13 保护装置整组传动验收时，应分别测量主保护和后备保护动作时间、操作箱出口时间以及带断路器传动的整组动作时间。

5.5.14 保护装置整组传动验收时，应按照实际主接线方式，检验保护装置之间的相互配合关系和断路器动作行为正确，同时检验故障录波启动、监控系统、调度自动化系统、继电保护及故障信息管理系统等信息正确。

5.5.15 纵联保护进行系统功能联调验收时，应包括两侧（含发电企业或用户侧）主保护、辅助保护及近后备保护的功能验收，并验证线路两侧的相应保护动作行为正确。

5.5.16 应核对正式定值通知单中的电流互感器变比与设备实际变比一致。

5.5.17 保护装置整组传动验收前，应对保护定值区号及保护定值进行核对；保护装置投运前，应对保护定值区号及保护定值进行核查、打印并签字存档。

5.5.18 保护装置整组传动验收结束后，未经验收人员许可，不能改动保护装置硬件设置、定值区号、保护定值和二次回路接线；如果确实需要变更，应履行相关手续，重新进行试验并验收；特别是有关电流、电压、跳闸等重要回路的变更，应再次通过整组试验重新验证其功能完整性。

5.5.19 保护装置时钟应与授时系统一致，当失去直流电源时，装置内部时钟应能正常工作，且其时间精度应能满足相关标准要求。

5.5.20 保护装置投入运行前，应用不低于电流互感器额定电流 10%的负荷电流及工作电压进行检验，检验项目包括装置的采样值、相位关系和差电流（电压）、高频通道衰耗等，检验结果应按照当时的负荷情况进行计算，凡所得结果与计算结果不一致时，应进行分析，查找原因，不能随意改动保护回路接线。若实际送电时负荷电流不能满足要求时，可结合现场实际进行上述工作，但应在系统负荷电流满足要求后，对以上有关数据进行复核。

5.5.21　竣工验收时，应按设计要求对保护装置网络打印功能进行验收。

6　验收管理

6.1　建设管理单位负责组织保护装置各个阶段验收工作，各级继电保护职能管理部门负责其管辖范围内保护装置验收工作的专业管理。

6.2　运行维护单位是验收责任主体，验收单位应根据本标准和有关规程、规定编制验收方案和细则开展验收工作。

6.3　建设管理单位应在验收前一个月向验收单位提供验收需要的图纸、装置技术（使用）说明书等资料。

6.4　施工单位应按有关规程、规定进行安装、调试，按本标准进行自查验收并收集、完善验收资料。

6.5　施工单位自查验收合格后，应提供安装、调试记录（报告）、设计变更通知单及相关设备出厂资料等，并负责提出竣工验收申请，配合验收。

6.6　验收单位收到竣工验收申请后，应依据编制的验收方案和细则，结合工程实际情况制定相应的验收程序，完成验收报告并存档。验收报告应包括工程项目名称、验收范围和项目、验收标准和依据，验收开始及结束时间，验收中发现的问题及处理、复验结果，验收结论，验收负责人签名等内容。

6.7　对验收发现的问题，建设管理单位应督促相关责任单位进行整改。整改后，验收单位应及时复验。

6.8　新设备投运前，施工单位应向运行维护单位移交技术资料、备品备件和专用工器具等。调试报告应在设备投运后一个月内提交相关单位，调试报告的数据应真实、可靠。

6.9　建设管理单位应在工程竣工后三个月内移交工程竣工图纸及其电子版，并应向设备运行单位、设备检修单位各提供竣工图纸一份。设计、施工和验收单位应共同确认竣工图纸正确，并与现场实际情况一致。

7　出厂验收

出厂验收项目包括出厂资料验收、屏（柜）工艺验收、装置硬件、元器件指标验收；保护装置配置验收；单体功能（含技术性能）验收等。

验收出厂项目及内容见附录A。

8　隐蔽工程验收

隐蔽工程验收宜根据工程项目实际情况确定验收项目和内容。

等电位接地网连接示意图见附录B。

9　竣工验收

竣工验收项目包括资料验收、备品备件验收、屏（柜）安装工艺验收、电流电压互感器验收、二次回路验收、单体功能（含技术性能）验收和系统功能验收等。

a）资料验收内容及要求见附录C表C.1。

b）备品备件验收内容及要求见附录C表C.2。

c）屏（柜）安装工艺验收内容及要求见附录C表C.3。

d）电流、电压互感器验收内容及要求见附录C表C.4。

e）二次回路验收内容及要求见附录C表C.5。

f）保护装置单体功能（含技术性能）验收内容及要求见附录C表C.6。

g）线路保护（含辅助保护）装置系统功能验收内容及要求见附录C表C.7。

h）变压器（电抗器）保护装置系统功能验收内容及要求见附录C表C.8。

i）母线保护装置系统功能验收内容及要求见附录C表C.9。

j）故障录波器装置系统功能验收内容及要求见附录C表C.10。

k）安全自动装置系统功能验收内容及要求见附录C表C.11。

l）继电保护及故障信息管理系统功能验收内容及要求见附录C表C.12。

m）保护装置投运验收内容及要求见附录C表C.13。

附　录　A
（规范性附录）
出厂验收内容及要求

表 A.1　出厂验收内容及要求

项　目	内容及要求	验收方式
屏（柜）工艺	满足订货合同、技术协议要求	工厂检验
出厂资料	满足订货合同、技术协议要求	查阅资料
	出厂装置的型号及软件版本与动模试验报告中装置一致，试验项目和设备功能满足技术协议和有关规程、规定要求	
	出厂装置的型号及软件版本与型式试验报告中装置一致，逻辑功能试验项目满足技术协议和有关规程、规定要求	
装置硬件及元器件指标	装置硬件使用工业级及以上的芯片、电容器和其他元器件	查阅资料
	使用年限应满足最新标准要求，逆变电源模件应单独标明使用年限	
保护配置	屏（柜）中装置的型号、规格、配置、软件版本号、校验码和程序生成时间等与技术协议一致	工厂检验
单体功能（含技术性能）	编制验收方案和细则，对装置功能和控制策略进行验收，结果满足要求	工厂检验

附 录 B
（规范性附录）
等电位接地网连接示意图

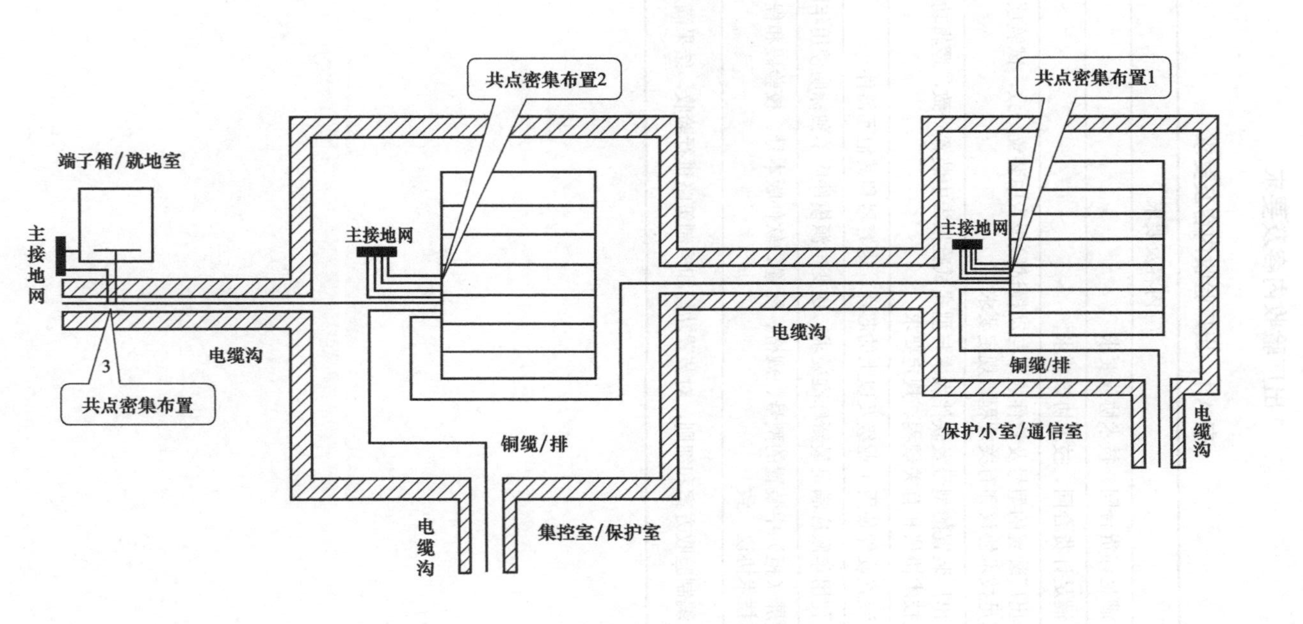

图 B.1 等电位接地网连接示意图

附　录　C
（规范性附录）
竣工验收内容及要求

C.1　资料验收

资料验收内容及要求见表C.1。

表C.1　资料验收内容及要求

项目	分　项		内容及要求	验收方式
技术资料	施工设计图		包括原理接线图（设计图）、二次回路安装图，电缆清册，断路器机构二次图，电流、电压互感器端子箱图及二次回路分线箱图等全部设计图纸	查阅资料
			设计单位发出的相关设计变更通知单	
			所有相关的技术协议	
	二次设备		所有继电保护和安全自动装置的出厂报告、合格证、出厂图纸资料、技术（使用）说明书等齐全，开箱记录与装箱记录一致，装置出厂图纸资料及技术（使用）说明书数量满足合同要求	查阅资料
	相关一次设备		所有相关一次设备铭牌参数完整，装置说明书、出厂试验报告、合格证齐全	查阅资料
调试报告	相关一次设备	电流互感器	所有绕组的极性	查阅资料
			所有绕组（抽头）变比	
			各绕组的准确级（级别）、容量及内部安装位置	
			二次绕组（各抽头）直流电阻	
			保护用电流互感器二次绕组伏安特性	
			保护用电流互感器(含套管电流互感器)二次绕组的参数应满足DL/T 866要求	
		电压互感器	所有绕组的极性	查阅资料
			所有绕组（抽头）变比	
			各绕组的准确级（级别）	
			二次绕组（各抽头）直流电阻	
		变压器（电抗器）	应包括各侧容量、额定电压、短路阻抗、零序阻抗等参数	查阅资料
		附属设备	套管电流互感器、气体继电器、压力释放装置、油位表、温度计、压力表等附属设备试验报告	查阅资料
		线路（电缆）	线路长度、正序阻抗、零序阻抗实测值报告	查阅资料
			有互感的平行线路零序互感阻抗实测值报告	
		断路器	与保护回路有关的断路器辅助触点与主触头的动作相对时间差应不大于10ms	查阅资料
			断路器跳闸、合闸线圈的电阻值，额定电压下的跳闸、合闸电流等数据	查阅资料

表 C.1（续）

<table>
<tr><th>项目</th><th colspan="2">分 项</th><th>内容及要求</th><th>验收方式</th></tr>
<tr><td rowspan="7">调试报告</td><td rowspan="5">相关一次设备</td><td rowspan="5">断路器</td><td>断路器最低跳闸、最低合闸电压试验数据：其动作电压均不低于 30%额定电压，且不大于 65%额定电压</td><td>查阅资料</td></tr>
<tr><td>断路器两组跳闸线圈的极性一致</td><td>查阅资料</td></tr>
<tr><td>断路器跳闸时间、合闸时间、辅助触点转换时间以及合闸时三相触头闭合时间差，应满足有关规程、规定</td><td>查阅资料</td></tr>
<tr><td>断路器机构内三相不一致回路的中间继电器及时间继电器的试验数据：其动作电压不低于 55%额定电压，且不大于 70%额定电压，动作功率大于 5W，动作时间满足有关技术规定</td><td>查阅资料</td></tr>
<tr><td>与保护回路相连的回路绝缘电阻试验数据满足要求</td><td>查阅资料</td></tr>
<tr><td rowspan="2">二次设备</td><td>保护装置</td><td>调试报告（或调试原始记录）齐全，试验项目完整、数据正确，符合本标准及有关规程、规定</td><td>查阅资料</td></tr>
<tr><td>保护通道设备</td><td>保护装置的电力通信网高频、光纤及微波通道的相关数据测试报告齐全，试验项目完整、数据正确，符合有关规程、规定</td><td>查阅资料</td></tr>
</table>

C.2 备品备件验收

备品备件验收内容及要求见表 C.2。

表 C.2 备品备件验收内容及要求

<table>
<tr><th>项 目</th><th>分 项</th><th>内容及要求</th><th>验收方式</th></tr>
<tr><td rowspan="2">备品备件及测试工具移交</td><td>备品备件</td><td>根据装箱清单和技术协议向验收单位移交</td><td>现场检验
查阅资料</td></tr>
<tr><td>测试工具仪器仪表</td><td>根据相关技术协议设备清单向验收单位移交</td><td>现场检验
查阅资料</td></tr>
</table>

C.3 屏（柜）安装工艺验收

屏（柜）安装工艺验收内容及要求见表 C.3。

表 C.3 屏（柜）安装工艺验收内容及要求

<table>
<tr><th>项 目</th><th>内容及要求</th><th>验收方式</th></tr>
<tr><td rowspan="3">屏（柜）安装</td><td>屏（柜）漆层完好、排列整齐；屏体、内部装置及附件固定可靠、外表清洁；装置及附件无损坏、操作灵活。安装工艺数据满足 GB 50171 规范要求</td><td>现场检验</td></tr>
<tr><td>柜体可靠连接于主接地网，装置外壳和安全接地应可靠连接于等电位接地网；屏(柜)、室外端子箱内的交流供电电源的中性线（零线）不应接入等电位接地网</td><td>现场检验</td></tr>
<tr><td>室外端子箱应封闭良好、防潮（防水）、防尘；端子箱应固定可靠，并连接于主接地网；端子箱端子排应采用以钢或铜合金为原料，表面加以镀镍等处理，导电零件表面的防腐蚀性保护层应光滑、无毛刺、无锈斑等缺陷</td><td>现场检验</td></tr>
<tr><td rowspan="2">屏（柜）内接线</td><td>应工艺美观，线芯排列整齐，留有裕度。一个端子的每一端宜接一根导线；两根芯线需接入端子同一端时，线芯粗细应一致，互相平行接入端子；三根及以上芯线不应接入端子同一端；不宜在保护屏端子排内侧接入二次电缆芯线</td><td>现场检验</td></tr>
<tr><td>屏（柜）内屏蔽线、端子排内外二次线、压板空开、把手等连接的二次线应接触良好、无松动，压接头压接可靠。多股线压接的线鼻子应挂锡，并焊接牢靠。所有专用接地线（或接地引下线）截面应不小于 4mm²</td><td>现场检验</td></tr>
</table>

表 C.3（续）

项　目	内容及要求	验收方式
屏（柜）内接线	保护屏（柜）上的所有设备（压板、按钮、切换把手等）应采用双重编号，内容标示明确规范，并应与图纸标识内容相符，满足运行单位要求。保护屏（柜）上端子排名称、编号应正确，符合设计要求	现场检验
	启动投运前，应对所有端子、压板、连片、旋钮等进行紧固，防止松动	现场检验

C.4　电流、电压互感器验收

电流、电压互感器验收内容及要求见表 C.4。

表 C.4　电流、电压互感器验收内容及要求

项目	分　项	内容及要求	验收方式
电流互感器	一次绕组指向	电流互感器的 L1 端应指向母线侧，对于装有小瓷套的电流互感器，小瓷套侧应放置在母线侧	查阅报告 现场检验
	二次绕组极性	所有绕组的极性正确	查阅报告 现场检验
	相关参数	核对保护使用的二次绕组变比与定值单一致，保护使用的二次绕组接线方式和 CT 的类型、准确度和容量满足要求	查阅报告 现场检验
	10%误差分析计算	应对各保护二次绕组伏安特性、直流电阻和回路负载进行测试，10%误差分析计算满足要求	查阅报告 现场检验
	二次绕组分配	双重化配置的主保护应使用电流互感器的不同二次绕组，二次绕组的分配应注意避免当一套保护停用时，出现保护区内故障时的保护动作死区	现场检验
		核对电流互感器各二次绕组与保护对应关系，防止由于电流互感器内部故障导致保护存在死区。为避免油纸电容型电流互感器底部事故时扩大影响范围，母差保护的二次绕组应设在一次母线的 L1 侧	现场检验
		变压器保护使用的低压侧电流互感器宜安装于母线侧隔离开关与断路器之间，使纵联差动保护范围包括低压侧断路器	
电压互感器	相关参数	核对保护使用的二次绕组变比与定值单一致，保护使用的二次绕组接线方式、准确度和容量满足要求	现场检验
	二次绕组极性	所有绕组极性正确，同一电压等级两段电压互感器零序电压的接线方式一致	现场检验
	二次绕组分配	双重化保护装置的交流电压宜分别取自电压互感器互相独立的绕组。	现场检验
	二次绕组中性点避雷器	可用兆欧表校验金属氧化物避雷器的工作状态，一般当用 1000V 兆欧表，金属氧化物避雷器不应击穿；而用 2500V 兆欧表时应可靠击穿。500kV 及以上系统宜根据电网接地故障时通过变电站的最大接地电流有效值进行校验，其击穿电压峰值应大于 $30 \cdot I_{max}$ 伏（I_{max} 为电网接地故障时通过变电站的可能最大接地电流有效值，单位为 kA）	现场检验
	二次绕组自动开关	宜使用单极自动开关；零序电压回路不应装设熔断器或自动开关	现场检验
		屏（柜）与端子箱电压回路的自动开关跳闸动作值满足要求，并校验逐级配合关系正确，自动开关失压告警信号正确	

C.5　二次回路验收

二次回路验收内容及要求见表 C.5。

表 C.5　二次回路验收内容及要求

项目	内容及要求	验收方式
二次电缆敷设	所有电缆应悬挂标示牌，注明电缆编号、走向、规格等；芯线标识齐全、正确、清晰，应包括回路编号、电缆、断路器编号等；屏内配线标识齐全、正确、清晰	现场检验
	按机械强度要求，控制电缆或绝缘导线的芯线最小截面：强电控制回路≥1.5mm²，屏（柜）内导线的芯线截面≥1.0mm²，弱电控制回路≥0.5mm²，电流电缆截面≥2.5mm²，并满足有关技术要求	现场检验
	所有专用接地线截面应不小于4mm²	
	操作回路电缆截面选择应满足：在最大（动态）负荷下，电源引出端（含自保持线圈和接点）到断路器分、合闸线圈的电压降，不应超过额定电压的10%	现场检验
	电压回路芯线截面选择应满足：额定电压且负载全接入条件下电压互感器到继电保护和安全自动装置屏的电缆压降不应超过额定电压的3%	现场检验
	双重化配置的保护装置、母差和断路器失灵等重要保护的起动和跳闸回路均应使用各自独立的电缆	现场检验
	在同一根电缆中不应有不同安装单位的电缆芯。交流电流和交流电压回路不能合用一根电缆；双重化配置的保护设备不能合用一根电缆；交流和直流回路不能合用一根电缆；强、弱电回路不能合用一根电缆；与保护连接的同一回路应在同一根电缆中走线，同一组电流或电压相线及中性线应分别置于同一电缆内	现场检验
	双重化配置的线路保护每套保护只作用于断路器的一组跳闸线圈	现场检验
	保护用电缆与电力电缆不应同层敷设，与电力电缆同通道敷设的低压电缆、非阻燃通讯光缆等应穿入阻燃管，或采取其他防火隔离措施	现场检验
	电缆沟内动力电缆在上层，接地铜排在上层外侧；保护用电缆敷设路径，尽可能避开高压母线及高频暂态电流的入地点，如避雷器和避雷针的接地点、并联电容器、电容式电压互感器、结合电容及电容式套管等设备	现场检验
	变压器（电抗器）等本体电缆应防水、防油，不应采用橡胶绝缘电缆；各连接部位（接线盒）密封良好	现场检验
	二次电缆转弯处的弯曲半径不小于电缆外径的12倍，且转弯处不能有受力现象	现场检验
	地下浅层电缆敷设必须穿钢管，并做防腐防水处理；地下直埋电缆深度应不小于0.7m	现场检验
	电缆沟内电缆排列整齐，在电缆支架上固定良好。电缆应用合适的电缆卡子固定良好，防止脱落、拉坏接线端子排	现场检验
	电缆孔洞应封堵严密、可靠，电缆沟内无积水；防火应满足设计及规程、规定要求	现场检验
二次回路绝缘	用1000V兆欧表测量保护屏（柜）至外回路电缆的绝缘电阻，各回路对地、各回路相互间其阻值均应大于10MΩ	查阅报告 现场检验
	计量、测量电压回路及相关设备接入公用电压回路时应对其回路和相关设备进行对地绝缘检查，用1000V兆欧表测量绝缘，其值应大于10MΩ后方可接入公共电压回路	查阅报告 现场检验
直流电源自动开关配置	直流自动开关配置应符合设计要求，不应使用交流自动开关代替直流自动开关，并校验其逐级配合关系正确	现场检验
	110kV及以上保护装置电源、控制电源、电压切换电源和测控装置等电源应分别由独立的自动开关控制	现场检验
	对于双重化配置的保护装置，每一套保护的直流电源应相互独立，分别由专用的直流自动开关从不同段直流母线供电	现场检验
	对于由一套保护装置控制的多组断路器，要求每一断路器的操作回路应相互独立，分别由专用的直流自动开关供电	现场检验

表 C.5（续）

项目	内容及要求	验收方式
直流电源回路配置	双重化配置的保护装置，每套保护的控制与装置电源应取自同一直流母线	现场检验
	双重化配置的线路纵联保护应配置两套独立的远方信号传输设备（含复用光纤通道、独立光芯、载波等通道及加工设备等），两套远方信号传输设备应分别使用相互独立的电源回路	现场检验
	主设备的非电量保护电源应单独设置，出口同时作用于断路器的两个跳闸线圈	现场检验
	单套配置的断路器失灵保护动作后应同时作用于断路器的两个跳闸线圈。如断路器只有一组跳闸线圈，失灵保护装置工作电源应与相对应的断路器操作电源取自不同的直流电源系统	现场检验
	正、负电源之间以及跳、合闸引出端子与正、负电源端子应至少隔开一个空端子	现场检验
	每一套独立保护装置应设有直流电源失电报警回路	现场检验
	保护装置24V开入电源不出保护室	现场检验
电流回路	检查二次绕组所有接线和极性接入保护正确，满足定值单和装置技术说明书要求，端子排接线压接可靠，备用绕组应引至端子箱可靠短接并接地	现场检验
	电流互感器的二次回路必须有且只能有一点接地	现场检验
	独立的、与其他电流互感器没有电气联系的电流回路宜在配电装置端子箱分别一点接地	现场检验
	由几组电流互感器二次组合的电流回路，应在有直接电气连接处一点接地	现场检验
	对电流互感器进行一次升流试验，检查工作绕组（抽头）的变比及回路正确	现场检验
电压回路	公用电压互感器的二次回路只允许在控制室内有一点接地，并且挂一点接地标示牌；各电压互感器的中性线不得接有可能断开的开关或熔断器等	现场检验
	同一电压互感器各绕组电压（保护、计量、开口三角等）的N600，应使用各自独立的电缆，分别引入控制室或保护室后再一点接地。各保护小室之间N600联络电缆截面选择应保证可靠性	现场检验
	已在控制室一点接地的电压互感器二次绕组，宜在开关场将二次绕组中性点经放电间隙或氧化锌阀片接地	现场检验
	独立的、与其他电压互感器的二次回路没有电气联系的电压回路应在开关场一点接地	现场检验
	电压互感器二次回路宜经过隔离刀闸辅助接点切换，以防止电压互感器二次回路反充电	现场检验
	电压互感器二次回路中使用的并列、切换继电器接线正确	现场检验
	对电压互感器二次回路进行通电压试验，检查电压二次回路正确	现场检验
公用信号回路	中央信号系统、直流系统、站用交流系统、故障录波装置等信号正确；电压并列柜、公用测控柜所接入的所有遥信量在监控系统数据库定义正确	查阅报告 现场检验
同期系统回路	同期系统公共回路接线正确，各间隔手动/自动同期合闸正确	查阅报告 现场检验
等电位接地网（等电位接地网连接示意图见附录B）	静态保护和控制装置的屏（柜）地面下宜用截面不小于100mm^{2}的接地铜排直接连接构成等电位接地母线。接地母线应首末可靠连接构成环网，并用截面不小于50mm^2、不少于4根铜缆（排）与厂、站的主接地网直接连接，保护室内的等电位接地网与厂、站的主接地网只能存在唯一连接点，连接点位置宜选择在电缆竖井（或电缆沟入口）处	现场检验
	静态保护和控制装置的屏柜下部应设有截面不小于100mm^{2}的接地铜排。屏柜上装置的接地端子应用截面不小于4mm^{2}的多股铜线和接地铜排相连，接地铜排应用截面不小于50mm^{2}的铜缆（排）与地面下的等电位接地母线相连	现场检验

表 C.5（续）

项目	内容及要求	验收方式
等电位接地网（等电位接地网连接示意图见附录 B）	户外沿二次电缆沟道敷设截面不小于 100mm^2 的专用铜缆（排），并在保护室（控制室）及开关场的就地端子箱处与主接地网紧密连接，保护室（控制室）的连接点宜设在室内等电位接地网与厂、站主接地网连接处	现场检验
	分散布置的保护就地站、通信室与集控室之间，应使用截面不少于 100mm^2 的铜缆（排）可靠连接，连接点应设在室内等电位接地网与厂、站主接地网连接处	现场检验
	开关场的就地端子箱内应设截面不少于 100mm^2 的铜排，并使用截面不少于 100mm^2 的铜缆与电缆沟道内的等电位接地网连接	现场检验
	开关场的结合滤波器处紧靠同轴电缆敷设截面不少于 100mm^2 的铜缆（排）并两端接地，结合滤波器处接地点距耦合电容器接地点约 3～5m，另一端与电缆沟道内的等电位接地网连接	现场检验
电缆屏蔽层接地	微机型保护装置所有二次回路的电缆均应使用屏蔽电缆，屏蔽电缆的屏蔽层应在开关场和控制室内两端接地；分别使用截面不小于 4mm^2 多股铜质软导线可靠连接到等电位接地网的铜排上。严禁使用电缆内的空线替代屏蔽层接地的方法作为抗干扰措施	现场检验
	传送音频信号应采用屏蔽双绞线，其屏蔽层应在两端分别接于等电位接地网；高频收发信机的电缆屏蔽层两端应分别接于等电位接地网	现场检验
	由开关场的变压器、断路器、隔离刀闸和电流、电压互感器等设备至开关场就地端子箱之间的二次电缆应经金属管从一次设备的接线盒（箱）引至电缆沟，并将金属管的上端与上述设备的底座和金属外壳良好焊接，下端就近与主接地网良好焊接。上述二次电缆的屏蔽层在就地端子箱处单端使用截面不小于 4mm^2 多股铜质软导线可靠连接至等电位接地网的铜排上，在一次设备的接线盒（箱）处不接地	现场检验
	对于双层屏蔽电缆，内屏蔽应一端接地，外屏蔽应两端接地	现场检验
光纤通道及设备	所有光缆应悬挂标示牌，注明编号、走向、规格等；光缆配线架、纤芯标识齐全、正确、清晰	现场检验
	光缆及终端盒安装牢固，不应受较大的拉力，弯曲度符合要求（尾纤弯曲半径大于 5cm、光缆弯曲半径大于 70cm）	现场检验
	保护复用通道的 SDH 和光电转换接口装置的接地情况良好	现场检验

C.6 保护装置单体功能（含技术性能）验收

保护装置单体功能（含技术性能）验收内容及要求见表 C.6。

表 C.6 保护装置单体功能（含技术性能）验收内容及要求

项目	分 项	内容及要求	验收方式
	装置参数	装置铭牌标示的型号、额定参数（直流电源额定电压、交流额定电流和电压、跳合闸电流等）符合设计要求	查阅报告 现场抽查
装置外观	装置外部附件	把手、压板及按钮等附件操作灵活	查阅报告 现场抽查
	装置插件	插件电路板无损伤、无变形，连线良好，元件焊接良好，芯片插紧，插件上的变换器、继电器固定良好无松动（应采取防静电措施）	查阅报告 现场抽查
		插件内的功能跳线（或拨动开关位置）满足运行要求	
	端子排螺丝	装置端子排螺丝紧固，配线连接良好	查阅报告 现场抽查

表 C.6（续）

项目	分　　项	内容及要求	验收方式
装置绝缘	绝缘试验	用 500V 兆欧表从保护屏（柜）端子排处，向端子排内侧测量各回路之间及对地绝缘电阻，要求阻值均大于 20MΩ	查阅报告 现场检验
装置上电	软件版本	软件版本号和 CRC 码与继电保护职能管理部门认证一致	现场检验
	装置时钟	时钟与授时时钟一致	
逆变电源	电源自启动性能	电源电压缓慢上升至 80%额定值时应正常自启动，且拉合直流开关应可靠启动	查阅报告 现场检验
	电源输出	输出电压幅值应在装置技术参数范围以内	查阅报告 现场检验
		电源输出的正极、负极对地电压分别为 0V	
开关量输入回路	保护压板投退	输入压板变位正确，不存在寄生回路	查阅报告 现场检验
	断路器位置	变位情况应与实际情况一致	查阅报告
	其他开入量	变位情况应与实际情况一致。对于装置间不经附加判据直接启动跳闸的开入量，光耦开入的动作电压应控制在额定直流电源电压的 55%～70%范围以内	现场检验
输出回路	输出触点及输出信号	所有输出压板功能正确，输出到端子排的触点及信号的通断状态正确	查阅报告 现场检验
模数变换系统	电流、电压幅值	幅值精度满足装置技术条件的规定	查阅报告 现场检验
	相位测量	模拟量相位测量精度满足装置技术条件的规定	查阅报告 现场检验
定值整定切换打印	就地输入定值	就地定值输入和固化正确	查阅报告 现场检验
	就地定值区切换	就地定值区切换正确	查阅报告 现场检验
	远方输入定值	远方定值输入和固化正确	查阅报告 现场检验
	远方投退软压板	远方软压板投退正确	查阅报告 现场检验
	远方切换定值区	远方切换定值区正确	查阅报告 现场检验
整定值和逻辑功能	保护整定值及逻辑功能	模拟保护区内、外故障，各保护元件动作值、动作时间及动作行为正确	查阅报告 现场检验
	非电量保护逻辑功能	动作逻辑正确；中间继电器动作电压应在 55%～70%额定电压之间，动作功率不小于 5W	查阅报告
	三相不一致逻辑功能	宜采用断路器本体三相不一致逻辑功能；中间继电器动作电压应在 55%～70%额定电压之间，动作功率不小于 5W，时间继电器按定值单要求整定	现场检验
	安全自动装置逻辑功能	安全稳定控制装置控制策略正确，备用电源自动投入等自动装置逻辑功能正确	查阅报告
	录波定值及录波功能	通道名称、启动定值、测距参数等内容整定正确；开关量、模拟量等启动录波正确，波形分析及测距正确	现场检验

表 C.6（续）

项目	分　项		内容及要求	验收方式
打印功能	定值、报告打印		就地打印功能正确；网络打印功能应根据设计要求，结合竣工验收进行	现场检验
操作箱	出口继电器及直跳中间继电器		动作电压应在 55%～70%额定电压之间；动作功率不小于 5W	查阅报告 现场检验
	跳闸、合闸电流参数		操作箱跳闸、合闸电流参数跳线设置与断路器实际跳闸、合闸电流一致	查阅报告 现场检验
	防止断路器跳跃逻辑		宜采用断路器本体防止跳跃逻辑回路，与保护传动配合正确	查阅报告 现场检验
	交流电压切换		交流电压回路切换正确，指示及告警正确	查阅报告 现场检验
纵联保护通道	专用载波通道	高频通道组成部件	通频带特性：包括输入阻抗、输出阻抗、传输衰耗、工作衰耗等，应满足电力线载波通信有关规定	查阅报告
		收发信机	收发信机各项功能指标符合 DL/T 524 规程要求	查阅报告
		通道测试	通道的传输衰耗、工作衰耗和输入阻抗、输出阻抗满足电力线载波通信有关规定要求	查阅报告
			收信电平、衰耗值设置、收信裕度及 3dB 告警满足装置技术说明书和有关规程要求	查阅报告 现场检验
	复用载波通道	发信收信回路	两侧发信、收信对应回路接线正确	查阅报告 现场检验
		复用载波机	解除闭锁逻辑正确，取消保护接口的收发信展宽时间	查阅报告 现场检验
			“允许跳闸”信号的返回时间应不大于通道传输时间	
	光纤通道	通道完好性	对于光纤通道（包括备用纤芯）采用自环的方式检查光纤通道完好，光衰耗满足装置技术指标要求	查阅报告 现场检验
			内部时钟设置正确，收、发延时应一致，通道纵联码设置正确；通道正常或切换时，收、发通道不能采用不同路由	
		传输时间及功率	通道设备传输时间应满足 GB 15149.1 和 DL/T 364 等标准的技术要求	查阅报告 现场检验
			“允许跳闸”信号的返回时间应不大于通道传输时间	
			发信光功率、收信灵敏度及通道裕度测试数据满足厂家装置技术说明书要求（含接口装置）	

C.7　线路保护（含辅助保护）装置系统功能验收

线路保护（含辅助保护）装置系统功能验收内容及要求见表 C.7。

表 C.7　线路保护（含辅助保护）装置系统功能验收内容及要求

项目	分　项	内容及要求	验收方式
二次回路逻辑功能	直流回路相对独立性	试验前所有保护、测控、控制等电源均投入；轮流断开某路电源，分别测试其直流端子对地电压，其结果均为 0V，且不含交流成分	现场检验
	断路器控制回路闭锁逻辑	SF_6 压力、空气压力（或油压）降低或弹簧未储能闭锁回路接线及功能正确	现场检验

表 C.7（续）

项目	分　项	内容及要求	验收方式
二次回路逻辑功能	断路器操作机构双跳闸逻辑	断路器机构内配置两套完整的跳闸回路，且由不同的直流电源供电。分别断开一组操作电源，断路器均能正常跳闸；任意一段直流母线失电时，运行在正常直流母线的保护装置能跳开相应断路器	现场检验
	失灵启动及跳闸逻辑	各失灵启动回路中对应的触点、压板接线正确	现场检验
		失灵保护跳闸逻辑回路正确	
	重合闸逻辑	重合闸逻辑功能与运行要求一致	现场检验
		母差、失灵等保护动作闭锁重合闸逻辑回路正确	
	其他保护闭锁重合闸逻辑	远跳等其他保护闭锁重合闸逻辑回路正确	现场检验
	过电压跳闸及发信逻辑	跳闸、发信逻辑回路正确；收远跳及相应就地判据逻辑回路正确	现场检验
	手合防跳及后加速逻辑	线路、断路器保护跳闸逻辑回路及相关功能正确	现场检验
信号回路	保护装置信号	保护装置动作、异常、告警等信号正确，监控系统信息正确	现场检验
录波信号回路	启动录波量	跳 A 相、跳 B 相、跳 C 相、跳三相、永跳、重合闸等启动录波正确	现场检验
	其他录波量	收信输入、发信输出、通道告警等录波正确	现场检验
通道联调	高频保护	两侧分别模拟线路区内、外故障，高频保护元件动作及闭锁正确	现场检验
	光纤纵联差动保护	两侧分别通入额定电流，检查 TA 变比系数、相别正确	现场检验
		两侧分别模拟区内故障，保护动作正确	
		两侧分别模拟远跳、远传，保护动作正确	
	光纤纵联距离（方向）保护	两侧分别模拟区内、外故障，保护动作正确	现场检验
		两侧分别模拟其他保护动作，对侧应收到“允许跳闸”信号	
整组试验	主保护和后备保护	保护装置的整组传动试验，应在 80%额定直流电压条件下进行，试验不允许使用运行中的直流电源。分别模拟单相瞬时、永久故障和相间故障，各保护间的配合、保护装置动作（重合闸）逻辑、断路器动作逻辑正确，信号正确，故障录波器、故障信息管理系统数据正确，监控系统信息正确	现场检验
	三相不一致保护	断路器本体三相不一致逻辑与保护配合正确，信号正确，故障录波器数据正确，监控系统信息正确	现场检验

C.8　变压器（电抗器）保护装置系统功能验收

变压器（电抗器）保护装置系统功能验收内容及要求见表 C.8。

表 C.8　变压器（电抗器）保护装置系统功能验收内容及要求

项目	分　项	内容及要求	验收方式
二次回路逻辑功能	直流回路的相对独立性	试验前所有测控、保护、控制等电源均投入，轮流断开某路电源，分别测试其直流电源端子对地电压，其结果应为 0V，且不含交流成分	现场检验
	失灵启动及跳闸逻辑	各失灵启动回路中对应的触点、压板接线正确	现场检验
		保护解除失灵复压闭锁逻辑回路正确	
		失灵保护跳闸逻辑回路正确	

表 C.8（续）

项目	分　项	内容及要求	验收方式
二次回路逻辑功能	失灵启动及跳闸逻辑	失灵保护联跳变压器三侧断路器逻辑回路正确	现场检验
	变压器（电抗器）本体保护逻辑	本体、有载重瓦斯等跳闸逻辑回路正确	现场检验
		轻瓦斯、绕组温度高、油温高、油压速动等信号回路正确	
		非电量保护不应启动失灵保护	
	冷却器全停跳闸逻辑	油温、电流闭锁逻辑回路正确，跳闸逻辑及信号回路正确	现场检验
	差动和后备保护跳闸逻辑	跳闸矩阵与定值单相符	现场检验
		变压器保护跳各侧断路器和母联（分段）断路器、旁路断路器逻辑回路（时序）正确	
信号回路	保护装置信号	保护装置动作、异常、告警等信号正确，监控系统信息正确	现场检验
录波信号	启动录波量	差动保护、后备保护、非电量保护跳闸等启动录波正确	
整组试验	差动和各侧后备保护	保护装置的整组传动试验，应在 80%额定直流电压条件下进行，试验不允许使用运行中的直流电源。保护动作及断路器跳闸时序正确，信号正确，故障录波器、故障信息管理系统数据正确，监控系统信息正确	现场检验
	非电量保护	本体重瓦斯、有载重瓦斯、压力释放等动作及断路器跳闸正确，信号正确，故障录波器、故障信息管理系统数据正确，监控系统信息正确	现场检验
	三相不一致保护	断路器本体三相不一致逻辑与保护配合正确，信号正确，故障录波器数据正确，监控系统信息正确	现场检验

C.9 母线保护装置系统功能验收

母线保护装置系统功能验收内容及要求见表 C.9。

表 C.9 母线保护装置系统功能验收内容及要求

项目	分　项	内容及要求	验收方式
二次回路逻辑功能	失灵启动逻辑	对应保护的失灵启动逻辑回路正确	现场检验
	电流输入回路与隔离开关辅助接点对应关系	按施工设计图纸，核对电流输入回路与隔离开关辅助接点开入一一对应，装置显示正确	现场检验
信号回路	保护装置信号	保护装置动作、异常、告警等信号正确，监控系统信息正确	现场检验
录波信号	启动录波量	母差跳各母线，失灵跳各母线启动录波等正确	现场检验
整组传动	差动保护	保护出口压板与对应的断路器跳闸逻辑回路正确	现场检验
		保护装置的整组传动试验，应在 80%额定直流电压条件下进行，试验不允许使用运行中的直流电源。模拟各段母线区内故障，母差保护的动作行为正确，故障母线上的所有断路器同时跳闸正确，信号正确，故障录波器、故障信息管理系统数据正确，监控系统信息正确	
	失灵保护	保护装置的整组传动试验，应在 80%额定直流电压条件下进行，试验不允许使用运行中的直流电源。模拟断路器失灵，失灵保护动作应跳开相应母线上的各断路器，若母联断路器失灵，应跳开两段母线上的所有断路器，信号正确，故障录波器、故障信息管理系统数据正确，监控系统信息正确	现场检验

C.10　故障录波器装置系统功能验收

故障录波器装置系统功能验收内容及要求见表 C.10。

表 C.10　故障录波器装置系统功能验收内容及要求

项目	分　项	内容及要求	验收方式
系统功能	模拟量	配合一次升流和二次升压，核对模拟量名称定义及录波正确	查阅报告 现场检验
	开关量	配合保护装置传动，核对开关量名称定义及启动录波正确	现场检验
	录波文件就地调用	继电保护故障信息子站调用录波文件正确	现场检验
	录波文件远传	继电保护故障信息系统和录波主站远方调用录波文件正确	现场检验
信号回路	装置信号	装置动作、异常、告警等信号正确，监控系统信息正确	现场检验

C.11　安全自动装置系统功能验收

安全自动装置系统功能验收内容及要求见表 C.11。

表 C.11　安全自动装置系统功能验收内容及要求

<table>
<tr><th>项目</th><th colspan="2">分　项</th><th>内容及要求</th><th>验收方式</th></tr>
<tr><td>信号回路</td><td colspan="2">装置信号</td><td>装置动作、异常、告警等信号正确，监控系统信息正确</td><td>现场检验</td></tr>
<tr><td>录波信号</td><td colspan="2">启动录波量</td><td>启动录波正确</td><td>现场检验</td></tr>
<tr><td rowspan="5">系统功能联调</td><td rowspan="2">分布式稳定控制装置</td><td>远传信息联合试验</td><td>主站、分站间模拟量、开关量等信息传输、采集正确，控制策略模拟传动正确</td><td>现场检验</td></tr>
<tr><td>远方控制功能联合试验</td><td>主站、分站间远方控制功能试验正确</td><td>现场检验</td></tr>
<tr><td rowspan="2">备用电源自动投入等自动装置</td><td>模拟量输入回路</td><td>配合一次升流和二次升压，核对模拟量输入回路正确</td><td>现场检验</td></tr>
<tr><td>外部关联逻辑功能</td><td>配合保护装置传动，检查装置动作及闭锁逻辑正确</td><td>现场检验</td></tr>
<tr><td colspan="2">整组传动</td><td>带断路器传动正确，信号正确，故障录波器、故障信息管理系统数据正确，监控系统信息正确</td><td>现场检验</td></tr>
</table>

C.12　继电保护及故障信息管理系统功能验收

继电保护及故障信息管理系统功能验收内容及要求见表 C.12。

表 C.12　继电保护及故障信息管理系统功能验收内容及要求

项目	分　项	内容及要求	验收方式
系统组态及功能	数据库建模	一、二次设备建模及图形建模应与现场情况相符	现场检验
		一、二次设备的命名应清晰规范并与调度命名一致	
	数据处理功能	保护信息分类、合并及排序，定值检查、录波分析、故障测距、数据上传等子系统功能正确完备	现场检验
	数据上送	与主站通讯及调用、上送数据正常，定值、采样值、录波数据、故障数据、保护通信告警等正确完备	现场检验

表 C.12（续）

项目	分　　项	内容及要求	验收方式
系统组态及功能	保护网络通信	通讯及调用、上送数据正常，定值、采样值、录波数据、故障数据等正确完备	现场检验
	故障录波器网络通信	通讯及调用、上送数据正常，定值、录波数据、故障数据等正确完备	现场检验
信号回路	装置信号	装置异常、告警等信号正确，监控系统信息正确	现场检验

C.13　保护装置投运验收

保护装置投运验收内容及要求见表 C.13。

表 C.13　保护装置投运验收内容及要求

项目	分　　项	内容及要求	验收方式
装置投运前工作	定值	打印定值与定值单核对无误。宜采用以下方式：将正式运行定值放在第一定值区；正式运行的备用定值放在第二定值区；特殊运行方式的定值等依次推后；调试定值放在最后一区	查阅报告 现场检验
	接线	电流回路应进行紧固，所有临时拆、接线恢复到运行状态	查阅报告 现场检验
	时钟	保护装置与授时系统时钟一致	查阅报告 现场检验
带负荷试验	测试条件	保护装置投入运行前，负荷电流不低于电流互感器额定电流的 10%	现场检验
	电流、电压向量	电流实测值与系统潮流大小及方向核对正确，电流回路中性线的不平衡电流正常	现场检验
		线路保护及其辅助保护（含断路器保护、短引线保护等）电流、电压幅值及相位关系正确	现场检验
		变压器差动保护、后备保护各侧电压电流幅值及相位关系正确	
		母线差动保护各组电流、电压幅值及相位关系正确	
		故障录波器、行波测距等装置电流、电压幅值及相位关系正确	
		电压、电流互感器备用绕组幅值正确	
	差流	变压器差动保护差流正确	现场检验
		母线差动保护差流正确	
		其它差动保护差流正确	
	接地点接地线电流	记录电压互感器二次回路控制室一点接地线的电流，作为新建站的原始参考数据	现场检验
	电压二次核相和并列	同一电压等级各段母线二次电压核相正确，并列正常；所有屏（柜）电压回路核相正确	现场检验
	高频通道裕度	在线路带电的情况下，调整高频通道的衰耗及通道裕度满足要求	现场检验

继电保护及安全自动装置验收规范

编 制 说 明

目 次

一、编制背景……315
二、编制主要原则……315
三、与其他标准文件的关系……315
四、主要工作过程……315
五、标准结构和内容……315
六、条文说明……315

一、编制背景

电网建设的高速发展，对变电站的保护装置验收工作提出了更高、更新的要求。但目前尚无与之对应的国家电网企业标准指导保护装置的验收工作，制定统一的验收规范有利于开展验收工作，提高验收质量。根据此种情况和《2012年度国家电网公司技术标准修订计划》（国家电网科〔2012〕66号）要求，山西省电力公司结合相关规程和实际情况进行了《继电保护及安全自动装置验收规范》的编制。

二、编制主要原则

2.1　根据《国家电网公司技术标准管理办法实施细则》（国家电网科〔2011〕436号文件）的要求，开展本标准编制工作。

2.2　本标准的技术指标均引用于已颁发的规程，借鉴了部分省公司的经验。

2.3　采取了综合分析、结合实际、合理分类、突出重点和分层编制的原则，使其具备现场可操作性。

三、与其他标准文件的关系

本标准的验收项目和技术指标主要依据DL/T 995《继电保护和电网安全自动装置检验规程》制订；部分数据引用了GB/T 14285《继电保护和电网安全自动装置技术规程》和《国家电网公司十八项电网重大反事故措施》（修订版）。

保护装置调试检验时，应执行了DL/T 995等有关规程，本标准是为了保证验收质量和提高效率，验收项目不作为现场检验依据。

四、主要工作过程

4.1　2011年4月，成立《继电保护及安全自动装置验收规范》编制课题工作组，制定了工作进度计划。

4.2　2011年5月，完成了前期资料收集工作，确定了技术方案，制定了编写大纲。

4.2.1　在山西省电力公司范围内调研和搜集资料，综合分析保护装置验收情况。

4.2.2　针对保护装置验收工作中存在的问题和不足，明确了验收工作的难点和要点，选定了编写规范的格式。

4.3　起草《继电保护及安全自动装置验收规范》。

4.4　2012年5月、8月，国家电网公司电力调度控制中心两次组织召开《继电保护及安全自动装置验收规范》审查会。

4.5　2012年9月，根据专家意见汇总修改。形成规范（送审稿）。

4.6　2012年10月至11月，在国家电网公司广泛征求意见，并根据反馈意见进行了修改。

4.7　2012年12月，通过国家电网公司科技部组织的审查会，根据审查意见完善后形成规范（报批稿）。

五、标准结构和内容

本标准采用正文加附件表格的结构，正文中主要章节有范围、规范性引用文件、术语和定义、一般规定、技术原则、验收管理、验收项目及内容，附录有规范性附录。

六、条文说明

1　范围中的二次回路是指（以下内容不作为职责划分的依据）：

a）交流电流、电压回路：供继电保护装置使用的自交流电流、电压互感器二次绕组的接线端子或接线柱接至继电保护装置间的全部连线，包括电缆、导线、接线端子、试验部件、电压切换回路等；

b）开关量输入输出回路；

c）继电保护通道：保护装置至保护与通信专业运行维护分界点；

d）直流回路：自直流电源屏至断路器端子箱间供继电保护用的全部回路。

4.1 本标准的验收工作按照工程的实际进展进行分类，使其具备现场可操作性。

4.2 对于国家行政或行业主管等部门根据现行电力法规组织的验收或预验收，相关机构或部门应积极主动给予配合和协助。但由于安全责任主体是国家电网公司，该验收不能替代竣工验收。

4.12 由于标准编写过程的滞后性，对未涉及的设备提出了验收建议。

5.5.10 是针对调试设备的新特点提出的，既满足实际需求，又没有改动回路接线，同时和DL/T 995中两套保护电流回路串联，电压回路并联的条件一致。

附录B 等电位接地网连接示意图是根据《国家电网公司十八项电网重大反事故措施》（修订版）中有关等电位接地网相关条文描述而绘制的，说明如下：

a）主控室和保护小室内的等电位接地网与主接地网的连接只有一个连接点，位于电缆竖井处（或电缆沟入口处），在该处用不少于4根铜排（缆）共点密集布置与主地网可靠连接（见图中标注1）。

b）自开关场和保护小室/通信室沿电缆沟引入的铜排（缆）都应连接在4根铜排（缆）和户内等电位接地网共点密集连接处一点连接（见图标注2）。

c）室外端子箱外壳应连接主接地网，沿端子箱电缆沟的铜排（缆）应在一点用铜排（缆）分别与主接地网和端子箱内等电位铜排连接（见图中标注3）。

C.1 资料验收，保护装置相关一次设备有关的项目可通过查阅资料方式验收。继电保护、安全自动装置及二次回路和相关一次设备组成了一个系统，系统中任何一个要素异常，都会影响系统功能的正常发挥，但由于专业分工职责的限制，所以，采取资料验收方式来验收保护装置相关一次设备的有关数据和参数。

C.13 将正式运行定值放在定值区Ⅰ区；正式运行的备用定值放在定值区Ⅱ区；特殊运行方式的定值等依次推后，这样做便于事故处理和运行方式改变时需要修改定值，也能避免临时修改定值产生差错。

国家电网公司企业标准

继电保护状态检修导则

Guide for Condition Based Maintenance Strategy of Protective Relay

Q/GDW 1806—2013

目　次

前言 319
1 范围 320
2 规范性引用文件 320
3 术语和定义 320
4 总则 322
5 组织管理与职责分工 322
6 基本实施条件 324
7 工作流程 324
8 基础数据和信息收集 325
9 状态评价 325
10 检修决策 326
11 绩效评估 328
附录 A（资料性附录） 继电保护状态检修工作流程图 329
附录 B（资料性附录） 继电保护及二次回路运行巡视要求 330
附录 C（资料性附录） 继电保护及二次回路专业巡检要求 331
编制说明 332

前　言

随着电网的快速发展，设备规模增长和检修力量相对不足的矛盾日益突出。为此，国家电网公司积极推广电网设备状态检修，根据设备状态水平制定相应的检修策略，以提高检修的质量和效率。继电保护开展状态检修既要借鉴一次设备状态检修的经验，也要体现继电保护的技术特点和安全定位。为确保继电保护状态检修工作有序开展，明确实施状态检修的总体原则、职责分工、工作流程、基本实施条件，以及信息采集、状态评价、检修决策、绩效评估的基本原则和要求，特制定本导则。

本标准由国家电力调度控制中心提出并解释；

本标准由国家电网公司科技部归口；

本标准起草单位：国家电力调度控制中心，浙江省电力公司，河北省电力公司，安徽省电力公司，福建省电力公司，山西省电力公司；

本标准主要起草人：裘愉涛、钱建国、赵春雷、王德林、刘宇、叶远波、黄巍、樊丽琴、吴振杰、陈水耀、常风然。

本标准首次发布。

继电保护状态检修导则

1　范围

本标准规定了继电保护状态检修的职责分工、基本实施条件、工作流程、信息采集、状态评价、检修决策、绩效评估的基本原则和工作要求。

本标准适用于国家电网公司110（66）kV及以上常规变电站微机型继电保护及其二次回路的状态检修，其它电压等级常规变电站可参照执行。

2　规范性引用文件

下列文件对于本文件的应用是必不可少的。凡是注日期的引用文件，仅注日期的版本适用于本文件。凡是不注日期的引用文件，其最新版本（包括所有的修改单）适用于本文件。

GB/T 14285—2006　继电保护和安全自动装置技术规程

DL/T 587—2007　微机继电保护装置运行管理规程

DL/T 623—2010　电力系统继电保护及安全自动装置运行评价规程

DL/T 664—2008　带电设备红外诊断技术应用导则

DL/T 995—2006　继电保护和电网安全自动装置检验规程

3　术语和定义

下列术语和定义适用于本文件。

3.1

检修　maintenance

为保持或恢复设备的期望功能所进行的技术作业行为，通常包括检查、维护、修理和更新四项任务。

3.2

状态检修　condition based maintenance strategy

状态检修是企业以安全、可靠、环境、成本为基础，通过设备状态评价、检修决策，达到运行安全可靠，检修成本合理的一种检修策略。

3.3

状态量　condition indicator

直接或间接表征设备状态的各类信息，如数据、声音、图像、现象等。

3.4

巡检　routine inspection

为获取设备状态量定期进行的巡视、检查和简单的维护，包括运行巡视和专业巡检。

3.5

例行试验 routine test

为获取设备状态量，评估设备状态，及时发现设备隐患，定期进行的停电试验。

3.6

基准周期 benchmark interval

本标准规定的巡检周期和例行试验周期。

3.7

正常状态 normal condition

指设备各状态量处于稳定且在规程规定的注意值、警示值等（以下简称标准限值）以内，不存在运行安全隐患的状态。

3.8

注意状态 attentive condition

指设备某个或几个状态量接近标准限值，或存在一般缺陷未消除，或存在一般性反措工作尚未执行完毕，但仍能继续运行的状态。

3.9

异常状态 abnormal condition

指设备某个状态量超过标准限值，或存在重要缺陷未消除，或存在重要反措工作尚未执行完毕，但仍能继续运行的状态。

3.10

严重状态 severe condition

指设备某个状态量严重超出标准限值，或存在紧急反措工作未执行完毕，或存在紧急缺陷未消除，只能短期运行或立即停役的状态。

3.11

家族性缺陷 family defection

经确认由原理、设计、材质、工艺共性因素导致的设备缺陷称为家族性缺陷。如出现这类缺陷，具有同一原理、设计、材质、工艺的其它设备，不论其当前是否可检出同类缺陷，在这种缺陷隐患被消除之前，都称为有家族缺陷设备。

3.12

状态评价 condition evaluation

根据继电保护设备缺陷、故障的性质和概率统计分析，借鉴以往发现、处理缺陷和故障的方法、数据和经验，通过状态量的表述方式，以现有的运行巡视、定期停役或带电检测、在线监测等技术手段获取状态信息，对在役继电保护设备的运行性能进行综合评定，为设备运行、维护和检修提供依据。

3.13

平均无故障时间 mean time between failures

继电保护设备相邻两次故障之间的平均时间，也称为平均故障间隔，是用于描述继电保护设备可靠性的概率指标，对于可修复设备，是指设备平均寿命与设备平均修复时间之和。

4 总则

4.1 继电保护实行状态检修必须坚持“安全第一、预防为主、综合治理”的原则，综合考虑安全、环境、效益等因素，持续完善，逐步推进。

4.2 继电保护实行状态检修应遵循“应修必修、修必修好”的原则，要避免盲目检修、过度检修和设备失修，提高检修质量和效率，确保继电保护设备的安全运行。

4.3 继电保护实行状态检修应加强运行巡视和专业巡检，充分利用微机保护的自检性能，实时掌握设备的运行工况。

4.4 继电保护实行状态检修应建立相应的管理体系、技术体系、数据与信息收集体系、执行体系、宣贯和保障体系，明确状态检修各环节的职责分工和工作要求。

4.5 继电保护实行状态检修在投产后 1 年内应开展投运后第一次全部检验，之后每隔 6 年至少保证开展 1 次例行试验。

4.6 状态评价是继电保护实行状态检修的前提和基础，应综合应用自检信息、巡检信息、试验信息，结合环境信息和家族性信息，对设备状态进行科学评价。

4.7 继电保护与一次设备状态检修应相互协调，检修决策时应统筹考虑，避免一次设备重复停电。

4.8 电磁型、集成电路型等非微机保护设备不实行状态检修，仍按照 DL/T 995—2006 实行定期检修。

5 组织管理与职责分工

5.1 国家电力调度控制中心是国家电网公司继电保护状态检修工作的归口管理部门，主要职责为：

5.1.1 组织编制继电保护状态检修管理规定和技术标准；

5.1.2 组织对各网（省）公司继电保护状态检修工作的验收；

5.1.3 指导、检查、考核各网（省）公司的继电保护状态检修工作；

5.1.4 组织开展继电保护状态检修技术培训和经验交流。

5.2 中国电力科学研究院是国家电网公司继电保护状态检修工作的技术支撑部门，主要职责为：

5.2.1 参加继电保护状态检修工作重大问题的技术讨论和决策；

5.2.2 开展继电保护状态检修新技术、新设备、新方法的调查、研究和应用，完善在线监测、故障诊断等技术；

5.2.3 开展继电保护运行统计评价，发布状态评价相关的可靠性指标；

5.2.4 开展继电保护缺陷原因分析和追溯，以及家族性缺陷的确认；

5.2.5 收集国内外各类继电保护设备事故、重大缺陷等信息。

5.3 各调控分中心是分部继电保护状态检修工作的归口管理部门，主要职责为：

5.3.1 指导、检查分部所辖区域电网继电保护状态检修工作；

5.3.2 组织审核调度管辖范围继电保护的检修计划、评价报告；

5.3.3 组织开展分部所辖区域电网继电保护状态检修技术培训和经验交流；

5.4 各省（市）电力调度控制中心是省（市）公司继电保护状态检修工作的归口管理部门，

主要职责为：

5.4.1 组织编制省（市）公司继电保护状态检修管理规定和实施细则；

5.4.2 组织对各地（市）局（供电公司）及省检修公司继电保护状态检修工作的验收；

5.4.3 指导、检查、考核各地（市）局（供电公司）继电保护状态检修工作；

5.4.4 组织审核地（市）局（供电公司）提交的继电保护状态检修综合评价报告（含检修计划）；

5.4.5 组织编制省（市）公司系统继电保护状态检修绩效评估报告；

5.4.6 组织开展省（市）公司继电保护状态检修技术培训和经验交流。

5.5 各省电力科学研究院是省公司继电保护状态检修工作的技术支持部门，其主要职责为：

5.5.1 指导地（市）局（供电公司）开展继电保护设备状态评价与诊断；

5.5.2 参加继电保护状态检修工作重大问题的技术讨论和决策；

5.5.3 开展继电保护状态检修新技术、新设备、新方法的调查、研究和应用，完善在线监测、故障诊断等技术；

5.5.4 收集各类继电保护设备事故、重大缺陷等信息，分析家族性缺陷或疑似家族性缺陷；

5.5.5 参加省（市）公司系统继电保护状态检修及绩效评估工作；

5.5.6 开展继电保护状态检修技术培训和经验交流。

5.6 省（市）检修公司是省公司继电保护状态检修工作的专业化实施部门，主要职责为：

5.6.1 组织编制本单位继电保护状态检修工作的相关管理规定和实施细则；

5.6.2 组织开展所辖设备继电保护继电保护基础数据和信息收集工作和状态评价工作；

5.6.3 组织编制所辖设备继电保护状态检修综合评价报告（含状态检修计划）；

5.6.4 组织编制本单位继电保护状态检修绩效评估报告；

5.6.5 组织开展继电保护状态检修技术培训和经验交流；

5.6.6 组织编制继电保护检修计划并督促落实。

5.7 地（市）电力调度控制中心是地（市）局（供电公司）继电保护状态检修工作的归口管理部门，其主要职责为：

5.7.1 组织编制本单位继电保护状态检修工作的相关管理规定和实施细则；

5.7.2 督促指导运行、检修部门开展继电保护基础数据和信息收集工作；

5.7.3 组织开展本单位继电保护状态评价工作；

5.7.4 组织编制本单位继电保护状态检修综合评价报告（含状态检修计划）；

5.7.5 组织编制本单位继电保护状态检修绩效评估报告；

5.7.6 组织开展继电保护状态检修技术培训和经验交流；

5.7.7 组织编制继电保护检修计划并督促落实。

5.8 运行部门的职责：

5.8.1 收集所管辖继电保护的设备信息、和动作记录、检修时间、缺陷记录等信息；

5.8.2 定期开展继电保护设备运行巡视（具体见附录B），及时发现继电保护设备异常；

5.8.3 参与继电保护设备状态评价工作，向检修部门提交检修建议。

5.9 检修部门的职责：

5.9.1 参与制订继电保护状态检修工作的相关技术标准；

5.9.2 收集所管辖继电保护设备的设备台账、反措记录、巡检和试验信息（见附录C）；

5.9.3　对所管辖的继电保护设备进行状态评价；

5.9.4　编制继电保护设备状态评价初评报告（含检修建议），并提交检修管理部门；

5.9.5　执行经本单位审定的继电保护设备状态检修实施计划；

5.9.6　参与制订继电保护标准化作业指导书，督促现场标准化作业的实施。

6　基本实施条件

6.1　继电保护状态检修规章制度完备，包括继电保护状态检修实施细则、基础资料和信息收集规定，状态检修试验规程、状态评价标准、绩效评估标准等。

6.2　继电保护状态检修组织体系完整，成立继电保护状态检修专家组，建立班组、工区（检修公司）、省（市）检修公司或地（市）公司的三级工作体系。

6.3　继电保护状态检修工作流程明晰，各级组织管理和职责分工明晰，各关键环节工作要求明确，协调配合机制完备。

6.4　建立继电保护设备全寿命周期档案，包括缺陷、反措、检修、事故等信息。继电保护设备台账、图纸资料等基础资料和运行信息采集完备，内容齐全、准确，以上信息应通过继电保护设备基础资料与信息管理系统实现电子化管理，该系统可与其他应用系统共享资源。

6.5　完成继电保护状态检修体系的培训和宣贯，各级继电保护专业技术人员、管理人员具备对继电保护设备进行状态检测、诊断、评估的基本能力。

6.6　继电保护装置检验规程及作业指导书（或作业卡）齐全，已经全面开展现场标准化作业。

6.7　继电保护设备应具备基本的自检能力，在异常时能够发出告警信号。

6.8　继电保护状态检测手段齐全，购置必要的仪器仪表，满足运行巡视、专业巡检、例行试验等工作的需要。

7　工作流程

7.1　继电保护状态检修基本流程包括信息收集、状态评价、检修决策、检修计划、检修实施及绩效评估等环节。

7.2　继电保护设备状态信息收集由承担继电保护设备检修工作的班组和变电运行人员共同负责，实行动态更新，每月至少更新1次。继电保护设备检修工作的班组负责原始资料、检修资料、其它资料等资料的收集；变电运行人员负责运行巡视资料的收集和更新。

7.3　继电保护设备状态评价及检修建议和决策实行班组、工区（检修公司）、省检修公司或地（市）公司三级评价和审批。评价应动态进行，每年至少1次，宜在每年8月1日前完成。状态评价应通过状态检修辅助决策系统进行，形成各级评价报告，并同时给出检修决策建议。

7.4　按调度管辖和许可范围，网（省）公司电力调度控制中心负责组织各地（市）公司状态检修综合报告继电保护部分的专业评审，形成网（省）公司继电保护状态检修审批意见。

7.5　根据网（省）公司对状态检修综合报告的审批意见，设备运行检修单位负责组织制定年度继电保护状态检修计划和实施方案。

7.6　地（市）公司工区（检修公司）、班组负责落实年度继电保护状态检修计划和实施方案，分解为月、周计划并执行。检修中应严格执行现场标准化作业指导书。检修信息应及时更新至继电保护设备状态信息库。

7.7　设备运行检修单位负责组织本单位继电保护状态检修绩效评估，形成地（市）公司继电保护状态检修绩效评估报告。绩效评估每年 1 次，应在每年 1 月底前完成上一年度状态检修绩效的自评估工作，宜在完成当年检修计划、拟开展年度状态评价前完成。省（市）公司状态检修绩效评估报告于 2 月 10 日前完成，并上报国网公司。绩效评估应对状态检修体系的有效性、检修策略适应性、目标实现程度等进行评估，并依据评估结果制定相应的改进措施，实现状态检修的动态管理和持续改进。

7.8　省（市）公司电力调度控制中心负责组织编写本网继电保护状态检修年度分析报告，包括重点工作、检修评价等。

8　基础数据和信息收集

8.1　基础资料与信息是继电保护设备全寿命周期内的档案，是继电保护设备状态评价的重要依据。包括继电保护设备投运前资料和投运后运检信息。

投运前资料收集由建设部门负责，并在投运前移交给运行部门和检修部门，调度部门负责监督，投运前资料包括出厂资料（设备参数、技术说明书、运行维护手册、平均无故障时间、批次号、出厂试验报告等）、技术协议、工作联系单、相关会议纪要、安装记录、交接试验报告、竣工图纸、验收报告等。

投运后信息收集由运行部门和检修部门负责，投运后运检信息包括运行巡视记录、专业巡检记录、试验报告、保护定值更改记录、动作记录、缺陷记录、反措记录、检修记录等。

8.2　继电保护专业管理部门应制定继电保护设备基础资料与信息收集的管理规范和流程，确保设备基础资料与信息的正确性、完整性和及时性。

8.3　继电保护运行巡视由运行部门负责，巡视应符合 DL/T 587—2007 要求。220kV 及以上变电站每月至少巡视一次，110（66）kV 变电站每季度至少巡视一次。巡视内容包括运行环境、运行工况、回路绝缘、屏柜封堵等。

8.4　继电保护专业巡检由检修部门负责。要求 220kV 及以上变电站每 6 个月至少开展一次专业巡检，110（66）kV 变电站每年至少开展一次专业巡检。必要时可增加专业巡检次数。

8.5　应按年完成所有继电保护设备基础资料与信息整理归档，提供年度继电保护设备状态评价参考。

9　状态评价

9.1　继电保护状态评价应遵循客观、统一的原则，避免人为因素对评价结果造成影响。

9.2　实行状态检修的继电保护设备必须进行状态评价，准确地掌握设备的运行状况以及发展趋势，有针对性地制定检修策略。

9.3　继电保护状态评价信息包括继电保护设备投运前资料、投运后运检信息和设备可靠性评价报告（年度设备分析报告、年度运行分析报告等）。

9.3.1　实行状态检修的继电保护设备应完善原始资料的积累，如出厂测试报告、投产调试和验收检验报告、软件版本资料、竣工图纸等。

9.3.2 开展状态检修的设备应实施有效的巡检工作，如屏内设备检查、二次回路检查、交流采样检查、保护差流检查、光纤通道检查、二次红外测温检查等。

9.3.3 开展状态检修的设备应加强运行监视，做好设备运行记录，及时提供设备评价依据，如现场运行环境检查、装置面板检查、保护通讯状况检查、高频通道检查等记录。

9.3.4 开展状态检修的设备应加强运行和动作分析，定期开展设备缺陷、故障情况的统计分析，开展保护动作的扩大化分析，定期通报设备家族性缺陷和突出问题。

9.3.5 开展状态检修的设备应加强检验试验资料管理和分析，历次检验报告完整，数据齐全，带电检测信息如带负荷测相量测试数据、保护通道试验数据记录完整，二次回路绝缘记录及变化趋势、设备工况分析准确。

9.4 继电保护状态评价以间隔为单位，分别以装置本体和二次回路为评价对象。继电保护间隔整体评价应综合其构成保护设备的评价结果，按双重化配置保护的间隔，评价得分取两套保护的最低分。

9.5 根据评价结果，继电保护设备可划分为“正常”、“注意”、“异常”、“严重”四种状态，作为检修决策的依据。对评价结果为“异常”或“严重”的设备应有专题的状态评价报告，并提出检修和诊断性检验项目的建议。

9.6 设备状态评价每年至少1次，宜在设备检修前后各增加1次评价，修前评价用以提高检修的针对性，修后评价用以检验检修的效果。有条件时，可实行动态跟踪评价。

9.7 继电保护状态评价宜探索和推广应用计算机辅助决策系统，开展二次回路在线监测技术研究，实现设备状态管理信息化。

9.8 继电保护状态评价应完善先进、成熟检（监）测装备配置，提升设备运维现代化水平，进一步提高设备状态可控、能控、在控水平。

10 检修决策

10.1 继电保护状态检修应根据状态评价结果，编制年度检修计划，确定检验时间、检验项目等。

10.2 继电保护状态检修工作分停电检修和不停电检修，停电检修分为A类检修、B类检修、C类检修，不停电检修为D类检修，具体分类见表1。本标准中涉及的停电，均指一次设备停电。

10.2.1 A类检修

A类检修是指对继电保护整屏更换、整装置更换或二次电缆全部更换后进行的全部检验，以及新设备安装投产后进行的第一次检验。

10.2.2 B类检修

B类检修是指继电保护及其二次回路局部性的检修，辅助装置更换、装置插件更换、程序升级及部分二次电缆更换后的停电检验，以及一次设备停电配合检修或缺陷处理需要开展的试验。

10.2.3 C类检修

C类检修是指对继电保护及其二次回路常规性检查、维护和试验。

10.2.4 D类检修

D类检修是指设备在带电检测或不停电的检查、维修工作。

表 1　继电保护及二次回路检修分类表

<table>
<tr><th colspan="2">检修分类</th><th>检验项目</th></tr>
<tr><td>A 类检修</td><td>A.1　继电保护整屏更换
A.2　继电保护整装置更换
A.3　继电保护二次电缆更换
A.4　继电保护投运后的第一次检验</td><td>1．DL/T 995—2006 规定的全部检验
2．其它检验项目</td></tr>
<tr><td>B 类检修</td><td>B.1　辅助保护装置更换
B.2　需停电的装置插件更换
B.3　需停电的装置程序升级
B.4　二次电缆部分更换
B.5　一次设备停电配合检修
B.6　其它部件缺陷检查处理和更换</td><td>必选项目：
1．外观检查
2．二次回路绝缘检查
3．上电检查
4．模数转换系统检验
5．整组试验（含已投入使用的开入开出检查、整定值核对、与厂站自动化系统及保护信息管理系统配合检验）
可选项目：
1．电压互感器二次回路检查
2．电流互感器二次回路检查
3．逆变电源检查
4．纵联保护通道检查
5．保护定值和逻辑检查
6．操作箱检验
7．DL/T 995—2006 规定的其它检验项目</td></tr>
<tr><td>C 类检修</td><td>C.1　例行性试验</td><td>同 B 类检修的必选项目</td></tr>
<tr><td>D 类检修</td><td>D.1　带电测试
D.2　不停电维护
D.3　检修人员专业检查巡视</td><td>可选项目：
1．高频通道测试
2．差流测试
3．红外测温
4．带负荷试验
5．不停电装置插件更换
6．不停电装置程序升级
7．不停电装置定值修改
8．DL/T 955—2006 规定的其它不停电检验项目</td></tr>
<tr><td colspan="3">注：新安装装置的验收检验按照 DL/T 995—2006 要求执行。</td></tr>
</table>

10.3　检修等级的确定原则

10.3.1　正常状态设备的检修

被评价为“正常状态”的继电保护设备，执行 C 类检修。根据设备实际情况，检修周期可按照基准周期或者按基准周期推迟 1 个年度执行。在实施 C 类检修之前，宜根据实际需要适当安排 D 类检修。

10.3.2　注意状态设备的检修

被评价为“注意状态”的继电保护设备，如果由多项状态量合计扣分导致评价结果为“注意状态”时，执行 C 类检修，按基准周期执行。如果单项状态量扣分导致评价结果为“注意状态”时，宜根据实际情况提前安排 C 类或 B 类检修。实施停电检修前宜加强 D 类检修。

10.3.3　异常状态设备的检修

被评价为“异常状态”的继电保护设备，应根据评价结果确定检修类别和内容，并适时安排检修。实施停电检修前应加强 D 类检修。

10.3.4 严重状态设备的检修

被评价为“严重状态”的继电保护设备，应根据评价结果确定检修类别和内容，并尽快安排检修。实施停电检修前应加强D类检修。

10.4 检修决策应根据设备状态评价的结果动态调整。年度检修计划每年至少制订一次。根据最近一次设备的状态评价结果，考虑电网运行方式等因素，确定下一次停电检修时间和检修类别。

10.5 保护设备状态检修的基准周期为5年，根据设备状态评价结果延长或缩短检修周期，最长不超过6年。

10.6 同一设备存在多种缺陷，应尽量安排在一次检修中处理，必要时，可调整检修类别。

10.7 考虑到继电保护二次回路在线监测能力不足，应充分利用一次设备消缺停电开展二次回路传动、绝缘检查等试验和端子除尘、紧固等维护工作。

11 绩效评估

11.1 继电保护绩效评估工作是运用科学的标准、方法和程序，对实施状态检修的体系运作有效性、策略适应性以及目标实现程度进行评价。

11.2 继电保护状态检修绩效评估包括可靠性指标实现程度评价和效益指标实现程度评价。可靠性指标包括继电保护正确动作率、装置故障率、平均无故障时间、使用寿命等。效益指标指每百套保护装置年平均检修费用。

11.3 对绩效评估中发现状态检修工作存在的问题，要逐条落实整改，实现状态检修工作的动态管理和持续改进。

附　录　A
（资料性附录）
继电保护状态检修工作流程图

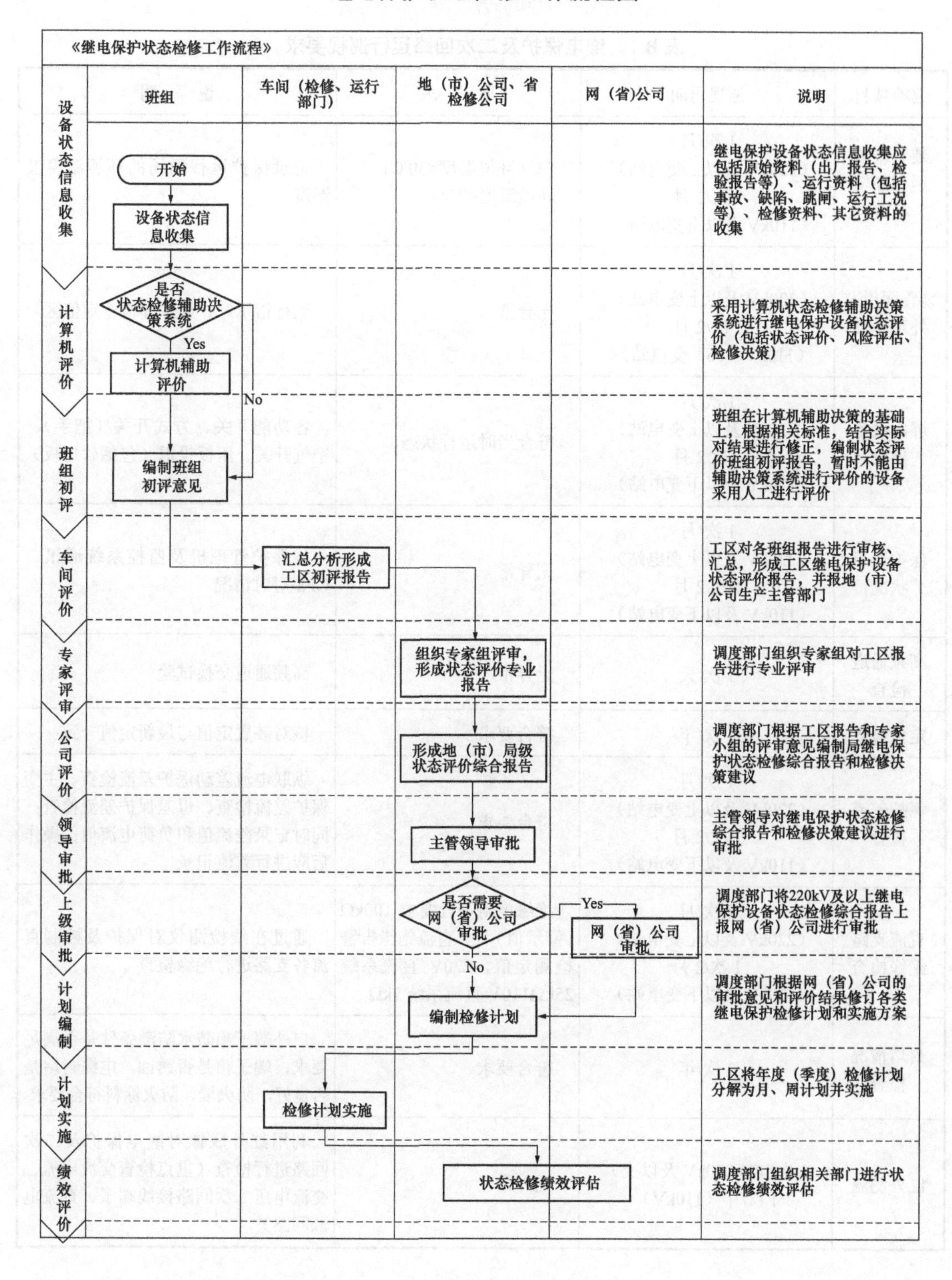

附　录　B
（资料性附录）
继电保护及二次回路运行巡视要求

表 B.1　继电保护及二次回路运行巡视要求

巡检项目	巡视周期	要　求	说　明
装置现场运行环境检查	1 次/月（220kV 及以上变电站）1 次/2 月（110kV 及以下变电站）	5℃<环境温度<30℃；环境湿度<75%。	记录保护运行现场的环境温度及湿度
装置面板及外观检查	1 次/月（220kV 及以上变电站）1 次/2 月（110kV（66）变电站）	无异常	运行指示灯、显示屏检查定值区号
屏内设备检查	1 次/月（220kV 及以上变电站）1 次/2 月（110kV 及以下变电站）	符合当时运行状态	各功能开关、方式开关（把手）、空气开关、压板投退（包括软压板）
保护通讯状况	1 次/月（220kV 及以上变电站）1 次/2 月（110kV 及以下变电站）	无异常	与保护管理机及监控系统通讯、GPS 对时情况
高频通道检查	1 次/天	无异常	高频通道交换试验
定值检查	1 次/年	符合要求	核对装置定值与最新定值一致
保护差流检查	1 次/月（220kV 及以上变电站）1 次/2 月（110kV 及以下变电站）	符合要求	纵联电流差动保护差流检查、主变保护差流检查、母差保护差流检查；同时记录差流值和负荷电流值；操作后应进行差流记录
直流支路绝缘检查	1 次/月（220kV 及以上变电站）1 次/2 月（110kV 及以下变电站）	绝缘电阻符合要求 100kΩ（警示值）注：直流绝缘告警检测定值，220V 直流系统 25kΩ110V 直流系统 7kΩ	通过在线检测仪对保护及控制直流各支路进行绝缘检查
封堵情况检查	1 次/年	符合要求	户外端子箱防水防潮条件是否满足要求，端子箱是否锈蚀，电缆封堵是否良好，防火墙、防火涂料符合要求
红外测温	2 次/年（220kV 及以上）1 次/年（110kV）	无异常	利用红外成像对继电保护及二次回路进行检查（重点检查交流电流、交流电压二次回路接线端子、直流电源回路）

附 录 C
（资料性附录）
继电保护及二次回路专业巡检要求

表 C.1 继电保护及二次回路专业巡检要求

巡检项目	巡检周期	要 求	说 明
装置面板检查	2 次/年（220kV 及以上）1 次/年（110kV）	无异常	运行指示灯、显示屏、装置报文检查、定值区号、打印功能检查
屏内设备检查	2 次/年（220kV 及以上）1 次/年（110kV）	符合当时运行状态	各功能开关、方式开关（把手）、空气开关、压板投退（包括软压板）
版本及定值检查	1 次/年	符合要求	检查保护版本、核对最新定值单及整定单号
高频通道检查	2 次/年（220kV 及以上）1 次/年（110kV）	无异常	高频通道试验，3dB 告警检查
光纤信道检查	2 次/年（220kV 及以上）1 次/年（110kV）	丢包率、误码率无明显变化	检查光纤纵联保护的通信自检信息
模拟量检查	2 次/年（220kV 及以上）1 次/年（110kV）	实际状况相符合	记录保护交流显示值及测控显示值，对差动保护可记录差流值，同时记录差流值和负荷电流值
开入量检查	2 次/年（220kV 及以上）1 次/年（110kV）	符合要求	开入量与实际运行情况一致
反措检查	1 次/年	各项反措均已执行	符合反措要求
二次回路检查	2 次/年（220kV 及以上）1 次/年（110kV）	无异常	户外端子箱防水防潮条件是否满足要求，端子箱是否锈蚀、二次接线是否松动，接地网是否符合要求，电缆封堵是否良好
红外测温	2 次/年（220kV 及以上）1 次/年（110kV）	无异常	利用红外成像对继电保护及二次回路进行检查（重点检查交流电流、交流电压二次回路接线端子、直流电源回路）

继电保护状态检修导则

编 制 说 明

目　次

一、编制背景……334
二、编制主要原则……334
三、与其它标准文件的关系……334
四、主要工作过程……334
五、标准结构和内容……335
六、条文说明……335

一、编制背景

1．编制目的

继电保护设备检修工作是生产管理工作的重要组成部分，对提高设备健康水平、保证系统安全可靠运行具有重要意义。近年来，随着公司电网规模的增长及保护装备水平的提升，传统的定期检修模式逐渐暴露出弊端，不仅检修针对性不强，而且存在较大的安全风险。国家电力调度控制中心（以下简称国调中心）及时组织开展继电保护状态检修技术研究，并在浙江省电力公司等单位启动试点工作。为确保继电保护状态检修工作有序开展，明确实施状态检修的总体原则和工作要求，国调中心组织制定《继电保护状态检修导则》。

2．任务来源

本标准根据《关于下达国家电网公司 2011 年度技术标准制修订计划的通知》（国家电网科〔2011〕190 号）文的安排制定。

二、编制主要原则

本标准的主要内容包括总则、管理规范和工作规范三部分内容。

总则部分阐述了本标准的适用范围、规范性应用文件和实施状态检修的总体原则。

管理规范部分规定了从国家电网公司至地（市）电力公司继电保护保护状态检修工作的组织管理管理与职责分工，及基本实施条件。

工作规范部分规定了工作流程、信息采集、状态评价、检修决策、绩效评估的基本原则和要求。

三、与其它标准文件的关系

本标准主要引用了“GB/T 14285—2006 继电保护和安全自动装置技术规程”“DL/T 995—2006 继电保护和电网安全自动装置检验规程”“DL/T 587—2007 微机继电保护装置运行管理规程”“DL/T 623—2010 电力系统继电保护及安全自动装置运行评价规程”“DL/T 664—2008 带电设备红外诊断技术应用导则”“（国家电网生〔2006〕512 号）变电站管理规范”“（国家电网生〔2012〕352 号）国家电网公司十八项电网重大反事故措施（修订版）”“（国家电网生〔2011〕494 号）电网设备状态检修管理标准和工作标准（试行）”等的相关规定。

四、主要工作过程

2010 年 6 月 10 日～12 日，国调中心在杭州召开状态检修专题会议，华东、华北、华中、西北、东北、浙江、安徽、福建、陕西、山西、吉林、黑龙江等网省调和部分继电保护专家组成员参加会议。会议明确了导则与《继电保护和电网安全自动装置检验规程》的关系，编制了导则的编写大纲。

2010 年 8 月 25 日～27 日，国调中心在石家庄召开编写组会议，浙江、河北、安徽、湖南、福建等省调参加会议。会议重点对状态评价和检修决策的原则进行深入讨论，形成了编写组讨论稿。

2010 年 9 月 13 日～15 日，国调中心在北京召开继电保护状态检修技术研讨会，华东、华中、西北、东北、浙江、河北、安徽、湖南、福建等网省调参加会议。会议梳理了继电保护状态检修工作的基本思路和原则。根据会议提出的意见，编写组对导则进行了修改和完善。

2011 年 7 月 28 日～7 月 30 日，国调中心在杭州召开继电保护重点工作推进会，华东、华中、西北、东北、浙江、重庆、福建、陕西、甘肃等网省调和部分继电保护专家组成员参加会议。会议对《继电保护状态检修导则》等标准第一次专业评审，就规范状态检修条件下继电保护检修管理提出了要求。会议对初稿进一步修订，形成标准送审讨论稿。

2012 年 4 月 27 日，国调中心在北京组织召开了《继电保护状态检修导则》初稿审查会议，公司总部生技部、中国电力科学研究院、华北分部、华东分部、浙江省调、河北省调、四川省调、四川电科院、安徽省调、湖北省调、湖南省调、山西省调、北京市调等单位参加会议。与会人员对《继电保护状态检修导则》进行了认真、细致的讨论，就导则的结构和内容等方面，提出了许多建设性的修改建议。会议对初稿进行了讨论修改，形成了《继电保护状态检修导则（征求意见稿）》。

2012 年 5 月 15 日，征求意见稿发各有关单位征求意见，征求意见单位包括公司总部生技部、全部网省公司、中国电科院共 49 个单位。征求意见稿共收到 27 份来自不同部门、单位、专家的反馈意见，经整理、归并为 306 条意见。

2012 年 5 月 16 日～5 月 31 日编写组对各返回意见逐条进行了梳理，对各返回意见研究讨论是否采纳。2012 年 6 月 1 日，国调中心组织在北京召开标准专业审查会。会议对征求意见稿进行修改完善，最终形成送审稿。

2012 年 6 月 19 日，国调中心发布了《关于征求《继电保护状态检修导则》（征求意见稿）意见的通知》（调继〔2012〕131 号）的文件，共收到 125 条意见，经整理、归并采纳了 44 条意见。

2012 年 10 月 18 日，国家电网公司国调中心会同运检部组织有关专家对浙江省电力公司等单位提交的《继电保护状态检修导则》送审稿进行了审查，专家组一致同意通过评审。编写组根据审查组提出的修改意见进行相应修改。

五、标准结构和内容

本标准按照国家电网公司《标准编写规范》（Q/GDW 003—2012—00701）的要求进行编制。主要结构和内容如下：

1．目次；

2．前言；

3．正文，共设 11 章：范围、规范性引用文件、术语和定义、总则、组织管理和职责分工、基本实施条件、工作流程、基础资料和信息收集、状态评价、检修决策、绩效评估。

六、条文说明

1．本标准规定了继电保护状态检修的基本原则和要求，各网省公司应结合本单位的实际情况，进一步制定实施细则，明确状态评价的具体办法。

2．电磁型、集成电路型等非微机保护设备不实行状态检修，仍按照 DL/T 995—2006《继电保护和电网安全自动装置检验规程》实行定期检修。

国家电网公司企业标准

继电保护状态检修检验规程

Inspection code for condition based maintenance strategy of protective relay

Q/GDW 11284—2014

目　　次

前言……338

1　范围……339

2　规范性引用文件……339

3　总则……339

4　检修分类……340

5　检修准备及注意事项……340

6　停电检修……341

7　不停电检修……342

附录 A（资料性附录）　继电保护装置及二次回路运行巡视信息采集表……347

附录 B（资料性附录）　继电保护装置及二次回路专业巡检信息采集表……348

附录 C（资料性附录）　变电站二次设备红外测温检测要求……349

附录 D（规范性附录）　常用端子螺钉拧紧力矩标准……353

编制说明……354

前 言

为规范继电保护状态检修的检验项目、检验要求，指导继电保护状态检修检验工作，特制定本标准。

本标准由国家电网公司国家电力调度控制中心提出并解释。

本标准由国家电网公司科技部归口。

本标准起草单位：国网浙江省电力公司、国网华东分部、国网西北分部、国网东北分部、国网安徽省电力公司、国网河北省电力公司、中国电力科学研究院。

本标准主要起草人：吴振杰、裘愉涛、王德林、吕鹏飞、阮思烨、蔡耀红、邱智勇、鲍斌、胡勇、谢民、常风然、樊丽琴、徐灵江、王坚俊、吴靖、江木、杨国生、王丽敏。

本标准首次发布。

本标准在执行过程中的意见或建议反馈至国家电网公司科技部。

继电保护状态检修检验规程

1　范围

本标准规定了继电保护装置及二次回路状态检修的检验项目、检验周期和技术要求。

本标准适用于国家电网公司 110（66）kV 及以上常规变电站微机型继电保护装置及二次回路的状态检修，其他电压等级常规变电站参照执行。

2　规范性引用文件

下列文件对于本文件的应用是必不可少的。凡是注日期的引用文件，仅注日期的版本适用于本文件。凡是不注日期的引用文件，其最新版本（包括所有的修改单）适用于本文件。

GB 14048.1—2012　低压开关设备和控制设备　第 1 部分：总则

DL/T 587—2007　微机继电保护装置运行管理规程

DL/T 995—2006　继电保护和电网安全自动装置检验规程

Q/GDW 1806　继电保护状态检修导则

3　总则

3.1　本标准是继电保护装置及二次回路在状态检修检验过程中应遵守的基本原则。

3.2　继电保护状态检修应按照 Q/GDW 1806 的要求开展运行巡视和专业巡检，为状态检修提供基础数据支撑，同时还应依靠检修检验、动作分析、装置自检、状态监测等多种措施和手段为状态评价的准确性提供技术支撑。

3.3　开展状态检修的继电保护装置及二次回路，应按照 Q/GDW 1806 要求开展状态信息收集、状态评价和检修决策等工作，状态评价 1 年内至少开展 1 次。

3.4　继电保护装置及二次回路在投产后 1 年内应开展投运后第一次全部检验。新安装装置验收检验、第一次全部检验应严格按照 DL/T 995—2006 要求执行。

3.5　状态检修检验计划应进行动态管理，依据状态评价结果，对继电保护装置及二次回路的检修类别和检修计划进行动态调整。在一次设备停电时，继电保护及二次回路宜根据需要进行检修。

3.6　对于停用部分保护的不停电维护工作，应考虑继电保护双重化配置及远、近后备保护配合，遵循任何电力设备不允许在无继电保护的状态下运行的原则。

3.7　装置检验工作应制定标准化的作业指导书及实施方案，其内容应符合本标准。

3.8　检验和巡检用仪器、仪表的准确级及技术特性应符合要求，并应定期校验。

3.9　对于不满足 Q/GDW 1806 基本实施条件的继电保护装置及二次回路，仍应按照 DL/T 995—2006 要求开展检修。

4 检修分类

4.1 类别

依据 Q/GDW 1806，继电保护装置及二次回路状态检修工作分停电检修和不停电检修，停电检修分为 A 类检修、B 类检修、C 类检修，不停电检修为 D 类检修。本标准中涉及的停电均指一次设备停电。

4.2 A 类检修

A 类检修是指按照 DL/T 995—2006 全部检验要求进行的继电保护装置及二次回路检验，继电保护整屏更换、二次电缆全部更换等情况进行 A 类检修。

4.3 B 类检修

B 类检修是指在 DL/T 995—2006 部分检验基础上，依据检修需要选择增加其他检验项目的继电保护装置及二次回路检验，继电保护辅助装置更换等情况进行 B 类检修。

4.4 C 类检修

C 类检修是指按照 DL/T 995—2006 部分检验要求进行的继电保护装置及二次回路检验，对继电保护装置及二次回路进行常规性检查、维护和试验时进行 C 类检修。

4.5 D 类检修

D 类检修是指高频通道测试、差流测试、红外测温等继电保护装置及二次回路检查或其他在一次设备不停电条件下可开展的检验，包括专业巡检和不停电维护。

5 检修准备及注意事项

5.1 检修工作前应进行现场勘察，掌握作业现场的一、二次设备运行情况，收集设备状态评价报告、缺陷记录、施工或竣工图纸、装置技术说明书、厂家原理图、最新整定单、试验记录表、反措的说明与要求等资料。

5.2 运行巡视、专业巡检应准备好信息采集表等相关记录表单，具体要求参见附录 A 及附录 B，维修检验应事先明确检验项目。

5.3 变电站二次设备红外测温检测应准备好二次设备红外测温检测报告等相关记录表单，具体要求参见附录 C，测温检测应事先明确检测项目。

5.4 检修工作前应准备合格的仪器仪表、备品备件、工具和连接导线等，接线端子螺钉紧固工作宜使用扭矩螺丝刀，螺纹型端子拧紧力矩参照 GB 14048.1—2012 设置，具体要求见附录 D，常用端子螺钉拧紧力矩标准详见附录 D 的表 D.1。

5.5 检修工作前应进行危险点分析和预控。

5.6 检修工作前应依据作业内容、标准化作业指导书，编制或校核已有的继电保护安全措施票。

5.7 维修检验如需要对装置外加试验电流电压，应做好二次回路（如电流、电压、出口等回路）相关的安全隔离措施，并确保试验过程中电压、电流二次回路接地点可靠连接。

5.8 用微机保护试验仪或使用交流电源的电子仪器（如示波器、毫秒计等）进行电路参数测量时，仪器外壳与保护屏（柜）应在同一点接地。

5.9 测量直流回路的仪器仪表，应选用高内阻仪器仪表，以防止发生直流系统接地或引起直流绝缘下降。

6 停电检修

6.1 适用范围

6.1.1 被评价为“严重状态”的继电保护装置及二次回路原则上应执行A类检修。

6.1.2 被评价为“异常状态”的继电保护装置及二次回路原则上应执行B类检修。

6.1.3 被评价为“注意状态”的继电保护装置及二次回路原则上应执行C类检修。

6.1.4 运行维护单位可根据继电保护装置及二次回路的状态评价情况，适当调整检修类别和检修计划；同一继电保护装置及二次回路前后两次停电检修最长时间间隔不得超过6年。

6.1.5 有下列情形之一的设备，原则上应提高原定检修级别并尽快执行：

a） 运行中发现有异常，此异常可能是严重及以上缺陷所致；

b） 在线监视手段显示设备状态不良；

c） 存在可能危及设备安全运行的家族性缺陷；

d） 继电保护装置及二次回路经受过不良工况的影响（如保护装置安装地点经多次雷电冲击、站内直流系统经受过电压冲击、无功设备控制回路操作频繁等），不进行检修无法确定其是否对设备状态有实质性损害；

e） 自上次检修以来，状态评价结果为“严重状态”或连续两次“异常状态”；

f） 接近装置运行年限限值；

g） 其他。

6.2 检修项目及要求

6.2.1 A、B、C类检修项目及要求

A、B、C类检修项目及要求按照DL/T 995—2006执行，有关检修项目见表1。

表1 继电保护装置及二次回路A、B、C类检修项目

序号	检 修 项 目	A类检修	B类检修	C类检修
1	外观检查	▲必选	▲必选	▲必选
2	回路检验	▲必选	△可选	—
3	二次回路绝缘检查	▲必选	▲必选	▲必选
4	逆变电源检查	▲必选	△可选	—
5	上电检查	▲必选	▲必选	▲必选
6	开关量输入回路检验	▲必选	▲必选	▲必选
7	输出触点及输出信号检查	▲必选	△可选	—
8	模数转换系统检验	▲必选	▲必选	▲必选
9	整定值的整定及检验	▲必选	△可选	—
10	纵联保护通道检验	▲必选	△可选	—
11	操作箱检验	▲必选	△可选	—
12	整组试验	▲必选	▲必选	▲必选
13	装置投运	▲必选	△可选	—

6.2.2　为确保无人值班变电站远方监控信息的准确性和及时性的要求，结合整组试验，应进行继电保护信息与故障录波器、变电站监控系统、调度端监控主站信号的核对。

7　不停电检修

7.1　适用范围

7.1.1　运行巡视主要适用于运行人员在一、二次设备运行条件下，对继电保护装置及二次回路运行状态进行的检查。

7.1.2　专业巡检主要适用于检修人员在一、二次设备运行条件下，对继电保护装置及二次回路运行状态进行的检查及检验。

7.1.3　不停电维护主要适用于一次设备不停电条件下，对二次回路有变动或异常、装置插件及参数有变更或异常、通道附属设备变动或异常等情况进行的检验。

7.1.4　不停电维护可依据实际维护需要，选择相应的项目实施，必要时相关保护应按维护工作需要改为信号或停用状态；受设备实际状态限制，检验项目可按照 7.2.3 条执行。

7.1.5　被评价为“注意状态”的继电保护及二次回路，实施 C 类检修前宜加强运行巡视和专业巡检，引起状态劣化的状态量巡视及巡检周期相应缩短，原则上在正常状态巡视频次基础上增加 1 倍。

7.1.6　被评价为“异常状态”的继电保护及二次回路，实施停电检修前应加强运行巡视，提高运行巡视频次，引起状态劣化的状态量巡视及巡检周期相应缩短，原则上在正常状态巡视频次基础上增加 2 倍。

7.2　项目及要求

7.2.1　运行巡视项目及要求

7.2.1.1　运行人员应按照本标准的要求进行巡视，继电保护装置及二次回路运行巡视项目要求详见附录 A。

7.2.1.2　运行环境检查依据 DL/T 587—2007 要求执行。

7.2.1.3　装置面板及外观检查应包括运行指示灯、液晶显示屏、重合闸、备自投的充电情况及定值区号的检查。

7.2.1.4　屏内设备检查应包括各功能开关、方式开关（把手）、自动开关（熔断器）、压板投退（包括软压板）状态核对。

7.2.1.5　通信状况检查。应检查各间隔保护装置与监控系统通信和时钟对时的正确性。

7.2.1.6　在冰雪、雷电等恶劣天气情况下应提高高频通道检查的频次。

7.2.1.7　应利用绝缘在线监测仪对所有保护和控制直流支路绝缘情况进行检查。

7.2.1.8　保护差流检查及红外测温检查要求在负荷高峰期间增加巡检次数。

7.2.1.9　二次设备红外测温包括保护屏内继电保护装置及户外端子箱内电流二次回路、电压二次回路连接端子，直流电源回路接线端子等，应记录环境温度、装置最高温度、回路最高温度。检测要求详见附录 C，二次设备红外测温检测项目详见附录 C 的表 C.1，二次设备红外测温检测报告详见附录 C 的表 C.2，二次设备现场红外热像仪检测记录详见附录 C 的表 C.3。

7.2.2　专业巡检项目及要求

7.2.2.1　检修人员应按照本标准相关要求进行巡检，继电保护装置及二次回路专业巡检项目要求详见附录B。

7.2.2.2　装置面板及外观检查应包括运行指示灯、液晶显示屏、重合闸、备自投的充电情况及定值区号的检查。

7.2.2.3　屏内设备检查应包括各功能开关、方式开关（把手）、自动开关（熔断器）、压板投退（包括软压板）状态核对。

7.2.2.4　保护装置软件版本应符合主管部门确认的最新可运行版本，保护定值应与定值单一致。

7.2.2.5　线路保护检查应包括纵联保护通道检查，并保存有相关的数据记录。

7.2.2.6　模拟量检查要求比较被检保护装置上模拟量显示值与对应一次电源同源的其他保护或测控装置上的模拟量显示值的差异，或者比较被检保护装置上模拟量显示值与对应钳形电流表测量值的差异，计算并记录最大误差，还应记录保护装置上的差流数据和异常情况。

7.2.2.7　开关量输入回路检查时应核对装置开入显示与实际运行状况的一致性，装置异常告警等历史记录的检查参照DL/T 587—2007要求执行。

7.2.2.8　反措检查应根据反措计划检查执行情况，并记录结果。

7.2.2.9　二次设备红外测温包括保护屏内设备及户外端子箱内的端子排，特别是电流二次回路、电压二次回路连接端子，直流电源回路接线端子等。应利用当前测量数据及历史数据开展分析，判断缺陷性质并确定针对性的处理措施。检测要求详见附录C，二次设备红外测温检测项目详见附录C的表C.1，二次设备红外测温检测报告详见附录C的表C.2，二次设备现场红外热像仪检测记录详见附录C的表C.3。

7.2.3　不停电维护项目及要求

7.2.3.1　根据维修需要，可选做继电保护装置及二次回路需要的维护项目，检修项目见表2。

7.2.3.2　电流、电压二次回路维护主要包括外观及接线检查、接地检查、回路测量或检验，具体要求如下：

a）　应核对相关电缆标签及回路编号是否正确一致；

b）　应检查电缆外观有无破损、电缆外屏蔽接地的正确性和可靠性；

表2　继电保护装置及二次回路不停电维护项目

序号	检 修 项 目	维 护 要 求	项目选择
1	电流、电压二次回路维护	详见7.2.3.2要求	△可选
2	控制回路维护	详见7.2.3.3要求	△可选
3	信号回路维护	详见7.2.3.4要求	△可选
4	高频通道维护	详见7.2.3.5要求	△可选
5	光纤通道维护	详见7.2.3.6要求	△可选
6	装置外部检查	详见7.2.3.9要求	△可选
7	装置上电检查	详见7.2.3.11要求	△可选
8	装置逆变电源检查	详见7.2.3.12要求	△可选
9	开入回路检验	详见7.2.3.13要求	△可选

表 2（续）

序号	检 修 项 目	维 护 要 求	项目选择
10	开出回路检验	详见 7.2.3.14 要求	△可选
11	模数转换系统检验	详见 7.2.3.15 要求	△可选
12	保护定值检查	详见 7.2.3.16、7.2.3.17 要求	△可选
13	自动化、保护信息系统信号检查	详见 7.2.3.18 要求	△可选
14	装置投运前检查	详见 7.2.3.19 要求	△可选
注：电流、电压二次回路维护中使用的红外辅助测温手段作为一种辅助测试手段，不能完全替代其他检修试验项目			

c） 应通过红外辅助测温的方法检查电流回路连接片、电流回路端子短接片连接可靠性；

d） 应检查电压自动开关（熔断器）或熔丝、电压回路连接片、电压回路端子短接片连接正确性和可靠性；

e） 利用装置测量值对回路模拟量进行辅助检查（包括各相电流幅值、相序），并通过负序测量值、自产零序测量值、外接零序电压测量值检查回路不平衡度；

f） 可使用钳形电流表检测中性线电流、电缆外屏蔽接地线电流；

g） 可使用回路多点接地仪、放电间隙动作信号辅助检查电压二次回路一点接地的正确性；

h） 在电压回路、电流回路已可靠隔离情况下，可参考 DL/T 995—2006 进行检查试验。

7.2.3.3 控制回路的维护主要包括外观及接线检查、控制回路测量或检验，具体要求如下：

a） 应核对相关电缆标签及回路编号是否正确一致；

b） 应检查电缆外观有无破损、电缆外屏蔽接地的正确性和可靠性；

c） 应检查控制直流自动开关（熔断器）或熔丝、回路端子短接片连接正确性和可靠性；

d） 可利用操作箱指示灯检查、控制回路断线信号、保护装置开入对控制回路进行辅助检查；

e） 可使用高内阻电压表以一端对地测量控制回路端子排电压的方法，检查控制回路出口压板电位、控制回路端子排电位是否符合设备当前的运行状态；

f） 在跳、合闸回路已可靠隔离情况下，可参考 DL/T 995—2006 进行相关检查试验。

7.2.3.4 信号回路维护主要包括外观及接线检查、信号回路检查或检验，具体要求如下：

a） 应核对相关电缆标签及回路编号是否正确一致；

b） 应检查电缆外观有无破损、电缆外屏蔽接地的正确性和可靠性；

c） 应检查信号电源自动开关（熔断器）或熔丝、信号回路连接片、端子短接片连接可靠性；

d） 应结合控制屏光字牌信号、测控装置及监控后台信号、保护装置信号动作状态、继电器（掉牌/复归）状态，使用高内阻电压表以一端对地测量端子电压的方法，检查信号回路端子排电位连接正确性和可靠性；

e） 相关回路安全措施可靠隔离情况下，可参考 DL/T 995—2006 信号回路传动方法检查。

7.2.3.5 高频通道维护主要包括外观及接线检查、通道测试或检验，具体要求如下：

a）应检查高频电缆双端标签及编号是否正确一致；

b） 应检查高频电缆外观有无破损、电缆屏蔽接地的正确性和可靠性；

c）测定载波通道传输衰耗测量、专用收发信机通道裕量测量按照 DL/T 995—2006 要求执行，测试前相关高频保护应改信号。

7.2.3.6 光纤通道维护主要包括外观及接线检查、通道检测或检验，具体要求如下：

a） 继电保护利用通信设备传送保护信息的通道（包括直连光纤、复用光纤等通道），应核对光纤、电缆双端标签及编号是否正确一致，检查保护屏、通信接口屏等光缆、电缆外观有无破损，还应检查各端子排接线、通信接口连接的正确性和可靠性；

b） 应结合保护装置、通道接口装置告警信号、通道误码、通道延时、丢包等状态检查光纤通道连接可靠性；

c） 可使用高内阻电压表以一端对地测量通道接口装置直流电源及输出触点、中间继电器电源及输出触点电压的方法，检查光纤通道加工设备运行状态；

d） 通道自环检查、接口继电器、误码率和传输时间、收发信功率（电平）试验要求按照检验规程执行；

e） 在远方跳闸等回路实施可靠安全措施后，可按照 DL/T 995—2006 要求测试通道传输时间及“允许跳闸”信号返回时间。

7.2.3.7 装置电源板、通信接口板、信号板、液晶面板、光纤接口板、管理板等插件更换或缺陷诊断时可采用不停电维护。

7.2.3.8 除按照 DL/T 995—2006 要求采取措施避免装置内部元器件损坏外，还应防范运行交直流电压、交流电流回路对装置维护的影响，防止回路开路、短路和异常接地。

7.2.3.9 装置外部检查可按照 DL/T 995—2006 要求执行。

7.2.3.10 不停电维护时不宜进行装置绝缘试验。

7.2.3.11 装置上电检查按照 DL/T 995—2006 要求执行。

7.2.3.12 逆变电源检查可参照 DL/T 995—2006 执行，装置运行维护时可只测量额定电压下的各级输出电压、纹波数值，应进行逆变电源开关拉合试验，必要时可进行直流电源自启动性能检验。

7.2.3.13 可参照运行设备实际状态检查开关量输入回路动作状态响应是否正确，在出口回路采取可靠安全措施隔离后，可通过分别接通、断开连接片及切换把手方法检查装置开关量输入回路响应正确性。

7.2.3.14 装置输出触点及输出信号检查可结合装置传动到出口连接片和保护屏柜端子排一并进行，工作前跳合闸回路、其他运行保护及安全自动装置相关回路应做好安全措施。

7.2.3.15 模数变换系统检验时可优先利用运行电压及电流检验幅值和相位精度，当运行电压、电流不满足测试条件（超过装置技术条件的测试范围）时，可输入额定电流、电压量进行检验；涉及交流采样插件变更的，应按照 DL/T 995—2006 要求进行模数变换系统零点漂移检验，可仅分别输入不同幅值的电流、电压量检验模数变换系统幅值和相位精度。

7.2.3.16 装置整定值检验前应检查装置内部定值按定值单设置无误，软件版本符合要求。

7.2.3.17 装置整定值的检验项目和内容应根据检验的性质、装置的具体构成方式和动作原理拟定，原则上应符合实际运行条件，并满足实际运行的要求；每一检验项目都应有明确的目的，或为运行所必须，或用以判别元件、装置是否处于良好状态和发现可能存在的缺陷等。

7.2.3.18 结合装置整定值检验，可配合检查相关厂站自动化系统信号回路正确性和名称正确性。

7.2.3.19 保护装置投运前的检查按照 DL/T 995—2006 执行，差动保护除测定各相回路、差回路的电流、电压数据外，还应测量各中性线的不平衡电流、电压数据。

附　录　A
（资料性附录）
继电保护装置及二次回路运行巡视信息采集表

继电保护装置及二次回路运行巡视信息采集表见表 A.1。

表 A.1　继电保护装置及二次回路运行巡视信息采集表

<table>
<tr><td colspan="2">变电站名称</td><td></td><td>天气情况</td><td colspan="2"></td></tr>
<tr><td colspan="2">间隔名称</td><td></td><td>保护装置名称</td><td colspan="2"></td></tr>
<tr><td colspan="2">巡视时间</td><td></td><td>巡视人员</td><td colspan="2"></td></tr>
<tr><td colspan="6">采集内容及记录</td></tr>
<tr><td>序号</td><td>采集内容</td><td colspan="2">采集数据</td><td>结果</td><td>说明</td></tr>
<tr><td rowspan="2">1</td><td rowspan="2">运行环境</td><td colspan="2">环境温度：　℃</td><td></td><td></td></tr>
<tr><td colspan="2">环境湿度：　%</td><td></td><td></td></tr>
<tr><td rowspan="3">2</td><td rowspan="3">装置面板及外观检查</td><td colspan="2">运行指示灯正常</td><td></td><td></td></tr>
<tr><td colspan="2">液晶显示屏正常</td><td></td><td></td></tr>
<tr><td colspan="2">检查定值区号与实际运行情况相符</td><td></td><td></td></tr>
<tr><td rowspan="2">3</td><td rowspan="2">屏内设备检查</td><td colspan="2">各功能开关、方式开关及自动开关（熔断器）符合实际运行情况</td><td></td><td></td></tr>
<tr><td colspan="2">保护压板（包括软压板）投入符合要求</td><td></td><td></td></tr>
<tr><td>4</td><td>通信状况检查</td><td colspan="2">与保护管理机及监控系统通信、GPS对时中断　次（累计）</td><td></td><td></td></tr>
<tr><td>5</td><td>高频通道检查</td><td colspan="2">高频通道测试正常</td><td></td><td></td></tr>
<tr><td>6</td><td>定值检查</td><td colspan="2">核对装置定值与最新定值一致</td><td></td><td></td></tr>
<tr><td>7</td><td>装置差流检查</td><td colspan="2">装置运行中三相差流：　mA
装置运行中三相电流：　A</td><td></td><td></td></tr>
<tr><td rowspan="2">8</td><td rowspan="2">直流支路绝缘检查</td><td colspan="2">绝缘电阻：　MΩ</td><td></td><td></td></tr>
<tr><td colspan="2">周期内直流接地　次（累计）</td><td></td><td></td></tr>
<tr><td>9</td><td>封堵情况检查</td><td colspan="2">防火墙、防火涂料符合要求</td><td></td><td></td></tr>
<tr><td>10</td><td>红外测温</td><td colspan="2">继电保护装置及二次回路进行红外检查无异常</td><td></td><td></td></tr>
</table>

附 录 B
（资料性附录）
继电保护装置及二次回路专业巡检信息采集表

继电保护装置及二次回路专业巡检信息采集表见表 B.1。

表 B.1 继电保护装置及二次回路专业巡检信息采集表

<table>
<tr><td colspan="2">变电站名称</td><td></td><td>天气情况</td><td colspan="2"></td></tr>
<tr><td colspan="2">间隔名称</td><td></td><td>保护装置名称</td><td colspan="2"></td></tr>
<tr><td colspan="2">巡检时间</td><td></td><td>巡检人员</td><td colspan="2"></td></tr>
<tr><td colspan="6">采集内容及记录</td></tr>
<tr><td>序号</td><td>采集内容</td><td colspan="2">采集数据</td><td>结果</td><td>说明</td></tr>
<tr><td rowspan="4">1</td><td rowspan="4">装置面板及外观检查</td><td colspan="2">运行指示灯正常</td><td></td><td></td></tr>
<tr><td colspan="2">液晶显示屏正常</td><td></td><td></td></tr>
<tr><td colspan="2">检查定值区号和整定单号与实际运行情况相符</td><td></td><td></td></tr>
<tr><td colspan="2">打印功能正常</td><td></td><td></td></tr>
<tr><td rowspan="3">2</td><td rowspan="3">屏内设备检查</td><td colspan="2">各功能开关及方式开关符合实际运行情况</td><td></td><td></td></tr>
<tr><td colspan="2">电源自动开关（熔断器）及电压自动开关（熔断器）符合要求</td><td></td><td></td></tr>
<tr><td colspan="2">保护压板（包括软压板）投入符合要求</td><td></td><td></td></tr>
<tr><td>3</td><td>版本及定值检查</td><td colspan="2">装置版本、定值与最新定值单一致</td><td></td><td></td></tr>
<tr><td>4</td><td>高频通道检查</td><td colspan="2">高频通道测试正常</td><td></td><td></td></tr>
<tr><td rowspan="3">5</td><td rowspan="3">光纤通道检查</td><td colspan="2">通道传输时间： ms</td><td></td><td></td></tr>
<tr><td colspan="2">丢包率： %</td><td></td><td></td></tr>
<tr><td colspan="2">误码率： %</td><td></td><td></td></tr>
<tr><td>6</td><td>模拟量检查</td><td colspan="2">保护模拟量采样与测控采样的最大误差： %</td><td></td><td></td></tr>
<tr><td>7</td><td>装置差流检查</td><td colspan="2">装置运行中三相差流： mA
装置运行中三相电流： A</td><td></td><td></td></tr>
<tr><td>8</td><td>开入开出回路检查</td><td colspan="2">开入量检查符合运行状况</td><td></td><td></td></tr>
<tr><td>9</td><td>反措检查</td><td colspan="2">符合最新反措要求</td><td></td><td></td></tr>
<tr><td rowspan="4">10</td><td rowspan="4">二次回路检查</td><td colspan="2">端子排（箱）锈蚀</td><td></td><td></td></tr>
<tr><td colspan="2">二次接线松动</td><td></td><td></td></tr>
<tr><td colspan="2">接地、屏蔽、接地网符合要求</td><td></td><td></td></tr>
<tr><td colspan="2">电缆封堵符合要求</td><td></td><td></td></tr>
<tr><td>11</td><td>红外测温</td><td colspan="2">装置最高温度： ℃
二次回路最高温度： ℃</td><td></td><td></td></tr>
</table>

附 录 C
（资料性附录）
变电站二次设备红外测温检测要求

C.1 检测环境条件要求

C.1.1 被检测设备是带电运行设备，应尽量避开视线中的封闭遮挡物，如门和盖板等。

C.1.2 环境温度不低于 5℃，相对湿度不大于 85%；天气以阴天、多云为宜，检测时风速不应大于 5m/s，不应在雷、雨、雾、雪等气象条件下进行。

C.1.3 被检测设备周围应具有均衡的背景辐射，户外晴天时避开阳光直接照射或反射进入仪器镜头，在室内或晚上检测避开灯光直射，避开附近热辐射源的干扰。

C.1.4 检测电流致热型设备，宜在高峰负荷下进行；否则应在不低于 30%的额定负荷下或 TA 回路电流大于 0.1A 时进行测量。

C.1.5 避开强电磁场，防止强电磁场影响红外热像仪的正常工作。

C.2 现场红外热像仪操作方法及注意事项

C.2.1 仪器在开机后须进行内部温度校准，待图像稳定后方可开始工作。

C.2.2 宜远距离对所有被测设备进行全面扫描，发现异常后，再有针对性地近距离对异常部位和重点被测设备进行准确检测。

C.2.3 仪器的色标温度量程宜设置在环境温度加 10℃～20℃的温升范围。有伪彩色显示功能的仪器，宜选择彩色显示方式，调节图像使其具有清晰的温度层次显示。

C.2.4 应充分利用仪器的有关功能，如图像平均、自动跟踪等，以达到最佳检测效果。

C.2.5 如条件允许，红外热像仪等仪器宜尽量靠近被测设备，使被测设备（或目标）尽量充满整个仪器的视场，以提高仪器对被测设备表面细节的分辨能力及测温准确度，必要时，可使用中、长焦距镜头。

C.2.6 为了准确测温或方便跟踪，应事先设定几个不同的方向和角度确定最佳检测位置，并可做上标记，以供以后的复测用，提高互比性和工作效率。

C.2.7 将大气温度、相对湿度、测量距离等补偿参数输入，进行必要修正，并选择适当的测温范围。

C.3 二次设备红外测温检测结果的判断方法

C.3.1 表面温度判断法

主要适用于电流致热效应和电磁效应引起发热的设备。根据测得的设备表面温度值，对照 GB/T 11022—2011 中高压开关设备和控制设备各种部件、材料及绝缘介质的温度和温升极限的有关规定，结合环境气候条件、负荷大小进行分析判断。

C.3.2 同类比较判断法

根据同组三相设备、同相设备之间及同类设备之间对应部位的温差进行比较分析。

C.3.3 图像特征判断法

主要适用于电压致热型设备。根据同类设备的正常状态和异常状态的热图像，判断设备是否正常。注意应尽量排除各种干扰因素对图像的影响，必要时结合电气试验的结果进行综合判断。

C.3.4 相对温度判断法

主要适用于电流致热型设备。特别是对小负荷电流致热型设备，采用相对温度判断法可降低小负荷缺陷的漏判率。

C.3.5 档案分析判断法

分析同一设备不同时期的温度场分布，找出设备致热参数的变化，判断设备是否正常。

C.3.6 实时分析判断法

在一段时间内使用红外热像仪连续检测某被测设备，观察设备温度随负荷、时间等因素变化的方法。

C.4 二次设备红外测温检测项目

二次设备红外测温检测项目见表C.1。

表C.1 二次设备红外测温检测项目

检 验 项 目	内 容
装置类二次设备检查	（1）装置面板； （2）装置内部（重点：电源插件）； （3）装置背板
交换机、通信设备检查（二次设备）	（1）机箱温度； （2）各通信端口； （3）风扇出风口
GPS对时设备检查（二次设备）	（1）机箱温度； （2）风扇出风口
电流回路的检查	（1）保护电流回路； （2）故障录波器的电流回路； （3）遥测电流回路； （4）计量电流回路； （5）公用电流回路； （6）测控电流回路
交流电压（母线电压）回路的检查	（1）保护电压回路； （2）故障录波器的电压回路； （3）遥测电压回路； （4）计量电压回路； （5）公用电压回路； （6）自动开关（熔断器）； （7）测控电压回路
交流电源电压回路的检查	（1）隔离开关电源回路； （2）断路器电源回路； （3）保护电源回路； （4）自动开关（熔断器）； （5）测控电源回路

表 C.1（续）

检　验　项　目	内　　容
直流回路检查	（1）自动开关（熔断器）； （2）控制回路； （3）直流小母线； （4）直流馈线电源回路； （5）保护电源回路； （6）测控电源回路

C.5　二次设备红外测温判断依据

C.5.1　同一回路不同部位、不同相别之间的相对温差超过 5℃可定为一般缺陷，超过 10℃可定为重要缺陷，超过 20℃可定为紧急缺陷。

C.5.2　计算机类、交换机类设备的温度异常判断宜采用档案分析判断法，分析同一设备不同时期的温度场分布，积累设备温度对运行稳定性影响的经验数据，找出致热程度与设备运行稳定性的相关性参数。

C.6　二次设备红外测温检测技术管理要求

C.6.1　由于季节性温度的变化、负荷的变化对红外热像仪检测的数据都会有很大的影响，为使测试数据有可比性，一般缺陷及以上应记录被测设备的检测日期、环境温度、设备名称、负荷电流、额定电流、运行电压，被测物体温度及环境参照体的温度值、温度测试记录等。

C.6.2　检测时一般先用红外热像仪对全部应测部位进行扫描，若有热点异常部位或重点检测设备应进行准确测温，并拍摄热谱图存盘以建立红外热像仪检测台账，要求详细记录设备的异常部位，以便分析判断缺陷性质和采取针对性的处理措施。

C.6.3　二次设备红外测温检测的测试记录和检测报告应详细、全面，应妥善保管，并建立红外数据库，将红外热像仪检测报告纳入本单位的二次设备信息管理系统中进行管理，并可作为二次设备状态检修的基础资料，其格式详见表 C.2、表 C.3。

表 C.2　二次设备红外测温检测报告

<table>
<tr><td colspan="8">1．检测工况</td></tr>
<tr><td colspan="2">厂站名称</td><td colspan="2"></td><td colspan="2">仪器编号</td><td colspan="2"></td></tr>
<tr><td colspan="2">间隔名称</td><td colspan="6"></td></tr>
<tr><td>测试仪器</td><td colspan="2"></td><td colspan="2">图像编号</td><td>辐射系数</td><td colspan="2"></td></tr>
<tr><td>负荷电流</td><td colspan="2"></td><td colspan="2">额定电流</td><td>测试距离</td><td colspan="2"></td></tr>
<tr><td>天气</td><td></td><td>环境温度</td><td></td><td>湿度</td><td></td><td>风速</td><td></td></tr>
<tr><td colspan="2">检测时间</td><td colspan="6"></td></tr>
<tr><td colspan="8">2．图像分析</td></tr>
<tr><td colspan="4">红外图像</td><td colspan="4">可见光图像</td></tr>
</table>

表 C.2（续）

3．诊断分析和缺陷性质			
4．处理意见			
5．备注			
检测人员：	审核：	批准：	日期：

表 C.3 二次设备现场红外热像仪检测记录

厂站名称： 天气： 日期：												
间隔名称	缺陷部位	表面温度℃	正常温度℃	环境参考体温度℃	温差K	相对温差%	负荷电流/额定电流A	运行电压/额定电压kV	缺陷性质	图号	时间	检测人员	备注（辐射系数/风速/距离等）
检测人员：											记录人员：		

C.6.4 对检测到异常热点的设备，在处理后要对该设备进行红外热像仪复测并拍摄热谱图存盘，以便比较、验证红外热像仪检测结果及处理效果。

C.6.5 检修前的红外热像仪检测报告应以文字形式与电气试验报告同时编写、装订，以确保试验报告和台账的完整性。

C.6.6 做好二次设备红外检测原始记录的整理、归类、分析工作，积累经验，完善措施，更好地发挥红外测温技术在二次设备运行管理中的作用。

C.6.7 加强技术培训和经验交流。

附　录　D
（规范性附录）
常用端子螺钉拧紧力矩标准

常用端子螺钉拧紧力矩标准见表 D.1。

表 D.1　常用端子螺钉拧紧力矩标准

常用端子螺钉拧紧力矩标准					
序号	螺纹直径 mm		拧紧力矩 N・m		
	米制标准值	直径范围	I	II	III
1	ϕ1.6	ϕ≤1.6	0.05	0.1	0.1
2	ϕ2.0	1.6＜ϕ≤2.0	0.1	0.2	0.2
3	ϕ2.5	2.0＜ϕ≤2.8	0.2	0.4	0.4
4	ϕ3.0	2.8＜ϕ≤3.0	0.25	0.5	0.5
5	—	3.0＜ϕ≤3.2	0.3	0.6	0.6
6	ϕ3.5	3.2＜ϕ≤3.6	0.4	0.8	0.8
7	ϕ4.0	3.6＜ϕ≤4.1	0.7	1.2	1.2
8	ϕ4.5	4.1＜ϕ≤4.7	0.8	1.8	1.8
9	ϕ5.0	4.7＜ϕ≤5.3	0.8	2.0	2.0
第 I 列：适用于拧紧时不突出孔外的无头螺钉和不能用刀口宽度大于螺钉根部直径的螺丝刀拧紧的其他螺钉。 第 II 列：适用于用螺丝刀拧紧的螺钉和螺母。 第 III 列：适用于不可用螺丝刀来拧紧的螺钉和螺母。 采用上述力矩标准值时不应超出制造商规定的力矩范围；螺纹直径等参数无法确定的，可按制造商规定的力矩标准执行					

继电保护状态检修检验规程

编 制 说 明

目　次

一、编制背景……356
二、编制主要原则……356
三、与其他标准文件的关系……356
四、主要工作过程……356
五、标准结构和内容……357
六、条文说明……357

一、编制背景

继电保护设备检修工作是生产管理工作的重要组成部分，对提高设备健康水平、保证系统安全可靠运行具有重要意义。近年来，随着国家电网公司电网规模的增长及保护装备水平的提升，传统的定期检修模式逐渐暴露出弊端，不仅检修针对性不强，而且存在较大的安全风险。依据《国家电网公司关于下达2013年度公司技术标准制修订计划的通知》（国家电网科〔2013〕50号文）要求，国家电力调度控制中心（简称国调中心）及时组织开展继电保护状态检修技术研究，并在国网浙江省电力公司等单位启动试点工作。

为保障继电保护状态检修工作有效开展，明确继电保护状态检修的检验项目、检验技术要求，特制定本标准。

二、编制主要原则

本标准依据Q/GDW 1806《继电保护状态检修导则》确定的状态检修分类及检验项目的基本要求，参考了GB 14048.1—2012《低压开关设备和控制设备 第1部分：总则》、DL/T 587—2007《微机继电保护装置运行管理规程》、DL/T 623—2010《电力系统继电保护及安全自动装置运行评价规程》、DL/T 995—2006《继电保护和电网安全自动装置检验规程》的部分条款，开展制定工作。

三、与其他标准文件的关系

本标准与有关国家标准、行业标准、国家电网公司企业标准协调、无矛盾。

本标准不涉及专利、软件著作权等知识产权使用问题。

本标准主要参考了以下文献：

DL/T 623—2010 电力系统继电保护及安全自动装置运行评价规程

GB/T 11022—2011 高压开关设备和控制设备标准的共用技术要求

四、主要工作过程

2013年1月，国调中心组织国网浙江省电力公司等单位开展《继电保护状态检修检验规程》的编制工作，成立了标准编写组，确定了编制大纲和工作计划。

2013年4月10～12日，承担该规程编制任务的国网浙江省电力公司在浙江衢州召开状态检修标准讨论编制会，国网杭州供电公司、国网衢州供电公司、国网金华供电公司及国网绍兴供电公司等相关继电保护专业人员参加会议。根据会议讨论结果，初步确定了检修检验项目分类，编制了《继电保护状态检修检验规程》初稿。

2013年7月24日，国调中心在杭州组织召开了继电保护状态检修规程讨论会，浙江省调、安徽省调、河北省调、山西省调、重庆市调、辽宁省调、中国电科院、杭州市调等相关继电保护专业人员参加会议。会议讨论细化了相关检验项目内容，形成了《继电保护状态检修检验规程》初稿修改稿。

2013年9月5～6日，国调中心在北京组织召开了《继电保护状态检修检验规程》初稿第二次讨论会，天津市调、冀北省调、浙江省调、安徽省调、福建省调、重庆市调、辽宁省调，中国电科院、国网杭州供电公司继电保护专业人员参加会议。会议讨论并确定了本标准的检修项目分类与Q/GDW 1806—2013中A、B、C、D四类检修之间的关系，形成了《继电保护状态检修检验规程》初稿第二稿修改稿。

2014年5月8日，国调中心在北京组织召开了《继电保护状态检修检验规程》征求意见稿讨论会，中国电科院、浙江省调、福建省调、天津市调、吉林省调、山西省调、安徽省调、辽宁省调、湖南省调、江西省调、国网杭州供电公司继电保护专业人员参加会议。会议规范检验项目分类描述，对运行巡视、检修巡检要求进行了补充，强化了各类检验的特殊要求，形成了《继电保护状态检修检验规程》征求意见稿，发国家电网公司系统内各网省公司征求意见。

2014 年 6 月，标准编写组根据各网省公司返回意见修改标准，形成了《继电保护状态检修检验规程》送审讨论稿。

2014 年 9 月 18 日，国家电网公司国家电网运行与控制技术标准专业工作组组织有关专家对国网浙江省电力公司等单位提交的《继电保护状态检修检验规程》送审稿进行了审查，会议听取了标准编写组汇报，经认真讨论，形成了审查意见，审查结论为一致同意修改后报批。会后编写工作组按会议要求，对送审稿进行了修订，形成了《继电保护状态检修检验规程》报批稿。

五、标准结构和内容

本标准按照《国家电网公司技术标准管理办法》（国家电网企管〔2014〕455 号文）的要求编写。

本标准的主题章分为 5 章，由总则、检修分类、检修准备及注意事项、停电检修和不停电检修组成。本标准首先对继电保护装置及二次回路在状态检修检验过程中应遵守的基本原则进行了简要说明，然后对继电保护装置及二次回路状态检修工作进行了分类，同时重点规范了检修工作前、检修工作中需要准备及注意的事项，并对在检修分类的基础上对停电检修的适用范围、检修项目及要求进行了详细阐述，最后在检修分类和停电检修的基础上对不停电检修的适用范围、项目及要求重点阐述。标准对继电保护状态检修所进行的规范有效地保障了继电保护状态检修工作的开展。

六、条文说明

6.1.5 条 a）中的“严重及以上缺陷”主要包含危急缺陷和严重缺陷，其中危急缺陷是指继电保护和安全自动装置自身或相关设备及回路存在问题导致装置失去主要保护功能，直接威胁安全运行并须立即处理的缺陷；严重缺陷是指继电保护和安全自动装置自身或相关设备及回路存在问题导致部分保护功能缺失或性能下降，但在短时内尚能坚持运行，需尽快处理的缺陷。

6.1.5 条 c）中的“家族性缺陷”在《国家电网公司继电保护和安全自动装置家族性缺陷处置管理规定》（国家电网企管〔2014〕454 号）中进行了规定。

附录 C 参照 DL/T 664—2008《带电设备红外诊断应用规范》，细化了二次设备红外测温的测试环境要求、注意事项、判断方法和测试项目。

国家电网公司企业标准

继电保护状态评价导则

Guide for condition based maintenance strategy of protective relay

Q/GDW 11285—2014

目　次

前言……………………………………………………………………………………………360
1　范围……………………………………………………………………………………………361
2　规范性引用文件………………………………………………………………………………361
3　术语和定义……………………………………………………………………………………361
4　总则……………………………………………………………………………………………361
5　评价原则………………………………………………………………………………………362
6　状态量及其分值………………………………………………………………………………362
7　评价方法………………………………………………………………………………………364
附录A（规范性附录）　继电保护系统状态评价评分标准…………………………………365
附录B（资料性附录）　继电保护设备状态评价报告………………………………………378
编制说明…………………………………………………………………………………………379

前　言

按照国家电网公司 Q/GDW 1806—2013《继电保护状态检修导则》要求，为规范继电保护设备状态水平评判原则及方法，特编制本标准。

本标准由国家电网公司国家电力调度控制中心提出并解释。

本标准由国家电网公司科技部归口。

本标准起草单位：国网浙江省电力公司、国网华东分部、国网安徽省电力公司、国网河北省电力公司、中国电力科学研究院。

本标准主要起草人：吴振杰、裘愉涛、王德林、吕鹏飞、阮思烨、叶远波、萧彦、邱智勇、曾治安、潘武略、朱玛、杨涛、沈志强、侯伟宏、江木、杨国生、王丽敏。

本标准首次发布。

本标准在执行过程中的意见或建议反馈至国家电网公司科技部。

继电保护状态评价导则

1　范围

本标准规定了继电保护及其二次回路的状态评价方法和要求。

本标准适用于国家电网公司 110（66）kV 及以上常规变电站微机型继电保护及其二次回路的状态评价，其他电压等级常规变电站由各省公司参照执行。

2　规范性引用文件

下列文件对于本文件的应用是必不可少的。凡是注日期的引用文件，仅注日期的版本适用于本文件。凡是不注日期的引用文件，其最新版本（包括所有的修改单）适用于本文件。

DL/T 478—2013　继电保护和安全自动装置通用技术条件
DL/T 587—2007　微机继电保护装置运行管理规程
DL/T 623—2010　电力系统继电保护及安全自动装置运行评价规程
DL/T 995—2006　继电保护和电网安全自动装置检验规程
Q/GDW 1806—2013　继电保护状态检修导则

3　术语和定义

下列术语和定义适用于本标准。

3.1

检测型状态量　detection state indicator

指直接观测、装置自检或仪器检测到的表征设备运行环境和运行工况的状态量，包括设备的运行状态和环境状态两部分。

3.2

可靠性状态量　reliability state indicator

指表征制造厂某类设备可靠性的状态量。

3.3

失效风险状态量　failure state indicator

指表征设备长时间未检修后，故障发生概率的状态量。

3.4

改进型状态量　improvement state indicator

指设备性能下降但在改进和完善后能恢复到正常水平的状态量。

4　总则

4.1　继电保护状态评价应按照 Q/GDW 1806—2013 的要求利用各类状态量采集数据，采用分类加权方法计算状态量化指标。根据状态量的性质、信息采集方法，继电保护设备的状态量分为检测型状态量、可靠性状态量、失效风险状态量和改进型状态量。准确、完整收集继电保护基础资料及信息是开展继电保护状态评价的基础。

4.2 继电保护设备应在完成首次检验后开展状态评价。

4.3 继电保护设备的状态评价应以继电保护单套装置（简称装置）本体及其二次回路为评价对象。

4.4 装置本体及其二次回路以装置屏柜端子排为分界，装置本体包括装置及其附属厂家配线；二次回路包括由端子箱、操作箱至装置屏柜端子排的电缆、光缆及附属设备等。

5 评价原则

5.1 继电保护状态评价结果依据保护装置及其二次回路的状态量计算得到，除包括反映元器件等硬件运行状况的状态量外，反事故措施执行情况、缺陷情况、装置运行年限等也作为状态量纳入评价范畴。

5.2 继电保护状态评价结论可在审核流程中慎重调整，但应做相关分析说明。

5.3 通过更换备件、二次电缆等措施整改后消除的缺陷，其状态评价中涉及的原扣分可取消，但有关情况可作为评价结论调整的依据之一。

5.4 继电保护装置本体及其二次回路评价完成后，评价结果应与一次设备关联，确定设备停役范围并制订相应的检修策略。

5.5 设备状态评价每年至少1次，设备检修后宜增加1次评价，用以检验检修的效果；具备条件时，可实行动态跟踪评价。

6 状态量及其分值

6.1 检测型状态量

检测型状态量包括设备的运行状态和环境状态两部分。根据状态量的重要性不同，各状态量满分值不同，具体分值见表 1。检测型状态量分值下降到一定程度时表明设备存在缺陷或潜在缺陷，需要进行有针对性的检验。

表1 检测型状态量及其分值

评价对象	状态量	满分值
装置本体	运行环境	10
	红外温度	20
	绝缘状况	20
	数据采集	20
	通道运行状况	15
	差流状况	15
二次回路	运行环境	15
	绝缘状况	20
	红外温度	20

表 1（续）

评价对象	状态量	满分值
二次回路	锈蚀状况	20
	封堵状况	10
	积尘状况	15
注 1：检测型状态量评分方法为，若装置本体、二次回路任一状态量评分值小于对应状态量满分值的 60%，则检测型状态量总分取该评分值；否则取装置本体各状态量评分值总和与二次回路各状态量评分值总和的平均值，检测性状态量评分方法详见 A.1 的规定。 注 2：缺陷或因缺陷导致的状态量评分严重降低的指标项除本项目指标计算外，未消除缺陷计入改进型状态量评价环节。 注 3：当部分评价对象无对应状态量时，该状态量不参与评价，其他状态量评分值 X_i 以本对象状态量评分值的总和按比例折算至 100 分，具体折算方法见式（1）。		

$$X_i' = \frac{100}{\sum X_i} X_i \tag{1}$$

式中：

X_i——本对象状态量评分值；

X_i'——按比例折算后的状态量评分值。

6.2　可靠性状态量

可靠性状态量分值低表明设备整体可靠性较差，具体见表 2。

表 2　可靠性状态量及分值

评价对象	状态量	满分值
装置本体	同型号整体可靠性	100
注：可靠性状态量评分方法详见 A.2 的规定。		

6.3　失效风险状态量

在设备长时间运行且没有得到有效验证的情况下，失效风险会增加，对应状态量评分会下降，具体状态量对应评分见表 3。当失效风险状态量评分随时间的增长下降到一定程度，表明需要对继电保护设备的部分或者整体进行检验。失效风险状态量依据设备的最后一次检验时间和故障率进行评价。

表 3　失效风险状态量及分值

评价对象	状态量	满分值
装置本体及其二次回路	装置本体及其二次回路失效风险	100
注：失效风险状态量评分方法详见 A.3 的规定。		

6.4　改进型状态量

改进型状态量反映设备状况，包括家族性缺陷、非家族性缺陷、反事故措施、装置运行年限。其中，非家族性缺陷包括运行巡视、检修试验中发生的缺陷和设备动作分析发现的缺陷。设备存在未消除缺陷或未执行反事故措施，则改进型状态量得分降低，表明需进行版本升级、部件更换或技术改造等改进措施，具体状态量对应评分见表 4。通过被评装置的累计运行时间与同类装置的平均运行年限的比值，可得到该装置与同类装置相比较的相对老化程度。

表 4 改进型状态量及分值

评价对象	状态量	满分值
装置本体及其二次回路	家族性缺陷	1
	非家族性缺陷	1
	反事故措施	1
	装置运行年限	1
注：改进型状态量总体评分值为各状态量评分值的乘积，各状态量评分方法详见 A.4 的规定。		

7 评价方法

继电保护状态评价以量化的方式进行，具体的评分值由式（2）计算得出，分值与状态关系见表 5，评价报告参见附录 B。

$$F=（I_aA_1+M_aA_2+P_aA_3）Q_a \tag{2}$$

式中：

F——装置本体及其二次回路评分值；

I_a——检测型状态量；

A_1——加权因子，取 0.4；

M_a——可靠性状态量；

A_2——加权因子，取 0.2；

P_a——失效风险状态量；

A_3——加权因子，取 0.4；

Q_a——改进型状态量。

表 5 分值与状态的关系

状态	正常	注意	异常	严重异常
分值	86～100	71～85	61～70	60 以下

附　录　A
（规范性附录）
继电保护系统状态评价评分标准

A.1　检测型状态量的评分标准

A.1.1　装置本体检测型状态量的评分标准

表 A.1　装置本体检测型状态量评分表

序号	状态量	标准要求	评分标准
1	运行环境（10 分）	1．环境温度满分取值范围：在 DL/T 587—2007 规定的微机保护装置室内环境温度范围内。 2．环境湿度满分取值范围：不超过 DL/T 587—2007 规定的微机保护装置相对湿度上限，不低于 DL/T 478—2013 规定的微机保护装置相对湿度下限	1．运行环境温度评分 K_1 按图 A.1 规定执行（以斜率计算评分）。根据温度采集数据，运行环境温度评分见式（A.1），当评分值为 0 的次数占总采集次数 10%以上时，该项目不评分。 2．运行环境湿度评分 K_2 按图 A.2 规定执行（以斜率计算评分）。根据湿度采集数据，运行环境湿度评分见式（A.2），当评分值为 0 的次数占总采集次数 30%以上时，该项目不评分。 3．运行环境评分见式（A.3）
2	红外温度（20 分）	满足装置本体正常运行温度范围要求及运行限值要求	1．以装置本体测量最高温度与环境温度差值作为当次测量值，并将该测量值与上一次计算出的测量值相比较，差值在 5℃以内，属于正常工作状态，得满分；差值在 5℃～10℃内，评分按照评分图取值线性下降；两差值超过 10℃，该项不评分；多次差值累计超过 10℃，该项不评分，如图 A.3 所示。 2．评价周期内装置本体红外温度评分见式（A.4），若评价周期内发现装置本体测量最高温度大于 80℃时，K_3 直接取零分
3	绝缘状况（20 分）	回路绝缘：装置本体绝缘满足 DL/T 995—2006 要求	1．在无法获取变电站内绝缘检测装置支路绝缘测量数据时，根据实测的装置本体绝缘电阻值以及装置本体绝缘电阻值下降百分比计算，装置本体绝缘无变化或升高时，装置本体绝缘电阻值下降百分比按 0 计算，K_4 评分标准按图 A.4 规定执行。 2．在可以获取变电站内绝缘检测装置支路绝缘测量数据时，根据实测的绝缘电阻数据计算，K_4 评分标准按图 A.5 规定执行（以斜率计算评分）。 3．评价周期内装置本体绝缘状况评分见式（A.5）。 4．若装置本体直流回路具备绝缘监测告警功能，评价周期内考虑回路绝缘监测告警后的装置本体绝缘状况评分见式（A.6）
4	数据采集（20 分）	模拟量误差不超过 5%；开关量采集正确，无开入异常告警	1．电流、电压第 i 路通道采样值 CT_i、PT_i 与其参考值（检修巡视中推荐以钳型表测量值或其他装置测量值为参考，装置检验中以额定值为参考）的偏差值来判断装置采样的整体性能，采样误差计算方法见式（A.7）。 2．模拟量采集评分 K_6 按图 A.6 规定执行（以斜率计算评分），当负荷电流小于 $0.1I_n$ 时，电流模拟量采集不评分，线路空载充电等负荷电流无法满足评分要求时可配合系统运行方式改变进行补充测量。 3．评价周期内装置本体模拟量采集评分见式（A.8）。 4．开关量采集评分数 K_7 计算：评价周期内发生开入异常得 0 分，不发生开入异常得 1 分。 5．装置本体数据采集评分见式（A.9）

表 A.1（续）

序号	状态量	标准要求	评分标准
5	通道运行状况（15 分）	光纤通道丢包率、误码率不得超过标准值；高频通道不发生 3dB 告警	1. 光纤通道运行状况评分标准以通道丢包率、误码率不超过标准值为限，装置本体通道运行状况评分按图 A.7 规定执行，光纤通道运行状况评分 K_9 取两者低分值。丢包率、误码率标准值取装置设计告警门槛值。 2. 评价周期内光纤通道运行状况评分见式（A.10）。 3. 装置本体通道运行状况评分见式（A.11）。 4. 光纤通道只考虑自身原因导致的丢包、误码，外部通信设备故障、装置死机重启等导致的丢包、误码不计入统计评价，原因不明的告警等异常应统计在内，原因明确不属于保护的可不统计在内
6	差流状况（15 分）	差流数据在允许范围内	1. 差动元件允许值倍数 S 见式（A.12）。 2. 单次采集装置本体差流状况评分按图 A.8 规评分）。 3. 评价周期内装置本体差流状况得分见式（定执行（以斜率计算 A.13）。若某次采集评分为 0，则评价周期内评分为 0

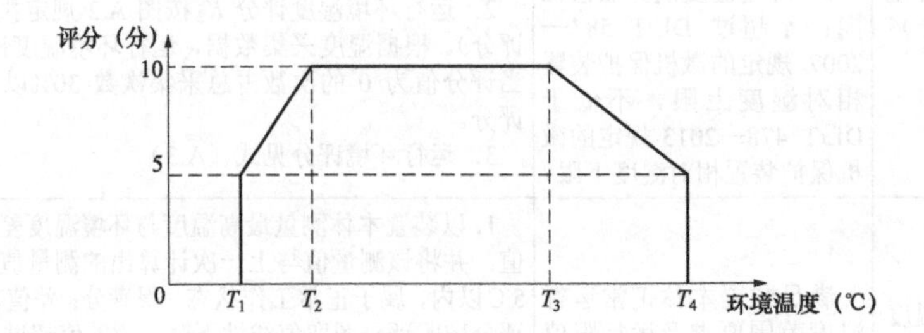

注：温度测量点应充分布置在保护装置本体运行环境周围，并根据试验要求增减测量点。

图 A.1 装置本体运行环境温度评分图

图 A.1 中 T_1、T_2、T_3、T_4 为环境温度边界值，具体取值如下：

T_1——按 DL/T 587—2007 规定的安装在开关柜中 10kV～66kV 微机保护装置环境温度下限取值；

T_2——按 DL/T 587—2007 规定的微机保护装置室内环境温度下限取值；

T_3——按 DL/T 587—2007 规定的微机保护装置室内环境温度上限取值；

T_4——按 DL/T 587—2007 规定的安装在开关柜中 10kV～66kV 微机保护装置环境温度上限取值。

$$K_1 = \frac{\sum_{i=1}^{n} K_i}{n} \tag{A.1}$$

式中：

K_1——装置本体运行环境温度评分；

K_i——单次采集时对应的评价值；

i——采集的次数；

n——评价周期内总的采集次数。

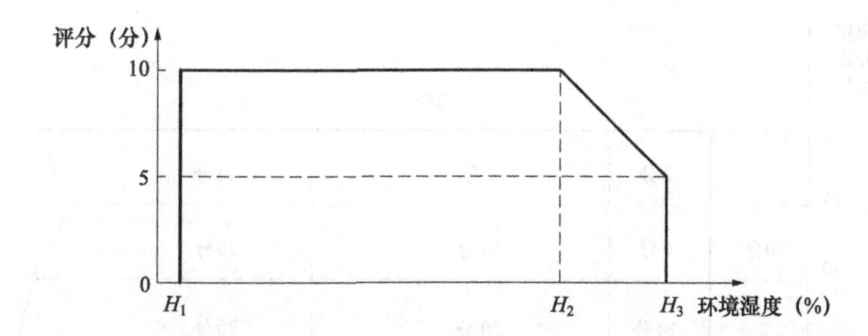

注：湿度测量点一般布置在保护装置本体空气流道的进口与出口以及装置本体中空气湿度的控制点。

图 A.2　装置本体运行环境湿度评分图

图 A.2 中 H_1、H_2、H_3 为环境湿度边界值，具体取值如下：

H_1：按 DL/T 478—2013 规定的继电保护装置正常工作大气条件相对湿度下限取值；

H_2：按 DL/T 587—2007 规定的微机保护装置室内月相对湿度上限取值；

H_3：按 DL/T 587—2007 规定的安装在开关柜中 10kV～66kV 微机保护装置环境相对湿度上限取值。

$$K_2=\frac{\sum_{i=1}^{n}K_i}{n} \tag{A.2}$$

式中：

K_2——装置本体运行环境湿度评分。

$$K=（K_1\times0.6+K_2\times0.4） \tag{A.3}$$

式中：

K——装置本体运行环境评分。

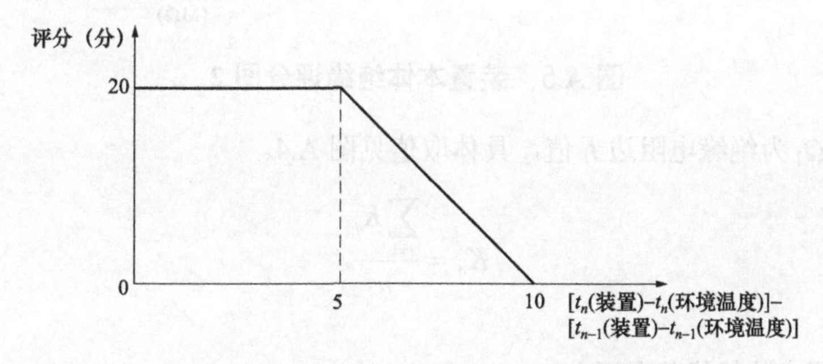

注：红外温度的测量点分布应考虑保护装置本体各个部分的温度分布变化特性。

图 A.3　装置本体红外温度评分图

$$K_3=\frac{\sum_{i=1}^{n}K_i}{n} \tag{A.4}$$

式中：

K_3——装置本体红外温度评分。

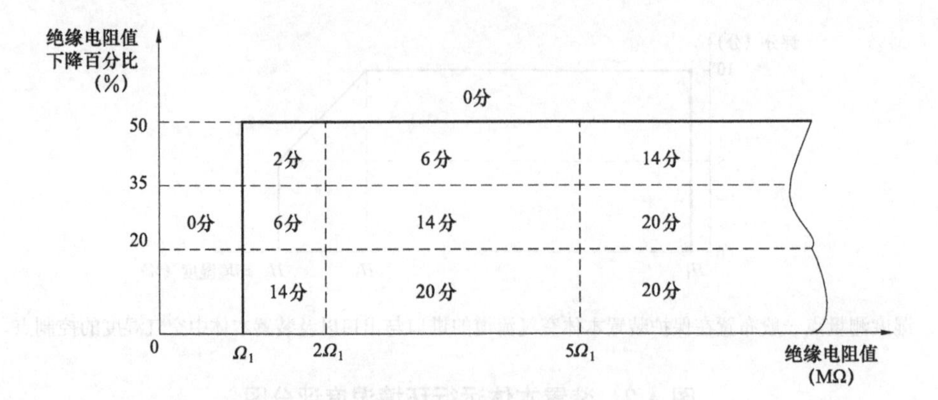

图 A.4　装置本体绝缘评分图 1

图 A.4 中 Ω_1 为绝缘电阻边界值，具体取值如下：

Ω_1——按 DL/T 995—2006 规定的新安装装置验收试验中电流、电压、直流控制、信号回路绝缘电阻测量值最低要求取值。

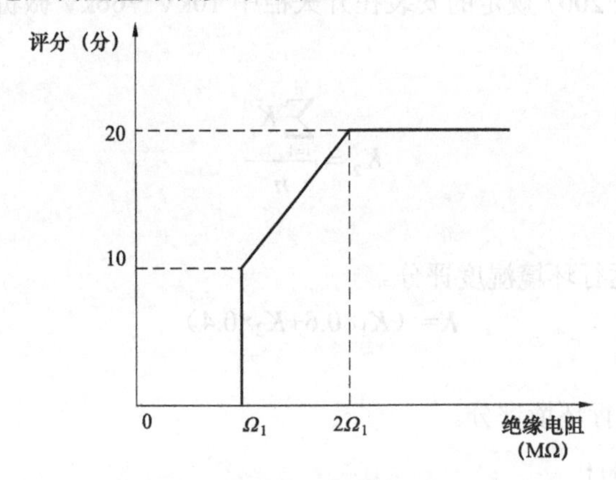

图 A.5　装置本体绝缘评分图 2

图 A.5 中 Ω_1 为绝缘电阻边界值，具体取值见图 A.4。

$$K_4 = \frac{\sum_{i=1}^{n} K_i}{n} \tag{A.5}$$

式中：

K_4——装置本体绝缘状况评分。

$$K_5 = \frac{K_4}{1+m} \tag{A.6}$$

式中：

K_5——考虑回路绝缘监测告警后的装置本体绝缘状况评分；

K_4——评分标准评分；

m——评价周期内回路绝缘监测告警次数。

$$\delta = \max\left(\frac{|CT_i - CT_{ic}|}{CT_{ic}}, \frac{PT_i - PT_{ic}}{PT_{ic}}\right) \times 100\% \tag{A.7}$$

式中：

δ——采样误差；

CT_i——保护第 i 路通道电流采样值；

CT_{ic}——电流参考测量值；

PT_i——保护第 i 路通道电压采样值；

PT_{ic}——电压参考测量值。

测试时电流应大于 $0.1I_{2N}$，若检修巡视与检验数据同时存在，装置采样误差值取两者较大值。

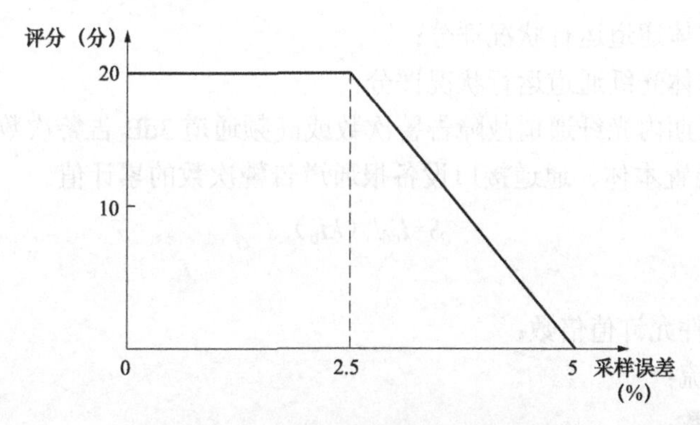

图 A.6 装置本体采样数据评分图

$$K_6=\frac{\sum_{i=1}^{n}K_i}{n} \tag{A.8}$$

式中：

K_6——装置本体模拟量采集评分。

$$K_8=K_6K_7 \tag{A.9}$$

式中：

K_8——装置本体数据采集评分；

K_6——装置本体模拟量采集评分；

K_7——装置本体开关量采集评分。

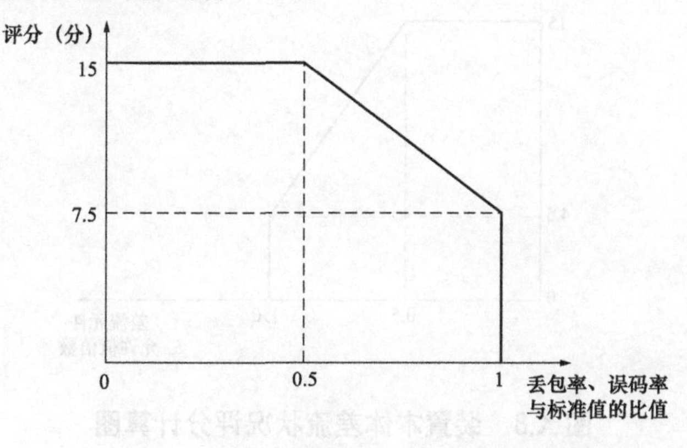

图 A.7 装置本体通道运行状况评分图

$$K_9 = \frac{\sum_{i=1}^{n} K_i}{n} \qquad \text{(A.10)}$$

式中：

K_9——装置本体光纤通道运行状况评分；如果 K_9 无法计算，则取 10 分。

$$K_{10} = \frac{K_9}{1+m'} \qquad \text{(A.11)}$$

式中：

K_{10}——装置本体通道运行状况评分；

K_9 ——装置本体光纤通道运行状况评分；

m' ——评价周期内光纤通道故障告警次数或高频通道 3dB 告警次数，通道故障告警次数取装置本体、通道接口设备报通道告警次数的累计值。

$$S=I_{cd}/(kI_b) \qquad \text{(A.12)}$$

式中：

S——差动元件允许值倍数；

I_{cd}——实测差流；

k——调整系数；

I_b——基准值。

母线差动保护：k=1，I_b 推荐值为 100mA～200mA。

线路光纤差动保护：k=0.1，I_b 推荐值为巡测时最大相负荷电流；

主变压器差动保护：k=0.1，I_b 推荐值为高压侧最大相负荷电流（折算至基准值为高压侧额定电流计算）。

当实测最大二次负载电流小于 $0.1I_{2N}$ 时 S 值计为 0.5。

线路光纤差动保护差流数据应取电容补偿后数据，或电容电流未经电容电流补偿时 S 值计为 0.5；

k、I_b 推荐范围可根据实际情况调整。

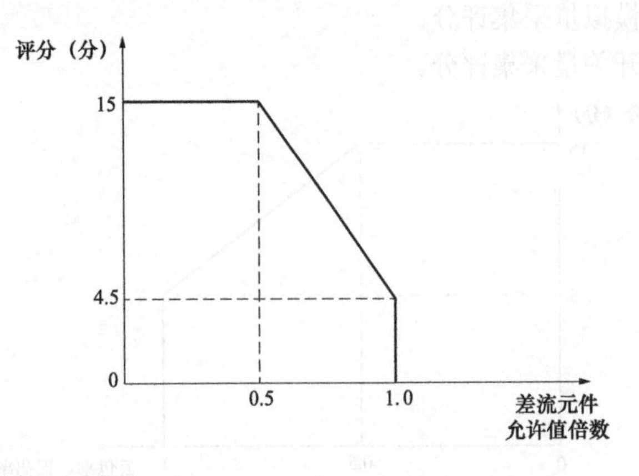

图 A.8 装置本体差流状况评分计算图

$$K_{11}=\frac{\sum_{i=1}^{n}K_i}{n} \tag{A.13}$$

式中：

K_{11}——装置本体差流状况得分。

A.1.2　二次回路检测型状态量的评分标准

表 A.2　二次回路检测型状态量评分表

序号	状态量	标准要求	评分标准
1	运行环境（15 分）	操作箱运行温度与环境温度差值在合理范围内	1. 以操作箱最高温度与环境温度差值作为测量值，并将该测量值与上一次测量值相比较，差值在 5℃以内，属于正常工作状态，得满分；差值在 5℃～10℃内，得分按照评分图取值线性下降；差值超过 10℃，该项不评分；评价周期内多次测量值的差值累计超过 10℃，该项不评分，具体如图 A.9 所示。 2. 评价周期内操作箱红外测温评分见式（A.14）。当评分值为零的次数占总采集次数 10%以上时，该项目不评分
2	绝缘状况（20 分）	回路绝缘：回路之间、回路对地绝缘满足 DL/T 995—2006 要求	1. 在无法获取变电站内绝缘检测装置支路绝缘测量数据时，根据实测的绝缘电阻值以及绝缘电阻值下降百分比计算，K_{13} 评分标准按图 A.10 规定执行。 2. 在可以获取变电站内绝缘检测装置支路绝缘测量数据时，根据实测的绝缘电阻数据计算，K_{13} 评分标准按图 A.11 规定执行（以斜率计算得分）。当 1、2 两种评分值均存在时，取最低评分为本次绝缘评分值。 3. 评价周期内二次回路绝缘状况评分见式（A.15）。 4. 若二次回路具备绝缘监测告警功能，二次回路绝缘状况评分见式（A.16）
3	红外温度（20 分）	同一二次回路不同相别之间的相对温差应该在 5℃以内	1. 二次回路红外温度评价采用温度最高点所处同一回路不同相间的相对温差，温差在 5℃内为满分，温差在 5℃～10℃内按比例下降，温差超过 10℃则计零分，如图 A.12 所示。 2. 评价周期内二次回路红外温度评分见式（A.17）。单次测温异常直接取零分。注：红外测温的测量点分布应充分考虑操作箱内各二次回路的温度分布变化特性，在测量同一、二次回路不同相别间的相对温差时，应注意尽量在该二次回路各个分段取得测量数据
4	锈蚀状况（20 分）	端子排箱无渗水；端子排锈蚀程度小于 15%	1. 锈蚀情况以最近一次巡视情况为准，评分 K_a 标准按图 A.13 规定执行（以斜率计算评分）；单个端子存在锈蚀痕迹则锈蚀端子数量计为 1，端子锈蚀程度统计方法见式（A.18）。 2. 端子箱无渗水现象，K_b 取 1，否则取 0。 3. 端子箱无凝露现象，K_c 取 1，否则取 0.5。 4. 端子排锈蚀状况评分见式（A.19）。 5. 评价周期内锈蚀情况评分以评价周期内最后一次采集的数据作为评价依据
5	封堵状况（10 分）	电缆孔洞封堵良好，防火墙和防火涂料齐全	1. 封堵状况评分 K_{17} 标准按图 A.14 规定执行（以斜率计算评分）。 2. 评价周期内封堵状况评分以评价周期内最后一次采集的数据作为评价依据
6	积尘状况（15 分）	符合 DL/T 587—2007 规程要求	保护屏、端子箱、端子排等处积尘状况评分标准如图 A.15 所示： 1. 积尘状况评价标准：无尘：不扣分。 一般：有灰尘，但尚不影响屏内、箱体内、端子排上标识的辨认，扣 4 分。 严重：灰尘使保护标识无法辨认，灰尘形成串状物或即将形成串状物，扣 15 分。 2. 评价周期内积尘状况评分以评价周期内最后一次采集的数据作为评价依据

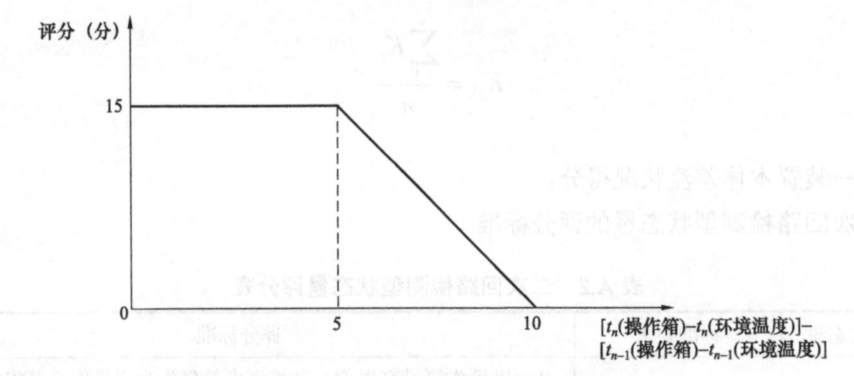

注：温度测量点应选择布置在操作箱运行环境周围，并进行多次测量。

图 A.9　二次回路运行环境评分

$$K_{12}=\frac{\sum_{i=1}^{n}K_i}{n} \tag{A.14}$$

式中：

K_{12}——操作箱红外测温评分。

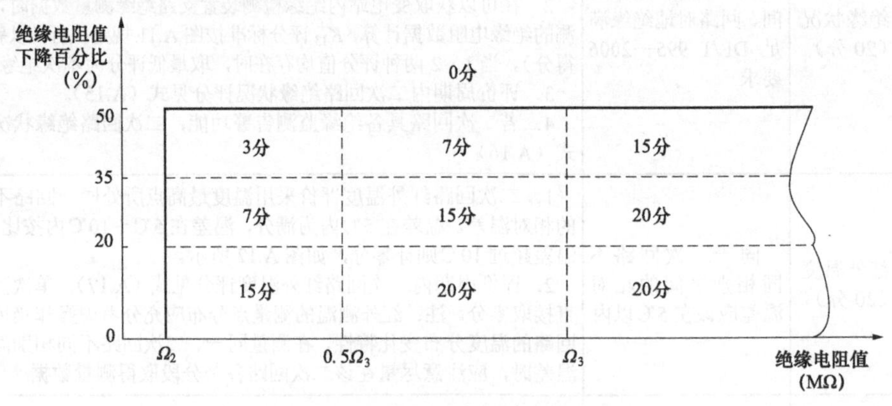

图 A.10　二次回路绝缘评分图 1

图 A.10 中 Ω_2、Ω_3 为绝缘电阻边界值，具体取值如下：

Ω_2：按 DL/T 995—2006 规定的定期检验电流、电压、直流控制回路对地绝缘电阻测量值最低要求取值；

Ω_3：按 DL/T 995—2006 规定的新安装装置验收试验中电流、电压、直流控制、信号回路绝缘电阻测量值最低要求取值。

$$K_{13}=\frac{\sum_{i=1}^{n}K_i}{n} \tag{A.15}$$

式中：

K_{13}——二次回路绝缘状况评分。

$$K_{13}=\frac{K_{14}}{1+m} \tag{A.16}$$

式中：

K_{14}——考虑回路绝缘监测告警后的二次回路绝缘状况评分；

m——评价周期内回路绝缘监测告警次数。

图 A.11 中 Ω_2、Ω_3 为绝缘电阻边界值，具体取值见图 A.10。

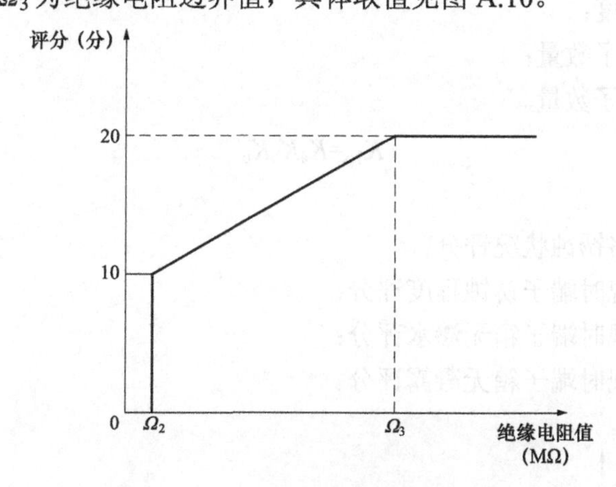

图 A.11　二次回路绝缘评分图 2

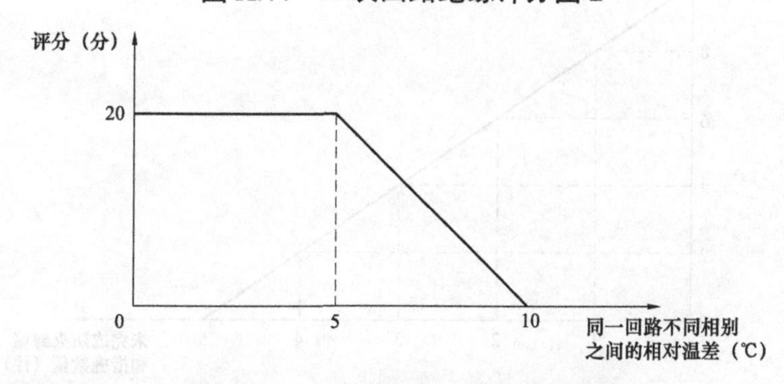

图 A.12　二次回路红外温度评分图

$$K_{15}=\frac{\sum_{i=1}^{n}K_i}{n} \tag{A.17}$$

式中：

K_{15}——二次回路红外温度评分。

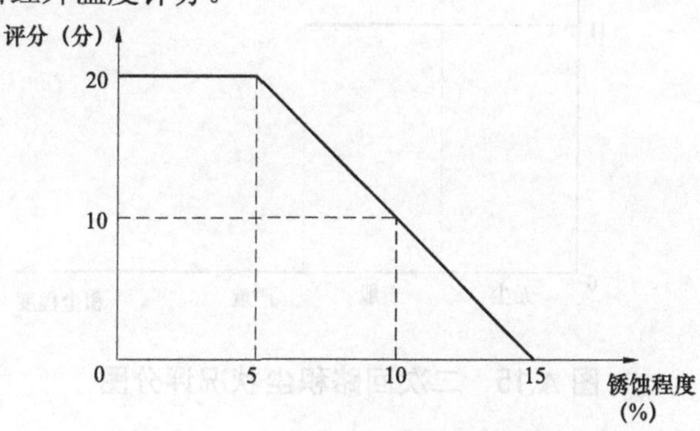

图 A.13　二次回路锈蚀情况评分图

$$s=\frac{\sum M}{\sum N}\times 100\% \tag{A.18}$$

式中：

s——锈蚀程度；

M——锈蚀端子数量；

N——全部端子数量。

$$K_{16}=K_aK_bK_c \tag{A.19}$$

式中：

K_{16}——二次回路锈蚀状况评分；

K_a——单次巡视时端子锈蚀程度评分；

K_b——单次巡视时端子箱无渗水评分；

K_c——单次巡视时端子箱无凝露评分。

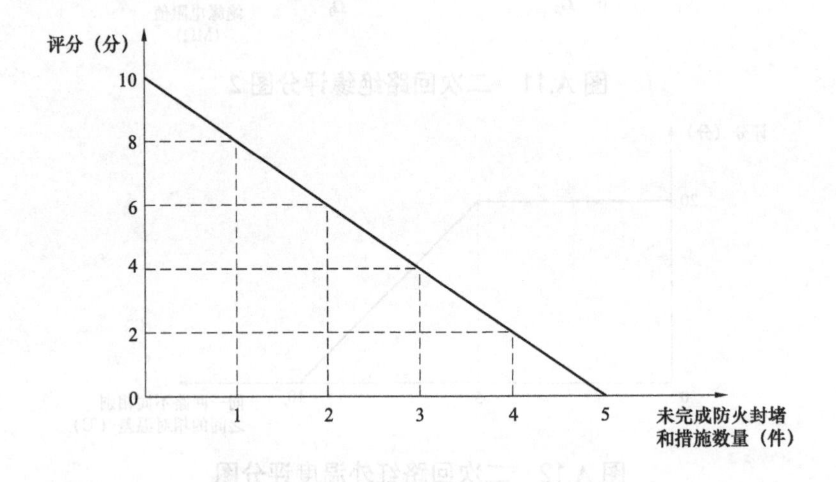

图 A.14　二次回路封堵状况评分图

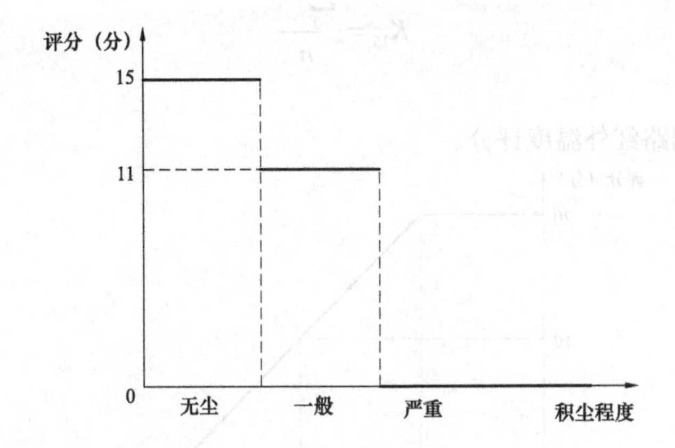

图 A.15　二次回路积尘状况评分图

A.2 可靠性状态量的评分标准

表 A.3 可靠性状态量评分表

序号	状态量	标准要求	评分标准
1	同型号整体可靠性	在评价周期内，某厂家同型号产品的故障率高，故障性质严重，其产品的同型号整体可靠性则差	1．计算评价周期内某厂家同型号产品的加权平均缺陷评分 μ，根据装置缺陷类型划分，按照一般、严重、危急缺陷不同权值加权统计，见式（A.20）。 2．可靠性统计门槛值计算方法：可靠性统计门槛值 M 通过历年全部保护装置缺陷累计加权平均缺陷评分计算得出，计算方法见式（A.21）。 3．装置可靠性评分 K_{17} 按可靠性加权统计值 S 取值如图 A.16 所示，S 取值见式（A.22）。 4．计算评价周期内同型号保护的正确动作率 K_t 见式（A.23），同型号保护的正确动作评分 K_{18} 见式（A.24）。 5．同型号整体可靠性评价评分见式（A.25）。 6．正确动作次数统计方法可参照 DL/T 623—2010 执行

$$\mu = \frac{\sum_{i=1}^{3} Q_i A_i}{N_S} \times 100 \tag{A.20}$$

式中：

μ——评价周期内某厂家同型号产品的加权平均缺陷评分，次/（百台·评价周期）；

Q_1——评价周期内同型号产品一般缺陷次数；

Q_2——评价周期内同型号产品严重缺陷次数；

Q_3——评价周期内同型号产品危急缺陷次数；

A_1、A_2、A_3——权重因子，一般缺陷 A_1=1，严重缺陷 A_2=2，危急缺陷 A_3=5；

N_S——同型号产品统计数量，评价统计时间段按 1 年处理（12 月）。

$$M_r = \frac{\sum_{i=1}^{3} S_i A_i}{\sum_{j=1}^{N_1} D_j} T \times 100 \tag{A.21}$$

式中：

M_r——可靠性统计门槛值，次/（百台·评价周期）；

S_i——历年全部保护装置缺陷次数，i=1 时为一般缺陷次数，i=2 时为重缺陷次数，i=3 时为危急缺陷次数；

T——评价周期覆盖时间，月；

D_j——第 j 台装置运行时间，月；

N_1——全部保护装置统计数。

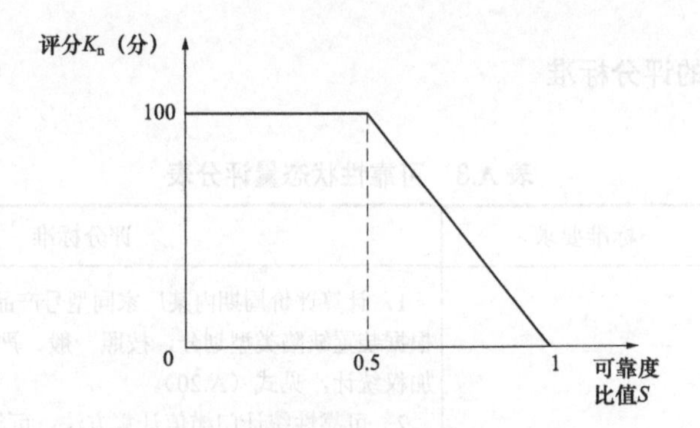

图 A.16　装置可靠性状态量评分图

$$S = \frac{\mu}{M_r} \tag{A.22}$$

式中：

S——可靠性加权统计值。

$$K_t = \frac{N_2 \times 100}{N_2'} \tag{A.23}$$

式中：

K_t——评价周期内同型号保护的正确动作率；

N_2——同型号保护在评价周期内正确动作次数；

N_2'——同型号保护在评价周期内动作总次数。

$$K_{18} = 100 \times e^{-(100-K_t)B_1} \tag{A.24}$$

式中：

K_{18}——同型号保护的正确动作评分；

B_1——加速系数，B_1=10。

$$K_{19} = K_{17} \times 0.6 + K_{18} \times 0.4 \tag{A.25}$$

式中：

K_{19}——同型号整体可靠性评价评分；

K_{17}——装置可靠性评分。

A.3　失效风险状态量的评分标准

表 A.4　失效风险状态量评分表

序号	状态量	标准要求	评分标准
1	装置本体及其二次回路失效风险	依据设备的最后一次检验时间和故障率进行评价。 最近得到检验的设备、故障率较低的设备失效风险较低，评分值较高	1．计算装置本体失效率 λ_1 见式（A.26）。 2．计算二次回路失效率 λ_2 见式（A.27）。 3．计算装置本体及其二次回路失效风险评分 R_s（t）见式工作进行（A.28）。 注：进行计划性检验或结合消缺、一次设备停役等随机性检验后，上一次检验时间均应进行同步更新

$$\lambda_1 = \frac{1}{MTBF_1} \tag{A.26}$$

式中：

λ_1——装置本体失效率；

$MTBF_1$——装置本体平均无故障时间计算值。

$$\lambda_2 = \frac{1}{MTBF_2} \tag{A.27}$$

式中：

λ_2——二次回路失效率；

$MTBF_2$——二次回路平均无故障时间计算值。

$$R_s(t)=e^{-[\lambda_1(t-t_1)+\lambda_2(t-t_2)]} \tag{A.28}$$

式中：

R_s——装置本体及其二次回路失效风险评分；

t——评价时间；

t_1——上一次装置本体得到完整检验的时间；

t_2——上一次二次回路得到完整检验的时间。

A.4 改进型状态量的评分标准

表 A.5 改进型状态量评分表

序号	状态量	标准要求	评分标准
1	家族性缺陷	存在家族性缺陷应及时消除	存在严重家族性缺陷评 0.6 分，存在疑似家族性缺陷评 0.8 分。无家族性缺陷或家族性缺陷消除评 1 分
2	非家族性缺陷	发生缺陷要按规定及时消除	存在危急缺陷 1 项评 0.6 分，存在严重缺陷 1 项评 0.7 分，存在一般缺陷 1 项评 0.9 分。未发生非家族性缺陷或该类缺陷已消除评 1 分。 存在复合缺陷或多个缺陷时，得分为各缺陷评分乘积
3	反事故措施	反事故措施应按规定及时消除	反事故措施项目全部完成评 1 分。 在评价周期内应完成的反事故措施未完成评 0.6 分
4	装置运行年限	通过被评装置的累计运行时间与同类装置的平均运行年限的比值，得到该设备与同类型装置相比较的相对老化程度	1．计算本套保护内各装置运行年限指数 p，取最大值作为本套保护装置运行年限指数。见式（A.29）和式（A.30）。 2.计算本保护装置运行年限评分，如图 A.17 所示

$$p = \frac{t_p}{t_{avg}} \tag{A.29}$$

式中：

p——装置运行年限指数；

t_p——装置累计持续运行时间；

t_{avg}——同类型装置平均运行年限。

$$t_{avg} = \frac{\sum_{i=1}^{N} t_i}{N_s'} \tag{A.30}$$

式中：

t_{avg}——同类型装置平均运行年限；

t_i——同类型装置累计持续运行时间。同类装置平均运行年限无法计算或小于 DL/T 587—2007 规定的装置使用年限的下限值时，按 DL/T 587—2007 规定的装置使用年限的下限取值；

N_s'——同类型装置总数量。

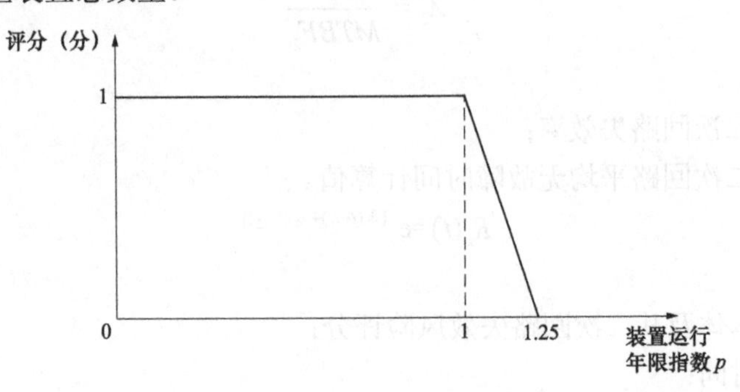

图 A.17　装置运行年限评分图

附　录　B

（资料性附录）

继电保护设备状态评价报告

表 B.1　继电保护设备状态评价表

变电站：　　　　　　　　评价日期：

设备名称：

设备型号　　　　　　　　　　　　生产日期：

出厂编号：　　　　　　　　　　　投运日期：

额定电压：　　　　　　　　　　　制造厂：

上次评价时间：

序号	评价内容	标准得分	实际得分	评价状态
1	检测型状态量	100		
2	可靠性状态量	100		
3	失效风险状态量	100		
4	改进型状态量	1		
5	总分			

评价结果：

☐正常　☐注意　☐异常　☐严重

扣分状态量描述：

处理建议：

评价：　　　　　　　　　　　　　　　　审核：

继电保护状态评价导则

编　制　说　明

目　　次

一、编制背景……381
二、编制主要原则……381
三、与其他标准文件的关系……381
四、主要工作过程……381
五、标准结构和内容……382
六、条文说明……382

一、编制背景

近年来，随着国家电网公司电网规模的增长及保护装备水平的提升，传统的定期检修模式逐渐暴露出弊端，不仅针对性不强，而且存在较大的安全风险。在新形势下，运用先进的科技手段，选择合适的优化方法制订继电保护检修策略，加强电气二次设备检修管理的重要性日益突出。为此，依据国家电网科〔2013〕50号文《国家电网公司关于下达2013年度公司技术标准制修订计划的通知》要求，国家电力调度控制中心（简称国调中心）及时组织开展继电保护状态检修技术研究，并在国网浙江省电力公司等单位启动试点工作，根据设备状态水平制订相应的检修策略，以提高检修的质量和效率。

为规范继电保护设备状态水平评价原则及方法，特编制本标准。

二、编制主要原则

本标准依据Q/GDW 1806—2013《继电保护状态检修导则》确定的状态评价的基本要求，参考了DL/T 478—2013《继电保护和安全自动装置通用技术条件》、DL/T 587—2007《微机继电保护装置运行管理规程》、DL/T 623—2010《电力系统继电保护及安全自动装置运行评价规程》、DL/T 995—2006《继电保护和电网安全自动装置检验规程》的部分章条，开展标准制定工作。

三、与其他标准文件的关系

本标准与有关国家标准、行业标准、国家电网公司企业标准协调，无矛盾。

本标准不涉及专利、软件著作权等知识产权使用问题。

四、主要工作过程

2013年1月11日，国调中心组织国网浙江省电力公司等单位开展《继电保护状态评价导则》的编制工作，成立了标准编写组，确定了编制大纲和工作计划。

2013年4月10日～12日，承担该规程编制任务的国网浙江省电力公司在浙江衢州召开状态评价标准编制讨论会，国网杭州供电公司、国网衢州供电公司、国网金华供电公司及国网绍兴供电公司等相关继电保护专业人员参加会议。会议梳理了各省公司开展状态检修试点阶段所采用的状态量及计算方法，补充增加了可靠性统计数据的应用，初步搭建了状态评价指标计算体系，编制了《继电保护状态评价导则（初稿）》。

2013年7月24日，国调中心在杭州组织召开了继电保护状态评价导则讨论会，浙江电力调度控制中心、安徽电力调度控制中心、河北电力调度控制中心、山西电力公司电力调度控制中心、重庆电力调度控制中心、辽宁电力调度控制中心、中国电力科学研究院、国网杭州供电公司等相关继电保护专业人员参加会议。会议对状态评价检测型状态量、可靠性状态量、失效风险状态量和改进型状态量指标计算方法，重点对基于层次分析法的各状态量综合判据组成进行了详细讨论，对装置采样情况、绝缘情况部分状态检修现场巡视中较难采集和处理的状态量计算方法进行了调整，形成了《继电保护状态评价导则（初稿修改稿）》。

2013年9月5日～6日，国调中心在北京组织召开了《继电保护状态评价导则（初稿）》第二次讨论会，天津电力调度控制中心、冀北电力调度控制中心、浙江电力调度控制中心、安徽电力调度控制中心、福建电力调度控制中心、重庆电力调度控制中心、辽宁电力调度控制中心，中国电力科学研究院、国网杭州供电公司继电保护专业人员参加会议。会议讨论补充了状态评价总体原则，规范描述了现场运行及检修人员提供数据的位置、采集的方法，对状态评价算法条件的完备性进行了检查，调整补充了装置运行年限等改进型状态量，形成了《继电保护状态评价导则》（初稿修改稿）的第二稿。

2014 年 5 月 8 日，国调中心在北京组织召开了《继电保护状态评价导则》（征求意见稿）讨论会，中国电力科学研究院、浙江电力调度控制中心、福建电力调度控制中心、天津电力调度控制中心、吉林电力调度控制中心、山西电力公司电力调度控制中心、安徽电力调度控制中心、辽宁电力调度控制中心、湖南电力调度控制中心、江西电力调度控制中心、国网杭州供电公司继电保护专业人员参加会议。会议讨论规范家族性缺陷标准分类，对差流评价、绝缘评价、可靠性统计评分等方法的完备性进行了检查，形成了《继电保护状态评价导则》（征求意见稿），发公司系统内各省公司征求意见。

2014 年 6 月，编写组根据各省公司返回意见修改标准，形成了《继电保护状态评价导则（送审稿）》。

2014 年 9 月 18 日，国家电网公司国家电网运行与控制技术标准专业工作组组织有关专家对国网浙江省电力公司等单位提交的《继电保护状态评价导则（送审稿）》进行了审查，会议听取了标准编写组汇报，经认真讨论，形成了审查意见，审查结论为一致同意修改后报批。会后编写工作组按会议要求，对送审稿进行了修订，形成了《继电保护状态评价导则》（报批稿）。

五、标准结构和内容

本标准按照国家电网企管〔2014〕455 号文《国家电网公司技术标准管理办法》的要求编写。

本标准分为 7 章，由范围、规范性引用文件、术语和定义、总则、评价原则、状态量及其分值和评价方法组成。本标准首先对继电保护状态评价的参数、对象和范围等进行了简要说明，然后对继电保护状态评价原则进行了规范，同时在评价原则的基础上根据状态量的性质、信息采集方法，对继电保护设备的四个状态量及分值进行了详细说明，并在继电保护设备的四个状态量及分值的基础上提出了继电保护状态评价方法公式。标准对继电保护设备状态水平评价原则及方法所进行的规范有效地保障了继电保护状态检修工作的开展。

六、条文说明

本标准 6.4 中的“家族性缺陷”在国家电网企管〔2014〕454 号《国家电网公司继电保护和安全自动装置家族性缺陷处置管理规定》中进行了规定。

国家电网公司

安全自动装置运行管理规定

国网（调/4）526—2014

国家电网公司安全自动装置运行管理规定

第一章 总 则

第一条 为规范并加强国家电网公司（以下简称“公司”）安全自动装置（以下简称“安自装置”）运行管理，提高安自装置运行水平，制定本规定。

第二条 本规定所称的安自装置是指用于防止电力系统稳定破坏、防止电力系统事故扩大、防止电网崩溃及大面积停电以及恢复电力系统正常运行的各种自动装置的总称，包括：安全稳定控制装置（系统）、失步解列装置、频率电压紧急控制装置（包括低频减负荷、低压减负荷、低频解列、低压解列、高频切机、高频解列、过压解列、水电厂低频自启动等装置）、备用电源自投装置，以及站域保护控制装置（系统）中的相关功能等。

第三条 本规定适用于公司总（分）部、各单位及所属各级单位开展的安自装置运行管理工作。

第二章 职 责 分 工

第四条 各级调控部门履行以下职责：

（一）负责所辖电网安自装置的专业管理和调管范围内安自装置的运行管理；

（二）委托相关科研机构开展电网中长期或专项安全稳定分析，组织开展电网短期安全稳定分析，提出保证电网安全稳定运行的措施和稳控策略，参与各项电网安全稳定措施和技改计划的实施；

（三）负责制定电网运行方式和安自装置调度运行规定；

（四）负责安自装置的定值和策略计算工作；

（五）负责安自装置通道的调度管理；

（六）配合有关部门进行电网安全稳定检查，监督相关制度标准及其他规范性文件的执行情况；

（七）参与安自装置的出厂验收和现场联调试验大纲的审查，参与协调安自装置的现场联调试验；

（八）根据运维单位安自装置停电检修计划建议，统筹安排相关设备停电计划；

（九）负责安自装置故障分析及动作统计、分析和评价等工作；

（十）组织开展安自装置技术交流和培训。

第五条 公司所属各级运维单位履行以下职责：

（一）负责管辖范围内安自装置的现场验收及运行维护；

（二）贯彻执行上级制定的有关制度标准及其他规范性文件，落实有关专业管理要求；

（三）负责编写安自装置的现场运行规程和典型操作票；

（四）建立、健全安自装置的图纸资料及运行技术档案；

（五）负责收集安自装置动作后的有关情况，形成动作分析报告，及时上报调控部门；

（六）负责编制安自装置的统计报表，并按要求上报调控部门；

（七）负责提出安自装置有关技改、大修、零购年度计划，并按要求上报；

（八）负责按照规程要求，结合设备运行情况，制定安自装置的年度检验计划，向调控部门报送相关设备停电检修计划建议；

（九）负责本单位安自装置运维人员的技术培训；

（十）参与安自装置出厂验收工作。

第六条　公司所属各级通信运维单位履行以下职责：

（一）负责安全稳定控制系统通道的组织与开通、运行维护及定期检验；

（二）负责提出安全稳定控制系统通信通道有关的技改及反措年度计划，并按要求上报；

（三）参与安全稳定控制系统的现场联调，负责开通安全稳定控制系统联调会议电话。

第七条　公司所属发电厂履行以下职责：

（一）负责本单位安自装置的现场验收和运行维护；

（二）负责依据调控部门的调度运行规定编制、修订安自装置现场运行规程及典型操作票；

（三）负责按照规程要求，结合设备运行情况，制定安自装置的年度检验计划，向调控部门报送年度、月度设备停电检修计划建议；

（四）负责本厂（站）侧安全稳定控制系统通道的开通和运行维护工作；

（五）根据本单位实际开展安自装置研究，向调控部门提出本单位安自装置改造建议；

（六）配合电网企业完成本厂（站）安自装置的技术改造工作，满足电网安全稳定运行需要；

（七）配合调控部门开展安自装置的运行分析评价工作。

第三章　配置及选型管理

第八条　安自装置的配置应按照《电力系统安全稳定导则》（DL 755—2001）的相关要求，根据电力系统安全稳定计算分析结果，结合电网结构、运行特点、通信通道等条件合理配置。

第九条　安自装置应符合继电保护技术规程和工程要求，安自装置的设计方案应经调控部门审查。

第十条　按照《国家电网公司继电保护和安全自动装置专业检测工作管理办法》（国网（调/4）224—2014）要求，安自装置应通过国调中心组织的专业检测。对于电网安全稳定控制系统，应采用动态模拟或数字仿真试验方式验证其控制策略。

第十一条　应根据审定的电力系统设计方案及要求，进行安自装置的系统设计，并适当考虑近期发展规划。在系统设计中，除新建部分外，还应包括对原有安自装置的改造方案。

第十二条　为便于管理和有利于装置间性能配合，同一区域稳控系统宜统一招标采购。

第十三条　发电厂安自装置的配置、选型和整定应与电网相协调，保证其性能满足电网稳定运行的要求。

第十四条　安自装置的配置原则按照《电网安全稳定自动装置技术规范》（Q/GDW 421—2010）执行。

第十五条　安自装置的控制策略在保证系统稳定性的前提下应尽可能减少切负荷量。当切负荷的动作结果达到《电力安全事故应急处置和调查条例》（国务院令第599号）所规定的电网一般事故或《国家电网公司安全事故调查规程》（国家电网安监〔2011〕2024号）所规定的五级电网事件时，应向本单位安全监察部门备案。

第十六条　为解决不同电压等级或调管范围的安全稳定问题配置的安全稳定控制装置，应按照分层分级配置原则，分别配置独立装置。特殊情况下需共用装置时，应按照调管范围在功能划分、调度运行管理等方面进行明确。

第十七条　为保证安自装置的控制策略及各项性能指标满足设计要求，工程建设单位应组织安全稳定控制系统的出厂验收及试验验证工作，相关调控部门、设计单位、调试单位和运维单位均应参加。

第十八条　智能变电站的安自装置应满足《智能变电站继电保护技术规范》（Q/GDW 441—2010）标准要求。在新一代智能变电站的站域保护控制系统中可配置频率电压紧急控制及备用电源自投等功能。

第四章　运行与检验管理

第十九条　公司所属各级运维单位、公司所属发电厂负责根据调度运行规定、厂家说明书等规程和技术资料及现场实际情况，编写安自装置的现场运行规程。

第二十条　已投入运行的安自装置，正常情况下，未经调控部门值班调度员同意，并下达调度指令时，严禁以下操作或行为：

（一）投入/退出安自装置或安自装置的功能（调控部门明确由现场负责的调整操作除外）；

（二）修改安自装置运行定值；

（三）擅自改变安自装置硬件结构和软件版本；

（四）擅自恢复联切负荷的供电；

（五）安自装置动作切机后，将被切机组的出力自行转到其他机组；

（六）进行可能影响安自装置正常运行的工作。

第二十一条　安自装置动作切除的负荷不允许通过备用电源自动投入装置转供。

第二十二条　对于调控部门明确由现场负责的部分，现场运维人员（运行值班员）应按照安自装置的现场运行规程及时进行安自装置的调整，调整后应立即汇报相关调控部门。

第二十三条　安自装置发生异常时，值班监控员（运行值班员）应及时向相应调控部门值班调度员汇报，并通知运维单位。

第二十四条　安自装置动作后，值班监控员（运行值班员）应及时向值班调度员汇报。

第二十五条　公司所属各级运维单位应根据《继电保护和电网安全自动装置检验规程》（DL/T 995—2006）、《继电保护状态检修导则》（Q/GDW 1806—2013）、《智能变电站继电保护检验规程》（Q/GDW 1809—2012）等标准合理安排安自装置检验时间及项目。

第二十六条　各级调控部门是安自装置检验工作评价与考核的归口管理单位，对调管范围内的安自装置的检验计划、检验周期等情况进行分析评价。

第二十七条　各级调控部门每年应对全网安自装置进行梳理，对电网运行不再需要的安自装置，应及时将装置退出运行。运维单位按照相关规定履行相应手续，并在6个月内予以拆除。

第五章　检　查　考　核

第二十八条　各级调控部门是对调管范围的安自装置运行管理进行评价与考核。

第二十九条　各级调控部门对安自装置运行管理中出现的影响电网安全的重大问题，组织进行分析、通报和整改。

第六章　附　　则

第三十条　本规定由国调中心负责解释并监督执行。

第三十一条　本规定自2015年1月1日施行。

国家电网公司

继电保护和安全自动装置缺陷管理办法

国网（调/4）527—2014

国家电网公司继电保护和安全自动装置缺陷管理办法

第一章 总 则

第一条 为加强国家电网公司（以下简称“公司”）继电保护和安全自动装置缺陷管理工作，提高设备健康水平，保障电网安全运行，制定本办法。

第二条 本办法所称继电保护和安全自动装置缺陷指可能或已经影响继电保护和安全自动装置本体、相关设备及其二次回路正常运行的异常状态。

第三条 本办法适用于公司总（分）部、各单位及所属各级单位的继电保护和安全自动装置缺陷管理工作。

第二章 职 责 与 分 工

第四条 公司继电保护和安全自动装置缺陷管理工作由国调中心统一归口，实施分级管理。国调中心负责公司系统继电保护和安全自动装置缺陷的职能管理，负责公司系统继电保护和安全自动装置缺陷的统计、分析和考评管理。各调控分中心协助国调中心开展相关工作，并对区域内各省（直辖市、自治区）调控中心（以下简称“省调”）继电保护和安全自动装置缺陷的统计、分析及管理情况进行监督。

第五条 省调负责省公司继电保护和安全自动装置缺陷的职能管理；负责省公司运维范围的继电保护和安全自动装置缺陷的统计、分析、报送和考评管理。

第六条 地市（区、州）、县（市、区）调控中心（简称“地、县调”）负责地、县公司继电保护和安全自动装置缺陷的职能管理；负责地、县公司运维范围继电保护和安全自动装置缺陷的统计、分析、报送和考评管理。

第七条 运维检修单位负责运维范围继电保护和安全自动装置缺陷的处置、记录、统计、分析和上报。

第八条 技术支撑单位协助调控部门、运维检修单位开展继电保护和安全自动装置复杂缺陷的分析、处置等工作。

第三章 分 级 与 归 类

第九条 投入运行（含试运行）的继电保护和安全自动装置缺陷按严重程度共分为三级：危急缺陷、严重缺陷、一般缺陷。

（一）危急缺陷是指继电保护和安全自动装置自身或相关设备及回路存在问题导致失去主要保护功能，直接威胁安全运行并须立即处理的缺陷；

（二）严重缺陷是指继电保护和安全自动装置自身或相关设备及回路存在问题导致部分保护功能缺失或性能下降，但在短时内尚能坚持运行，需尽快处理的缺陷；

（三）一般缺陷是指除上述危急、严重缺陷以外的不直接影响设备安全运行和供电能力，继电保护和安全自动装置功能未受到实质性影响，性质一般、程度较轻，对安全运行影响不大，可暂缓处理的缺陷。

第十条 继电保护和安全自动装置缺陷通用归类原则

（一）危急缺陷：在下列范围内或特征相符的缺陷应列为危急缺陷。

1．继电保护和安全自动装置本体、智能终端、合并单元、控制回路等相关二次设备直流电源异常或消失；

2．电源消失或电源灯异常；

3．死机、故障或异常退出；

4．继电保护和安全自动装置通道故障、接口设备运行灯异常或接口设备故障；

5．控制回路断线；

6．电压切换异常；

7．电流、电压互感器二次回路异常；

8．差流越限；

9．开入、开出异常，可能造成继电保护和安全自动装置不正确动作；

10．直流系统接地；

11．继电保护和安全自动装置频繁重启；

12．继电保护和安全自动装置本体、智能终端或合并单元（MU）等数据采集异常；

13．智能终端或合并单元（MU）等与继电保护和安全自动装置之间数据中断或异常；

14．继电保护和安全自动装置用GOOSE网数据中断或异常；

15．继电保护和安全自动装置用交换机异常；

16．其它直接威胁设备安全运行的情况。

（二）严重缺陷：在下列范围内或特征相符的缺陷应列为严重缺陷。

1．只发异常或告警信号，但未闭锁；

2．液晶显示异常，但不影响动作性能；

3．信号指示灯异常，但不影响动作性能；

4．频繁告警；

5．保护通道不稳定，未闭锁保护，如通道衰耗大；

6．故障录波装置不能正常录波，如装置故障、频繁起动或电源消失；

7．继电保护和安全自动装置与自动化系统通信中断；

8．继电保护和安全自动装置信息、故障录波器信息无法正常上传至调度端；

9．其它可能导致继电保护和安全自动装置部分功能缺失或性能下降的缺陷。

（三）一般缺陷：在下列范围内或特征相符的继电保护和安全自动装置缺陷应列为一般缺陷。

1．液晶显示屏不清楚，但不影响人机对话及动作性能；

2．时钟不准；

3．打印功能不正常；

4．屏体、继电保护和安全自动装置外壳损坏或变形，屏上按钮接触不良，二次端子锈蚀等，但不影响正常运行的缺陷；

5．其它对设备安全运行影响不大的缺陷。

第十一条 本办法根据《继电保护信息规范》等企业技术标准，列出部分继电保护和安全自动装置告警信息对应的缺陷类型分级定性标准，参见附件：表1-22。

第四章　报告与处置

第十二条　运行维护、检修、工程调试、验收等工作人员均有责任发现、汇报继电保护和安全自动装置存在的缺陷。

第十三条　运行巡视、现场操作等过程中发现继电保护和安全自动装置缺陷时，按照现场运行规程开展检查处置，并立即通知检修人员，必要时应向值班调度员汇报，依据调度指令采取相应防范措施。

第十四条　调度集中监控和远方操作、专业巡检等过程中发现的继电保护和安全自动装置缺陷应立即通知运维人员，按照现场运行规程进行处置，必要时应向值班调度员汇报，依据调度指令采取相应防范措施。

第十五条　继电保护和安全自动装置检验过程中发现的各级缺陷应立即组织处理，处理后方可恢复运行。

第十六条　发现继电保护和安全自动装置缺陷后的防范基本原则为：

（一）危急缺陷：可能导致一次设备失去主保护时，应申请停运相应一次设备；继电保护和安全自动装置存在误动或拒动风险时，应申请退出该装置。

（二）严重缺陷：可在保护专业人员到达现场进行处理时再申请退出相应继电保护和安全自动装置。严重缺陷未处理期间应加强设备的运行监视。

（三）一般缺陷：不影响继电保护和安全自动装置性能，装置能继续运行，可在不退出装置的情况下或随检验工作同时开展消缺。

第十七条　运维检修单位的继电保护和安全自动装置缺陷定级应履行审核手续。

第十八条　发现疑似继电保护和安全自动装置家族性缺陷，按《国家电网公司继电保护和安全自动装置家族性缺陷处置管理规定》（国网（调/4）451—2014）执行。

第十九条　新建、扩建或改建工程的继电保护和安全自动装置应零缺陷投入运行。新建、扩建或改建工程中继电保护和安全自动装置缺陷处理记录等资料投运前应移交运维检修单位，运维检修单位负责统计存档。对于工程质保期内发生的继电保护和安全自动装置缺陷，由建设单位负责处理，运维检修单位配合。

第二十条　应采取措施，有效缩短继电保护和安全自动装置缺陷消除时间，各级缺陷消除时间要求为：

（一）危急缺陷消缺时间不超过24小时；

（二）严重缺陷消缺时间不超过72小时；

（三）一般缺陷消缺时间不宜超过一个月。

第二十一条　运维检修单位应在继电保护和安全自动装置缺陷处理后5个工作日内，完成缺陷管理信息填报。

第二十二条　运维检修单位应跟踪记录继电保护和安全自动装置缺陷，对自行恢复但“原因不明”的异常现象应充分重视，对发生过两次及以上同类危急或严重缺陷的继电保护和安全自动装置进行重点监控，必要时进行技术改造。

第二十三条　继电保护和安全自动装置备品备件应合理储备，满足消缺需要。

第五章　统计与分析

第二十四条　各级单位应做好继电保护和安全自动装置缺陷统计与分析，为技改、大修及设备选型提供依据。

第二十五条　运维检修单位负责汇总分析年度继电保护和安全自动装置缺陷情况，纳入年度设备统计分析报告，按规定报调控部门。

第二十六条　省调和地、县调按照本单位运维范围统计分析年度继电保护和安全自动装置缺陷数据，地调汇总上报省调，省调汇总并纳入年度设备分析报告，按规定上报国调中心、调控分中心。

第二十七条　继电保护和安全自动装置缺陷统计分析至少应包含以下内容：装置分类、装置型号、软件版本、生产厂家、缺陷分类、缺陷部位、具体缺陷情况、缺陷原因、处缺时间、处理结果、缺陷责任单位总套数、缺陷次数、缺陷率（次/百台·年）等。

第六章　检查与考核

第二十八条　继电保护和安全自动保护装置缺陷管理由各级调控部门具体负责，实施检查、考核，重点考核以下内容：

（一）继电保护和安全自动装置危急、严重和一般缺陷的及时消缺情况；

（二）继电保护和安全自动装置缺陷信息填报的及时性、准确性和完整性；

（三）继电保护和安全自动装置缺陷发现的及时性；

（四）继电保护和安全自动装置缺陷定性的准确性等。

第七章　附　则

第二十九条　本办法由国调中心负责解释并监督执行。

第三十条　本办法自2015年1月1日起施行。

附件：本办法制定依据

附件

本办法制定依据

依据《继电保护信息规范》（Q/GDW 11010—2013）的保护装置统一告警信息，对符合《变压器、高压并联电抗器和母线保护及辅助装置标准化设计规范》（Q/GDW 175—2013）和《线路保护及辅助装置标准化设计规范》（Q/GDW 1161—2014）的标准化继电保护设备缺陷进行逐一归类，详细情况见表1～表22（所列表格为220kV及以上电压等级继电保护告警信息）。

表1　智能变电站线路保护告警信息

序号	标准信息输出内容	说　明	缺陷类别
1	保护CPU插件异常	保护CPU插件出现异常，主要包括程序、定值、数据存储器出错等	危急缺陷
2	PT断线	保护用的电压回路断线	危急缺陷
3	同期电压异常	同期判断用的电压回路断线，通常为单相电压	严重缺陷
4	CT断线	电流回路断线	危急缺陷
5	长期有差流	长期有不正常的差动电流存在	危急缺陷
6	CT异常	CT回路异常或者采用回路异常	危急缺陷
7	PT异常	PT回路异常或者采用回路异常	危急缺陷
8	管理CPU插件异常	管理CPU插件上有关芯片出现异常，影响保护功能	危急缺陷
		管理CPU插件上有关芯片出现异常，不影响保护功能	严重缺陷
9	开入异常	开入回路发生异常	危急缺陷
10	电源异常	直流电源异常或光耦电源异常等	危急缺陷
11	两侧差动投退不一致	两侧差动保护装置的差动保护投入不一致	危急缺陷
12	载波通道异常	载波通道发生异常	危急缺陷
13	通道故障	通道发生异常	危急缺陷
14	重合方式整定出错	重合闸控制字整定出错	危急缺陷
15	对时异常	对时异常	一般缺陷
16	SV总告警	SV所有异常的总报警	危急缺陷
17	GOOSE总告警	GOOSE所有异常的总报警	危急缺陷
18	SV采样数据异常	SV数据异常已造成装置告警影响保护正常动作	危急缺陷
		反复出现SV数据异常每次都可自动恢复	严重缺陷
		偶发并可自动恢复	一般缺陷
19	SV采样链路中断	链路中断	危急缺陷

表1（续）

序号	标准信息输出内容	说　明	缺陷类别
20	GOOSE数据异常	GOOSE数据异常已造成装置告警影响保护正常动作	危急缺陷
		反复出现GOOSE数据异常每次都可自动恢复	严重缺陷
		偶发并可自动恢复	一般缺陷
21	GOOSE链路中断	链路中断	危急缺陷

表2　智能变电站220kV变压器保护告警信息

序号	标准信息输出内容	说　明	缺陷类别
1	保护CPU插件异常	保护CPU插件出现异常，主要包括程序、定值、数据存储器出错等	危急缺陷
2	高压侧PT断线	高压侧PT断线	危急缺陷
3	中压侧PT断线	中压侧PT断线	危急缺陷
4	低压1分支PT断线	低压1分支PT断线	危急缺陷
5	低压2分支PT断线	低压2分支PT断线	危急缺陷
6	高压1侧CT断线	高压1侧CT断线	危急缺陷
7	高压2侧CT断线	高压2侧CT断线	危急缺陷
8	中压侧CT断线	中压侧CT断线	危急缺陷
9	低压1分支CT断线	低压1分支CT断线	危急缺陷
10	低压2分支CT断线	低压2分支CT断线	危急缺陷
11	差流越限	差流越限	危急缺陷
12	管理CPU插件异常	管理CPU插件上有关芯片出现异常，影响保护功能	危急缺陷
		管理CPU插件上有关芯片出现异常，不影响保护功能	严重缺陷
13	开入异常	失灵GOOSE长期开入	危急缺陷
14	对时异常	对时异常	一般缺陷
15	SV总告警	SV所有异常的总报警	危急缺陷
16	GOOSE总告警	GOOSE所有异常的总报警	危急缺陷
17	SV采样数据异常	SV数据异常已造成装置告警影响保护正常动作	危急缺陷
		反复出现SV数据异常每次都可自动恢复	严重缺陷
		偶发并可自动恢复	一般缺陷
18	SV采样链路中断	链路中断	危急缺陷
19	GOOSE数据异常	GOOSE数据异常已造成装置告警影响保护正常动作	危急缺陷
		反复出现GOOSE数据异常每次都可自动恢复	严重缺陷
		偶发并可自动恢复	一般缺陷
20	GOOSE链路中断	链路中断	危急缺陷

表3 智能变电站500kV（330kV）变压器保护告警信息

序号	标准信息输出内容	说 明	缺陷类别
1	保护CPU插件异常	保护CPU插件出现异常，主要包括程序、定值、数据存储器出错等	危急缺陷
2	高压侧PT断线	高压侧PT断线	危急缺陷
3	中压侧PT断线	中压侧PT断线	危急缺陷
4	低压侧PT断线	低压侧PT断线	危急缺陷
5	高压1侧CT断线	高压1侧CT断线	危急缺陷
6	高压2侧CT断线	高压2侧CT断线	危急缺陷
7	中压侧CT断线	中压侧CT断线	危急缺陷
8	低压侧CT断线	低压侧CT断线	危急缺陷
9	公共绕组CT断线	公共绕组CT断线	危急缺陷
10	低压绕组CT断线	低压绕组CT断线	危急缺陷
11	纵差差流越限	纵差差流越限	危急缺陷
12	分相差差流越限	分相差差流越限	危急缺陷
13	低小区差差流越限	低小区差差流越限	危急缺陷
14	分侧差差流越限	分侧差差流越限	危急缺陷
15	管理CPU插件异常	管理CPU插件上有关芯片出现异常，影响保护功能	危急缺陷
		管理CPU插件上有关芯片出现异常，不影响保护功能	严重缺陷
16	开入异常	失灵GOOSE长期开入	危急缺陷
17	对时异常	对时异常	一般缺陷
18	SV总告警	SV所有异常的总报警	危急缺陷
19	GOOSE总告警	GOOSE所有异常的总报警	危急缺陷
20	SV采样数据异常	SV数据异常已造成装置告警影响保护正常动作	危急缺陷
		反复出现SV数据异常每次都可自动恢复	严重缺陷
		偶发并可自动恢复	一般缺陷
21	SV采样链路中断	链路中断	危急缺陷
22	GOOSE数据异常	GOOSE数据异常已造成装置告警影响保护正常动作	危急缺陷
		反复出现GOOSE数据异常每次都可自动恢复	严重缺陷
		偶发并可自动恢复	一般缺陷
23	GOOSE链路中断	链路中断	危急缺陷

注：10项、12项和13项仅适用于500kV变压器保护。

表4 智能变电站750kV变压器保护告警信息

序号	标准信息输出内容	说 明	缺陷类别
1	保护CPU插件异常	保护CPU插件出现异常，主要包括程序、定值、数据存储器出错等	危急缺陷
2	高压侧PT断线	高压侧PT断线	危急缺陷
3	中压侧PT断线	中压侧PT断线	危急缺陷
4	低压1分支PT断线	低压1分支PT断线	危急缺陷
5	低压2分支PT断线	低压2分支PT断线	危急缺陷
6	CT断线	CT断线（按侧分别输出）	危急缺陷
7	高压1侧CT断线	高压1侧CT断线	危急缺陷
8	高压2侧CT断线	高压2侧CT断线	危急缺陷
9	中压1侧CT断线	中压1侧CT断线	危急缺陷
10	中压2侧CT断线	中压2侧CT断线	危急缺陷
11	低压1分支CT断线	低压1分支CT断线	危急缺陷
12	低压2分支CT断线	低压2分支CT断线	危急缺陷
13	公共绕组CT断线	公共绕组CT断线	危急缺陷
14	低压绕组CT断线	低压绕组CT断线	危急缺陷
15	纵差差流越限	纵差差流越限	危急缺陷
16	分相差差流越限	分相差差流越限	危急缺陷
17	低小区差差流越限	低小区差差流越限	危急缺陷
18	分侧差差流越限	分侧差差流越限	危急缺陷
19	管理CPU插件异常	管理CPU插件上有关芯片出现异常，影响保护功能	危急缺陷
		管理CPU插件上有关芯片出现异常，不影响保护功能	严重缺陷
20	开入异常	失灵GOOSE长期开入	危急缺陷
21	对时异常	对时异常	一般缺陷
22	SV总告警	SV所有异常的总报警	危急缺陷
23	GOOSE总告警	GOOSE所有异常的总报警	危急缺陷
24	SV采样数据异常	SV数据异常已造成装置告警影响保护正常动作	危急缺陷
		反复出现SV数据异常每次都可自动恢复	严重缺陷
		偶发并可自动恢复	一般缺陷
25	SV采样链路中断	链路中断	危急缺陷
26	GOOSE数据异常	GOOSE数据异常已造成装置告警影响保护正常动作	危急缺陷
		反复出现GOOSE数据异常每次都可自动恢复	严重缺陷
		偶发并可自动恢复	一般缺陷
27	GOOSE链路中断	链路中断	危急缺陷

表5 智能变电站双母（双母双分段）接线母线保护告警信息

序号	标准信息输出内容	说　明	缺陷类别
1	保护CPU插件异常	保护CPU插件出现异常，主要包括软件程序、存储器出错，定值出错，自检出错等，闭锁保护功能	危急缺陷
2	支路CT断线（线路、变压器）	线路（变压器）支路CT断线告警，闭锁母差保护	危急缺陷
3	母联/分段CT断线	母线保护不进行故障母线选择，大差比率动作切除互联母线	危急缺陷
4	Ⅰ母PT断线	保护元件中该段母线PT断线	危急缺陷
5	Ⅱ母PT断线	保护元件中该段母线PT断线	危急缺陷
6	管理CPU插件异常	管理CPU插件上有关芯片出现异常，影响保护功能	危急缺陷
		管理CPU插件上有关芯片出现异常，不影响保护功能	严重缺陷
7	通讯中断	管理CPU和保护CPU通讯异常	危急缺陷
8	母联失灵启动异常		危急缺陷
9	分段1失灵启动异常		危急缺陷
10	分段2失灵启动异常		危急缺陷
11	失灵启动开入异常		危急缺陷
12	支路刀闸位置异常	开入板件校验异常，相关开入接点误启动，保护已记忆原初始状态	危急缺陷
13	母联跳位异常	母联跳位有流报警	危急缺陷
14	分段1跳位异常	母联跳位有流报警	危急缺陷
15	分段2跳位异常	母联跳位有流报警	危急缺陷
16	母联非全相异常	母联非全相开入异常	危急缺陷
17	分段1非全相异常	母联非全相开入异常	危急缺陷
18	分段2非全相异常	母联非全相开入异常	危急缺陷
19	母联手合开入异常		危急缺陷
20	分段1手合开入异常		危急缺陷
21	分段2手合开入异常		危急缺陷
22	母线互联运行	不考虑一次设备互联运行情况	危急缺陷
23	对时异常	对时异常	一般缺陷
24	SV总告警	SV所有异常的总报警	危急缺陷
25	GOOSE总告警	GOOSE所有异常的总报警	危急缺陷
26	SV采样数据异常	SV数据异常已造成装置告警影响保护正常动作	危急缺陷
		反复出现SV数据异常每次都可自动恢复	严重缺陷
		偶发并可自动恢复	一般缺陷
27	SV采样链路中断	链路中断	危急缺陷
28	GOOSE数据异常	GOOSE数据异常已造成装置告警影响保护正常动作	危急缺陷
		反复出现GOOSE数据异常每次都可自动恢复	严重缺陷
		偶发并可自动恢复	一般缺陷
29	GOOSE链路中断	链路中断	危急缺陷

表6 智能变电站双母双单段接线母线保护告警信息

序号	标准信息输出内容	说 明	缺陷类别
1	保护CPU插件异常	保护CPU插件出现异常，主要包括软件程序、存储器出错，定值出错，自检出错等，闭锁保护功能	危急缺陷
2	支路CT断线（线路、变压器）	线路支路CT断线告警，闭锁母差保护	危急缺陷
3	母联/分段CT断线	母线保护不进行故障母线选择，大差比率动作切除互联母线	危急缺陷
4	Ⅰ母PT断线	保护元件中该段母线PT断线	危急缺陷
5	Ⅱ母PT断线	保护元件中该段母线PT断线	危急缺陷
6	Ⅲ母PT断线	保护元件中该段母线PT断线	危急缺陷
7	管理CPU插件异常	管理CPU插件上有关芯片出现异常，影响保护功能	危急缺陷
		管理CPU插件上有关芯片出现异常，不影响保护功能	严重缺陷
8	通讯中断	管理CPU和保护CPU通讯异常	危急缺陷
9	母联1失灵启动异常		危急缺陷
10	分段失灵启动异常		危急缺陷
11	母联2失灵启动异常		危急缺陷
12	失灵启动开入异常		危急缺陷
13	支路刀闸位置异常	开入板件校验异常，相关开入接点误启动，保护已记忆原初始状态	危急缺陷
14	母联1跳位异常	母联跳位有流报警	危急缺陷
15	分段跳位异常	母联跳位有流报警	危急缺陷
16	母联2跳位异常	母联跳位有流报警	危急缺陷
17	母联1非全相异常	母联非全相开入异常	危急缺陷
18	分段非全相异常	母联非全相开入异常	危急缺陷
19	母联2非全相异常	母联非全相开入异常	危急缺陷
20	母联1手合开入异常		危急缺陷
21	分段手合开入异常		危急缺陷
22	母联2手合开入异常		危急缺陷
23	母线互联运行	不考虑一次设备互联运行情况。	危急缺陷
24	对时异常	对时异常	一般缺陷
25	SV总告警	SV所有异常的总报警	危急缺陷
26	GOOSE总告警	GOOSE所有异常的总报警	危急缺陷
27	SV采样数据异常	SV数据异常已造成装置告警影响保护正常动作	危急缺陷
		反复出现SV数据异常每次都可自动恢复	严重缺陷
		偶发并可自动恢复	一般缺陷
28	SV采样链路中断	链路中断	危急缺陷

表6（续）

序号	标准信息输出内容	说　明	缺陷类别
29	GOOSE 数据异常	GOOSE 数据异常已造成装置告警影响保护正常动作	危急缺陷
		反复出现 GOOSE 数据异常每次都可自动恢复	严重缺陷
		偶发并可自动恢复	一般缺陷
30	GOOSE 链路中断	链路中断	危急缺陷

表7　智能变电站3/2接线母线保护告警信息

序号	标准信息输出内容	说　明	缺陷类别
1	保护 CPU 插件异常	保护 CPU 插件出现异常，主要包括软件程序、存储器出错，定值出错，自检出错等，闭锁保护功能	危急缺陷
2	CT 断线	CT 断线告警，闭锁母差保护	危急缺陷
3	管理 CPU 插件异常	管理 CPU 插件上有关芯片出现异常，影响保护功能	危急缺陷
		管理 CPU 插件上有关芯片出现异常，不影响保护功能	严重缺陷
4	通讯中断	管理 CPU 和保护 CPU 通讯异常	危急缺陷
5	边断路器失灵开入异常		危急缺陷
6	对时异常	对时异常	一般缺陷
7	SV 总告警	SV 所有异常的总报警	危急缺陷
8	GOOSE 总告警	GOOSE 所有异常的总报警	危急缺陷
9	SV 采样数据异常	SV 数据异常已造成装置告警影响保护正常动作	危急缺陷
		反复出现 SV 数据异常每次都可自动恢复	严重缺陷
		偶发并可自动恢复	一般缺陷
10	SV 采样链路中断	链路中断	危急缺陷
11	GOOSE 数据异常	GOOSE 数据异常已造成装置告警影响保护正常动作	危急缺陷
		反复出现 GOOSE 数据异常每次都可自动恢复	严重缺陷
		偶发并可自动恢复	一般缺陷
12	GOOSE 链路中断	链路中断	危急缺陷

表8　智能变电站母联（分段）保护告警信息

序号	标准信息输出内容	说　明	缺陷类别
1	保护 CPU 插件异常	保护 CPU 插件出现异常，主要包括程序、定值、数据存储器出错等	危急缺陷
2	CT 断线	电流回路断线	危急缺陷
3	CT 异常	CT 回路异常或者采用回路异常	危急缺陷
4	管理 CPU 插件异常	管理 CPU 插件上有关芯片出现异常，影响保护功能	危急缺陷
		管理 CPU 插件上有关芯片出现异常，不影响保护功能	严重缺陷
5	对时异常	对时异常	一般缺陷

表 8（续）

序号	标准信息输出内容	说　明	缺陷类别
6	SV 总告警	SV 所有异常的总报警	危急缺陷
7	GOOSE 总告警	GOOSE 所有异常的总报警	危急缺陷
8	SV 采样数据异常	SV 数据异常已造成装置告警影响保护正常动作	危急缺陷
		反复出现 SV 数据异常每次都可自动恢复	严重缺陷
		偶发并可自动恢复	一般缺陷
9	SV 采样链路中断	链路中断	危急缺陷
10	GOOSE 数据异常	GOOSE 数据异常已造成装置告警影响保护正常动作	危急缺陷
		反复出现 GOOSE 数据异常每次都可自动恢复	严重缺陷
		偶发并可自动恢复	一般缺陷
11	GOOSE 链路中断	链路中断	危急缺陷

表 9　智能变电站断路器保护告警信息

序号	标准信息输出内容	说　明	缺陷类别
1	保护 CPU 插件异常	保护 CPU 插件出现异常，主要包括程序、定值、数据存储器出错等	危急缺陷
2	PT 断线	保护用的电压回路断线	危急缺陷
3	同期电压异常	同期判断用的电压回路断线，通常为单相电压	危急缺陷
4	CT 断线	电流回路断线	危急缺陷
5	CT 异常	CT 回路异常或者采用回路异常	危急缺陷
6	PT 异常	PT 回路异常或者采用回路异常	危急缺陷
7	管理 CPU 插件异常	管理 CPU 插件上有关芯片出现异常，影响保护功能	危急缺陷
		管理 CPU 插件上有关芯片出现异常，不影响保护功能	严重缺陷
8	开入异常	开入回路发生异常	危急缺陷
9	重合方式整定出错	重合闸控制字整定出错	危急缺陷
10	对时异常	对时异常	一般缺陷
11	SV 总告警	SV 所有异常的总报警	危急缺陷
12	GOOSE 总告警	GOOSE 所有异常的总报警	危急缺陷
13	SV 采样数据异常	SV 数据异常已造成装置告警影响保护正常动作	危急缺陷
		反复出现 SV 数据异常每次都可自动恢复	严重缺陷
		偶发并可自动恢复	一般缺陷
14	SV 采样链路中断	链路中断	危急缺陷
15	GOOSE 数据异常	GOOSE 数据异常已造成装置告警影响保护正常动作	危急缺陷
		反复出现 GOOSE 数据异常每次都可自动恢复	严重缺陷
		偶发并可自动恢复	一般缺陷
16	GOOSE 链路中断	链路中断	危急缺陷

表 10 智能变电站电抗器保护告警信息

序号	标准信息输出内容	说 明	缺陷类别
1	保护 CPU 插件异常	保护 CPU 插件出现异常，主要包括程序、定值、数据存储器出错等	危急缺陷
2	PT 断线	PT 断线	危急缺陷
3	CT 断线	CT 断线	危急缺陷
4	差流越限	差流越限	危急缺陷
5	管理 CPU 插件异常	管理 CPU 插件上有关芯片出现异常，影响保护功能	危急缺陷
		管理 CPU 插件上有关芯片出现异常，不影响保护功能	严重缺陷
6	对时异常	对时异常	一般缺陷
7	SV 总告警	SV 所有异常的总报警	危急缺陷
8	GOOSE 总告警	GOOSE 所有异常的总报警	危急缺陷
9	SV 采样数据异常	SV 数据异常已造成装置告警影响保护正常动作	危急缺陷
		反复出现 SV 数据异常每次都可自动恢复	严重缺陷
		偶发并可自动恢复	一般缺陷
10	SV 采样链路中断	链路中断	危急缺陷
11	GOOSE 数据异常	GOOSE 数据异常已造成装置告警影响保护正常动作	危急缺陷
		反复出现 GOOSE 数据异常每次都可自动恢复	严重缺陷
		偶发并可自动恢复	一般缺陷
12	GOOSE 链路中断	链路中断	危急缺陷

表 11 智能变电站短引线保护告警信息

序号	标准信息输出内容	说 明	缺陷类别
1	保护 CPU 插件异常	保护 CPU 插件出现异常，主要包括程序、定值、数据存储器出错等	危急缺陷
2	CT 断线	电流回路断线	危急缺陷
3	CT 异常	CT 回路异常或者采用回路异常	危急缺陷
4	管理 CPU 插件异常	管理 CPU 插件上有关芯片出现异常，影响保护功能	危急缺陷
		管理 CPU 插件上有关芯片出现异常，不影响保护功能	严重缺陷
5	开入异常	开入回路发生异常	危急缺陷
6	对时异常	对时异常	一般缺陷
7	SV 总告警	SV 所有异常的总报警	危急缺陷
8	GOOSE 总告警	GOOSE 所有异常的总报警	危急缺陷
9	SV 采样数据异常	SV 数据异常已造成装置告警影响保护正常动作	危急缺陷
		反复出现 SV 数据异常每次都可自动恢复	严重缺陷
		偶发并可自动恢复	一般缺陷

表 11（续）

序号	标准信息输出内容	说　明	缺陷类别
10	SV 采样链路中断	链路中断	危急缺陷
11	GOOSE 数据异常	GOOSE 数据异常已造成装置告警影响保护正常动作	危急缺陷
		反复出现 GOOSE 数据异常每次都可自动恢复	严重缺陷
		偶发并可自动恢复	一般缺陷
12	GOOSE 链路中断	链路中断	危急缺陷

表 12　常规变电站线路保护告警信息

序号	标准信息输出内容	说　明	缺陷类别
1	模拟量采集错	保护的模拟量采集系统出错	危急缺陷
2	保护 CPU 插件异常	保护 CPU 插件出现异常，主要包括程序、定值、数据存储器出错等	危急缺陷
3	开出异常	开出回路发生异常	危急缺陷
4	PT 断线	保护用的电压回路断线	危急缺陷
5	同期电压异常	同期判断用的电压回路断线，通常为单相电压	严重缺陷
6	CT 断线	电流回路断线	危急缺陷
7	长期有差流	长期有不正常的差动电流存在	危急缺陷
8	CT 异常	CT 回路异常或者采用回路异常	危急缺陷
9	PT 异常	PT 回路异常或者采用回路异常	危急缺陷
10	管理 CPU 插件异常	管理 CPU 插件上有关芯片出现异常，影响保护功能	危急缺陷
		管理 CPU 插件上有关芯片出现异常，不影响保护功能	严重缺陷
11	开入异常	开入回路发生异常	危急缺陷
12	两侧差动投退不一致	两侧差动保护装置的差动保护投入不一致	危急缺陷
13	载波通道异常	载波通道发生异常	危急缺陷
14	通道故障	通道发生异常	危急缺陷
15	重合方式整定出错	重合闸控制字整定出错	危急缺陷
16	对时异常	对时异常	一般缺陷

表 13　常规变电站 220kV 变压器保护告警信息

序号	标准信息输出内容	说　明	缺陷类别
1	模拟量采集错	保护的模拟量采集系统出错	危急缺陷
2	保护 CPU 插件异常	保护 CPU 插件出现异常，主要包括程序、定值、数据存储器出错等	危急缺陷
3	开出异常	开出回路发生异常	危急缺陷
4	高压侧 PT 断线	高压侧 PT 断线	危急缺陷
5	中压侧 PT 断线	中压侧 PT 断线	危急缺陷

表 13（续）

序号	标准信息输出内容	说　明	缺陷类别
6	低压 1 分支 PT 断线	低压 1 分支 PT 断线	危急缺陷
7	低压 2 分支 PT 断线	低压 2 分支 PT 断线	危急缺陷
8	高压 1 侧 CT 断线	高压 1 侧 CT 断线	危急缺陷
9	高压 2 侧 CT 断线	高压 2 侧 CT 断线	危急缺陷
10	中压侧 CT 断线	中压侧 CT 断线	危急缺陷
11	低压 1 分支 CT 断线	低压 1 分支 CT 断线	危急缺陷
12	低压 2 分支 CT 断线	低压 2 分支 CT 断线	危急缺陷
13	差流越限	差流越限	危急缺陷
14	管理 CPU 插件异常	管理 CPU 插件上有关芯片出现异常，影响保护功能	危急缺陷
		管理 CPU 插件上有关芯片出现异常，不影响保护功能	严重缺陷
15	开入异常	开入回路发生异常	危急缺陷
16	对时异常	对时异常	一般缺陷

表 14　常规变电站 500kV（330kV）变压器保护告警信息

序号	标准信息输出内容	说　明	缺陷类别
1	模拟量采集错	保护的模拟量采集系统出错	危急缺陷
2	保护 CPU 插件异常	保护 CPU 插件出现异常，主要包括程序、定值、数据存储器出错等	危急缺陷
3	开出异常	开出回路发生异常	危急缺陷
4	高压侧 PT 断线	高压侧 PT 断线	危急缺陷
5	中压侧 PT 断线	中压侧 PT 断线	危急缺陷
6	低压侧 PT 断线	低压侧 PT 断线	危急缺陷
7	高压 1 侧 CT 断线	高压 1 侧 CT 断线	危急缺陷
8	高压 2 侧 CT 断线	高压 2 侧 CT 断线	危急缺陷
9	中压侧 CT 断线	中压侧 CT 断线	危急缺陷
10	低压侧 CT 断线	低压侧 CT 断线	危急缺陷
11	公共绕组 CT 断线	公共绕组 CT 断线	危急缺陷
12	低压绕组 CT 断线	低压绕组 CT 断线	危急缺陷
13	纵差差流越限	纵差差流越限	危急缺陷
14	分相差差流越限	分相差差流越限	危急缺陷
15	低小区差差流越限	低小区差差流越限	危急缺陷
16	分侧差差流越限	分侧差差流越限	危急缺陷
17	管理 CPU 插件异常	管理 CPU 插件上有关芯片出现异常，影响保护功能	危急缺陷
		管理 CPU 插件上有关芯片出现异常，不影响保护功能	严重缺陷
18	开入异常	开入回路发生异常	危急缺陷
19	对时异常	对时异常	一般缺陷

注：12 项、14 项和 15 项仅适用于 500kV 变压器保护。

表 15 常规变电站 750kV 变压器保护告警信息

序号	标准信息输出内容	说 明	缺陷类别
1	模拟量采集错	保护的模拟量采集系统出错	危急缺陷
2	保护 CPU 插件异常	保护 CPU 插件出现异常，主要包括程序、定值、数据存储器出错等	危急缺陷
3	开出异常	开出回路发生异常	危急缺陷
4	高压侧 PT 断线	高压侧 PT 断线	危急缺陷
5	中压侧 PT 断线	中压侧 PT 断线	危急缺陷
6	低压 1 分支 PT 断线	低压 1 分支 PT 断线	危急缺陷
7	低压 2 分支 PT 断线	低压 2 分支 PT 断线	危急缺陷
8	高压 1 侧 CT 断线	高压 1 侧 CT 断线	危急缺陷
9	高压 2 侧 CT 断线	高压 2 侧 CT 断线	危急缺陷
10	中压 1 侧 CT 断线	中压 1 侧 CT 断线	危急缺陷
11	中压 2 侧 CT 断线	中压 2 侧 CT 断线	危急缺陷
12	低压 1 分支 CT 断线	低压 1 分支 CT 断线	危急缺陷
13	低压 2 分支 CT 断线	低压 2 分支 CT 断线	危急缺陷
14	公共绕组 CT 断线	公共绕组 CT 断线	危急缺陷
15	低压绕组 CT 断线	低压绕组 CT 断线	危急缺陷
16	纵差差流越限	纵差差流越限	危急缺陷
17	分相差差流越限	分相差差流越限	危急缺陷
18	低小区差差流越限	低小区差差流越限	危急缺陷
19	分侧差差流越限	分侧差差流越限	危急缺陷
20	管理 CPU 插件异常	管理 CPU 插件上有关芯片出现异常，影响保护功能	危急缺陷
		管理 CPU 插件上有关芯片出现异常，不影响保护功能	严重缺陷
21	开入异常	开入回路发生异常	危急缺陷
22	对时异常	对时异常	一般缺陷

表 16 常规变电站双母（双母双分段）接线母线保护告警信息

序号	标准信息输出内容	说 明	缺陷类别
1	采集数据异常	采样自检校验出错，退出保护功能	危急缺陷
2	保护 CPU 插件异常	保护 CPU 插件出现异常，主要包括软件程序、存储器出错，定值出错，自检出错等，闭锁保护功能	危急缺陷
3	开出异常	开出回路发生异常	危急缺陷
4	支路 CT 断线（线路、变压器）	线路（变压器）支路 CT 断线告警，闭锁母差保护	危急缺陷
5	母联/分段 CT 断线	母线保护不进行故障母线选择，大差比率动作切除互联母线	危急缺陷
6	Ⅰ母 PT 断线	保护元件中该段母线 PT 断线	危急缺陷

表 16（续）

序号	标准信息输出内容	说　明	缺陷类别
7	Ⅱ母 PT 断线	保护元件中该段母线 PT 断线	危急缺陷
8	管理 CPU 插件异常	管理 CPU 插件上有关芯片出现异常，影响保护功能	危急缺陷
		管理 CPU 插件上有关芯片出现异常，不影响保护功能	严重缺陷
9	通讯中断	管理 CPU 和保护 CPU 通讯异常	危急缺陷
10	母联失灵启动异常		危急缺陷
11	分段 1 失灵启动异常		危急缺陷
12	分段 2 失灵启动异常		危急缺陷
13	失灵启动开入异常		危急缺陷
14	失灵解除电压闭锁异常		危急缺陷
15	支路刀闸位置异常	开入板件校验异常，相关开入接点误启动，保护已记忆原初始状态	危急缺陷
16	母联手合开入异常		危急缺陷
17	分段 1 手合开入异常		危急缺陷
18	分段 2 手合开入异常		危急缺陷
19	母线互联运行	不考虑一次设备互联运行情况	危急缺陷
20	对时异常	对时异常	一般缺陷
21	母联跳位异常	母联跳位有流报警	危急缺陷
22	分段 1 跳位异常	母联跳位有流报警	危急缺陷
23	分段 2 跳位异常	母联跳位有流报警	危急缺陷
24	母联非全相异常	母联非全相开入异常	危急缺陷
25	分段 1 非全相异常	母联非全相开入异常	危急缺陷
26	分段 2 非全相异常	母联非全相开入异常	危急缺陷

表 17　常规变电站双母双单段接线母线保护告警信息

序号	标准信息输出内容	说　明	缺陷类别
1	采集数据异常	采样自检校验出错，退出保护功能	危急缺陷
2	保护 CPU 插件异常	保护 CPU 插件出现异常，主要包括软件程序、存储器出错，定值出错，自检出错等，闭锁保护功能	危急缺陷
3	开出异常	开出回路发生异常	危急缺陷
4	支路 CT 断线（线路、变压器）	线路支路 CT 断线告警，闭锁母差保护	危急缺陷
5	母联/分段 CT 断线	母线保护不进行故障母线选择，大差比率动作切除互联母线	危急缺陷
6	Ⅰ母 PT 断线	保护元件中该段母线 PT 断线	危急缺陷
7	Ⅱ母 PT 断线	保护元件中该段母线 PT 断线	危急缺陷
8	Ⅲ母 PT 断线	保护元件中该段母线 PT 断线	危急缺陷

表 17（续）

序号	标准信息输出内容	说明	缺陷类别
9	管理 CPU 插件异常	管理 CPU 插件上有关芯片出现异常，影响保护功能	危急缺陷
		管理 CPU 插件上有关芯片出现异常，不影响保护功能	严重缺陷
10	通讯中断	管理 CPU 和保护 CPU 通讯异常	危急缺陷
11	母联 1 失灵启动异常		危急缺陷
12	分段失灵启动异常		危急缺陷
13	母联 2 失灵启动异常		危急缺陷
14	失灵启动开入异常		危急缺陷
15	失灵解除电压闭锁异常		危急缺陷
16	支路刀闸位置异常	开入板件校验异常，相关开入接点误启动，保护已记忆原初始状态	危急缺陷
17	母联 1 手合开入异常		危急缺陷
18	分段手合开入异常		危急缺陷
19	母联 2 手合开入异常		危急缺陷
20	母线互联运行	不考虑一次设备互联运行情况	危急缺陷
21	对时异常	对时异常	一般缺陷
22	母联 1 跳位异常	母联跳位有流报警	危急缺陷
23	分段跳位异常	母联跳位有流报警	危急缺陷
24	母联 2 跳位异常	母联跳位有流报警	危急缺陷
25	母联 1 非全相异常	母联非全相开入异常	危急缺陷
26	分段非全相异常	母联非全相开入异常	危急缺陷
27	母联 2 非全相异常	母联非全相开入异常	危急缺陷

表 18　常规变电站 3/2 接线母线保护告警信息

序号	标准信息输出内容	说明	缺陷类别
1	采集数据异常	采样自检校验出错，退出保护功能	危急缺陷
2	保护 CPU 插件异常	保护 CPU 插件出现异常，主要包括软件程序、存储器出错，定值出错，自检出错等，闭锁保护功能	危急缺陷
3	开出异常	开出回路发生异常	危急缺陷
4	CT 断线	CT 断线告警，闭锁母差保护	危急缺陷
5	管理 CPU 插件异常	管理 CPU 插件上有关芯片出现异常，影响保护功能	危急缺陷
		管理 CPU 插件上有关芯片出现异常，不影响保护功能	严重缺陷
6	通讯中断	管理 CPU 和保护 CPU 通讯异常	危急缺陷
7	边断路器失灵开入异常		危急缺陷
8	对时异常	对时异常	一般缺陷

表19　常规变电站母联（分段）保护告警信息

序号	标准信息输出内容	说　明	缺陷类别
1	模拟量采集错	保护的模拟量采集系统出错	危急缺陷
2	保护CPU插件异常	保护 CPU 插件出现异常，主要包括程序、定值、数据存储器出错等	危急缺陷
3	开出异常	开出回路发生异常	危急缺陷
4	CT断线	电流回路断线	危急缺陷
5	CT异常	CT回路异常或者采用回路异常	危急缺陷
6	管理CPU插件异常	管理CPU插件上有关芯片出现异常，影响保护功能	危急缺陷
		管理CPU插件上有关芯片出现异常，不影响保护功能	严重缺陷
7	对时异常	对时异常	一般缺陷

表20　常规变电站断路器保护告警信息

序号	标准信息输出内容	说　明	缺陷类别
1	模拟量采集错	保护的模拟量采集系统出错	危急缺陷
2	保护CPU插件异常	保护CPU插件出现异常，主要包括程序、定值、数据存储器出错等	危急缺陷
3	开出异常	开出回路发生异常	危急缺陷
4	PT断线	保护用的电压回路断线	危急缺陷
5	同期电压异常	同期判断用的电压回路断线，通常为单相电压	危急缺陷
6	CT断线	电流回路断线	危急缺陷
7	CT异常	CT回路异常或者采用回路异常	危急缺陷
8	PT异常	PT回路异常或者采用回路异常	危急缺陷
9	管理CPU插件异常	管理CPU插件上有关芯片出现异常，影响保护功能	危急缺陷
		管理CPU插件上有关芯片出现异常，不影响保护功能	严重缺陷
10	开入异常	开入回路发生异常	危急缺陷
11	重合方式整定出错	重合闸控制字整定出错	危急缺陷
12	对时异常	对时异常	一般缺陷

表21　常规变电站电抗器保护告警信息

序号	标准信息输出内容	说　明	缺陷类别
1	模拟量采集错	保护的模拟量采集系统出错	危急缺陷
2	保护CPU插件异常	保护 CPU 插件出现异常，主要包括程序、定值、数据存储器出错等	危急缺陷
3	开出异常	开出回路发生异常	危急缺陷
4	PT断线	PT断线	危急缺陷
5	CT断线	CT断线	危急缺陷

表 21（续）

序号	标准信息输出内容	说　明	缺陷类别
6	差流越限	差流越限	危急缺陷
7	管理 CPU 插件异常	管理 CPU 插件上有关芯片出现异常，影响保护功能	危急缺陷
		管理 CPU 插件上有关芯片出现异常，不影响保护功能	严重缺陷
8	对时异常	对时异常	一般缺陷

表 22　常规变电站短引线保护告警信息

序号	标准信息输出内容	说　明	缺陷类别
1	模拟量采集错	保护的模拟量采集系统出错	危急缺陷
2	保护 CPU 插件异常	保护 CPU 插件出现异常，主要包括程序、定值、数据存储器出错等	危急缺陷
3	开出异常	开出回路发生异常	危急缺陷
4	CT 断线	电流回路断线	危急缺陷
5	CT 异常	CT 回路异常或者采用回路异常	危急缺陷
6	管理 CPU 插件异常	管理 CPU 插件上有关芯片出现异常，影响保护功能	危急缺陷
		管理 CPU 插件上有关芯片出现异常，不影响保护功能	严重缺陷
7	开入异常	开入回路发生异常	危急缺陷
8	对时异常	对时异常	一般缺陷

国家电网公司

继电保护和安全自动装置家族性缺陷处置管理规定

国网（调/4）225—2014

国家电网公司继电保护和安全自动装置家族性缺陷处置管理规定

第一章 总 则

第一条 为加强国家电网公司（以下简称“公司”）继电保护和安全自动装置（以下简称“保护装置”）家族性缺陷处置工作，提高设备可靠性和运行水平，制定本规定。

继电保护和安全自动装置包括各电压等级的继电保护装置、安全自动装置及其二次回路设备（包括合并单元、智能终端、过程层交换机等）、故障录波器、网络报文分析仪、继电保护测试设备、二次回路状态监测装置、继电保护信息子站等二次设备。

第二条 保护装置家族性缺陷是指经归口管理部门认定的由于软硬件设计、材质、工艺、原理等原因导致同一厂家、同一型号、同一批次、同一版本的保护装置存在的缺陷。

第三条 本规定就保护装置家族性缺陷的发现、报告、认定、通报、反措验证、反措实施、评价与考核等环节的全过程闭环管控做出具体要求。

第四条 本规定适用于公司范围内与保护装置相关的设计、制造、施工、科研、基建、物资、调试、调控、运维检修等单位。

第二章 职 责 分 工

第五条 公司保护装置家族性缺陷管理由国家电力调度控制中心（以下简称“国调中心”）统一归口，实施分级管理。国调中心负责公司保护装置家族性缺陷的通报、整改通知和评价考核，负责220kV及以上电压等级（含西藏110kV系统）保护装置家族性缺陷的认定、反措制定。各分中心协助国调中心开展相关工作，并对区域内缺陷整改落实情况进行监督。

第六条 省（自治区、直辖市）调控中心（以下简称“省调”）负责110kV及以下电压等级保护装置家族性缺陷的认定和反措制定，报国调中心统一发布。

第七条 各分中心、省调负责组织调管范围内220kV及以上电压等级保护装置疑似家族性缺陷的初步统计、分析，并上报国调中心。

第八条 地县调控中心负责组织调管范围内疑似家族性缺陷的初步统计、分析，并上报上级调控中心。

第九条 运维检修单位依据设备调度管辖关系，按照相应调控中心专业管理要求，完成保护装置家族性缺陷的统计、分析、上报工作。

第十条 各级调控中心负责组织落实保护装置家族性缺陷反措要求并进行监督检查，运维检修单位负责反措的具体实施。

第十一条 公司各级单位应按照公司安全隐患排查治理管理办法对保护装置家族性缺陷进行评估，对判定为安全隐患的，依据该办法做好统计、上报和整改工作。

第十二条 研究试验单位按照国调中心、分中心或省调委托承担相应工作。

第十三条　保护装置厂家应积极配合开展缺陷管理各阶段工作。

第三章　发现与报告

第十四条　各级调控中心和运维检修单位要加强保护装置缺陷统计和故障分析，及时发现家族性缺陷，并反馈至保护厂家。运维检修单位发现疑似家族性缺陷后应于三日内报告相应调控中心，分中心、省调发现疑似家族性缺陷后应于三日内报告国调中心，地县调发现疑似家族性缺陷后应于三日内报告上级调控中心。

第十五条　施工调试单位在保护装置安装调试过程中发现疑似家族性缺陷后，应立即报告相应调控中心。

第十六条　保护装置厂家应在接到疑似家族性缺陷信息后三日内向国调中心或相应省调提供缺陷分析报告、初步确认结论和涉及的保护装置数量及分布情况。

第十七条　保护装置厂家自行发现家族性缺陷后，应立即报告相应调控中心。

第十八条　各级调控中心、运维单位应建立完备的保护装置台账，各保护装置厂家应建立详细的供货清单及升级记录，为家族性缺陷管控创造条件。

第四章　认定与通报

第十九条　国调中心、省调按照职责分工负责组织专家对保护装置厂家提供的分析报告进行确认，对疑似家族性缺陷进行分析、认定，必要时应组织进行专项检测。

第二十条　对于同一厂家、同一批次保护装置重复出现同一类型的设备缺陷，或经分析由于原理、设计、材质、工艺等共性因素导致的设备缺陷，可认定为疑似家族性缺陷。

第二十一条　对认定为可直接导致保护装置不正确动作的严重家族性缺陷，在反措实施前，应采取有效的临时技术、管理措施，降低保护缺陷可能对电网造成的影响。保护装置厂家应积极配合各单位开展工作。

第五章　反措制定与验证

第二十二条　家族性缺陷认定后，保护装置厂家应于 5 个工作日内提出有效的反措，反措应经过厂内严格测试验证和质保体系保证，相关调控中心应组织有关人员和专家见证试验验证过程。

第二十三条　对于涉及保护装置关键逻辑或多个保护装置厂家均存在的家族性缺陷反措，国调中心或省调应组织召集专家论证会，对反措的可行性进行论证。

第二十四条　对于涉及保护装置关键逻辑、影响范围大的反措，国调中心或省调应组织有关检测机构进行专项检测，验证通过后方可实施。

第二十五条　反措验证后的软件版本纳入保护装置软件版本管理体系进行管理。

第六章　反措发布与实施

第二十六条　反措经试验验证后，国调中心印发家族性缺陷反措及整改通知，并抄送公司相关部门，各级调控中心负责组织落实。

第二十七条　运维检修单位按要求根据实际情况编制整改计划建议，并报送相关调控中心，调控中心统筹制定调管范围内反措整改计划并组织实施。反措整改计划逐级报送上级调控中心。

第二十八条　相关设计、制造、基建、物资、施工、科研、运维检修等单位应严格执行家族性缺陷的反措要求。

第七章　评价与考核

第二十九条　运维检修单位、调控中心应按照保护装置家族性缺陷管理流程要求开展相关工作。

第三十条　分中心协助国调中心对区域内的 220kV 及以上家族性缺陷反措落实情况开展监督检查工作；省级调控中心对 110kV 及以下家族性缺陷反措落实情况开展监督检查工作。

第三十一条　各级调控中心对保护装置家族性缺陷管控工作情况进行分析评价，对家族性缺陷隐瞒不报、延期报送、报送虚假信息，以及未按要求落实整改进度等情况，将进行通报批评。

第三十二条　保护装置厂家在缺陷管理各阶段工作的配合情况将作为供应商履约表现的评价依据。

第八章　附　　则

第三十三条　本规定由国调中心负责解释并监督执行。

第三十四条　本规定自 2014 年 5 月 1 日起施行。

第2篇

设备管理类

国家电网公司企业标准

大型发电机组涉网保护技术管理规定

Technical regulations on grid-related protection of large generating unit

Q/GDW 1773—2013

目　　次

前言……417
1　范围……418
2　规范性引用文件……418
3　术语和定义……418
4　涉网保护技术要求……419
5　涉网保护的校核及备案内容……420
附录 A（规范性附录）　系统联系电抗 Xcon 的计算……422
附录 B（规范性附录）　大型汽轮发电机组频率异常运行要求……422
附录 C（规范性附录）　发电机转子过负荷能力要求……423
编制说明……424

前　言

根据公司《关于下达 2011 年度国家电网公司技术标准制修订计划的通知》（国家电网科〔2011〕190 号）文编制本标准。

本标准适用于国家电网公司调度管辖范围内的 300MW 及以上的汽轮发电机组、100MW 及以上水轮发电机组和 100MW 及以上燃气发电机组，其它发电机组参照执行。

本标准由国家电力调控中心提出并解释。

本标准由国家电网公司科技部归口。

本标准主要起草单位：中国电力科学研究院、清华大学。

本标准主要起草人：周济、赵红光、何凤军、濮钧、桂林、李文锋、武朝强、刘增煌、霍承祥、陶向宇、李仲青、朱方、王官宏、周成、韩志勇、王东阳。

本标准首次发布。

大型发电机组涉网保护技术管理规定

1　范围

本标准适用于国家电网公司调度管辖范围内的300MW及以上汽轮发电机组、100MW及以上水轮发电机组和100MW及以上燃气发电机组，其它发电机组参照执行。

本标准涉及内容包括：发电机组失磁保护、失步保护、频率异常保护、汽轮机超速保护控制、过激磁保护、定子过电压保护、定子低电压保护、重要辅机保护、过励限制及保护等。

2　规范性引用文件

下列文件对于本文件的应用是必不可少的。凡是注日期的引用文件，仅所注日期的版本适用于本文件。凡是不注日期的引用文件，其最新版本（包括所有的修改单）适用于本文件。

GB/T 2900.49—2004　电工术语　电力系统保护

GB/T 7409.1—2008　同步发电机励磁系统定义

GB/T 14285—2006　继电保护和安全自动装置技术规程

DL/T 559—2007　220-750kV电网继电保护装置运行整定规程

DL/T 684—1999　大型发电机变压器继电保护整定计算导则

DL 755—2001　电力系统安全稳定导则

DL/T 970—2005　大型汽轮发电机非正常和特殊运行及维护导则

DL/T 996—2006　火力发电厂汽轮机电液控制系统技术条件

DL/T 1040—2007　电网运行准则

3　术语和定义

下列术语和定义适用于本文件。

3.1　发电机组涉网保护　grid-related generator protection

在发电机组的保护和控制装置中，动作行为和参数设置与电网运行方式相关、或需要与电网中安全自动装置相协调的部分。

3.2　失磁保护　loss-of-field protection

发电机部分或完全失去励磁时的保护措施。

3.3　失步运行　out-of-step operation

发电机因扰动失去同步，同时保持全部或部分励磁的运行状态。

3.4　失步保护　out-of-step protection

发电机或电力系统失去同步时，用于防止失步加剧的保护措施。

3.5　过激磁保护　over-excitation protection

用于防止发电机或升压变压器过磁通引起发电机跳闸的保护措施，也被称为过 V/Hz

保护或过磁通保护。

3.6 汽轮机超速保护控制（OPC） over-speed protection control

汽轮发电机组转速超过设定值或达到规定的限制条件时，自动快速关闭调节汽门，延时开启调节汽门，维持机组在额定转速下运行。

3.7 V/Hz 限制器 volts per hertz limiter

一种电压调节器附加功能单元，目的是防止发电机或与其相连的变压器过磁通。

3.8 低励限制器 under excitation limiter

一种电压调节器的附加功能单元，目的是在励磁系统输出电流减少时，防止发电机超越静态稳定极限或超越由定子端部铁芯发热所要求的发电机热容量。

3.9 过励限制器 over excitation limiter

一种电压调节器的附加功能单元，目的是将励磁系统输出电流限制在允许范围之内。

3.10 过励保护器 over excitation protector

一种电压调节器的附加功能单元，目的是在过励限制器无法将励磁系统输出电流限制在允许范围内时发出保护信号、切换励磁通道。

4 涉网保护技术要求

4.1 失磁保护

4.1.1 发电机组失磁保护应能正确判断失磁状态，宜动作于解列。

4.1.2 发电机组失磁保护应具备不同测量原理复合判据的多段式方案。与系统联系紧密的发电厂或采用自并励励磁方式的发电机组宜将阻抗判据作为失磁保护的复合判据之一，优先采用定子阻抗判据与机端三相正序低电压的复合判据。

4.1.3 在机组自身没有失磁的情况下，系统振荡（含同步振荡）时发电机组失磁保护不应动作。

4.1.4 发电机组失磁保护中静稳极限阻抗应基于系统最小运行方式的电抗值进行校核，其中等值电抗计算方法参考附录 A。

4.1.5 励磁调节器中的低励限制应与失磁保护协调配合，遵循低励限制先于失磁保护动作的原则，低励限制线应与静稳极限边界配合，且留有一定裕度。

4.2 失步保护

4.2.1 发电机组失步保护应能正确区分失步振荡中心所处的位置。

4.2.2 当失步振荡中心位于发变组外时应能可靠发出信号。

4.2.3 当失步振荡中心位于发变组内，电流振荡次数超过规定值时，保护动作于解列。

4.3 频率异常保护

4.3.1 汽轮发电机组频率异常保护的动作定值应满足附表 B.1 中汽轮发电机组频率异常运行能力的要求。

4.3.2 发电机组低频保护应与电网的低频减载装置配合，低频保护定值应低于低频减载装置最后一轮定值。

4.3.3 发电机组过频保护应与电网高频切机装置配合，遵循高频切机先于过频保护动作的原则。

4.3.4 同一电厂过频保护应采用时间元件与频率元件的组合，分轮次动作。

4.4　汽轮机超速保护控制（OPC）

OPC 应考虑与机组过频保护、电网高频切机装置间的协调配合，遵循高频切机先于 OPC，OPC 先于过频保护动作的原则，电网有特殊要求者除外。同时，应防止 OPC 反复动作对电网的扰动。

4.5　过激磁保护

4.5.1　励磁调节器中 V/Hz 限制器的参数设置应与过激磁保护动作特性相配合，遵循 V/Hz 限制先于过激磁保护动作的原则。

4.5.2　发电机组过激磁保护可装设由低定值和高定值两部分组成的定时限过激磁保护或反时限过激磁保护，有条件时应优先装设反时限过激磁保护。

4.5.3　发电机组过激磁保护如果配置定时限保护，其低定值部分应带时限动作于信号，高定值部分应动作于解列。

4.5.4　发电机组过激磁保护如果配置反时限保护，反时限保护应动作于解列。

4.5.5　过激磁保护启动值不得低于额定值的 1.07 倍。

4.6　发电机定子过电压保护

4.6.1　发电机定子过电压保护的整定值应结合发电机的过电压能力，采用较高的定值。

4.6.2　对于水轮发电机，过电压保护整定值根据定子绕组绝缘状况决定，一般不低于额定电压的 1.5 倍，动作时限取 0.5 秒；采用晶闸管整流励磁的一般不低于额定电压的 1.3 倍，动作时限取 0.3 秒，保护动作于解列。

4.6.3　对于汽轮发电机，过电压保护整定值根据定子绕组绝缘状况决定。一般不低于额定电压的 1.3 倍，动作时限取 0.5 秒，保护动作于解列。

4.6.4　发电机承受过电压能力有特殊要求的机组，应根据实际要求进行整定。

4.7　发电机定子低电压保护

4.7.1　发电机定子低电压保护定值应低于系统低压减载的最低一级定值。

4.7.2　发电机定子低压保护的动作值一般不高于额定电压的 0.75 倍，动作时限不低于 1 秒，动作于信号。

4.8　重要辅机保护

电网发生事故引起发电厂高压母线电压、频率等异常时，电厂重要辅机保护不应先于主机保护动作，以免切除辅机造成发电机组停运。

4.9　过励限制及保护

4.9.1　过励限制及保护在匹配转子反时限过热特性曲线的前提下，需要协调整定，应充分发挥励磁系统过励运行能力，其中发电机转子过负荷能力应能满足附录 C 的要求。

4.9.2　过励限制及保护与发电机转子绕组过负荷保护配合的原则是：过励限制先于过励保护（当用于通道切换时）、过励保护先于转子绕组过负荷保护动作。

4.9.3　高起始响应励磁系统应具备瞬时励磁电流限制功能。瞬时励磁电流限制应先于转子绕组过负荷保护动作。

5　涉网保护的校核及备案内容

电厂应根据相关继电保护整定计算规定、电网运行情况、主设备技术条件及本文件中对涉网保护的技术要求，做好每年度所辖设备涉网保护定值的校核工作。当电网结构、线路参数和短路电流水平发生变化时，应及时校核涉网保护的配置与定值，避免保护不正确动作。

为防止发生网源协调事故，并网电厂大型发电机组涉网保护装置的技术性能和参数应满足所接入电网要求，并达到安全性评价和技术监督的要求。涉网保护的定值应在调度部门备案，至少应包括下列内容：

a）失磁保护、低励限制定值；

b）失步保护定值；

c）低频保护、过频保护定值；

d）汽轮机超速保护控制（OPC）定值；

e）过激磁保护定值；

f）发电机定子低电压、过电压保护定值；

g）过励限制及保护、转子绕组过负荷保护定值；

h）负序过电流保护定值。

附　录　A
（规范性附录）
系统联系电抗 Xcon 的计算

在对发电机组失磁保护进行整定计算时，需用到所整定机组对系统的联系电抗 Xcon，其计算方法简介如下。

设某电厂具有相同容量机组 n 台，均采用发电机变压器组单元接线，在高压侧并联运行。电力系统归算至该厂高压母线的系统等值电抗为 X_s，其接线及等值电路如图 A.1 所示。

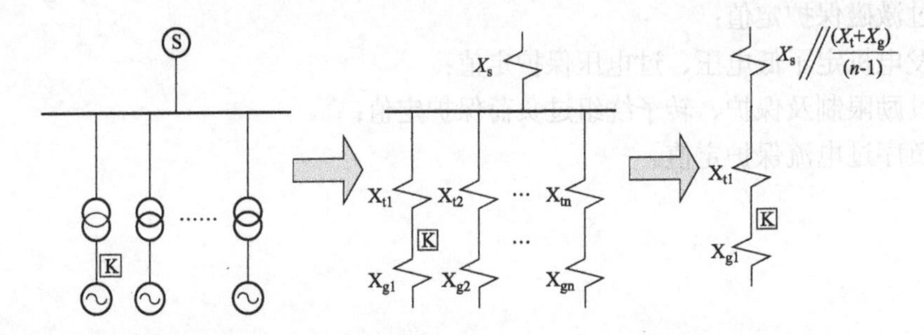

a）　电厂主接线及其等值电路

假设对 1 号机的保护装置 K 进行整定计算，已知保护装于机端。由图 A.1 可见，系统联系电抗 Xcon 为：

$$X_{con}=X_{t1}+X_s//\frac{X_g+X_t}{(n-1)}=X_t+\frac{X_s(X_g+X_t)}{X_s(n-1)+X_g+X_t} \tag{A.1}$$

式中：

$$X_{t1}=X_{t2}=\cdots=X_{tn}=X_t;$$
$$X_{g1}=X_{g2}=\cdots=X_{gn}=X_g。$$

附　录　B
（规范性附录）
大型汽轮发电机组频率异常运行要求

大型汽轮发电机频率异常运行要求

B.1　大型汽轮发电机频率异常允许运行时间

频率范围（Hz）	累计允许运行时间（min）	每次允许运行时间（s）
51.0 以上～51.5	>30	>30
50.5 以上～51.0	>180	>180
48.5～50.5	连续运行	
48.5 以下～48.0	>300	>300

（续）

频率范围（Hz）	累计允许运行时间（min）	每次允许运行时间（s）
48.0 以下～47.5	>60	>60
47.5 以下～47.0	>10	>20
47.0 以下～46.5	>2	>5

附 录 C
（规范性附录）
发电机转子过负荷能力要求

汽轮发电机转子过电流限制

发电机转子绕组应具有下列规定的过电流能力，时间从 10s～120s。

$$(I^2-1)\ t=33.75 \tag{C.1}$$

式中：

I——转子电流标幺值；

t——时间，s。

C.1 汽轮发电机转子过负荷能力

转子电流（%）	209	146	125	113
时间（s）	10	30	60	120

在上述过电流工况下转子绕组温度将超过额定负载时的数值，电机结构设计以每年过电流次数不超过两次为依据。

水轮发电机转子过电流限制

水轮发电机的转子绕组应能承受 2 倍额定励磁电流，持续时间为：

a）空气冷却的水轮发电机不少于 50s；

b）水直接冷却或加强空气冷却的水轮发电机不少于 20s。

大型发电机组涉网保护技术管理规定

编　制　说　明

目　次

一、编制背景……426
二、编制主要原则及思路……426
三、与其他标准的关系……426
四、主要工作过程……426
五、规范结构及内容……427
六、条文说明……427

一、编制背景

随着特高压交直流工程的相继投运，远距离、大容量送电格局已成为互联电网运行的主要特征，电网运行中，交直流互联电网相互影响、相互作用的特点突出，对并网机组安全稳定运行提出了更高的要求，特别是大容量输电通道送、受端近区发电机组的动态调节特性直接影响通道送电能力及稳定水平。同时，国内外大停电事故分析表明：大型发电机组涉网保护在电网极端情况下出现误动或拒动是导致事故扩大的重要原因。

提高涉网保护的适应性，充分发挥发电机组有功、无功动态调节能力，为电网提供电压、频率支撑，降低电网发生连锁故障的概率，是保证网源协调运行的重要手段，同时为以交直流混联为特征的大电网安全稳定运行夯实基础。

本标准依据《关于下达2011年度国家电网公司技术标准制修订计划的通知》（国家电网科〔2011〕190号）文的要求编写。

二、编制主要原则及思路

1．依据涉网保护的相关管理规定，在广泛调研国内外已有成果和实践经验的基础上，参照国家及电力行业相关标准及规程，编制了本标准；

2．对发电机组失磁保护、失步保护、频率异常保护、汽轮机超速保护控制、过激磁保护、定子过电压保护、定子低电压保护、重要辅机保护、过励限制及保护等做了明确的技术要求；

3．提出了随着电网结构、运行方式的变化需要对涉网保护进行校核和调度部门需要备案的内容。

三、与其他标准的关系

本标准编制过程中重点引用了《大型发电机变压器继电保护整定计算导则（DL/T 684—1999)》和《电网运行准则（DL/T 1040—2007)》中有关涉网保护的相关内容。并引用GB/T 2900.49—2004、GB/T 7409.1—2008、GB/T 14285—2006、DL/T 559—2007、DL 755—2001、DL/T 970—2005、DL/T 996—2006等标准。

四、主要工作过程

1．确立总体目标，成立了标准编写工作组，明确编写组成员分工，开展标准编制的前期研究工作。

2．在总结国内外发电机组涉网保护研究工作的基础上，结合现有相关标准之规定，编写组完成了初稿的编写工作。

3．2011年8月，在中国电力科学研究院组织院内召开讨论会，出席的专家主要有刘增煌、朱方、寇惠珍、刘肇旭等，进行了初稿的讨论工作。

4．2011年8月～2011年12月，参考讨论会上专家提出的相关意见，完成初稿的修改工作。

5．2011年12月23日，国家电力调度控制中心组织，中国电力科学研究院承办，召开专家咨询会，参会专家有周济、邵广惠、严伟、桂林、李胜、潘晓杰等，现场征询专家意见。

6．2011年12月–2012年2月，开展多次讨论会，并多次征询家意见，形成规定的“征求意见稿”。

7．2012年3月，根据文件的规定，多次征询专家意见，对“征求意见稿”进行修改，形成规定的“送审稿”。

8．2012 年 3 月 30 日，国家电力调度控制中心组织，中国电力科学研究院承办，召开标准审查会，出席的专家主要有柳焕章、孙光辉、王蓓、肖昌育、严伟、牛栓保、蓝海波、马锁明、刘虎林等，形成规定的“报批稿”。

五、规范结构及内容

本导则依据《国家电网公司技术标准管理办法实施细则》的编写要求进行了编制。导则主要结构及内容如下：

1．目次；

2．前言；

3．规定正文共设 5 章：范围、规范性引用文件、术语和定义、涉网保护技术要求、涉网保护的校核及备案内容；

4．共设 3 个规范性附录：系统联系电抗 Xcon 的计算、大型汽轮发电机组频率异常运行的要求、发电机转子过负荷能力要求。

六、条文说明

本标准对大型发电机组涉网保护的相关技术和管理内容做了规定，对条文做如下说明：

4.1 失磁保护。发电机组部分或全部失去励磁时，将过渡到异步运行，从系统中吸收无功功率，引起系统电压下降，同时，由于电压下降，系统中其他发电机组在自动励磁调节装置的作用下，将增加无功输出，从而使某些发电机、变压器或线路过电流而被切除，故障范围扩大，因此，需要装设失磁保护，当发生失磁故障时动作解列发电机组。在失磁保护的实际运行中，动作判据较多，每种判据都能在一定程度上判定发电机组失磁故障，但普遍存在误动的问题，特别是在电网发生振荡期间，失磁保护应当闭锁，往往由于失磁保护误动切除发电机组，电网失去更多电源，造成严重的后果。本标准中规定失磁保护应具备区分失磁和振荡的能力，应采用不同测量原理复合判据的多段式方案，与系统联系紧密的发电厂或采用自并励励磁方式的发电机组宜将阻抗判据作为失磁保护的复合判据之一，优先采用定子阻抗判据与机端三相正序低电压的复合判据；低励限制先于失磁保护动作，保证低励限制先于失磁保护动作。

4.2 失步保护。大型发电机组与变压器组成单元接线，电抗值较大，而机组的惯性常数相对较小，励磁顶值高且响应快，与之相连的系统等值电抗却往往较小，一旦发生系统振荡，振荡中心常位于发电机端附近，使厂用电电压周期性的严重下降，电厂辅机运行受到严重威胁，部分电动机将被制动，可能导致停机停炉、炉管过热或炉膛爆炸，失步振荡电流的幅值与三相短路电流可比拟，振荡电流在较长时间内反复出现会使发电机组遭受力和热的损伤，因此大型发电机组必须装设失步保护。在系统非正常运行时，失步保护误动会解列发电机组，导致增加发电机励磁、减少有功出力、切换厂用电等的争取系统恢复正常的手段无法应用，使系统遭受更大的损失。本标准规定失步保护应具备鉴别短路、失步振荡和同步振荡的能力和区分振荡中心处于发变组内外的能力，当振荡中心位于发变组内部时应立即解列发电机组，当位于发变组外部时应可靠发出信号，为系统恢复正常争取时间。

4.3 频率异常保护。一般来说，水轮发电机组没有低频和过频限制问题，频率异常保护主要用于保护汽轮发电机组。低频保护一旦解列发电机组，将会使系统频率下降更快，为了解决这个问题，电网中会装置低频减载装置，这时低频保护必须与电网低频减载装置密切配合，最大限度减少汽轮机发电机组从系统中解列。对于过频保护，电网中装设了高频切机装置，在电网高频运行时，应当首先由高频切机装置的切机方案来保证电网的安全稳定运行，如果过频保护先于高频切机动作解列发电机组，由于切除的容量或发电机组在系统中重要性的不同会使系统遭受更大的损失。本标准规定：低频保护应与电网的低频减载装置配合，定值应不高于低频减载装置最后一轮定值，满足47.5Hz延时不小于20秒、47Hz延时不小于5秒的要求；过频保护应与电网高频切机装置配合，遵循高频切机先于过频保护动作的原则；同时，同一电厂过频保护应采用时间元件与频率元件的组合，分轮次动作，避免电网高频运行期间全厂停电。

4.4　汽轮机超速保护控制（OPC）。随着汽轮发电机组单机容量的增大，蒸汽做功能力与转子转动惯量的差距越来越大，仅靠调节系统的转速反馈进行机组转速调节难以满足要求，这种情况下OPC能在转子超速时迅速接管调节系统的控制权，将调节汽门短时关闭，经过一定延时再打开，起到限制机组转速升高的作用。OPC的动作与否与电网的运行状态紧密相关，动作后会对系统的稳定性产生影响。2006年7月7日贵州南部电网事故表明：合理整定电网侧高频切机策略与OPC进行配合是保证电网安全稳定运行的重要措施。本标准规定：OPC应考虑与机组的过频保护、电网高频切机装置间的协调配合，遵循高频切机先于OPC，OPC先于过频保护动作的原则，电网有特殊要求者除外。同时，应防止OPC反复动作对电网的扰动。

4.5　过激磁保护。磁通密度过分增大，使铁芯饱和，励磁电流急剧增加，产生过激磁现象，由于漏磁场产生涡流损耗，引起高温，严重时会造成发电机或升压变绝缘损伤，因此，装设过激磁保护避免因磁通密度增大对发电机和升压变造成危害。系统非正常运行时，电压升高或频率下降会使铁芯磁通密度升高，对在运的发电机组调查中发现过激磁保护通常整定的较为保守，束缚了发电机组的过激磁能力。励磁调节器中的V/Hz限制器的应先于过激磁保护动作，保证在机组发生过激磁时首先由V/Hz限制器动作，来限制磁通密度的升高，仍不能将磁通密度降到合理范围时，再由过激磁保护动作于发电机解列。本标准中规定：过激磁保护启动值不得低于1.07倍；励磁调节器中V/Hz限制器的参数设置应与过激磁保护动作特性相配合，遵循V/Hz限制先于过激磁保护动作的原则。

4.6　定子过电压保护。发电机组装设定子过电压保护是在发电机组甩负荷或者事故情况下，定子电压升高对定子绝缘造成威胁时将发电机组解列。在电网发生事故时，定子电压升高，但在满足机组运行要求的前提下，作为系统中重要的有功、无功支撑的发电机组应尽量不从系统中解列，为系统恢复正常运行提供条件。本标准中规定：结合发电机承受过电压能力的要求，对于水轮发电机，过电压保护整定值根据定子绕组绝缘状况决定，一般不低于额定电压的1.5倍，动作时限取0.5秒；采用晶闸管整流励磁的一般不低于额定电压的1.3倍，动作时限取0.3秒，动作于解列；对于汽轮发电机，一般不低于额定电压的1.3倍，动作时限取0.5秒，动作于解列。当发电机承受过电压的能力有特殊要求的应当根据实际情况进行整定。

4.7　定子低电压保护。通常情况下定子低电压保护动作后，发电机组带厂用电与系统解列，以便事故后能迅速并网，从而避免停机，以防重新带负荷时间过长。法国1978年12月19日大停电的事故分析中指出，事故时电网电压水平在很低的情况下，发电机组对电压支撑有极为重要的作用，发电机组解列将使电压水平进一步恶化，尽可能保持其长期运行极为重要。本标准中参考相关规定，设置定子低压保护的动作值应低于系统低压减载最后一轮定值，一般不高于额定电压的 0.75 倍，动作时限不低于 1 秒，动作于信号，再根据实际情况确定是否解列机组。

4.8　重要辅机保护。火电厂中重要辅机主要包括送风机、引风机、一次风机、空冷岛、给水泵、凝结水泵、预热器电动机、炉水泵、静冷泵、低压馈线电源等辅机系统；水电厂中重要辅机主要包括润滑油泵等辅机系统。在电网发生事故时，厂用电电压下降，如果电厂辅机低电压保护定值设定较高，导致误动切除重要辅机，造成发电机组停运，将无法发挥发电机组对电网的支撑能力。巴西 2011 年 2 月 4 日大停电事故中某水电站辅机低电压保护设置不合理导致了电网的最终崩溃。本标准规定：电网发生事故引起发电厂高压母线电压、频率等异常时，电厂重要的辅机保护不应先于主机保护动作，以免切除辅机造成发电机组停运。

4.9　过励限制及保护。过励限制是励磁调节器中设置的防止发电机转子绕组过流的功能，通过计算励磁电流超出长期运行最大值的发热量达到某常数来限制调节器输出，达到保护转子的目的；励磁调节器中的过励保护是为过励限制失效时切换励磁通道而设置的；发电机转子绕组过负荷保护是发变组保护中用于防止转子电流过大设置的保护。1996 年 8 月 10 日美国西北部电力系统大停电中过励保护误动切除 13 台发电机组是事故扩大的主要原因之一；2003 年 8 月 14 日美加大停电事故调查报告指出：东湖电厂 5 号机带 597MW 有功由于过励保护切除造成线路过载，是引起当天事故最早的起因，在随后的事故扩大阶段、失去稳定、解列直至大停电阶段，共计 17 台发电机组由于过励保护动作而切除，其中有误动、有整定值不合理的原因，直接或间接的造成了事故扩大。为了提高电网的安全稳定运行水平，过励限制功能应充分发挥励磁系统的过励能力，在机组安全的前提下，充分挖掘发电机组转子过载能力，向系统提供更多的无功功率，支撑系统电压。本标准中规定过励限制及保护与发电机转子绕组过负荷保护配合的原则是：先进行过励限制，自动将励磁电流降到安全数值，使转子不超过允许发热量，当限制器动作后仍不能恢复至安全工况工作时，再由过励保护延时动作，将励磁切换至备用通道或由自动切至手动，如仍然不能恢复至正常工况工作，最后由转子绕组过负荷保护动作于解列。

国家电网公司企业标准

电网行波测距装置运行规程

Operating code for power grid fault location equipment based on traveling wave

Q/GDW 1877—2013

目 次

前言……432
1 范围……433
2 规范性引用文件……433
3 术语和定义……433
4 总则……435
5 职责分工……435
6 运行与维护……436
7 检验管理……438
8 技术管理……438
附录A（资料性附录） 行波测距系统基本描述……440
编制说明……441

前 言

采用行波原理的输电线路故障测距装置能够消除故障类型、故障位置、过渡电阻和系统运行方式等因素的影响，实现输电线路故障点的精确定位。近年来，行波测距装置已日趋成熟，开始广泛进入工程应用。为规范该类装置的运行管理，特提出并制定本标准。

本标准由国家电网公司国家电力调度控制中心提出并解释。

本标准由国家电网公司科技部归口。

本标准起草单位：国网安徽省电力公司、国家电力调度控制中心、国网电力科学研究院安徽继远电网技术有限责任公司、国网电力科学研究院中电普瑞电网监控技术分公司、山东科汇电力自动化有限公司。

本标准主要起草人：谢民、王同文、王德林、孙月琴、胡世骏、何鸣、敬勇、李京、车文妍。

本标准首次发布。

电网行波测距装置运行规程

1　范围

本标准规定了电网行波测距装置（以下简称行波测距装置）在运行维护、检验及技术管理等方面的要求。

本标准适用于基于行波原理的交流、直流输电线路故障测距装置的运行管理。

2　规范性引用文件

下列文件对于本标准的应用是必不可少的。凡是注日期的引用文件，仅注日期的版本适用于本文件。

凡是不注日期的引用文件，其最新版本（包括所有的修改单）适用于本文件。

GB/T 2900.1　电工术语　基本术语

GB/T 2900.17　电工术语　量度继电器

GB/T 7261—2008　继电保护和安全自动化装置基本试验方法

GB/T 14285—2006　继电保护和安全自动装置技术规程

GB/T 20840.7/8　电子式电压/电流互感器

GB 50171—1992　电气装置安装工程盘、柜及二次回路结线施工及验收规范

DL/T 357　输电线路行波测距装置技术条件

DL/T 587　微机继电保护装置运行管理规程

DL/T 559　220kV～750kV 电网继电保护装置运行整定规程

DL/T 630—1997　交流采样远动终端技术条件

DL/T 667—1999　远动设备及系统　第 5 部分　传输规约　第 103 篇　继电保护设备信息接口配套标准

DL/T 995　继电保护和电网安全自动装置检验规程

DL/T 1100.1—2009　电力系统时间同步系统

Q/GDW 267　继电保护和电网安全自动装置现场工作保安规定

Q/GDW 383　智能变电站技术导则

Q/GDW 395　电力系统继电保护及安全自动装置运行评价规程

Q/GDW 441　智能变电站继电保护技术规范

国家电力监管委员会第 34 号文，2006 年《电力二次系统安全防护总体方案》、《变电站二次系统安全防护方案》

3　术语和定义

GB/T 2900.1、GB/T 2900.17 和 DL/T 357 中确立的以及下列术语和定义适用于本文件。行波测距系统基本描述见附录 A。

3.1

输电线路行波 transmission line traveling wave

沿输电线路传播的电压波、电流波，其中沿参考方向传播的行波称为正向行波（或前行波），沿参考方向的相反方向传播的行波称为反向行波（或反行波）。行波过程由建立在分布参数线路模型基础上的电报方程来描述。

3.2

故障测距 fault location

确定输电线路故障位置的实用技术。

3.3

行波测距装置 fault location equipment based on traveling wave

在厂站采集、处理线路行波信号并能给出测距结果的设备。

3.4

行波测距系统 fault location system based on traveling wave

由行波测距装置、授时单元、通信通道及测距主站组成的系统。

3.5

对时及对时系统 time-synchronization and synchronization system

对时指由标准的时间源为行波测距装置提供统一的时间同步信号。

对时系统指能够提供标准时间的系统。

3.6

测距主站 master station of fault location system

用于接受各行波测距装置传送的数据并进行分析，同时可对行波测距装置进行管理的设备。

3.7

单端测距 single-ended fault location

利用在线路一端检测到的故障初始行波与故障点反射波或对端母线反射波之间的时差计算故障点位置。

3.8

双端测距 double-ended fault location

利用线路内部故障产生的初始行波到达线路两端的时间差计算故障点位置。

3.9

测距误差 fault location error

行波测距装置测量的故障点与实际故障点之间的距离。

3.10

时间误差 time-tagging error

不同行波测距装置在标注同一事件发生时刻时所产生的相对时间差。

3.11

电子式互感器 electronic instrument sensor

一种装置，由连接到传输系统和二次转换器的一个或多个电流或电压传感器组成，用于传输正比于被测量的量，以供给测量仪器、仪表和继电保护或控制装置。

4　总则

4.1　行波测距装置适用于路径地形复杂、巡检不便或长度较长的架空输电线路。

4.2　在实际应用中，宜采用双端行波测距法，可采用单端行波测距法或其他方法。

4.3　行波测距装置的设计、施工、运行、维护等应严格遵照《电力二次系统安全防护总体方案》和《变电站二次系统安全防护方案》的要求，装置应工作在非控制区。

4.4　行波测距装置的规划、设计、施工、科研、制造等工作应满足本标准有关章节的要求。

4.5　行波测距装置应安装在室内，运行环境应符合 DL/T 357 要求。

4.6　行波测距装置的新产品，应按国家规定的要求和程序进行检测或鉴定，合格后，方可推广使用。设计、运行单位应积极创造条件支持新产品的试用。

4.7　在行波测距装置投运前，应进行竣工验收，并检查施工单位移交的资料是否齐全，经验收合格后才能将装置投入运行。

4.8　现场运行、检修人员应掌握行波测距装置状况和维修技术，熟知有关规程制度，定期分析装置运行情况，提出并实施提高安全运行水平的措施。

4.9　运行单位应根据本规程编制现场运行规程或补充规定。

4.10　运行单位应对所管辖的行波测距装置动作情况进行统计分析，并对装置进行评价，提出改进对策及时上报主管部门。

5　职责分工

5.1　省级及以上电网行波测距装置主管部门

5.1.1　负责直接管辖范围内行波测距装置的配置、整定计算和运行管理。

5.1.2　负责所辖电网内行波测距装置的技术管理。

5.1.3　贯彻执行有关行波测距装置规程、标准和规定，结合具体情况，为所辖电网调度运行人员制定、修订行波测距装置调度运行规程，组织制定、修订所辖电网内使用的行波测距装置检验规程和标准化的作业指导书。

5.1.4　负责所辖电网行波测距装置的动作统计、分析和评价工作。

5.1.5　统一管理直接管辖范围内行波测距装置的程序版本，及时将行波测距装置的软件缺陷和升级情况通报有关下级主管部门。

5.1.6　负责对所辖电网调度运行人员进行有关行波测距装置运行方面的培训工作，负责组织对所辖电网行波测距装置现场检修人员进行技术培训。

5.1.7　提出提高行波测距装置运行管理水平的建议。

5.2　地市级电网行波测距装置主管与检修部门

5.2.1　负责行波测距装置的日常维护、定期检验和新装置投产验收工作。

5.2.2　贯彻执行有关行波测距装置规程、标准和规定，负责为地区调度运行人员，现场运行、检修人员编写行波测距装置调度运行规程和现场运行规程。制定、修订直接管辖范围内行波测距装置标准化作业书。

5.2.3　统一管理直接管辖范围内行波测距装置的程序版本，及时将行波测距装置软件缺陷报告上级主管部门。

5.2.4　负责对现场运行、检修人员进行有关行波测距装置的培训。

5.2.5　熟悉行波测距装置原理及二次回路，负责行波测距装置的异常处理。
5.2.6　行波测距装置发生动作不良好时，应调查不良好动作原因，并提出改进措施。
5.2.7　提出提高行波测距装置运行管理水平的建议。

5.3　调度运行人员

5.3.1　了解行波测距装置的原理。
5.3.2　批准和监督直接管辖范围内行波测距装置的正确使用与运行。
5.3.3　在输电线路发生故障时，调度运行人员应及时将行波测距装置的测距结果通知有关单位。
5.3.4　参加行波测距装置调度运行规程的审核。
5.3.5　提出提高行波测距装置运行管理水平的建议。

5.4　现场运行人员

5.4.1　了解行波测距装置的原理及二次回路。
5.4.2　现场运行人员应掌握行波测距装置的定值整定、故障定位结果查看、线路故障波形查阅等操作。
5.4.3　负责与调度运行人员核对行波测距装置的定值通知单，进行行波测距装置的投入、停用等操作。
5.4.4　负责记录并向主管部门汇报行波测距装置的运行指示等情况。
5.4.5　执行有关行波测距装置规程和规定。
5.4.6　在改变行波测距装置的定值或接线时，要有主管部门的定值及回路变更通知单方允许工作。
5.4.7　对行波测距装置进行巡视。
5.4.8　提出提高行波测距装置运行管理水平的建议。

6　运行与维护

6.1　在行波测距装置竣工验收前，工程建设单位应按 GB 50171—1992 有关规定，与运行单位进行图样资料、仪器仪表、调试专用工具、备品备件和试验报告等的移交工作。
6.2　运行单位应根据相关验收规范参与验收工作，验收内容应包括监视采集回路的接入是否符合要求，相关技术资料、竣工图纸是否齐全等。
6.3　行波测距装置投运前，运行单位应保证通信端口、IP 地址、输电线路长度等参数设置正确。
6.4　行波测距装置的投退应根据调度运行人员指令执行。
6.5　巡视。
6.5.1　运行人员巡视。

a）运行人员应了解行波测距装置的工作原理，掌握装置各指示灯在正常与异常情况下的工作状态，通过查看告警信息与记录装置工作信息的运行记录了解装置的工作情况。

b）运行人员应按现场运行规程定期巡检行波测距装置，检查项目包括自检信息、告警信息、机箱指示灯工作状态、对时结果、装置与其对端站、装置与测距主站之间的通讯情况等，并对检查结果进行记录，如发现异常情况，应按现场运行规程处理并及时向主管部门汇报。

6.5.2　检修人员应定期检查时间同步系统的运行情况，确保行波测距装置的对时精度满足要求。

6.6　运行人员应熟练掌握查找故障定位结果和查看线路故障波形的方法。在被监测输电线路发生故障后，应查看行波测距装置的启动记录数据、双端或单端测距结果，并及时将有关故障测距信息汇报主管部门。

6.7　检修人员更换行波测距装置故障元件后应对装置进行必要的检验。

6.8　在维护行波测距装置数据时，不应影响装置的正常运行，不应修改、删除历史录波数据。

6.9　行波测距装置发生异常或故障后，若不威胁现场运行安全且可正常采集所监测线路数据，则允许装置继续运行，但运行人员应记录异常或故障信息并及时通知检修人员进行处理。

6.10　行波测距装置发生异常或故障后，若不能正常采集所监测线路数据或对现场安全运行有影响时，运行人员应立即向调度部门汇报并将其退出运行，检修人员应尽快处理。

6.11　行波测距装置的评价

6.11.1　凡入网运行的行波测距装置均应进行评价。

6.11.2　行波测距装置的动作良好率是指行波测距装置在线路发生故障情况下启动测距并能够得到有效故障点位置的次数与行波测距装置应启动测距次数之百分比。行波测距装置动作良好率的计算按式（1）：

行波测距装置动作良好率=行波测距装置动作良好次数/行波测距装置应评价次数×100%　（1）

6.11.3　在被监测输电线路发生故障时，行波测距装置能自动或手动得到有效的故障点位置应评价为“动作良好”。

6.11.4　行波测距装置的评价按月、年进行统计。

6.12　行波测距装置的软件管理

6.12.1　各级行波测距装置主管部门是管辖范围内行波测距装置的程序版本管理的归口部门，负责对管辖范围内程序版本统一管理，建立装置档案。

6.12.2　运行中的行波测距装置软件未经相应主管部门同意不得更改。

6.12.3　每年行波测距装置主管部门应向有关单位和制造厂商发布一次管辖范围内的行波测距装置程序版本号。

6.13　定值管理。

6.13.1　行波测距装置在投运前，现场应具备行波测距装置定值通知单，定值通知单上应明确所接入线路的线路名称、线路长度等参数。

6.13.2　行波测距装置的定值应按定值通知单整定。

6.13.3　行波测距装置的定值管理应按微机继电保护装置定值管理相关规定执行。

6.14　资料管理。

6.14.1　行波测距装置必须具备的资料包括运行资料、设计资料、技术资料、工程资料等。

6.14.2　运行资料管理：

a）建立行波测距装置的技术档案，包括设备台账、安装接线图、使用说明书、技术说明书、缺陷记录、巡检记录、定值单等。

b）运行资料、光和磁记录介质等应由专人管理，应保持齐全、准确，建立技术资料目录及借阅制度。光、磁记录介质的保存时间宜与行波测距装置使用寿命一致。

c） 设计单位在提供工程竣工图的同时应提供可供修改的CAD文件光盘或U盘。

d）制造厂商应向用户提供与实际装置相符的行波测距装置中文技术手册和用户手册，并提供行波测距装置各定值项的含义和整定原则。

e） 工程建设单位应提供行波测距装置工厂验收报告、现场检验报告及现场施工调试方案。

6.15 行波测距系统主站的运行与维护

6.15.1 行波测距系统主站宜安装在行波测距装置的主管部门所在地。

6.15.2 行波测距系统主站的日常运行与维护应由专人负责。

6.15.3 运行维护人员应定期对主站系统和有关设备进行巡视，并做好记录。

6.15.4 行波测距系统主站出现缺陷后，运行维护人员应及时处理，并做好缺陷处理记录。

6.15.5 运行维护人员应定期总结分析行波测距系统主站运行情况，提出提高系统运行管理水平的改进措施。

7 检验管理

7.1 检修人员按有关检验规定、反事故措施和现场工作保安规定定期对行波测距装置进行检验。

7.2 行波测距装置检验前应编制标准化作业书，并做充分准备，如图纸资料、备品备件、测试仪器、测试记录、检修工具等均应齐备，明确检验的内容和要求，在批准的时间内完成检验工作。

7.3 检验所用仪器、仪表应由专人管理。仪器、仪表应保证误差在规定范围内。

7.4 行波测距装置检验应做好记录，检验完毕后应向运行人员交待有关事项，及时整理检验报告，保留好原始记录。

7.5 现场检验项目应包括：

a） 结构和外观检查；

b） 技术性能试验；

c） 记录时间间隔检验；

d） 存储行波数据时间长度检验；

e） 时间误差检验；

f） 启动检验；

g） 测距误差检验；

h） 二次回路检验；

i） 传输通道检验。

7.6 检验结果应满足DL/T 357《输电线路行波故障测距装置技术条件》有关规定。

7.7 检修单位可视装置的电压等级、制造质量、运行工况、运行环境与条件对其进行评价，根据评价结果可延长或缩短其检验周期，增加或减少检验项目。

8 技术管理

8.1 技术要求。

8.1.1 投入运行的行波测距装置性能应满足DL/T 357《输电线路行波故障测距装置技术条

件》要求。

8.1.2 行波测距装置应支持通过 DL/T 667—1999 或 DL/T 860 规约上传测距结果、告警、日志等信息。

8.1.3 为提高行波测距装置运行的安全性与可靠性，装置不应包含旋转性部件，应采用嵌入式系统。

8.2 行波测距装置信号接入。

8.2.1 厂站端安装的行波测距装置应能利用现有一次设备，能适应于不同类型的互感器，包括常规互感器和具备高速采样的电子式互感器。

8.2.2 常规电流互感器信号接入。

a）常规电流互感器具有较好的传变高频信号能力，宜直接接入电流互感器二次侧的电流信号。

b）电流行波信号应取继电保护用 TA 绕组。

c）行波测距装置若无独立 TA 绕组，则在二次负载均衡分配的原则下与线路保护共用 TA 绕组，并串联接入电流回路的最末端。

8.2.3 常规电压互感器信号接入。

a）可直接从终端厂站的常规电压互感器取电压行波信号。

b）对于同一电压等级只有一条出线的厂站，可通过测量电容式电压互感器地线电流的专用互感器提取行波信号。

8.2.4 直流线路行波信号接入：宜通过测量直流耦合电容器接地引线上直流行波信号的专用互感器提取行波信号的方式实现。

8.2.5 采用电子式互感器信号接入时应满足行波测距装置所需的信号采样速率要求。

附 录 A
（资料性附录）
行波测距系统基本描述

行波测距法就是确定行波传播速度后，通过测量行波的传播时间来确定故障位置，分为双端测距法和单端测距法。由于现有的单端测距算法还不成熟，一旦不能正确识别反射波，测距精度就无法保证；且在线路情况比较复杂的情形下，往往难以通过对单端暂态行波波形的离线分析获得准确的测距结果。在实际应用中更多的是用若干个行波测距装置所构成的系统来实现双端测距。行波测距系统由行波测距装置、测距主站、对时系统和通信通道组成。如图 A.1 所示。

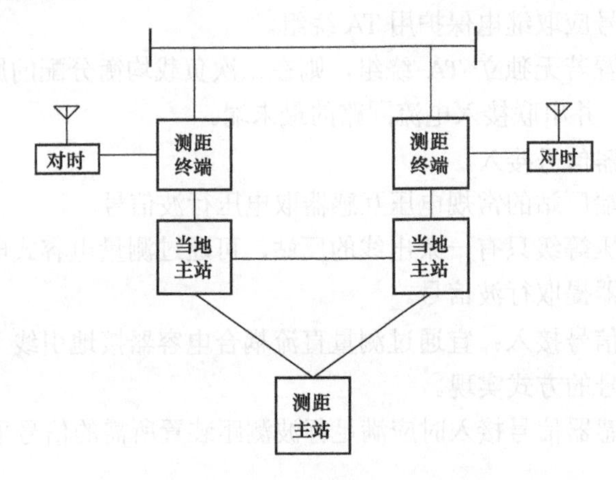

图 A.1 行波测距系统示意图

行波测距装置：安装在厂站端，用于采集、处理线路行波信号并给出测距结果的设备，包含测距终端与当地主站，也可仅配置测距终端。一般情况下，测距终端存储容量较小、装置性能较低，仅用来采集输电线路故障行波信号，此时故障的定位结果由测距主站或对侧配置的当地主站完成。当地主站则负责存储本地故障行波信号、接收与存储对端行波信号，完成输电线路故障点的精确定位。

测距主站：用于接收各行波测距装置传送的数据并进行分析，同时可对行波测距装置进行管理的设备。一般安装在行波测距装置的归口管理单位。

对时系统：能够提供标准时间的系统，它为线路两端的行波测距装置提供相同的时间基准，通常由装置上的对时设备与对时信号源构成。

通信通道：由各厂站内的专用通信设备和行波测距装置自带的通信设备，以及连接这些设备的通信线缆构成，完成信息的传送。如图中当地主站间、当地主站与测距主站间的通信线缆。

电网行波测距装置运行规程

编　制　说　明

目　　次

一、编制背景……443
二、编制主要原则……443
三、与其他标准的关系……443
四、主要工作过程……443
五、规程的结构和内容……443
六、主要条款说明……444

一、编制背景

行波测距装置能够消除故障类型、故障位置、过渡电阻和系统运行方式等因素的影响，实现输电线路故障点的精确定位。行波测距装置提供的准确的故障点位置信息在缩小事故巡线范围、缩短线路停电时间、提高线路可用性、快速恢复电网供电等方面发挥了重要作用，取得了良好的经济与社会效益。尤其是路径地形复杂、巡检不便或长度较长的线路，作用更为显著。近年来，行波测距装置开始广泛进入工程应用。

然而，行波测距装置的运行、维护缺乏统一的运行规定。为更好地发挥行波测距装置故障测距功能、规范装置运行、提升装置管理水平，根据公司《关于下达2011年度国家电网公司技术标准制修订计划的通知》（国家电网科〔2011〕190号）的安排，由公司科技部牵头，国网安徽省电力公司承担《电网行波测距装置运行规程》的编制工作。

二、编制主要原则

a）按照《标准化工作导则　第1部分：标准的结构和编写原则》（GB/T 1.1—2000）、《关于印发〈国家电网公司技术标准管理办法〉的通知》（国家电网科〔2007〕211号）和《电力企业标准编制规则》（DL/T 800—2001）的有关要求，开展本规程制定工作。

b）本规程参考了《输电线路行波故障测距装置技术条件》（DL/T 357）的部分条款描述，充分吸收微机继电保护装置运行管理规程和有关单位在行波测距装置运行维护方面的成果与经验。

三、与其他标准的关系

a）本规程引用了《输电线路行波故障测距装置技术条件》（DL/T 357）的有关规定；

b）本规程引用了《微机继电保护装置运行管理规程》（DL/T 587）的有关规定；

c）本规程内容是在已颁发的标准、规程规范基础上制定的，与已颁发的标准、规程规范不一致之处以本规程为准。

四、主要工作过程

a）2011年6月，组织与相关单位、制造厂座谈，了解行波测距装置在运行维护管理等方面的特点与需求；

b）2011年7月11～12日，在合肥组织召开《电网行波测距装置运行规程》编制工作会。会议拟出编制大纲、工作计划，并讨论通过；

c）2011年7月～9月，按照编制大纲和工作计划，编制规程初稿；

d）2011年10月27～28日，编写组对初稿内容进行了详细讨论，进一步完善规程初稿；

e）2011年11月26日，国网安徽省电力公司科技部在合肥组织召开规程审查会，并提出修改意见；

f）2011年12月16日，征求意见稿发有关单位征求意见。

g）2011年12月25～28日，编写组对各返回意见逐条进行了梳理，并研究讨论是否采纳，对征求意见稿进行修改完善，最终形成送审稿。

h）2012年5月25日，在合肥组织召开了《电网行波测距装置运行规程》（送审稿）审查会，编写组根据审查意见修改完成了《电网行波测距装置运行规程》（报批稿）。

五、规程的结构和内容

本规程针对电网行波测距装置的运行维护特点，重点规范了行波测距装置的运行、维护、检验等方面的原则及要求。

本规程的主要内容和结构如下：

a）目次；

b）前言；

c）正文，共设八章：范围、规范性引用文件、术语和定义、总则、职责分工、运行与维护、检验管理、技术管理；

d）附录A。

六、主要条款说明

1 范围

本章规定了本规程的适用范围。

本规程规定了电网行波测距装置在运行维护、检验及技术管理等方面的要求。

本规程适用于交直流输电线路行波测距装置的运行管理。行波测距装置一般安装在路径地形复杂、巡检不便或长度较长的110kV及以上电压等级架空输电线路。

2 规范性引用文件

本章列出了与本规程内容相关的标准。引用的原则为：对与本规程内容有关的主要GB、DL、Q/GDW标准，均逐条列出。

在使用本规程引用标准时，一般按GB、DL中的较高标准执行。

3 术语和定义

为工程设计查阅方便和执行本规程条文时能正确理解相关的专业名称术语，本章列出了行波测距装置所涉及的主要专业术语及其解释。为了使术语的解释尽量标准化、规范化，本章所列术语的解释尽量引自已有标准、规程或词典；对于新的术语，尽量以简洁易懂的语言方式定义。

4 总则

4.1 行波测距装置用来实现输电线路故障点的精确定位，可为快速处理电网事故、恢复线路运行提供准确的故障测距信息，尤其对路径地形复杂、巡检不便或长度较长的架空输电线路，其作用更为明显。在实际应用中，可根据需要配置行波测距装置。

4.2 在使用单端测距法时，一旦不能正确识别反射波，行波测距装置的测距精度就无法保证；且在线路情况比较复杂的情形下，往往难以通过对单端暂态行波波形的离线分析获得准确的测距结果；双端测距法是基于线路内部故障产生的初始行波到达线路两端的时间差来计算故障点位置，在绝大多数情况下均能给出准确的故障点定位结果；故推荐采用双端测距法。此外，由若干个行波测距装置组成系统的故障测距方式也可实现故障点的定位。

5 职责分工

为明确与行波测距装置相关的单位和人员在行波测距装置运行维护方面应承担的工作和管理界面，本章列出了各有关单位和人员的职责分工。

6 运行与维护

6.5.1 运行人员巡视。

为掌握行波测距装置的运行状况，对有人值守的变电站，运行人员应每天巡视一次；对无人值守变电站，应能通过监控系统自动获取装置的告警及异常信息，并定期对装置进行现场巡检。

6.5.2　行波测距装置发展初期，主要采用工控机作为主机，系统的抗病毒能力较差。运行单位应制定相关管理规定，防止通过外部移动设备感染病毒；另一方面，检修人员应及时更新病毒库，保证系统安全。随着行波测距装置技术水平的提高，这些装置将逐步被基于嵌入式系统的行波测距装置所取代。

双端测距法是通过测量故障后初始行波到达线路两端的时间差来计算故障距离，1μs 的时间误差将导致近 150m 的测距误差。因此，检修人员应定期检查时间同步系统运行情况，确保对时精度满足要求。

6.10　由于行波测距装置无功能投退的软、硬压板，一般采取断开整套装置供电电源的方式将装置退出运行，故对于装置的轻微异常或故障，允许装置继续运行，以发挥其故障测距功能。此时检修人员应及时进行处理。

6.13　定值管理。

为保证行波测距装置对故障点的精确定位及故障测距信息的交互，装置需要设置线路名称、长度、通信配置等基本参数，行波测距装置的定值通知单应规定这些参数。行波测距装置定值通知单的下发、执行、现场整定等应参照微机继电保护定值通知单管理。

7　检验管理

由于目前尚未制定行波测距装置的检验规程，本规程中的现场检验项目列出了 DL/T 357《输电线路行波故障测距装置技术条件》中规定的装置应具备的功能及主要性能指标。本规程未给出行波测距装置的检验分类及周期，实际应用中，可参照 DL/T 995 中对微机继电保护装置检验的有关规定。待行波测距装置的检验规程制定并实施后，这些方面的规定应以检验规程为准。

8　技术管理

8.1.2　随着智能变电站的建设，行波测距装置应具备通过 IEC 61850 标准与监控系统通信的能力。

8.1.3　为提高行波行波测距装置运行的安全性与可靠性，装置应采用嵌入式系统。对于采用工控机模式的装置，应结合装置的使用寿命及运行情况，通过技改逐步更换。

8.2.3　因常规电压互感器传变高频信号能力较差，不宜采用此种信号接入方式。

8.2.5　电子式互感器（含合并单元）应能支持装置所需的不低于 500kHz 的采样频率。

附录 A（资料性附录）行波测距系统基本描述

附录 A 内容是对行波测距系统的基本描述，目的是对系统的基本组成部分和各部分主要功能作简要介绍。

国家电网公司

继电保护和安全自动装置软件管理规定

国网（调/4）451—2014

国家电网公司继电保护和安全自动装置软件管理规定

第一章　总　　则

第一条　为加强并规范国家电网公司（以下简称“公司”）继电保护和安全自动装置软件及其智能电子设备能力描述文件（ICD 文件）管理工作，提高继电保护和安全自动装置可靠性和运行水平，制定本规定。

第二条　本规定中继电保护和安全自动装置包括继电保护装置、安全自动装置（电网安全稳定控制装置、失步解列装置、频率电压紧急控制装置、备用电源自投装置）、故障录波器及其二次回路设备（含合并单元、智能终端等）。

第三条　本规定适用于公司总（分）部、各单位及所属各级单位继电保护和安全自动装置软件管理工作。

第四条　并网电厂和大用户的母线保护、线路保护、断路器失灵保护、过电压及远方就地判别保护等涉及电网安全的软件及 ICD 文件版本管理，应纳入相应调控中心的统一管理范畴。

第二章　职　责　分　工

第五条　国调中心是继电保护和安全自动装置软件管理工作的归口管理部门，总体负责继电保护和安全自动装置软件管理工作。职责如下：

（一）组织继电保护和安全自动装置专业检测工作；

（二）受理继电保护和安全自动装置软件及 ICD 文件书面升级申请，并组织进行论证；

（三）检查和考核继电保护和安全自动装置软件管理工作的执行情况。

第六条　中国电科院职责如下：

（一）负责继电保护和安全自动装置专业检测具体实施；

（二）发布专业检测合格的继电保护和安全自动装置软件及 ICD 文件版本。

第七条　各级调控中心职责如下：

（一）监督检查调度范围内新投和改造的继电保护和安全自动装置采用经国调中心组织的专业检测合格版本；

（二）负责调度范围内继电保护和安全自动装置软件版本档案管理；

（三）受理调度范围内继电保护和安全自动装置软件及 ICD 文件临时更改申请。

第八条　各级运维检修单位职责如下：

（一）负责工程验收阶段和运行维护阶段继电保护和安全自动装置软件版本核查；

（二）负责维护范围内继电保护和安全自动装置软件版本档案管理；

（三）向调控中心报送新投和改造的继电保护和安全自动装置软件版本。

第三章 入 网 管 理

第九条 进入公司系统使用的继电保护和安全自动装置软件及其ICD文件，应通过公司组织的专业检测及ICD模型工程应用标准化检测。

第十条 继电保护和安全自动装置软件及其ICD文件的版本应包含版本号、校验码（含数字签名）和程序生成时间等完整版本信息。校验码发生变化时，版本号应对应进行改变。

第十一条 一侧为智能变电站一侧为常规变电站或两侧均为智能变电站的线路，两侧纵联保护装置型号及软件版本不一致时，应经国调中心组织的专业检测合格，确认两侧对应关系。

第四章 投运与运行管理

第十二条 新建及改造工程应采用经国调中心组织的专业检测合格并发布的最新软件及匹配的ICD文件版本。设计单位应按照经国调中心组织的专业检测合格并发布的软件及ICD文件版本开展设计工作。

第十三条 设备厂家供货的继电保护和安全自动装置应采用经国调中心组织的专业检测合格并发布的软件版本和ICD文件版本。

第十四条 工程调试单位应在调试阶段进行软件版本核查工作，保证投运软件及ICD文件为经国调中心组织的专业检测合格版本。

第十五条 各级运维检修单位在工程验收阶段应对软件版本进行核查，确认投运软件版本为经国调中心组织的专业检测合格版本，并将现场核查结果报相应调控中心。

第十六条 各级调控中心下发的保护定值通知单中应包含继电保护和安全自动装置软件版本信息，运维检修单位在执行保护定值通知单时应核对继电保护和安全自动装置软件版本。

第十七条 同一线路两侧纵联保护装置软件版本应保证其对应关系。两侧均为常规变电站时，两侧保护装置软件版本应保持一致；一侧为智能变电站一侧为常规变电站时，两侧保护装置型号与软件版本应满足对应关系要求；两侧均为智能变电站时，两侧保护装置型号、软件版本及其ICD文件应尽可能保持一致，不能保持一致时，应满足对应关系要求。

第十八条 对于3/2接线方式，同一串断路器应采用相同软件版本及ICD文件的断路器保护装置。

第十九条 电网安全稳定控制系统（以下简称“安控系统”）由分布在多个厂站的安全稳定控制装置（以下简称“安控装置”）通过通道互联构成。安控装置的软件及其ICD文件应通过国调中心组织的专业检测，安控系统经整体测试后方可允许入网运行。

第二十条 如因电网结构或者运行方式改变、安控装置增减、输入输出变化使得相应稳控装置的控制策略、功能发生变化，导致安控装置的软件或ICD文件版本发生变化，其软件及ICD文件应通过国调中心组织的专业检测。安控系统宜采取单体调试或联合调试等方式进行补充检验。安控装置内部定值重新整定时，如不涉及控制策略（功能）改变，安控装置软件不发生变化，其软件及ICD文件不需重新检测。

第二十一条 各级运维检修单位应结合检修、缺陷处理等工作核查软件版本正确性。

第五章 升级与变更管理

第二十二条 继电保护和安全自动装置需变更、升级软件及ICD文件版本，且更改后的版本未经过国调中心组织的专业检测时，有关单位应向国调中心提出书面升级申请。

第二十三条 书面升级申请应包括以下内容：升级原因、涉及的范围、升级前后的软件及ICD文件版本及差异。申请表见附件。

第二十四条 国调中心统一组织对书面申请内容进行论证，并安排对修改后的内容进行验证，验证合格后方可实施。

第二十五条 继电保护和安全自动装置软件及ICD文件版本升级后，应进行现场检验工作。

第二十六条 事故处理、紧急消缺等现场需要临时更改软件或ICD文件版本时，应向相应调控中心提出申请，经同意后方可进行。事后应履行升级审批程序。

第六章 归档管理

第二十七条 中国电科院负责通过网站公开发布专业检测合格软件版本信息、ICD文件信息、纵联保护装置型号及软件版本对应关系，并提供相应ICD文件供下载使用。

第二十八条 各级调控中心和运维检修单位应按照各自调度范围和设备维护范围建立软件版本档案。

第二十九条 软件版本档案应包括继电保护和安全自动装置型号，制造厂家，说明书，软件及ICD文件版本号、校验码和程序生成时间，软件及ICD文件升级申请和批复，软件及ICD文件升级通知。

第三十条 工程管理部门应将软件及ICD文件版本技术资料纳入基建验收移交材料范围。

第七章 检查考核

第三十一条 国调中心及分中心对省级调控中心继电保护和安全自动装置软件管理工作开展监督检查；省级调控中心应对区域内地县调控中心继电保护和安全自动装置软件管理工作开展监督检查和考核。

第三十二条 各级调控中心继电保护和安全自动装置软件管理工作执行情况纳入调控机构工作考核。

第三十三条 国调中心对继电保护和安全自动装置软件管理中出现的影响电网安全的重大问题，组织进行分析、通报和整改。

第八章 附则

第三十四条 本规定由国调中心负责解释并监督执行。

第三十五条 本规定自2014年11月1日施行。

附件：继电保护和安全自动装置软件及ICD文件升级申请表

附件

继电保护和安全自动装置软件及ICD文件升级申请表

申请日期：　　年　月　日　　　　　　　　　　　　编号：

<table>
<tr><td>申请单位</td><td colspan="5"></td></tr>
<tr><td>联系人</td><td colspan="2"></td><td>手机</td><td colspan="2"></td></tr>
<tr><td>电话</td><td colspan="2"></td><td>传真</td><td colspan="2"></td></tr>
<tr><td>通讯地址</td><td colspan="3"></td><td>邮编</td><td></td></tr>
<tr><td>e-mail</td><td colspan="5"></td></tr>
<tr><td>申请原因</td><td colspan="5"></td></tr>
<tr><td>涉及范围</td><td colspan="5"></td></tr>
<tr><td rowspan="4">装置名称</td><td>生产厂家</td><td colspan="4"></td></tr>
<tr><td>装置类别</td><td colspan="4"></td></tr>
<tr><td>装置数量</td><td colspan="4"></td></tr>
<tr><td>应用范围</td><td colspan="4"></td></tr>
<tr><td rowspan="3">软件及ICD文件
版本信息</td><td>升级前版本号</td><td colspan="4"></td></tr>
<tr><td>升级后版本号</td><td colspan="4"></td></tr>
<tr><td>版本升级前后的
差异对比</td><td colspan="4"></td></tr>
<tr><td>升级计划时间安排</td><td colspan="5"></td></tr>
<tr><td>申请单位意见</td><td colspan="5">单位公章
年　月　日</td></tr>
</table>

国家电网公司

继电保护和安全自动装置专业检测工作管理办法

国网（调/4）224—2014

国家电网公司继电保护和安全自动装置专业检测工作管理办法

第一章　总　　则

第一条　为提升国家电网公司（以下简称公司）继电保护和安全自动装置（以下简称“保护装置”）的设备质量和运行水平，规范保护装置专业检测工作，制定本办法。

继电保护和安全自动装置包括各电压等级的继电保护装置、安全自动装置及其二次回路设备（包括合并单元、智能终端、过程层交换机等）、故障录波器、网络报文分析仪、继电保护测试设备、二次回路状态监测装置、继电保护信息子站等二次设备。

第二条　保护装置专业检测工作是对公司系统应用的保护装置按照国家、行业、公司及重点工程技术要求进行检测，以确认保护装置对相关技术要求的符合性。

第三条　保护装置专业检测工作由公司统一组织，专业检测结果应用于公司系统保护装置的质量评价工作。

第四条　本办法适用于公司范围内与保护装置相关的设计、制造、施工、科研、基建、物资、调试、调控、运维检修等单位。

第二章　组 织 及 分 工

第五条　国家电力调度控制中心（以下简称“国调中心”）是保护装置专业检测工作的归口管理部门，总体负责保护装置的专业检测管理工作。职责如下：

（一）管理和指导专业检测工作；

（二）审定需开展专业检测的装置类型；

（三）监督和指导检测结果的应用；

（四）审定专业检测专家组成员；

（五）审定专业检测机构。

第六条　国网运检部、国网基建部、国网智能部等公司相关部门职责如下：

（一）根据业务职责分工提出专业检测工作需求；

（二）按照职责分工参与专业检测管理工作。

第七条　国网物资部职责如下：

（一）参与专业检测的管理工作；

（二）负责专业检测结果在保护装置质量评价环节中的应用。

第八条　中国电力科学研究院（以下简称“中国电科院”）是专业检测工作的具体实施单位。职责如下：

（一）收集汇总专业检测需求信息；

（二）发布专业检测信息；

（三）受理专业检测申请，编制专业检测计划；

（四）提出专业检测专家组成员建议；

（五）提出检测机构建议；

（六）专业检测资料归档及查询。

第九条　设立保护装置专业检测专家组，由公司系统从事继电保护专业的资深技术人员组成，负责专业检测的技术把关。职责如下：

（一）评审专业检测方案；

（二）监督专业检测过程；

（三）分析评价专业检测结果；

（四）对专业检测中出现的重大技术问题进行论证。

第十条　检测机构职责如下：

（一）制定专业检测方案；

（二）提供专业检测必备的试验环境和检测设备；

（三）完成专业检测；

（四）提交专业检测记录；

（五）对检测结果进行初步评判；

（六）发布审核后的专业检测结果。

第三章　范 围 及 依 据

第十一条　需进行专业检测的保护装置包括：

（一）国家、行业、公司发布新标准、新技术要求所涉及的装置；

（二）有特殊技术要求的重点工程拟采用的装置；

（三）尚未在公司系统应用的新型号装置；

（四）保护基础软件版本变更后经专家论证需进行检测的装置；

（五）硬件变更后的装置；

（六）经认定为家族性缺陷，并经专家论证有必要进行检测的装置；

（七）各单位根据生产运行需要提出的检测需求，经专家论证确认的装置；

（八）总部相关部门提出需要检测的装置；

（九）其他经专家论证需要进行专业检测的装置。

第十二条　专业检测依据国家、行业及公司企业标准和技术要求中最高标准实施。

第十三条　对于保护装置通过国家及电力行业质量检验测试中心型式试验（含动模试验）的项目，经审核与专业检测试验项目重复或可替代的，原则上专业检测试验不再进行重复检测，但仍需进行部分项目的抽测验证。

第四章　工 作 流 程

第十四条　专业检测工作流程（见附件一）分为准备、申请、实施、结果发布四个阶段，包括检测需求的提出、检测计划编制及审定、检测信息发布、检测方案编制、参试申请、检测实施、检测结果分析评价、检测结果发布及应用等过程。

第十五条　专业检测需求的提出。公司系统各单位、总部各部门及各生产厂家按照第十一条规定的要求提出专业检测需求。

第十六条 专业检测计划制定和批准。中国电科院根据相关单位提出的检测需求，制定专业检测计划，由国调中心会同总部相关部门审定批准。检测计划应至少包括检测装置类型、检测大纲、专家组成员、检测机构和检测时间等内容。

第十七条 专业检测方案编制。检测机构在检测计划下达后20日内完成检测方案的编制，检测方案应至少包括：检测装置类型、检测设备及模型系统、检测项目、检测方法、技术要求、安全措施、检测时间、检测地点、检测人员、注意事项等。

第十八条 专业检测方案评审。国调中心会同总部相关部门负责组织专家组对检测机构提交的检测方案进行评审，评审通过后的检测方案作为专业检测的依据。

第十九条 专业检测信息公开发布。中国电科院在检测开始20日前公开发布专业检测信息，检测信息应至少包括：检测装置类型、参试条件、检测时间、检测项目及要求、申请时需要提交的资料、提交申请的截止时间等。

第二十条 参试申请。具备条件的生产厂家向中国电科院提出参加专业检测申请，中国电科院负责审核申请单位的资格，审核通过后的生产厂家可参加专业检测，具体办法见第五章。

第二十一条 专业检测实施。检测机构负责组织专业检测的实施，具体办法见第六章。

第二十二条 专业检测结果分析评价、发布及应用具体办法见第七章。

第五章 参 试 申 请

第二十三条 相关装置生产厂家均可根据发布的检测信息，在规定时间内向中国电科院提交参试申请。对于新型号保护装置，生产厂家可随时向中国电科院提出检测申请。

第二十四条 提交参试申请时应提供以下资料：

（一）参试申请表（见附件二）原件；

（二）参试装置说明书电子版；

（三）参试装置型式试验报告（含动模试验报告）；

（四）参试生产厂家生产、研发和售后服务能力证明材料。

第二十五条 中国电科院向符合要求的生产厂家发放检测通知。

第二十六条 生产厂家按照检测通知的要求按时到指定的检测机构参加专业检测。

第六章 检 测 实 施

第二十七条 检测机构应按照专家组评审通过的检测方案开展检测，对评审通过的检测方案的变更须经专家组审核同意。

第二十八条 检测机构应接受专家组的全过程监督。

第二十九条 检测机构应提供符合检测要求的检测场地和检测设备。

第三十条 检测机构人员应具备检测工作资格和相应安全技能，熟悉检测方案，并能熟练使用检测设备。

第三十一条 检测机构应做好被试样品状态、硬件、实验过程、检测数据等的详实、准确、完备的记录。

第三十二条 检测机构应及时向国调中心上报检测过程中出现的异常问题，对重大技术问题应提交专家组讨论。

第三十三条 检测过程中未经检测机构同意，生产厂家不得对装置进行任何修改。

第三十四条 经检测机构和生产厂家授权人员签字确认的现象和问题作为对装置评价的依据。

第七章 结果发布及应用

第三十五条 检测机构在专业检测结束后10日内提交检测结果。

第三十六条 经专家组评审通过后的检测结果，由检测机构向参试单位发布。

第三十七条 对于应用于智能变电站的装置，其智能电子设备能力描述文件（以下简称“ICD文件”）必须通过检测、发布后方可在工程中使用。

第三十八条 检测结果发布内容应至少包括：通过专业检测的保护装置的类型、生产厂家、装置名称、装置型号、装置软件版本号、校验码、程序生成时间、ICD 文件、ICD文件校验码。

第三十九条 检测机构应对送检样品进行封存保管。

第四十条 检测结果发布后30日内，检测机构应将检测全部资料提交中国电科院归档备查。

第四十一条 检测结果作为公司保护装置质量评价的依据。

第八章 纪 律

第四十二条 专业检测工作必须保证公开、公平、公正，公司总部相关部门、中国电科院、专家组和检测机构全体参与检测的工作人员应严格执行保密制度，不得向任何单位、人员透露未公开的检测信息、中间过程和结果，如有违反，将取消相关工作资格。

第四十三条 生产厂家应遵守检测纪律，参加测试的装置必须为自主研发制造的产品，保证所提供信息的正确性，如有虚假或违反检测要求的行为将取消参试资格。

第四十四条 生产厂家提供给公司电网应用的装置性能和技术指标应与通过专业检测装置的硬件、软件版本及校验码相同，公司将安排对供货产品进行抽检。

第九章 附 则

第四十五条 本办法由国调中心负责解释并监督执行。

第四十六条 本办法自2014年5月1日起施行。

附件一

专业检测工作流程

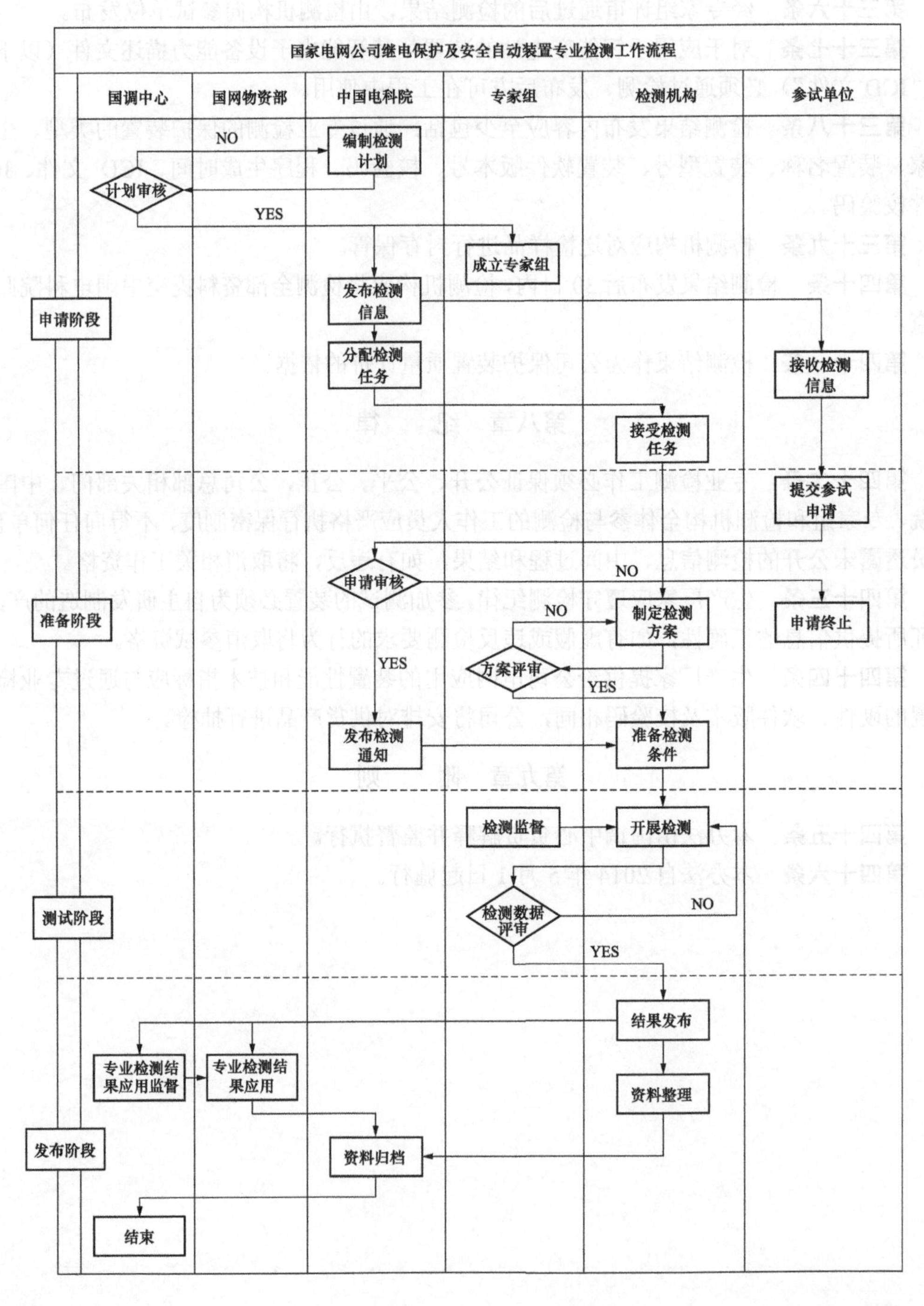

附件二

国家电网公司继电保护及安全自动装置专业检测
参试申请表

申请日期：　　年　　月　　日　　　　　　　　　　　　　　　　　　　　编号：

制造单位				
联系人		手机		
电话		传真		
通讯地址			邮编	
e-mail				
申请类别	□ ____年第____批专业检测 □ 新型号　　□ 新软件版本			
厂商代码	□ 已有__________　□ 新申请			
装置名称	装置型号	装置数量	型式试验报告编号	应用范围
申请单位意见	同意本单位的上述装置参加国家电网公司继电保护及安全自动装置的专业检测，并保证所提供的信息正确，服从有关检测安排。 法人代表（签字或签章）： 授权经办人（签字）： 单位公章 年　月　日			

联系人：　　　　电话：（010）82813070　　　　传真：（010）62942490

e-mail：prt@epri.sgcc.com.cn　　　　网站：www.epri.sgcc.com.cn

地址：北京市海淀区清河小营东路15号中国电科院继电保护研究所（100192）

国家电网公司

安全稳定控制系统检测工作管理办法

国网（调/4）810—2016

国家电网公司安全稳定控制系统检测工作管理办法

第一章 总 则

第一条 为提升国家电网公司（以下简称公司）安全稳定控制系统（以下简称“稳控系统”）的可靠性及设备质量，依据《国家电网调度控制管理规程》等有关规程规定，特制定本办法。

第二条 本办法所规定的稳控系统是指由两个及以上电力系统稳定控制装置，通过通信设备联络构成的系统，通常包括主站、子站、执行站和测量站。

第三条 稳控系统的检测工作是对公司系统应用的稳控系统按照国家、行业、公司标准及工程技术要求进行检测,以确认稳控系统对相关技术要求的符合性。

第四条 本办法规定了稳控系统的检测的内容、组织管理、具体实施、结果公布等管理条例。

第五条 稳控系统的检测包括稳控系统的专业检测和工程实施测试两部分内容。专业检测由公司统一组织，主要是对系统的软、硬件开展型式试验（含数模试验）；工程实施测试由工程建设管理单位组织，主要是针对稳控系统在实际工程中的应用开展数模试验。

第六条 本办法适用于总（分）部、各单位及所属单位安全稳定控制系统检测工作。

第二章 职责与分工

第七条 国家电力调度控制中心（以下简称“国调中心”）职责如下：

（一）管理和指导公司稳控系统的专业检测；

（二）监督和指导稳控系统的专业检测结果的应用；

（三）审定专业检测专家组成员；

（四）审定专业检测检测机构；

（五）审核直调稳控系统工程实施测试方案，参与直调稳控系统的工程实施测试。

第八条 各调控分中心、省调职责如下：

（一）协助国调中心开展专业检测管理；

（二）审核直调稳控系统工程实施测试方案，参与直调稳控系统工程实施测试。

第九条 对于新（改、扩）建工程，工程建设管理单位负责组织开展稳控系统工程实施测试。并在稳控系统的工程建设费用中安排工程实施测试费用。

第十条 中国电力科学研究院（以下简称“中国电科院”）职责如下：

（一）收集汇总稳控系统专业检测需求信息；

（二）发布稳控系统专业检测信息；

（三）受理稳控系统专业检测申请,编制专业测试计划；

（四）提出稳控系统专业检测专家组成员建议；

（五）稳控系统专业检测资料归档及查询。

第十一条　总部设立专业检测专家组，职责如下：

（一）评审稳控系统专业检测方案；

（二）监督稳控系统专业检测过程；

（三）分析评价稳控系统专业检测结果；

（四）对稳控系统专业检测中出现的重大技术问题进行论证。

第十二条　稳控系统专业检测由国家或电力行业具有继电保护及安全自动装置检测资质的质量检验测试中心承担，职责如下：

（一）制定稳控系统专业检测测试方案；

（二）提供稳控系统专业检测必备的试验环境和检测设备；

（三）提交稳控系统专业检测记录；

（四）对稳控系统专业检测结果进行初步评判；

（五）发布审核后的稳控系统专业检测结果。

第十三条　工程实施测试机构由公司系统内的各级电科院承担，职责如下：

（一）制定工程实施测试方案；

（二）提供工程实施测试必备的试验环境和检测设备；

（三）对工程实施测试结果进行评判；

（四）将审核后的工程实施测试结果及软件版本上报中国电科院备案。

第三章　范 围 及 依 据

第十四条　专业检测包括稳定控制系统的型式试验及数模试验两部分。型式试验主要开展装置的EMC、机械、环境、定值精度等试验；数模试验主要对稳控系统的策略执行的正确性、启动判据、元件投停判别、跳闸判据、运行方式判别、PT/CT断线及通道异常闭锁等功能的正确性和准确度进行检测。一套稳控系统的主站、子站、执行站和测量站的装置均通过测试,才认定稳控系统通过测试。

第十五条　专业检测数模试验模型采用典型模型。系统规模应至少包含一条直流，检测用控制策略应包括主要安控策略。

第十六条　需进行专业检测的范围包括：

（一）新入网或新型号的稳控系统所包含的各类装置；

（二）经认定为家族性缺陷，并经专家论证有必要进行检测的装置；

（三）总部相关部门提出需要检测的装置；

（四）其他经专家论证需要进行检测的装置。

第十七条　稳控装置的专业检测相关工作按照《继电保护及安全自动装置专业检测管理办法》执行。

第十八条　工程实施测试的模型应基于实际工程，至少涵盖与稳控系统有直接联系的发电厂、变电站、直流换流站、地区负荷等电气单元，其它间接相关元件或区域电网可作等值处理。系统模型的正常运行及故障特征应符合实际电网运行特性，满足具体工程要求。

第十九条　工程实施测试平台应具备实时仿真功能,满足对稳控系统测试的需求。模拟量和数字量的接口数量及模拟系统仿真规模应满足对工程所有策略项进行测试的需求。

第二十条　需进行工程实施测试的范围包括：

（一）待投运的稳控系统；

（二）因系统策略发生改变而导致软件版本发生变化，经调度机构确认需要进行测试的稳控系统；

（三）根据生产运行需要提出的测试需求，经专家论证确认的稳控系统。

第二十一条 检测依据国家、行业及公司企业标准和技术要求中最高标准实施。

第四章 工程实施测试工作流程

第二十二条 稳控装置的工程实施测试工作流程（见附录）分为申请、准备、测试和结束四个阶段。包括检测计划编制、检测方案编制及审核、检测实施、检测结果的评判、检测结果上报等过程。

第二十三条 工程实施测试计划的制定。工程建设管理单位会同调度机构编制检测计划。检测计划应至少包括检测机构、检测大纲和检测时间等内容。

第二十四条 工程实施测试方案编制。测试所用策略应与工程实际应用策略一致。检测机构在检测计划下达后完成检测方案的编制，检测方案应至少包括：检测设备及模型系统、检测项目、检测方法、技术要求、检测时间、检测地点、检测人员、注意事项等。

第二十五条 工程实施测试方案评审。工程建设管理单位组织对检测机构提交的检测方案进行评审，评审通过后的检测方案作为工程实施测试的依据。

第二十六条 工程实施测试的执行。检测机构负责组织测试的实施，具体办法见第五章。

第二十七条 工程实施测试结果评判、发布及应用具体办法见第六章。

第五章 工程实施测试的执行

第二十八条 测试机构应按照评审通过的检测方案开展测试，对评审通过的测试方案的变更须经审核同意。

第二十九条 测试机构应提供符合检测要求的检测场地和检测设备。

第三十条 测试机构人员应具备检测工作资格，熟悉检测方案，并能熟练使用检测设备。

第三十一条 测试机构应做好被试样品状态、硬件、实验过程、检测数据等详实、准确、完备的记录。

第三十二条 测试机构应及时向工程建设管理单位及调度机构上报检测过程中出现的异常问题。

第六章 工程实施测试结果

第三十三条 稳控系统须通过全部测试项目后方可投入工程运行。

第三十四条 测试机构在工程实施测试结束后将测试报告上报工程建设管理单位及调度机构。

第三十五条 测试报告内容应至少包括：工程名称、稳控系统名称、生产厂家、装置名称、装置型号、装置软件版本号、校验码、程序生成时间、测试时间和测试过程中出现的问题及改进措施。

第三十六条 测试结束后30日内，检测机构应将测试报告提交中国电科院归档备查。

第七章 纪 律

第三十七条 稳控系统工程实施测试工作必须保证公开、公平、公正。

第三十八条 生产厂家应遵守测试纪律，保证所提供信息的正确性。

第三十九条 生产厂家提供给公司电网应用的稳控系统的性能和技术指标应与通过检测的稳控系统的硬件、软件版本及校验码相同。

第八章 附 则

第四十条 本办法由国调中心负责解释并监督执行。

第四十一条 本办法自2016年8月1日起施行。

附件：安稳控制系统工程实施测试流程

附件

安稳控制系统工程实施测试流程

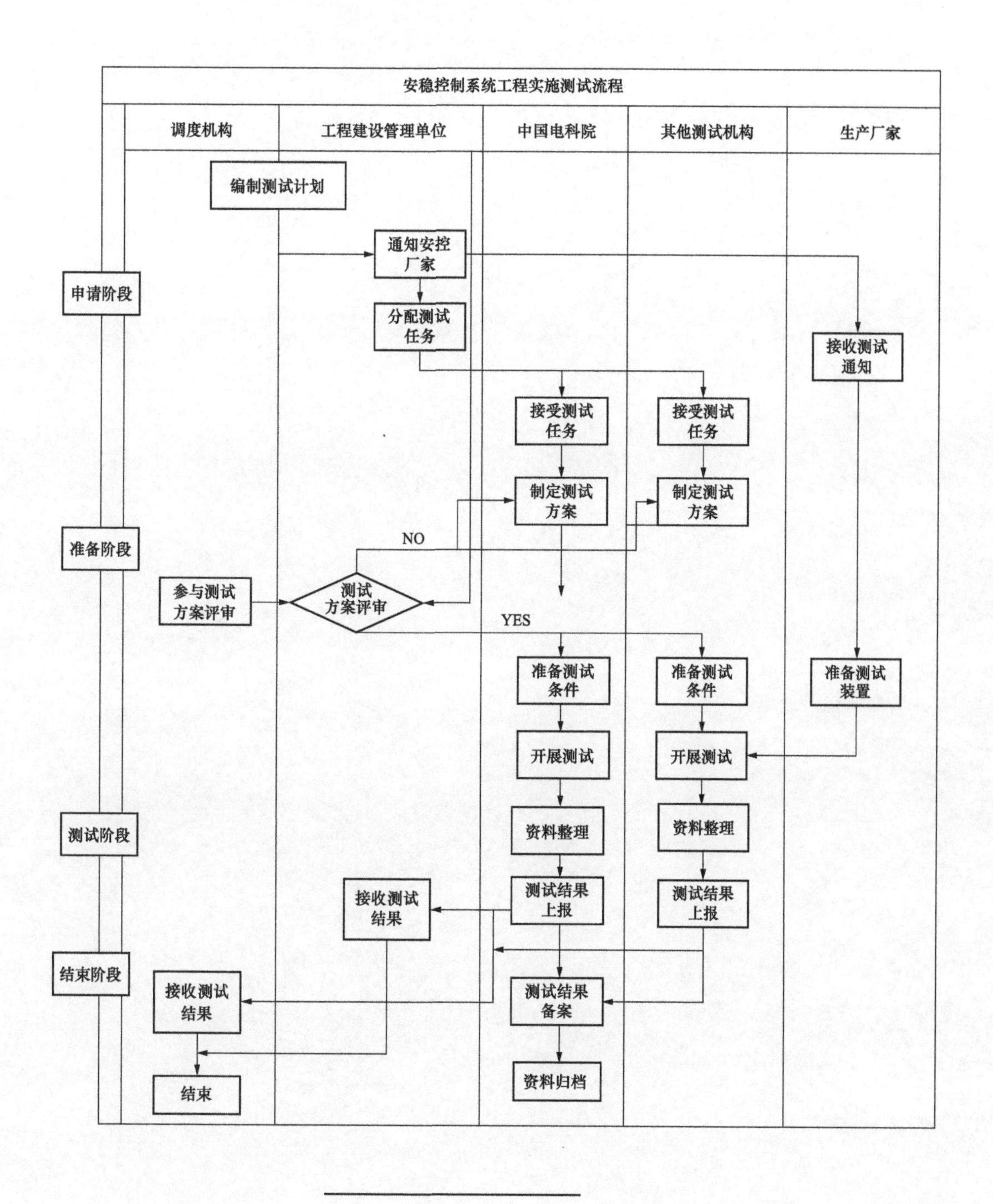

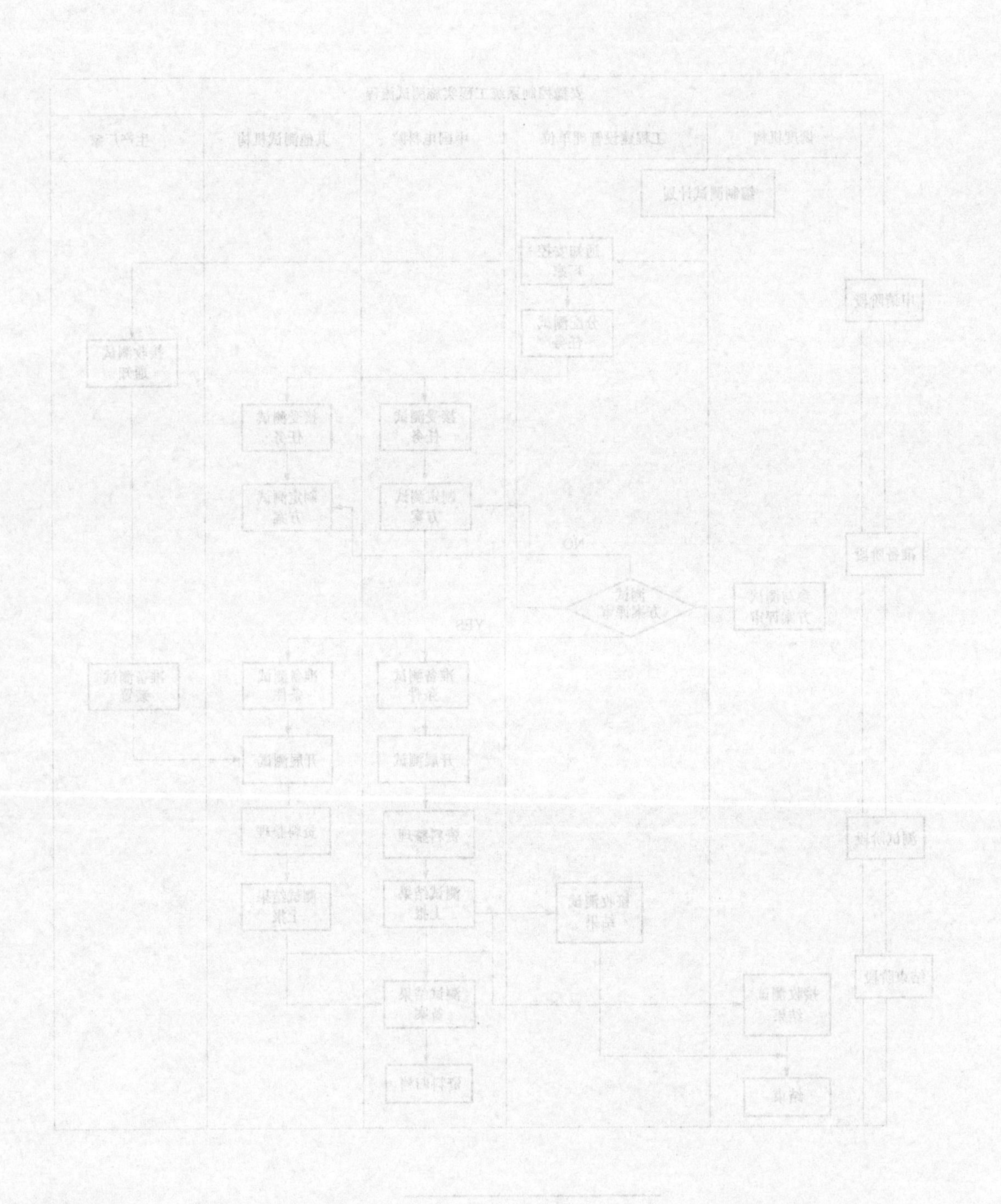

第3篇

整定计算管理类

国家电网公司企业标准

省级及以上电网继电保护整定计算管理规定

Guide for Management of Relay Protection Setting of Power Grid at or Above the Provincial Level

Q/GDW 11069—2013

目　次

前言……469
1　范围……470
2　规范性引用文件……470
3　术语和定义……470
4　一般规定……471
5　整定计算资料管理……471
6　整定计算及定值流转管理……472
7　整定计算数据交换管理……474
8　整定计算方案管理……475
附录 A（规范性附录）　新、改、扩建工程需提供的技术资料……477
附录 B（规范性附录）　继电保护整定计算线路实测参数报送格式……477
附录 C（规范性附录）　继电保护整定计算及定值流转标准流程……478
附录 D（规范性附录）　电网平均额定电压……479
编制说明……480

前　言

为适应电网发展方式和国网公司发展方式的转变，满足“三集五大”体系建设的需要，进一步规范继电保护整定计算和定值流转管理，特制定本标准。

本标准是根据国网公司《关于下达 2012 年度国家电网公司技术标准制修订计划的通知》（国家电网科〔2012〕66 号）下达的任务组织编制的。

本标准重点规范了省级及以上电网整定计算及定值单管理的标准化流程、联合整定计算管理要求、整定计算资料归档和继电保护年度整定计算方案管理要求，以提升继电保护定值安全风险管控水平。

本标准由国家电力调度控制中心提出并负责解释。

本标准由国家电网公司科技部归口。

本标准由国家电网华中电力调控分中心、国家电网国家电力调度控制中心、国家电网华北电力调控分中心、国家电网华东电力调控分中心、国家电网重庆市电力调度控制中心、国家电网江西省电力调度控制中心负责起草。

本标准主要起草人：谢俊、陈祥文、王德林、李锋、刘宇、韩鹏飞、王英英、李勇、刘一民、韩学军、周泽昕、黄蕙、宿昌。

本标准首次发布。

省级及以上电网继电保护整定计算管理规定

1 范围

本标准规范了省级及以上电网继电保护整定计算及定值单流转的标准流程，明确了国、分、省调控机构整定计算和联合整定计算的管理要求，规定了整定计算资料报送的相关要求和整定计算方案的编制要求。

本标准适用于省级及以上电网继电保护整定计算及定值流转管理，管理流程中涉及的相关电网企业，电厂及用户，规划、设计、运行维护等相关部门和单位均应遵守本标准。地市级及以下电网可参照执行。

2 规范性引用文件

下列文件对于本文件的应用是必不可少的。凡是注日期的引用文件，仅所注日期的版本适用于本文件。凡是不注日期的引用文件，其最新版本（包括所有的修改单）适用于本文件。

GB/T 14285 继电保护和安全自动装置技术规程

DL/T 559 220～750kV 电网继电保护装置运行整定规程

DL/T 684 大型发电机变压器继电保护整定计算导则

DL/T 755 电力系统安全稳定导则

DL/T 1011 电力系统继电保护整定计算数据交换格式规范

Q/GDW 422 国家电网继电保护整定计算技术规范

3 术语和定义

GB/T 14285、DL/T 559、DL/T 684、DL/T 755、DL/T 1011、Q/GDW 422 中确立的以及下列术语和定义适用于本规范。

3.1

软件版本 Software Version

指微机保护装置各种保护功能软件（含可编程逻辑）的软件版本号、校验码、程序生成时间等软件版本信息的统称。

3.2

等值阻抗 Equivalent Impedance

能集中反映电网元件在特定的运行状态（如稳态或暂态）时电磁关系或电压与电流关系的工频阻抗值。

3.3

整定计算方案 Setting Scheme

根据电网发展情况和电网运行中的特殊情况，记录继电保护的整定原则、特殊情况处理，规定正常、检修和特殊方式下有关调度运行的注意事项，提出存在的问题、原因及对策等所编制的方案。

4 一般规定

4.1 基本原则

继电保护整定计算应以保证电网安全稳定运行和设备安全为目标，符合 GB/T 14285、DL/T 559、DL/T 684、Q/GDW 422、DL/T 755 等规程规定，以及国家电网公司及网省公司颁布的有关反事故措施的要求，根据选择性、灵敏性、速动性、可靠性的原则合理取舍。

各级调控机构继电保护部门应根据所管辖电网实际情况制定详细的整定计算原则，并经审核、批准后执行。

4.2 整定范围划分

各级调控机构整定计算范围应与调度管辖范围一致（含上级调度授权），不一致时应有明确的文件要求。

委托调度设备的整定计算由受委托方负责，并应将其定值报委托方备案。

调度管辖范围变更时，应同时移交相关图纸、资料；30 个工作日内由接管单位复核并重新下发定值单。

发变组保护定值计算工作由发电厂负责，涉网定值部分应报所接入电网调控机构备案。

系统安全稳定装置的定值应由相关调度机构系统运行专业整定下达。

4.3 等值阻抗及限额

由发电厂、设备运行维护所属检修公司自行整定的继电保护装置，应根据电网调控机构下发的系统等值阻抗和边界定值限额，及时对相关定值进行核算，修改后的定值单应提交相关调控机构备案。

调控机构之间、调控机构与发电厂之间继电保护整定范围的分界点、定值限额、配合定值、等值阻抗（包括最大和最小正序、零序等值阻抗）应书面明确。

5 整定计算资料管理

5.1 整定计算参数、图纸资料报送要求

工程组织方提供资料要求

工程组织方应于投产前 3 个月提交工程进度安排，并提供工程相关资料。如不能按规定时间提供相关资料，调控机构可顺延保护定值单下发时间。

工程组织方应于工程投产前 3 个月提供如下资料：

a） 基建工程进度安排等；

b） 线路工频过电压水平；

c） 新建线路的工程概况（包括线路走廊及分布图，导线型号，设计参数，互感情况）；

d） 新、改、扩建工程需提供的技术资料见附录 A。

工程组织方应于工程投产前 7 个工作日（线路 Π 接工程投产前 3 日）提供现场打印的保护定值清单、线路及其互感的实测参数，要求如下：

a） 线路实测参数采用有名值，阻抗值应精确到四位有效数；

b） 线路实测参数报送格式见附录 B。

系统运行专业提供资料要求

a） 厂站一次接线图；

b） 系统中枢点最高、最低允许运行电压；

c） 线路正常运行可能出现的最大负荷；

d） 由于设备故障或开关无故障跳闸等原因，造成系统潮流转移所引起的线路可能出现的最大过负荷；

e）重合闸方式、时间；

f） 电网解列点；

g）系统稳定的特殊要求。

5.2 整定计算资料的归档管理

整定计算资料管理可采用纸质资料归档管理，也可采用电子化管理。归档资料必须加盖公章或电子签章。

整定计算资料归档管理应包含如下资料：

a） 必要的一次主接线图、继电保护原理图等（含电子版）；

b）保护装置技术说明书、保护型号、软件版本号、软件校验码；

c） 发电机、变压器、线路串并联电抗器、线路串联补偿装置、直流设备等一次设备铭牌参数和试验报告，线路及其互感实测参数报告。

6 整定计算及定值流转管理

6.1 整定计算及定值流转标准流程

整定计算及定值单流转标准流程图详见附录C。

整定计算人员使用的相关一次设备电气参数应为实测参数。线路参数暂无实测值时，可先采用设计值或经验修正值计算，待投产前提供实测值后，再进行校核。

线路后备保护配合整定计算应留存记录详细中间计算过程的整定计算算稿，算稿应详细记录工程概况，线路后备保护整定计算方式选取和配合情况，相关线路后备保护定值修改情况等。

线路后备保护配合整定计算结果应经整定计算专责或继电保护负责人复核，保证计算原则正确、定值取舍合理。

工程投产前7日（线路Π接工程投产前3日）线路参数实测后，整定计算人员应及时对比分析实测参数与设计值（或经验修正值）的差异。如需调整定值，应重新进行线路后备保护配合整定计算。

线路后备保护配合整定计算完成后，各具体装置整定计算人员应再次核对一次设备电气实测参数、设计院提供的保护设计图纸，并及时搜集整理装置现场打印定值清单、电流互感器和电压互感器参数，系统运行专业提供的重合闸方式、时间和线路最大事故过负荷要求等资料。

装置级整定计算应留存详细的计算算稿，包括装置型号、版本和校验码、被保护设备的实测参数、通道情况、重合闸方式、时间和线路最大事故过负荷要求、定值和控制字的详细计算过程等。

整定计算人员应在工程投产前及时根据保护装置整定计算结果编制定值单。定值单应编号唯一，并注明编发日期及被替换的定值单编号。编制完成的定值单应与装置整定算稿一起经指定校核人校核。

校核人应在复查保护设计图纸、保护说明书、装置定值打印清单、一次设备参数、重合闸时间和线路最大事故过负荷要求等资料后，对定值单进行逐项审批。如需退回整定人修改，则督促整定人根据反馈意见完善整定计算算稿、修改定值单。

校核后的定值单，可直接由继电保护负责人复核并批准下发，也可由继电保护负责人复核、调控中心继电保护分管领导批准下发。

定值单整定人核查定值单中整定人、校核人、复核人（可选）、批准人签名，加盖整定专用章后，应及时将定值单发送调度室和厂站继电保护运行维护机构，并督促运行维护机构继电保护专责签收。

运行维护单位继电保护专责应负责核查定值单是否有缺漏，定值单保护型号与现场保护装置是否对应，并及时反馈。

定值单应由运行维护单位运维人员或继电保护人员向调控机构值班调度员提出申请，许可后执行。定值单执行时，调控机构值班调度人员应与运行维护机构运维人员核对定值单编号，并在定值单上签字、记录定值执行日期和情况。

现场定值执行时，运行维护单位继电保护人员应与运维人员详细核对；基建工程中新投运设备定值单由施工单位的施工人员执行，执行完毕后，运行维护单位继电保护人员应与施工人员详细核对。如有疑问，应主动及时向有关调控机构继电保护部门汇报，并在回执单上注明。

现场定值执行完后，运行维护单位运维人员或和继电保护人员均应在定值单及回执单上签字。

厂站继电保护运行维护机构应严格执行定值单回执制度。定值单执行后，应将已签字和注明执行意见的回执单及时上报。宜采用电子回执单，条件不具备时也可采用纸质回执单。网络化流转的电子定值单应立即回执，纸质回执单应于 5 个工作日内返回给相关调控机构继电保护部门。

继电保护整定人员应在收到定值回执后，核查调度室执行记录和现场回执内容的完整性，及时完成定值单归档。

6.2　联合整定计算管理

当有涉及国调、调控分中心、省调交界面定值调整的重大工程投产时，应由上级调控机构继电保护部门主持开展联合整定计算，下级调控机构继电保护部门必要时可申请上级部门组织联合整定计算。

联合整定计算应由上级调控机构继电保护部门统一组织，可采取集中计算或分散计算的形式。

联合整定计算主要涉及各级电网交界面间有配合关系的线路后备保护配合定值整定。

各调控机构应至少选派一名从事 3 年及以上继电保护整定计算工作的高级工程师参加联合整定计算。

各级调控机构参加联合整定计算人员需服从组织单位的统一安排，工作任务由组织单位与各参与单位协商制定。计算过程中各参与单位调度管辖范围内的整定问题应及时与本单位继电保护负责人汇报，并与组织单位协商解决。

各单位参加联合整定计算的整定算稿和整定结论需经本单位继电保护负责人审核认可。各参与单位应共同编制联合整定计算方案，经组织计算单位继电保护负责人审核批准。

联合整定计算方案应包含如下内容：

a） 方案编制的依据和重大技术原则；

b） 工程概述（含整定交界面电网变化情况）；

c） 各参与单位整定范围和整定原则；

d） 各参与单位整定计算所考虑的最大、最小运行方式。方案适应的运行方式及对运行方式的要求（含变压器中性点接地方式）；

e） 计算结论；

f） 存在的问题、原因及对策，遗留的问题及改进意见。

6.3 定值管理

各级调控机构继电保护部门应实现定值单审批、执行、回执流程的网络化、闭环化和全过程规范化管理，加强关键业务节点监督。

与新设备相关的已投运设备保护定值调整宜在新设备启动之前进行调整。条件不具备时，经调控机构继电保护部门同意，可在新设备启动之后修改，但应在十五个工作日内执行完毕；遇特殊情况，经调控机构继电保护分管领导同意后，可适当延长期限。

新设备启动时若需要临时调整保护定值，可根据启动调试方案中的相关内容进行临时调整。

事故或其它紧急情况需改变保护定值时，可由继电保护部门出具书面临时定值，经当值调度员与现场运行人员核对无误后，下令执行。

调控机构、运维单位均应保存有运行定值单。

调控机构宜定期与设备运行维护所属检修公司继电保护机构核对保护定值单编号。检修公司应按调控机构要求定期核对现场定值，确保定值单定值与装置实际运行定值一致。

7 整定计算数据交换管理

7.1 数据交换范围划分原则和职责

整定计算数据交换的责任范围原则上与调度管辖范围一致。

省（直辖市、自治区）级调控机构负责调度范围内电网整定计算参数的维护与管理，要求如下：

a） 统一协调本省（直辖市、自治区）内整定计算数据交换工作；

b） 根据网络变化及时将省内所辖各地调报送的数据或等值拼接形成本省全数据后上报相应调控分中心；

c） 将省内全数据或各地区电网间等值阻抗信息和整定限额下发给地调。

调控分中心负责调度管辖范围电网整定计算参数的维护与管理，要求如下：

d） 统一协调区域电网内整定计算数据交换工作；

e） 根据网络变化及时将其区域内所辖各省（直辖市、自治区）调控机构报送的数据拼接形成区域电网全数据后上报国调；

f） 将从国调获取的全网全数据或各省间等值阻抗、调度管辖范围交界面之间的定值限额下发给省（直辖市、自治区）调。

国调负责调度管辖范围内电网整定计算数据的维护与管理，要求如下：

g）统一协调全网整定计算数据交换工作；

h）根据网络变化及时将各调控分中心报送的区域全数据拼接形成全网全数据；

i）定期将全网全数据或各区域电网间等值阻抗、调度管辖范围交界面之间的定值限额下发给各调控分中心。

7.2　数据交换时间要求

为保证全网整定计算数据的正确性和一致性，原则上每年应至少进行一次全网数据交换，要求如下：

a）应在每年8月底前进行一次全网数据交换；

b）省调每年7月份第5个工作日前提交数据至各调控分中心；

c）各调控分中心在每年8月份第5个工作日前将拼接后的数据提交国调；

d）国调于8月底前发布全网数据。

当具备网络化数据交换条件时，宜每季度进行一次全网数据交换，要求如下：

e）省调每季度第2个月第5个工作日前提交数据至区域电网调度；

f）各调控分中心在每季度第3个月第5个工作日前将拼接后的数据提交国调；

g）国调每季度末发布一次全网数据。

当重大工程投产或电网结构变化较大时，应根据实际情况及时进行全网整定计算数据交换。

7.3　数据交换技术要求

220kV及以上电网整定计算数据交换应采用全数据模型，110kV及以下电网可采用等值方式。交换数据应采用标幺值，基准容量为1000MVA，基准电压为电网平均额定电压（详见附录D）。

a）采用等值阻抗交换方式，应以书面形式提供大小方式信息，以及大、小方式下的正序、零序等值阻抗。

b）采用全数据交换方式，数据交换格式应遵循国网CIM-E格式，图形交换格式应遵循国网CIM-G格式。

各级调控机构在进行数据交换后，应及时将有较大变化的系统等值阻抗和交界面定值限额下发给并网发电厂或高压用户。

8　整定计算方案管理

8.1　整定方案编制要求

调控机构继电保护部门宜结合电网发展变化情况，根据相关规程、规定的要求，按年度编制继电保护整定计算方案（以下简称整定方案）。

整定方案应由调控机构继电保护部门负责制定，继电保护、系统运行等专业负责人共同审核，继电保护分管领导批准。

8.2　整定方案的编制依据

有关规程、导则。

上级继电保护部门提供的整定计算全数据网络变化情况或等值阻抗、边界定值限额要求。

同级调控机构系统运行部门提供的系统正常运行方式及可能出现的检修方式、系统运行参数、解列点、最大最小负荷、最低运行电压、冲击负荷电流值、电动机自启动电流值、系统稳定要求、重合闸方式和时间等。

8.3　整定方案的内容要求

方案编制的依据和重大技术原则。

保护配置、整定范围和整定原则。

整定计算所考虑的最大、最小运行方式。方案适应的运行方式（含变压器中性点接地方式）。

存在的问题、原因及对策，遗留的问题及改进意见。

对系统保护配置、选型的意见和要求。

附　录　A
（规范性附录）
新、改、扩建工程需提供的技术资料

A.1　首次并网3个月前需提供的技术资料

A.1.1　发电机技术说明书，包括：发电机铭牌参数（型号、相数、功率因数、接线方式、定子电压、转子电压、视在功率、有功功率、无功功率、定子电流等）；发电机纵轴同步电抗 X_d；发电机纵轴暂态电抗 $X_{d'}$；发电机纵轴次暂态电抗 $X_{d''}$；发电机横轴同步电抗 X_q；发电机横轴次暂态电抗 $X_{q''}$；发电机负序电抗 X_2；图纸及重要参数的调试报告和调试值。

A.1.2　变压器参数（如有高压启备变，请提供高压启起备变参数）包括：型号、额定容量、变比、短路电压百分数、高压侧额定电流、低压侧额定电流、高压侧额定电压、低压侧额定电压、中性点接地电抗、相数、接线方式、变压器反时限过激磁特性曲线；变压器短路试验报告和零序阻抗试验报告。

A.1.3　互感器、电抗器的型号及电气参数（包括铭牌参数）。

A.1.4　线路型号、设计参数。

A.1.5　线路保护（含过电压及远跳保护）、母线保护、断路器保护、电抗器等无功补偿设备保护、故障录波器、安全自动装置的图纸、说明书。

A.1.6　线路纵联保护通道方式及必要的参数。

A.1.7　保护装置软件版本、校验码。

A.1.8　报送单位应对所报送资料列出清单，参数必须加盖公章。

附　录　B
（规范性附录）
继电保护整定计算线路实测参数报送格式

B.1　输电线路参数，见表B.1。

表B.1　输电线路参数

线路名称	线路长度（公里）	导线型号	地线型号	正序电阻（欧姆）	正序电抗（欧姆）	正序电容（微法）	零序电阻（欧姆）	零序电抗（欧姆）	零序电容（微法）

B.2　每两回线路之间零序互感阻抗，见表B.2。

表 B.2 每两回线路之间零序互感阻抗

线路名称 1	线路名称 2	零序互感电阻（欧姆）	零序互感电抗（欧姆）

附 录 C
（规范性附录）
继电保护整定计算及定值流转标准流程

C.1 继电保护整定计算及定值流转标准流程，见表 C.1。

表 C.1 继电保护整定计算及定值流转标准流程

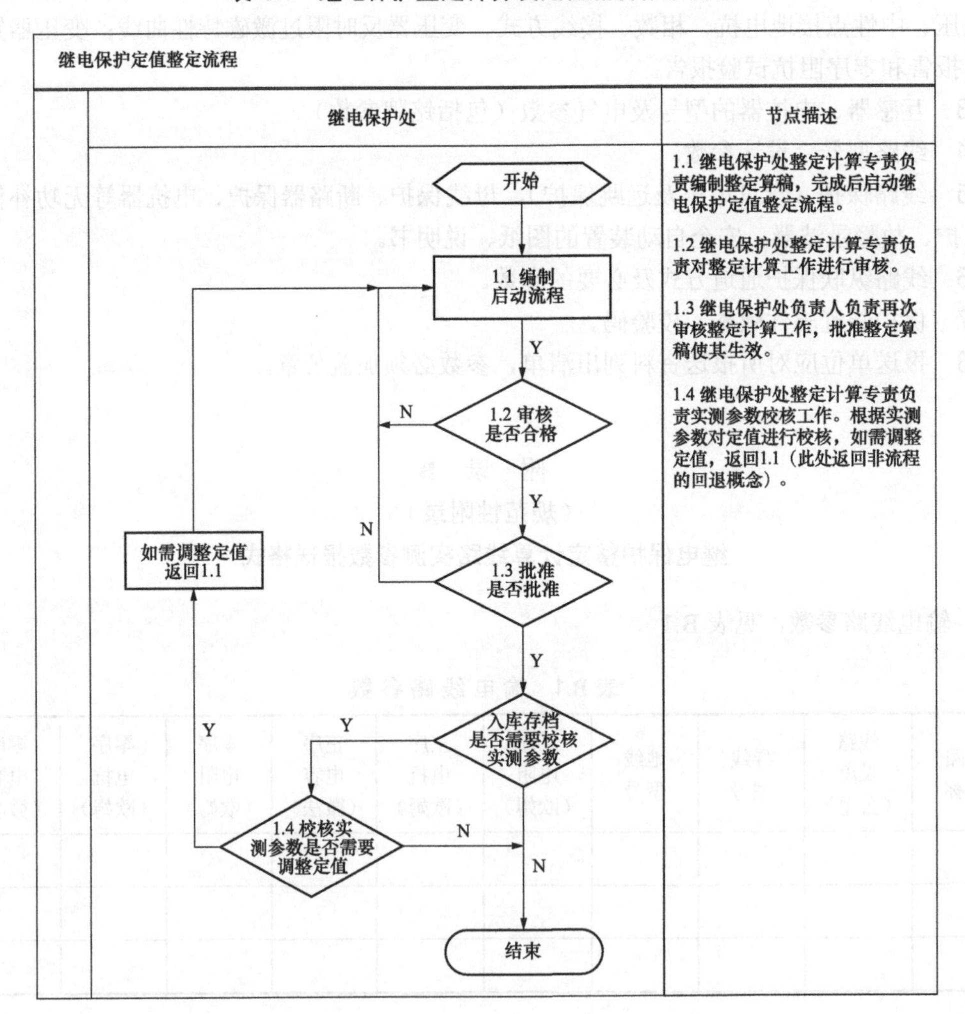

附　录　D
（规范性附录）
电网平均额定电压

D.1　电网平均额定电压一览表，见表D.1。

表D.1　电网平均额定电压一览表

电压等级	35kV	110kV	220kV	330kV	500kV	750kV	1000kV
平均额定电压	37kV	115kV	230kV	345kV	525kV	765kV	1050kV

省级及以上电网继电保护整定计算管理规定

编　制　说　明

目 次

一、编制背景……482
二、编制主要原则……482
三、与其他标准文件的关系……482
四、主要工作过程……482
五、标准结构和内容……482
六、条文说明……482

一、编制背景

为指导省级及以上电网继电保护整定计算工作，提高各级调控机构及运行单位在整定计算及定值管理工作中的配合效率和安全管控水平，根据国家电网科〔2012〕66号《关于下达2012年度国家电网公司技术标准制修订计划的通知》要求，结合相关规程和实际情况，编制了《省级及以上电网继电保护整定计算管理规定》。

国家电网华中电力调控分中心主要负责本标准的编写。

二、编制主要原则

本标准的技术指标均引用于已颁发的规程，并借鉴了部分省公司的经验。采取了综合分析、结合实际、合理分类、突出重点和分层编制的原则，使其具备现场可操作性。

三、与其他标准文件的关系

本规定主要依据了GB/T 14285《继电保护和电网安全自动装置技术规程》和Q/GDW 422《国家电网继电保护整定计算技术规范》，参考和引用了有关规程的要求和数据。

四、主要工作过程

2012年3月，成立了《省级及以上电网继电保护整定计算管理规定》编写工作组。

2012年4-5月份，调研收集了各调控机构整定计算相关管理规定。

2012年6月，调研了部分大运行试点单位继电保护定值整定和执行情况，联合各分中心、省调编写了规定初稿。

2012年7月份，邀请各分中心和江苏、浙江、重庆、江西等大运行试点单位继电保护人员和部分专家，对规定初稿讨论并提出了修改建议。

2012年8月份，召开工作组会议，根据初审意见对规定初稿进行修改。

2012年9月底，工作组进一步对规定进行修改完善，形成征求意见稿报国调发文。

2012年11月，收集整理各单位反馈的意见，对规定进一步完善。

2013年5月上旬，召开专家会议，对标准进一步审核，提出加入SOP标准化流程到标准中等建议。

2013年5月中下旬，修改完善后再次征求意见，修改完善形成送审稿。

2013年6月，召开送审稿评审会，修改后形成报批稿。

五、标准结构和内容

本规范采用正文加附件表格的结构，正文中主要章节有范围、规范性引用文件、术语和定义、一般规定、整定计算资料管理、整定计算及定值流转管理、整定计算数据交换管理、年度整定计算方案管理等，附录有四部分规范性附录。

六、条文说明

n）“4.2.3　调度管辖范围变更时，应同时移交相关图纸、资料；30个工作日内由接管单位复核并重新下发定值单。”调度管辖范围变更时，接管单位复核定值无论定值是否需要修改，都应由接管单位重新下发定值。

o）“5.1.2　f）电网解列点”在环网的线路后备保护整定配合过程中，可能需要在整定时设置保护断点（或失配点），断点最好参考电网解列点选取。

p）“6.1.9　校核后的定值单，可直接由继电保护负责人复核并批准下发，也可由继电保护负责人复核、调控中心继电保护分管领导批准下发。”本条根据目前各地的习惯的不同，定值审批流程可选择为“整定、校核、批准”三层结构或“整定、校核、复核、批准”四层结构。

q）“7.3.1　220kV 及以上电网整定计算数据交换应采用全数据模型，110kV 及以下电网可采用等值方式。交换数据应采用标幺值，基准容量为 1000MVA，基准电压为电网平均额定电压。”本条仅规定交换数据的基准容量和基准电压，各单位使用的整定计算程序中的基准容量和基准电压可维持现状。

国家电网公司

继电保护定值在线校核与预警应用验收管理办法

国网（调/4）333—2014

国家电网公司继电保护定值在线校核与预警应用验收管理办法

第一章　总　　则

第一条　继电保护定值在线校核与预警是智能电网调度控制系统的一个功能模块（以下简称“模块”），是电网实时运行、检修计划等工作的技术支撑，是当前离线整定计算的补充和完善。为规范本模块的验收管理，保证模块功能完备、应用可靠、运行稳定，特制定本办法。

第二条　继电保护定值在线校核与预警作为智能电网调度控制系统的一个组成部分，其技术体系的输入输出接口规范应符合Q/GDW 680系列标准的要求。

第三条　本办法是继电保护定值在线校核与预警验收的基本标准，用于指导继电保护定值在线校核与预警验收工作，提升电网调度管理水平。

第四条　省级及以上调控机构继电保护定值在线校核与预警验收工作由国调中心统一组织。

第五条　本办法适用于国家电网公司省级及以上调控机构继电保护定值在线校核与预警验收工作。

第二章　职 责 分 工

第六条　继电保护专业处（科）室是模块应用验收工作的归口管理专业，负责组织开展验收工作。

第七条　自动化专业处（科）室按照智能电网调度控制系统的技术标准和规定，配合开展模块硬件设备、二次安全防护、模型文件交互等方面的具体验收工作。

第八条　调控运行专业处（科）室配合开展模块在线应用功能的验收工作。

第三章　验 收 工 作 流 程

第九条　模块验收工作流程主要有模块试运行、自评价、申请验收、组织验收四个步骤，见附录A。

第十条　各省级及以上调控机构依据本办法自行组织开展本单位继电保护定值在线校核与预警的自评价工作。自评结果达到申报条件的，方可向国调中心提出评价验收申请。

第十一条　申请前应满足以下条件：

（一）申请单位继电保护定值在线校核与预警自评分应不低于90分。

（二）继电保护定值在线校核与预警中各应用模块具备连续、完整、准确的业务数据。

第十二条　申请时应提交以下资料：

（一）继电保护定值在线校核与预警应用验收申请表（详见附录B）；

（二）继电保护定值在线校核与预警应用自评价报告（详见附录C）。

第十三条　根据提交的申请报告，结合模块应用情况，国调中心组织成立继电保护定值在线校核与预警评价验收组，开展现场核查与评价工作，完成评分和评价验收报告。对评价验收组提出的问题和建议，申请单位及时完成整改。

第十四条　未通过国调中心组织评价验收的单位，整改完成后重新组织自评价，提交验收申请。

第十五条　验收需要提供的资料：

（一）工作报告；

（二）技术报告；

（三）测试报告；

（四）用户报告；

（五）使用手册。

第四章　验收内容与评价方法

第十六条　评价验收内容遵从《继电保护定值在线校核及预警》的要求，包括继电保护定值在线校核与预警的配置、数据接口、应用功能和技术指标。其中，应用功能包括故障电流计算、在线校核与预警、故障分析、展示界面、统计和维护管理等内容。

第十七条　评价验收通过模块现场应用，对模块的配置信息、应用性能、基础数据、业务数据进行检查；继电保护定值在线校核与预警应用评价验收严格依据评分标准进行打分（详见附录D）。

第五章　验 收 评 价 标 准

第十八条　继电保护定值在线校核与预警应用验收评价通过分数应不低于85分。

第十九条　继电保护定值在线校核与预警应用建设应满足如下要求，否则验收不予通过：

（一）继电保护定值在线校核与预警部署在安全区Ⅰ/Ⅱ区，服务器操作系统和数据库采用国产安全操作系统和数据库。

（二）继电保护定值在线校核与预警基于智能电网调度控制系统基础平台，作为一个应用模块。

第六章　管 理 与 考 核

第二十条　各省调要重视模块建设和实用化工作，加强试运行期间模块功能完善和缺陷处理工作，依据本办法认真开展模块自评价工作，并配合公司做好验收评价工作。

第二十一条　各省调模块验收情况纳入国家电网公司调度控制工作考评。

第七章　附　　则

第二十二条　本办法由国调中心负责解释并监督执行。

第二十三条　本办法自2014年7月1日起施行。

附 录 A

继电保护定值在线校核与预警应用验收流程

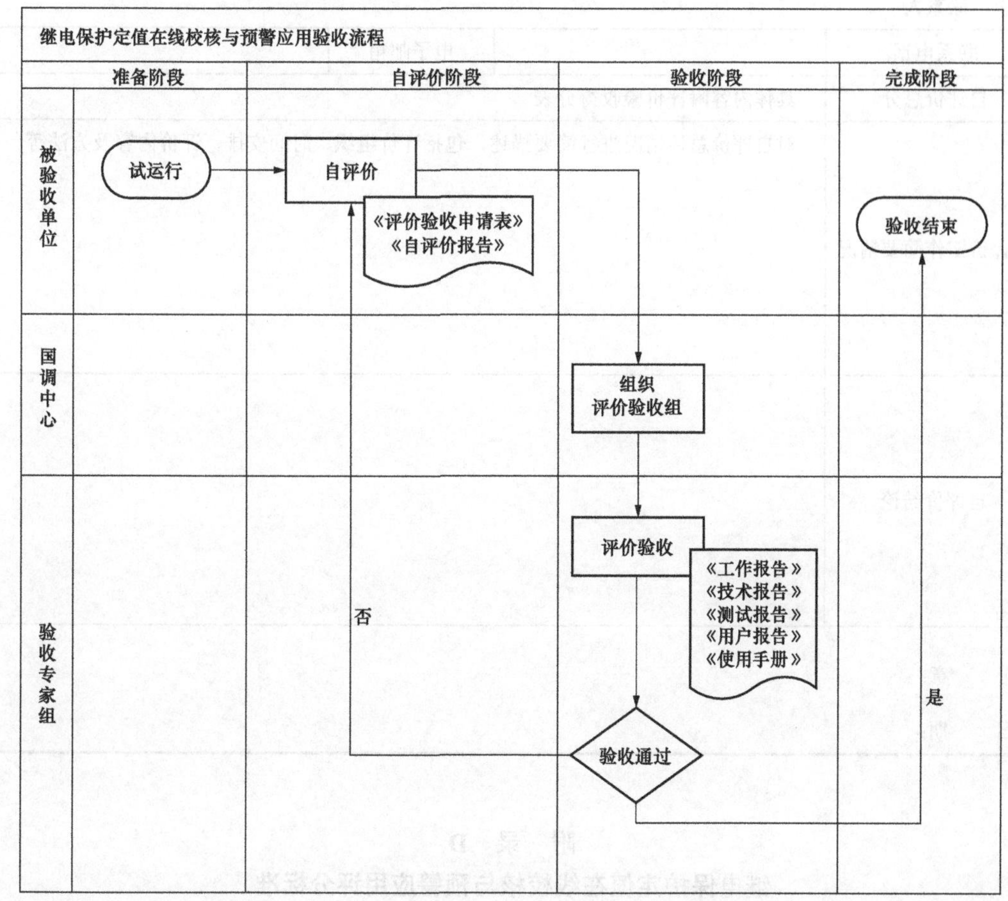

附 录 B

继电保护定值在线校核与预警应用验收申请表

<table>
<tr><td>单 位</td><td colspan="3"></td></tr>
<tr><td>联系人</td><td colspan="3"></td></tr>
<tr><td>联系电话</td><td></td><td>电子邮箱</td><td></td></tr>
<tr><td>自评价完成时间</td><td></td><td>自评价总分</td><td></td></tr>
<tr><td colspan="4">申请说明：</td></tr>
<tr><td colspan="4">公 章：

日 期：</td></tr>
</table>

附　录　C

继电保护定值在线校核与预警应用自评价报告

单位			
联系人			
联系电话		电子邮箱	
自评价总分	具体内容附评价验收得分表		
自评价工作简要情况	对自评价总体情况进行简要描述，包括评价组织、时间安排、评价内容及方法等。		
自评价结论			
公　　章： 日　　期：			

附　录　D

继电保护定值在线校核与预警应用评分标准

评价项目	分项名称	评价内容	评价方法	评分规则	标准分	实评分
一、配置信息（必备项）	1. 软件配置	部署在安全区Ⅰ/Ⅱ区，服务器操作系统和数据库采用国产安全操作系统和数据库。	现场测评	此项要求为必备项目，不符合要求不得通过验收		
	2. 模块配置	继电保护定值在线校核及预警基于智能电网调度控制系统，作为一个应用模块。	现场测评	此项要求为必备项目，不符合要求不得通过验收		
二、数据接口（15分）	1. 数据输入	1）具备获取模型数据、图形数据和电网运行数据的功能； 2）具备获取未来运行方式数据和设备检修计划的功能； 3）具备获取继电保护定值的功能； 4）具备获取故障录波文件和其他数据信息的功能。	现场测评	一项要求不符合扣1.5分，扣完4分为止	6	

（续）

评价项目	分项名称	评价内容	评价方法	评分规则	标准分	实评分
二、数据接口（15分）	2. 数据输出	输出各类继电保护定值在线校核告警信息，包括： 1）保护灵敏性告警信息； 2）后备保护选择性告警信息； 3）距离Ⅲ段保护定值躲负荷能力校核告警信息。	现场测评	告警信息每缺一项扣1分，扣完3分为止	3	
	3. 数据格式	1）模型数据格式应支持 CIM XML 或 CIM-E 语言格式文件的导入和导出，宜采用全模型； 2）图形数据格式应支持 CIM-G 或 SVG 语言格式文件的导入和导出； 3）电网运行数据格式应采用 E 语言规范文件的方式，具体内容应满足 Q/GDW 216 的要求； 4）应具备获取 E 语言规范文件的未来方式相关数据的能力。	现场测评	一项要求不符合扣1.5分，扣完6分为止	6	
三、故障电流计算功能模块（14分）	1. 故障电流计算方法	根据各项待校核定值的实际要求，选择考虑潮流影响或不考虑潮流影响的短路电流计算方法。	现场测评	此项要求不符合扣3分，扣完3分为止	3	
	2. 故障类型	1）故障点可设置于线路上的任意位置、母线、变压器绕组出口、发电机出口以及串补两侧等； 2）短路电流计算模块应支持对以下各种类型故障的计算：单相接地短路、两相接地短路、两相相间短路、三相短路、断线故障等简单故障，以及跨线故障等相应复故障； 3）对于各种短路故障，应具备设置过渡电阻的功能。	现场测评	一项要求不符合扣2分，扣完6分为止	6	
	3. 故障计算处理能力	1）能够处理各种特殊的电网结构，如小阻抗支路、母联及分段开关、孤立区域等； 2）能够处理多重零序全线互感、部分互感支路。	现场测评	一项要求不符合扣1.5分，扣完3分为止	3	
	4. 运行方式处理能力	1）能够处理任何元件的方式变更，如线路投运、停运、挂检； 2）能够处理变压器中性点直接接地、不接地和经阻抗接地等。	现场测评	一项要求不符合扣1分，扣完2分为止	2	
四、在线校核及预警功能模块（31分）	1. 在线校核方式	1）能够利用电网运行数据自动对当前方式下主保护及后备保护的相关定值进行校核； 2）能够实现对同一变电站、同一送电断面内的元件进行轮断，自动生成“N-K”（K 可以设置）故障集等比较严重的电网运行方式； 3）支持周期启动、事件启动和人工启动。	现场测评	一项要求不符合扣1.5分，扣完3分为止	4.5	

（续）

评价项目	分项名称	评价内容	评价方法	评分规则	标准分	实评分
四、在线校核及预警功能模块（31分）	2. 启动定值校核	1）电压启动值； 2）电流启动值； 3）其他启动值。	现场测评	一项要求不符合扣 1 分，扣完 3 分为止	3	
	3. 主保护校核内容	1）母差保护定值灵敏性的校核； 2）线路纵联保护（纵联电流差动、纵联距离、纵联方向）定值灵敏性的校核； 3）变压器差动保护定值灵敏性的校核。	现场测评	一项要求不符合扣 1.5 分，扣完 4.5 分为止	4.5	
	4. 后备保护校核内容	1）距离保护的灵敏性和选择性，校核接地距离保护应考虑零序补偿系数的影响； 2）距离Ⅲ段定值躲负荷能力在线校核（重要断面线路在 N-k 潮流转移后是否会造成距离Ⅲ段保护动作）； 3）失灵保护的电流及复压闭锁定值的灵敏性； 4）零序电流保护的灵敏性和选择性（含方向元件）； 5）变压器过流保护的灵敏性和选择性； 6）可设置在保护定值校核过程中分析临近设备的范围（指与故障点相隔的设备数），支持分析周围系统继电保护设备的动作行为。	现场测评	一项要求不符合扣 2 分，扣完 12 分为止	12	
	5. 预想方式分析	1）提供历史数据管理功能，自动记录历史运行方式，人工修改后的运行方式可保存； 2）任意选取保存的历史数据进行各种校核计算分析，实现临时检修、陪停等方式下的定值灵敏性校核和后备保护选择性校核等计算分析工作； 3）在已有数据的基础上对电网的各种运行参数进行修改，例如修改系统的接线、发电机出力及负荷大小并重新进行分析计算； 4）提供基于检修计划等信息校核保护定值灵敏性和选择性的功能。	现场测评	一项要求不符合扣 1 分，扣完 4 分为止	4	
	6. 定值预警	1）对于不满足灵敏性要求的保护启动定值进行预警； 2）对于不满足灵敏性要求的主保护动作定值进行预警； 3）对于不满足灵敏性、选择性等要求的后备保护定值进行预警。	现场测评	一项要求不符合扣 1 分，扣完 3 分为止	3	
五、故障分析模块（9分）	1. 故障再现分析	能根据故障录波等信息，模拟故障发生的过程： 1）计算故障点位置； 2）过渡电阻的大小； 3）统计分析过渡电阻大小的分布规律。	现场测评	此项要求不符合扣 1 分，扣完 3 分为止	3	

（续）

评价项目	分项名称	评价内容	评价方法	评分规则	标准分	实评分
五、故障分析模块（9分）	2. 故障模拟	1）模拟故障情况，分析保护（纵联保护、距离保护、零序保护、失灵保护等）的动作情况，方便地建立继电保护装置或安全自动装置的逻辑模型，逻辑模型应包含与原理定值相关的启动（闭锁）元件、测量元件、时间元件及其相互间的逻辑关系； 2）模拟继电保护装置的典型动作逻辑，如距离保护的阻抗圆（阻抗四边形）、母线保护的复压闭锁等； 3）考虑故障时某套保护拒（误）动等复杂情况； 4）体现保护动作的时序性，以图形、动画等方式直观展示保护动作情况。	现场测评	每项不合格扣1.5分，扣完6分为止	6	
六、界面展示（13分）	1. 正常校核结果展示	1）保护灵敏性分析结果； 2）后备保护配合关系分析结果； 3）距离Ⅲ段保护定值躲负荷能力校核结果。	现场测评	分析结果少一项扣1分，扣完3分为止	3	
	2. 告警信息展示	对告警信息的展示，包括： 1）主保护不满足灵敏性的预警； 2）后备保护不满足灵敏性的预警； 3）距离Ⅲ段躲负荷的预警； 4）各段保护的保护范围； 5）后备保护不满足选择性的预警； 6）模拟故障保护动作情况预警等。	现场测评	告警内容少一项扣1分，扣完6分为止	6	
	3. 展示方式	1）应在电网接线图上实现预警； 2）根据需要选择显示简化的预警信息或者详细的预警内容； 3）可视化的预警可对正常状态、警戒状态、异常状态的校核结果分别进行着色； 4）能采用列表、曲线、向量图、二维着色图等任一形式进行可视化展示。	现场测评	一项要求不符合扣1分，扣完4分为止	4	
七、统计分析功能（3分）	1. 统计分析功能	1）启动定值合格率； 2）主保护定值合格率； 3）后备保护定值合格率。	现场测评	一项要求不符合扣1分，扣完3分为止	3	
八、技术指标（15分）	1. 技术指标	1）功能可用率大于99.5%； 2）计算精确度：误差≤5%； 3）在线校核一次所需时间应在5分钟以内； 4）能存存储不少于半年的历史断面、校核结果、预警信息等数据； 5）应采用模块化设计，满足新功能模块的扩展需求。	现场测评	一项要求不符合扣3分，扣完15分为止	15	

国家电网公司

继电保护定值在线校核与预警运行管理规定

国网（调/4）334—2014

国家电网公司继电保护定值在线校核与预警运行管理规定

第一章 总 则

第一条 继电保护定值在线校核与预警是智能电网调度控制系统的一个新增功能模块（以下简称模块），是电网实时运行、检修计划等工作的技术支撑，是当前离线整定计算的补充、完善。为加强和规范本模块运行管理，保证系统安全、稳定、可靠运行，特制定本规定。

第二条 本模块定位于服务电网实时运行，是调控运行的辅助决策系统，应配备于智能电网调度控制系统中，并满足《继电保护定值在线校核及预警》的技术要求。

第三条 本办法适用于国家电网公司省级及以上调控机构继电保护定值在线校核与预警的运行管理工作。

第二章 职 责 分 工

第四条 继电保护专业负责本调度机构模块的配置、运行管理和技术管理，贯彻执行上级颁发的有关规程和标准，参加本模块各阶段的设计审查、技术规范的审查和验收等工作，负责本调度机构在线校核与预警模块的规划、建设、基建工程管理，监督本模块模型与调度管辖范围内一次设备同步更新，负责维护继电保护装置定值，校核一次设备正序参数、零序参数以及继电保护装置与一次设备的关联关系，负责管理软件版本，统计分析本模块运行情况，并且负责高级应用功能的深入开发。

第五条 自动化专业负责本模块设备硬件及操作系统的可靠运行，负责保证在线电网模型和图形与相关专业提供的离线电网模型和图形一致，负责维护智能电网调度控制系统相关接口程序正常运行，负责本模块的安全防护工作。

第六条 调控运行专业负责监视本模块运行情况。在电网方式发生变化时，应及时观察本模块是否有告警出现。本模块发生异常时，及时启动技术支持系统使用问题反馈处置流程 SOP。

第七条 调度计划专业负责提供月度、周电网检修计划。

第三章 运 行 管 理

第八条 本模块包括以下功能：故障电流计算、在线校核与预警、故障分析、展示界面、统计和维护管理等。运行管理应保证以上功能正常运行。模块仅对电网实时方式或特定方式下进行保护定值灵敏性和选择性的校核，不能代替继电保护离线整定计算工作。

第九条 本模块涉及继电保护、自动化、系统运行、调控运行、调度计划等多个专业，需要各专业积极配合、大力协作，以满足本模块正常运行的要求。

第十条 各省（市、自治区）级及以上调度机构的继电保护专业应明确专职维护人员，建立完善的岗位责任制，做好相应的职责分工、专业巡检、缺陷管理、软件管理、统计评价等工作。

第十一条　本模块校核所用模型数据和图形数据应从智能电网调度控制系统综合平台获取，相关专业应保证参数的实时性、准确性和完整性。

第十二条　继电保护专职人员应定期对本模块进行专业巡检，定期核对电网模型是否及时更新，发现异常情况及时处理，做好记录并按有关规定要求进行汇报。

第十三条　调控运行专业根据电网运行方式变化，监视本模块运行情况。

第十四条　继电保护专业根据日前、周、月检修计划，利用本模块检查继电保护定值对电网检修方式的适应性。

第十五条　继电保护专业应对校核结果进行分析，提出对应措施。

第十六条　电网发生故障后，继电保护专业人员应及时对故障进行仿真分析及结果评估。

第十七条　自动化专业应定期巡视本模块硬件设备，保证其可靠运行。

第十八条　当电网一次系统发生变化时，系统运行专业应及时提供相应的参数，自动化专业应及时更新维护。

第十九条　缺陷管理要求如下：

（一）各专业按照职责分工，分别负责组织设备厂家及时消除系统缺陷，指导并审核本模块设备更新改造项目；

（二）在运行中发现缺陷，继电保护专业应及时通知制造厂家，限期整改。

（三）运行中的本模块及其设备有异常情况都列为缺陷，根据威胁安全的程度，分为严重缺陷和一般缺陷。

1．严重缺陷：指对计算结果有影响的缺陷，如：参数错误、模型缺失等；

2．一般缺陷：指对计算结果无明显影响，但影响运行监视、图形显示等的缺陷。

（四）缺陷处理时间要求：严重缺陷48小时内处理；一般缺陷2周内消除。

第四章　技　术　管　理

第二十条　继电保护定值在线校核与预警功能应基于智能电网调度控制系统基础平台提供的标准接口实现电网模型获取、计算结果存储、可视化展示等功能。

第二十一条　本模块开发与应用应符合电力系统二次安全防护的规定。

第二十二条　本模块投运时，应具备以下技术资料：

（一）模块配置图（包括硬件配置、IP地址、网络接线）；

（二）出厂试验报告、模块现场验收报告；

（三）技术说明书。

第二十三条　运行资料应由专人管理，并保持齐全、准确。

第二十四条　凡属对运行中的模块作重大修改，均应经过技术论证，提出书面改进方案，经主管领导批准后方可实施。技术改进后的设备和软件应经过1至2个月的试运行，验收合格后方可正式投入运行，同时对相关技术人员进行培训。

第二十五条　继电保护专业应制定继电保护定值在线与预警巡检项目（参见附录：继电保护定值在线与预警巡检项目。），并规定巡检周期。

第二十六条　智能电网调度控制系统平台升级后，应对本模块功能进行检验，确保本模块正常运行。

第五章 统计与评价管理

第二十七条 在线分析功能统计，主要包括启动定值合格率、主保护定值合格率和后备保护定值合格率三个指标，各指标均按照一个计算周期进行统计：

（一）启动定值合格率：启动定值合格率=启动定值满足灵敏度要求的保护数目/保护总数。

（二）主保护定值合格率：主保护定值合格率=主保护定值满足灵敏度要求的保护数目/主保护总数。

（三）后备保护定值合格率：后备保护定值合格率=后备保护（距离、零序）满足灵敏度及选择性要求的保护数目/保护总数）。

第二十八条 运行评价指标：

（一）可用率大于99.5%；

（二）短路计算相对误差不大于5%，相对误差计算方法如下：

相对误差=（计算结果–系统实际值）/系统实际值；

（三）在线校核一次所需时间应在5分钟以内；

（四）历史断面、校核结果、预警信息等数据存储时间应不少于半年。

第二十九条 各省（市、自治区）级及以上调度机构的模块运行情况纳入国家电网公司调度控制工作考评。

第六章 基建工程管理

第三十条 本模块模型更新：

（一）继电保护专业应在一次设备投产前完成相应保护定值的维护及正序、零序参数的校核；

（二）自动化专业应在一次设备投产前，完成自动化系统的电网公共模型、图形、实时数据维护等相关工作，并根据实测参数及时对本模块数据进行更新；

（三）系统运行专业应在一次设备投产前提供本模块所需的模型数据。

第三十一条 继电保护专业应在一次设备投运过渡期间跟踪检查保护定值在线校核结果，必要时提出保护临时处理方案。

第三十二条 继电保护专业检查新增厂站展示情况。

第七章 软件版本管理

第三十三条 由制造厂家向相应继电保护专业提出软件升级申请。软件升级申请包括升级原因、新老软件功能区别、试验证明等。经审核无误后，才可进行升级工作。如果涉及智能电网调度控制系统相关业务，则应在调度试验系统进行试运无问题后，才可进行升级工作。

第三十四条 本模块软件应具备版本管理的功能，具备程序版本号、形成时间等信息。

第三十五条 操作系统及数据库满足智能电网调度控制系统的要求。

第八章 技 术 培 训

第三十六条 针对继电保护专业人员，应定期开展本模块功能培训，使继电保护专业人员深入掌握本模块各功能的使用，并结合继电保护整定软件，对继电保护进行全面的综合分析。

第三十七条 针对调控运行、调度计划人员，应定期开展本模块功能培训，使其熟悉掌握本模块各项基本功能，并具备初步判断继电保护适应性的能力。

第九章 附 则

第三十八条 本规定由国调中心负责解释并监督执行。

第三十九条 本规定自2014年7月1日起施行。

附件

继电保护定值在线与预警巡检项目

<table>
<tr><th>序号</th><th colspan="2">项　目</th><th>运　行　状　态</th></tr>
<tr><td>1</td><td colspan="2">本模块运行是否正常</td><td></td></tr>
<tr><td>2</td><td colspan="2">新投厂站展示</td><td></td></tr>
<tr><td>3</td><td colspan="2">电网模型是否一致</td><td></td></tr>
<tr><td>4</td><td rowspan="2">在线校核</td><td>灵敏度校核功能是否正常</td><td></td></tr>
<tr><td>5</td><td>后备定值校核功能是否正常</td><td></td></tr>
<tr><td>6</td><td colspan="2">检修方式校核功能是否正常</td><td></td></tr>
<tr><td>7</td><td colspan="2">预警画面是否显示正确</td><td></td></tr>
</table>

参考标准目录

中华人民共和国国务院令第 599 号	电力安全事故应急处置和调查处理条例（2011 年发布）
国家发展和改革委员会第 14 号令	电力监控系统安全防护规定（2014 年公布）
GB/T 26399—2011	电力系统安全稳定控制技术导则
GB/T 26860—2011	电力安全工作规程　发电厂和变电站电气部分
GB/T 24612.1—2009	电气设备应用场所的安全要求　第 1 部分：总则
GB/T 24612.2—2009	电气设备应用场所的安全要求　第 2 部分：在断电状态下操作的安全措施
GB/T 31464—2015	电网运行准则
DL 497—1992	电力系统自动低频减负荷工作管理规程
DL/T 1051—2007	电力技术监督导则
DL/T 623—2010	电力系统继电保护及安全自动装置运行评价规程
SD 131—1984	电力系统技术导则
Q/GDW 1799.1—2013	国家电网公司电力安全工作规程（变电部分）
Q/GDW 1799.2—2013	国家电网公司电力安全工作规程（线路部分）
Q/GDW 11297—2014	水电站继电保护及安全自动装置技术监督导则
Q/GDW 11458—2015	水电站继电保护装置运行维护导则
国网（运检/2）106—2017	国家电网公司技术监督管理规定